炼化装置腐蚀风险控制

王金光　主　编

段永锋　胡　洋　副主编

中国石化出版社

内 容 提 要

本书基于全过程腐蚀风险控制理念,从腐蚀机理及案例分析、腐蚀流程图、材料选择及材料流程图、工艺防腐、表面防腐、承压设备建造失效防护、腐蚀监检测、泄漏监测技术、基于风险的设计技术、腐蚀风险控制管理等全方位、多角度论述了炼化装置腐蚀风险控制技术,涵盖了国内外最新的腐蚀控制理念和技术,相关内容均为作者多年亲身实践经验总结,绝大部分内容为首次发布。本书理论与实践紧密结合,内容详实,贴近生产实际,具有较高的理论价值和应用价值。

本书可供工程公司、炼化企业、设备制造企业、研究院所、监检测机构等单位的相关技术人员及管理人员学习使用,也可供高等院校相关专业师生阅读参考。

图书在版编目(CIP)数据

炼化装置腐蚀风险控制 / 王金光主编. —北京:
中国石化出版社,2021.11(2023.4 重印)
ISBN 978-7-5114-6469-9

Ⅰ.①炼… Ⅱ.①王… Ⅲ.①石油炼制-石油化工设备-防腐 Ⅳ.①TE986

中国版本图书馆 CIP 数据核字(2021)第 196359 号

中国石化出版社出版发行

地址:北京市东城区安定门外大街 58 号
邮编:100011 电话:(010)57512500
发行部电话:(010)57512575
http://www.sinopec-press.com
E-mail:press@ sinopec.com
北京科信印刷有限公司印刷
全国各地新华书店经销

*

889×1194 毫米 16 开本 29.75 印张 900 千字
2023 年 4 月第 1 版第 4 次印刷
定价:238.00 元

《炼化装置腐蚀风险控制》
编写委员会

主　编：王金光

副主编：段永锋　胡　洋

编　委（以姓氏笔画为序）：

序 一
PREFACE ONE

石油化工工业是我国国民经济的支柱产业，原油、乙烯产能均居世界第二位。原油加工规模由 1994 年的 1.78 亿吨飞速增长到 2020 年的 8.91 亿吨；国内原油加工量已达 6.5 亿吨，对外依存度超过 73%。世界石油总产量中劣质原油占比已超 50%，我国加工的劣质原油(高硫、高酸、含氯)占总加工量的比例高达 75% 以上。而加工这些高硫高酸原油引起的腐蚀带来数以百亿计的经济损失，严重影响装置"安稳长满优"的运行。这些都要求炼化装置能经受住多变的油品加工环境、实现更长的服役周期、减少钢铁废料的产生，建设环境友好型炼化企业。

多年来，我国出版了许多炼化装置防腐类的书籍，对行业的设备腐蚀控制起到了很大的推动作用，但与实践紧密结合的炼化装置全过程腐蚀风险控制方面的专著尚不足。为了进一步提高行业腐蚀风险控制水平，在中国石化科技部、炼油事业部、化工事业部的大力支持下，由中国石化出版社组织，由中国石化工程建设有限公司、中石化炼化(集团)股份有限公司洛阳技术研发中心、北京安泰信科技有限公司、沈阳中科韦尔腐蚀控制技术有限公司、上海安恪企业管理咨询有限公司、慧感(上海)物联网科技有限公司、深圳市诚达科技股份有限公司、山东德齐华仪防腐工程有限公司、洛阳德明石化设备有限公司以及中国石化所属部分企业等来自设计、研究、制造、生产企业具有丰富腐蚀控制经验的数十位专家联合编制了《炼化装置腐蚀风险控制》一书。该书由中国石化工程建设有限公司技术总监王金光同志担任主编，系统阐述了从设计阶段的材料选择、工艺防腐、表面防腐、腐蚀监检测技术，到制造环节的失效防护、服役环节的泄漏监检测，以及腐蚀风险过程控制技术等，涵盖了全流程的腐蚀风险控制。

本书具有理论紧密联系实际的突出特点，内容详实、图文并茂、特点鲜明、可读性强。该书对石化行业设计人员、炼化企业管理人员、基层一线操作人员都具有重要的参考价值，必将助力石化行业腐蚀风险全局控制水平的提升。

中国工程院院士

原油劣质化倾向日趋严重，加剧了设备腐蚀风险控制的挑战。据统计，全球每年因腐蚀造成的经济损失约占各国国民生产总值的 3%~4%，尤其是炼化行业的工艺过程复杂、设备类型众多，炼化装置长期在高温高压工况下运行，安全形势尤为严峻，各种腐蚀隐患常常导致承压设备减薄、开裂等失效问题，难以保证装置的长周期安全运行，甚至引发火灾、爆炸等灾难性事故，危及人民生命财产安全，成为制约石化行业健康发展的关键因素之一。然而，炼化装置腐蚀问题的多元化、不确定性和复杂非线性化等，增加了腐蚀防控的难度。目前国内外仍缺乏针对项目建设和运营全过程，特别是关于设计阶段进行腐蚀风险控制的系统性论著。因此，为保障炼化行业的安全平稳生产，亟需针对典型炼化装置，提供腐蚀风险控制与管理的理论支撑与技术指导。

针对上述需求，本书基于当前炼化装置腐蚀现状，分析了常见的炼化装置损伤类型，并结合常减压、催化裂化、延迟焦化、加氢等关键石油炼制装置和对苯二甲酸等部分化工装置，详细介绍了相应的腐蚀流程，据此进一步为典型装置的选材流程提供了科学的指导。在此基础上，围绕项目设计、项目建设和运营全过程，系统、全面地介绍了炼化装置腐蚀防护、风险管理措施，并提出了先进的腐蚀风险预防技术，对全国炼化装置的长周期安全运行具有重要的指导与借鉴意义。

本书主编王金光教授级高级工程师长期从事承压设备和管道的腐蚀风险控制工作，解决过大量炼油装置的腐蚀安全工程难题。该书凝聚来自研究、设计、制造、生产等单位数十位专家多年积累的丰富理论与实践经验，从腐蚀机理、材料选择、工艺防腐、腐蚀监检测、承压设备建造、基于风险的设计技术、泄漏监测技术、腐蚀管理技术等全方位、多角度论述了腐蚀风险控制的新技术，包含了丰富的实践案例，是难得的系统阐述全流程、全过程腐蚀控制的工程科技专著，对保障炼化装置的本质安全、推进炼化行业的提质增效具有重要的参考价值，必将有力促进石化行业的腐蚀防护工作。

中国工程院院士 涂善东

前 言
FOREWORD

长期以来，炼化装置设备腐蚀和失效造成了巨大的经济损失。据统计，工业发达国家每年因金属腐蚀的直接损失占GDP的2%~4%，我国2014年的调查结果表明，腐蚀成本占到了GDP的3.34%。腐蚀造成的停工减产、火灾爆炸等间接损失更是难以计算，酿成重大安全事故的同时还会引发严重的环境污染。随着原油劣质化，高硫、高酸、高氯等所引起的腐蚀问题进一步加剧，严重影响了石化装置长周期安全平稳运行，引发了重大安全事故，造成了巨大经济损失，这是全球石化行业亟须解决的难题。

目前，国内炼油和化工企业防腐技术和管理水平在不断的实践中取得了长足的进步和发展，但腐蚀控制管理水平仍然参差不齐，致使腐蚀泄漏事故时有发生。在从事国内外项目的设计过程中，中国石化工程建设有限公司积累了丰富的防腐蚀设计和管理经验，于2018年受中国石化出版社的邀请，联合多家行业领军单位和院校，共同编制一本腐蚀控制方面的书籍，系统地介绍国内外最新的腐蚀控制理念和技术。本书基于全过程腐蚀风险控制理念，从腐蚀机理、材料选择、工艺防腐、腐蚀监检测、承压设备建造、基于风险的设计技术、泄漏监测技术等全方位、多角度论述了腐蚀风险控制的新技术，涵盖当今腐蚀控制最新的理念和实践。

本书具有四大特点：一是从设计角度为炼化装置的腐蚀控制作出贡献，从前期设计阶段就着手布局全过程腐蚀风险控制方案；二是本书涵盖了目前世界最新的理论和实践，系统地论述了腐蚀风险控制的新技术，能有效地帮助行业减轻腐蚀现状，解决行业痛点问题；三是本书理论与实践紧密结合，内容详实，贴近生产实际，具有较高的理论价值和应用价值；四是本书的作者来自国内的设计、科研、生产单位及著名高等院校，还有很多腐蚀控制技术专家，都是长期在行业一线从事该领域研究的技术人员，具有较强的专业性和代表性。

本书指导委员会对本书编制的方向、主要内容和布局进行了具体指导，王金光负责整体框架搭建、书籍提纲、编写要求，并统稿和定稿，仇恩沧、顾望平、刘小辉、龚宏作为顾问，李书涵负责协调、组织全书的编写、审稿工作。第一章由刘小辉、王金光、段永锋、胡洋、宗瑞磊、李黎、喻灿、吕伟、郑显伟编写，第二章由段永锋、包振宇、张宏飞、李晓炜、李春树、莫少明、张林、严伟丽、朱晓明、王金光、宗瑞磊、李黎、李书涵编写，第三章由张宏飞、王宁、李晓炜、樊志帅、包振宇、段永锋、王金光、宗瑞磊、李黎、李书涵、佘锋编写，第四章由王金光、宗瑞磊、李黎、李书涵、佘锋、李胜利、陈昊、赵艳编写，第五章由王宁、高娜、申明周、郭向阳、段永锋、张洋、王金光、吕伟编写，第六章由陈凯力、武铜柱、娄毓昶、朱明亮、陈超、肖剑鸣、李果、周梦飞、王金光编写，第七章由王金光、尹青锋、仇恩沧编写，第八章由胡洋、杨骁、刘红军、刘志梅、肖阳、吕玉玺、郑丽群、李欣波、王金光编写，第九章由马志刚、刘永健、王金光编写，第十章由李黎、包振宇、王宁、段永锋、王金光编写，第十一章由喻灿、韩立恒、何笑冬、王宏宾、王金光、吕伟、郑显伟编写。韩海波、刘小辉、段永锋、仇恩沧、张迎恺、李胜利、武铜柱、张国信、李群生、王金光、王宁、包振宇、张宏飞、于凤昌、董绍平、顾望平、胡洋、宋洪建、蔡隆展、杨骁、宋洪建、莫少明、宗瑞磊、李黎、赵丽、徐慧勇、张立金、胥晓东、李晓炜、李春树、田刚、蒋文春、关凯书、师金华、吕伟、郑显伟参与了审稿工作，顾望平、刘小辉、莫少明、台湾台塑集团陈炳允、福建炼化熊卫国、中国石油大学（华东）李伟提供了部分资料，对本书的顺利出版作出了很大的贡献。中国石化工程建设有限公司常斯轶、王幼东、张浩东在本书编制过程中参与了部分制图工作，在此一并表示感谢。

本书在编写过程中得到了中国石化股份有限公司科技部、炼油事业部、化工事业部，中国石化工程建设有限公司、中石化炼化工程集团洛阳技术研发中心、中石化洛阳工程有限公司、北京安泰信科技有限公司、沈阳中科韦尔腐蚀控制技术有限公司、上海安恪企业管理咨询有限公司、深圳市诚达科技股份有限公司、洛阳德明石化设备有限公司、山东德齐华仪防腐工程有限公司、慧感（上海）物联网科技有限公司、中国石油大学（华东）、华东理工大学，中国石化天津分公司、镇海炼化分公司、中韩（武汉）石化公司、青岛炼化公司、齐鲁分公司、青岛石化公司和中国石化出版社的大力支持。中国工程院孙丽丽院士和涂善东院士为本书作序，并做了大量的指导工作，谨在此表示衷心的感谢。

由于本书涉及的专业面广，编制人员水平有限，书中内容虽经过多次审稿和修改，仍难免有不妥或不足之处，敬请广大读者批评指正。

目 录
CONTENTS

第1章 炼化装置腐蚀和控制概述 ·· (1)

1.1 炼化企业腐蚀成本 ··· (1)

1.2 原油劣质化带来的危害 ·· (5)

1.3 炼化装置腐蚀控制现状 ·· (11)

1.4 腐蚀控制发展趋势和展望 ·· (17)

参考文献 ·· (20)

第2章 炼化装置腐蚀和损伤类型及案例分析 ··························· (21)

2.1 腐蚀减薄 ··· (21)

2.2 环境开裂 ··· (54)

2.3 材料劣化 ··· (67)

2.4 其他损伤 ··· (93)

参考文献 ·· (105)

第3章 典型炼化装置腐蚀流程分析 ··································· (108)

3.1 原油蒸馏装置腐蚀流程分析 ·· (109)

3.2 催化裂化装置腐蚀流程分析 ·· (115)

3.3 延迟焦化装置腐蚀流程分析 ·· (121)

3.4 加氢精制及裂化装置腐蚀流程分析 ·································· (125)

3.5 连续重整装置腐蚀流程分析 ·· (142)

3.6 硫酸烷基化装置腐蚀流程分析 ······································ (148)

3.7 对苯二甲酸(PTA)装置腐蚀流程分析 ································· (153)

3.8 天然气净化联合装置腐蚀流程分析 ·································· (156)

3.9 硫黄回收联合装置腐蚀流程分析 ···································· (169)

3.10 环保装置腐蚀流程分析 ··· (179)

第4章 典型炼化装置材料选择流程 ··································· (185)

4.1 原油蒸馏装置材料选择流程 ·· (185)

4.2 催化裂化装置材料选择流程 ·· (190)

4.3 延迟焦化装置材料选择流程 ·· (193)

4.4 加氢精制及裂化装置材料选择流程 ………………………………………… （195）

4.5 渣油加氢装置材料选择流程 …………………………………………………… （211）

4.6 连续重整装置材料选择流程 …………………………………………………… （224）

4.7 汽油吸附脱硫装置材料选择流程 ……………………………………………… （230）

4.8 硫酸烷基化装置材料选择流程 ………………………………………………… （232）

4.9 对苯二甲酸（PTA）装置材料选择流程 ……………………………………… （234）

4.10 天然气净化联合装置材料选择流程 …………………………………………… （237）

4.11 硫黄回收联合装置材料选择流程 ……………………………………………… （241）

4.12 环保装置材料选择流程 ………………………………………………………… （244）

参考文献 ……………………………………………………………………………… （251）

第5章 炼化装置工艺防腐蚀与新技术应用 ……………………………………… （252）

5.1 典型炼化装置工艺防腐蚀实施方案 …………………………………………… （252）

5.2 工艺防腐注入系统及设备 ……………………………………………………… （268）

5.3 分馏塔顶循系统在线除盐技术 ………………………………………………… （281）

5.4 静电聚结油水分离技术 ………………………………………………………… （284）

参考文献 ……………………………………………………………………………… （287）

第6章 表面防腐蚀技术与应用 …………………………………………………… （288）

6.1 典型表面防腐蚀技术应用概述 ………………………………………………… （288）

6.2 涂层技术 ………………………………………………………………………… （288）

6.3 合金催化膜层技术 ……………………………………………………………… （291）

6.4 不锈钢表面原位改性氧化物膜层技术 ………………………………………… （295）

6.5 非金属衬里技术 ………………………………………………………………… （301）

6.6 热喷涂技术 ……………………………………………………………………… （306）

6.7 表面防腐技术在储罐中的应用 ………………………………………………… （308）

参考文献 ……………………………………………………………………………… （320）

第7章 承压设备建造失效防护技术与应用 ……………………………………… （321）

7.1 材料焊后热处理导致的失效 …………………………………………………… （321）

7.2 材料冷加工导致的腐蚀及其他失效 …………………………………………… （329）

7.3 承压设备建造质量控制建议 …………………………………………………… （335）

参考文献 ……………………………………………………………………………… （335）

第8章 腐蚀监检测新技术与应用 ………………………………………………… （337）

8.1 腐蚀监检测体系的建立 ………………………………………………………… （337）

8.2 腐蚀监检测新技术介绍 ………………………………………………………… （340）

    8.3　腐蚀监检测数据的处理 ……………………………………………………………（366）

    8.4　展望 ……………………………………………………………………………………（367）

    参考文献 ……………………………………………………………………………………（369）

第9章　泄漏监测技术与应用 ………………………………………………………………（370）

    9.1　泄漏监测技术概述 ……………………………………………………………………（370）

    9.2　定点泄漏监测技术与应用 ……………………………………………………………（378）

    9.3　区域阵列监测技术与应用 ……………………………………………………………（387）

    9.4　线径泄漏监测技术与应用 ……………………………………………………………（390）

    9.5　展望 ……………………………………………………………………………………（394）

    参考文献 ……………………………………………………………………………………（395）

第10章　RBI 技术与应用 …………………………………………………………………（396）

    10.1　RBI 技术简介及工作方法 …………………………………………………………（396）

    10.2　RBI 技术在设计阶段的实施 ………………………………………………………（399）

    10.3　在役装置 RBI 的实施 ………………………………………………………………（416）

    参考文献 ……………………………………………………………………………………（427）

第11章　腐蚀风险控制管理 ………………………………………………………………（429）

    11.1　腐蚀风险控制管理概况 ……………………………………………………………（429）

    11.2　腐蚀控制文件 ………………………………………………………………………（433）

    11.3　腐蚀控制完整性管理 ………………………………………………………………（441）

    11.4　腐蚀管理信息化 ……………………………………………………………………（451）

    11.5　展望 …………………………………………………………………………………（453）

    参考文献 ……………………………………………………………………………………（454）

附录 A　主要材料型号和简称说明 ………………………………………………………（456）

附录 B　缩略语 ……………………………………………………………………………（458）

第1章 炼化装置腐蚀和控制概述

石油化工的发展是我国能源安全的保障，也是我国经济可持续发展的关键依托。当前石油化工行业的发展受到资源和环境的约束进一步加大，炼化企业共同面临原料劣质化、设备腐蚀严重、安全形势严峻等现状；同时，炼化企业属于连续生产的危险化学品高风险行业，其工艺介质易燃易爆、有毒有害，生产过程经常伴随高温、高压等苛刻环境，具有流程工业的特点。因此，炼化装置的腐蚀除了造成材料损失、设备失效以外，还可能引起产品流失、质量下降、能耗上升、装置非计划停工，甚至导致火灾爆炸、人员伤亡以及环境污染等恶性事故。近年来，随着我国城镇化的快速推进，原来远离城市的炼化企业已逐渐被新崛起的城镇包围，带来了许多隐患。"十四五"期间，社会各界将更加紧盯炼化企业，炼化企业进入化工园区、远离城镇布局将成为必然要求，安全生产也将是企业必须加强的一门必修课。因此，必须加大腐蚀防护治理力度、积极采用先进防腐措施、推广新型防腐技术在炼化装置上的应用，发挥腐蚀控制技术在延长炼化设备使用寿命、减少生产成本、提高经济效益，以及减少安全隐患、消除安全事故等方面的关键作用，保障炼化企业生产装置的安全运行。

腐蚀无疑是安全生产的大敌，防腐是企业走向安全的必经之路。本章重点介绍了炼化企业腐蚀成本、原油劣质化带来的危害、炼化装置腐蚀控制现状以及腐蚀控制技术的发展趋势和展望。

1.1 炼化企业腐蚀成本

1.1.1 腐蚀损失

腐蚀现象广泛存在于自然界和工业环境中，腐蚀与我们的生活息息相关。由腐蚀造成的损失是巨大的，针对腐蚀问题的危害性和普遍性，许多国家和行业都对各自的腐蚀问题做过调查，结果显示因腐蚀每年所造成的经济损失远大于自然灾害和其他各类事故造成损失的总和。2016 年 3 月美国腐蚀工程师协会(NACE)公布了全球腐蚀调研项目(IMPACT)的调查结果：全球腐蚀成本估算为 2.5 万亿美元。

1.1.2 腐蚀成本调查

2014 年，中国工程院设立了年度重大咨询研究项目"我国腐蚀状况及控制战略研究"，在全国范围内进行腐蚀成本调查，旨在获取我国在基础设施、交通运输、能源、水环境、生产制造及公共事业等 5 大领域 30 多个行业的腐蚀成本及防腐策略数据，全面摸清我国的腐蚀状况，为国家领导人、企事业决策者提供高质量的决策参考。该项目的开展，还有助于节约资源，保障工业生产装置及重要基础设施运行的安全，减少腐蚀带来的经济损失，促进高新技术产业的发展。同时它为国家制定相关的政策、法规、标准，为国家重大工程的选材提供科学依据，为我国腐蚀防护行业的发展提供技术支持和理论指导。

调查发现，2014 年我国腐蚀成本约为 21278.2 亿元，约占当年国内生产总值(GDP)的 3.34%，这是一个非常惊人的数字，每位公民当年相应承担的腐蚀成本为 1555 元。其中石油化工行业更是腐蚀的重灾区，2014 年某大型石化公司下属 35 家企业腐蚀总成本约为 10.9 亿元，约占该公司当年利润的 1.66%；石化炼油板块每年因设备腐蚀导致的非计划停工次数大致占到总次数的 33%~40%。

为配合中国工程研究院项目的开展,笔者承担了组织炼化企业的腐蚀调研,得到了中国石化、中国石油、中国海油的大力支持。腐蚀调查采取了发放调查问卷、实地考察、学术研讨、专家咨询等多种方式进行。相关的调研结果如下。

1.1.2.1 炼化企业腐蚀总成本

35 家炼化企业在 2013 年和 2014 年的腐蚀总成本分别为 95229.56 万元和 108653.07 万元,其中直接损失分别为 94009.14 万元和 104421.10 万元,占腐蚀总成本的 99% 和 96%;间接损失分别为 1220.42 万元和 4231.97 万元,占腐蚀总成本 1% 和 4%。如图 1-1 所示,与 2013 年 35 家炼化企业的腐蚀总成本相比,2014 年的腐蚀总成本约上涨 14%,其中直接损失约上涨 11%、间接损失约上涨 247%,并且间接损失所占腐蚀总成本的比例由 1% 上升至 4%。

35 家炼化企业 2013 年和 2014 年腐蚀成本与生产运行费用、总产值的对比关系如图 1-2 所示。通过核算可知,2013 年腐蚀成本占该年度生产运行费用和总产值的比例分别为 0.25% 和 0.07%,2014 年两项指标则分别为 0.25% 和 0.06%,两个年度对比变化不大。由此可知,腐蚀成本随生产运行费用和总产值的上涨而同步上涨。

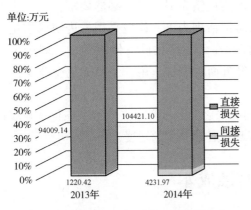

图 1-1 2013 年、2014 年 35 家炼化企业腐蚀总成本组成

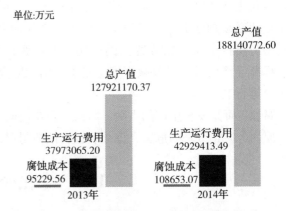

图 1-2 腐蚀成本与生产运行费用、总产值对比

腐蚀总成本中的直接损失部分主要由新建防腐蚀设备费用、旧防腐设备的更新改造费用、涂料和涂装费用、耐蚀材料费用、腐蚀裕量费用、药剂费用、腐蚀监测费用、腐蚀检测、抢维修工程费用、其他防腐措施费用等费用组成。35 家企业在 2013 年和 2014 年的直接损失总费用分别为 94009.14 万元和 104421.10 万元,上述各项支出的总费用及所占比例等情况如图 1-3 和表 1-1 所示。显然,各项直接损失组成中费用占比较大的是药剂费用、涂料和涂装费用、旧防腐设备的更新改造费用,三项费用的总支出占比超过 75%。

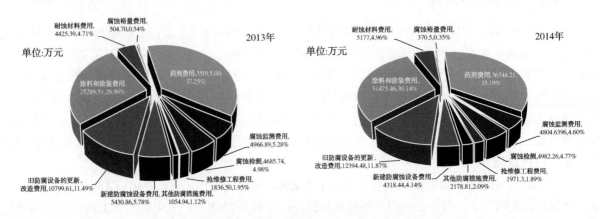

图 1-3 腐蚀成本中的直接损失组成情况

表 1-1　2013 年和 2014 年腐蚀成本中的直接损失各费用项目对比情况

序号	费用项目	2013 年		2014 年	
		损失/万元	占比/%	损失/万元	占比/%
1	新建防腐蚀设备	5430.86	5.78	4318.44	4.14
2	旧防腐设备的更新、改造	10799.61	11.49	12394.48	11.87
3	涂料和涂装	25289.51	26.90	31475.46	30.14
4	耐蚀材料	4425.39	4.71	5177.00	4.96
5	腐蚀裕量	504.70	0.54	370.50	0.35
6	药剂	35015.00	37.25	36748.21	35.19
7	腐蚀监测	4966.89	5.28	4804.64	4.60
8	腐蚀检测	4685.74	4.98	4982.26	4.77
9	抢维修工程	1836.50	1.95	1971.30	1.89
10	其他防腐措施	1054.94	1.12	2178.81	2.09
合计	直接损失总费用	94009.14	100.00	104421.10	100.00

1.1.2.2　腐蚀调查的重点问题分析

1. 腐蚀的普遍性和复杂性

1）腐蚀程度普遍认为比较严重

接受调查的企业均认为本企业普遍存在腐蚀情况，其中认为腐蚀严重的和比较严重的有 61%，认为腐蚀情况一般的有 39%。

2）设备所处的工况环境分布复杂

企业的设备所处工况条件较为复杂，以潮湿、酸性、高温、高压、工业污水及高负荷等为主，另有部分处于碱性、低温、淡水、海水及干燥等工况环境，如图 1-4 所示。

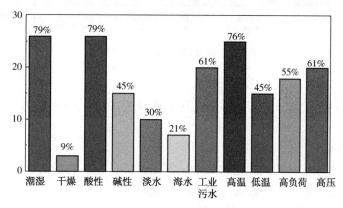

图 1-4　企业设备所处的工况环境分布

2. 防腐蚀技术应用现状

1）防腐措施多样化

受访企业均采取了相应的腐蚀防护或补救措施，其中 70% 以上选择了加注药剂（91%）、耐腐蚀材料（88%）、阴极保护（79%）、涂镀层（79%）、腐蚀裕量（73%）等措施，42% 选择了热喷涂金属，30% 选择了包覆防腐（如复层矿脂包覆技术、氧化聚合型包覆技术等），另外还有工艺防腐等措施。

2）设备或设施关键部位的防护措施

对于企业设备或设施的关键部位（如螺栓螺母、法兰、节点、异形部位等），采用的防护措施包括涂料、防锈油、包覆技术（如复层矿脂包覆技术、氧化聚合型包覆技术等）等，其中 28% 的企业采取涂料防护，16% 采取防锈油，3% 采取包覆技术，三种措施均采用的有 6%，同时采用涂料和防锈油两种措施的有25%，同时采用防锈油和包覆技术的有6%，还有16%的企业没有采取防腐措施，仅对这些关键部位进行定期更换。

3）使用纯钛及钛合金等特种耐蚀材料

调查显示，已有76%的企业使用了钛合金等特种耐蚀材料。

4）企业在选择腐蚀防护对策时的优先顺序占比

在制定腐蚀防护对策时，企业考虑的因素在优先顺序方面，首先是防腐技术的先进性和长效防腐性（占比58%），其次是防腐技术的成本（占比39%），最后是由上层领导直接决策（占比3%）。

5）没有防腐蚀措施企业损失增幅将加大一半以上

根据本企业的特点进行估计，如果没有采取现有的防腐蚀措施，由腐蚀产生的损失可能会增大的比例，认为增幅<10%的受访企业有6%，增幅为10%~30%的有37%，增幅为30%~50%的有30%，认为>50%的有27%。

3. 炼化企业防腐蚀工作存在的问题

1）防腐蚀工作存在的问题分布

企业开展腐蚀防护工作最大的困难是资金问题及缺乏相关人才，重视度不够、没有适合的防腐技术也是较大的困难，此外还有管理层调整、无法长期执行等困难，如图1-5所示。

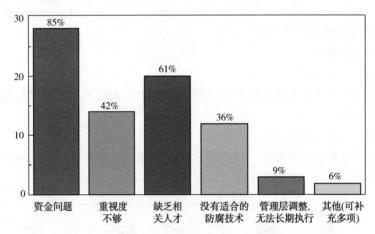

图1-5 企业防腐蚀管理问题分布

2）防腐工作执行力不强

在腐蚀防护工作的执行力度方面，58%的受污企业认为一般，30%认为执行力强，还有12%认为执行力弱。

3）防腐对策不够完善

在企业的腐蚀防护对策能否使腐蚀损失最小化方面，仅有21%的受访企业可以做到并认为自身防腐对策完善，79%的企业采取了一些措施，有一定的成效。

4）企业在腐蚀防护执行的各类标准方面占比

企业在腐蚀防护执行的标准方面，43%执行行业和国家标准，24%执行企业、行业和国家标准，15%还增加执行国际标准，而12%仅执行行业标准，6%仅执行企业标准。

4. 炼化装置应重视设计阶段的防腐

1）造成腐蚀损失的原因主要存在设计阶段

61%的受访企业认为造成腐蚀损失的原因同时存在于设计阶段（防腐方案设计不完备）、制造/建造阶段、运行/维护阶段，18%认为存在于设计阶段和运行/维护阶段，9%认为存在于制造/建造阶段、运行/维护阶段，而12%认为仅存在于运行/维护阶段。

2）企业整体设计方案中已考虑防腐蚀问题

企业在建设时，97%的企业在制定整体设计方案时已经把防腐蚀问题考虑在内。但是，从炼油装置运行期间出现的腐蚀问题来看，此项工作仍待进一步完善和提升。

5. 炼化企业防腐蚀方面的需求

1）对于提升企业整体防腐水平的技术或措施方面占比

（1）91%认为应对各相关部门负责人进行腐蚀防护以及材料相关的教育。

（2）79%认为应建立材料腐蚀、损伤数据库以及材料选定数据库。

（3）73%认为应建立和使用全寿命成本评估方法（LCCLCA）。

（4）88%认为应使用或改进防腐检测和维护管理方法。

（5）73%认为腐蚀剩余寿命评价技术重要。

（6）82%认为腐蚀监测技术重要。

（7）70%认为使用新材料(如新合金、有机材料、无机材料、耐蚀性材料、高温材料)重要。

（8）70%认为在维护中可以使用新型防腐修复技术(如特种涂料、包覆防腐技术等)。

（9）58%认为通过建立腐蚀行为模型，进行多元化腐蚀模拟来实现腐蚀预测是重要的。

2）防腐蚀理论培训需求大

在对员工进行防腐蚀理论培训需求方面，66%的企业认为非常需要高校、科研院所的学者专家来企业对员工进行防腐蚀理论培训；31%需求不大，因企业内部已经开展了相关的培训活动；仅3%认为没有必要。

3）防腐人才、新型腐蚀防护技术、腐蚀防护解决方案等需求大

在腐蚀防护相关的问题需求方面，73%的企业对腐蚀防护专业技术人才、新型腐蚀防护技术、腐蚀防护解决方案三方面均有需求。

6. 其他方面

1）防腐蚀投资方面

55%的企业愿意采用初期投资相对较大，但保护年限更长的腐蚀防护新技术，其他45%的企业需要了解后决定。91%的受访企业认为有必要或非常有必要建立"腐蚀防护投资回报经济模型"。

2）法律法规方面

84%的受访企业认为有必要制定腐蚀防护相关的法律法规。

1.1.3　腐蚀调查结论

此次全国性的调查表明：①腐蚀成本在我国炼化企业呈逐年上升的势头，这是因为随着装置的长周期运行、设备老化、原油的劣质化、炼化工艺新技术不断进步等，对炼化装置设备的适应性和可靠性、可用性等提出了更高要求，必然导致安全环保压力越来越大，切不可因为腐蚀而出现泄漏事件或事故，更不可发生火灾伤亡事故。②腐蚀是安全问题，腐蚀是经济问题，腐蚀是生态文明问题，腐蚀防护是发展"一带一路"战略的重要内容，腐蚀防控力度是国家文明和繁荣程度的反映。

1.2　原油劣质化带来的危害

我国能源供应存在的巨大现实问题是油气需要大量进口。按照2020年的数据，我国原油对外依存度达73.6%，天然气为43.0%。随着消费速度的较快增长，今后我国油气对外依存度还会不同程度地增长，因此，加工劣质进口原油仍是我国今后长期需应对的局面，而劣质原油加工所带来的危害很严重。

1.2.1　原油劣质化趋势

原油作为一种不可再生资源，随着人类的开采，高硫、高酸、高含盐、高密度劣质原油（稠油）将越来越多。过去20年中，全球原油硫含量逐渐上升，含硫和高含硫原油的产量已占世界原油总产量的75%以上，其中硫含量大于2%的高含硫原油约占30%。高酸原油在世界原油供应中的比例从2000年的7.5%增加到2010年的约10%。预计未来20年，国际原油API度将降低0.4个单位，硫含量上升

0.11 个百分点。

在我国，老油田进入稳产、衰减阶段，为了提高产油量，在三次、四次采油的过程中，加入一定数量的增油剂在所难免，这样采得的原油，不但原油本身质量较差（密度较大、含硫、含酸、含盐相对增加），而且加入的增油剂（含氯、氮的有机物）会给原油带入一些氯、氮等杂质。新开采的油田大部分为含硫、含酸、含盐较高的重质原油，例如：辽河原油三分之二以上为稠油或超稠油，酸值高达 5~6mgKOH/g；渤海海域是储量最丰富的高酸值原油；南疆塔河原油是高硫、高酸、高重金属的稠油；北疆春风油田产的稠油，硫含量为 0.23%（质量分数），酸值为 10.52mgKOH/g，属于低硫特高酸原油。

国内外几种有代表性的高(含)硫和高(含)酸原油的性质及有害杂质含量情况，如表 1-2 和表 1-3 所示。

表 1-2　国内外部分高(含)硫原油的性质及杂质含量

原油名称	密度/ （g/cm³）	酸值/ （mgKOH/g）	残炭/%		硫含量/%		氮含量/%		镍含量/（μg/g）		钒含量/（μg/g）	
			原油	>500℃	原油	>500℃	原油	>500℃	原油	>500℃	原油	>500℃
江汉管输	0.8626	0.21	3.97		1.039	2.187	0.3053	0.6278	9.2			
塔河	0.9484	0.00	15.29		2.58		0.24		29.4	68.4	281.0	638
马雅	0.9223	0.182		31.48	1.867	4.64	3.414	0.9067				
埃尔滨	0.9295	0.38			2.522		0.50					
伊斯姆斯	0. 0.8649	0.15			1.66	3.58	0.22	0.49				
Nemba	0.8507	0.38			1.38	3.53	0.27	>0.50				
巴里根	0.8820	0.12			1.43	2.82	0.33	0.63				

表 1-3　国内外部分高(含)酸原油的性质及杂质含量

原油名称	密度/ （g/cm³）	酸值/ （mgKOH/g）	残炭/%		硫含量/%		氮含量/%		镍含量/（μg/g）		钒含量/（μg/g）	
			原油	>500℃	原油	>500℃	原油	>500℃	原油	>500℃	原油	>500℃
胜利混合	0.8884	0.74			0.65	1.17	0.3884	0.8293	22.6		1.7	
南阳管输	0.8976	1.36			0.183	0.289	0.2660	0.5302				
仪长管输	0.9000	1.32			0.5194	1.0437	0.1815					
蓬莱	0.9279	4.38			0.31	0.48	0.38	0.69	24.4		1.0	
塔里木	0.8249	1.30			0.38	0.15	0.09	0.26				
梅瑞	0.9548	1.98			2.699	4.377						
BCF	0.9531	2.23			2.2	3.33	0.4896	1.0970				
多巴	0.9234	4.37			0.1	0.124	0.1623	0.3216	8.29		0.27	
皮瑞尼斯	0.9364	1.75			0.21	0.38	0.1535	0.5364				
杜里	0.9385	1.10			0.21	0.28	0.31	0.50				
罕戈	0.8844	0.66			0.67	1.36	0.22	0.54				
松道	0.8306	1.41	4.76	15.14	0.108	0.228			29.97	97.87	2.33	7.35
阿尔巴克拉	0.9350	2.8			0.5817	0.7354	0.2386					

原油中的含硫化合物包括活性硫和非活性硫，在原油加工过程中，非活性硫可向活性硫转变。炼油装置的硫腐蚀贯穿一次和二次加工装置，对装置产生严重的腐蚀，腐蚀类型包括低温湿硫化氢腐蚀、高温硫腐蚀、连多硫酸腐蚀、烟气硫酸露点腐蚀等。

原油中的含氮化合物经过二次加工装置高温、高压和催化剂的作用后可转化为氨和氰化物，在催化裂化、焦化、加氢裂化流出物系统形成铵盐结晶，严重时可堵塞设备和管线，而且会引起垢下腐蚀。氰化物还会造成催化裂化吸收、稳定、解吸塔顶及其冷凝冷却系统的均匀腐蚀、氢鼓泡和应力腐蚀开裂。

原油中的无机氯和有机氯经过水解或分解作用，在一次和二次加工装置的低温部位形成盐酸复合腐蚀环境，造成低温部位的严重腐蚀。腐蚀类型包括均匀腐蚀和不锈钢材料的点蚀、氯离子应力腐蚀开裂。

原油中的部分含氧化合物以环烷酸的形式存在，在原油加工过程中，对常减压等装置高温部位产生严重的腐蚀，因而加工高酸原油的常减压装置应该进行全面材料升级以应对环烷酸的腐蚀问题。

原油中的重金属化合物在原油加工过程中残存于重油组分中，进入二次加工装置后，会引起催化剂的失效，严重影响装置的正常运转。原油中的重金属钒（V）在原油加工过程中会在加热炉炉管外壁形成低熔点化合物，造成合金构件的熔灰腐蚀。

众所周知，当原料或原料油含硫大于 0.5%、酸值大于 0.5mgKOH/g、氮大于 0.1% 时，在加工过程中会造成设备及其工艺管道较为严重的腐蚀。由此可见，随着石油劣质化的趋势加剧，石油中的硫、氯、氮等杂质含量不断增加，给原油的加工带来了很大的影响，造成了设备、管道的严重腐蚀。这是所有炼化企业必须认真面对的现实，也是国内外炼化企业共同面临的课题。

近年来国际原油价格不断波动，原油成本占炼化企业加工总成本的比例越来越高，控制原油进口成本是炼化企业提高经济效益的首要工作。中国石化加工进口劣质原油占到加工总量的 70% 以上。由此可见，高硫、高酸劣质原油的加工已成为炼化企业的必修课，高硫、高酸劣质原油的加工能力是今后衡量一个炼化企业综合竞争力的重要标准。

1.2.2 炼化装置的腐蚀风险及表现

1. 腐蚀对装置非计划停工影响大

原油劣质化趋势造成设备腐蚀趋势加剧、跑冒滴漏现象严重，非计划停工次数明显增多，给炼油装置长周期安全运行带来了严重的影响。2010 年某大型石油公司开展的炼化分公司全系统腐蚀与防护调研显示，加工高（含）硫的进口原油及高酸值稠油的炼油装置设备腐蚀比加工其他原油的设备腐蚀严重得多。2008 年某大型石化公司上半年炼油主要装置 21 次非计划停工中，设备腐蚀问题造成非计划停工 10 次，占非计划停工总数的 48%；经过近几年的专项治理，腐蚀造成非计划停工次数明显减少。但是，2014 年的统计表明，腐蚀仍是造成非计划停工、影响装置长周期运行的主要因素。

设备腐蚀泄漏造成生产装置非计划停工在炼化企业时有发生，如图 1-6 所示，对生产任务的完成以及安全生产造成了很大的影响。每年直接经济损失约为 100 万~2000 万元，间接经济损失约为 4000 万~8000 万元。

(a)   (b)

图 1-6 某石化装置渣油换热器接管腐蚀减薄破裂着火事故

2. 腐蚀分布范围广

加工劣质原油发生腐蚀的部位分布范围很广，各类生产装置均出现了不同程度的腐蚀，而且辅助生产装置公用工程腐蚀泄漏要比主要生产装置多。图 1-7 为各类装置发生腐蚀的比例。

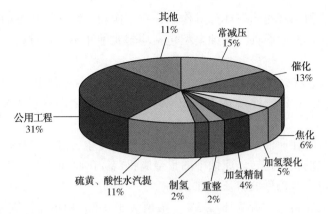

图 1-7 各类装置发生腐蚀的比例图

3. 原油预处理难度增加

随着国内原油的重质化和劣质化特别是乳化问题日益严重，原油预处理难度大大增加。一方面，原油不断变稠、变重、含盐量增加，增加了脱盐难度；另一方面，原油开采过程中加入的各种助剂，使得原油与水的乳化程度增加，原油破乳脱水困难。例如部分胜利原油和塔河原油。

4. 高温腐蚀问题

1）长期超设防值，造成严重腐蚀

进入 21 世纪以来，国内炼油装置加工原油劣质化程度加重，炼油装置对腐蚀介质设防不足非常突出，一方面表现为常减压装置加工原油超设防值的情况较多，这是受企业大量采购劣质原油的影响造成的；另一方面，大部分企业二次加工装置没有制定控制标准。这使得加工劣质原油后，常减压蒸馏装置和主要二次加工装置产生了严重的腐蚀，如图 1-8 和图 1-9 所示。

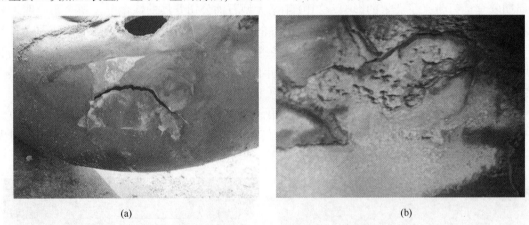

图 1-8 某企业常减压高速转油线出口弯头、内壁腐蚀情况

图 1-9 某企业常减压减四线接管及减压塔第五段填料腐蚀情况

8

2）高温硫腐蚀加重

原油中硫含量的增加，会造成高温部位的高温硫腐蚀更加突出。某大型石化公司2008年对企业的腐蚀调查表明：高温硫腐蚀存在比较普遍，重油高温部位的腐蚀平均速率为0.5~1mm/a，在流速流态交变部位的腐蚀速率达到1~3mm/a。目前部分企业高温部位的管线和设备，其材料没有达到加工高硫原油的标准，存在一定的腐蚀隐患。因高温硫腐蚀也导致了一些安全事故的发生，例如某企业渣油加氢装置分馏炉Cr5Mo转油线，由于H_2+H_2S高温腐蚀减薄，造成炉管破裂着火，如图1-10所示。

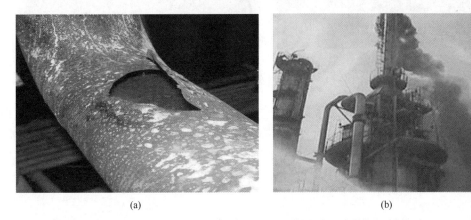

(a)   (b)

图1-10　某炼油厂渣油加氢分馏炉炉管腐蚀减薄破裂着火

3）环烷酸腐蚀严重

原油酸值的增加，特别是高酸原油的加工，使得环烷酸引起的设备和管线的腐蚀尤为严重。环烷酸引起的腐蚀主要发生在常减压装置，尤其是减压塔高温部位及附属管线环烷酸腐蚀严重。例如某厂常减压蒸馏装置减压塔底渣油管线腐蚀和塔内集油箱腐蚀烂掉，如图1-11所示。

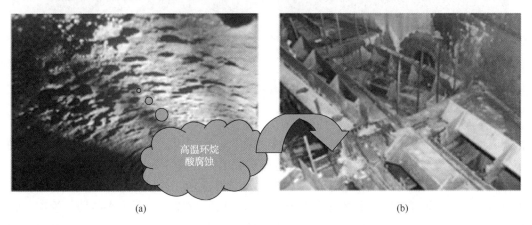

(a)   (b)

图1-11　减压塔底渣油管道和减压塔内集油箱腐蚀

5. 低温部位腐蚀问题

1）有机氯引起腐蚀

由于上游采输过程中使用含氯助剂，导致进入炼厂的原油含大量有机氯，进而给常减压装置塔顶低温系统以及二次加工装置带来氯化铵结盐及腐蚀等问题。典型的如2013年胜利原油氯含量大幅上升，造成鲁宁管线及仪长管线沿江多家企业多套装置被迫停工检修，严重威胁了装置长周期安全运行。再如某企业在停工大检修时，常压塔顶部及上五层塔盘、衬里腐蚀严重，局部塔壁出现穿孔，如图1-12所示。经分析，HCl腐蚀是导致塔体穿孔和衬里腐蚀的直接原因，而电脱盐处理后原油盐含量并不高，氯化物来源于劣质原油中的有机氯。

2）NH_4Cl+NH_4HS结垢腐蚀

加氢装置的NH_4Cl+NH_4HS腐蚀环境主要存在于加氢精制和加氢裂化装置反应流出物换热设备中，

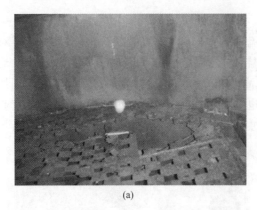
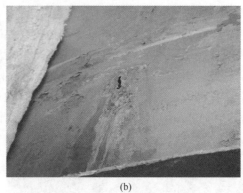

(a)   (b)

图 1-12　常压塔塔盘及塔壁腐蚀情况

由于 NH_4Cl 在加氢装置的结晶温度约为 175~230℃，而 NH_4HS 在加氢装置的结晶温度主要在 121℃ 以下形成，大量形成于 27~66℃，均在一般加氢装置高压换热设备的进口温度和出口温度的范围内，因此在加氢装置高压换热设备中极易形成由于 NH_4Cl 和 NH_4HS 结晶析出而结垢［见图 1-13(a)］，在换热设备流速低的部位由于 NH_4Cl 和 NH_4HS 结垢浓缩，造成电化学垢下腐蚀，形成蚀坑，最终形成穿孔［见图 1-13(b)］。

(a)管束结盐垢　　　　　　　　　　　　　　　　(b)管束穿孔

图 1-13　加氢装置换热器铵盐结晶及穿孔

6. 多相流腐蚀普遍存在

多相流腐蚀可以说广泛存在于石油炼制过程中，受到温度、压力、介质、流速流态等因素的影响，影响因素多，腐蚀形态多样，给炼化装置的安全运行造成了巨大威胁。

在炼化装置中，发现多相流腐蚀较多的部位有：加氢反应流出物换热器、空冷器及其管道系统；常减压塔顶回流系统换热器和空冷器及管道系统；分馏塔顶回流线空冷器、水冷器、管束、管道系统以及塔底循环系统；脱硫系统；焦化系统等。在多相流状态下，腐蚀往往表现为腐蚀减薄、冲蚀、磨蚀、垢下腐蚀等，如图 1-14 和图 1-15 所示。

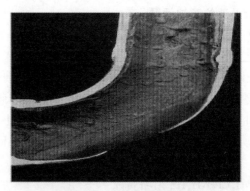

图 1-14　铵盐沉积引起垢下腐蚀　　　　　　　　图 1-15　流体介质的冲蚀

7. 主要化工装置的腐蚀情况

化工装置的设备腐蚀大多数是由具有腐蚀性的化工原料、使用的催化剂、溶剂等造成的。

1）乙烯裂解装置

乙烯裂解装置的裂解系统、工艺急冷水系统、压缩机段间冷却系统、碳五系统等部位普遍存在腐蚀问题。例如，裂解炉炉管的渗碳腐蚀，以及装置的低温系统的腐蚀；压缩机段间冷却系统、加氢脱碳五系统未进行腐蚀监测与控制。

2）化肥装置

合成氨装置的汽化工段、变换工段、净化工段、合成工段以及尿素装置均存在不同程度的腐蚀问题，如高温氧化腐蚀、高温氢损伤、碳酸腐蚀、液氨应力腐蚀、高压甲铵腐蚀及冷凝液冲刷腐蚀等。目前部分企业的化肥装置已经将生产原料由原来的渣油改为煤，虽然腐蚀状况较以前以渣油为原料时轻，但在以渣油为原料期间给装置留下的后遗症依然存在。新建煤化工装置仍然有严重的腐蚀问题，主要是含硫合成气腐蚀和磨蚀等。

3）乙二醇/环氧乙烷装置

乙二醇/环氧乙烷装置的腐蚀主要发生在多效蒸发系统，各企业的蒸发系统原设计均为碳钢材质，腐蚀比较严重，个别企业曾经由于该系统腐蚀造成装置连续停工事件。目前各企业均对该系统进行了材质升级，但是腐蚀问题还是时有发生。

4）顺丁橡胶装置

顺丁橡胶装置腐蚀发生的主要部位在溶剂油回收系统，盐水系统的腐蚀较为轻微。溶剂油回收系统的腐蚀主要发生在管线、阀门、泵壳、叶轮、吸收油水冷器管束、脱水塔进料预热器、胶罐尾气吸收器、回收溶剂中间储罐、容器及管线焊缝等部位。部分企业的顺丁橡胶装置溶剂油回收系统机泵、管线、塔、冷却器腐蚀严重，曾发生多次、多点腐蚀泄漏而停工，给装置安全生产造成很大影响。

5）PTA装置

PTA装置由于以含溴有机酸作为催化剂，导致其配料系统、氧化反应、结晶系统、加氢、干燥及后干燥部分、残渣系统等设备、管线腐蚀严重。目前各装置连续生产时间很难达到一年，80%的停工检修是由于腐蚀问题造成的，尚没有好的解决方法。

6）其他化工装置

其他一些化工装置的腐蚀问题也较为突出，如烷基苯装置的氢氟酸腐蚀、硝酸装置的浓硝系统腐蚀、丙烯腈装置有机物料输送管线腐蚀和甲乙酮装置水合反应系统的腐蚀等，仍然是影响装置平稳生产的主要原因之一。

8. 炼化企业的其他腐蚀问题

近年来，随着节能减排要求的不断提高，由于循环水水质等问题，各炼化企业普遍存在水冷器循环水侧的腐蚀泄漏现象，对装置的正常生产造成了较大的影响。此外，油品储罐、埋地管线、瓦斯系统、装置或构筑物的外腐蚀（主要为酸雾腐蚀、烟雾腐蚀）等问题也较为突出。

1.3 炼化装置腐蚀控制现状

1.3.1 材料选择现状

炼化装置日趋严重的腐蚀问题给装置的设计工作提出更高的要求。为有效解决装置的腐蚀问题，在设计阶段做好装置的选材工作是非常重要的。合理的选材是最可靠也是最广泛使用的控制炼化装置腐蚀的方法，选材应坚持材料适应性、经济性和可得性兼顾的原则。在以往的工程项目中，尤其是一些选用国外工艺包的项目，专利商针对某些特定腐蚀环境，过度选材，造价很高，甚至不考虑可得性，造成投资大幅度增加。在炼化装置中，物料中的各种腐蚀介质都会对设备产生一定程度的腐蚀。因此，抗腐蚀性能应该是石化装置选材首要考虑的问题。过去和现在不断发生的石化装置的事故，有很大一部分事故是由材料腐蚀引起的，其主要原因是选材不能满足复杂工况的抗腐蚀要求。

目前选材方法一般是从介质具体腐蚀环境入手，通过查选相关标准、导则以及过往工程经验确定一种或几种材料。目前炼化装置常用的选材标准和选材导则主要包括：

SH/T 3075　石油化工钢制压力容器材料选用标准；

SH/T 3096　高硫原油加工装置设备和管道设计选材导则；

SH/T 3129　高酸原油加工装置设备和管道设计选材导则；

API 610　石油、石化和天然气工业用离心泵。

这些标准、导则能提供一些主要炼化装置的主要设备、工业管道、炉管、泵的推荐用材，例如在SH/T 3096—2012中给出了加工高硫低酸原油蒸馏装置主要设备、工业管道、炉管的推荐用材，API 610给出了典型工况下离心泵的推荐用材。上述标准、导则为炼化装置的设计、运行提供了原则性的指导意见，为其安全运行也提供了基本的保障。然后，从使用效果来看，还是存在很多问题亟待解决：

（1）目前的选材标准和导则并未覆盖所有的炼化装置。很多既有的炼化装置和最近几年发展的新装置并未涉及，例如酸水汽提、汽油吸附脱硫、柴油加氢裂化、烷基化、浆态床渣油加氢等装置。

（2）高硫、高酸工况下泵的选材缺乏指导意见。目前泵的选材主要依据API 610，然而其并未给出高硫、高酸下泵的选材方法。

（3）专业分割原因导致不同部件材料选择不匹配。国内大部分工程公司或设计院由于内部专业分割等原因，各专业的选材独立进行，例如静设备、动设备、配管、工业炉都是各自进行自己的选材。由于缺乏协调，经常出现材料选择不匹配的问题，例如静设备、动设备甚至炉管材质低于管道材质。这给设计工作、现场安装工作带来困难，增加了装置运行的隐患。

国外工艺包往往会提供一套完整的材料流程图（Material Selection Diagram，MSD），它是基于工艺流程图、物料平衡数据、工艺设备表等资料，给出主要过流部件，包括静设备、动设备、管道、工业炉、泵等的材质信息。材料流程图很好地解决了装置的各材料选择不匹配问题，也使选材更加精准，同时兼顾耐蚀性能和经济成本。目前，国内材料流程的设计理念刚刚起步，大部分工程公司或设计院还是维持各个专业决定各自选材的模式。

对于全厂装置来说，可能涉及众多工艺包和专利商，各工艺包和专利商可能都会提供各自的材料流程，但没有站在全厂的角度，做到全厂一盘棋，造成同一介质环境选材不同，从而产生材料选择不匹配问题，给炼厂的后续管理造成不便。中国石化工程建设有限公司开国内先河，是国内为数不多的提供材料流程设计文件和全厂工艺装置材料流程整合的炼化工程公司，极大地优化了装置的选材问题。

1.3.2　设备制造与安装现状

承压设备制造环节直接影响到后续服役过程中的耐蚀性能。广义承压设备包括容器、管道等。据一项调查显示，有9%的受访企业认为造成腐蚀损失的原因存在于制造/建造阶段、运行/维护阶段。在实际发生的事故中，由于制造不当造成的腐蚀或失效事故数见不鲜。

制造包括原材料（钢板、锻件、钢管、焊材等）、焊接、成型、热处理、无损检测等，只要某一环节出现问题，都会造成质量失控。中国是制造业大国，压力容器制造厂有3000多家。各制造厂的制造水平参差不齐，对质量的管理控制也是良莠不齐，加之目前实行公开招标，招标过程中的管理也有不到位的地方，造成低价恶性竞争，甚至出现"劣币驱逐良币"的不良倾向和趋势。有些企业为了降低成本，经常偷工减料，工序管理失控甚至造假，比如私刻供应商公章、热处理曲线造假，某炼化企业一台塔器刚投入不久即出现大部分焊缝开裂，该塔介质含硫化氢，为湿硫化氢腐蚀环境，经查阅制造出厂文件，该塔采用TOFD检测技术，所有无损检测文件均显示焊缝无任何缺陷，100%合格，但经第三方检测在现场复检TOFD后，发现绝大部分焊缝存在未融合、夹渣等缺陷，造假已经到了登峰造极的地步。因此，对于新出现的一些无损检测技术，如TOFD、相控阵PAUT等，在推广应用的过程中，必须稳妥推进，加强第三方监管。又如，对于高等级不锈钢材料的焊接，没有很好地遵守焊前表面清理、层间（道间）温度的控制等，出现热裂纹、有害相等缺陷。再比如，对于Cr-Mo的焊接，过程管理不严，消氢处理、中间消除应力热处理和最终焊后热处理工艺执行不到位，热电偶布置不合理等造成热处理效果不佳、硬度超标等缺陷，等等。

当然，国内也不乏讲究信誉、追求质量、管理规范的制造企业，这些企业对推动中国从制造业大国向强国转变起到了良好的示范效应。但时有管理规范的企业竞争不过不良企业，给压力容器的制造质量埋下了隐患。

近几年，千万吨炼油、百万吨乙烯项目在国内大规模建设，设备大型化问题越来越突出，设备成型问题难度变大，由于强力组装造成的腐蚀开裂问题经常发生；由于运输受限，有的大型设备必须在现场制造，现场焊接的质量管控难度加大。焊接方法也跟在工厂不完全一样，如不能推广应用埋弧焊工艺(SAW)，为了提高焊接效率，大量使用熔化极气保焊(GMAW)，但气保焊是一个包含广泛的焊接工艺，其保护气体的比例添加，比如 CO_2，也是范围很广，如果管理不到位，对于某些介质环境，如应力腐蚀环境，极有可能由于焊接接头质量冲击韧性下降造成应力腐蚀开裂。

1.3.3　工艺防腐蚀技术现状

目前，原油资源正趋于劣质化，劣质原油加工已成为国内炼化企业共同面临的难题。提高劣质原油加工能力的技术关键之一就是控制劣质原油对炼油设备的腐蚀。根据国内外炼化装置的生产经验，针对炼化装置高温部位是以材料防腐为主、工艺防腐为辅的腐蚀控制策略；低温部位是以工艺防腐为主、材料防腐为辅的腐蚀控制策略。目前，国内炼化企业加工高硫、高酸原油经验的日益丰富以及装置进行了多轮的材质升级，高温硫和环烷酸腐蚀问题及危害已基本得到了控制。但是，炼化装置低温系统的腐蚀正在成为影响装置安全长周期运行的关键，尤其是与氯化物以及低温硫化物相关的腐蚀问题。最典型的如常减压装置塔顶系统的露点腐蚀、加氢装置反应流出物系统的铵盐结晶等。这种低温电化学腐蚀过程复杂，影响因素众多，同时冲蚀和腐蚀的共同作用使其测量和控制也更为困难，冲蚀破坏具有明显的局部性、突发性和灾难性，特别是含水、腐蚀性、多相流作用下引起的腐蚀穿孔机理更为复杂，是长期困扰炼化装置设备和管道安全运行的关键技术难题。因此，低温部位腐蚀与高温腐蚀相比，单纯依靠材质升级往往不能解决问题，工艺防腐是解决炼化装置低温系统腐蚀的关键。

炼化装置工艺防腐蚀技术是指在设备和管道材质不便于升级更换的情况下，采取相应的各种措施降低工艺介质的腐蚀性，从而减缓设备或管道的腐蚀。早期的工艺防腐蚀技术主要是传统的"一脱四注"，即原油电脱盐、脱后原油注碱、塔顶油气线注水、注中和剂、注缓蚀剂。随着人们对炼化装置腐蚀规律与工艺操作波动关联性的深刻理解，操作优化、防腐助剂的精细化实施成为工艺防腐蚀技术的发展趋势和方向。2012 年，在中国石化炼油事业部的支持下，中国石化设备防腐蚀研究中心结合国内外炼化装置腐蚀方面的技术标准和规范，以及中国石化下属设计、生产等有关单位的实践经验，编制了《中国石化炼油工艺防腐蚀管理规定实施细则》(简称"实施细则")，对典型炼化装置工艺防腐蚀技术的操作细则进行了详细的阐述，并提出了明确的控制要求。2018 年，中国石化设备防腐蚀研究中心完成了"实施细则"(第二版)的修订。实施细则的颁布与实施，规范了炼化装置工艺防腐蚀的实施和可操作性，提高了中国石化炼化企业整体防腐技术和管理水平。目前该细则得到了中国石油和中海石油炼化企业的广泛认可和应用。

2014 年，美国石油学会(API)颁布了 API RP 584《完整性操作窗口》(Integrity Operating Windows，IOWs)，该标准系统阐述了操作条件和工艺参数对设备损伤劣化的影响和危害，建立了生产装置运行过程中重要的工艺运行参数、化验分析的临界值，明确了 IOWs 的制定范围并为炼化企业如何建立与实施 IOWs 提供了指导。2014 年，美国国际腐蚀工程师协会(National Association of Corrosion Engineers，NACE)颁布了标准 NACE SP0114《炼油厂注入和工艺混合点实施规程》，详细论述了炼化企业在设计和检测阶段注入点和工艺混合点的特点和要求，并讨论了注入点和工艺混合点系统的典型选材、腐蚀问题、成功的设计和检验规范。

2018 年，某大型石化公司设备防腐蚀研究中心建立了炼油装置的"腐蚀评估、监测、控制、管理一体化"腐蚀控制技术体系，编制了配套的规范化操作流程和标准化技术规范，实现了炼化企业的防腐蚀全流程管理。该技术体系首次开发了基于 PI 系统的腐蚀控制回路窗口，建立了工艺操作、化学分析、腐蚀监测与工艺防腐蚀之间的在线关联分析，形成了闭环的工艺防腐技术管理模式，为炼化装置生产期间的安全运行提供了技术保障。

随着炼化企业对生产装置安全稳定长周期运行要求的日益提高，腐蚀控制尤其是运行期间的工艺防腐作为安全生产的核心也被提到重要高度。工艺防腐蚀技术是从工艺角度出发的一项综合性解决设备腐蚀问题的措施，是解决低温系统腐蚀的关键；同时工艺防腐蚀又是一个系统、全方位的工作，是一个需要根据原料性质、生产工艺和外部环境变化随时调整的动态控制过程。

1.3.4 腐蚀监检测技术现状

腐蚀监检测是腐蚀完整性管理中重要的一个内容，是实现预知性防腐维修维护的基础。2017 年 NACE STAG P72(美国腐蚀工程师协会非美洲区炼化防腐专家委员会)对中国大陆 25 家炼化企业腐蚀监检测技术使用情况进行了调研，结果如图 1-16 所示。

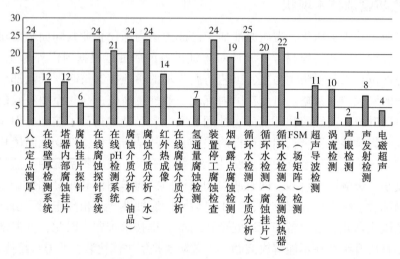

图 1-16 腐蚀监检测技术应用情况(2017 年 NACE STAG P72 调研结果)

从图 1-16 中可以看出，25 家炼化企业普遍采用了常规腐蚀监测和检测技术。所有企业都开展了循环水的水质分析，除 1 家企业外，24 家企业开展了人工定点测厚、在线腐蚀探针系统、腐蚀介质分析(油品和水)、装置停工腐蚀检查。此外，循环水监测换热器、在线 pH 检测系统、循环水腐蚀挂片检测、烟气露点腐蚀检测等应用也比较普遍。有一半左右的企业采用了红外热成像、在线壁厚检测系统、塔器内部腐蚀挂片等。氢通量、腐蚀挂片探针、在线腐蚀介质分析使用较少。新腐蚀监测和检测技术中，超声导波、涡流检测应用较多，其次是声发射。电磁超声、声眼、FSM 应用较少。

表 1-4 列出了目前国内外普遍采用的主要腐蚀监检测技术及其适用的损伤类型，可以看出，减薄类的腐蚀监检测方法最多，开裂类腐蚀监检测方法也逐步成熟，但材质劣化类的腐蚀监检测方法较少。未来，腐蚀监测和检测技术要不断弥补短板，并朝着低成本、在线、精准诊断、智能机器、大数据分析的方向发展。

表 1-4 主要腐蚀监检测技术

序号	腐蚀监检测方法	适用的损伤类型
1	人工定点测厚(超声波)	减薄类
2	腐蚀介质分析	减薄类、开裂类、材质劣化类、其他类
3	腐蚀产物分析	减薄类、开裂类、材质劣化类、其他类
4	装置停工腐蚀检查	减薄类、开裂类、材质劣化类、其他类
5	腐蚀挂片	减薄类、开裂类、材质劣化类、其他类
6	在线腐蚀探针(电阻/电感/电化学)	减薄类
7	pH 在线监测	减薄类、开裂类、材质劣化类、其他类
8	在线壁厚测量技术	减薄类

序号	腐蚀监检测方法	适用的损伤类型
9	超声波探伤(PAUT/TOFD/SWUT)	减薄类、开裂类
10	涡流(远场/近场/脉冲)	减薄类、开裂类
11	超声导波	减薄类、开裂类
12	射线检测(含数字射线)	减薄类、开裂类
13	红外热成像	减薄类、开裂类
14	氢通量检测	减薄类、开裂类
15	场矩阵 FSM	减薄类
16	电磁超声	减薄类、开裂类
17	声发射	减薄类、开裂类
18	交变电流检测 ACFM	减薄类、开裂类
19	漏磁检测	减薄类
20	磁记忆检测	减薄类、开裂类
21	材质成分分析	减薄类、开裂类、材质劣化类、其他类
22	矫顽力检测	开裂类、材质劣化类、其他类
23	目视检测	减薄类、开裂类、材质劣化类、其他类
24	金相分析(含 SEM 等)	开裂类、材质劣化类、其他类
25	物理性能分析(如硬度)	开裂类、材质劣化类、其他类

1.3.5 腐蚀控制管理现状

在过去的几十年中，全世界范围内化工厂接连发生重大化学事故，其中大部分事故都是因腐蚀泄漏发生，通过对这些事故的调查和反思，行业已形成较为完善的腐蚀管理体系。同国外相比，我国加工含硫和高硫原油的历史相对短一些，但也在生产实践和科研中积累了一些宝贵经验。中国石化茂名分公司、镇海炼化分公司、齐鲁分公司、广州分公司、天津分公司等炼制或掺炼高硫原油较多，已积累了大量防腐措施和经验。一些科研机构和企业设备研究所在劣质原油中的腐蚀性介质分布和物性、炼油厂防腐策略、成套防腐技术、原油和材料的腐蚀性评价、工艺防腐对策、缓蚀剂应用与筛选、涂层防护等方面都做了大量的研究和探讨，取得了一定的成效。

通过总结这些经验，国家和行业制定了一系列行业标准和管理规定来指导炼化企业的设备防腐管理，如表 1-5 所示。

表 1-5 腐蚀控制标准体系常用的管理规定、标准及导则

类别	管理规定、标准及导则名称
中石化、中石油管理规定及标准	中国石化炼〔2011〕614 号《中国石化炼化企业设备防腐蚀管理规定》
	中国石化炼〔2011〕615 号《中国石化加工高含硫原油储罐防腐蚀技术管理规定》
	中国石化炼调〔2010〕14 号《中国石油化工股份有限公司炼油轻质油储罐安全运行指导意见(试行)》
	中国石化炼〔2011〕339 号《中国石化炼油工艺防腐蚀管理规定》
	中国石化炼〔2012〕128 号《中国石化炼油工艺防腐蚀管理规定实施细则》(第二版)
	中国石化炼〔2011〕618 号《加工高含硫原油装置设备及管道测厚管理规定》
	中国石化炼〔2001〕《关于加强炼油装置腐蚀检查工作的管理规定》
	中国石化炼〔2011〕《中国石油化工股份有限公司炼油装置停工设备保护管理规定》
	中国石化炼〔2005〕《催化裂化装置防治结焦指导意见》
	中国石化炼〔2021〕《加氢装置高压空冷器设计、选材、制造和操作维护指导意见》
	中国石化安〔2011〕760 号《中国石化加工高含硫原油安全管理规定》
	Q/SH 0752—2019《炼油装置停工腐蚀检查导则》
	Q/SH 021—2017《含硫天然气净化装置腐蚀控制技术规范》
	中国石油〔2020〕《炼化装置小接管管理导则》
	中国石油〔2020〕《炼油装置腐蚀监检测选点规范》
	中国石油〔2019〕《炼油装置工艺防腐运行管理规定》

类别	管理规定、标准及导则名称
中石化炼化工程公司标准	RAD-T-GS1401 《炼油装置腐蚀流程图绘制规定》 RAD-T-OP1401 《炼油装置腐蚀类型判别方法手册》 RAD-T-OP1402 《石油化工装置定点测厚及命名规定》 RAD-T-OP1403 《石油化工装置腐蚀探针设计及安装规定》 RAD-T-OP1404 《石油化工装置腐蚀挂片设计及安装规定》 RAD-T-TR2403 《原油蒸馏装置工艺防腐及腐蚀监测方案规定》 RAD-T-TR2401 《延迟焦化装置工艺防腐及腐蚀监测方案规定》 RAD-T-TR2402 《加氢裂化装置工艺防腐及腐蚀监测方案规定》 RAD-T-TR2404 《催化裂化装置工艺防腐及腐蚀监测方案规定》 RAD-T-TR2405 《催化重整装置工艺防腐及腐蚀监测方案规定》 RAD-T-TR1402 《现场腐蚀挂片的设计和制备》 RAD-T-TR1404 《现场腐蚀挂片实施及数据采集》
国内标准	SH/T 3096 《高硫原油加工装置设备和管道设计选材导则》 SH/T 3129 《高酸原油加工装置设备和管道设计选材导则》 SH/T 3193 《石油化工湿硫化氢环境设备设计导则》 GB/T 30579 《承压设备损伤模式识别》 GB/T 26610 《承压设备系统基于风险的检验实施导则》 SH/T 3193 《石油化工湿硫化氢环境设备设计导则》 GB/T 50050 《工业循环冷却水处理设计规范》 GB/T 33314 《腐蚀控制工程生命周期》 GB/T 50393 《钢质石油储罐防腐蚀工程技术规范》
技术参考书籍	《炼油企业检修管理指南》 《石油化工厂设备检查指南》 《炼油装置防腐蚀技术》 《炼化装置隐蔽项目检查方法》 《石油石化金属材料应用及发展》 （以上均为中国石化出版社近年来出版的图书）

  这些行业标准和管理规定表明了我国炼化装置防腐蚀管理已进入规范化的阶段，这也是我国炼化企业防腐蚀技术整体水平提高的一种标志。例如，基于腐蚀控制回路的工艺防腐管理，借鉴了腐蚀回路和完整性操作窗口的理念，针对装置重点腐蚀部位，尤其是低温腐蚀的高风险部位，建立重点操作参数、工艺防腐参数及腐蚀监检测参数等的管控清单，并集成在同一操作窗口内进行显示及管理；"原油管理"防腐技术，将防腐的"关口"提前，控制好进装置的原油质量；将原油预处理、混炼、电脱盐、污油处理等整体考虑；提出规范原油管调混合输送工艺操作、加强腐蚀性介质在线分析、加强混合原油质量监控。炼化装置腐蚀管理体系建设是通过将工艺、设备、监检测等多专业领域防腐知识体系进行有机结合，建立"腐蚀监测、控制、管理一体化"的腐蚀控制体系，形成规范的操作流程和标准化技术规范，并建立腐蚀回路控制窗口，实现炼化企业的防腐蚀全流程管理，指导企业人员及时掌握腐蚀状况，了解腐蚀变化趋势，并为企业人员开展腐蚀原因分析、制定腐蚀控制措施提供依据，保障生产装置的安全稳定长周期运行。

  其中装置防腐管理体系是设备完整性管理体系的重要组成部分，其主要目的是有效掌握装置设备腐蚀状态，控制腐蚀风险，保障装置长周期安全稳定运行。有效实施腐蚀管理体系（CMS），并与企业的管理系统结合起来是非常有必要的。CMS是一系列政策、流程和计划、执行的步骤，以及不断提高的管理现有的和未来腐蚀威胁的能力。它包括优化腐蚀控制措施，将全寿命周期损失降至最低；达到安全环保的目标；将腐蚀管理并入资产生命周期。

  此外智能化的炼化设备腐蚀信息系统以腐蚀为抓手建立健全石化静设备管理体系，实现腐蚀数据集中管理和综合分析、腐蚀状态量化评估与监控预警、防腐专家远程诊断与服务，满足设备防腐管理需求。

但是，目前国内腐蚀风险管理工作仍在起步阶段，尤其是装置设计阶段的腐蚀风险管理鲜有涉及，实际上，通过在设计阶段对运行期间可能出现的腐蚀问题，以及需要采取的选材优化、工艺防腐、监检测措施等进行提前布局，并建立合理的管理制度，可大大减少后续运行可能出现的维修/改造费用。

1.4 腐蚀控制发展趋势和展望

1.4.1 炼化企业的腐蚀分布

据文献介绍，从炼化装置的统计分析和大修装置腐蚀调查情况看，装置设备的腐蚀主要分布于设备的内件、管束、内壁等，其占比见图1-17，并可得出以下值得关注的事项：

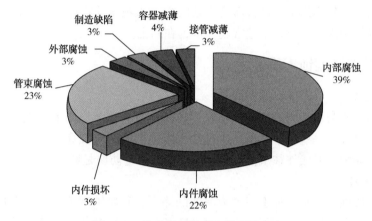

图1-17 炼化装置设备各类腐蚀占比

（1）加工低硫、低酸原油的装置长期运行后也存在高温硫/环烷酸腐蚀问题。

如A企业二套常减压装置经过20年的使用，渣油换热器的壳体出现腐蚀减薄（减薄6mm，年腐蚀速率达0.3mm/a）、管束腐蚀减薄穿孔以及减五线换热器接管减薄、管箱隔板腐蚀成刀片状。

（2）老装置存在腐蚀累积效应，问题突出。

如B企业催化重整装置已使用40余年，较多设备出现腐蚀及减薄，内件腐蚀、损坏严重，外部保温层下腐蚀明显。

（3）设备内件是腐蚀调查的重点。

从统计情况看，内件的腐蚀与损坏约占总体问题的1/4，若将冷换设备管束也算作内件的话，其所占比例则达到40%~50%。A、B企业反映的规律基本相似。此外，内件腐蚀和设备本体腐蚀也存在着天然的联系，因为它们所处的环境基本相同。若在内件检查时发现明显的腐蚀问题，检查人员一定要对相应的本体做细致的检查，反之亦然。如A企业催化重整装置预分馏塔同时出现内件腐蚀、内壁腐蚀和接管减薄。管束和换热器本体的腐蚀也存在同样的对应关系，管箱腐蚀时应仔细检查管板和管头，壳体腐蚀时应仔细检查管束外表面，这一点在B企业的催化装置表现得较为突出。

1.4.2 炼化装置是发生设备腐蚀的"重灾区"

炼化装置是发生设备腐蚀的"重灾区"，特别是加工劣质原油后，腐蚀问题更为突出，腐蚀风险加大。随着我国各大石油公司加工劣质原油总量的增加，以及国家对安全问责和环境保护要求越来越严，今后对腐蚀防护技术要求将更高。

从劣质原油加工角度来看，首先应控制好原油的酸值和硫含量，做好装置设防工作，以保证加工原油不超设防值；其次，深化对高温硫腐蚀、环烷酸腐蚀、有机氯以及多相流腐蚀的研究，找到针对性的防腐措施；最后，还应开展在役装置加工劣质原油的腐蚀评估技术和腐蚀监检测技术的研究，为预测和及时发现腐蚀风险提供技术支撑。

原油预处理一般是在原油进入电脱盐之前在罐区采取的化学处理，通过低温破乳达到减少油泥和净化排水的效果，从而极大地改善电脱盐效果，减轻后续设备的腐蚀和结垢。国外通常在原油卸船到罐区这段过程就开始进行原油预处理，而国内往往将注意力全部集中于电脱盐而忽视了预处理。实际经验表明，原油预处理是一项容易实现而且效果比较明显的措施。随着原油的劣质化趋势加剧及油种的频繁更换，建议炼化企业积极开展原油预处理工作，为装置的安全长周期运行提供保障。

1.4.3 炼化装置腐蚀预测工作永远在路上

加工高酸、高硫、高氯、高硫化氢劣质原油，腐蚀性物质增加，同时原油供应选择受限制，使得进装置的原油品种频繁变化、性质起伏波动，是造成设备腐蚀严重的客观原因。目前炼化装置的腐蚀主要分布在装置的高低温部位、埋地管道、储罐、水冷器管束、脱硫脱硝设备、保温层下等。

由于装置长周期、原料不稳定、设备新度系数降低、人员素质参差不齐以及承包商管理难等因素的影响，炼化装置腐蚀预测工作应是常做常新，永远在路上。

1.4.4 炼化装置防腐蚀工作重点

1. 常减压蒸馏装置

控制进装置原油性质与设计原油相近，且原油的硫含量、酸值原则上不能超过设计值。关注塔顶低温腐蚀及铵盐垢下腐蚀，一些炼厂甚至发生过常压塔顶部塔壁腐蚀穿孔的案例。对于塔顶系统低温腐蚀的控制，单纯依靠材质升级往往事倍功半，而良好的工艺防腐是解决问题的关键。

2. 工业炉露点腐蚀

关注工业炉露点腐蚀，特别是加工高含硫原油的炼厂，硫腐蚀现象将遍布全厂，尤其应控制好炉子的排烟温度，确保管壁温度高于烟气露点温度8℃以上，硫酸露点温度可通过露点测试仪检测得到或用烟气硫酸露点计算方法估算。

3. 加氢装置

加工高氯原料的加氢装置反应流出物系统普遍发生 NH_4Cl 结盐问题，被迫采取临时水洗的措施缓解结盐堵塞，水洗过程会产生高浓度的 NH_4Cl 水溶液环境，而且由于注水量不足或分散不均可能造成 NH_4Cl 吸湿但没有完全溶解的情况。这种环境一是造成设备管道的均匀和局部腐蚀，二是造成氯化物应力腐蚀开裂(Cl-SCC)的问题，三是采用蒸汽汽提的脱硫化氢汽提塔及塔顶系统也存在严重的腐蚀。

4. 分馏塔顶系统低温腐蚀严重

分馏塔顶系统低温腐蚀的情况非常突出，已成为国内炼化企业的共性问题。不仅表现在蒸馏装置的三塔顶(包括顶循环)、催化分馏塔顶、焦化分馏塔顶、加氢装置脱硫化氢汽提塔及其冷凝冷却系统，同时在加氢反应流出物高压换热器、高压空冷器中结盐情况也十分常见。

5. 高温环烷酸腐蚀与硫腐蚀协同作用研究

系统研究炼厂高温环烷酸腐蚀与硫腐蚀规律，通过对比分析实验数据与标准推荐的腐蚀速率之间的异同，发现现有炼厂高温腐蚀评价标准的局限性和不足之处。提出一种新的、基于模拟腐蚀实验数据的原油高温腐蚀特性评估方法，可以更加准确地评估不同原油高温馏分腐蚀性，对于炼厂高温部位防腐和寿命预测有指导作用。

6. 轻质油中间原料腐蚀特性及储罐设防研究

研究原油劣质化，尤其是原油含硫量显著增加的新情况下轻质油储罐的腐蚀特点。全面考察硫化氢、硫醇小分子酸、H_2O、NaCl 等腐蚀介质在模拟轻质油体系和实际油品中对碳钢的腐蚀影响，提出轻质油储罐内壁腐蚀的防护措施建议。综合考虑多方面因素，中间原料硫含量应控制在 0.5% 以内为宜。

7. "原油管理"防腐技术

实施整体式"原油管理"，将防腐的"关口"提前，控制好进装置的原油质量。将原油预处理、混炼、电脱盐、污油处理等整体考虑。提出规范原油管调混合输送工艺操作、加强腐蚀性介质在线分析、加强混合原油质量监控。

8. 装置开停工过程的腐蚀控制管理

炼化装置因生产调整或检维修会短时期处于闲置或停工备用状态，如不采取保护措施将受到大气中的氧、水汽及各种污染物的共同作用，发生严重腐蚀，造成设备过早报废，给企业带来重大损失。因此，应加强炼化装置停工期间的设备保护研究，结合装置的腐蚀检查现状，分析装置停工和开工过程中的腐蚀特性和腐蚀风险，制定装置停工期间针对性检查方案和保护措施，提前排除风险，保障装置下一周期安全稳定运行。

1.4.5 展望

1. 腐蚀与防护中应用大数据分析技术

整合庞大的生产经营数据，通过实时数据感知、监控装置运行状态和异常情况、诊断故障类型与部位、预测关键参数的发展趋势并评估风险等级，对生产参数优化控制，实现提前预防和调整，使生产过程平稳安全高效进行。

针对腐蚀学科，李晓刚教授创立了"腐蚀大数据"的概念，指出材料腐蚀学科是严重依赖数据的学科，由于腐蚀过程及其材料所处环境的复杂性，传统的碎片化腐蚀数据已经不能适应行业发展的需要。诚然，炼油装置是一个非常复杂的腐蚀系统，影响腐蚀的因素非常多，其中最主要的是原料中的硫、氮、氧、氯以及重金属和杂质等腐蚀介质的含量，以及设备运行过程中的温度、压力、流速等操作参数，若要进行腐蚀预测，保证系统可靠运行，就需要对各种复杂的数据进行细化归类，最具代表性的有以下5个方面：

（1）原油性质参数：主要包括原油物理性质、馏分分布情况等；

（2）工艺条件参数：主要包括操作温度、操作压力、流量、物料成分等；

（3）腐蚀介质参数：主要包括腐蚀介质含量、结构、分布、相态等；

（4）工艺防腐措施：主要是注水、注剂等措施；

（5）腐蚀监检测参数：主要有挂片质量、铁离子分析数据、设备壁厚或管道金属损失量变化等，最终统一转化为腐蚀速率。

针对海量的数据，企业通常利用信息化方式将其进行分析处理。利用各套装置的 DCS 系统每天产生的庞大数据量，可以为腐蚀分析提供便利的腐蚀数据管理系统，其次运用深度学习方法对对炼化装置累积的海量数据进行深度分析，关键装置的工艺参数和水质分析数据进行学习训练，建立关键信息（切水铁离子浓度、pH 值、设备壁厚）与其他监测量之间的黑盒模型，达到根据工艺状态快速、准确进行预测的目的，为指导企业腐蚀防护工作奠定理论和技术基础。同时，从现在开始，应着手考虑如何建立"智慧防腐"，即以数字防腐为基础，智能防腐为核心，智慧防腐为目标。

2. "智慧防腐"建设分三步走

第一步：数字防腐。布设大量传感器，重点开发能够实现面扫的腐蚀监检测技术，收集和积累腐蚀数据，构建腐蚀大数据库，实现可视化。构建可视化的设备防腐管理系统，通过二、三维一体化平台与传统的设备管理系统相结合，实现设备防腐信息的可视化、集成化和维修作业协同化。

第二步：智能防腐。对"腐蚀大数据"分析利用，实现防腐智能管控、智能运维、智能监检测。建立标准化数据仓库。

第三步：智慧防腐。防腐业务智慧化，实现整体优化及标准化，包括体系化管理、智慧防控链、材料腐蚀基因组工程优化。

3. 智能化的炼化设备腐蚀信息系统

以腐蚀为抓手建立健全石化静设备管理体系，实现腐蚀数据集中管理和综合分析、腐蚀状态量化评估与监控预警、防腐专家远程诊断与服务，满足设备防腐管理需求。建议第一步应将日常的人工定点测厚改为智能化的实时定点测厚，第二步是针对重点腐蚀部位大量采用在线监测手段。

参 考 文 献

[1] 刘小辉. 石化腐蚀与防护技术[M]. 北京：中国石化出版社，2018.

[2] 刘小辉. 石油炼制设备的腐蚀与防护[J]. 中国设备工程，2010(11)：11-13.

[3] 顾宗勤. "十四五"我国石化化工行业的"进"与"退"分析[J]. 化学工业，2020，38(4)：1-8，26.

[4] 侯保荣. 中国腐蚀成本[M]. 北京：科学出版社，2017.

[5] 张抗. 大型石油公司转型背后有"文章"[N]. 中国能源报，2021-2-22(4).

[6] 刘小辉. 加工高硫高酸原油的腐蚀与控制[C]. 第一届(2010)石油化工设备维护检修技术交流会专题报告：21-33.

[7] 周敏. 中国石油炼化企业腐蚀与控制现状[J]. 腐蚀与防护，2012，33(增刊2)：62-68.

[8] 孔劲媛，等. 2021年国内成品油市场分析预测[J]. 石油规划设计，2021，32(1)：13-19，24.

[9] 易天立，等. 广东省炼油与化工产业现状及发展建议[J]. 石化技术与应用，2021，39(1)：1-7.

[10] 特稿：炼化——大突围[N]. 独家策划 EXCLUSIVE PLANNING，2020：38-47.

[11] 张德义. 含硫含酸原油加工技术[M]. 北京：中国石化出版社，2013：926-999.

[12] 袁晴棠. 石化工业发展概况与展望[J]. 当代石油石化，2019，27(7)：1-12.

[13] 王志会，等. 炼化技术的发展现状及趋势[J]. 化工管理，2020(32)：129-130.

[14] 刘小辉. 劣质原油加工装置的腐蚀与防护[C]. 第三届(2012)石油化工设备维护检修技术交流会专题报告：56-63.

[15] 梁春雷，等. 我国炼油装置腐蚀调查开展情况及若干问题探讨[J]. 压力容器，2013，30(5)：39-44.

[16] 刘小辉. 加工含有机氯原油的腐蚀与防护技术研究[C]. 第七届(2016)石油化工设备维护检修技术交流会专题报告：63-73.

[17] 刘小辉. 分馏塔顶系统低温腐蚀与防护[C]. 第八届(2017)石油化工设备维护检修技术交流会专题报告：58-68.

[18] 刘小辉. 石化腐蚀与防护技术现状及展望[C]. 第九届(2018)石油化工设备维护检修技术交流会专题报告：35-44.

[19] 刘小辉，等. 浅谈原油管理及预处理的理念和方法[C]. 中石化集团公司原油科技情报站2013年年会论文集.

[20] 刘小辉. 石化腐蚀预测技术现状与需求[C]. 第十届(2019)石油化工设备维护检修技术交流会专题报告：38-47.

[21] API RP 584 Integrity Operating Windows[s]. Washington，D. C.：American Petroleum Institute，2014.

第 2 章　炼化装置腐蚀和损伤类型及案例分析

腐蚀是一个世界性的难题，是"材料和设施的癌症"，伴随着国家经济建设的始终，已经成为影响国民经济和社会可持续发展的重要因素之一。石油化工行业的发展是我国能源安全的保障，也是我国经济可持续发展的关键依托。当前石油化工行业的发展受到资源和环境的约束进一步加大，石化企业共同面临原料劣质化、设备腐蚀严重、安全形势严峻等现状，与国家正在构建的绿色、低碳、安全、高效的现代能源体系不相适应。因此，应加大腐蚀防护治理力度、积极采用先进防腐措施、推广新型防腐技术在装置上的应用，发挥腐蚀控制技术在延长设备使用寿命、减少生产成本、提高经济效益、减少安全隐患、消除安全事故等方面的关键作用，以保障石化企业生产装置的安全生产。

本章基于标准 API RP 571《炼油工业静设备损伤机理》、GB/T 30579《承压设备损伤模式识别》等国内外技术标准和规范，结合国内外石油化工行业腐蚀与防护的现场案例和实践经验，分别从腐蚀减薄、环境开裂、材料劣化、其他损伤四个方面系统地介绍石化企业生产装置可能发生的主要损伤类型，结合现场腐蚀案例的特征进行分析和判断，为炼化企业技术和管理人员开展设备和管道的维护检修、检验及失效分析提供借鉴和参考。

2.1　腐蚀减薄

2.1.1　盐酸腐蚀

1. 腐蚀机理

盐酸腐蚀是指金属材料与盐酸接触时发生的全面或局部腐蚀。炼油生产过程中大多数工艺介质含有硫化氢，因此很多部位会形成 $HCl-H_2S-H_2O$ 腐蚀环境，典型的盐酸腐蚀部位包括原油蒸馏装置塔顶及冷凝冷却系统、重整装置脱戊烷塔塔顶及冷凝冷却系统等。因为腐蚀主要发生在露点部位，又被称为"盐酸露点腐蚀"。

原油蒸馏装置塔顶冷凝冷却系统换热后随温度降低发生冷凝，油气中大部分的 HCl 进入初期冷凝水中，形成盐酸溶液的浓度可高达 1%~2%(质量分数)，使露点部位冷凝水的 pH 值很低，形成一个腐蚀性很强的"盐酸腐蚀环境"。随着冷凝过程的进行，冷凝水的量不断增加，高浓度的盐酸被稀释，水相的 pH 值升高，设备和管线的腐蚀比露点位置减轻；但在此过程中，H_2S 在水相的溶解度迅速增加，提供了更多 H^+，因而又促进了氢的去极化腐蚀反应作用。目前对于 $HCl-H_2S-H_2O$ 腐蚀环境造成的腐蚀破坏机理尚无统一认识，多数人接受的观点是该类型腐蚀是由 HCl 和 H_2S 相互促进构成的循环腐蚀引起的。具体腐蚀反应如下：

$$Fe+2HCl \longrightarrow FeCl_2+H_2$$
$$FeCl_2+H_2S \longrightarrow FeS+2HCl$$
$$Fe+H_2S \longrightarrow FeS+H_2$$
$$FeS+2HCl \longrightarrow FeCl_2+H_2S$$

所有合金材料都易遭受不同程度的腐蚀影响，尤其是碳钢、低合金钢、300 系列不锈钢和 400 系列不锈钢。其中碳钢和低合金钢发生盐酸腐蚀时表现为均匀腐蚀，介质局部浓缩或露点腐蚀时表现为局部腐蚀或沉积物下腐蚀；300 系列不锈钢和 400 系列不锈钢发生腐蚀时表现为点蚀，形成直径为毫米级的蚀坑或更小的蚀孔，甚至发展为穿透性蚀孔；300 系列不锈钢在盐酸腐蚀环境下也易发生氯化物应力腐蚀开裂。

2. 腐蚀规律及因素

盐酸腐蚀的主要影响因素包括盐酸浓度、硫化氢含量(H_2S分压)、温度、氧化剂以及合金材料等。

（1）盐酸浓度：随盐酸浓度升高，pH值降低，腐蚀速率增大；碳钢在不同pH值、温度下盐酸水溶液中的腐蚀速率见表2-1。炼化装置设备和管道中存在氯化铵盐或有机胺的盐酸盐沉积物时，这些沉积物易于从工艺介质或注入的洗涤水中吸收水分，在沉积物下易形成局部的酸性盐酸水溶液，对碳钢和低合金钢具有较强的腐蚀性。

表 2-1　碳钢在盐酸溶液中腐蚀速率　　　　　　　　　　　　　　　　　　　　mm/a

pH 值	温度/℃			
	<38	38~66	67~93	>93
0.50	25.37	>25.37	>25.37	>25.37
0.80	22.86	25.37	>25.37	>25.37
1.25	10.16	25.37	>25.37	>25.37
1.75	5.08	17.78	25.37	>25.37
2.25	2.54	7.65	10.16	14.22
2.75	1.52	3.30	5.08	7.11
3.25	1.02	1.78	2.54	3.56
3.75	0.76	1.27	2.29	3.18
4.25	0.51	1.02	1.78	2.54
4.75	0.25	0.76	1.27	1.78
5.25	0.18	0.51	0.76	1.02
5.75	0.10	0.38	0.51	0.76
6.25	0.08	0.25	0.38	0.51
6.80	0.05	0.13	0.18	0.25

（2）硫化氢含量(H_2S分压)：盐酸浓度较高、酸性较强(pH<4)条件下，腐蚀以盐酸腐蚀为主；盐酸浓度较低或弱酸性(4<pH<6)条件下，HCl和H_2S对腐蚀具有相互促进作用。

（3）温度：参见表2-1，随体系温度的升高，碳钢的腐蚀速率增加。

（4）氧化剂：当体系含有氧气、铁离子和铜离子等氧化剂时，会加速镍基合金的腐蚀；在氧化性介质体系中，钛合金具有优良的耐盐酸腐蚀性能。

（5）合金材料：碳钢和低合金钢在盐酸溶液中具有较大的腐蚀速率，300系列不锈钢和400系列不锈钢耐盐酸的腐蚀性能差；钛合金和镍基合金具有较好的耐蚀性能，尤其是在温度不高的稀盐酸溶液中。

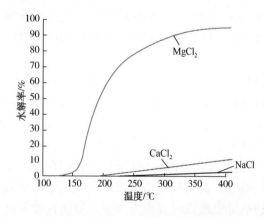

图 2-1　无机盐在不同温度下的水解曲线

3. 易发生盐酸腐蚀的炼化装置

炼化装置中的盐酸腐蚀多数与露点腐蚀有关，通常发生在分馏塔或汽提塔塔顶工艺介质中，因含水和氯化氢的气相发生冷凝，在初凝区形成强酸环境，导致较高的腐蚀速率。易发生的装置主要有原油蒸馏装置、加氢装置和催化重整装置等。

1）原油蒸馏装置

原油蒸馏装置塔顶系统出现的HCl来自原油中氯化物的水解。原油中氯化物可分为无机氯和有机氯两类。无机氯盐主要有NaCl、$MgCl_2$和$CaCl_2$，三种无机盐的水解温度和程度各不相同。三种无机盐在不同温度下的水解曲线见图2-1，在350℃时，$MgCl_2$和$CaCl_2$的水解率分别为95%和10%左右，NaCl大约只有2%发生分解。另外，由于在开采或集输过程中添加某些含有机氯的油田化学剂导致部分原油含有一定量有机氯化物，而常规原油电脱盐工艺不能将其脱除，因此部分有机氯化物发生水解产生HCl，水解反应温度和程度与有机氯的结构有一定的关系。

盐酸腐蚀主要发生在初馏塔、常压塔和减压塔的顶部及其冷凝冷却系统，如初馏塔顶部、冷换设备、油水分离罐和管道，常压塔顶部(上部五层塔盘及塔体)、冷换设备油水分离罐和管道，减压塔顶油气管线、大气腿、冷凝冷却器等部位。

2）加氢装置

加氢原料和补充氢中的氯化氢或有机氯进入装置，经反应器生成氯化氢随加氢反应流出物进入冷换设备。当氨和氯化氢同时存在时，对于加氢反应流出物冷凝冷却系统高压换热器，当温度低于氯化铵结晶温度时均可形成氯化铵盐，这些氯化铵盐也可能在反应产物系统的水相中聚集浓缩。另外，氯化氢也可能随着工艺介质进入分馏单元，在注水点及其下游可能发生严重的酸露点腐蚀。

3）催化重整装置

催化重整预加氢单元的腐蚀与加氢装置相同，来自原料和补充氢的氯化物对预加氢反应流出物冷凝冷却系统设备和管道可能造成氯化铵盐腐蚀和酸露点腐蚀。

重整反应过程中催化剂上的氯化物会反应形成氯化氢，进而随重整生成油气流向反应产物冷凝冷却系统、再生系统、稳定塔、脱丁烷塔和进料/预加热热交换器。另外，含氯化氢的油气介质经过气分装置分馏工段时，可能引发混合点腐蚀或酸露点腐蚀。

4. 监检测方法

（1）表面宏观检查：检测方法一般为目视检测，必要时可借助内窥镜进行观察。

（2）外部无损检测：当腐蚀发生在内壁而只能从外部检测时，可采用脉冲涡流检测、超声波扫查或导波检测查找减薄部位，并对减薄部位进行超声壁厚测定。

（3）化验分析：通过工艺介质的pH值、铁离子含量、氯化物含量的测定和监控，判断设备和管道的腐蚀严重程度。

（4）在线监测：设置腐蚀探针、腐蚀挂片、贴片式无源测厚系统、在线壁厚监测系统实时监控设备和管道的腐蚀速率。

5. 主要预防措施

1）原油蒸馏装置

原油蒸馏装置塔顶及冷凝冷却系统的盐酸腐蚀的预防措施主要是以工艺防腐为主、材料防腐为辅。

工艺防腐措施指的是传统的"一脱四注"，即原油电脱盐、脱后原油注碱以及塔顶冷凝冷却系统注水、注中和剂、注缓蚀剂。20世纪80年代，国内重油催化裂化和加氢裂化装置对原料油中Na⁺含量要求苛刻，注碱导致重油中的Na⁺增加，严重影响催化剂的活性和选择性，并且注碱也易引起管线发生碱性应力腐蚀开裂，因此国内多数炼油厂停止注碱，使"一脱四注"变为"一脱三注"。国内外部分炼油厂也有将中和剂和缓蚀剂复配后，通过注水和注中和缓蚀剂的"一脱二注"工艺防腐的报道，但是没得到广泛的推广应用。因此目前原油蒸馏装置塔顶冷凝冷却系统的工艺防腐措施主要是以"一脱三注"为主。

材料防腐主要是针对常压塔塔顶的壳体、塔盘以及塔顶的第一级换热器，将材质升级为双相不锈钢、超级奥氏体不锈钢(6Mo)、镍基合金或钛材等。

应该加强塔顶设备和管道的保温管理，选择好的保温材料，如硅酸镁铝等，确保保温施工质量，防止因保温不当引起的壁温降低导致盐酸露点腐蚀的发生。

2）加氢装置

加氢装置的预防措施包括原料控制、注水洗涤和材质升级。原料控制通过降低来自上游装置原料中氯化物盐、有机胺盐酸盐的夹带量以及降低补充氢中氯化氢的夹带量来实现。

3）催化重整装置

催化重整装置的预防措施：可采用与上述加氢装置相同的措施；降低进料中的水和/或含氧物质，

减少催化剂中氯化物脱除量；通过加装吸附剂的脱氯设备脱除重整产物和重整氢气中的氯化氢。

6. 腐蚀控制案例分析

1）常压塔顶部腐蚀泄漏

某炼化公司常压塔塔顶在装置停工过程中发现塔体腐蚀穿孔，打开设备检查发现腐蚀穿孔部位位于第三层塔盘受液槽附近，腐蚀主要发生在顶部6层塔盘以上，6层塔盘以下腐蚀较轻。塔顶的复合层基本被腐蚀掉，塔内塔盘也大面积腐蚀穿孔，如图2-2所示。

(a)塔顶腐蚀穿孔外壁形貌　　　　　　　　(b)塔顶腐蚀穿孔内壁形貌

(c)塔顶塔盘腐蚀形貌　　　　　　　　(d)塔顶封头衬里腐蚀形貌

图2-2　某炼化公司常压塔塔顶腐蚀情况

腐蚀原因分析：该部位塔壁材质为Q345R+06Cr13Al，塔顶6层塔盘及内构件材质主要以06Cr13Al为主。腐蚀的主要原因是塔顶冷回流且回流带水，造成回流口下方的受液槽存在液态水，HCl、H_2S等溶解到水中形成强酸，造成腐蚀。

临时处理措施：①外壁穿孔部位采用同材质的Q345R钢板挖补，即将原穿孔处筒体壁板割除，然后用相同厚度的16MnR板进行补板，补板时要求内表面平齐，焊接前要进行消氢处理；②用超声波测量塔顶6层塔盘以上塔体的复合层剩余厚度，对于复合层剩余厚度<2mm的部位，则采用2~3mm厚的304板进行塞焊贴板，贴板时要注意采用低能量焊接，尽量减小焊缝的残余应力；③对于塔顶封头接管焊缝腐蚀严重的部位进行补焊处理，复合层局部腐蚀严重的部位可采取贴304板处理。

腐蚀控制措施：①塔体（5层塔盘以上）及顶封头采用超级奥氏体不锈钢（6Mo）复合层，5层及以上塔盘采用超级奥氏体不锈钢（6Mo）；②将塔顶冷回流管道在返塔前并入塔顶循回流管线，控制回流温度不低于90℃。

2）常压塔顶常顶换热器入口腐蚀

某炼化企业原油蒸馏装置常压塔顶共有4台换热器（并联），工艺防腐蚀是在塔顶油气总管注中和剂、缓蚀剂，以及每台换热器前支路管线采取单点注水方式。常顶换热器的壳体和管箱材质为碳钢，管束材质为钛材，常顶油气管道材质为碳钢。停工检修期间发现2台常顶换热器入口法兰、管箱内入口隔板以及支路管道的注水点至换热器的直管段发生严重腐蚀，局部减薄最高达11mm，如图2-3所示。

24

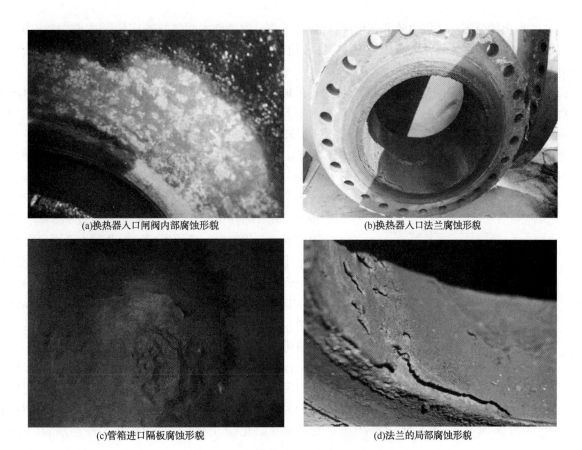

| (a)换热器入口闸阀内部腐蚀形貌 | (b)换热器入口法兰腐蚀形貌 |
| (c)管箱进口隔板腐蚀形貌 | (d)法兰的局部腐蚀形貌 |

图 2-3　常压塔顶换热器入口部位的腐蚀形貌

　　腐蚀原因分析：常顶换热器前的各支路油气管道的洗涤水采取插入管的方式注入，且注水量调节由注水泵控制(总注水量)，各支路注水量没有调节阀，总注水量为塔顶油气的约 5% 控制。塔顶油气在注水点部位，因注水量和混合效果不佳导致液态水形成稀盐酸腐蚀环境，造成碳钢设备和管道的严重腐蚀。

　　腐蚀控制措施：①将常顶的中和剂、缓蚀剂和洗涤水的注入口采用喷头形式，提高注剂与油气的混合效果；②各支路注水管道增设调节阀，保证各支路油气管道的注水量；③增加注水量，保证各支路管道的注水点有不低于 15% 的液态水。

2.1.2　酸式酸性水腐蚀

1. 腐蚀机理

　　酸式酸性水腐蚀是指当酸性水中含有硫化氢和/或二氧化碳且没有强酸和碱性介质(pH 值介于 4.5~7.0 范围)时，由酸式酸性水导致金属的腐蚀，又称为 $H_2S-CO_2-H_2O$ 腐蚀。

　　碳钢和低合金钢在酸式酸性水中的腐蚀一般为均匀腐蚀，有氧存在时易发生局部腐蚀或沉积垢下局部腐蚀；含有二氧化碳的环境可能会形成蚀坑或蚀孔，在湍流和液体冲击区域发生腐蚀较重。300 系列不锈钢易发生点蚀，以及可能出现缝隙腐蚀；当酸性水中含有氯离子时可能发生氯化物应力腐蚀开裂。

2. 腐蚀规律及因素

　　酸式酸性水腐蚀的主要影响因素包括硫化氢分压、二氧化碳分压、CO_2/H_2S 分压比、pH 值、温度、流速等。

　　(1) 硫化氢分压：硫化氢分压增高，酸性水中硫化氢浓度的升高，pH 值下降，腐蚀性增强。酸性水中硫化氢浓度取决于气相中硫化氢分压、温度和 pH 值，在一定的压力下，酸性水中的硫化氢浓度随温度升高而降低。

（2）二氧化碳分压：二氧化碳分压增高，pH 值下降，腐蚀性增强。与硫化氢相同，酸性水中二氧化碳浓度取决于气相中二氧化碳分压、温度和 pH 值，在一定的压力下，酸性水中的二氧化碳浓度随温度升高而降低。

（3）CO_2/H_2S 分压比：分压比是 CO_2/H_2S 共存腐蚀环境中特有的影响因素，也是研究 CO_2/H_2S 腐蚀特点和规律的切入点。目前关于两者主导腐蚀的分压比界限的划分存有争议，具有代表性的主要有两种观点：①Sridhar 等认为在 H_2S 分压小于 $7×10^{-5}$ MPa 时，主要是 CO_2 腐蚀，与 H_2S 基本无关，温度高于 60℃，腐蚀速率与产生的 $FeCO_3$ 膜的保护性能有关；随着 H_2S 含量的增加，在以 CO_2 为主导的体系中（$P_{CO_2}/P_{H_2S}>200$），H_2S 的存在会在材料表面形成与温度和酸碱度有关的比较致密 FeS 膜，导致腐蚀速率降低；在以 H_2S 为主导的体系中（$P_{CO_2}/P_{H_2S}\leqslant 200$），$H_2S$ 的存在会在金属表面优先生成 FeS 膜，此膜的形成会阻碍 $FeCO_3$ 膜的生成，对金属表面可以起到保护作用。②Pots 等认为当 $P_{CO_2}/P_{H_2S}<20$ 时，H_2S 控制腐蚀过程，腐蚀产物主要为 FeS；当 $20<P_{CO_2}/P_{H_2S}<500$ 时，CO_2/H_2S 混合交替控制，腐蚀产物包含 FeS 和 $FeCO_3$；当 $P_{CO_2}/P_{H_2S}>500$ 时，CO_2 控制整个腐蚀过程，腐蚀产物主要为 $FeCO_3$。

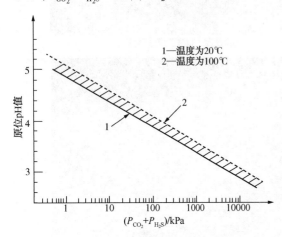

（4）pH 值：硫化氢和二氧化碳分压增高，pH 值下降，腐蚀性增强。酸性水 pH 值与硫化氢和二氧化碳分压的关系曲线如图 2-4 所示，通常情况下炼化装置中硫化氢和二氧化碳分压不超过 100kPa，酸性水 pH 值在 4 左右。

图 2-4　不同 CO_2 和 H_2S 压力下酸性水的 pH 值

（5）温度：随着温度升高，腐蚀速率增大；同时，随着温度升高，相同压力条件下，酸性水中硫化氢和二氧化碳的溶解度下降，且硫化亚铁和/或碳酸亚铁腐蚀产物膜的致密性发生变化，需要综合考虑诸多因素对金属的腐蚀性能。

（6）流速：高流速冲刷易使硫化亚铁和/或碳酸亚铁保护膜被破坏，腐蚀速率增大。

3. 易发生酸式酸性水腐蚀的炼化装置

炼化企业易发生酸式酸性水腐蚀的装置主要有催化裂化装置、延迟焦化装置、制氢装置、乙烯裂解装置、酸性水汽提装置、胺再生装置、锅炉给水系统等。

（1）催化裂化装置：分馏塔塔顶冷凝冷却系统、富气压缩系统、吸收稳定系统中硫化氢含量高、氨含量低部位的设备和管道。

（2）延迟焦化装置：分馏塔塔顶冷凝冷却系统、富气压缩系统、吸收稳定系统中硫化氢含量高、氨含量低部位的设备和管道。

（3）制氢装置：制氢变换器出口冷凝冷却系统，当工艺介质温度降至露点（大约 149℃）以下时，腐蚀最为常见（二氧化碳腐蚀）。

（4）乙烯裂解装置：裂解与急冷系统的急冷部分，急冷水塔顶、塔顶裂解气至压缩部分的裂解气压缩机入口的设备及管道，汽油分馏塔塔顶、塔顶裂解气至急冷水塔进料的设备及管道。压缩系统，包括裂解气自急冷水塔顶至裂解气压缩机 1～4 段流程的分离罐顶部、热交换器壳程、碱洗塔进料及相连管道，裂解气压缩机 1～4 段分离罐底部冷凝的裂解汽油至汽油汽提塔流程的分离罐底部、汽油汽提塔进料及相连管道；裂解气压缩机 1～4 段分离罐底部冷凝的冷凝水至急冷水塔流程的分离罐底部、急冷水塔进料及相连管道。

（5）酸性水汽提装置：脱硫化氢汽提塔顶部、塔顶冷凝冷却系统的设备及管道，以及分离罐顶部酸性气至硫黄回收装置的管道。

（6）锅炉给水系统：所有锅炉给水和蒸汽冷凝系统的设备和管道。

4. 监检测方法

（1）表面宏观检查：碳钢及低合金钢的腐蚀一般为均匀腐蚀，在高流速或湍流区域会发生局部腐蚀，尤其在水汽凝结的部位，通常采用目视检测，焊缝的腐蚀则应通过目视检测和焊缝尺进行检测。

（2）外部无损检测：当腐蚀发生在内壁而只能从外部检测时，可用脉冲涡流检测、超声波扫查或导波检测查找减薄部位，并对减薄部位进行超声壁厚测定。另外，腐蚀发生时可能沿着管道底部表面(如果存在分离的水相时)、管道顶部表面(预计湿气系统中存在凝结时)以及弯头和三通的紊流区发展。

（3）化验分析：通过酸性水中的 pH 值、铁离子含量、硫化物含量的测定和监控，判断设备和管道的腐蚀严重程度。

（4）在线监测：设置腐蚀探针、腐蚀挂片、贴片式无源测厚系统、在线壁厚监测系统实时监控设备和管道的腐蚀速率。

5. 主要预防措施

（1）选材：400 系列不锈钢和双相不锈钢具有良好的耐腐蚀性；在温度低于 60℃ 或者介质中不含氯离子的条件下，可选用 300 系列不锈钢，同时须注意避免 300 系列不锈钢在现场焊接施工可能造成的敏化。

（2）中和剂：采用中和剂将液相的 pH 值提高到 6.0 以上可有效降低酸性水系统的腐蚀速率。

（3）缓蚀剂：在工艺介质中添加缓蚀剂可有效减缓碳钢设备和管道的腐蚀。

6. 腐蚀控制案例分析

某炼化企业有 A、B 两系列酸性水汽提装置(全回收型)，A 系列以非加氢装置的含硫污水为原料，B 系列以加氢装置的含硫污水为原料。停工检修期间发现两个系列汽提塔的中下部结垢严重，且 B 系列比 A 系列更严重，具体腐蚀情况如下。

1）A 系列酸性水汽提塔 C-101

汽提塔上部筒体及顶封头材质为 Q245R+0Cr13Al，下部筒体及顶封头材质为 Q245R，塔内件材质为 0Cr13Al，介质为酸性水、酸性气。

腐蚀检查发现汽提塔上部光亮干净，焊缝饱满，腐蚀轻微，未发现明显腐蚀。在硫化氢汽提和氨液抽出的结合部发现轻微的白色盐垢，如图 2-5(a) 和(b) 所示。汽提塔中下部随着温度的升高，塔盘、浮阀、塔壁结垢越来越严重，塔底垢物厚度约为 2.5mm，如图 2-5(c) 所示，且垢物严密地附着在塔壁及内构件上，部分成片脱落，如图 2-5(d) 所示，垢下的塔壁及内构件呈现轻微均匀腐蚀。

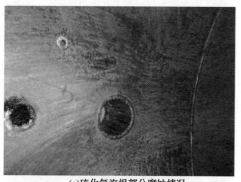

(a)硫化氢汽提部分腐蚀情况

(b)汽提塔中部盐垢

(c)汽提塔中部塔盘结垢情况

(d)汽提塔底部垢物脱落后的塔壁情况

图 2-5　A 系列酸性水汽提塔 C-101 腐蚀情况

2）B列酸性水汽提塔 C-201

B系列汽提塔材质与 A 系列相同，汽提塔上部未发现明显腐蚀，如图 2-6(a)所示。汽提塔中下部腐蚀严重，腐蚀严重部位的塔盘、浮阀、塔盘支撑等内构件轻微腐蚀，如图 2-6(b)、(c)、(d)、(e)所示。变径后汽提部分使用碳钢材质，结垢较严重，尤其是塔盘及浮阀上结满红黑色垢物，如图 2-6(f)所示，垢物除掉后，设备轻微腐蚀。底部覆盖一层黑色垢物，厚度大约为 2mm，坑蚀较严重，如图 2-6(g)所示。

(a)塔上部塔壁及抽出管腐蚀情况

(b)塔壁腐蚀形貌

(c)塔壁及降液板腐蚀穿孔

(d)降液板腐蚀穿孔

(e)降液板螺栓腐蚀形貌

(f)塔盘结垢情况

(g)塔底塔壁坑蚀情况

图 2-6　B列酸性水汽提塔 C-201 腐蚀情况

腐蚀原因分析：酸性水汽提装置的酸性水中腐蚀介质主要为 H_2S、CO_2、NH_3 和 CN^- 等，以及由它们之间的反应生成的 NH_4HS 和 NH_4HCO_3。酸性水汽提装置的腐蚀遍布整个装置，主要部位是塔顶和回流系统，影响酸性水腐蚀的主要因素是硫化氢的浓度和流速，特别是在氰氢离子和二氧化碳存在下硫化氢和硫氢化铵会造成更大的腐蚀。

腐蚀控制措施：①稳定操作参数是防止该装置产生腐蚀的有效手段，主要包括塔顶温度保持在82℃以上，防止腐蚀和冷凝器堵塞；控制酸性水管线及进塔流速，以控制腐蚀速率；适当降低酸性水汽提深度，以使硫化氢气体中氨的浓度降低。②加强腐蚀监测，定期分析原料水及净化水，不定期对原料水及净化水中的氯离子进行分析，同时在关键部位安装腐蚀挂片探针或腐蚀在线检测系统；在高风险腐蚀减薄部位安装贴片式无源测厚系统或者在线测厚系统，以便快速准确地了解整个装置的腐蚀情况。

2.1.3　碱式酸性水（NH₄HS）腐蚀

1. 腐蚀机理

碱式酸性水腐蚀广义上被定义为由含 H_2S 和 NH_3 水溶液造成的腐蚀。一般来说，碳钢材料在这种碱式酸性水环境中服役是一个令人关注的问题，其腐蚀主要是由硫氢化铵（NH_4HS）所导致。

在介质流动方向发生改变的部位，或硫氢化铵浓度超过 2%（质量分数）的紊流区，易形成严重局部腐蚀；如果因介质注水不足，在低流速区可能发生垢下腐蚀；在换热器和空冷器的管束发生结垢时，还可能出现堵塞和换热效率降低等情况。碳钢耐碱式酸性水腐蚀能力较弱；海军黄铜和其他铜合金因氨的存在会被迅速腐蚀。300 系列不锈钢、双相不锈钢、铝合金和镍基合金具有较强的耐腐蚀性。

2. 腐蚀规律及因素

碱式酸性水（NH₄HS）腐蚀的主要影响因素包括硫氢化铵浓度、流速、H_2S 分压、pH 值、温度、杂质、合金组成等，其中硫氢化铵浓度、流速（壁面剪切力）、H_2S 分压是影响腐蚀的三个关键因素。

（1）硫氢化铵浓度：随着硫氢化铵浓度升高，腐蚀速率增大。在低硫氢化铵浓度（≤2%，质量分数）条件下，碳钢显示出较低的腐蚀速率，随着流速的增加，碳钢的腐蚀速率仅略有增加；在中等硫氢化铵浓度（2%~8%）条件下，碳钢显现出较低至中等的腐蚀速率，碳钢的腐蚀速率随流速的增加而显著增大；在高硫氢化铵浓度（≥8%）条件下，碳钢显现出中等至较高的腐蚀速率，碳钢的腐蚀速率随流速的增加而显著升高。

（2）流速（壁面剪切力）：随着硫氢化铵流速加快，腐蚀速率增大。低流速区易发生硫氢化铵结垢，并出现垢下腐蚀，而高流速区，尤其是出现紊流时，易发生冲蚀。碳钢在不同 NH₄HS 浓度和流速下的等腐蚀速率曲线如图 2-7 所示。

（3）H_2S 分压：H_2S 分压对金属的腐蚀具有显著影响。实验室研究表明，在给定的 NH₄HS 浓度条件下，酸性水的腐蚀速率随 H_2S 分压的升高而增大；在高 NH₄HS 浓度的条件下，H_2S 分压对酸性水腐蚀的影响更加明显。当 P_{H_2S} 在 690~1000kPa 范围内，其腐蚀速率显著高于在 $P_{H_2S}=340$kPa 条件下的腐蚀速率。酸性水溶液中 H_2S 分压对碳钢腐蚀速率的影响规律如图 2-8 所示。

（4）pH 值：碱式酸性水（NH₄HS）腐蚀在 pH 值接近中性时腐蚀性较低。

（5）温度：温度对 NH₄HS 溶液的腐蚀性能没有明显影响。Scherrer 等研究发现，在浓度为 4.5%~10%（质量分数）的 NH₄HS 溶液中，当溶液温度从 80℃升高至 100℃时，溶液的腐蚀性没有明显变化。

（6）杂质：注入加氢反应产物流出系统的洗涤水中，氧的存在增加了注水点附近和下游部位由氯离子点蚀引起的潜在风险，也能加剧由硫化物引得的腐蚀；氰化物存在时，也会破坏硫化物保护膜，导致腐蚀严重。

（7）合金组成：碳钢耐腐蚀能力较差，300 系列不锈钢、双相不锈钢、铝合金和镍基合金具有较强的耐腐蚀性。

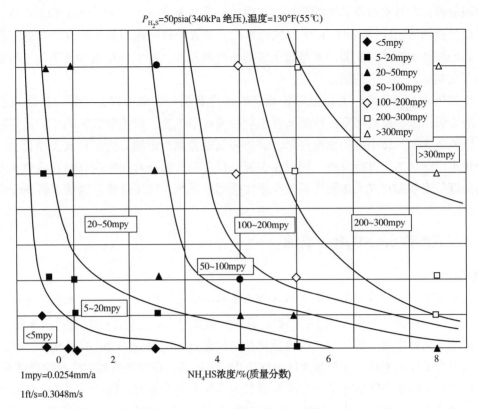

P_{H_2S}=50psia(340kPa 绝压),温度=130°F(55℃)

1mpy=0.0254mm/a

1ft/s=0.3048m/s

图 2-7　碳钢在不同 NH_4HS 浓度和流速下的等腐蚀速率曲线

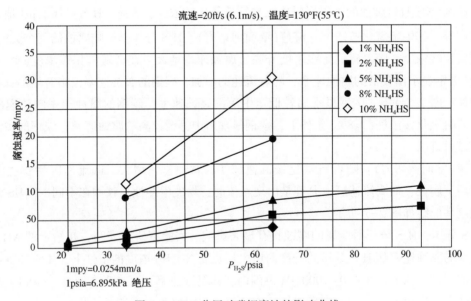

流速=20ft/s(6.1m/s)，温度=130°F(55℃)

1mpy=0.0254mm/a

1psia=6.895kPa 绝压

图 2-8　H_2S 分压对碳钢腐蚀的影响曲线

3. 易发生碱式酸性水腐蚀的炼化装置

炼化企业易发生碱式酸性水(NH_4HS)腐蚀的装置主要有加氢装置、催化裂化装置、延迟焦化装置、酸性水汽提装置(单塔)、胺再生装置等。

(1) 加氢装置：加氢反应产物流出系统，包括高压空冷器、冷高压分离器、冷低压分离器及相关管道；脱硫化氢汽提塔塔顶及冷凝冷却系统的设备及管道。

(2) 催化裂化装置：分馏塔顶油气冷凝冷却系统及下游单元的设备和管道，酸性水中硫氢化铵浓度通常小于2%(质量分数)，但在流速高和/或存在氰化物时，保护性硫化物膜被破坏，从而促进腐蚀。

（3）延迟焦化装置：分馏塔顶油气冷凝冷却系统及下游单元的设备和管道，可能会出现高浓度硫氢化铵。

（4）胺再生装置：再生塔顶部、塔顶冷凝冷却系统的设备及管道，以及分离罐顶部酸性气至硫黄回收装置的管道。

（5）酸性水汽提装置（单塔）：汽提塔顶冷凝冷却系统的设备及管道，以及分离罐顶部酸性气至硫黄回收装置的管道。

4. 监检测方法

（1）筛选腐蚀区：腐蚀多数表现为局部腐蚀，难以定位测量，因此应取样分析，由工艺工程师和腐蚀工程师计算硫氢化铵含量用以确定腐蚀敏感区。

（2）厚度监测：对腐蚀敏感区，尤其是高流速和低流速部位、高浓度硫氢化铵的控制阀下游部位经常进行脉冲涡流检测、超声波检测、导波检测或射线成像检测，并对减薄部位进行超声壁厚测定；对上述检测发现的腐蚀严重的部位，采用贴片式无源测厚系统或者在线壁厚测量系统，进行壁厚减薄的监测。

（3）空冷器管束：碳钢材质管束推荐采用内旋转检测系统检测、远场涡流检测和漏磁检测；非磁性空冷器管束推荐采用涡流检测。

（4）注水监控：针对碱式酸性水（NH_4HS）腐蚀控制，注水是关键因素，加强注水设施的规范操作，监控注水水质和流量。

5. 主要预防措施

（1）优化设计：空冷器的进出口管线应进行精细化设计，采用对称平衡结构、增大直管段的长度、使用长半径弯头等措施，使介质均匀分配，避免偏流、湍流、死区的出现，保持物料压力平衡。

（2）注水系统：注水是工艺防腐的关键因素，主要包括注水部位（单点/多点注水）、混合方式、水质控制、注水量等。

（3）硫氢化铵浓度和流速：针对碳钢材质的设备和管道，酸性水中 NH_4HS 浓度应小于4%、流速在 3~6m/s 范围内；如超出浓度或流速范围，应升级材质为耐蚀合金。

（4）缓蚀剂：针对非临氢装置工况环境，可通过加注咪唑啉或多硫化物类型缓蚀剂的方式减缓腐蚀。

（5）选材：加氢装置反应流出物系统设备和管道可选用高耐蚀合金。

6. 腐蚀控制案例分析

某炼化企业重油加氢装置反应流出物高压空冷器入口管线的三通发生腐蚀失效。失效管件为两组高压空冷入口的两段三通，管线规格为 $DN250$，工艺物流为反应产物流出物，腐蚀失效宏观形貌如图 2-9 所示。

(a)E1351/1入口三通腐蚀形貌　　　　　　　　　　　　(b)E1351/2入口三通腐蚀形貌

图 2-9　高压空冷入口三通腐蚀形貌

腐蚀原因分析：加氢反应流出物中少量的 NH_3 和 H_2S 相互结合生成 NH_4HS，在低于121℃以下结晶。运行过程中在该处高压空冷前用注水来去除铵盐，但硫氢化铵盐溶解在水中形成高浓度的硫氢化铵水溶液，对设备管道产生严重的冲刷腐蚀。一般认为，当 NH_4HS 浓度低于2%时，碳钢的腐蚀速度比较轻微，当浓度升高时，腐蚀速度加剧；当浓度高于8%时，对碳钢设备引发严重的腐蚀问题。尤其是在设备或管线的不连续区域腐蚀性增加，如焊缝等存在未熔合、未焊透外，存在介质富集导致的微区部位，在采用盲三通等结构时，由于流态发生改变该部位的腐蚀倾向也会大大增加。此外，氧和氰化物的存在会加剧 NH_4HS 的腐蚀。

腐蚀控制措施：①严格控制原料中的氮含量与硫含量；②加强高压空冷的注水量，适当调节注水量，控制溶液中 NH_4HS 浓度不超过4%；③控制反应流出物的流速不超过6.1m/s，在腐蚀速率过大时，建议更换高等级材质如合金825等；④当流速或 NH_4HS 浓度超标时，设备特护，加强腐蚀监检测。

2.1.4 硫酸腐蚀

1. 腐蚀机理

硫酸（H_2SO_4）是一种很强的酸，在一定条件下，它具有极大的腐蚀性。金属与硫酸接触时发生的腐蚀机理如下：

$$Fe+H_2SO_4(稀)=\!\!=\!\!=FeSO_4+H_2$$

硫酸的腐蚀性变化很大，并且取决于多种因素。稀硫酸引起的金属腐蚀多为均匀腐蚀或点蚀，若腐蚀速率高且流速快，不会形成锈皮。硫酸能腐蚀焊缝的夹杂，碳钢焊缝热影响区会发生快速腐蚀，在焊接接头部位形成沟槽；硫酸在储罐等低流速区或滞留区会形成氢槽（氢致沟状腐蚀）。

2. 腐蚀规律及因素

硫酸（H_2SO_4）腐蚀的主要影响因素包括硫酸浓度、流速、温度、杂质、合金组成等。其中硫酸浓度和温度是影响腐蚀的最主要因素，碳钢在不同硫酸浓度和温度条件下的等腐蚀速率曲线如图2-10所示。

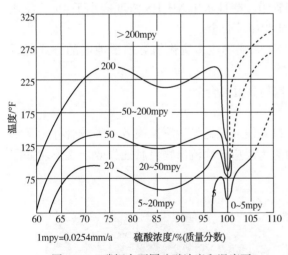

1mpy=0.0254mm/a

图2-10 碳钢在不同硫酸浓度和温度下的等腐蚀速率曲线

（1）硫酸浓度：对于碳钢，硫酸浓度低于70%时，腐蚀速率随浓度增高而减小；浓度在70%~85%范围区间时，腐蚀速率随浓度增高而增大；浓度在85%~98%范围区间时，腐蚀速率随浓度增高而减小；浓度在98%~100%范围区间时，腐蚀速率随浓度增高而增大；浓度100%以上的发烟硫酸，腐蚀速率随浓度增高而减小。

（2）温度：硫酸浓度一定时，随温度升高，腐蚀速率增大；浓硫酸与水混合时产生热量，混合点温度升高导致腐蚀速率增大。

（3）流速：流速超过0.6m/s时，碳钢腐蚀速率较大，若腐蚀速率高且流速快，不会形成锈皮；在低流速区（小于0.15m/s）或滞留区，硫酸腐蚀产生的氢气会沿着容器壁、罐壁、管壁上升，并除去钢材表面硫酸亚铁保护膜，留下许多平行的腐蚀沟槽，所以叫作氢致沟状腐蚀（氢槽）。

（4）杂质：酸中的杂质，特别是氧气和氧化剂存在时腐蚀速率增大。

（5）合金组成：依据耐硫酸腐蚀性从弱到强排列依次为碳钢、316L不锈钢、904L不锈钢、合金20、高硅铸铁、高镍铸铁、合金B-2和合金C276。

3. 易发生硫酸腐蚀的炼化装置

炼化企业易发生硫酸（H_2SO_4）腐蚀的装置主要有硫酸烷基化装置、废酸再生回收装置、废水处理装置等。

（1）硫酸烷基化装置：硫酸烷基化系统的反应器流出物管线、再沸器、脱异丁烷塔塔顶系统和苛性碱处理工段；硫酸通常在分馏塔和再沸器的底部蓄积，使该部位硫酸变浓，腐蚀性较强。

（2）废酸再生回收装置：废酸再生回收装置的原料工段、裂解工段、净化工段、转化工段、干吸及成品工段的设备及相关管道。

（3）废水处理装置：废水处理装置如采用硫酸处理废碱也可能发生硫酸腐蚀。

4. 监检测方法

（1）表面宏观检查：设备内部表面通常采用目视检测，重点关注高温和湍流部位。

（2）外部无损检测：当腐蚀发生在内壁而只能从外部检测时，可用脉冲涡流检测、超声波扫查、导波检测或射线成像检测查找减薄部位，并对减薄部位进行壁厚测定。

（3）化验分析：通过工艺介质和凝结水中的 pH 值、铁离子含量的测定和监控，判断设备和管道的腐蚀严重程度。

（4）在线监测：设置腐蚀探针、腐蚀挂片、贴片式无源测厚系统或在线壁厚监测系统实时监控设备和管道的腐蚀速率。

5. 主要预防措施

（1）选材：根据硫酸的实际浓度、流速和温度等选择对应等级的材质；使用铁镍基合金 20、904L 不锈钢、合金 C276 等材料时，可在表面形成一层保护性硫酸铁膜，抵抗稀硫酸腐蚀。

（2）非金属材料：在低温及常温工况推荐采用非金属复合材料，如聚四氟乙烯（PTFE）材料具有良好的耐蚀性能，已广泛用于碳钢内衬、阀门衬里、垫片、混合喷嘴等。

（3）工艺优化：如硫酸烷基化装置，在工艺条件允许的前提下尽量降低含酸介质的操作温度、流速、提高酸浓度；处理和分馏工段采用注入适量苛性碱中和酸值。

6. 腐蚀控制案例分析

某炼化企业硫酸烷基化装置的浓硫酸管道在运行 2 个月后发生泄漏。泄漏部位发生在新硫酸泵 P-701AB 的出口管道的回流线部位，且泄漏频繁，一个月内就发生了 7 次泄漏。经密集测厚发现，泵出口法兰直管段、弯头局部及大小头附近减薄严重，弯头减薄部位主要集中在介质流向的焊缝后方。

泵出口管道规格：20#碳钢，$DN50$，壁厚 5.5mm。P-401AB 设计参数：入口压力 1.6MPa，出口压力 2.15MPa，流量 $10.5m^3/h$，扬程 30m，效率 35%。工艺流程如图 2-11 所示。

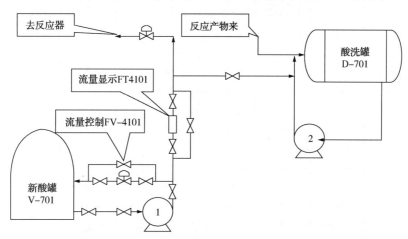

图 2-11　新酸泵出口管线附近工艺流程图
1—新酸泵 P-701AB；2—酸洗循环泵 P-401AB

1）腐蚀原因分析

（1）温度的影响　碳钢在浓硫酸环境中，当温度<25℃时，腐蚀速率<0.13mm/a，耐腐蚀性好；当温度为 25~50℃时，腐蚀速率为 0.13~0.5mm/a，耐腐蚀性下降；当温度>60℃时，腐蚀速率急剧增大。本装置硫酸罐及硫酸管道均设有恒温电伴热，电伴热温度设定值为 30℃。但经测量管道外壁温度，泵入口已达到 38℃，泵出口最高达 57℃，罐内介质必然要高于管道外壁温度，很可能已超过 60℃。

（2）流速的影响　碳钢在浓硫酸环境中，表面会形成致密的氧化膜，阻断了浓硫酸和金属的接触，从而不发生腐蚀。从日常的酸罐测厚数据来看，无腐蚀减薄情况，也证实了此理论特征。从剖开的管道内壁腐蚀形貌来看，沿介质流动方向，有明显的冲刷痕迹，蓝色的氧化膜不断形成，却不断被冲刷掉，从而发生腐蚀泄漏。

2）腐蚀控制措施

（1）降低泵扬程，与实际工艺条件匹配，避免流速过高，从而可以关闭回流阀，避免回流造成的罐内硫酸温度持续升高；

（2）在装置连续运行期间，关闭电伴热或降低电伴热温度至25℃以下；

（3）优化现有管路结构，采用3R弯头及大长径比大小头；

（4）焊接氩弧焊打底100%透视，以控制管线内壁焊缝余高，避免引起湍流。

2.1.5 氯化铵腐蚀

1. 腐蚀机理

氯化铵在一定温度下结晶成垢，其极易吸水潮解，垢层吸湿潮解或垢下水解均可能形成酸性(低pH值)的腐蚀环境，在氯化铵盐沉积物下表现为全面腐蚀或局部腐蚀，以点蚀最为常见。另外，有机胺的盐酸盐也可能结垢沉积，其腐蚀机理与氯化铵相同。

腐蚀部位多存在白色、绿色或褐色盐状的沉积物，若装置停车期间进行水洗或吹扫，会除去这些沉积物，等到目视检测时沉积物可能已不明显；垢层下的腐蚀形貌通常以局部腐蚀为主，如点蚀，腐蚀速率可能极高；碳钢在浓缩条件下湿氯化铵中的腐蚀速率高达2.5mm/a以上。

2. 腐蚀规律及因素

氯化铵腐蚀的主要影响因素包括铵盐结晶程度、水分、温度、合金组成等。

（1）铵盐结晶程度：高温工艺介质冷却时，氯化铵盐的结晶析出程度取决于氨和氯化氢的浓度(见图2-12)，并且能够在温度高于水露点温度时腐蚀设备和管道。

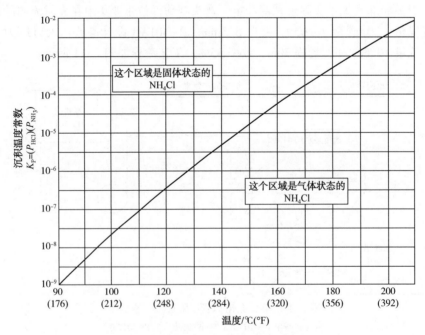

图2-12　氯化铵的沉积温度曲线

（2）水分：氯化铵盐易吸湿潮解，少量水即可造成严重腐蚀，碳钢的腐蚀速率可超过2.5mm/a。当氯化铵在高于水露点温度下析出时，可能需要注入洗涤水以溶解氯化铵盐；氯化铵盐也具有很强的水溶性和腐蚀性，在与水混合时形成酸性溶液，某些中和胺与氯化物发生反应形成具有类似作用的有机胺的盐酸盐。

(3) 温度：随温度升高，氯化铵盐或氯化铵水溶液的腐蚀性增大。

(4) 合金组成：按耐腐蚀性增强依次为碳钢、低合金钢、300 系列不锈钢、合金 400、双相不锈钢、合金 825、合金 625、合金 C276 和钛。

3. 易发生氯化铵腐蚀的炼化装置

氯化铵结垢和腐蚀易发生的装置主要有原油蒸馏装置、加氢装置和催化重整装置。

(1) 原油蒸馏装置：常压塔塔顶、上部塔盘、塔顶冷凝冷却系统设备和管道；由于氯化铵和/或有机胺盐酸盐从气相凝结出来，在低流量区可能发生沉积，常压塔顶循系统工艺介质如含有氯化铵和/或有机胺盐酸盐时会发生腐蚀。

(2) 加氢装置：加氢反应流出物系统易发生氯化铵结垢和腐蚀，主要发生在高压换热器的管程侧，高压空冷器的进口管束、循环氢压缩机、脱硫化氢汽提塔顶系统也可能会形成氯化铵盐。

(3) 催化重整装置：预加氢反应流出物和循环氢系统易发生氯化铵结垢和腐蚀，稳定塔或脱戊烷塔塔顶系统也可能遭受氯化铵结垢和腐蚀。

(4) 催化裂化装置：分馏塔塔顶和塔顶回流系统设备和管道会发生氯化铵结垢和腐蚀。

(5) 延迟焦化装置：分馏塔塔顶和塔顶回流系统设备和管道会发生氯化铵结垢和腐蚀。

4. 监检测方法

(1) 氯化铵腐蚀多数呈现局部腐蚀，难以发现和检测。

(2) 壁厚测定：在易发生氯化铵盐结垢的部位，采用脉冲涡流检测、射线成像检测或超声波检测确定设备和管道的壁厚减薄，并对减薄部位进行超声壁厚测定。

(3) 化验分析：定期分析原料和酸性水中氨氮和氯离子含量，并通过工艺模拟来确定氯化铵浓度和露点温度；若已计算出氯化铵盐沉积温度，为使金属壁温始终保持在氯化铵盐沉积温度之上，温度监测和控制可能会比较有效。

(4) 换热器监测：监测热交换器的压力降和热效率，压力降异常增大或换热效率明显降低时，常可发现已产生了氯化铵盐沉积垢层。

5. 主要预防措施

(1) 原油蒸馏装置：通过电脱盐和/或在脱盐原油中加注苛性碱，降低常压塔塔顶油气中的氯化物含量进行控制；针对常压塔顶系统管线注洗涤水冲洗沉积铵盐；可通过注入成膜型有机缓蚀剂缓解腐蚀。

(2) 加氢装置：降低加氢原料和补充氢中的氯化物含量；向反应流出冷凝冷却系统中连续或间断地注入洗涤水，避免氯化铵沉积。

(3) 催化重整装置、催化裂化装置和延迟焦化装置可分别参考原油蒸馏装置和加氢装置的控制措施。

(4) 材质升级：耐点蚀的合金同样具有较好的耐氯化铵腐蚀性能，但即使是耐点蚀性最强的镍基合金和钛合金，也可能在氯化铵盐环境中发生点蚀。

6. 腐蚀控制案例分析

1）原油蒸馏装置常一线汽提塔腐蚀

某炼化企业原油蒸馏装置常一线汽提塔投用 3 年后发现第一人孔部位出现严重腐蚀。该塔塔壁材质为 Q245R + 0Cr13Al，壁厚为 10mm + 3mm，工作温度为 182℃，工作压力为 0.08MPa，腐蚀介质为 NH_4Cl。腐蚀形貌如图 2-13 所示。

腐蚀原因分析：常一线汽提塔工艺物流中含有的腐蚀性介质如 NH_4Cl、HCl、H_2O 等，当流体温度低至 210℃ 以下时会使氯化铵结晶，导致严重的垢下腐蚀以及铵盐结晶物在物流的夹带下造成冲刷腐蚀。另外，氯化

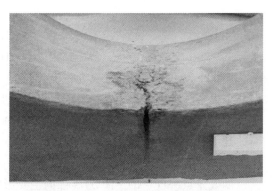

图 2-13　常一线汽提塔人孔腐蚀形貌

铵盐水解生成盐酸，会形成盐酸腐蚀。

腐蚀控制措施：①人孔内壁材质升级为Q245R+2205；②加强原料电脱盐操作，控制脱后含盐和脱后含水量；③控制操作温度高于成盐温度；④加强腐蚀检测；⑤人孔处保温。

2）加氢处理装置高压换热器的管道腐蚀

某炼化企业加氢处理装置热高分气与混合氢换热器E-103壳程出口管线副线入口三通腐蚀穿孔泄漏。管线内物料为混合氢气，材质为A234 WP5，操作温度为200℃，压力为11.05MPa。腐蚀形貌如图2-14所示。

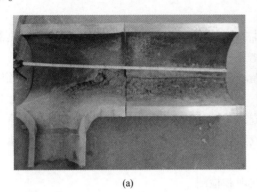 

(a)　　　　　　　　　　　　　(b)

图2-14　三通及管线内部腐蚀形貌

腐蚀原因分析：入口三通管件的腐蚀破坏是由于高浓度氯化物在局部聚集的水中溶解，水解形成的强酸性溶液引起的腐蚀破坏，新氢中氯含量偏高是造成强酸溶液形成的主因。三通中两种流体的混合方式造成了局部滞流低温区，形成了积液环境，是三通底部局部腐蚀穿孔的形成原因。现场处理措施是将三通更换为一段6m长的12Cr1MoV直管段，同时切除E103副线控制阀至三通之间的管线。

腐蚀控制措施：①装置运行中做好重整氢中氯含量的化验分析，严格控制新氢中的氯含量不超过设计值，选用高效除沫器，降低混合氢中的水含量；②对副线氢注入三通的结构进行改进，设置混合器，使从副线过来的温度较低的氢注入三通的管中心部位，避免在注入部位附近形成低温滞流区；③对副线氢管道进行伴热，防止冬天温度降低时液相水出现；④装置运行中对混合氢管道进行定期测厚检查。

2.1.6 烟气露点（SO_x-NO_x-H_2O）腐蚀

1. 腐蚀机理

烟气露点（SO_x-NO_x-H_2O）腐蚀机理是：燃料燃烧时，燃料中硫、氮和氯类物质形成二氧化硫、三氧化硫、氮氧化物和氯化氢，燃料中氢形成水蒸气，烟气在冷却至低温（露点及以下）时遇水蒸气形成强酸，从而导致严重的腐蚀。腐蚀介质的形成过程如下：

$$燃料中的硫、氮或氯 \longrightarrow SO_2(SO_3)、NO_x 或 HCl$$
$$SO_2+H_2O \longrightarrow H_2SO_3$$
$$SO_3+H_2O \longrightarrow H_2SO_4$$
$$NO_x+H_2O \longrightarrow HNO_3$$

烟气露点腐蚀是亚硫酸腐蚀、硫酸腐蚀、硝酸腐蚀和盐酸腐蚀中某种腐蚀或几种腐蚀共同作用的综合结果；碳钢或低合金钢材料的省煤器或其他部件发生烟气露点腐蚀时会形成宽而浅的蚀坑，其形态取决于硫酸凝结方式；对于余热锅炉中300系列不锈钢材料的给水加热器，可能会发生表面的应力腐蚀开裂，裂纹整体外观呈"发丝"状。

2. 腐蚀规律及因素

烟气露点（SO_x-NO_x-H_2O）腐蚀的主要影响因素包括燃料中杂质（硫、氮、氯）含量、露点温度、灰垢成分、过量空气系数等。

（1）杂质含量：燃料中的杂质(硫、氮及氯化物)含量越高，形成的 SO_2、SO_3、NO_x 和 HCl 等含量越多，露点温度越高，腐蚀的可能性越大，腐蚀程度可能越严重。

（2）露点温度：所有的燃料均会含有一定量的硫，如果烟气接触的金属温度低于露点温度，就会发生硫酸和亚硫酸露点腐蚀。硫酸露点与烟气中三氧化硫浓度和水蒸气含量有关；烟气中三氧化硫的含量越高，烟气露点温度越高。

（3）灰垢成分：烟灰中的金属氧化物如五氧化二钒、氧化铁和硫酸铁等物质，可催化二氧化硫转化为三氧化硫，提高烟气露点温度，加速腐蚀严重程度。

（4）过量空气系数：过量空气系数越高，燃烧生成的三氧化硫含量越高，露点温度就越高，腐蚀的可能性越大，腐蚀程度可能越严重。

3. 易发生烟气露点腐蚀的炼化装置或设备

（1）加热炉或锅炉：使用含硫燃料的加热炉或锅炉，在省煤器、空气预热器和烟道中都可能产生硫酸导致烟气露点腐蚀；当余热锅炉进水温度低于氯化氢露点温度时，300 系列不锈钢制给水加热器可能在烟气侧发生氯化物应力腐蚀开裂。

（2）燃气轮机：当燃气轮机的气相含氯时，如使用氯基除菌剂的冷却塔漂溅物被吹进燃气轮机系统，余热回收设备的 300 系列不锈钢制给水加热器可能会发生氯致烟气露点腐蚀，导致余热回收设备的给水加热器损坏。

（3）催化裂化装置：催化裂化装置再生器及附属设备的烟道可能发生烟气露点腐蚀。

4. 监检测方法

（1）宏观检查：目视检测可以发现金属的腐蚀减薄。外设翅片的管子，往往翅片腐蚀情况更明显。

（2）壁厚检测：超声波测厚可检测省煤器管子的壁厚减薄速率。

（3）裂纹检测：渗透检测可发现 300 系列不锈钢的应力腐蚀开裂。

5. 主要预防措施

（1）原料控制：控制燃料中硫、氮和氯化氢的含量，或进行脱硫脱硝处理。

（2）工艺控制：降低过剩空气，雾化喷嘴避免采用蒸汽雾化方式；保持锅炉和加热炉的金属壁温高于酸露点温度，应当尽量避免余热锅炉在低负荷、较低温度下长时间运行。

（3）选材：环境中含有氯化物时，余热锅炉的给水加热器避免使用 300 系列不锈钢；空气预热器可使用耐蚀材料；可采用致密的耐蚀金属涂层或防腐涂料。

（4）检修处理：燃油锅炉进行水洗除灰作业时，如果仅用水进行最终清洗可能不能中和掉酸性盐，可以在最终清洗的水中加入碳酸钠中和酸性灰分。

6. 腐蚀控制案例分析

1）空气预热器硫酸露点腐蚀

某炼化企业三车间焦化装置在 2006 年检修时发现 F001 空气预热器翅片管出现严重腐蚀。工艺物流为烟气，管线规格为 $\phi60 \times 4.0mm$，ND 钢材质，工作温度为 110℃左右，腐蚀性介质为 H_2SO_4、SO_2、SO_3、H_2O、O_2。腐蚀形貌图如图 2-15 所示。

图 2-15　某炼化企业焦化装置空气预热器翅片管腐蚀形貌

腐蚀原因分析：烟气中硫元素在燃烧时生成SO_2、SO_3，当换热面的外表面温度低于烟气露点温度时，在换热面上就会形成硫酸露点凝液，导致换热面腐蚀。

腐蚀控制措施：①提高管壁或加热元件的壁温使之高于露点；②采用耐腐蚀材料；③使用完善的燃烧设备和燃烧检测仪表，提高操作技能，把空气的过剩系数控制在1.05%以下。

2）催化装置废热锅炉硫酸露点腐蚀

某炼化企业催化装置废热锅炉底部发生硫酸露点腐蚀泄漏，如图2-16(a)所示。烟道膨胀节发生硫酸露点腐蚀，如图2-16(b)所示，右图中绿色腐蚀产物为硫酸亚铁。

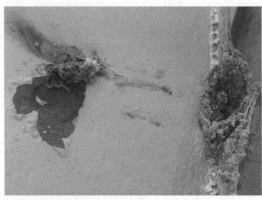

(a)催化装置废热锅炉底部腐蚀泄漏

(b)催化裂化装置烟道膨胀节硫酸露点腐蚀

图2-16 催化装置硫酸露点腐蚀泄漏情况

2.1.7 循环冷却水腐蚀

1. 腐蚀机理

开放式的循环冷却水中由溶解的盐类、气体、有机化合物或微生物活动导致的碳钢和其他金属的均匀腐蚀或局部腐蚀。

循环冷却水中存在溶解氧时，对碳钢的腐蚀多为均匀腐蚀；若腐蚀以垢下腐蚀、缝隙腐蚀、电偶腐蚀或微生物腐蚀为主时，多表现为局部腐蚀；循环冷却水在管嘴的出入口或管线入口处易形成冲蚀或磨损，形成波纹状或光滑腐蚀；在电阻焊制设备或管道的焊缝区域，腐蚀多沿焊缝熔合线形成腐蚀沟槽。

2. 腐蚀规律及因素

循环冷却水腐蚀和污染密切相关，宜放在一起考虑。温度、水的类型（淡水、微咸水、盐水）、冷却系统的类型（直流的、开式循环、闭式循环）、氧气含量和速度都是关键因素。

（1）温度：冷却水出口温度和/或工艺物料侧入口温度的升高会增加腐蚀速度和结垢倾向。工艺物料侧的温度高于60℃时，新鲜水存在结垢倾向，工艺物料侧温度继续升高或冷却水入口温度升高时，这一倾向更明显；半咸水或盐水/海水出口温度高于46℃时会结垢严重，超过80℃后腐蚀逐渐下降。

（2）水质：碳钢主要呈现均匀腐蚀和局部腐蚀；300系列不锈钢在新鲜水、半咸水、盐水/海水系统中可产生点蚀、缝隙腐蚀和环境开裂，图2-17显示了300系列不锈钢在冷却水中不同氯含量和温度条件下发生应力腐蚀开裂的关系曲线；铜/锌合金在新鲜水、半咸水、盐水/海水系统会发生脱锌腐蚀；铜/锌合金在含氨或铵化合物的冷却水中会发生氨应力腐蚀开裂；电阻焊接制造的碳钢设备，其焊缝或热影响区在新鲜水、半咸水中会发生严重腐蚀。

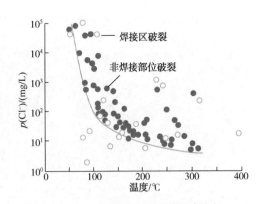

图2-17　300系列不锈钢开裂敏感性与氯离子和温度的关系曲线

（3）氧气含量：随冷却水含氧量的升高，碳钢腐蚀速率增大。

（4）结垢：垢层可由矿物沉淀、淤泥、腐蚀产物（氧化铁）、悬浮的有机材料、氧化皮、海水以及微生物生长形成，易发生垢下腐蚀。

（5）流速：流速足够高时可减少结垢，并冲出沉积物，但不能过高以致引发冲刷腐蚀，流速的限制取决于管线材质和水质；低流速时通常腐蚀严重，管程流速低于1m/s容易导致结垢、沉积，在冷却水用于凝结器或冷却器的壳程时，介质流动死区或滞流区部位腐蚀加剧，比管程腐蚀严重。

（6）钛合金：钛和其他阳极材料连接时可能发生严重的钛氢化，温度高于82℃较为常见，低温也偶有发生。

3. 易发生循环冷却水腐蚀的炼化装置或设备

循环冷却水腐蚀是所有行业应用各种水冷热交换器和冷却塔时担忧的问题，包括与冷却水接触的所有金属设备和管道。

4. 监检测方法

（1）监测：定期监测循环冷却水水冷器出口温度、工艺物料泄漏情况或污染程度，以及采用超声波流速仪检测冷却水流速。

（2）化验分析：定期分析循环冷却水中pH值、氧含量、氯含量、电导率、浓缩倍速等。

（3）换热性能测算：定期测算热交换器的换热性能，掌握结垢和沉积状况。

（4）停车期间检查：采用涡流检测、漏磁检测、导波检测或内旋转检测系统对热交换器管束进行检查，也可对有代表性的管子进行取样和剖管分析。

5. 主要预防措施

（1）设计优化：可采用系统设计改进、运行优化和进行化学处理来防护，如冷换设备设计时冷却水走管程以尽量减少滞流区。

（2）工艺操作：循环冷却水水冷器出口温度推荐不超过50℃，冷却水管束侧壁温不宜超过70℃；冷却水管程流速不宜小于1.0m/s，冷却水壳程流速不宜小于0.3m/s。

（3）冷却水水质应符合GB 50050—2017《工业循环冷却水设计处理规范》的控制指标要求，使用再生水作为补充水应符合Q/SH 0628.2—2014《水务管理技术要求　第2部分：循环水》的要求。

（4）选材：选用耐蚀性好的材质，尤其是对于在低流速、高温度和/或水处理不当的冷却水系统中运行的换热设备。

（5）涂层防腐：选用耐蚀及附着力性能良好的有机涂层针对换热设备的管束进行防腐。

6. 腐蚀控制案例分析

1）压缩机级间冷却器腐蚀

某炼化企业炼油三部加氢装置压缩机级间冷却器为循环水冷却器，水走壳程，发生外腐蚀导致穿孔失效，腐蚀形貌如图2-18所示。K101B级间冷却器管束为10#钢，规格型号为φ25×2.5mm，工作温度为32℃，压力为0.4MPa。腐蚀原因是水流速偏低导致黏泥滋生、微生物沉积，形成垢下腐蚀与微生物腐蚀，导致水冷器管束从外到内发生腐蚀。

图 2-18　K101B 级间冷却器管束腐蚀形貌

腐蚀控制措施：①冷却水腐蚀（和结垢）可以通过合理的设计、运行优化和冷却水系统的化学处理来预防，设计上工艺介质的入口温度低于 57℃，必须要保持冷却水流速在最大和最小流速之间。②对换热器零件材料进行升级可以改善其耐蚀性，尤其是在水含氯量较高、水流流速低、工艺温度高和无法保障水处理质量的条件下。③对影响冷却水腐蚀和结垢的工艺参数进行监控，包括冷却水的 pH 值、氧含量、生物杀灭剂存留量、生物活性、冷却水出口温度、烃杂质和工艺介质泄漏量。

2）脱硫装置碱液水冷器腐蚀

某炼化企业焦化液态烃脱硫装置碱液水冷器 E402 发生腐蚀穿孔泄漏，循环水走壳程，管程为 10%NaOH，管束材质为碳钢。从图 2-19 中可以看出，管程涂层较好，管束外表面结垢、腐蚀减薄严重，局部坑蚀穿孔。腐蚀的主要原因是 E402 从系统中切除后，循环水流速远小于规定的最低流速，造成循环水冷却器管束外表面污垢沉积，细菌大量滋生，其产生的生物黏泥也不断增加，使碳钢管材在垢下氧浓差电池的作用下不断被腐蚀，直至穿孔。

图 2-19　焦化液态烃脱硫装置碱液水冷器腐蚀穿孔

腐蚀控制措施：更换管束，运行期间加强流速检测和流速管理，保证壳程流速超过 0.3m/s。

2.1.8　绝热层下腐蚀

1. 腐蚀机理

绝热层下腐蚀（Corrosion Under Insulation，简称 CUI）发生机理主要是在装置运行过程中由于保温结构的破坏导致水分的进入，而保温材料的多孔结构对水分起到一定的滞留作用，从而在保温层下形成电化学腐蚀环境，同时保温材料中含有一定量的 Cl、S 等有害元素对腐蚀也起到了加剧作用。其电化学腐蚀过程如下所示：

阳极反应：$$Fe - 2e \longrightarrow Fe^{2+}$$

阴极反应：$$O_2 + 2H_2O + 4e \longrightarrow 4OH^-$$

阳极反应生成的 Fe^{2+} 和阴极反应生成的 OH^- 反应生成 $Fe(OH)_2$，在氧气作用下进一步生成 $Fe(OH)_3$ 和 Fe_3O_4，腐蚀产物疏松易脱落，缺乏保护性，从而导致腐蚀的进一步加剧。

碳钢和低合金钢发生腐蚀时主要表现为覆盖层下局部腐蚀；将碳钢和低合金钢的隔热材料拆除后，隔热层下腐蚀常形成覆盖在腐蚀部件表面的片状疏松锈皮。300 系列不锈钢、400 系列不锈钢及双相不锈钢会产生点蚀和局部腐蚀。对于 300 系列不锈钢，当隔热材料为老旧硅酸盐（含氯化物）时，还可能发生氯化物应力腐蚀开裂，在 80~150℃ 范围内时尤为明显，而双相不锈钢对此开裂敏感性较低。在一些局部腐蚀的情况中，腐蚀呈现为痂状点蚀（常见于油漆或涂层系统破损处）；隔热层和涂层明显发生了破损的部位经常伴有隔热层下腐蚀。

2. 腐蚀规律及因素

绝热层下腐蚀的主要影响因素包括绝热系统的设计、绝热材料、温度、环境(湿度、降水以及来自近海环境、含高含量 SO_2 大气环境等)等。

(1) 绝热系统的设计：结构设计和/或安装不良形成积水，将会加速绝热层下腐蚀；如果绝热层防护不严密，绝热层的间隙处或破损处容易渗水，水的来源比较广泛，可能来自雨水、冷却水塔的喷淋、蒸汽伴热管泄漏冷凝等。

(2) 绝热材料：吸湿(虹吸)的绝热材料可能会面临隔热层下腐蚀问题；从绝热层渗出的杂质(如氯化物)会加速损伤。

(3) 温度：碳钢或低合金钢 CUI 敏感温度区间为 $-12 \sim 175℃$，奥氏体不锈钢保温层应力腐蚀开裂敏感温度区域为 $60 \sim 205℃$；在水露点以下运行的设备容易在金属表面结露，形成潮湿环境，增加腐蚀可能性；当金属温度没有超过水快速蒸发的温度点时，随温度升高，腐蚀速率增大；如图 2-20 所示，在开放系统中，随温度升高，水中氧含量降低，在 80℃ 以上时，碳钢的腐蚀速率开始明显降低，但是在封闭系统中，随着温度的升高，碳钢的腐蚀速率持续增大直至达到水分可快速蒸发的温度为止。

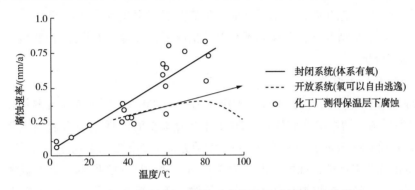

图 2-20　温度对碳钢在不同体系中保温层下腐蚀速率的影响

(4) 环境：在海洋环境或水汽充沛的地方，发生隔热层下腐蚀的温度上限还可能远远超过 121℃；多雨、温暖和沿海地区的装置比干燥、寒冷和内陆地区的装置更容易发生隔热层下腐蚀；产生空气污染物，如氯化物(海洋环境、冷却塔飘落)或 SO_2(烟囱排放物)的环境可能加速腐蚀；设备和管道采用冷热循环运行或间歇使用方式可能加速腐蚀。

3. 易发生绝热层下腐蚀的炼化装置或设备

所有在 $-12 \sim 175℃$ 温度范围内运行的碳钢和低合金钢设备、$60 \sim 205℃$ 温度范围内运行的 300 系列不锈钢设备以及冷热循环运行或间歇使用的设备都可能遭受绝热层下腐蚀。应重点考虑的部位如下：

(1) 高湿度区域，如冷却塔的下风向区、蒸汽排放口附近、喷淋系统、酸蒸汽或喷水加速冷却的附近区域；

(2) 发生绝热层下腐蚀的设备多存在隔热层、防潮层、防水层或胶黏水泥损坏的情况，或有穿透绝热层的突起及绝热层终端(如法兰)；

(3) 设备设计中将绝热层支撑圈直接焊接在容器壁上(非支撑式)，尤其是扶梯和平台支架以及吊耳、接管、加强圈附近；

(4) 蒸汽伴热已损坏或泄漏的设备或管道，绝热层下油漆和/或涂层系统局部发生损坏；

(5) 蒸发之前湿气或水自然汇集(重力疏水)的部位(立式设备的隔热层支撑圈)，以及末端设置不良的防火层；

(6) 与竖直管段底部相连的水平管段中，靠近连接处的端部几十厘米范围内是绝热层下腐蚀的典型部位。

4. 监检测方法

(1) 目视检查和测厚：针对绝热层目视检测并对绝热层破损部位进行壁厚测定最为直观、有效，但需要拆除保温结构，其工作量大、效率低、成本高。

（2）红外热成像检测：采用红外热成像检测设备或管道的绝热层完好状况，应配合目视检查，可大面积扫查、检测效率高。

（3）脉冲涡流检测：可采用脉冲涡流对不拆除隔热层的管道进行壁厚测量，可实现大范围筛检，检测效率高，但不适应于应力腐蚀开裂检查。

（4）超声导波检测：导波法可对未拆除覆盖层部位进行一定条件下的截面腐蚀减薄量检测，仅需拆除少量保温结构，可实现长距离检测，检测效率高；其对点蚀不敏感，不能用于应力腐蚀开裂检查。

（5）X 射线成像检测：可采用 X 射线成像对不拆除隔热层的管道进行检查。

5. 主要预防措施

（1）防腐涂层：可使用有机、无机涂层和金属镀层，除碳钢及低合金钢设备外，尤其对于发生绝热层下腐蚀的 300 系列不锈钢管线可增加涂层防护；同时应控制防腐涂层质量，对于涂层破损的部位应及时进行修复，通常情况下在涂层良好的情况下几乎不会发生腐蚀。

（2）绝热材料：300 系列不锈钢应采用低氯绝热材料，降低氯化物应力腐蚀开裂可能性。

（3）操作优化：如果工艺允许，使用温度应尽量避开层下腐蚀敏感温度区间。

（4）去除绝热层：通常情况下，在保温不重要的情况下，宜考虑去除设备和管道上的绝热层。

6. 腐蚀控制案例分析

1）原油管道的绝热层下腐蚀

某炼化企业原油管道操作温度为 60℃，操作压力为 0.8MPa，材质为 20#钢，规格为 φ813×9mm（陆地/海上），保温层选用憎水微孔硅酸钙。2011 年 8 月巡检时发现原油管道发生泄漏，打开保温发现管道已经穿孔，孔径 φ4~5mm，位置在 10~11 点钟方向，如图 2-21 所示。在泄漏点附近检查后，发现管道的上部也出现较多蚀坑，蚀坑深大多为 3~5mm，如图 2-22 所示。该企业随后将厂区内外的原油管道 1#、2#线共约 10km 的保温全部拆除进行检测，历时近 5 个月，共发现两条原油管道渗漏 12 处、减薄较严重（减薄超过 3mm）的部位 828 处，对渗漏和减薄严重的 840 处进行了补焊，补焊面积共约有 415m²。

图 2-21　原油管道泄漏点位置　　　　　　　图 2-22　原油管道表面蚀坑（画圈部位的
　　　　　　　　　　　　　　　　　　　　　　　　　　　　　蚀坑深度均为 3~5mm）

2）硫黄装置液氨罐的绝热层下腐蚀

某炼化企业硫黄装置液氨罐分为 D-212A/B 两个设备，操作介质为液氨，操作温度为 37℃，操作压力为 1.5MPa，罐体材料选用 Q345R。2015 年巡检时发现与该罐连接的阀门、管线腐蚀严重，罐体外保温镀锌铁皮存在锈蚀现象，如图 2-23 所示。拆除罐体保温进行检查发现罐体表面存在较为严重的保温层下腐蚀问题，罐体表面底漆残缺不全，表面金属呈层片状脱落，腐蚀形貌如图 2-24 所示。

图 2-23　液氨罐外保温镀锌铁皮锈蚀形貌

(a)液氨罐表面

(b)液氨罐水包处

图 2-24　液氨罐拆除保温后腐蚀形貌

2.1.9　低分子有机酸腐蚀

1. 腐蚀机理

低分子有机酸腐蚀是指金属与低分子有机酸(如甲酸、乙酸、丙酸、丁酸、乙二酸、苯甲酸等)接触时发生的均匀腐蚀或局部腐蚀。低分子有机酸的腐蚀类型分为水溶液腐蚀和化学腐蚀(不含液态水)。以乙酸为例,金属与乙酸(HAc)水溶液接触时发生的腐蚀,其腐蚀过程为:

$$HAc(气相) \longrightarrow HAc(水相)$$
$$HAc \longrightarrow H^+ + Ac^-$$
$$H^+ + e \longrightarrow H$$
$$Fe \longrightarrow Fe^{2+} + 2e$$

化学腐蚀是指在没有水相存在时乙酸对金属设备发生的腐蚀,其腐蚀过程为:

$$Fe + 2HAc \longrightarrow Fe(Ac)_2 + H_2$$

碳钢、低合金钢、300 系列不锈钢发生低分子有机酸水溶液腐蚀时可表现为均匀腐蚀,介质局部浓缩或露点腐蚀时表现为局部腐蚀或沉积物下腐蚀。碳钢、低合金钢、300 系列不锈钢发生低分子有机酸的化学腐蚀时,在低流速区表现为均匀腐蚀或点蚀,在高流速区可形成局部腐蚀。

2. 腐蚀规律及因素

低分子有机酸腐蚀的主要影响因素包括酸的类型、酸浓度或 pH 值、温度、流速、杂质、合金组成等。

(1)酸类型:对于不同低分子有机酸(水溶液),在浓度相同的情况下,一级电离常数越高,酸性越强。常见的低分子有机酸中,一级电离常数从高到低依次排序为乙二酸(草酸)、邻苯二甲酸、水杨酸、柠檬酸、甲酸、乳酸、苯甲酸、乙酸、丙酸。常见低分子一元羧酸的水溶液腐蚀当量因子(与 HCl 相比)见表 2-2。

表 2-2　低分子有机酸的腐蚀当量因子

酸类型	HCl 当量因子	酸类型	HCl 当量因子
甲酸	0.76	丁酸	0.41
乙酸	0.61	3-甲基丁酸	0.36
丙酸	0.49	戊酸	0.36
甲基丙酸	0.41	1-己酸	0.31

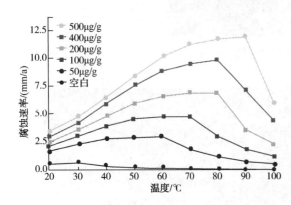

图 2-25　不同温度下乙酸含量对 X65 钢的腐蚀影响

(2)浓度或 pH 值:一般情况下,低浓度有机酸随着酸浓度升高(即 pH 值降低),腐蚀速率增大。低分子有机酸可溶于烃中并在接触水相时被水相萃取,形成局部高浓度酸液;甲酸浓度在 50%(质量分数)左右时腐蚀性最强,浓度降低或浓度升高都会减缓腐蚀;乙酸水溶液的腐蚀性能与浓度和温度的关系如图 2-25 所示。

(3)温度:随温度升高,腐蚀速率增大。低分子有机酸的化学腐蚀规律与环烷酸腐蚀类似,其腐蚀性随温度、浓度、流速的升高而增加,且在低温段(<200℃)工况下也具有较强的腐蚀性,如表 2-3 所示。

表 2-3　不同有机酸(纯酸)对碳钢的腐蚀影响

低分子有机酸	沸点/℃	总酸值/(mgKOH/g)	腐蚀速率/(mm/a)	
			100℃	沸点温度
甲酸	102	599	11	12
乙酸	114	634	20	21
丙酸	141	788	18	23
丁酸	164	629	27	46

(4)流速:流速对低分子有机酸的化学腐蚀性能影响较大,其腐蚀速率随流速的升高而增大。

(5)杂质:水溶液中强酸性无机酸、氧含量都会加速对金属的腐蚀;介质中的还原性与重金属变价阳离子均会加速不锈钢在甲酸/乙酸中的化学腐蚀。

(6)合金成分:按耐蚀性从弱到强排序为碳钢、低合金钢、300 系列奥氏体不锈钢/400 系列铁素体不锈钢、双相不锈钢。钛和钛合金、镍和镍合金均对有机酸有较好的耐腐蚀能力。

3. 易发生低分子有机酸腐蚀的炼化装置或设备

(1)炼油装置:炼油装置中的低分子有机酸主要来自原油开采、预处理、电脱盐过程中工艺添加剂(如甲酸、乙酸)以及原油加工过程中环烷酸高温分解(如甲酸、乙酸、丙酸和丁酸),其腐蚀主要发生在原油(含水)输送和换热升温系统、原油蒸馏装置塔顶系统。其中原油蒸馏装置塔顶系统有机酸的存在增加了中和剂的总需求量,但是其影响可能会被所含有的其他酸(如氯化氢、硫化氢)掩盖。

(2)化工装置:精对苯二甲酸装置中与含乙酸的工艺介质接触的设备及管道,如乙酸回收系统;其他输送或储存乙醇、乙醛或乙酸的设备及管道系统;乙二醇装置中与含乙二酸的工艺介质接触的设备及管道,如乙二酸储运系统;其他输送或储存乙醇、乙二酸的设备及管道系统。

(3)煤化工装置:煤气化装置汽提塔塔顶冷凝换热器及其相连管道,煤液化装置重质蜡分离罐、重质油分离器和轻质油油水分离器等部位易发生甲酸腐蚀;甲醇合成塔后含甲酸的物料系统,以及其他输送或储存甲醇、甲醛或甲酸的设备及管道系统,温度越高的部位腐蚀越明显。

4. 监检测方法

（1）表面宏观检查：一般以目视检测为主。

（2）外部无损检测：若腐蚀发生在内壁而只能从外部检测时，可采用脉冲涡流检测、自动超声波扫查、导波检测或射线成像检测查找减薄部位，并对减薄部位进行壁厚测定。

（3）化验分析：介质的 pH 值测定和监控。

（4）在线监测：设置腐蚀探针、腐蚀挂片、贴片式无源测厚系统或在线壁厚监测系统监控腐蚀速率。

5. 主要预防措施

（1）选材：采用含钼奥氏体不锈钢、镍基合金或钛，也可采用内衬四氟乙烯的复合钢材，或者设置陶瓷衬里等。

（2）中和剂：炼油装置可添加中和剂来降低介质中有机酸含量，但中和剂添加需要适量，避免引起其他损伤。

（3）工艺优化：输送醛、醇、醚等有机物的设备和管道应避免因系统密封问题混入空气，造成有机酸浓度升高。

6. 腐蚀控制案例分析

某炼化企业 15 万吨/年 MTBE 装置的酸来源于催化剂携带和酸基脱落的酸以及甲醇携带和氧化产生的甲酸，醚化装置的酸来源于甲醇携带和氧化产生的甲酸，这些酸溶解于水中形成酸性腐蚀环境，腐蚀随着温度和酸度（pH 值）的升高而加重，奥氏体不锈钢具有较高的耐蚀性。MTBE 装置碳钢材质的甲醇萃取塔（C2902）的塔壁呈沟槽状腐蚀形貌，腐蚀区域呈均匀分布，如图 2-26 所示。

腐蚀原因分析：在甲醇流程中，装置使用的强酸性催化剂在反应过程中会出现酸基脱落，甲醇在工艺流程中会产生氧化生成甲酸，这些酸性物质溶解到水中形成有机酸腐蚀机理，涉及的设备和流程自反应器起，到后续的催化蒸馏、甲醇萃取和回收流程，以甲醇回收流程的换热器（塔底重沸器）腐蚀最为严重。

腐蚀控制措施：①升级为耐蚀合金可有效预防有机酸腐蚀；②在系统注入化学中和剂或成膜胺缓蚀剂来降低有机酸腐蚀。

图 2-26　甲醇萃取塔塔壁腐蚀形貌

2.1.10　胺（RNH$_2$-CO$_2$-H$_2$S-H$_2$O）腐蚀

1. 腐蚀机理

胺腐蚀是指在胺处理工艺过程中碳钢和低合金钢发生的均匀腐蚀和/或局部腐蚀。腐蚀并不是胺本身所致，而是由胺液中溶解的酸性气体（二氧化碳和硫化氢等）、胺降解产物、热稳定胺盐（HSAS）和其他腐蚀性杂质所引起，因此又被称为 RNH$_2$-CO$_2$-H$_2$S-H$_2$O 腐蚀。

碳钢和低合金钢胺腐蚀时表现为均匀腐蚀和/或局部腐蚀，在沉积物的部位表现为垢下腐蚀。当介质流速较低时，多呈现为均匀腐蚀；当介质流速高并伴有紊流时，多呈现为局部腐蚀。

2. 腐蚀规律及因素

胺腐蚀的主要影响因素包括胺的类型、胺浓度、酸性气负荷、杂质、温度及流速等。

（1）胺类型：不同有机胺介质对碳钢和低合金钢的腐蚀性从大到小的次序为单乙醇胺（MEA）、二甘醇胺（DGA）、二异丙胺（DIPA）、二乙醇胺（DEA）和甲基二乙醇胺（MDEA）。

（2）胺浓度及酸性气负荷：贫胺溶液导电性差和/或 pH 值高，一般没有明显的腐蚀性；贫胺液吸收酸性气后 pH 值降低，酸性气吸收量越大、pH 值越低，腐蚀性越强。

（3）杂质：胺液中热稳定胺盐（HSAS）对胺液的腐蚀具有显著的影响，其程度取决于热稳定胺盐的

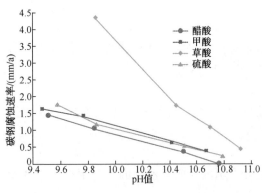

图 2-27 不同热稳定胺盐对碳钢腐蚀的影响

浓度和具体组成；热稳定胺盐主要是由胺液中无机阴离子、有机阴离子和氨基酸离子等 3 种类型的酸性组分与烷醇胺结合而形成的胺盐。据研究报道，草酸、甲酸、丙二酸、乙醇酸、丁二酸、乙酸、硫酸和氯化氢形成的热稳定盐都能促进碳钢在醇胺溶液中发生均匀腐蚀，其中草酸盐的腐蚀性最强，甲酸盐和丙二酸盐次之，而亚硫酸、氯化钠、硫代硫酸钠、硫代硫酸铵、硫氰酸钠和硫氰酸铵形成的热稳定盐对腐蚀具有一定的抑制作用。几种强酸形成 MDEA 热稳定盐对碳钢的腐蚀性能如图 2-27 所示，热稳定盐的含量越高、溶液 pH 值越低，其溶液的腐蚀性越强，其中含草酸的 MDEA 溶液腐蚀性最大。

（4）温度：随温度升高，腐蚀速率增大，特别是在富胺液环境中；当系统压降较大时，在高于 104℃左右时酸性气体可能会发生闪蒸，可能导致严重局部腐蚀。

（5）流速：随着流速升高，腐蚀速率增大；低流速区一般呈均匀腐蚀，高流速并存在强紊流时会造成局部腐蚀。

3. 易发生胺腐蚀的炼化装置或设备

胺腐蚀主要发生在炼油装置和天然气净化装置的各类胺处理系统，或者炼化企业硫黄回收装置胺脱硫单元和单独胺处理装置，如原油蒸馏装置、焦化装置、催化裂化装置、加氢装置和硫黄回收装置中用于脱除硫化氢、二氧化碳或硫醇的胺处理系统。主要发生的部位包括：

（1）再生塔塔底再沸器和再生器，尤其是胺液温度最高且介质紊流最强的区域，可发生严重腐蚀。

（2）贫胺/富胺溶液换热器的富胺液侧、高温贫胺液管道、富胺液管道、胺液泵，再生塔及再沸器是腐蚀易发区域。

（3）酸性气体可能会发生闪蒸的部位，多发生于富胺液闪蒸罐，再生塔塔顶冷凝器、出口管线，以及回流管线、阀和泵处。

4. 监检测方法

（1）表面宏观检查：一般为设备内部的目视检测。

（2）外部无损检测：若腐蚀发生在内壁而只能从外部检测时，可采用脉冲涡流检测、自动超声波扫查、导波检测或射线成像检测查找减薄部位，并对减薄部位进行壁厚测定。

（3）在线监测：监控实时腐蚀速率，尤其是温度较高的部位，如再沸器进料管线和回流管道、高温贫胺/富胺管道、汽提塔塔顶冷凝器的管道。

5. 主要预防措施

（1）设计和操作：如果设计合理，操作正确，大多数部件都可使用碳钢材质，但设计存在缺陷、操作不当以及介质中有杂质时会产生腐蚀。例如过滤和工艺控制可除去胺液中的固体颗粒和烃组分，富胺液中固体颗粒过滤效果比贫胺液更佳；胺的储罐和物料缓冲罐应充装惰性气体进行保护以防止氧气窜入。

（2）酸性气负荷：用于吸收酸性气体的胺处理系统应控制合适的处理量，避免胺液中酸性气浓度过高；通常控制胺液 pH 值宜大于 9.0，酸气吸收量宜小于 0.3mol/mol（MEA、DEA 为吸收剂时）和 0.4mol/mol（MDEA 为吸收剂时）。

（3）温度：控制再沸器的温度和流量，并控制再生塔塔顶温度，避免胺在高温下发生降解生产腐蚀性产物。

（4）热稳定胺盐浓度：控制耐热胺盐的浓度在可接受的范围内，可有效降低胺液的腐蚀能力；MEA 和 DEA 热稳态盐含量推荐不超过 2%（质量分数），MDEA 热稳态盐含量推荐不超过 0.5%（质量分数）。另外，防止再生塔塔底重沸器发生过度再生（重沸器中处理的胺液再生总量大于 5%），否则可能导致重沸器、蒸汽回流管和再生塔底部发生酸性气体腐蚀。

（5）流速：碳钢材质输送的富胺液速度不宜超过 1.5m/s，在换热器管程内流速不宜超过 0.9m/s，富胺液进再生塔流速不宜超过 1.2m/s；输送贫胺液可放宽至 6m/s。

（6）材质：无法避免闪蒸时应采用 300 系列不锈钢或其他耐蚀合金，在吸收塔和再生塔中宜采用 300 系列或 400 系列不锈钢材质的塔盘和内件。

（7）缓蚀剂：可添加合适的缓蚀剂，以控制胺腐蚀。

6. 腐蚀控制案例分析

某炼化企业胺液再生装置的换热器和塔顶空冷器发生多次腐蚀泄漏，如图 2-28 所示。其中贫富液换热器的贫液出口弯头焊缝热影响区出现漏点，材质为碳钢，操作压力和操作温度分别为 0.15MPa 和 120℃；贫液空气冷却器空冷管头也发生多次穿漏，材质为碳钢，贫液空气冷却器操作压力和操作温度分别为 0.6MPa 和 65℃。

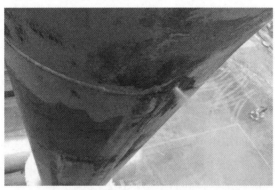

(a)贫富液换热器液相线弯头焊缝热影响区腐蚀泄漏

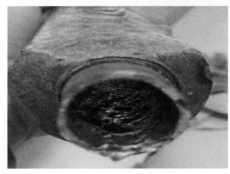

(b)贫液空气冷却器空冷管减薄

(c)贫液空气冷却器空冷管束泄漏

图 2-28　胺液再生装置的腐蚀泄漏情况

腐蚀原因及控制措施：

（1）原料来源复杂，同时含有氰化物和加氢型装置出来的胺液，加重部件存在应力开裂风险，建议加氢型装置出来的胺液进行单独处理；

（2）原料处理量的增加引起管线局部位置冲刷严重，建议降低处理量至设计范围内；

（3）增加胺液除热稳态盐设备，控制胺液中热稳态盐含量不超过 0.5%，最多不超过 2%；

（4）控制胺液中 H_2S 和 CO_2 含量，尤其建议 CO_2 含量低于 100mg/L，H_2S 含量低于 50mg/L，降低贫胺液设备管线的碳酸盐应力腐蚀开裂风险；

（5）建议胺液罐除使用氮气保护外，还要避免外界空气的进入；

（6）若热稳态盐无法控制，建议将温度≥104℃的贫胺液管线进行材质升级至奥氏体不锈钢；

（7）对于空冷入口管线，建议直管段到弯头长度至少为管道直径的 10 倍（优选 20 倍），并对空冷入口从三通到弯头的管线进行模拟仿真优化结构。

2.1.11 高温氧化

1. 腐蚀机理

氧气是空气中的一种主要成分(约21%),在高温下碳钢和其他合金与氧气发生反应生成氧化物膜,从而减少金属壁厚;该腐蚀通常发生在加热炉和锅炉燃烧的含氧环境中。

多数合金,包括碳钢和低合金钢,发生高温氧化后在表面生成氧化物膜,导致均匀减薄;300系列不锈钢和镍基合金在高温氧化作用下易形成黑色氧化皮。

2. 腐蚀规律及因素

影响高温氧化的主要因素是温度和合金成分。

(1) 温度:碳钢随温度升高腐蚀加剧,超过538℃后碳钢的氧化腐蚀严重。

(2) 合金成分:碳钢和其他合金的耐蚀性通常取决于材料的铬元素含量,铬元素可形成保护性氧化物膜;300系列不锈钢在816℃以下有良好的耐蚀性。

(3) 水蒸气:水蒸气可以显著增加9Cr-1Mo等钢材的氧化速率。

3. 易发生高温氧化的设备

炼化装置中加热炉、锅炉和其他火焰加热设备等在高温环境中运行的设备和管道,尤其是温度超过538℃环境中运行的设备和管道。

4. 监检测方法

(1) 在线监测:温度监测,如使用炉管表面热电偶和/或红外热成像仪对温度进行监测,防止运行超温。

(2) 厚度测量:采用超声波测量设备和管道的壁厚。

5. 主要预防措施

选择耐蚀性良好的合金是预防高温氧化的最好措施。铬是影响耐氧化能力的主要合金元素;硅和铝等其他合金元素也有同样效果,但因其对力学性能不利,添加量应控制在合理范围内;用于加热炉支架、烧嘴喷口和燃烧设备部件的特殊合金常添加这些元素。

6. 腐蚀控制案例分析

某炼化企业延迟焦化装置焦化炉炉管材质为5Cr-0.5Mo,在加热炉投用近10年后,对炉管运行状态加强了监测。红外检测炉管的温度场时发现从下往上第5至第10根炉管温度较高,如图2-29(a)所示,停工检修期间对炉管进行检验,发现第5~10根炉管外表面发生了严重氧化,炉管内部结焦层有近3cm厚,炉管材质发生了严重的珠光体球化,如图2-29(b)所示。

(a)焦化炉管红外热成像图片   (b)焦化炉管外表面氧化和内壁结焦

图2-29 焦化炉炉管超温及高温氧化

腐蚀原因分析:焦化炉在投入运行后,焦化炉管长期在600℃以上的温度条件下运行,炉管外表面一般都会发生高温氧化。正常情况下在氧化膜致密的情况下,高温氧化不对炉管损伤带来严重影响。但是,若炉管内壁严重结焦,炉管运行温度会提高,可能接近700℃,则会使外表面氧化加速,管壁严重减薄,甚至因材质劣化导致安全事故。

2.1.12 高温硫腐蚀

1. 腐蚀机理

高温硫腐蚀是指碳钢或其他合金在高温环境下与硫化物反应而引起的腐蚀。本节论述不含氢气条件下的高温硫腐蚀。

高温硫腐蚀多为均匀腐蚀,有时表现为局部腐蚀,高流速部位会形成冲蚀;腐蚀发生后金属表面多覆盖有硫化物产物膜,膜的厚度与材质、流体腐蚀性、流速和杂质的存在有关。

2. 腐蚀规律及因素

高温硫腐蚀的主要影响因素包括硫化物类型及含量、温度、流速流态、合金组成等。

(1)硫化物类型及含量:油品中的硫含量并不能准确反映高温硫腐蚀程度,因而根据油品中硫化物的腐蚀程度,将硫化物划分为活性硫化物和非活性硫化物。活性硫化物是指那些能直接与金属发生化学反应的硫化物,如元素硫、硫化氢、硫醇及二硫化物;非活性硫化物是指不能直接与金属发生化学反应的硫化物,包括硫醚、噻吩等含硫化合物。非活性硫化物相对比较稳定,但是在原油加工过程中会发生热分解反应生成活性硫化物,从而使油品的高温腐蚀性能加剧。

(2)温度:高温硫腐蚀随温度升高而增大。一般认为,高温硫腐蚀通常发生在230~540℃范围的含硫工艺介质中,API RP 581将发生高温硫腐蚀的初始温度界定在204℃,2019年版的API RP 939-C将发生高温硫腐蚀的初始温度界定在260℃,目前国内一般把发生高温硫腐蚀的初始温度界定在240℃。

(3)流速:流速对高温硫腐蚀的严重程度同样有较大的影响,可以明显改变高温硫腐蚀在金属表面的腐蚀形态,尤其是对于碳钢和低合金钢材质。其原因在于高温硫腐蚀产物硫化亚铁在金属表面形成腐蚀产物膜,能在一定程度上阻止腐蚀的继续进行,起到减缓作用,当介质流速较高时,腐蚀产物膜被冲刷脱落,破坏了其对金属的保护作用,使金属的腐蚀加剧。

(4)合金元素:耐硫化物腐蚀性能取决于反应产生的硫化物膜保护能力。一般而言,钢材随铬元素含量升高,耐硫化物腐蚀能力增强,耐高温硫腐蚀性能由低到高依次为碳钢、低合金钢、400系列不锈钢、300系列不锈钢。300系列不锈钢在多数炼油工艺中耐高温硫化物腐蚀能力较强。

(5)腐蚀产物膜:反应产生的硫化物保护膜可以提供不同程度的防护效果,保护膜的防护能力除受合金成分影响外,还跟介质腐蚀性有关。

3. 易发生高温硫腐蚀的炼化装置或设备

(1)炼油装置:原油蒸馏装置、催化裂化装置、焦化装置、减黏装置,以及加氢装置中处理含硫物料(注氢点上游)的高温设备和高温管道。

(2)与含硫气体接触的锅炉和高温设备。

(3)使用油、气、焦炭和多数其他燃料的加热炉,腐蚀程度取决于燃料中的含硫量。

4. 监检测方法

(1)工艺参数监测:检测工艺介质的温度和/或硫含量变化,其中炉管的温度监测既可使用表面热电偶,也可以使用红外热成像。

(2)测厚:条件允许的情况下采用脉冲涡流扫查,并对减薄部位进行超声壁厚测定。

(3)材质复验:对在硫化物腐蚀环境中使用的合金,应设置可追溯的材料标识,用于复验和核对其合金成分,防止出现混用。

5. 主要预防措施

(1)材质升级:提高材料中铬的含量,如整体采用300系列不锈钢或400系列不锈钢,或者也可以选用以这些不锈钢为衬里的复合钢板。

(2)渗铝:采用碳钢和低合金钢渗铝处理,可降低硫化腐蚀速率,减少产生的硫化物膜,但防护不够彻底。

6. 腐蚀控制案例分析

某炼化企业原油蒸馏装置停工检修期间发现初底油/减压渣油换热器的管箱隔板减薄严重，如图2-30所示。换热器管程介质为渣油，操作温度为300℃，管束材质为304L，管箱材质为碳钢；壳程介质为初底油，操作温度为220℃，壳程材质为碳钢。经检测发现隔板的厚度最小约为1.8mm，多数在2.5~4.0mm之间，初始厚度为9.0mm。

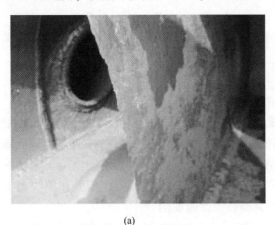 

(a)   (b)

图2-30　换热器管箱隔板的宏观腐蚀形貌

腐蚀失效分析及控制措施：减压渣油中硫含量长期在1.5%~2.0%(质量分数)范围内，虽然渣油中非活性硫所占比例较高，但碳钢在300℃温度和高含硫渣油环境下仍具有较高的腐蚀速率；同时，换热器管箱的隔板处于管程入口正对位置，高流速的油品介质加速了腐蚀严重程度。针对的腐蚀控制措施是将管箱材质升级为碳钢+0Cr13衬里，隔板材质升级为0Cr13。

2.1.13　高温 H_2/H_2S 腐蚀

1. 腐蚀机理

高温 H_2/H_2S 腐蚀是指碳钢或低合金钢等在高温且临氢条件下与硫化物反应而引起的腐蚀，氢的存在增加了高温硫腐蚀的严重程度。

高温 H_2/H_2S 腐蚀通常表现为均匀腐蚀，并伴随硫化亚铁锈垢的形成，锈垢厚度大约是被腐蚀掉金属体积的5倍，并可能形成多层结构；金属表面的锈垢比较牢固，且有灰色光泽，易被误认为是没有发生腐蚀的金属基体。

2. 腐蚀规律及因素

高温 H_2/H_2S 腐蚀的主要影响因素包括温度、硫化氢浓度和分压、氢分压、介质气/液比例、合金成分等。

（1）温度：腐蚀速率随温度升高而增大，通常在铁基合金温度超过230℃时开始发生高温 H_2/H_2S 腐蚀。

（2）硫化氢分压：腐蚀速率随硫化氢含量或硫化氢分压的增加而增大；硫化氢浓度在1%(体积分数)以下时，随着浓度的增加腐蚀速率增加，浓度超过1%(体积分数)时，腐蚀速率变化不大。

（3）氢分压：与无氢环境下高温硫腐蚀相比，高温 H_2/H_2S 腐蚀速率更大；工程实践表明，高温 H_2/H_2S 腐蚀环境下，气相环境中腐蚀速率高于液相环境中腐蚀速率，气相+低氢分压环境中腐蚀速率高于气相+高氢分压环境中腐蚀速率。

（4）与石脑油脱硫装置相比，煤油脱硫装置和加氢裂化装置的腐蚀更严重，腐蚀速率几乎可达前者的2倍。

（5）合金成分：金属材料的耐高温 H_2/H_2S 腐蚀性能由合金的化学成分决定，铬含量越高，合金耐高温 H_2/H_2S 腐蚀能力越强，当铬含量未达到7%~9%(质量分数)时，即使增加铬含量，材料耐腐蚀性提高也不明显；铬含量相近的不锈钢其耐腐蚀能力相近，铬含量相近的镍基合金其耐腐蚀能力相近(见图2-31)。

3. 易发生高温 H_2/H_2S 腐蚀的炼化装置或设备

炼化企业加氢装置中所有接触含高温 H_2/H_2S 介质的设备和管道都易发生这种腐蚀，注氢点下游腐蚀明显加剧。

4. 监检测方法

（1）工艺条件监测：现场测量并确认实际金属壁温有无超过设计温度，以及定期进行工艺模拟计算以确认硫化氢含量有无明显升高。

（2）无损检测：条件允许的情况下采用目视检测、脉冲涡流检测、超声波测厚和射线成像检测壁厚变化。

5. 主要预防措施

（1）选材：使用铬含量高的合金可降低腐蚀程度，300 系列不锈钢在未超温范围内使用时耐蚀能力较强。

（2）不影响装置正常运行的前提下降低氢分压。

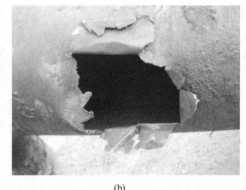

图 2-31 高温 H_2/H_2S 腐蚀环境中不同合金
的腐蚀速率曲线

6. 腐蚀控制案例分析

某炼化企业蜡油加氢装置高压换热器 E-101 壳程出口管道的材质为碳钢，设计操作温度为 200℃。在 E101 壳程出口管道的第一个弯头后的直管处发生腐蚀泄漏，且自法兰出口至副线接口处减薄严重，如图 2-32 所示。

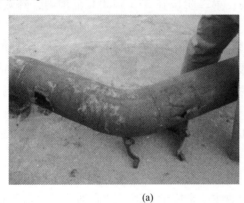

(a)   (b)

图 2-32 高压换热器 E-101 出口管道的腐蚀形貌

腐蚀原因分析：从管道内壁腐蚀形态和检测情况分析，E101 壳程出口管道腐蚀减薄严重，且 E-101 壳体的厚度由 19.0mm 减薄至不到 7.0mm，其腐蚀机理表现为高温 H_2/H_2S 腐蚀。查询装置近一年的工艺操作和物料分析发现，原料中硫含量较以往大幅升高，工艺操作温度为 350℃，远超出设计操作温度（200℃），这也是导致设备及管线腐蚀加速泄漏的主要原因。

2.1.14 环烷酸腐蚀

1. 腐蚀机理

环烷酸腐蚀是高温腐蚀的一种形式，在高温环境中，某些含有机羧酸（环烷酸为主）的油品对金属材料的腐蚀，其反应过程为：

$$2RCOOH + Fe \longrightarrow Fe(RCOO)_2 + H_2$$

环烷酸腐蚀的形貌是在高流速区域呈带锐角边的沟槽，在低流速区域呈边缘锐利的蚀坑；在低流速凝结区，碳钢、低合金钢和铁素体不锈钢的腐蚀表现为均匀腐蚀或点蚀。

2. 腐蚀规律及因素

环烷酸腐蚀的主要影响因素包括环烷酸含量（总酸值）、硫含量、温度、流速、合金成分等。

（1）环烷酸含量（总酸值）：腐蚀速率随油品中环烷酸含量的升高而增大。早期人们通常采用原油的总酸值（TAN）来衡量环烷酸腐蚀程度，后来在生产实际和实验研究中发现，原油种类不同，环烷酸在原油及各馏分段中所占总酸值的比例也不同，因此，进一步使用环烷酸含量（NAN）来预测原油的腐蚀性。通常认为环烷酸的腐蚀性随其酸值的升高而增强，但是环烷酸的腐蚀性也与其自身分子结构有关。科研人员研究发现，在一定温度下相对分子质量较小的环烷酸腐蚀性相对较强，环烷酸的分子结构越复杂，腐蚀性越弱；相同结构的羧酸，其腐蚀性随碳原子数的增加先升高后下降。

（2）硫含量：环烷酸腐蚀和高温硫腐蚀是同时进行的，并且硫化物对环烷酸腐蚀有着极为重要的影响，它们之间的相互作用又十分复杂，硫化物既可增强也可降低原油的腐蚀性（见图2-33）。一般认为硫含量低于临界值时，环烷酸可破坏硫化物腐蚀产物，生成油溶性的环烷酸铁和硫化氢，使腐蚀加重；若硫含量高于临界值，则活性硫在金属表面可生成稳定的硫化亚铁保护膜，减缓环烷酸的腐蚀作用。

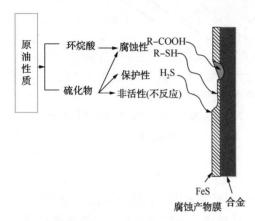

图2-33 高温硫与环烷酸腐蚀
相互作用的示意图

（3）温度：环烷酸腐蚀通常发生在220～400℃的温度范围内，温度更高时环烷酸发生分解；工程实践发现在170～190℃低温区域也发生明显的环烷酸腐蚀。环烷酸腐蚀有两个明显的阶段，第一阶段在220～320℃范围内，环烷酸腐蚀随温度升高而增强，在270～280℃时腐蚀性最强，然后随温度升高而减弱；第二阶段在320～400℃范围内，环烷酸腐蚀和高温硫腐蚀性能随温度升高而增加。

（4）流速/相态：流速和流态对环烷酸腐蚀具有显著的影响，一方面流速越大，腐蚀越快；另一方面流速越大，形成的剪切力越大，金属材料表面遭受冲刷腐蚀越严重。当环烷酸处于气相或液相时，其腐蚀的强弱性表现不同，在环烷酸沸点和露点温度范围内，即气液共存的区域，其腐蚀最为严重。

（5）合金成分：合金中钼元素可以提高耐蚀性，钼元素含量下限为2.5%（质量分数）。按耐环烷酸腐蚀能力由弱到强大致顺序为碳钢、1.25Cr-0.5Mo、2.25Cr-0.5Mo、5Cr-0.5Mo、9Cr-1Mo、12Cr、304L、321、316L、317L。

3. 易发生环烷酸腐蚀的炼化装置或设备

（1）原油蒸馏装置：加热炉炉管、常压和减压转油线、常底油管道、减底油管道、常压蜡油回路、减压蜡油回路，重点关注管道高流速、湍流、流向改变的部位，如阀门、弯头、三通、减压器位置，以及泵内构件、设备和管道焊缝、热偶套管等流场受到扰动的部位；常压塔、减压塔内构件在闪蒸段、填料部位，以及高酸值介质凝结或高速液滴冲击的部位。

（2）焦化装置：一次加工原料为高酸原油的延迟焦化装置原料换热至加热炉的设备和管道、分馏塔焦化轻蜡油回路和焦化重蜡油回路。

（3）加氢装置：一次加工原料为高酸原油的加氢装置注氢点之前热烃物料系统。

4. 监检测方法

（1）化验分析：原油和侧线物流中的酸值监测，确定酸在不同馏分油中的分布情况；检测油品中的铁、镍元素含量来评估系统的腐蚀程度。

（2）壁厚检测：采用目视检测+超声波测厚，检测设备和管道壁厚的变化。

（3）无损检测：采用脉冲涡流检测、射线成像检测可有效检出局部腐蚀区域；使用氢探针、氢通量检测仪监测氢通量。

（4）在线监测：设置电阻腐蚀探针、腐蚀挂片或在线壁厚监测系统。

（5）流场分析：根据设备和管道结构、工艺介质操作条件开展流场分析，确定管道系统高流速或湍流部位。

5. 主要预防措施

（1）掺炼：通过加工原油的混合掺炼，降低原料油的酸值或适当提高硫含量，降低原料油的高温腐蚀性能。

（2）选材：使用钼元素含量高的合金来提高耐蚀性，严重腐蚀时宜采用316L、317L不锈钢；针对常压塔、减压塔的内件(塔盘或填料)采用不锈钢表面强化(CTS)。

（3）缓蚀剂：部分设备和管道材质偏低，或者监测/评估环烷酸腐蚀较严重时，短周期内可采用合适的缓蚀剂减缓腐蚀，同时应考虑含磷缓蚀剂对后续加工装置的影响；如需长周期运行，推荐以材质升级为主。

6. 腐蚀控制案例分析

某炼化企业原油蒸馏装置停工检修期间发现减压塔的减二线至减四线间塔内件、塔壁腐蚀较严重，如图2-34所示。减二线填料支撑梁和减三线集油箱支撑梁都存在腐蚀减薄，减三线填料上部塔壁和填料底部腐蚀严重，减四线填料段腐蚀塌陷。

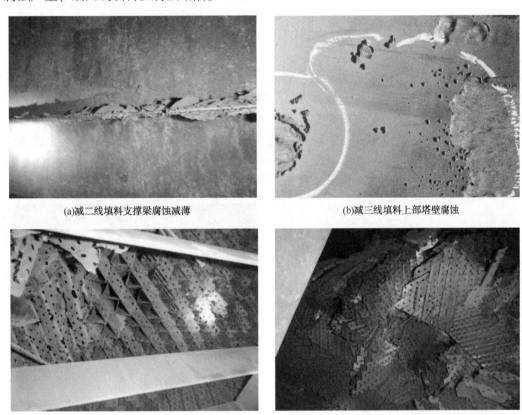

(a)减二线填料支撑梁腐蚀减薄　　　　　　　　(b)减三线填料上部塔壁腐蚀

(c)减三线填料底部腐蚀减薄、损坏　　　　　　(d)减四线填料腐蚀塌陷

图2-34　减压塔填料段腐蚀情况

腐蚀原因分析：从腐蚀发生的部位表明，腐蚀主要集中在第三段填料底部及第四段填料，第三段填料底部至第四段填料温度刚好在260~300℃之间，刚好处在高温硫腐蚀和高温环烷酸腐蚀的区间。随着温度的升高，减压各馏分的酸值和硫含量也在增加，填料的腐蚀也越来越严重。结合填料材质的合金分析结果，第四段填料合金元素Mo含量不足2.0%，材质成分不符合GB/T 20878—2007对316L化学成分的要求，因此第四段填料因合金元素Mo含量低不耐高温环烷酸的腐蚀，在硫和环烷酸协同作用下，加速了腐蚀。填料减薄、失去金属强度、塌陷以后，造成介质分布不均匀，在第三段填料底部形成涡流，填料局部被掏空。

腐蚀控制措施：根据一套原油蒸馏装置原油性质和硫、酸的分布情况，高温部位的腐蚀以高温环烷酸腐蚀为主，材质升级为316L不锈钢(Mo含量大于2.5%)，局部腐蚀严重的填料(第四段填料)可考虑采用317L不锈钢。

2.2 环境开裂

图 2-35　发生应力腐蚀开裂的三个基本条件

环境开裂指在服役环境作用下材料发生的开裂，主要包括应力腐蚀开裂，以及氢渗入引起的氢鼓包和氢致开裂。本节主要介绍应力腐蚀开裂。应力腐蚀开裂（Stress Corrosion Cracking，SCC）是指敏感金属材料在某些特定腐蚀介质中，由于腐蚀介质和拉应力的协同作用而发生的脆性断裂。发生应力腐蚀开裂需要同时具备三个基本条件（见图 2-35），即敏感金属材料、特定腐蚀介质和足够的拉伸应力。由于应力腐蚀开裂涉及材料、环境和力学等多种因素，其过程十分复杂，目前所提出的多种应力腐蚀理论或模型均存在一定的局限性，尚无统一的理论。其中较普遍的开裂机理有三种，即阳极溶解机理、氢脆机理、阳极溶解和氢脆共同作用的机理。

2.2.1 氯化物应力腐蚀开裂

1. 腐蚀机理

氯化物应力腐蚀开裂是指在拉应力、温度和氯化物水溶液环境的共同作用下，300 系列不锈钢或部分镍基合金产生起源于表面的开裂，也称为氯化物开裂。

氯化物应力腐蚀开裂（SCC）的裂纹起源于表面，裂纹多呈树枝状，有分叉[见图 2-36(a)]，无明显的腐蚀减薄；裂纹一般穿晶扩展[见图 2-36(b)]，断口通常为脆性断口，但发生敏化的 300 系列不锈钢应力腐蚀断口也可能呈沿晶特征；300 系列不锈钢的焊缝组织通常会含有一些铁素体，形成双相组织结构，出现氯化物应力腐蚀开裂的可能性通常会小一些。

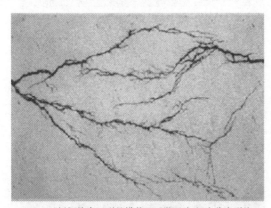 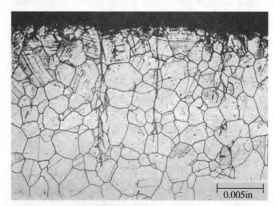

(a)316L不锈钢管束开裂的横截面显微照片(细小分支裂纹)　　(b)316L不锈钢管束开裂的金相照片(穿晶的裂纹)

图 2-36　316L 不锈钢管束开裂的微观照片

2. 腐蚀规律及因素

氯化物应力腐蚀开裂的主要影响因素包括氯离子含量、温度、pH 值、应力、材料、氧气和其他介质等。

（1）氯离子含量：应力腐蚀开裂敏感性随氯离子含量的升高而增加。在实际工况中，因设备结构和其所处环境条件的变化而发生设备局部的氯离子浓缩，即使介质中氯化物含量很低，也可能会发生应力腐蚀开裂；也有研究发现汽相部位产生破裂的氯离子含量比在液相部位产生破裂的氯离子含量要低。因此，无法确定导致 SCC 敏感性的氯离子浓度上限。

（2）温度：应力腐蚀开裂敏感性随温度的升高而升高。传统的工程观点认为，温度高于 50℃时，经常暴露于腐蚀环境中的材料有可能发生氯化物 SCC；API RP 571 标准中描述发生氯化物 SCC 的起始温度为 60℃，API RP 581 标准规定根据溶液的 pH 值和氯离子浓度，苛刻条件下 38℃以上环境就需要考虑氯化物 SCC。氯化物应力腐蚀开裂与氯离子浓度和温度具有一定的依赖关系，有实验表明在 100℃

以下，随温度升高，316L 钢的应力腐蚀敏感性指数显著增长。例如在"wicking"测试中，在温度 80℃ 下，开裂发生的速度是温度 50℃ 下的 4 倍左右。不同合金材料在中性氯化物溶液中发生应力腐蚀开裂的温度与氯离子浓度的关系曲线如图 2-37 所示。

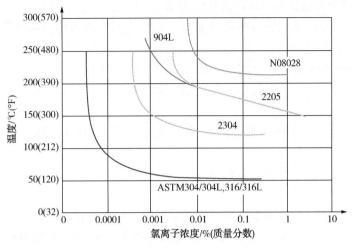

图 2-37　合金材料在中性氯化物溶液中发生氯化物 SCC 的关系曲线

（3）pH 值：发生应力腐蚀开裂时 pH 值通常大于 2.0，pH 值低于此数值时多易发生均匀腐蚀。针对不同的体系，pH 值的影响有所不同；对奥氏体不锈钢而言，随着体系 pH 值下降，破裂速度增大，加快了应力腐蚀开裂。API RP 581 标准规定将体系的 pH 值分为 pH>10 和 pH≤10 两种情况分别考虑奥氏体不锈钢发生应力腐蚀开裂敏感性的等级：在 pH>10 的体系，149℃ 和 1000μg/g 氯离子工况下 SCC 敏感性等级为中等；而对于 pH≤10 体系，温度大于 66℃ 和氯离子大于 100μg/g 的工况下 SCC 敏感性等级为高等。

（4）应力：应力（残余应力或外加应力）越大，开裂敏感性越高。高应力或冷加工构件，如膨胀节，开裂敏感性高。

（5）材料：镍含量在 8%～12% 时，开裂敏感性最大，镍含量高于 35% 时具有较高的氯化物应力腐蚀抗力，镍含量高于 45% 时，基本上不会发生氯化物应力腐蚀开裂；双相不锈钢比 300 系列不锈钢耐氯化物应力腐蚀能力更强，碳钢、低合金钢、400 系列不锈钢则对氯化物应力腐蚀开裂不敏感。

（6）氧含量：溶液中的溶解氧会加速氯化物应力腐蚀开裂，其原因是氧气在裂缝中的消耗速率大于扩散速率，在进入裂缝内一段距离后，氧气就被消耗完，使得裂纹尖端仍处于低氧状态，由于腐蚀电位梯度的存在，驱使着裂缝处的阴离子（如氯离子、硫酸根离子和氢氧根离子）向裂缝中移动，而阳离子（氢离子、钠离子和锌离子）从裂缝中向外移动，进而使氯离子在裂缝尖端快速聚集，形成非常高的浓度，更快地破坏氧化膜，并且进一步降低氧化膜的形成速率。氧含量对常规奥氏体不锈钢在 243～260℃ 条件下发生氯化物应力腐蚀开裂敏感性的影响如图 2-38 所示。目前仍不能确定氧含量是否存在阈值，即当氧含量低于该阈值时就不会发生氯化物应力腐蚀开裂。

（7）其他介质：卤化物中除氯离子外，氟离子和溴离子同样具有应力腐蚀开裂敏感性，其影响程度有待进一步研究；针对碘离子的影响，一般认为碘离子对氯化物溶液的应力腐蚀具有缓蚀作用；另外，若在氯化物溶液中加入一些氧化剂（如 Fe^{3+}、Cu^{2+}、氧气等），将缩短不锈钢发生应力腐蚀开裂的

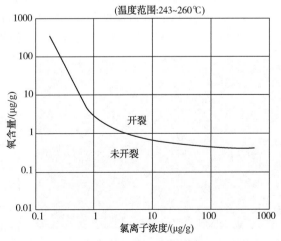

图 2-38　氧含量对奥氏体不锈钢氯化物应力腐蚀开裂敏感性的影响

时间，以及发生应力腐蚀开裂的氯离子浓度和温度的下限范围。

（8）伴热或蒸发条件：如果存在伴热或蒸发条件将可能导致氯化物局部浓缩聚集，显著增加氯化物应力腐蚀开裂敏感性；干-湿、水-汽交替的环境具有类似作用。

3. 易发生氯化物应力腐蚀开裂的炼化装置或设备

所有由 300 系列不锈钢制成的设备和管道都对氯化物应力腐蚀敏感。炼化装置发生氯化物应力腐蚀开裂的主要设备和管道包括：

（1）炼化装置循环水冷却器，以及常压塔顶冷凝器工艺介质侧。

（2）加氢装置反应流出物所涉及的设备和管道，如果在停车后没有针对性清洗，开车或停车期间易发生开裂。

（3）奥氏体不锈钢设备和管道的外部保温材料如被水或其他液体浸泡后，可能会在材料外表面发生保温层下氯化物应力腐蚀开裂。

（4）煤气化制氢装置变换单元设备和管道。

4. 监检测方法

（1）宏观检查：一般在材料表面采用目视检测和可疑部位渗透检测。

（2）裂纹检测：管道、设备表面的检测可采用涡流检测、ACFM（交流电磁场测量）、射线检测、超声探伤、渗透、着色等方法，热交换器管束可采用涡流检测、旋转超声检测等方法。

（3）金相检测：极细微裂纹主要采用金相检测。

5. 主要预防措施

（1）选材：使用耐氯化物应力腐蚀开裂能力较强的材料，如双相不锈钢、超级奥氏体不锈钢（6Mo）等。

（2）结构设计：结构设计时尽量避免导致氯化物集中或沉积的可能，尤其应避免介质流动死角或低流速区。

（3）应力消除：对 300 系列不锈钢制作的部件宜进行固溶处理，对稳定化奥氏体不锈钢可进行稳定化处理以消除残余应力，但应注意热处理可能引起的敏化会增大材料的连多硫酸应力腐蚀开裂敏感性，也可能产生变形问题以及再热裂纹。

（4）水质：当用水进行压力试验时，应使用氯含量低的水（至少应使氯离子含量小于 25mg/L），试验结束后应及时彻底烘干。

（5）外部涂层：材料外部表面敷涂涂层，避免材料保温层下应力腐蚀开裂。

6. 腐蚀控制案例分析

1）加氢装置蒸汽发生器管束开裂

某炼化企业加氢装置反应产物蒸汽发生器管束发生泄漏。该高压换热器的管程介质为加氢反应产物，压力为 15.5MPa，进口温度为 225℃，出口温度为 210℃；壳程介质为除氧水，压力为 1.5MPa，温度为 250℃。管束材质为 321，检测发现 63 根管子出现明显泄漏，管板 PT 检查未发现焊接缺陷，如图 2-39 所示。

图 2-39 蒸汽发生器管板的检测形貌

腐蚀失效分析：通过宏观检查、金相检验及断口的扫描电镜分析，发现管束裂纹是由管子外表面开始向内表面扩展；裂纹呈周向和轴向扩展，以轴向裂纹为主，周向裂纹是由点蚀坑连接而成，裂纹较多分叉、裂纹尖端尖锐，裂纹呈穿晶扩展（见图 2-40）。金相组织为奥氏体，晶粒正常，说明材料为正常奥氏体组织，断口为河流状解理断裂，并有二次裂纹（见图 2-41），呈奥氏体不锈钢氯离子应力腐蚀特征，开裂是由高温水中氯离子导致的应力腐蚀开裂。

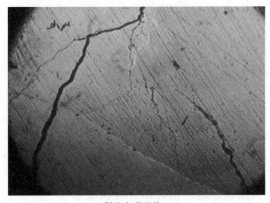
(a)裂纹宏观形貌

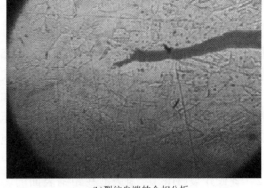
(b)裂纹尖端的金相分析

图 2-40　管束裂纹的宏观形貌和金相分析

(a)

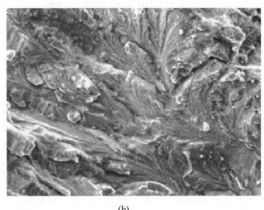
(b)

图 2-41　管束周向裂纹断口的扫描电镜形貌

2）乙二醇装置循环气管线开裂

某石化企业乙二醇装置 1995 年建成投产，2015 年 10 月该装置的循环气线焊缝发生腐蚀开裂泄漏。循环气管道的材质为 304L，其开裂泄漏的部位及临时处理措施如图 2-42 所示。

(a)管道焊缝开裂泄漏

(b)泄漏部位的包盒子处理

图 2-42　循环气管道开裂的部位及堵漏措施

腐蚀原因分析：2014 年初，乙二醇装置因工艺生产中抑制剂一氯乙烷的加入量由 240g/h 提高至 360g/h（最高时达到 420g/h），造成工艺物料氯离子的浓度显著增大；同时在该管道上游增加了注水工艺，导致气相介质中含有较多的水汽，形成了腐蚀环境，最终导致管线焊缝及临近母材发生氯离子的应力腐蚀开裂泄漏。

腐蚀控制措施：①循环气管道的上游停止注水，对管线的泄漏部位进行包盒子补强，持续运行到 2016 年 8 月大修；②停工期间将循环气的管线材质升级为 316L；③运行期间减少抑制剂一氯乙烷的加入量至 240g/h。

2.2.2 湿硫化氢损伤

1. 腐蚀机理

湿硫化氢损伤是指碳钢和低合金钢在含水和硫化氢环境中所发生的损伤，包括氢鼓泡、氢致开裂、应力导向氢致开裂和硫化物应力腐蚀开裂四种形式。

（1）氢鼓泡（HB）：金属表面硫化物腐蚀产生的氢原子扩散进入金属内部，在金属内部的不连续处如夹杂物或裂隙处积聚并结合生成氢分子，造成压力升高引起金属材料的局部变形，形成鼓泡。氢鼓泡表现为在钢材表面形成独立的小泡，小泡与小泡之间一般不会发生合并；氢鼓泡主要在压力容器的内壁形成凸起，在无缝管中很少见，但在缝焊管中会发生。

（2）氢致开裂（HIC）：氢鼓泡在距钢表面的多个不同厚度处、钢板中部或焊缝附近形成，在某些情形下，在稍微不同深度处（平面）的附近或相邻鼓包之间不断连接，进而扩展形成裂纹。鼓包之间的相互连接裂纹常常具有阶梯状外观形态，因此氢致开裂有时称为"阶梯状开裂"。氢致开裂表现为在钢材内部形成与表面平行的台阶状裂纹，裂纹一般沿轧制方向扩展，不会扩展至钢的表面。

（3）应力导向氢致开裂（SOHIC）：在焊接残余应力或其他应力作用下，氢致开裂裂纹沿厚度方向不断相连并形成穿透至表面的开裂，表现为堆叠于彼此顶部的裂纹阵列。应力导向氢致开裂通常出现在焊缝热影响区和高硬度区表面，并沿厚度方向扩展。

（4）硫化物应力腐蚀开裂（SSC）：此种开裂是由金属表面硫化物腐蚀过程中产生的原子氢吸附造成的一种开裂。硫化物应力腐蚀开裂一般发生在焊接接头的热影响区，由该部位母材上不同深度的氢致开裂裂纹沿厚度方向相连形成。碳素钢、低合金钢和马氏体不锈钢易受 SCC 影响。

2. 腐蚀规律及因素

湿硫化氢损伤的主要影响因素包括环境条件（硫化氢含量、pH 值、温度、杂质）、材料性能（硬度、微观结构、强度）和应力水平（残余或施加）。

（1）pH 值和 H_2S 分压：通常将湿硫化氢腐蚀环境分为两类，第 I 类环境是指液相水中总硫化物含量大于 50mg/L，或液相水 pH 值小于 4.0 且含少量硫化氢，或气相中硫化氢分压大于 0.0003MPa，或液相水中含有少量硫化氢、溶解的 HCN 小于 20mg/L 且 pH 值大于 7.6；第 II 类环境是指液相水中总硫化物含量大于 50mg/L 且 pH 值小于 4.0，或气相中硫化氢分压大于 0.0003MPa 且水中总硫化物含量大于 2000mg/L 及 pH 值小于 4.0，或液相水中总硫化物含量大于 2000mg/L、HCN 大于 20mg/L 且 pH 值大于 7.6，或液相水中硫氢化铵（NH_4HS）浓度大于 2%（质量分数）。第 I 类腐蚀环境主要考虑 SSC 损伤，第 II 类腐蚀环境应考虑 HIC、SOHIC、SSC 等损伤。

（2）温度：SSC 损伤通常发生在 82℃ 以下，HB、HIC、SOHIC 等损伤发生的温度范围为室温到 150℃，有时可能更高。

（3）硬度：硬度是发生 SSC 损伤的一个重要因素，炼化装置常用的低强度碳钢应控制焊接接头硬度在 HB 200（布氏硬度）以下；HB、HIC、SOHIC 等损伤与钢铁的硬度无关。

（4）钢材纯净度：HB 和 HIC 受夹杂物和分层结构的影响很大，提高钢的纯净度能够提升钢材的抗 HB、HIC 和 SOHIC 的能力；I 类和 II 类腐蚀环境下的推荐选材以及不同钢材的化学成分及要求，可参照标准 SH/T 3193—2017《石油化工湿硫化氢环境设备设计导则》。

（5）焊后热处理：焊后热处理可以有效地降低焊缝发生 SSC 损伤的可能性，对防止 SOHIC 损伤起到一定的减缓作用；因 HB 和 HIC 损伤在无需外加应力或残余应力时即会产生，因此其对 HB 和 HIC 损伤不产生影响。

（6）杂质：氰化物会明显增加 HB、HIC 和 SOHIC 损伤的敏感性；如硫氢化铵浓度超过 2%（质量分数），会增加 HB、HIC 和 SOHIC 损伤的敏感性。

3. 易发生湿硫化氢损伤的炼化装置或设备

炼化装置存在湿硫化氢环境的碳钢材质设备和管道都可能发生湿硫化氢损伤（HB、HIC、SOHIC、SSC）。碳素钢、低合金钢和马氏体不锈钢易受 SSC 影响。

(1) 催化裂化、延迟焦化装置的富气压缩、吸收稳定单元，加氢装置反应流出物冷凝冷却系统、分馏单元，酸性水汽提和胺再生装置，主要包括未采用抗氢致开裂钢制造的塔器、换热器、空冷器、分离器、分液罐、管道等。

(2) 加氢装置，如硫氢化铵浓度超过2%(质量分数)，会增加HB、HIC和SOHIC损伤的风险；酸性水汽提和胺再生装置，因硫氢化铵和氰化物的高浓度，显著增加了HB、HIC和SOHIC损伤的敏感性。

(3) 硫化物应力腐蚀开裂(SSC)最可能在高硬度焊缝和热影响区，以及螺栓、减压阀弹簧、400系列不锈钢阀内件、压缩机轴、套等高强度部件上发生。

4. 监检测方法

(1) 内部检查：目视检测可以发现裂纹，但用湿荧光磁粉、涡流检测、ACFM(交流电磁场测量)、射线成像检测等方法更有效；渗透检测无法发现致密裂纹，不能作为主要检测方法；外部超声波横波检测等超声检测方法也较常用，可有效测量体积型缺陷和裂纹尺寸。

(2) 一般应优先并重点检查焊缝和接管；打磨消除裂纹，或用碳弧气刨去除裂纹，都可确定裂纹深度；声发射检测可用于监测裂纹活性。

5. 主要预防措施

(1) 选材：选用合适的钢材或合金，如采用高纯净度的抗氢致开裂钢，或碳钢复合300系列不锈钢衬里，或设置有机防护层。

(2) 制造：控制焊缝和热影响区的硬度不超过HB 200(布氏硬度)；焊接接头部位进行焊后消除应力热处理。

(3) 工艺防腐：采用注入洗涤水来稀释氰化物和硫化氢浓度；使用专用缓蚀剂，如多硫化物。

6. 腐蚀控制案例分析

某炼化企业脱硫系统中贫/富胺液换热器的多根浮头螺栓发生了断裂，如图2-43所示。换热器壳体材质为Q245R，管束材质为10#钢，壳程介质为贫胺液，进口/出口温度为92.4℃/63.1℃，管程介质为富胺液，进口/出口温度为40℃/71℃。换热器已经运行了4年，浮头螺栓材质为40Cr钢，操作温度为35~60℃，压力为0.6~0.7MPa，接触介质为贫胺液，其中含有硫化氢、二氧化碳、水等。

腐蚀原因分析：螺栓材质经化学分析，确认为40Cr钢。40Cr钢具有强度高、韧性好、淬透性强和高温强度高等特点，常用于制造重要的零部件。贫/富胺液换热器中的浮头螺栓接触介质为贫胺液，贫胺液中含有一定量的硫化氢和水，这样一来浮头螺栓实际上是处在一个潮湿的硫化氢环境中。当螺栓服役环境温度为35~60℃，螺栓硬度接近于HRC 30，螺栓承受着一个恒定的拉应力时，就会使得浮头螺栓对于湿硫化氢应力腐蚀开裂的敏感性大大地增强。浮头螺栓的断口和金相分析，证明了螺栓遭受了硫化氢介质的严重侵蚀，螺栓断裂为湿硫化氢应力腐蚀开裂。

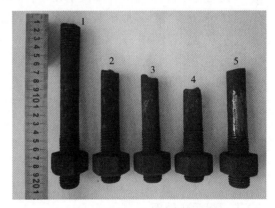

图2-43 螺栓断裂宏观形貌及位置

腐蚀控制措施：

(1) 建议选用硬度小于HRC 22、塑性高的螺栓，来提高其抵抗硫化氢应力腐蚀开裂及脆性断裂的能力。

(2) 在对螺栓进行紧固时，要严格地控制螺栓预紧力的大小。

(3) 在生产条件和经济条件许可的情况下，通过改变介质条件(控制硫化氢的含量)来抑制硫化氢应力腐蚀开裂的发生。

2.2.3 胺应力腐蚀开裂

1. 腐蚀机理

胺应力腐蚀开裂是指碳钢和低合金钢在拉伸应力和碱性醇胺水溶液联合作用下发生的开裂，是碱应力腐蚀开裂的一种特殊形式，通常发生在未焊后热处理（PWHT）碳钢焊缝、临近焊缝附件或者高度冷加工部件上。

胺应力腐蚀开裂的裂纹起源于与胺液接触处的表面，表面裂纹的形貌和湿硫化氢破坏引发的开裂相似，一般为沿晶型，有若干分支，在一些分支中充满氧化物；开裂多发生在设备和管线的焊接接头热影响区，焊缝和热影响区附近高应力区也可能发生；热影响区发生的开裂通常平行于焊缝，在焊缝上发生的开裂既可能平行于焊缝，也可能垂直于焊缝。

2. 腐蚀规律及因素

胺应力腐蚀开列的主要影响因素包括胺类型和浓度、温度和应力水平（残余应力或外加应力）等。胺本身不会造成胺单元中碳钢组件的腐蚀（金属损失），腐蚀通常是由溶解的酸性气体导致的，包括硫化氢和二氧化碳。

（1）胺类型和浓度：胺应力腐蚀开裂的敏感性随一元醇胺、二元醇胺、三元醇胺的顺序依次降低；开裂常见于含有贫单乙醇胺（MEA）和二乙醇胺（DEA）的溶液中，在其他胺溶液中也可能出现开裂。通常认为醇胺浓度低于5%（质量分数）时难以发生开裂，但局部浓缩或蒸汽吹扫会降低该浓度门槛值，因此有些情况下胺浓度门槛值降低到0.2%（质量分数）。

（2）温度：室温下可能发生开裂，温度升高，开裂可能性变高。对于DEA装置，推荐对所有工作温度高于60℃的碳钢设备和管道进行焊后热处理；对于MEA装置和二异丙醇胺（DIPA）装置，不论其操作温度，所有的碳钢设备和管道都应当进行焊后热处理；对于甲基二乙醇胺（MDEA）装置，所有工作温度高于82℃的碳钢设备和管道都应进行焊后热处理。

（3）拉应力水平：应力水平越高，开裂的可能性越高；应力主要与从焊接、冷加工或制造中产生的且未通过有效的应力释放热处理去除的剩余应力相关。

3. 易发生胺应力腐蚀开裂的炼化装置或设备

（1）胺应力腐蚀开裂主要发生在吸收和脱除酸性气（硫化氢和二氧化碳）装置或系统，如干气/液化气脱硫装置、循环氢脱硫装置、天然气脱硫装置、胺再生装置等。

（2）在贫胺环境中工作的所有未经焊后热处理的碳钢设备和管道，包括吸收塔、汽提塔、再生塔、换热器、空冷器以及其他所有可能接触胺液的设备和管道都存在一定的开裂可能性。

4. 监检测方法

针对胺应力腐蚀开裂的检测，湿荧光磁粉检测、ACFM（交流电磁场）和漏磁检测效果最佳，不宜采用渗透检测。如果裂纹分叉极少，外部超声波横波检测可用来测量裂纹深度，声发射检测可用于监测裂纹扩展，并定位活性裂纹。

5. 主要预防措施

（1）焊后热处理：对碳钢材质设备或管道的所有焊接接头（包括焊接修补、内部和外部附件焊接接头）进行焊后热处理。

（2）材质升级：整体采用300系列不锈钢材料，或采用300系列不锈钢的复合钢板或其他耐蚀合金代替碳钢。

（3）工艺处理：在焊接、热处理或吹扫前，用水冲洗没有进行焊后热处理的碳钢设备和管线。

6. 腐蚀控制案例分析

某炼化企业加裂装置循环氢脱硫单元贫胺液空冷器A-6301A/B/C/D的入口总管至空冷的四路分支管道，其中两个支路管道的弯头出现砂眼泄漏，另一路分支焊缝渗漏，泄漏部位如图2-44所示。

腐蚀原因分析：胺液空冷器入口总管的规格为φ325×8.5mm、材质为20#，四路分支管道的规格为φ219×7mm、材质为20#；空冷器入口操作压力为0.7MPa，操作温度为70~80℃。该管道自2013年8

月投用，2019年发生泄漏，管道内介质为贫胺液，腐蚀泄漏原因是碳钢管线焊缝及热影响区发生胺应力腐蚀开裂。

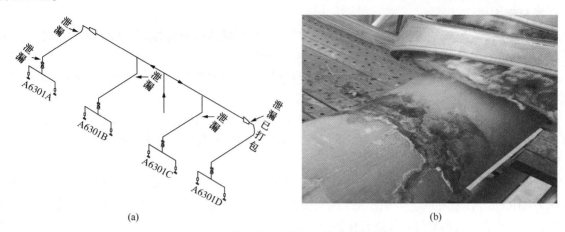

(a)   (b)

图2-44　贫胺液空冷器入口管道泄漏部位

2.2.4 连多硫酸应力腐蚀开裂

1. 腐蚀机理

连多硫酸应力腐蚀开裂是指300系列不锈钢设备运行期间，与介质中硫化物反应在设备表面生成硫化亚铁腐蚀产物，在装置停工期间设备表面的腐蚀产物与空气和水反应生成连多硫酸($H_2S_xO_6$，$x = 3 \sim 6$)，造成敏化的300系列不锈钢产生沿晶开裂。

连多硫酸应力腐蚀开裂易发生在300系列不锈钢的敏化区域，通常靠近焊缝热影响区或高应力区域，多为沿晶型开裂，开裂蔓延迅速，可能在数分钟或几小时内沿厚度方向迅速扩展，并穿透管线和部件。

2. 腐蚀规律及因素

连多硫酸应力腐蚀开裂的主要影响因素包括材料(合金成分)、环境(连多硫酸浓度、pH值、氧含量等)和应力(残余应力或施加应力)等。

(1)材料：材料处于敏化状态或为敏感性材料，包括300系列不锈钢、镍基合金600/600H、800/800H等；受影响的材料在制造、焊接或高温使用环境中会产生敏化，在金属晶界上形成碳化铬析出，导致晶界贫铬，耐蚀性能降低；通常敏化会在400~815℃的温度范围内发生。"L"级低碳牌号(碳含量<0.03%)的不锈钢则不太敏感，通常进行焊接也不会受到敏化影响。通过添加稳定化元素Ti或Nb，以降低晶界贫铬的方式提高材料的耐连多硫酸应力腐蚀开裂性能。

(2)环境：随着连多硫酸浓度的增大、pH值的降低，应力腐蚀开裂产生的时间缩短；连多硫酸溶液中的连四硫酸是导致不锈钢发生应力腐蚀开裂的主要成分，并且随着氧含量的增加，连四硫酸更容易生成，因而氧的存在加剧了连多硫酸应力腐蚀开裂；氯离子的存在对连多硫酸应力腐蚀开裂具有明显的促进作用。

(3)应力：在连多硫酸腐蚀环境中，应力的存在促进了不锈钢晶间贫铬区的阳极溶解，因而内应力的大小直接影响着应力腐蚀开裂的发生。在不锈钢-连多硫酸腐蚀体系中，存在一个临界应力值，当材料所承受的应力大于该应力值时，就会发生应力腐蚀开裂，且应力越大，断裂时间越短。

3. 易发生连多硫酸应力腐蚀开裂的炼化装置或设备

所有含硫环境中使用敏化合金(尤其是300系列不锈钢)的设备和管道都可能发生连多硫酸应力腐蚀开裂。通常在开停工期间发生，主要发生在焊缝附近或高应力区域。

(1)加氢装置的加热炉炉管、进料/出料换热器管束、波纹管膨胀节及相关管道。

(2)催化裂化装置的冷却环、滑阀、旋分器部件、波纹管膨胀节及相关管道。

(3)燃料为燃油、燃气、焦炭和大多数其他燃料的加热炉和高温设备，因燃料中硫含量可能受到不同程度的影响。

（4）原油蒸馏装置和焦化装置使用 300 系列不锈钢的高温管道也可能发生。

4. 监检测方法

（1）宏观检查：宏观检查主要是针对设备的焊缝、热影响区以及可能存在应力集中的部位，用肉眼或者 5~10 倍放大镜观察是否有裂纹存在，并进行拍照。

（2）裂纹检测：采用 ACFM(交流电磁场)或渗透检测开裂的裂纹；由于裂纹中可能充满了致密的沉积物，可通过磨砂处理以提高渗透检测的灵敏度。

（3）金相检测：根据晶界宽度和晶间析出物判断材料的敏化程度，根据裂纹走向确定是否为沿晶裂纹。通常，连多硫酸应力腐蚀开裂为沿晶裂纹，而氯化物应力腐蚀开裂为穿晶+沿晶裂纹。

5. 主要预防措施

（1）停工处理措施：停工过程中或停工后立即用碱性洗液(质量分数约为 2% 的 Na_2CO_3 或 5% 的 Na_2CO_3+$NaHCO_3$，且加入一定量表面活性剂和缓蚀剂)冲洗设备，以中和连多硫酸；或在停工期间用干燥的氮气，或者氮气和氨混合气进行保护，以防止接触空气。

（2）工艺操作：加热炉保持燃烧室温度始终在露点温度以上，防止在加热炉管表面形成连多硫酸。

（3）材料控制：通常采用降低碳含量、加入固碳元素 Ti 和 Nb 等方式来抑制不锈钢的晶间贫铬趋势，如稳定化奥氏体不锈钢、低碳奥氏体不锈钢、双相不锈钢或镍基合金等。

（4）应力：从设计、制造、安装等方面考虑避免应力集中、降低应力水平。首先设计中应严格要求选择合适的焊接材料；其次在加工制造过程中，确保焊前预热处理及焊后热处理的有效实施，从而达到改善焊接热影响区金相组织性能和消除残余应力的目的；最后在安装过程中应严格遵守安装程序及规程，避免强迫安装，尽量降低因不合理安装产生的附加应力。

6. 腐蚀控制案例分析

国内某炼化企业加氢装置反应流出物/反应混合物进料换热器，管程介质为反应流出物，管箱材质为 15CrMoR+堆焊 TP347，管束材质为 321，操作压力为 11.5MPa/11.4MPa，操作温度为 265/218℃；壳程介质为反应混合物进料(混氢油)，材质为 15CrMoR+堆焊 TP347，操作压力为 13.4MPa/18.4MPa，操作温度为 130℃/214℃。高压换热器管板两侧均采用 Ω 环结构，Ω 环材质为超低碳奥氏体不锈钢 316L，整体锻造后加工而成，在投用 2 年后其封头管箱与固定管板连接处 Ω 环局部有漏点，检查发现 Ω 环下部有较多垂直于焊缝方向的贯穿小裂纹，裂纹部位都集中在焊缝热影响区母材外侧，裂纹垂直于焊缝方向扩展，主要由内壁向外壁扩展，如图 2-45(a)所示。沿 Ω 环周向靠近焊缝热影响区截取横截面制备金相试样，试样横截面侵蚀后的裂纹形貌和裂尖的局部裂纹形貌见图 2-45(b)。其裂纹的扩展途径大都为穿晶扩展，且裂纹起裂处及其余少数部位呈沿晶扩展，属于奥氏体不锈钢应力腐蚀裂纹。

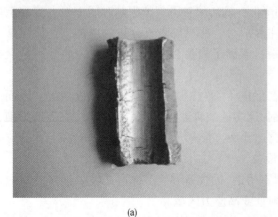
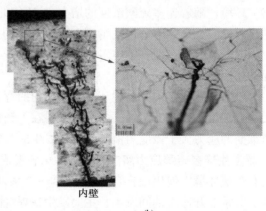

(a)　　　　　　　　　　　　　　(b)

图 2-45　失效 Ω 环内壁裂纹宏观和微观形貌

腐蚀原因分析：从裂纹形貌、裂纹发生的部位以及金相组织中裂纹呈树枝状开裂的扩展特征来看，Ω环上发生的裂纹属于较为典型的应力腐蚀裂纹。分析裂纹断口的腐蚀产物表明，主要有硫元素、氧元素存在，且断口上可以观察到开裂初裂纹以沿晶扩展为主要特征，因此可认为Ω环发生的应力腐蚀开裂属于连多硫酸应力腐蚀开裂。从裂纹发生部位来看，裂纹大都在焊缝热影响区母材侧，由于焊接原因，该部位正好是奥氏体材料的敏化区域，裂纹容易优先在该区域形成。裂纹的走向垂直于焊缝，说明产生应力腐蚀裂纹的推动力主要为焊接残余应力。

2.2.5 碱脆

1. 腐蚀机理

碱脆(苛性碱应力腐蚀开裂)是指在高温下与苛性碱溶液接触的设备和管道表面发生的应力腐蚀开裂，主要发生在未焊后热处理的焊缝附近。碱脆是应力腐蚀开裂的一种形式，它可在几小时或几天内穿透整个设备或管线的壁厚。

碱脆通常出现在靠近焊缝的母材上，沿着与焊缝平行的方向扩展，也可能出现在焊缝和热影响区；碱脆的裂纹细小，多呈蜘蛛网状，起源于有局部应力集中的焊接缺陷处。碳钢和低合金钢的碱脆开裂主要呈沿晶扩展，裂纹内常充满氧化物；300系列不锈钢的碱脆开裂主要呈穿晶扩展，与氯化物应力腐蚀开裂裂纹形貌相似，难以区分。

2. 腐蚀规律及因素

碱脆的主要影响因素包括碱浓度、温度、应力水平等。

(1) 碱浓度：碱脆的敏感性随碱浓度和温度的升高而增强；碳钢在碱液中的使用温度与浓度范围见图2-46，碳钢在温度低于82℃、碱浓度小于5%(质量分数)时发生碱脆的概率较小，但随温度升高、碱浓度升高，其开裂敏感性将显著增加；如存在介质浓缩条件(如干湿交替、局部加热或高温蒸汽吹扫等)时，碱浓度达到$50\sim100\mu g/g$时就足以引发开裂。

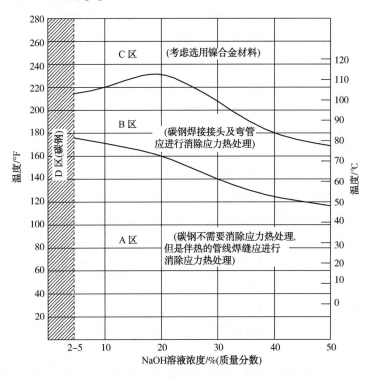

图2-46 碳钢在苛性碱液中的使用温度与浓度范围

(2) 温度：随温度继续升高，碱脆开裂的敏感性和裂纹扩展速率显著增高，尤其是如果条件能促进碱浓缩时，能在几个小时或几天内扩展透壁；在较高的温度和碱浓度的环境中，300系列不锈钢甚至镍基合金也会发生碱脆失效。

（3）残余应力：焊接或冷加工（如弯曲和成型）残余应力均可成为开裂的应力条件，施加的应力，如来自压力或机械载荷的应力也可导致开裂。通常情况下，应力要达到屈服应力时开裂才会发生；热应力释放（焊后热处理）可有效防止碱脆。

（4）伴热：工程实践经验表明，有伴热的设备和管道或未经焊后热处理的碳钢设备和管道在蒸汽吹扫时，碱脆开裂的可能性较高。

3. 易发生碱脆的炼化装置或设备

（1）装置：液化气脱臭（脱硫醇）装置、硫酸烷基化和氢氟酸烷基化装置、原油蒸馏装置如采用注碱措施，上述装置与苛性碱接触的设备和管道。

（2）设备：锅炉中锅炉给水过热，使锅炉管局部出现干湿交替，产生碱液浓缩的部位。

（3）其他：伴热设置不合理的设备和管线，以及加热盘管和其他传热设备可能发生开裂；在苛性碱环境中使用，然后进行蒸汽吹扫的设备。

4. 监检测方法

（1）常规检测：检测前应对检测表面先进行清理，目视检测、磁粉检测、射线成像检测、涡流检测、ACFM 检测或漏磁检测等技术均可用以检测裂纹；如裂纹中多充满积垢，不宜采用渗透检测。

（2）量化检测：可采用超声波端点衍射技术等测量裂纹自身高度；采用声发射检测技术监测裂纹是否会扩展。

5. 主要预防措施

（1）选材：根据服役环境工况（碱浓度和温度）合理选材，300 系列不锈钢相对碳钢在抗碱脆方面没有明显优势（300 系列不锈钢在碱性环境中的选用见 4.12.3 节），镍基合金对碱脆具有较好的耐受性。

（2）消除应力：应力释放热处理（如焊后热处理）能有效防止碱脆开裂；在 620℃ 下热处理对碳钢来说是有效的消除应力方式，该处理措施同样适用于补焊、内部和外部的固定焊接。

（3）操作优化：未消应力热处理的碳钢管线和设备，不能直接进行蒸汽吹扫，应在蒸汽吹扫前水洗，如无法水洗就只能用低压蒸汽进行短时间吹扫；尽可能不设伴热线，如设伴热线也不能间歇使用。

（4）工艺优化：原油蒸馏装置的高温原油预热流程的注碱系统，可通过优化设计和注入设备，以及合理进行注入操作使碱与原油在到达预热段前充分混合。

6. 腐蚀控制案例分析

某石化企业甲醇制烯烃装置变换炉的进气加热器/中压蒸汽过热器运行过程中多次发生开裂泄漏，开裂部位包括管箱筒体与分程板角焊缝靠近筒体的熔合线、管箱与管板的环焊缝等，具体开裂形貌如图 2-47 所示。过热器壳层的介质为变换气，材质为 12CrMo1R+堆焊 309L+347，操作温度为 427℃，操作压力为 6.1MPa；管程介质为中压饱和蒸汽，管束材质为 321，管箱材质为 15CrMoR，操作温度为380℃，操作压力为 3.25MPa。

腐蚀原因分析：如图 2-47 所示，两次开裂位置均在焊缝附近，裂纹沿着焊缝平行的方向扩展，裂纹细小，呈蜘蛛网状，具有典型的应力腐蚀开裂特征。管程介质为中压饱和蒸汽，管程侧筒体和分程隔板上发现白色附着物，经分析为磷酸钠，说明产生中压饱和蒸汽的除氧水中添加了较多的磷酸盐。综合以上信息判断，失效的原因为蒸汽的碱性物质导致残余应力集中在较高的焊接接头区域从而发生碱应力腐蚀开裂。

腐蚀控制措施：避免碱应力腐蚀开裂，首先应从源头控制碱浓度过高。蒸汽导致的碱脆时有发生，一个重要原因是因为磷酸盐注入太多导致除氧水的 pH 值过高（设计要求 pH 值为 7~9），部分现场出现pH 值接近或超过 12 的情况。另外，应通过合理的结构设计、合适的焊后热处理、焊缝打磨圆滑过渡等措施避免应力集中部位接触碱液介质；尤其应关注壳程侧为蒸汽的换热器，其胀接区容易存在碱浓缩现象，从而更容易造成碱脆。

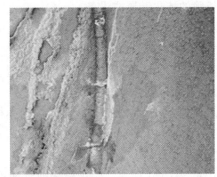

(a)管箱宏观形貌及表面附着物

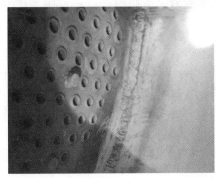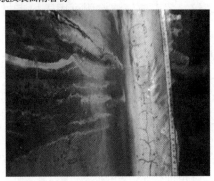

(b)开裂部位的宏观形貌

图 2-47　中压蒸汽过热器的开裂位置和形貌

2.2.6　氢脆

1. 腐蚀机理

氢脆(Hydrogen Embrittlement，HE)是指在制造、焊接或服役等过程中氢原子渗透或扩散进入高强度钢中，使其韧性、强度、延展性下降，在残余应力及外部载荷的作用下发生的脆性断裂，是氢引起的滞后开裂。

氢脆引起的开裂以表面开裂为主，也可能发生在表面下，在高强度钢中裂纹通常是沿晶扩展；氢脆常发生在高残余应力、三维应力部位(缺口、拘束区等)或焊接热影响区。

2. 腐蚀规律及因素

氢脆的发生需同时满足以下 3 个条件：①钢或合金中的氢达到临界浓度；②钢及合金的强度水平和组织对脆断敏感；③残余应力和外加载荷共同作用造成的应力高于氢脆开裂的临界应力。

(1) 氢的来源：氢可能来自焊接、酸溶液清洗和酸洗、高温临氢环境(大于 205℃)渗入后又未能及时逸出的氢、湿硫化氢或氢氟酸环境、电镀、阴极保护等方面。

(2) 渗氢量：渗氢量取决于环境、表面化学反应和金属中存在的氢陷阱(如微观不连续、夹杂物、原始缺陷或裂纹)。

(3) 温度：温度会影响氢的扩散系数以及在管线钢中的溶解度，随温度升高，氢扩散系数升高，但是溶解度下降；从环境温度到 82℃，伴随着温度的增加，氢脆敏感性递减，温度高于 82℃ 时，氢脆通常不会发生。

(4) 材料性能：随着材料强度升高，氢脆敏感性增大；厚壁部件更容易发生氢脆；与同等强度的回火马氏体相比，未回火马氏体和珠光体材质更容易发生氢脆；与基体相比，焊缝组织具有更高的氢捕获能力，更容易发生氢致裂纹。低合金钢、高强度钢、400 系列不锈钢、沉淀硬化不锈钢、双相不锈钢、一些高强度镍基合金以及碳钢如果通过冷加工或焊接硬化，会遭受氢脆。

(5) 应力：氢脆在静态载荷下对断裂韧性的影响较大，材料中渗入足量的氢且承受临界应力时，失效会迅速发生。

3. 易发生氢脆的炼化装置或设备

（1）加氢装置和催化重整装置的铬钼钢材料反应器、高压/低压罐和换热器壳体，尤其是焊接热影响区的硬度超过 HB 235（布氏硬度）的部位。

（2）催化裂化装置、延长焦化装置、加氢装置、胺脱硫装置、酸性水汽提装置和氢氟酸烷基化装置中在湿硫化氢环境下服役的碳钢设备和管道。

（3）采用高强度钢制造的球罐；高强度钢制螺栓和弹簧十分容易发生氢脆，甚至在电镀过程中渗入的氢也会导致氢脆。

4. 监检测方法

（1）表面裂纹：ACFM 检测、磁粉检测或渗透检测可用于检查有无表面开裂。

（2）内部裂纹：超声波横波检测可用于检查材料内部有无氢脆裂纹，也可用于从设备外壁检测内壁有无裂纹。

5. 主要预防措施

（1）材料：选用低强度钢，或者对设备和管线内部施加涂层、堆焊不锈钢或设置其他保护衬里。

（2）制造：采用焊后热处理降低残余应力和硬度；在焊接过程中，选用低氢焊材，并使用干电极和预热工艺；如果氢可能渗入金属，可在焊接前采用预热至 205℃ 或更高温度下将氢烘烤出来，一般为 315℃ 左右。

（3）操作：在高温临氢工况中的厚壁设备通常需要控制开停工脱氢程序，按照与温度的函数关系控制压力变化，避免堆焊分层开裂。

6. 腐蚀控制案例分析

某炼化企业新建的蜡油加氢裂化装置于 2014 年 7 月投产，运行约 1 年因非正常停工，在开工升压过程中发现第一段流出物/热循环氢换热器（E-101）的主体焊缝出现泄漏，焊缝裂纹位于管壳程壳体连接环向焊接接头，如图 2-48 所示。换热器壳程介质为热循环氢，材质为 12Cr2Mo1R（H）+堆焊 309L+347，操作压力为 17.5MPa，操作温度为 400℃；管程介质为第一段反应流出物，管束材质为 321，操作压力为 16.5MPa，操作温度为 422℃。

(a)高压换热器焊缝开裂的部位

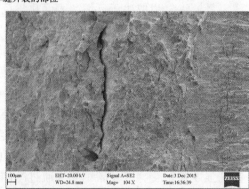

(b)焊缝裂纹的微观形貌

图 2-48　加氢高压换热器 E-101 的开裂失效形貌

失效原因分析：针对焊缝金属和热影响区的硬度检测发现其硬度均大于310HV10以上（设计要求不大于248 HV10），母材的硬度满足要求。从图2-48（b）的裂纹微观形貌可以看出，裂纹尖端可见解理表面，为脆性断裂，说明该焊缝的材料韧性较差，具有典型的氢致开裂特征。因此，高压换热器E101主体焊缝开裂的原因是因焊接热处理不当导致焊接接头硬度偏高，焊接残余应力没有得到有效消除，在高温高压氢气环境服役中氢气渗透到焊接接头中，加之多次非正常停工，无法严格执行正常开停工程序，多因素叠加导致氢脆。

2.3 材料劣化

2.3.1 敏化-晶间腐蚀

1. 损伤机理

普通300系列不锈钢在425~815℃范围（称为敏化区）内停留时，过饱和的碳就会部分或全部从奥氏体中析出，形成如（Fe，Cr）$_{23}$C$_6$的铬碳化合物并连续分布在晶界上。在晶间形成的碳化铬所需的铬主要来自晶界附近，使晶界附近的含铬量大为减少，当晶界的铬质量分数低到小于12%时，就形成所谓的"贫铬区"。（Fe，Cr）$_{23}$C$_6$在晶界及其邻近区域的沉积和分布导致在晶粒和晶界之间形成活化-钝化腐蚀微电偶，且此电偶具有大阴极-小阳极的面积比，导致奥氏体不锈钢产生晶间腐蚀敏感性，这种碳化物在晶界上的沉淀一般称为敏化作用，此过程如图2-49所示。

金属发生敏化后，一般尺寸、外形无明显变化且不会发生塑性变形；敏化部位可能仍保持着明亮的金属光泽，但塑性完全丧失，冷弯时易发生开裂，严重时出现脆断和金属晶粒脱落；金相显微镜或扫描电镜下可观察到晶界明显变宽，多呈网状，严重时可观察到明显的晶粒脱落。

晶间腐蚀是金属在特定的腐蚀环境中沿着或紧挨着晶界发生和发展的局部腐蚀破坏，发生敏化的奥氏体不锈钢非常容易发生晶间腐蚀。金属材料发生敏化后，在腐蚀介质中晶界因耐腐蚀能力较低而发生优先腐蚀；或未发生敏化的材料在特定的腐蚀介质中晶粒边界或晶界附近优先发生腐蚀，使晶粒间的结合力大大丧失，导致材料的强度几乎完全消失。

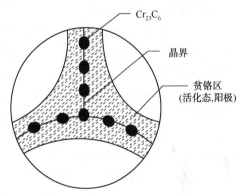

图2-49 敏化态奥氏体不锈钢的贫铬理论示意图

敏化后的材料在腐蚀介质作用下易发生晶间腐蚀，在高拉伸应力区还常导致沿晶应力腐蚀开裂；含稳定化元素的奥氏体不锈钢的焊接接头发生敏化和晶间腐蚀时，可在焊缝区域观察到独有的"刀状腐蚀"（或称刃状腐蚀）。

2. 损伤规律及因素

（1）合金成分：300系列不锈钢的含碳量越高，敏化敏感性越高，晶间碳化物析出倾向性越大，也越容易发生晶间腐蚀；不锈钢中加入钛、铌等能形成稳定碳化物（TiC或NbC）的元素并进行稳定化处理，可降低敏化和晶间腐蚀敏感性。

（2）工艺条件：时效温度和时效时间的控制对晶间腐蚀敏感性具有显著影响，晶间腐蚀敏感性随着温度的上升或时间的延长而升高；使用300系列不锈钢的工段将操作温度降低至425℃以下可避免敏化发生。

（3）热处理：加热到高温进行固溶处理，然后快速冷却形成单一奥氏体相可避免敏化；该固溶热处理工艺通常在现场施工时难以满足要求，主要用于制造过程。

3. 易发生敏化-晶间腐蚀的炼化装置或设备

（1）催化裂化装置高温服役环境的300系列不锈钢设备和管道，煤气化装置变换单元300系列不锈钢设备和管道。

（2）采用焊接方法进行制造或安装，且未经固溶热处理的300系列不锈钢的设备和管道，如果材料为非低碳级不锈钢则比较敏感。

（3）发生σ相脆化的300系列不锈钢或400系列不锈钢的设备或衬里易发生晶间腐蚀（即使未敏化也会发生晶间腐蚀）。

4. 监检测方法

（1）金属材料发生敏化后外观无明显变化，一般无法直接观察到；如敏化后的材料受介质作用发生腐蚀或开裂，则可直接目视检查发现；敏化的材料发生晶间腐蚀时晶粒出现明显脱落，目视检查可观察到表面粗糙不平，甚至部分区域晶粒脱落形成明显的腐蚀带。

（2）敏化的金属材料可采用金相分析或扫描电镜观察晶界形貌。

（3）对可能发生晶间腐蚀的部位，通过设置腐蚀挂片方式定期测量金属损失量。

5. 主要预防措施

（1）选材：选用含碳量低的奥氏体不锈钢可以有效减少敏化的发生，如超低碳奥氏体不锈钢系列；添加一定的合金元素，如钛、铌等形成稳定碳化物；调整钢中奥氏体形成元素与铁素体形成元素的比例，使其具有奥氏体+铁素体双相组织，这种双相组织不易产生晶界敏化。

（2）热处理：选择合适的热处理工艺，固溶热处理一般只应用于制造厂加工的设备和管道，不推荐在施工现场实施；对有晶间腐蚀倾向的铁素体不锈钢，在700~800℃进行退火，但须注意可能同时引发其他损伤。

（3）操作条件：避免300系列不锈钢设备和管道在425℃以上的工况下操作，避免敏化发生。

6. 腐蚀控制案例分析

某化工企业硝酸装置采用直硝法的生产工艺，设备和管道多次发生腐蚀，部分管线甚至在数月内就因为腐蚀穿透导致硝酸泄漏。管道腐蚀失效的位置在直管与三通的焊缝连接处，材质为304不锈钢，管道内硝酸介质的质量分数为60%~65%，温度为40℃。检修时发现，在管线焊缝部位的热影响区出现刀口状腐蚀沟槽，304管道内壁腐蚀形貌如图2-50（a）所示。管道内壁失去金属光泽，呈现黑褐色，焊缝两侧偏离熔合线的对称位置均发生了沟状局部腐蚀，但腐蚀程度不同，靠近三通一侧的腐蚀沟宽约5mm，腐蚀深度可达3mm，腐蚀形状呈弯钩状，基本已经接近腐蚀穿透。直管侧的腐蚀沟槽宽度和三通侧的接近，但腐蚀深度较浅，约0.5mm。

由图2-50（b）可见，除了焊缝金属其他部位均出现了晶间腐蚀，三通母材的表面上有突出的晶粒，晶粒间彼此独立，且晶粒比直管母材的晶粒粗大、松散，晶粒之间夹杂了腐蚀产物，焊缝两侧热影响区的晶间腐蚀程度要显著大于母材；焊缝金属未出现明显的晶间腐蚀，微观腐蚀形貌与三通母材、直管母材和热影响区明显不同，主要为树枝状沟壑，且里面有腐蚀产物。由图2-50（c）可知，直管母材和三通母材的金相组织为均一奥氏体组织，部分晶粒呈孪晶分布，但直管母材的晶粒度显著高于三通母材的晶粒度。焊缝金属为奥氏体+铁素体组织，黑色带状是铁素体，呈现条状或者枝状。腐蚀沟中有黑色析出物，焊缝中产生的铁素体在焊接热循环的作用下能够部分分解成 Cr_3C_2、σ相等并以碳化物形式析出，由此产生贫铬区，发生选择性溶解，这是由于焊接完成后，焊缝未进行固溶处理，耐蚀性不佳。

失效原因与控制措施：

（1）三通母材的晶间腐蚀程度大于直管母材的。虽然母材均为304不锈钢，但在制造过程中，三通与直管成型工艺和热处理的差异导致二者金相组织致密程度不同，从而造成二者耐蚀性不同。

（2）三通母材和直管母材表面发生较为均匀的晶间腐蚀，两种母材的耐蚀性良好，但是在焊接热影响区，两种材料的耐蚀性差别较大，热影响区材料的腐蚀速率明显大于母材的，三通一侧热影响区的腐蚀速率显著大于其他区域。三通母材和直管母材的 Cr 和 Ni 含量基本相同，但三通母材的碳含量是直管母材碳含量的1.8倍。碳含量是影响304不锈钢焊接接头在硝酸中耐蚀性的关键因素。

（3）碳含量越高，焊接过程中热影响区的不锈钢越容易发生敏化，导致耐蚀性显著降低。所以建议在今后硝酸管道选材时，要严格控制不锈钢的碳含量，在保证经济性的前提下尽量采用超低碳不锈钢。

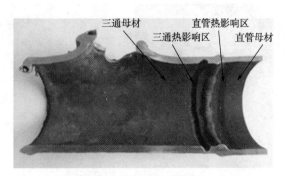

(a)304不锈钢管道内壁的宏观形貌

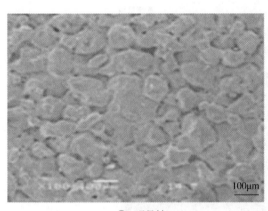

①三通母材

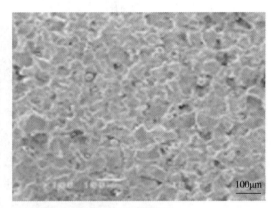

②直管母材

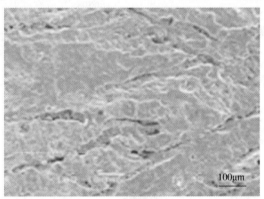

③焊缝

④热影响区(深)

⑤热影响区(浅)

(b)304不锈钢管道内壁腐蚀后的微观形貌

图 2-50 304 不锈钢管道内壁宏观及微观腐蚀形貌

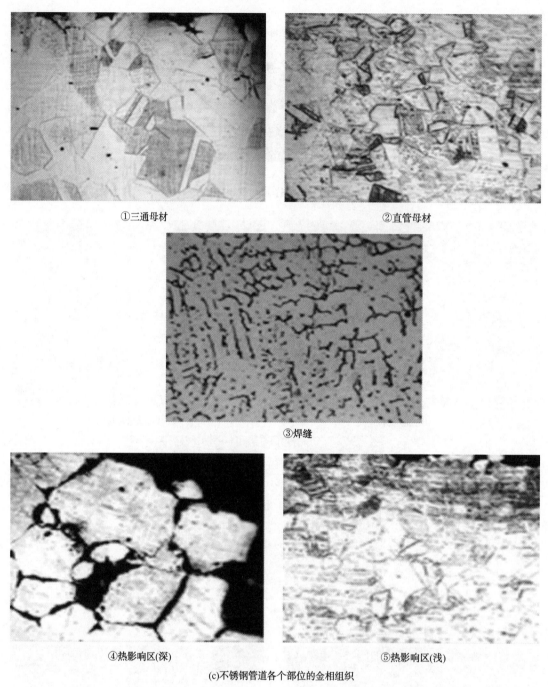

①三通母材　　　　　　　②直管母材

③焊缝

④热影响区(深)　　　　　⑤热影响区(浅)

(c)不锈钢管道各个部位的金相组织

图2-50　304不锈钢管道内壁宏观及微观腐蚀形貌(续)

2.3.2　金属粉化

1. 损伤机理

金属粉化是指金属材料(如铁、镍、钴及其合金)在高温含碳和氢的工艺介质和/或渗碳气氛环境下反应生成由金属碳化物、氧化物、金属和炭(石墨)等组成的混合物,从而导致金属的损失。金属粉化通常与金属材料的渗碳有关,而且腐蚀速度较快,又称为灾难性渗碳腐蚀。金属粉化的过程如下:

$$CO+H_2 \Longrightarrow H_2O+C(溶解)$$
$$2CO \Longrightarrow CO_2+C(溶解)$$
$$CH_4 \Longrightarrow 2H_2+C(溶解)$$

低合金钢发生金属粉化后，材料表面通常有大量腐蚀坑，有时也可能发生表面均匀腐蚀，腐蚀坑内或腐蚀面的腐蚀产物通常为金属颗粒和疏松碳粉的混合物，也可能为金属氧化物颗粒和碳化物颗粒的混合物。不锈钢和高合金钢发生金属粉化后通常形成局部腐蚀，可在表面观察到深而圆的腐蚀坑，腐蚀产物底层的金属严重渗碳。

2. 损伤规律及因素

金属粉化的主要影响因素包括介质成分、环境温度和合金成分等。

（1）介质成分：金属粉化通常发生在还原性气体介质中（如氢气、甲烷、丙烷或一氧化碳），也可发生在氧化-还原交替环境中；在强碳化气氛（$CO-H_2-H_2O$）中更容易发生，当 CO 与 H_2 的体积比为 1∶1 时，粉化速率达到峰值。

（2）温度：金属粉化通常发生在 480~815℃温度范围内，粉化速率在 480~575℃时随温度的升高而迅速升高达到顶点，而在 575~815℃时铁的粉化速率随温度升高迅速下降，温度高于 815℃后便不再有渗碳体层形成，因为在该温度下铁形成奥氏体组织，碳在奥氏体中快速溶解并扩散。

（3）合金成分：Ni 基合金的抗粉化能力优于 Fe 基合金（Ni 可阻止不稳定碳化物的生成）；合金中适量的 Cr 可有效防止金属粉化；一些微量金属元素（Nb、Ce、W、Mo、Si、Al）的加入也会减缓、阻止金属粉化；经过表面硬化处理的镍基合金及不锈钢比未处理的合金具有更好的抗粉化失效能力。

3. 易发生金属粉化的炼化装置或设备

（1）加热炉：发生表面渗碳的火焰加热炉炉管、热电偶套管及炉内构件。

（2）催化重整装置加热管、焦化装置焦化炉、燃气涡轮机、加氢裂化加热炉、加氢裂化反应器。

（3）甲烷化装置废热锅炉（蒸汽发生设备），甲醇合成、氨合成等化工工业领域使用的转换炉、裂解炉等金属构件。

4. 监检测方法

金属粉化通常发生得很快，只有在发生故障和金属损失后才会被发现。

（1）内部检查：如果可以进入内部表面，可采用目视检测识别严重金属损失的区域，包括大量圆形或半球形的点蚀坑、减薄或穿透壁厚失效。

（2）无损检测：采用导波检测加热炉炉管；采用射线成像检测腐蚀坑、开裂和壁厚减薄。

（3）在加热炉、水冷壁或反应器流出物的出口如检测到金属颗粒，说明上游已有部件发生金属粉化。

（4）金属粉化可以通过破坏性试验（即化学或物理取样）得到准确的识别和确认。

5. 主要预防措施

（1）介质中添加硫元素（通常采用硫化氢或二硫化物）可预防金属粉化；但硫在一些工艺中对催化剂有毒性，添加硫化物时需充分考虑各种不利因素。

（2）合理选材：目前还没有任何已知合金可以耐受所有条件下的金属粉化损伤，必须根据具体应用和环境选择材料，推荐选择碳含量低且不易发生渗碳的材料。

（3）操作优化：控制工艺介质成分，降低气氛碳含量（碳活度小于 1）并保持稳定，增加水（汽）碳比，气氛中较多含量的 CO_2 可以有效抑制金属粉化。

（4）其他措施：某些情况下，对金属基体进行渗铝处理，有利于防止金属粉化；某些情况下，设备内衬耐火材料，以保持金属温度低于发生金属粉化的温度范围。

6. 腐蚀控制案例分析

某炼化企业乙烯装置裂解炉炉管在清焦后运行 3 天左右，发现接近炉顶去废锅的炉管其中一根泄漏，随即取下抢修。检查发现炉管内壁已产生大面积腐蚀孔洞，内壁表面密集分布的腐蚀凹坑大小不一，腐蚀形貌如图 2-51 所示。炉管材料为 HP40，管内介质为裂解原料油（加氢尾油+石脑油），介质出口段温度为 838℃，实际生产中该炉管壁温最高可达 1050℃。

①剖开后内壁宏观形貌

②内壁向火面取样宏观形貌

(a)炉管内壁剖面及向火面取样宏观形貌

①向火面内壁金相组织

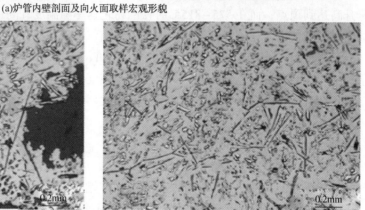
②向火面近外壁金相组织

(b)炉管向火面金相组织

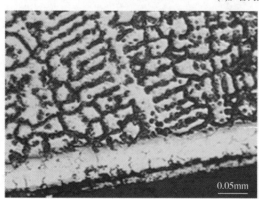
①背火面内壁金相组织

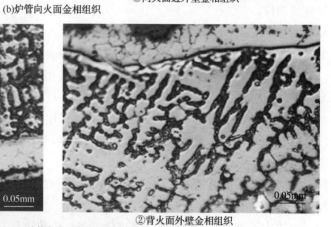
②背火面外壁金相组织

(c)炉管向火面金相组织

(d)内壁游离金属颗粒形貌

图 2-51 炉管内壁宏观及微观腐蚀形貌

失效原因与控制措施：

（1）炉管由于超温过热，导致向火面内壁 Cr_2C_3 保护膜遭到破坏，迅速反应被 Cr_xC_y 或 Cr_xC_y 取代，造成渗碳最终引起金属粉化。

（2）由于炉顶段炉管出口温度为830℃，炉管背火面金属壁温度为830~950℃（估计），此温度范围内，加之 H_2S 中硫的作用，使得背火面炉管保护膜很难破坏，因此背火面内壁较完好。

（3）硫元素对金属粉化失效的作用表现在两个方面。当温度达到1050℃时将与 Cr_2C_3 膜发生取代反应，生成疏松脆性的 Cr_xC_y 硫化物，从而易造成渗碳及金属粉化。因此，在热量局部聚集、腐蚀性杂质及含碳气氛介质的共同作用下，高于800℃时 HP40 材料炉管仍有可能发生金属粉化失效，裂解气中的 H_2S 含量要严格控制。

（4）4.5%的铝元素或2.5%的硅元素可形成内部氧化物 Al_2O_3 或 Si_2O_3 保护膜，显著提高合金的抗粉化失效能力。另外，适量的钨、钼和铌元素同样可起到抑制粉化失效的作用。

（5）在实际操作过程中不能片面追求乙烯收率而大幅提高裂解温度，否则会造成炉管在短时间内发生严重损伤。

2.3.3 石墨化

1. 损伤机理

石墨化是指碳钢和 0.5Mo 钢在 425~595℃温度范围内长期运行后，其碳化物分解生成石墨颗粒的过程，导致强度、延展性和/或抗蠕变性能的下降。石墨化损伤宏观观察不易发现，只能通过金相检测观察判定；在石墨化损伤末期会出现蠕变强度下降，包括微裂纹或微孔洞形成、表面及近表面开裂。

石墨化损伤通常有两种类型：第一种是无序石墨化，石墨颗粒随机地分布在钢材各处，可降低钢材在室温下的抗拉强度，但不会降低抗蠕变能力；第二种是破坏性更大的石墨化，形成链状分布或集中在局部区域的石墨颗粒，会导致材料承载能力明显降低，并可能发生脆性断裂。第二种石墨化类型可分为两种形式：焊缝热影响区石墨化和非焊接焊缝区石墨化。

焊缝热影响区石墨化多数发生在焊缝附近热影响区内的一个狭窄区域（位于热影响区的低温边缘），在多道焊焊接焊缝中，这些区域互相重叠，覆盖了整个横截面。石墨颗粒在这些热影响区的低温边缘形成，并使脆弱的石墨带贯穿整个截面；由于其形貌特征，又称为眉毛状石墨化。非焊接焊缝区石墨化是局部石墨化，有时出现在钢材局部屈服平面上，也可能出现在因冷加工或冷弯等产生明显的塑性变形区域。

2. 损伤规律及因素

石墨化损伤的主要影响因素包括温度、服役时间、材质和应力。

（1）温度：温度低于425℃时，石墨化速率极慢；石墨化速率随温度升高而加快。

（2）服役时间：石墨化程度可分为无、极轻微、轻微、中等和严重共5类；石墨化速率很难预测，工程使用经验表明，碳钢焊缝热影响区在服役温度高于538℃时，严重石墨化仅需5年，在服役温度为454℃时，轻微石墨化则需要30~40年。碳钢焊缝热影响区石墨化程度-温度-时间的关系曲线见图2-52。

（3）材质：有些牌号的钢材对石墨化比较敏感，如钼元素含量达到1%（质量分数）的低合金钢已有石墨化的案例；添加0.7%（质量分数）的铬元素可防止石墨化，早期认为添加硅和铝元素可抑制石墨化，但工程实践证实它们对石墨化几乎没有影响。

（4）应力：局部屈服和显著塑性变形的区域，更容易发生石墨化。

3. 易发生石墨化的炼化装置或设备

（1）炼化装置：在炼油工业中，很少有因石墨化直接造成的损伤，主要是在其他原因损伤造成的失效案例中能发现石墨化损伤。可能发生的装置包括催化裂化装置的热壁管道、反应器及直立废热锅炉；催化重整装置的低合金钢制造的反应器及中间加热炉；延迟焦化装置的热壁管道、焦炭塔、焦化炉管；裂解装置、热电装置的高温高压管道。

（2）粗珠光体组织的钢制设备或管道石墨化倾向较大，而贝氏体组织的钢制设备或管道石墨化倾向较小。

（3）服役温度在440~550℃的省煤器管件、蒸汽管道及其他设备。

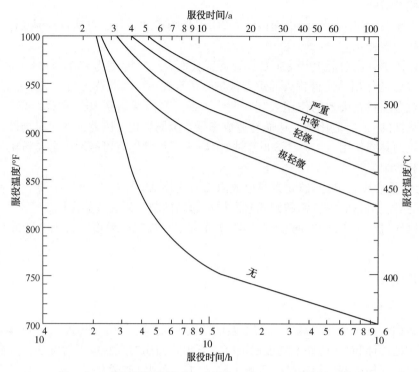

图 2-52　碳钢焊缝热影响区石墨化程度-温度-时间关系曲线

（4）粗珠光体钢制设备或管道石墨化倾向较大，而贝氏体钢制设备或管道石墨化倾向较小。

4. 监检测方法

（1）石墨化损伤可能出现在壁厚中间的位置，故仅部分厚度取样检测可能会漏检，应截取全厚度试样进行金相分析进行识别和确认。

（2）石墨化末期因强度降低而产生的表面开裂或蠕变变形均难以检测。

5. 主要预防措施

在温度超过 425℃的条件下长期工作，采用含铬的低合金钢能预防石墨化。

6. 腐蚀控制案例分析

1）热电厂高温蒸汽管道失效

某热电厂机侧主蒸汽管道在一个三通焊口部位曾发生过开裂泄漏，开裂位于三通垂直管段焊口熔合线处，裂纹长 44mm、宽 1mm，沿环向分布。该部位设计材质为 12Cr1MoV，主蒸汽运行温度为 535℃、压力为 8.8MPa。进一步对证光谱分析报告发现，该三通材质为碳素钢，而非设计材质 12Cr1MoV 低合金耐热钢。碳钢三通母材和焊缝附近的微观形貌如图 2-53 所示。

失效原因分析：①高压机组主蒸汽母管三通使用 20G 碳钢材质，属于错用钢材；②碳钢三通在超限值 110℃的严重超温工况下累计运行近 $5×10^4$h，这是导致三通金属组织发生严重珠光体球化、严重石墨化和局部明显蠕变裂纹的主要原因；③碳钢三通钢中残余铝严重超标是促进发生石墨化的主要原因。

2）锅炉高温过热器失效

某石化企业动力车间锅炉高温过热器多次发生蛇形管爆裂，高温过热器工作压力（管内）为 9.81MPa，工作温度（管内）为 550℃，管内介质为蒸汽，管外介质为烟气（含 SO_2、CO、CO_2 及 NO_x 等）。如图 2-54 所示，裂纹位于弯管外侧，沿轴向裂开，管段外表面存在厚 0.4~0.6mm 的黑色氧化皮和大量点蚀坑。管段内表面附有较厚黑色腐蚀产物，开裂部位沿轴向呈梭形位于弯管背部，裂口长约 50mm，最宽处约 7mm，裂口内壁周边发现有大量轴向裂纹，呈直线状近似平行排列，深度较浅。开裂部位发现明显鼓胀，鼓胀高度最大约为 5mm，开裂部位管壁减薄，宏观断口无金属光泽。

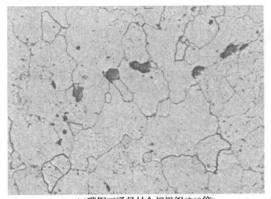

(a)碳钢三通母材金相组织(260倍)

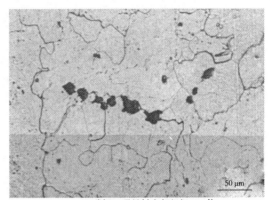

(b)碳钢三通母材金相组织(260倍)

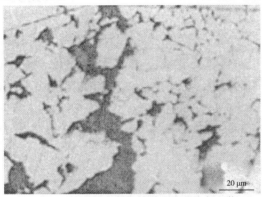

(c)碳钢三通焊缝熔合线附近蠕变裂纹(抛光态400倍)

图 2-53　碳钢三通微观形貌

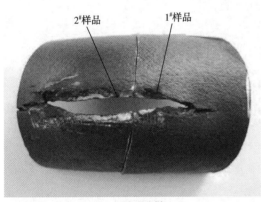

(a)宏观取样

(b)1#样品分析部位分区图

(c)1#样品外表面(壁)形貌(×100)

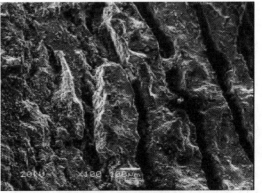

(d)1#样品内表面(壁)形貌(×100)

图 2-54　蛇形管断口样品宏观及微观腐蚀形貌

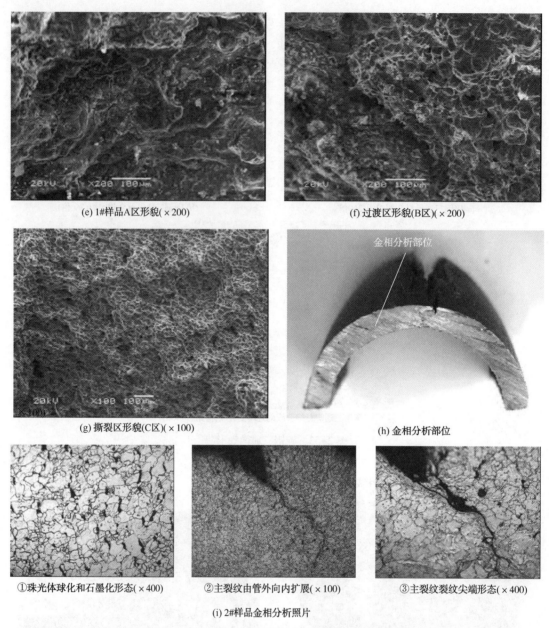

(e) 1#样品A区形貌(×200)

(f) 过渡区形貌(B区)(×200)

(g) 撕裂区形貌(C区)(×100)

(h) 金相分析部位

①珠光体球化和石墨化形态(×400)

②主裂纹由管外向内扩展(×100)

③主裂纹裂纹尖端形态(×400)

(i) 2#样品金相分析照片

图2-54　蛇形管断口样品宏观及微观腐蚀形貌(续)

失效原因分析：按照设计要求，供货规格应为 φ38×4.5mm，而弯管成型后弯管部位壁厚偏薄。锅炉高温过热器蛇形管是在局部长期超温的条件下材料发生了珠光体球化和石墨化，从而产生失效开裂。管内蒸汽介质不纯、品质不高导致内壁结垢严重，对管壁温度的升高起到了一定的促进作用。管内蒸汽温度为550℃，管外烟气温度达600℃以上，形成由管外向管内的温度梯度；弯管位于向火面，长期高温，管内污垢和管外氧化皮又进一步抑制了热量的扩散，造成局部长期超温，使得弯管部位金属失效。安装产生的应力、工作时管内蒸汽环向薄膜应力和由载荷、振动引起的应力及温差作用而产生的热应力等相互叠加也是导致换热管开裂的因素。

腐蚀控制措施：①要求制造厂商所使用的钢管成型后弯管部位规格应达到设计要求的 φ38×4.5mm，以保证强度要求。②严格控制管内的蒸汽温度及管外的烟气温度，尽可能降低管壁温度梯度差，采取适当的措施防止蛇形管外壁氧化；采取措施对蛇形管的壁温进行监测，避免局部长时间超温运行而导致管壁金属蠕变失效。③加强日常的生产和工艺管理，定期分析化验锅炉水水质，了解其杂质含量是否符合相关标准，改善水质的控制措施和处理手段，减少杂质元素，定期清理管内污垢，防止管壁温度升高造成超温爆管。④加强综合治理，对该锅炉高温过热器蛇形管部位进行系统热分布的检测，通过检测各组各排弯管颜色、氧化皮形态、管径的变化、抽样割管检测以及金相分析等方法，掌握过热器蛇形管超温过热的范围并配合工艺、设计和制造维护各专业部门提出合理的整改方案，通过变更材料、改变结构和烟气流的分布、改进供水质量，避免爆管事件再次发生。

2.3.4　回火脆化

1. 损伤机理

回火脆化是指低合金钢长期暴露在 343~593℃ 温度范围内，尽管材料的韧性在操作温度下没有明显降低，但组织微观结构已变化，降低温度后(如停工和开工期间)发生脆性开裂的过程。

回火脆化损伤难以通过目视检测发现，可能导致灾难性脆性断裂；采用夏比 V 型缺口冲击试验测试，回火脆化材料的韧脆转变温度较非脆化材料升高；严重回火脆化材料的 SEM 断口显示裂纹是沿晶开裂。

2. 损伤规律及因素

回火脆化损伤的主要影响因素是合金成分、服役温度、服役时间和热处理等。

(1) 材质：回火脆化的敏感度在很大程度上取决于合金成分，研究表明控制合金成分锰和硅，以及杂质元素硫、磷、锡、锑和砷含量可降低回火脆性，同时还应考虑材料的强度水平、热处理工艺和加工工艺性能；铬钼钢，主要是 2.25Cr-1Mo(1972 年前制造的设备尤为敏感)、2.25Cr-1Mo-0.3V、3Cr-1Mo、3Cr-1Mo-0.25V 材料较为明显；C-0.5Mo 和 1.25Cr-0.5Mo 合金钢虽没有明显的回火脆化，但其他高温损伤也同样会促使其发生金相变化，导致材料韧性或高温塑性降低。各种 Cr-Mo 钢回火脆化敏感性的比较见表 2-4。

表 2-4　各种 Cr-Mo 钢回火脆化敏感性的比较

钢　种	部　位		
	母材	热影响区	焊缝金属
0.5Mo	○	○	○
1Cr-0.5Mo	○	○	○
1.25Cr-0.5Mo	◎	●	◎
2.25Cr-1Mo	●	●	●
3Cr-1Mo	●	●	●
5Cr-1/2Mo	◎	◎	◎
9Cr-1Mo	○	○	○

注：○几乎没有脆化；◎有一定程度的脆化；●显著脆化。

(2) 服役温度：2.25Cr-1Mo 钢在 480℃ 时的回火脆化速率比 427~440℃ 范围内更快，但在 440℃ 下长期使用时回火脆化引起的损伤可能更严重。

(3) 服役时间：设备的回火脆化大多数在脆化温度范围内服役多年后发生；另外，在加工制造热处理阶段也可能会发生回火脆化。

(3) 其他方面：当存在临氢环境或裂纹类缺陷时会缩短回火脆化导致的设备失效时间；焊缝通常比母材更敏感，应作为评估的重点。

3. 易发生回火脆化的炼化装置或设备

回火脆化损伤主要发生在长期服役在高于 343℃ 温度条件下的各种低合金钢材料的装备和管道。主要炼化装置包括加氢装置反应器、反应流出物换热器及热高压分离器；催化重整装置反应器和高温换热器；催化裂化装置反应器；延迟焦化装置焦炭塔等。

4. 监检测方法

(1) 常规检查和无损检测通常不用于检测回火脆化，但了解易受影响的设备有助于防止后期可能的损伤。

(2) 在线试样：在反应器的顶部和底部附近投用时放置相同材质的试样，定期取出部分试样，通过解剖后制样进行冲击试验，监测设备的回火脆化状态。

（3）工艺操作：工艺过程严格遵守操作规定的要求，应遵循操作压力和温度的关联性，防止设备因回火脆化而开裂或破断。

5. 主要预防措施

（1）如果材料所含的致脆杂质元素达到临界水平，并且暴露在回火脆化温度范围内，则无法避免回火脆化。

（2）为尽量减少开工和停工期间发生脆性断裂的可能性，采用热态型的开停工方案，即开工时先升温后升压，停工时先降压后降温；并将系统操作压力限制在低于最低加压温度（MPT）的温度下最大设计压力的 25% 左右。已投用多年的早期钢材回火脆化敏感性高，最低加压温度为 170℃；新型抗回火脆化钢材的最低升压温度可达 50℃ 或更低。

（3）如果需要补焊，采用焊补修复的部位应加热至 620℃ 保持 2h/25mm，然后快速冷却至室温，回火脆化会暂时逆转；但是，如果材料重新暴露在回火脆化温度范围内，则仍会发生再度脆化。

（4）针对准备制造或已经在制的设备，尽量减少钢中能增加脆性敏感性的化学元素 Si、Mn、P、Sn、Sb、As 的含量，并进行适当的焊后处理，适当降低材料强度等级。在工程应用上通常采用两个系数来描述钢材回火脆性与化学元素的关系，即母材金属回火脆化敏感性系数 J 系数和焊缝金属 $\overline{X}$ 系数，分别见式（2-1）和式（2-2）。

$$J = (Si+Mn)(P+Sn) \times 10^4 \tag{2-1}$$

$$\overline{X} = (10P+5Sb+4Sn+As) \times 10^{-2} \tag{2-2}$$

式（2-1）中元素以其百分含量带入，式（2-2）中元素以 μg/g 或 ppm（10^{-6}）含量带入。

由于炼钢技术的发展，特别是精炼炉如 LF、RH、VD 炉的应用，杂质含量大幅度下降，纯净度大大提高，J 系数从最初的控制指标 250 降至 100，$\overline{X}$ 系数从最初的控制指标 ≤25ppm 降至 ≤15ppm，回火脆化现象总体上已经得到控制。另外，将（P+Sn）元素的质量分数之和限制在 0.01% 以下也可以降低回火脆化敏感性。

（5）用于制造厚壁装备或可能发生蠕变的设备，选用的新型低合金钢材料应在确定化学成分、硬度、强度水平以及加工、焊接和热处理工艺时，充分考虑各种因素的影响。

6. 腐蚀控制案例分析

1974 年日本矿业公司水岛炼厂一台由 2.25Cr-1Mo 钢制造的脱硫反应器运行了 3~4 年后，在现场修补过程中发生脆性断裂，通过日本制钢所渡边等人的大量研究，确认钢材出现了明显的回火脆化，其韧脆转变温度增量为 82℃。这是世界上首次发现的由于 Cr-Mo 钢的回火脆性导致炼油设备破坏的案例。

国内某炼化公司加氢装置于 1989 年投产，加氢反应器主体材质为 2.25Cr-1Mo 钢，由日本制造。反应器直径为 φ3810，设计压力为 18MPa，设计温度为 442℃，在运行 5 年和 12 年后将反应器（DC101A）中随其运行的挂片（试块）取出进行了研究，试块带有焊缝。研究结果表明，试块产生了明显的脆化，其脆化度通常采用韧脆转变温度增量 ΔVTr54 来表示，如图 2-55 所示。

表 2-5 列出了该反应器所带试板母材和焊缝的脆化程度，从中可以看出母材和焊缝都出现了不同程度的脆化，但焊缝比母材脆化的要严重，服役 12 年比服役 5 年要严重。

尽管实验结果表明服役 12 年后试板的拉伸性能变化不大，仍能满足使用，但随着服役年限的进一步延长，为确保操作安全性，对反应器材料的脆化程度还是应给予足够的重视。

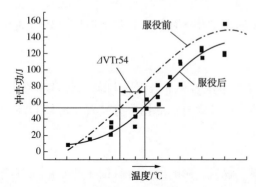

图 2-55　服役前后钢材冲击功与
试验温度的关系曲线

表 2-5　2.25Cr-1Mo 钢服役 12 年与服役 5 年在 H/2 和 H/4 部位焊缝和母材脆化程度比较

试块位置	试件类别	经历时间/a	ΔVTr54.2/℃
H/4	母材	12	29.9
		5	18.4
	焊缝	12	42.4
		5	33
H/2	母材	12	28.6
		5	15.3
	焊缝	12	41.9
		5	20.2

注：H 表示试板厚度。

2.3.5　475℃脆化

1. 损伤机理

475℃(885℉)脆化是指含铁素体相的合金在 316~540℃ 温度范围内长期使用时，脆性金属间化合物析出并逐渐累积，使金属的强度和硬度显著提高，导致材料产生脆化，尤其在 475℃ 附近时脆化最为敏感。

合金材料发生 475℃(885℉)脆化后，其金相组织变化不明显，即使金相分析也难以识别；材料的硬度和强度增高、韧性降低，对发生 475℃ 脆化的在役设备试样进行弯曲和冲击试验，弯曲性能和冲击功均不合格。

2. 损伤规律及因素

475℃(885℉)脆化的关键影响因素是合金成分(尤其是铬含量)、铁素体相、服役温度和服役时间。

(1) 合金成分：低铬合金(如 405、409、410 和 410S)不易发生 475℃ 脆化，高铬含量铁素体不锈钢[如 430(质量分数 16%~18%Cr)、446(质量分数 23%~27%Cr)]及双相不锈钢(质量分数 22%~25%Cr)更易发生脆化。

(2) 铁素体相：降低铁素体相含量，有利于防止材料脆化；在脆化温度范围内，损伤敏感性随铁素体相含量增加而增大，且在韧脆转变温度下显著增大；双相不锈钢中铁素体相增加了在高温范围内工作时的损伤敏感性。

(3) 服役温度：通常敏感材料在 370~540℃ 温度范围内有脆化倾向，在 475℃ 时金属间脆性相极易析出，随时间逐步积累并引发损伤，操作温度高于或低于 475℃ 时脆化速率都会降低。例如，在 316℃ 温度时可能需要数千小时后才能导能致脆化；材料韧性在操作温度下变化不大，但在较低温度下(装置开停车时)显著降低；若在更高温度下进行回火，或在转变温度范围内保持或冷却，均可导致材料脆化。

(4) 服役时间：在脆化温度范围内，停留时间越长，材料脆化倾向越大。

3. 易发生 475℃ 脆化的炼化装置或设备

(1) 在脆化温度范围(316~540℃)内使用的所有敏感材料的设备和管道都可能发生 475℃ 脆化。针对这种损伤类型，多数炼化企业将铁素体不锈钢的使用限制在非压力边界工况条件下。

(2) 原油蒸馏装置、催化裂化装置、延迟焦化装置在高温环境服役的不锈钢堆焊层或复合衬里的设备，以及不锈钢内件、分馏塔盘等。

（3）长时间在315℃温度以上使用的双相不锈钢换热管及其他部件；通常双相不锈钢设备和管道的最高工作温度要求不超过315℃。

4. 监检测方法

（1）475℃脆化损伤在失效前难以发现，不适用在线检查和检测，但了解易受影响的设备有助于指导检查计划。

（2）检查或确认475℃脆化的最有效方法是在服役设备上切取试样，进行冲击或弯曲测试。

（3）大多数脆化部件在停车后、开车前低温(材料温度低于93℃)情况下易发生开裂，可采用目视检测、表面无损检测和声发射方法检测开裂情况。

（4）硬度的增加是评价475℃脆化的另一个途径，现场硬度测试可区分脆化材料和非脆化材料，但仅进行硬度测试通常不能确定；此外，硬度测试本身可能会产生裂纹，这取决于脆化严重程度。

（5）锤击试验(现场冲击试验)被视为破坏性试验，根据脆化程度，用锤子敲击可疑部件可能会使部件开裂；金相检验通常是无效的，因为脆化导致微观结构中的相很难找到或看到。

5. 主要预防措施

（1）防止475℃脆化的最有效的方法是避免敏感材料在脆化温度范围内服役，或者选用非敏感材料，如铁素体含量低的合金、无铁素体合金等。

（2）改变合金的化学成分有可能降低脆化的影响，增加合金的抗脆化能力；但是，在大多数商业产品中，通常不容易找到抗475℃脆化的合金材料。

（3）敏感材料的脆化开裂通常可以通过开工和停工期间的温度控制来避免。

（4）采用在593℃或更高温度下进行热处理并快速冷却的方式可消除脆化；但是，该方式是可逆的，且许多设备难以实施，如热处理后的设备仍在原服役条件下再次服役，经消除脆化热处理后设备的脆化速率比第一次发生脆化的速率更快。

6. 腐蚀控制案例分析

某石化企业一种用于离心铸造的CA-15M马氏体不锈钢制轧辊，经过六次轧制(其中三次轧制48h)在静止的空气中冷却时，轧辊退出生产线半小时后出现断裂。轧辊筒体长800mm，外径为265mm，内径为165mm，壁厚为50mm。轧辊在1100℃和使其外表面不应超过425℃至475℃之间的温度下工作。在轧制过程中，轧辊内部通过水循环冷却，水流可以调节，以尽量减少辊变形。首先在圆筒的一端附近发现了纵向裂纹，15min后在从辊中心到其末端的区域发现了两个横向裂纹，其失效的宏观形貌如图2-56所示。

图2-56中，图(a)为轧辊在存在二次纵向裂缝的情况下其圆柱体横向断裂图；图(b)为其横向和纵向裂缝相对于轧辊长度的示意图；图(c)为圆柱体的横向断口视图；图(d)为其宏观横向截面，显示了从外部表面(左)凝固过程中宏观结构的演变(蚀刻后)，其特征是冷却区(左)、柱状区(中心)和等轴区(右)及其与断裂表面的关系。

失效原因分析：针对马氏体不锈钢制轧辊的断口等轴区的横断面进行微观分析，如图2-57(a)和(b)所示，显示出端口区域存在约0.5mm长的预裂纹(凝固微孔)，裂纹尖端半径约为0.025mm；图2-57(c)和(d)显示其圆柱体的内部表面有一层破裂的铬和沉积物。图2-58显示了马氏体不锈钢轧辊不同区域的金相分析，图(a)~图(c)的显微组织由 α′马氏体基体中的 δ 铁素体晶粒和枝晶内 δ 铁素体晶粒组成；图(d)为1050℃热处理后的显微组织，表明马氏体基体中存在 δ 铁素体。马氏体不锈钢制轧辊内表面(等轴区域)显微组织见图2-59，柱状区域的微观形貌见图2-60，冷硬区的微观形貌见图2-61。因此，含铁素体相的轧辊在475℃附近加工制造过程中，α′马氏体基体中 δ 铁素体由20%增至27%，δ/α′界面呈现 $M_{23}C_6$ 碳化物的晶间网络，脆性相逐渐积累。轧辊内表面的拉伸热应力与微结构脆性有关(界面碳化物和微孔网络)，这是轧辊过早失效的主要原因。

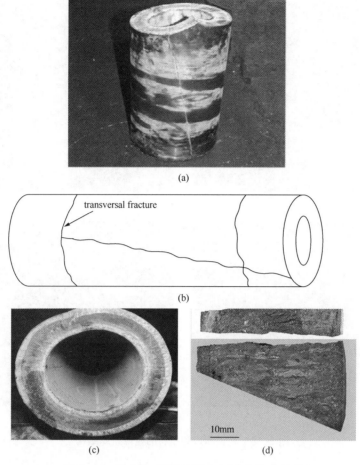

图 2-56 马氏体不锈钢制轧辊因脆化导致断裂

图 2-57 轧辊断口等轴区横断面的微观形貌

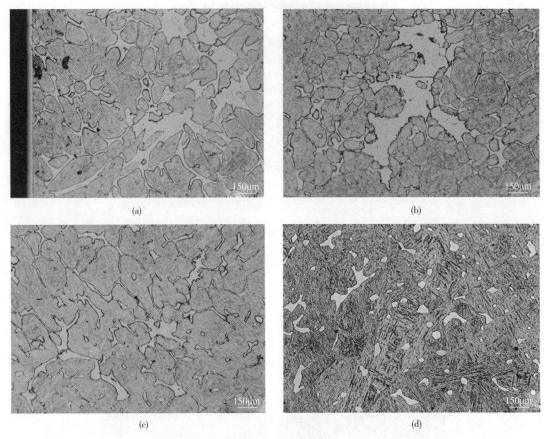

(a)

(b)

(c)

(d)

图 2-58　轧辊断口和基材的显微组织结构

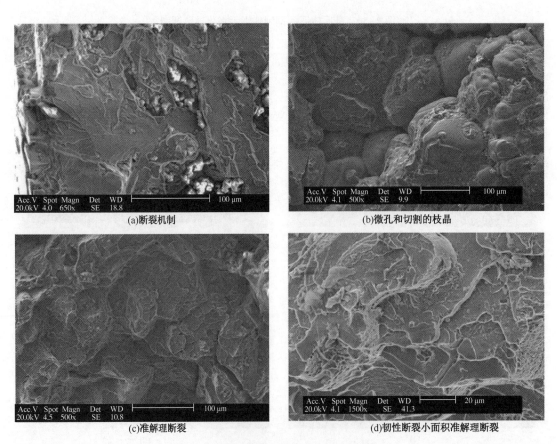

(a)断裂机制

(b)微孔和切割的枝晶

(c)准解理断裂

(d)韧性断裂小面积准解理断裂

图 2-59　内表面(等轴区域)显微组织

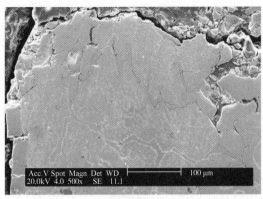

(a)韧性晶间断裂

(b)沿δ/α′界面裂纹扩展引起的韧性晶间断裂

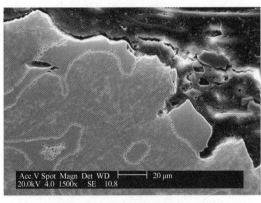

(c)沿δ/α′界面裂纹扩展引起的韧性晶间断裂

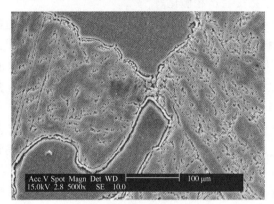

(d)δ/α′界面的球化碳化物网络

图 2-60　马氏体不锈钢柱状区域的微观形貌

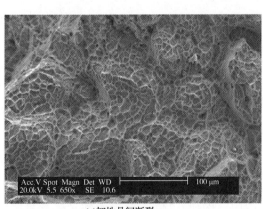

(a)韧性晶间断裂

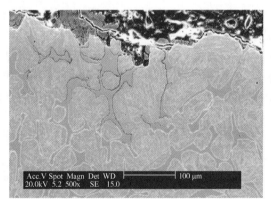

(b)沿δ/α′界面的韧性晶间裂纹扩展

图 2-61　马氏体不锈钢制轧辊冷硬区的微观形貌

2.3.6　σ 相脆化

1. 损伤机理

σ 相脆化是指铁素体不锈钢或含铁素体的不锈钢在 540～925℃温度范围内保温一段时间或长期使用时，由于析出 σ 相（Fe-Cr 金属间化合物），引起不锈钢冲击韧性急剧下降，进而导致材料变脆的过程。

σ 相脆化实际是一种组织变化，析出硬而脆的 Fe-Cr 金属间化合物，脆化后的材料对晶间腐蚀更敏感；σ 相脆化早期一般不明显，直至发生开裂，开裂多出现在焊缝或拘束度高的区域。与固溶处理过的材料相比，σ 相脆化后的不锈钢拉伸及屈服强度稍有增加，硬度也略微增加，但塑性降低（伸长率和断面收缩率）。

2. 损伤规律及因素

σ相脆化的主要影响因素包括合金成分、温度和时间。针对敏感合金材料，影响σ相形成的关键因素是在高温范围内的停留时间。

（1）合金成分：铁素体（Fe-Cr）、马氏体（Fe-Cr）、奥氏体（Fe-Cr-Ni）和双相不锈钢在540～925℃温度范围内都会生成α相，其中奥氏体不锈钢和双相不锈钢焊缝熔敷金属的铁素体中σ相的形成速度最快。

（2）温度：铁素体不锈钢、马氏体不锈钢、奥氏体不锈钢及双相不锈钢长期在540～925℃范围内使用可产生σ相，以及在此温度范围内保温或冷却时经过该温度范围，也可能发生σ相脆化；当温度低于韧脆转变温度时合金材料易发生脆断。

（3）时间：基于不同敏感合金材料，σ相的形成在一定的加热温度范围内需要经过几小时、几十小时、几百小时的时间；同时，即使是易发生σ相脆化的合金，也只有在高温环境中经历足够长的时间，才会发生σ相脆化。

（4）高温下含σ相的不锈钢锻件，即使其冲击韧性严重降低，但由于操作温度下延性良好，锻件仍可继续使用；含σ相的不锈钢在正常操作温度下通常仍可满足要求（含10%σ相的奥氏体不锈钢在649℃时的夏比冲击韧性仍很高，延展性为100%，而室温下延性降为零），但温度降低至大约260℃时，通过夏比冲击试验发现金属可能已完全丧失断裂韧性。

3. 易发生σ相脆化的炼化装置或设备

（1）催化裂化装置再生器的不锈钢旋风分离器、不锈钢管道系统及不锈钢阀门等。

（2）炼化装置中设置有奥氏体（或铁素体）不锈钢堆焊层或复合层，且需要进行焊后热处理的承压设备。

（3）不锈钢换热器的管束-管板焊接部位，不锈钢加热炉炉管。

4. 监检测方法

（1）σ相脆化损伤不易发现，而且随着时间变化；不适用在线检查和检测，但了解易受影响的设备有助于指导检查计划。

（2）σ相的形成和脆化可以在服役设备上切取试样，进行金相分析和/或冲击测试，验证金相组织的变化。

（3）采用渗透检测检查设备表面是否存在宏观裂纹。

5. 主要预防措施

（1）防止σ相脆化最有效的方法是避免敏感材料在脆化温度范围内服役，或者选用抗σ相生成的合金材料。

（2）如含σ相材料在室温下断裂韧性不足，停车时应先降低操作压力，否则会导致脆性断裂。

（3）300系列不锈钢可通过在1065℃下固溶处理4h，使材料中σ相发生溶解，然后快速水冷可形成单一奥氏体相，彻底消除σ相；但是，大多数现场设备无法进行固溶处理。

（4）控制不锈钢焊缝金属中铁素体含量在允许范围内。例如，347不锈钢中铁素体含量应控制在5%～9%（质量分数）之间，304铁素体含量比347不锈钢略少，且焊材的铁素体含量应进行限制。

（5）针对不锈钢堆焊衬里的铬钼合金设备，制造过程应尽可能减少堆焊层暴露在母材的热处理温度下的时间（限定加热到焊后热处理温度的升温时间），特别是高应力的部位。

6. 腐蚀控制案例分析

1）制氢装置转化炉出口集合管引压计接管失效

某石化企业制氢装置自2000年建成，2007年8月第一次开车投产，到2013年9月为止，期间共经历20次开停车，装置实际运行时间共1189天。装置运行期间，转化炉出口集合管引压计接管发生开裂，致使装置紧急停工。该装置转化炉出口集合管东侧引压计接管发生局部穿透开裂，开裂接管位置及形貌结构如图2-62（a）和（b）所示，装置进行了紧急停工处理。集合管材质为合金800H，失效的引压计接管材质为0Cr25Ni20，开裂部位正常运行温度为805℃，操作压力为2.5MPa，介质为转化气（主要组分为H_2、CO、CO_2、CH_4等），接管裂纹的出现对装置的平稳运行造成很大威胁。

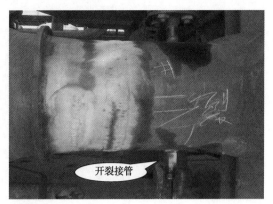

(a) 开裂接管位置

(b)开裂接管形貌

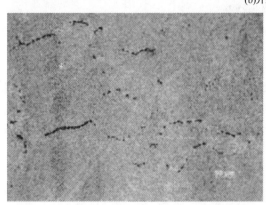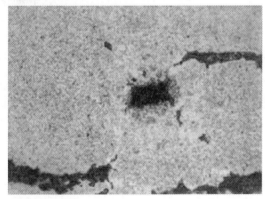

(c)接管断面1#位置金相图(母材)

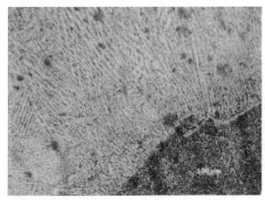

(d)接管断面2#位置金相图(左图为母材,右图为热影响区)

图 2-62　接管开裂的宏观及微观腐蚀形貌

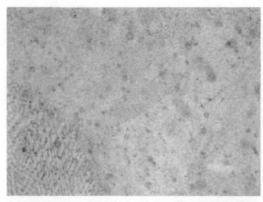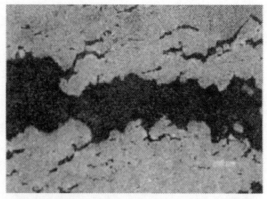

(e)焊缝金相(左) 及裂纹附近金相(右)

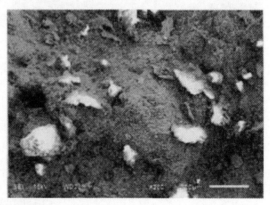

(f)断口扫描电镜观察

图 2-62 接管开裂的宏观及微观腐蚀形貌(续)

失效原因分析:接管开裂的原因主要是由于原始焊接缺陷及接管母材和焊缝发生 σ 相脆化,导致裂纹容易产生;停车期间形成的湿 $H_2S-CO_2-H_2O$ 酸性腐蚀环境、连多硫酸应力腐蚀环境导致裂纹进一步扩展,最后发生开裂。接管中硅含量和碳含量偏高导致接管可焊性降低,容易产生焊接缺陷;硅含量偏高、Ni 含量偏低使材料发生 σ 相脆化,裂纹容易产生和扩展;碳含量偏高导致材质更容易发生敏化,在腐蚀环境中产生沿晶裂纹。

2) 催化装置三旋出口烟气管道焊接接头失效

某炼厂催化装置三旋出口烟气管道于 2012 年 12 月初投入生产运行。该装置自投入运行以来,经历多次非正常停工。运行期间未发现有异常情况,该管道材质为 304H,管内介质为催化烟气,管内介质温度为 660℃,操作压力为 0.25MPa。2016 年 8 月装置停车大修,对三旋出口烟气管道焊缝进行检测,发现在三旋出口管道弯管处焊缝上(上部交叉处焊接接头与下部焊接接头)存在较多的焊缝裂纹,如图 2-63(a)~(f)所示。

从烟气管道材料金相组织与裂纹扩展形貌照片,可以看出材料金相组织的基体为奥氏体+枝状分布的铁素体+基本弥散分布碳化物+铁素体析出物,裂纹主要沿枝状晶间扩展,呈典型的沿晶扩展特征,同时奥氏体基体大量析出弥散性碳化物,在铁素体上分别析出大量的针状或块状析出物,如图 2-63(g)和(h)所示。通过对析出物的元素能谱分析,可知焊缝铁素体上析出物为脆性 σ 相,从而焊缝材料表征为脆性材料铁素体枝状晶析出针状和块状的析出物(σ 相),脆性 σ 相促进了开裂。值得一提的是裂纹两侧有较灰浅色狭小区域,明显呈裂纹被氧化的特征,这一特征表明这些裂纹是在高温环境下产生的,因此裂纹具有被氧化特征,如图 2-63(i)和(j)所示。

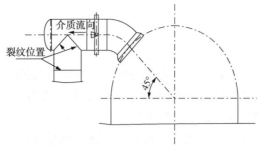
(a)焊接接头裂纹位置

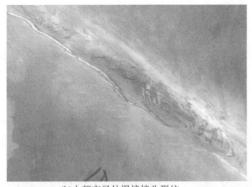
(b)上部交叉处焊接接头裂纹

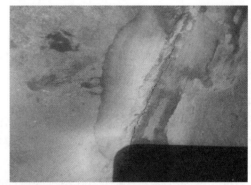
(c)上部交叉处焊接接头裂纹

(d)下部焊接接头裂纹

(e)下部焊接接头裂纹

(f)下部焊接接头裂纹内部裂纹

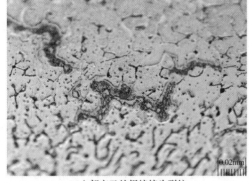
(g)上部交叉处焊接接头裂纹

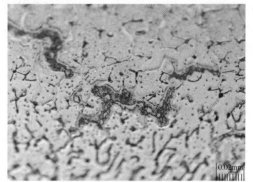
(h)上部交叉处焊接接头裂纹

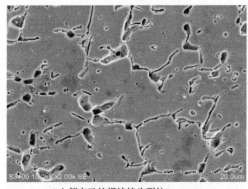
(i)上部交叉处焊接接头裂纹

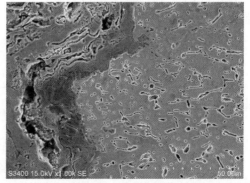
(j)上部交叉处焊接接头裂纹

图2-63　三旋管道弯头的焊接接头裂纹

2.3.7 再热裂纹

1. 损伤机理

再热裂纹是指金属在焊后热处理(PWHT)或高温服役期间，高应力区因晶界应变引起的应力消除或应力松弛，粗晶区应力集中区域的晶界滑移量超过该部位塑性变形能力而发生开裂所产生的裂纹。对于某些含有沉淀强化元素的高强钢和高温合金，焊后并未出现裂纹，但在热处理过程中出现了裂纹，称为"消除应力处理裂纹(SRC)"；一些焊接结构在制造及焊后热处理时都没有产生裂纹，但在高温下服役一段时间后会产生裂纹。这两种情况下(消除应力过程和服役过程)产生的裂纹在工程上统称为"再热裂纹"。

再热裂纹开裂最常见于设备和管道的厚壁部分，以及焊缝热影响区的粗晶段；再热裂纹为典型的沿晶开裂特征，裂纹的走向大体上是沿熔合线方向在粗晶粒边界发展，是发生表面开裂还是内部开裂则取决于设备的应力状态和几何结构。

2. 损伤规律及因素

再热裂纹损伤的主要影响因素包括材料类型(化学成分、杂质成分)、温度、应力水平、截面厚度(控制约束和应力状况)、晶粒尺寸、缺口和应力集中区、焊缝金属与基体金属强度差、焊接和热处理条件等。

(1) 温度：不同类型合金发生再热裂纹的温度范围分别是 2.25Cr-1Mo-V(450℃)，1Cr-0.5Mo 和 1.25Cr-0.5Mo(480℃)，347、321 和 304H 不锈钢(500~750℃)，镍基合金(500~750℃)。

(2) 合金成分：钒的加入能大大提高钢综合性能，但会显著提高钢的再热裂纹敏感性；钼是引起合金钢再热裂纹敏感的主要元素，其影响仅次于钒；Cr-Mo 系列钢中 Cr 含量在 1% 左右时再热裂纹敏感性最小，随着 Cr 含量的提高，再热裂纹倾向越大；杂质元素如 P、Sn、Sb 和 As 会发生偏聚或与晶界处碳化物相互作用，从而促进再热裂纹的产生，尤其是 Cr-Mo 低合金钢。

(3) 应力水平：在高应力作用下再热裂纹更易产生，常见于厚断面或高强材料中；大多数情况下开裂均发生在焊缝热影响区内，萌生于应力集中部位，并可能成为疲劳源。

(4) 再热裂纹在焊后热处理或高温服役条件下均能发生；300 系列不锈钢的消应力热处理或稳定化处理也可能导致再热裂纹，尤其是含 Ti、Nb 等稳定化元素的 321、347 厚壁不锈钢管道在稳定化热处理期间易出现再热裂纹；高温下材料塑性不足，不能满足应变要求时，易产生再热裂纹。

(5) 其他因素：粗晶区晶粒度越大，越易产生再热裂纹，粗的晶粒降低焊接接头的蠕变塑性；另外，焊缝金属与基体金属强度差、焊接与热处理条件等也对再热裂纹发生具有影响。

3. 易发生再热裂纹的炼化装置或设备

(1) 催化重整装置和催化裂化装置在高温环境运行的 Cr-Mo 钢制厚壁管道、厚壁容器的接管焊接接头等高拘束区。

(2) 加氢装置消应力热处理或稳定化处理的厚壁不锈钢管道，如 321、347 不锈钢厚壁管道；Cr-Mo 厚壁反应器在制造过程中可能发生开裂。

4. 监检测方法

(1) 针对低合金钢设备和管道的表面裂纹，采用超声波横波检测和磁粉检测。

(2) 针对 300 系列不锈钢和镍基合金设备和管道的表面裂纹，采用超声波横波检测和渗透检测。

(3) 针对设备和管道的埋藏裂纹，只能采用超声波横波检测。

5. 主要预防措施

(1) 晶粒尺寸对高温延性和再热开裂敏感性有重要影响，大晶粒材料对再热开裂更敏感，因此应采用细晶粒的材料，或细化焊接热影响区的粗大晶粒。

(2) 在设计和制造过程中，应尽量避免材料横截面急剧变化，如引起应力集中的小半径倒角等；长焊缝焊接时，应改善装配过程导致的不匹配性；另外，尽量避免未焊透、未熔合、咬边、焊接裂纹、气孔及夹渣等焊接缺陷。

（3）针对设备的厚壁部件连接时，在焊接或焊后热处理阶段应充分预热，尽量减少约束。

（4）对含稳定化元素不锈钢管道焊接接头进行稳定化热处理时，内外温差应严格控制在±20℃以内，否则容易造成再热裂纹开裂。目前对于大直径厚壁高压管道，采用传统的陶瓷片加热无法满足这个要求，这也是国内外高压管道焊接频频出现开裂的主要原因之一。现在的认识是应采用中频感应加热方式，并且首次在中国石化天津分公司260万吨/年渣油加氢装置得到成功应用，解决了一个世界难题，突破了一些国际上固有的认识。具体情况见本书第7章有关章节。从这个角度讲，现有的标准NB/T 10068《含稳定化元素不锈钢管道焊后热处理规范》对于热处理条件的限制设定是有一定局限性的。

6. 腐蚀控制案例分析

1）加氢反应流出物管道焊接接头再热裂纹

某炼化企业新建蜡油加氢装置加氢和渣油加氢装置，反应部分的高压管道采用TP347材质。2013年底，在两套加氢装置的高压厚壁（壁厚大于25mm）TP 347管道的安装过程中，现场焊接接头经稳定化热处理（热处理温度为900℃、保温4h后空气冷却）后陆续发现多处严重的裂纹，而且这些焊缝经返修、热处理后，裂纹依然出现，严重影响了装置的建设。经过分析，管道厚度较厚，焊接残余应力较大，同时稳定化热处理加热方式采用电加热带，由于不能实现内外同时加热，经实际测量，内外温差达100℃以上，内外温差应力过大，在上述因素综合作用下，导致再热裂纹产生。

失效原因分析：如图2-64（a）和（b）所示，裂纹起始于外壁热影响区靠近熔合线部位，基本沿垂直板厚的方向在母材上扩展。裂纹的启裂部位均位于外壁靠近熔合线的热影响区上。针对焊接接头进行金相组织分析，如图2-64（c）和（d）所示。微观形貌显示为沿晶开裂，为典型的再热裂纹特征，焊缝金属的金相组织为奥氏体+δ铁素体，热影响区的金相组织为奥氏体，位于焊缝两侧的热影响区晶粒度有明显的不同，大小头侧的晶粒明显大于弯头侧，而裂纹的启裂部位正是位于大小头侧。

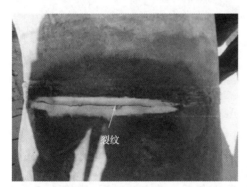

(a)裂纹的宏观形貌

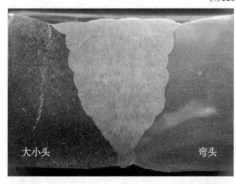

(b)裂纹的X射线成像图片

图2-64　某渣油加氢装置厚壁TP347管道焊缝再热裂纹

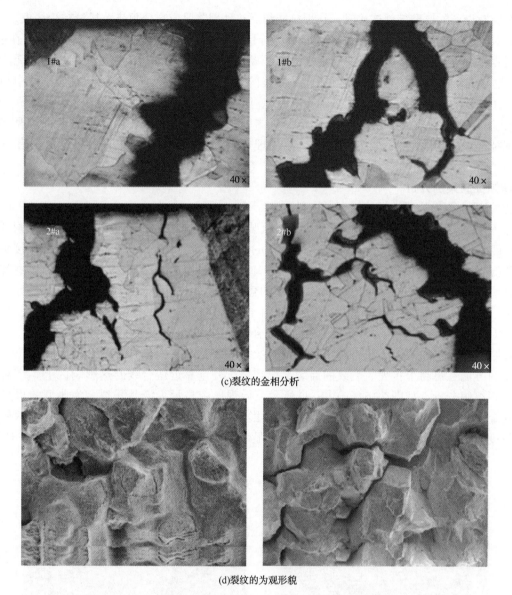

(c)裂纹的金相分析

(d)裂纹的为观形貌

图 2-64　某渣油加氢装置厚壁 TP347 管道焊缝再热裂纹(续)

2）加氢反应器筒体与顶封头焊接接头再热裂纹

某炼化企业加氢裂化装置和渣油加氢装置开工运行 3 年后，首次针对两套装置的三台反应器进行检验，发现三台反应器的顶封头与筒体连接的焊接接头出现开裂，裂纹肉眼可见，长度为 350～430mm，如图 2-65 所示。

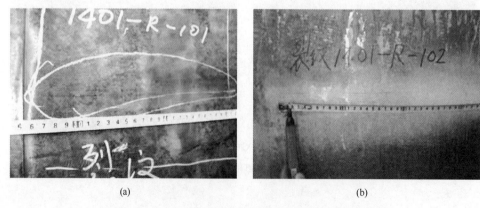

(a)　　　　　　　　　　　　　　(b)

图 2-65　加氢反应器顶封头与筒体焊接接头的裂纹形貌

失效原因分析：三台反应器筒体和顶封头基材的材质均为 2.25Cr-1Mo-0.25V 钢，检验单位经现场金相分析，根据裂纹特征认为可能为再热裂纹，由于反应器尚处于服役阶段，未做进一步的分析，缺陷经打磨后继续使用。通常情况下，添加 V 元素的铬钼钢对再热裂纹比较敏感钢。因再热裂纹一般非常细小，而且当时的检测手段主要靠射线 RT 检测和普通脉冲式超声 UT 检测，不能有效检测出再热裂纹。

2.3.8 钛氢化

1. 损伤机理

钛氢化(钛的氢脆)是指在某种含氢或析氢环境下，氢扩散到钛中，发生反应形成一个致脆的氢化物相，导致材料延展性和塑性明显降低，严重时导致脆性断裂，而没有明显的腐蚀或者厚度的损失。钛氢化可分为氢气环境氢脆与电解质溶液氢脆，氢气环境氢脆是由分子态氢(H_2)吸收所致，电解质溶液氢脆是由原子态氢(H)吸收所致。石油化工装置中钛氢化大多发生在电解质水溶液中由腐蚀阴极反应析氢所产生，且多用工业纯钛及耐蚀的 α 或近 α 型钛合金，因此本节重点讨论 α 钛及钛合金的钛氢化损伤。

钛氢化损伤是一种金相组织发生变化的现象，钛及钛合金的氢损伤表现为塑性损失和/或裂纹扩展的应力强度临界值下降，由于脆性氢化物相的析出和分解，在较低的温度下，钛及钛合金的力学性能和断裂性能出现严重下降。因此，目视检查通常不易发现，可通过金相分析和力学性能测试检测。

2. 损伤规律及因素

钛氢化是钛及钛合金在特定环境中发生的一种损伤类型，即温度高于 75℃ 并且 pH 值低于 3、pH 值高于 12 或含大量硫化氢的中性 pH 值。

(1) 影响钛氢化损伤的因素较多，但是钛及钛合金在使用期间发生氢脆损伤必须同时具备以下 3 个条件：①工艺介质的 pH 值小于 3.0，或 pH 大于 12.0，或 pH 值呈中性但硫化氢含量高；②操作温度高于 75℃，但有时在较负的电位下或电化学反应产生很高氢压时，或者在较高拉应力作用下，较低温度下也可能发生氢脆；③必须存在有某种产生氢的机制，可以是电偶、外加电流阴极保护或表面动态擦伤等。

(2) 合金成分：纯钛和 α 钛合金中氢的溶解度为 50~300μg/g，β 钛合金中氢的溶解度为 2000μg/g，当含氢量超出这个范围时易发生钛氢化。

(3) 电流：比钛合金活性更高的材料，如碳钢、300 系列不锈钢等，与钛合金接触时因电化学作用易导致钛合金发生钛氢化。

(4) 时间：钛合金部件吸附氢一段时间后即开始发生脆化，一直持续到材料延性完全丧失。

(5) 腐蚀产物：制造过程中意外黏附在钛合金表面的铁锈，或工艺流体中从上游设备带入的铁锈和硫化亚铁等杂质，在一些介质环境中可能导致钛合金的钛氢化损伤。

3. 易发生钛氢化的炼化装置或设备

(1) 酸性水汽提装置和胺处理装置：钛合金材料的冷凝器、换热管、管道以及其他操作温度高于 74℃ 的钛合金材料设备。

(2) 温度高于 177℃ 的氢气环境中服役的钛合金设备，尤其是干燥无氧的氢气环境中钛氢化易发生。

(3) 保护电位小于 -0.9V(参比电极为饱和甘汞电极)的阴极保护设备。

4. 监检测方法

(1) 采用特殊的涡流检测技术检测钛氢化损伤。

(2) 目视检查：目视检查通常不易发现，可以通过对设备内壁进行宏观检视，如表面光滑且具有金属光泽呈银白或金黄色则认为良好，而表面发灰发黑、失光、粗化则需要采用金相等其他手段重点检查。

(3) 金相分析：通过金相分析了解氢化物断面分布与氢化物的形状、大小与开裂情况。

（4）力学性能测试：在试验台上进行弯曲试验或压扁试验，通过损伤程度观察，判断脆化的程度，仅发生塑性变形属于未发生损伤或损伤轻微，发生脆性断裂或粉碎的说明损伤严重。

5. 主要预防措施

（1）根据设备的服役工艺条件，在已知的还原性的氢化环境中，正确合理地选用钛及钛合金材料与环境相适应，不能超过钛的使用范围，如在胺或含硫酸性水等条件下不宜使用钛及钛合金材料。

（2）在电化学接触可能形成钛氢化的部位，如必须采用钛材或钛合金，应在钛材与非钛材部件之间进行绝缘处理；但是，在碱性含硫酸性水环境中，即使进行绝缘处理，也不能防止钛氢化。

（3）设计与制造：改进结构设计，消除缝隙与滞流死角，尽量避免与异金属组成电偶；阴极保护时必须保证钛的电位高于其吸氢临界电位或选用合适的牺牲阳极；提高钛设备焊接质量，消除气孔与缺陷。

（4）表面处理：对钛设备与零部件实施预氧化处理与其他强化处理，如阳极化、热氧化与化学氧化均能加厚与强化氧化膜，阳极化还可消除铁污染，但人工氧化膜如遭破坏，不能自行修复。

（5）缓蚀剂：钛的表面状态对腐蚀与吸氢影响很大；如工艺允许，可从工艺介质侧添加氧化剂作为缓蚀剂，可抑制钛腐蚀与吸氢；同时，工艺介质中亦应排除有害离子与杂质，如氟离子。

6. 腐蚀控制案例分析

1）加氢高压空冷器的钛衬管失效

某炼化企业加氢装置高压空冷器管束材质为10#钢，进口端内衬工业纯钛管束，管程进口温度为150℃、出口温度为50℃，压力为11.5MPa；介质为循环氢、油气和水，油气中含2%的硫化氢和少量氨，水为除氧水。在高温、高压氢气流的冲刷腐蚀下，内衬钛管首先发生腐蚀破损，10#钢暴露在管程腐蚀介质发生腐蚀穿孔并最终泄漏。其腐蚀形貌如图2-66所示。

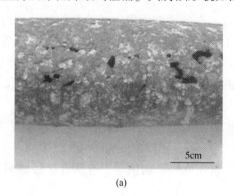 

(a)   (b)

图2-66　高压空冷管束宏观与微观腐蚀形貌

失效原因分析：如图2-66所示，钛管内表面覆盖有大量的疏松的鳞片状腐蚀产物，对其进行EDS能谱分析表明：其主要组分为Ti、Fe、S，占比分别为82.85%、14.42%、2.73%。对钛管进行显微硬

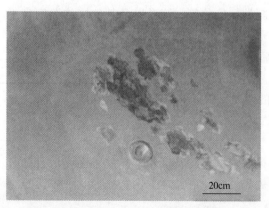

图2-67　低压换热器靶材筒体宏观腐蚀形貌

度测试，发现钛化氢HV硬度为279GPa，略高于钛管基体的HV硬度250GPa。由于高压空冷器管束采用碳钢基管+内衬钛管，钢制旋压模头在复合管制造过程中极易在钛管内表面嵌入铁屑造成铁污染，由此加速了钛管的吸氢脆化过程。同时，管程介质中含有的硫化氢是钛材吸氢腐蚀的促进剂，尤其当钛与铁发生电偶腐蚀时，硫化氢会显著增加钛的吸氢过程。

2）钛钯合金低压换热器筒体失效

某炼化企业钛钯合金低压换热器在停工检查时发现筒体内表面出现大面积脆性剥落，其腐蚀形貌如图2-67所示。该低压换热器筒体采用钛钯合金TA9、Gr7制造，工作温度为173℃，工作压力为86.3kPa，介质为85%的甲酸溶液。对简体做硬度检测发现，内表面硬度异常增大，外表面硬度处于正常范围内。

失效原因分析：针对低压换热器简体材料成分进行 X 射线荧光光谱分析[见图 2-68(a)]，简体材质为钛钯合金，并含有少量铁、铝等杂质元素；对换热器钛钯合金简体表面剥落物进行了 X 射线衍射分析[见图 2-68(b)]，其成分主要为 TiH1.971 和 TiH2，含氢量高达 3.95%，表明换热器钛钯合金发生严重吸氢脆化，低压换热器简体表面大面积脆性剥落系由钛钯合金严重吸氢脆化造成。

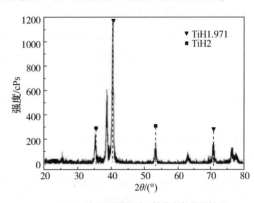

元素	管束成分	脆性剥离物成分
Mg	0.339	—
Al	0.334	0.124
Fe	0.151	0.123
S	0.060	0.044
Pd	—	0.260
Pt	—	0.158
Ti	余量	余量

(a)简体的X射线荧光分析结果　　　　(b)表面剥落物的X射线衍射分析结果

图 2-68　低压换热器简体和表面剥落物的成分分析

2.4　其他损伤

2.4.1　冲蚀

1. 损伤机理

单纯的冲蚀是指固体、液体、蒸汽或其混合物冲击，或者固体、液体、蒸汽或其混合物之间的相对运动造成的表面材料的加速机械脱除。在炼油化工装置加工过程中，任何工艺介质都不可能不存在腐蚀介质成分，冲蚀过程也包含腐蚀过程。因此，冲蚀(冲蚀-腐蚀)是指腐蚀产物因流体冲刷而离开表面，暴露的新鲜金属表面在冲刷和腐蚀的反复作用下发生的损伤。冲刷流体可分为单相流、两相流或多相流。另外，针对特定环境或工况下不同形式的冲蚀，已有的专业术语包括汽蚀、液体冲击腐蚀、流动加速腐蚀、微动磨蚀和其他类似术语。

冲蚀可以在很短的时间内造成局部严重腐蚀，损伤特征是蚀坑、凹槽、犁沟和凹谷状形貌，或者只是在局部区域(如管道弯头的外部半径)中更多地减薄，这些损伤通常具有一定的方向性。在含有微粒的液体管线中，低速(<1.5m/s)可能会使固体翻滚到底部，并在管道的6点位置造成冲蚀。

2. 损伤规律及因素

(1)流体性质：对于纯粹的机械冲蚀，金属材料损失率取决于流体的速度和颗粒浓度，以及流体中颗粒的尺寸、形状、硬度和密度，冲击角度、金属材料的耐蚀性、硬度等都对冲蚀有影响；在某些情况下，存在一个阈值速度，在这个速度以下，腐蚀是最小的，但超过这个速度，腐蚀就变得显著。

(2)介质的腐蚀性：腐蚀性强的工艺介质可使冲蚀的敏感性显著增大，不同腐蚀介质的腐蚀速率或对耐冲刷层的破坏能力不一样，发生失效的时间也差别较大，冲蚀造成的损伤要远高于纯粹的冲刷损伤；另外，腐蚀性强的介质会降低金属表面保护膜的稳定性，金属可能以溶解离子或固体腐蚀产物的形式离开金属表面。

(3)材质特性：提高基体金属的硬度能适当改善材料耐冲刷性能；但是，在腐蚀占主导的环境中，即使提高材料硬度，也未必能明显改善耐冲蚀性能，因此材料的耐腐蚀能力也是重要影响因素。

3. 易发生冲蚀的炼化装置或设备

(1)输送流动的腐蚀性介质的所有设备和管道系统；管道系统中，尤其是弯管、弯头、三通和异径管部位，以及减压阀和截止阀的下游管道；设备系统中，常见的有泵、风机、螺旋桨叶、叶轮、搅拌器、搅拌釜、热交换器管束、测量装置孔口、透平叶片、接管、风道和烟道、刮料器、切刀及防冲板等部位。

（2）催化裂化装置反应-再生系统中催化剂处理设备（阀门、旋分器、管道和反应器）和输送管道因催化剂流动而发生冲蚀损伤；延迟焦化装置的除焦系统，以及炼化装置其他会发生磨损的泵、压缩机及动设备也会发生冲蚀损伤。

（3）加氢反应流出物冷凝冷却系统设备和管道可能发生硫氢化铵溶液的冲蚀，金属损失量取决于硫氢化铵浓度、流速及合金材料的耐腐蚀能力；原油蒸馏装置原油中的环烷酸可对设备和管道产生冲蚀，冲蚀程度取决于流体温度、速度及总酸值。

（4）硫酸烷基化装置硫酸介质的设备和管道系统；高流速也会增加冷却水系统设备和管道的腐蚀速率。

（5）所有存在多相流的系统都有可能产生冲蚀。

4. 监检测方法

（1）壁厚检测：对高流速部位或怀疑部位采用超声检测或射线成像进行壁厚测定。

（2）腐蚀探针或挂片：采用在线腐蚀探针或使用专门的冲蚀挂片进行腐蚀监测。

（3）红外检测：采用红外热成像检测设备服役过程中耐火衬里有无减薄、破损等情况。

5. 主要预防措施

（1）设计优化：以冲刷为主的工况，所有可缓解冲刷的措施均可考虑，如设计形状和几何结构改进，增加管道直径以降低介质流速，采用流线型弯头及增加弯管曲率半径以减少冲击，增加冲蚀部位壁厚，设置易更换的防冲板等。

（2）选材：以腐蚀为主导损伤的工况，仅提高金属的硬度不一定能显著提升耐冲蚀能力，可采用耐蚀合金降低介质对其的腐蚀性，或者改变腐蚀环境，例如除气、注入冷凝剂或添加缓蚀剂；以冲刷为主导损伤的工况，可采用硬度值高的材质，或增设耐磨衬里，或进行表面强化处理等。

（3）针对热交换器，设置防冲板，必要时使用管形护套来减缓冲蚀；针对环烷酸腐蚀的冲蚀环境，可选用钼元素含量高的合金（316L、317L）。

6. 腐蚀控制案例分析

某炼化企业炼油 S Zorb 装置，2016 年 6 月汽油吸附脱硫转剂线管道的弯管部位冲刷腐蚀失效，如图 2-69 所示。弯管的规格为 $\phi60 \times 8mm$，材质为 1.25Cr-0.5Mo-Si（SA335 P11），工艺物料为吸附剂，工作温度为 500℃，工作压力为 0.14MPa。

失效原因分析：管道内的腐蚀性介质应为吸附剂、SO_2、O_2，固体催化剂颗粒在输送中与管道尤其是弯管内壁产生强烈摩擦和撞击，使弯管的磨损率高达直管的 50 倍左右，导致减薄失效。

控制措施：①适当降低提气量；②提高管道壁厚等级；③加强监检测；④采用耐磨管（如内衬陶瓷）；⑤优化设计：减少弯管数量、增大弯管曲率半径、优化吸附剂流向和气剂混合形式等。

图 2-69　汽油吸附脱硫转剂线弯管的冲刷腐蚀失效

2.4.2　汽蚀

1. 损伤机理

汽蚀是指无数微小气泡形成后又瞬间破灭，破裂的气泡会形成高度局部化的冲击力，由此造成金属损失，汽蚀是冲蚀损伤的一种形式。气泡可能来自液体汽化产生的气体、蒸汽、空气或其他液态介质中夹带的气体（见图 2-70）。

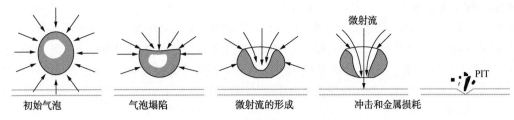

图 2-70 汽蚀损伤机理的示意图

初始气泡　　　气泡塌陷　　　微射流的形成　　　冲击和金属损耗

汽蚀损伤通常看上去像边缘清晰的点蚀，但在旋转部件中也可能形成锐槽，如叶轮和阀门发生汽蚀时，局部表面可能出现斑痕和裂纹，甚至呈海绵状（见图 2-71）。泵或控制阀下游发生汽蚀时，可能听起来像鹅卵石在里面翻滚或咔嗒咔嗒的声音，通常伴随着更高的振动。

(a)碳钢蝶阀的剖视图　　　　　　　　　(b)受损表面的近距离形貌

图 2-71　加氢装置冷低压分离器的减压阀汽蚀

2. 损伤规律及因素

（1）汽蚀余量：汽蚀余量是指泵可提供的液体（在吸入侧测量）实际压力或扬程与该液体的蒸汽压力之差，汽蚀余量不足可导致汽蚀。

（2）温度：在接近液体沸点的温度运行时比较低温度下运行更易发生汽蚀。

（3）固体或磨蚀性颗粒：流体中存在固体或磨蚀性颗粒并不是发生气蚀的必要条件，但如果存在时会加速汽蚀损伤，此时产生的是汽蚀和冲蚀的叠加损伤。

3. 易发生汽蚀的炼化装置或设备

（1）汽蚀损伤最常见的部位包括泵壳、泵叶轮、管口、控制阀下游管道等。

（2）汽蚀也可能发生在局部区域内压力快速变化的限流通道或其他紊流区，如换热器管束、文丘里管、密封和轴承部位以及叶轮等。

4. 监检测方法

（1）理论上，用于冲蚀的监测方法都可以用于汽蚀的监测。

（2）监测流体的性质，对紊流区域进行声发射监控，检测声音特征频率。

（3）针对可疑区域进行测厚检查，设备内部采用超声波检测和射线成像监控壁厚损失。

5. 主要预防措施

（1）控制压力：保持液体绝对压力在饱和蒸汽压力以上。

（2）介质的性质：尽量控制流体的流动路径呈流线型，以减少紊流、降低流速、去除夹带的空气、添加添加剂改变流体性质等。

（3）选材：使用硬质表面层或表面堆焊耐磨合金，使用更硬和/或更耐腐蚀的合金；但应注意固-液界面保护膜的机械破裂会加速侵蚀，过硬的材料无法经受高的局部压力和破裂气泡的冲击作用。

（4）对于改变材料无法明显改善已知环境的汽蚀情况，一般需要进行机械调整，也可以改变设计或操作条件；耐磨合金和陶瓷涂层可以帮助提高某些情况下的抗汽蚀的能力。

6. 腐蚀控制案例分析

某炼化企业循环水系统循环水泵建于地下，共 4 台循环水泵，其中 2 台小型循环水泵 P-C/D 的型号为 ANJOP500-459，常开状态，2 台大型水泵 P-A/B 的规格型号为 ANJDP500-6710，间歇运行。自 2011 年 3 月份投用后未拆检，2015 年 8 月检修时发现大型循环水泵叶轮损坏。过流部件叶轮材质均为 HT-200。发现循环水泵 P-A、P-B 叶轮存在不同程度的损坏，且 P-B 运行时间较长、叶轮损坏更严重，如图 2-72 所示。

(a)循环水泵P-A腐蚀形貌　　　　　　　(b)循环水泵P-B叶轮腐蚀形貌

图 2-72　循环水泵 P-A/B 叶轮腐蚀形貌

失效原因分析：循环水泵位于地下，由于供水装置增多，循环水用量增大，超出循环水泵的额定汽蚀余量。因此循环水泵入口长期处于流速较高的状态，形成真空状态；由于叶轮高速运转使得该处压力很低，为水的汽化提供了条件。当压力降低到水温的汽化压力时，因汽化而形成的大量水蒸气汽泡，随未汽化的水流入叶轮内部高压区，汽泡在高压作用下在极短的时间内破裂，并重新凝结成水，汽泡周围的水迅速向破裂汽泡的中心集中而产生很大的冲击力使叶轮减薄。

控制措施：

（1）提高离心泵本身抗汽蚀性能的措施：选择低 NSPHr 泵型。主要包括：改进泵的吸入口至叶轮附近的结构设计，减小液流急剧加速与降压，减少绕流叶片头部的加速与降压；采用前置诱导轮，使液流在前置诱导轮中提前做功，以提高液流压力；采用双吸叶轮，让液流从叶轮两侧同时进入叶轮。

（2）采用抗汽蚀的材料。实践表明，材料的强度、硬度、韧性越高，化学稳定性越好，抗气蚀的性能越强。

（3）提高进液装置有效气蚀余量的措施，主要包括：增加泵前储液罐中液面的压力，以提高有效气蚀余量；将上吸装置改为倒灌装置，减小吸上装置泵的安装高度；减小泵前管路上的流动损失，如在要求范围尽量缩短管路、减小管路中的流速、减少弯管和阀门、尽量加大阀门开度等。

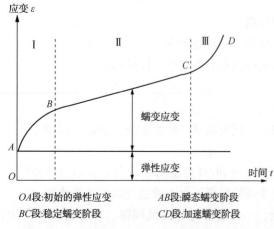

OA段:初始的弹性应变　　　　　AB段:瞬态蠕变阶段
BC段:稳定蠕变阶段　　　　　　CD段:加速蠕变阶段

图 2-73　典型的蠕变曲线

2.4.3　蠕变

1. 损伤机理

蠕变是指高温设备或设备高温部分的金属材料在低于屈服应力的载荷作用下，随服役时间缓慢发生的塑性变形。一般来讲，合金材料在高温环境下长期服役都会发生蠕变，蠕变变形会导致金属构件实际承载截面收缩，应力升高，并最终导致不同形式的断裂。典型的高温蠕变曲线如图 2-73 所示，蠕变过程可分为三个阶段：第一阶段称为瞬时蠕变，这一阶段金属内部会进行调整；第二阶段蠕变是一种材料加工硬化与机理恢复间的平衡状态，也称稳态蠕变；第三阶段延伸率不断增长，直至断裂。第一阶段蠕变无明确的终点，第三阶段蠕变区域无明确的起点。

蠕变一般可分为以下两类：①沿晶蠕变——常用高温金属材料（如耐热钢、高温合金等）蠕变的主要形式，在高温、低应力长时间作用下，晶界滑移和晶界扩散比较充分，孔洞、裂纹沿晶界形成和发展；②穿晶蠕变——高应力条件下，孔洞在晶粒中夹杂物处形成，随蠕变损伤的持续而长大、汇合。

蠕变损伤的初始阶段一般无明显特征，但可通过扫描电子显微镜观察来识别，蠕变孔洞多在晶界处出现，在中后期形成微裂纹，然后形成宏观裂纹。发生蠕变断裂后，塑性较好的材料在发生应力断裂前可观察到明显的蠕变变形，而塑性较差的材料在发生应力断裂前无明显的蠕变变形，运行温度远高于蠕变温度阈值时，通常可观察到明显的鼓胀、伸长等变形，其变形程度主要取决于材质、温度与应力水平的三者组合。蠕变容易发生在承压设备中温度高、应力集中的部位，尤其在三通、接管、缺陷和焊接接头等结构不连续处。

2. 损伤规律及因素

蠕变损伤速率（或应变速率）的主要影响因素包括材料、应力和温度。

（1）材料：金属材料在高于蠕变阈值温度范围之上运行都可能发生蠕变损伤，不同材料发生蠕变损伤的阈值温度见表2-6。

表2-6　金属材料蠕变的阈值温度

材　料	阈值温度	材　料	阈值温度
碳钢（UTS<414MPa）	650℉（345℃）	9Cr-1Mo-V	850℉（455℃）
碳钢（UTS>414MPa）	700℉（370℃）	12Cr	900℉（480℃）
C-0.5Mo	750℉（400℃）	304和304H SS	950℉（510℃）
1.25Cr-0.5Mo	800℉（425℃）	316和316H SS	1000℉（540℃）
2.25Cr-1Mo	800℉（425℃）	321和321H SS	1000℉（540℃）
2.25Cr-1Mo-V	825℉（440℃）	347和347H SS	1000℉（540℃）
3Cr-1Mo-V	825℉（440℃）	合金800	1050℉（565℃）
5Cr-0.5Mo	800℉（425℃）	合金800H	1050℉（565℃）
7Cr-0.5Mo	800℉（425℃）	合金800HT	1050℉（565℃）
9Cr-1Mo	800℉（425℃）	HK-40	120℉（650℃）

（2）温度：金属材料在其蠕变阈值温度下，一般不发生蠕变变形；高于阈值温度时，就可能发生蠕变损伤或蠕变破裂。在阈值温度下服役的设备，即使裂纹尖端附近的应力较高，金属部件的寿命也几乎不受影响。

（3）应力：应力水平越高，蠕变损伤速率越大，应力断裂的时间越短；蠕变损伤速率对应力和温度都比较敏感，如金属服役温度在阈值温度以上升高15℃，或应力升高15%，可使金属材料的剩余寿命缩短一半以上。

（4）蠕变韧性：蠕变韧性低的材料发生蠕变时变形较小或没有明显变形；通常高抗拉强度的材料、焊接接头部位、粗晶材料的蠕变韧性较低，更可能发生应力断裂。

（5）其他：由于腐蚀减薄引起的应力增加会缩短耐破坏时间；带少量或者没有明显变形的蠕变损伤经常被误认为是蠕变脆化，但是通常也表明材料的蠕变延性低。

3. 易发生蠕变的炼化装置或设备

（1）在金属蠕变的阈值温度以上运行的承压设备和管道系统，都可能发生蠕变损伤，如催化裂化装置热壁反应器、分馏塔和再生器内构件，催化重整装置的反应器和加热炉炉管，加氢装置的加热炉炉管，延迟焦化装置的焦化炉炉管和焦炭塔，乙烯裂解装置的裂解炉炉管，高温烟气管道等。

（2）操作温度高于蠕变温度的其他设备，如加热炉的炉管、管座、管吊架，锅炉主蒸汽管道、炉内构件都比较敏感。

（3）低蠕变延性破坏发生在高应力区，如高温喷嘴的焊接热影响区和反应器焊缝的高应力区。

（4）异种钢焊接接头，其焊接接头会因为热膨胀应力的差别在高温下发生蠕变开裂。

4. 监检测方法

任何一种检测技术都不能有效地发现带有相关的微孔构成、裂隙和尺寸改变的蠕变损伤。宜组合使用多种技术，结合破坏性取样和金相检测确认损伤。

（1）采用红外热成像检测运行设备如加热炉炉管是否过热，停车时对设备和管道可能存在过热的部位和应力状态复杂的部位进行目视检测和厚度测量；如发现明显变形时可进行表面磁粉检测或渗透检测确认是否开裂，必要时通过金相检查判别其损伤程度，甚至可破坏性取样，测试材料的高温力学性能。

（2）针对铬钼合金的承压设备，宜关注在其蠕变阈值温度以上运行的焊接接头，首先对焊接接头进行目视检测，确认是否有鼓胀、鼓包、开裂、下垂或弧状弯曲，然后每隔一定周期（如2~4年）进行表面磁粉检测或渗透检测，运行周期较长（≥8年）的设备补加超声波横波检测，制造时存在缺陷或进行过返修的部位应作为检测重点区域。

（3）目视检测和变形测量：目测检测整体承压设备是否有鼓胀、鼓包、开裂、下垂和弧状弯曲，对大直径（直径≥3.5m）设备采用激光测距仪器检查是否有直径增大情况，对非大直径设备（直径<3.5m）用激光测距仪器、蠕变测量尺、量规检查是否有直径增大情况，或在表面设置标记点并测量标记间距有无增大。

5. 主要预防措施

（1）材料选择：选用蠕变韧性余量大的材料，或添加合适的合金成分，并进行合适的焊后热处理提高材料蠕变韧性。

（2）优化设计：设计时充分考虑各种不利因素，选择合理的截面形式和开孔补强，避免应力集中，降低局部高应力，并使过热点和局部过热情况减到最小。

（3）工艺操作优化：改进工艺运行参数或物料组分比，降低工艺运行温度至蠕变阈值以下，或减少设备局部过热情况，并减少设备和管道的结垢或沉积，对结垢和沉积物及时进行清除。

（4）修复或更换：蠕变损伤不可逆，一旦检测到损伤或开裂，应进行寿命评价，发现严重损伤或裂纹时应修复或更换，采用焊接方法的宜选择较高的焊后热处理温度。

6. 腐蚀控制案例分析

某石化企业制氢装置转化炉投入运行8年后，转化炉的一根炉管出口锥形管（小头侧）与下尾管连接的焊缝处发生了断裂，如图2-74（a）、（b）所示。炉管材质为ZG40Cr25Ni35Nb，规格为$\phi127\times12mm$，炉管内介质为转化气（$H_2+CO+CO_2+CH_4+H_2O$），温度为780℃，压力为2.5MPa。

失效原因分析：通过对失效样品进行宏观检查、化学成分分析、金相组织检验、电镜及能谱分析，发现高温蠕变和高温氧化是造成锥形管与下尾管焊缝断裂的重要原因，如图2-74（c）、（d）所示。在高温下长期运行，炉管出口处的锥形管与下尾管的焊接区域成为相对薄弱处，该部位结构复杂、应力集中程度高，在高温氧化、高温蠕变的作用下发生失效。锥形管小头管壁断裂失效过程为：晶界、晶内析出碳化物—晶界氧化、蠕变—晶界开裂—管壁断裂。

2.4.4 热疲劳（含热应力棘轮）

1. 损伤机理

热疲劳是由温度变化产生的循环应力作用引发的一种损伤模式。因温度变化导致设备/管道截面上（尤其是厚壁）存在温度梯度，在温度梯度最大处可能造成应力集中，进而发生局部开裂，且裂纹受温度变化引起的周期应力作用不断扩展。如在高温区间内服役的金属材料，其内部组织结构发生劣化降

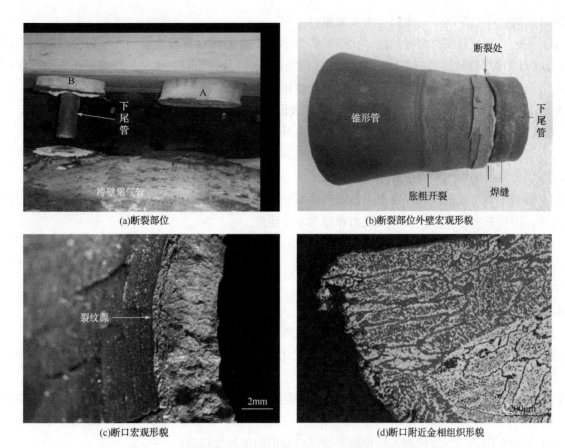

图 2-74 某制氢转化炉锥形管与下尾管连接焊缝部位损伤情况

(a)断裂部位

(b)断裂部位外壁宏观形貌

(c)断口宏观形貌

(d)断口附近金相组织形貌

低了材料抗疲劳能力，并促使材料表面和裂纹尖端氧化，甚至局部熔化，加速热疲劳破坏速率。

热疲劳裂纹通常最先出现在受热表面热应变最大的区域，一般有若干个疲劳裂纹源，裂纹垂直于应力方向从表面向壁厚深度方向发展，裂纹可能为轴向或环形，或者在同一位置两者兼有；受热表面产生特有的龟裂裂纹，以单个或多个裂纹形式出现。裂纹通常既短且宽，呈匕首形，分支少，以穿晶型为主，裂隙多充满高温氧化物。

热应力棘轮效应是热疲劳的一种特殊形式，在热应力作用下，承压设备材料或结构可能会产生逐次递增的非弹性变形，经过一定循环周次后，棘轮变形不断累积，可能导致设备部分和构件发生永久变形而无法继续使用，或者是引起金属材料发生延性破坏，表现为一种整体失效。

当发生热应力棘轮效应时，先在局部出现塑性变形，变形不断累积并逐渐增大。对于大多数金属材料，热应力棘轮效应的损伤形态表现为下述 3 个阶段：棘轮变形的缓速阶段、棘轮变形的稳定发展阶段和棘轮变形加速阶段；但有些金属材料的棘轮变形可能只经历前两个阶段，个别金属材料甚至会发生塑性安定现象，即在一定的循环周次之后不再继续发生棘轮变形的累积。

2. 损伤规律及因素

热疲劳的关键因素是温度变化幅度和频率(循环次数)，材料的热力学性质、力学性能，以及设备的结构也有一定的影响。

(1)循环温差：金属材料表面温度的快速改变，会在部件厚度上或沿着部件长度方向产生温度梯度，加快热疲劳，一般温度变化范围为 110~165℃时，裂纹就有可能发生；同时，服役环境温度越高，金属或合金的应变棘轮变形抗力越低。

(2)循环次数：热疲劳失效时间随着循环次数的增加而缩短；设备的开车和停车会增加热疲劳损伤的可能性。

(3)应力及幅度：零件表面缺口、角焊缝等截面变化处的应力集中都可能成为裂纹萌生部位，热疲劳失效时间随应力升高、应力幅值增大而缩短。

（4）其他：热疲劳与材料导热性、比热等热力学性质有关，且与弹性模量、屈服极限等力学性能有关；缺口（如焊脚）和锐角（如接管与容器壳体的连接处）以及其他应力集中部件都可能成为裂纹萌生部位；适当的热处理工艺，可提高材料的构件抗棘轮变形的能力。

3. 易发生热疲劳（含热棘轮效应）的炼化装置或设备

（1）冷、热流体的混合部位，如冷凝水和蒸汽系统接触的部位、减温器或调温设备等。

（2）承受温度循环的设备容易产生热疲劳和热棘轮效应，如焦化装置的焦炭塔壳体、焦炭塔入口管道以及压力容器的焊接喷嘴、减压阀等。

（3）锅炉中最常见的位置是在过热器及再热器相邻换热管之间的刚性连接件；用于相对运行的滑动隔离块，因被灰垢等填塞失去滑动能力而成为刚性连接。

（4）如果在高温过热器或再热器中水冷壁管没有足够柔韧性，则管子可能在联箱连接处开裂；用含冷凝水的蒸汽驱动吹灰器可能会造成热疲劳损伤，液态水对管子的快速冷却会加快热疲劳损伤，如使用水枪或水炮对水冷壁进行强制冷却。

4. 监检测方法

（1）目视检测：观察部件结构是否发生明显变形。

（2）尺寸测量：检查构件尺寸是否发生持续变化；对于热棘轮效应，可采用激光全站仪、激光自动扫描三维成像等技术进行变形量测定。

（3）针对裂纹通常采用表面磁粉检测或渗透检测；对无法进行表面检测的，可进行外侧超声横波检测。

（4）采用专用的超声波检测方法检测厚壁反应器的内部连接焊缝。

（5）温度监测可以通过安装热电偶来实现，在实际情况下，通常在有厚截面的部件上或在其他情况下容易发生热疲劳开裂的部件上进行。

5. 主要预防措施

（1）优化设计：减少应力集中点和热循环次数、焊缝打磨平滑过渡、设备开车和停车时控制加热和冷却速度、减少不同材料连接部件之间的不均匀热膨胀、增加不均匀热膨胀区域结构柔性；对于可能产生棘轮效应的设备，尽量减少反向塑性变形产生，并最大限度地避免应力集中。

（2）选材：对于可能产生棘轮效应的设备，确定材料的棘轮边界，对特定构件选材时，判定材料在构件服役工况下是否满足棘轮边界要求，选择处于弹性、弹性安定或塑性安定范围内的材料。

（3）结构优化：蒸汽发生设备中避免使用刚性连接件，并保持滑动隔离块的滑动能力；增设吹灰器吹灰循环启动阶段的冷凝水排水管路；温差较大的冷热流体接触部位增设衬里或套管。

6. 腐蚀控制案例分析

某炼化企业延迟焦化装置停工检查时发现两台焦炭塔都出现了鼓胀变形、内壁衬板裂纹、塔体轻微倾斜等问题，如图2-75所示。焦炭塔主体材质为20G（旧牌号，相当于现在的牌号Q245R），内衬0Cr13复合板，工作温度<475℃，工作压力<0.30MPa，介质为油气、焦炭、渣油、水蒸气等。焦炭塔上半段变形不明显，下半部筒节严重鼓胀变形，半径方向最大鼓胀量为83cm。鼓胀变形严重的内部衬板在约300mm宽范围内出现肉眼可见的大量环向表面裂纹，检测发现裂纹深度约为3mm。

失效原因分析：焦炭塔的内部鼓胀变形主要是热应力棘轮效应，即由于焦炭塔的塔壁各位置在运行时存在温差，导致变形不一致进而在塔壁上产生热应力，且焦炭塔长期处于冷热循环，当结构应力超过材料在该温度下的屈服强度时，会引起塔壁的局部塑性变形并在循环工况下不断增大。同时，该焦炭塔材质为碳钢，碳钢长期在475℃左右运行时存在石墨化、蠕变等劣化问题，导致材料强度变低，加剧了鼓胀变形甚至开裂。内壁板材表面裂纹为热疲劳裂纹，即裂纹附近位置的板材在焦炭塔运行时经历循环热-机械载荷作用下产生的热疲劳开裂。

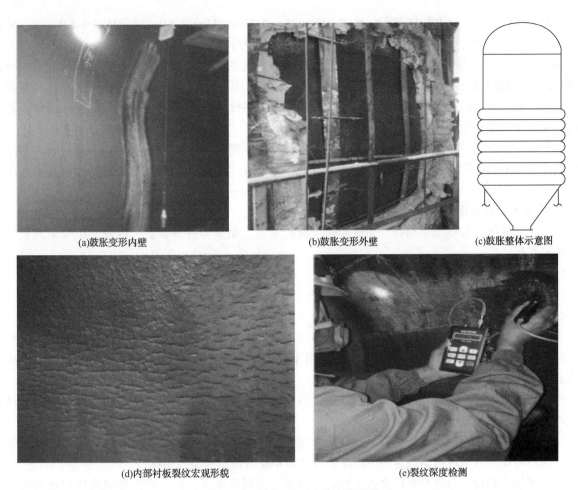

(a)鼓胀变形内壁　　　　　　　　　(b)鼓胀变形外壁　　　　　　(c)鼓胀整体示意图

(d)内部衬板裂纹宏观形貌　　　　　　　　　(e)裂纹深度检测

图 2-75　焦炭塔及内壁板材的损伤情况

2.4.5　高温氢损伤

1. 损伤机理

碳钢和低合金钢在高温临氢环境中，氢进入钢材中并与钢中的碳化物反应生成甲烷，甲烷进入晶界或夹杂界面的缝隙形成气泡，随气泡压力的增大，靠近钢材表面的气泡会发生形变而鼓凸成为甲烷鼓泡，相邻晶界内气泡会长大并连接形成裂纹，损伤部位的钢材同时出现脱碳。

高温氢损伤有两种形式：表面脱碳；内部脱碳和微裂纹。高温低氢分压条件易导致部件表面发生脱碳，但不会造成内部脱碳和开裂；较低温度（但温度高于 204℃）高氢分压条件容易造成部件的内部脱碳和裂纹，并最终造成开裂；高温高氢分压条件下，同时存在两种机理的可能性。

碳钢和低合金钢发生高温氢损伤时，分子氢或甲烷在钢材中的夹层处聚集，形成的鼓包有些通过目视检查就能发现；如果发生微孔隙或开裂，其裂纹呈沿晶扩展，并靠近珠光体组织，但需要借助金相检查才能发现。催化重整反应器 C-0.5Mo 材质发生高温氢损伤后的金相分析如图 2-76 所示。

2. 损伤规律及因素

（1）温度：温度越高，高温氢损伤越严重。

（2）氢分压：氢分压越高，高温氢损伤越严重。

（3）材质：相同级别钢材，钢中碳含量越高，高温氢损伤越严重；不同等级材料按耐高温氢损伤能力递增

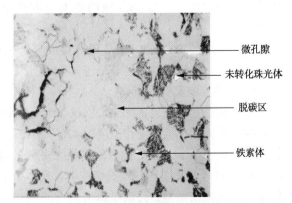

微孔隙

未转化珠光体

脱碳区

铁素体

图 2-76　高温氢环境中 C-0.5Mo 钢
发生高温氢损伤

依次为无 PWHT 碳钢、有 PWHT 碳钢、C-0.5Mo、Mn-0.5Mo、1Cr-0.5Mo、1.25Cr-0.5Mo、2.25Cr-1Mo、2.25Cr-1Mo-V、3Cr-1Mo、5Cr-0.5Mo 及具有不同化学成分的类似钢。

（4）时间：从损伤开始发生到用合适的检测技术能发现的这段时间为孕育期，孕育期的长短取决于多种因素，包括钢材类型、冷加工程度、热处理状态、杂质元素含量、氢分压、温度等；孕育期可能是极端苛刻工况下的几个小时或若干年。在孕育期后，在材料暴露于破坏温度和 H_2 分压条件下的时间内，无论暴露是连续的还是周期性的，损伤量继续增加。

（5）Nelson 曲线（第八版）给出了常见钢材不发生高温氢损伤的温度/氢分压最高容限，选材时应参考该曲线。300 系列不锈钢以及 5Cr、9Cr 和 12Cr 的合金钢，在炼油装置常见工况中很少发生高温氢损伤。

3. 易发生高温氢损伤的炼化装置或设备

（1）临氢装置，包括加氢精制、加氢裂化、催化重整、制氢等各种装置，以及变压吸附式制氢装置及脱氧装置。

（2）煤化工装置，如合成氨装置、甲醇装置、甲醇制烯烃（MTO）装置。

（3）超高压蒸汽发生装置的锅炉管。

4. 监检测方法

在高温临氢工况下服役，碳钢和低合金钢的焊缝区、热影响区及母材上都可能发生损伤，因此敏感材料的高温氢损伤监测极其困难，尤其是采用不锈钢堆焊和内衬的设备，应重点检查衬里剥离的区域。

（1）目视检测可检查发现内表面是否鼓包，若鼓包表明可能发生了高温氢损伤，但没有出现鼓包不代表没有发生高温氢损伤。

（2）扫描电镜可检测出试样中高温氢腐蚀早期的鼓泡或孔洞，但很难区分高温氢腐蚀孔洞和蠕变孔洞，只有对损伤区域进行高级金相分析才能辨认出早期阶段的高温氢腐蚀。

（3）现场金相检验只能检测出靠近表面的微裂纹、开裂和脱碳，但多数设备制造期的热处理可能早已使设备表面形成了脱碳层。

（4）声速比值和背散射相结合的超声检测方法，能容易地发现严重的开裂。

（5）损伤末期阶段，在显微镜下观察试样，可看到脱碳和/或裂纹，有时现场金相分析也能观察到。

（6）湿荧光磁粉检测和射线成像检测等其他常规检测方法，在损伤末期已经形成开裂时还有一些检测效果，对于其他阶段的高温氢腐蚀则无效。

5. 主要预防措施

（1）元素成分：添加铬、钼元素可以提高碳化物的稳定性，减少甲烷的产生，明显改善钢的耐氢损伤能力，其他能形成稳定碳化物的合金元素（如钒、钛等），添加后都能提高钢的耐氢损伤能力。

（2）选材：设计时应参照 Nelson 曲线（第八版）并在其基础上增加 15~30℃、0.35MPa 的安全裕度选择合适的材料；C-0.5Mo 钢的高温氢损伤会出现在焊缝热影响区以及远离焊缝的母材上，不宜使用。

（3）覆层：300 系列不锈钢堆焊层或复合板可用于临氢环境下耐高温硫腐蚀能力不足的基材，堆焊层或复合板能降低基材的氢分压。

6. 腐蚀控制案例分析

某炼化企业加氢装置加热炉服役 20 年，部分炉管进行更换。炉管材质为 SA-106 Grade B（碳钢），炉管内介质为循环氢，操作温度为 420~430℃。针对更换后炉管进行了硬度和金相检验分析，发现炉管材料在整个厚度上完全石墨化，绝大多数的珠光体组织消失，如图 2-77 所示。炉管 HBW 硬度为 82~101，进一步表明材料微观结构中珠光体组织消失使材料软化，造成硬度降低。结合工艺介质和操作条件，该损伤类型为高温氢损伤。

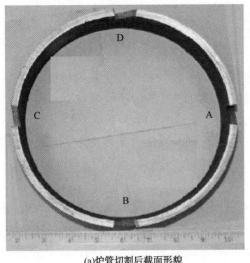
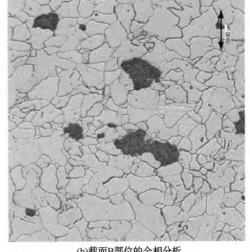

(a)炉管切割后截面形貌   (b)截面B部位的金相分析

图 2-77 加氢装置加热炉炉管高温氢损伤情况

2.4.6 腐蚀疲劳

1. 损伤机理

腐蚀疲劳是材料在循环载荷和腐蚀介质共同作用下发生的一种疲劳开裂,在循环应力作用下的应力腐蚀以及在腐蚀环境中的疲劳都属于腐蚀疲劳。与无腐蚀环境下的疲劳应力循环失效次数相比,腐蚀环境下的疲劳应力循环失效次数显著减少。

腐蚀疲劳的断口呈现脆断特征,裂纹多为穿晶,与应力腐蚀开裂的形态相近,裂纹通常从应力集中区开始,开裂可以从多个部位引发,但腐蚀疲劳裂纹无分叉,常形成多条平行裂纹。

2. 损伤规律及因素

腐蚀疲劳的主要影响因素包括材料、腐蚀环境、循环应力和应力集中区。

(1)材料:应综合考虑材料的耐疲劳性能和耐腐蚀性能。

(2)环境:任何能促进点蚀或局部腐蚀,以及任何能促进氢进入环境的因素,均能促进腐蚀疲劳。

(3)循环应力:随着热应力、振动或不均匀膨胀引起的循环应力增大,腐蚀疲劳的敏感性增高。

(4)应力集中:在点蚀坑、缺口、表面缺陷、截面突变或角焊缝等应力集中部位易萌生裂纹。

(5)与纯粹的机械疲劳不同,腐蚀疲劳不存在疲劳极限。与无腐蚀时材料的正常疲劳极限相比,腐蚀会在较小应力和较少循环周次时加速疲劳失效,并常引起多条平行裂纹同时扩展。

(6)存在交变应力敏感频率范围。低于该频率范围,损伤接近于应力腐蚀开裂;高于该频率范围,接近于纯机械疲劳损伤。

3. 易发生腐蚀疲劳的炼化装置或设备

(1)动设备:叶轮和泵轴之间的电偶或其他腐蚀机理可能会使泵轴产生点蚀,点蚀部位会产生应力集中或应力梯度,可能引发开裂。

(2)炼油、石油化工行业中的汽提塔,在正常工作环境中使用且受焊接残余应力、加工应力及应力集中(附件和焊缝余高)影响的部位都可能发生腐蚀疲劳。

(3)循环锅炉:运行过程中可能会经历数百次冷启动,由于膨胀不均匀导致表面保护性氧化铁锈皮不断开裂剥离,促进腐蚀扩展。

4. 监检测方法

(1)动设备:采用超声检测、磁粉检测裂纹。

(2)脱气塔:内壁采用湿荧光磁粉检测裂纹,但非常致密的裂纹难以检测到。

（3）循环锅炉：损伤的早期迹象通常为支承连接件处水冷壁管冷侧上的针孔泄漏，用超声检测或电磁超声技术来检查锅炉内的高应力区；对可能会发生开裂的薄壳高应力区重点检测，尤其是支撑件部位的拐角处。

5. 主要预防措施

（1）动设备：使用涂层和/或缓蚀剂，尽量减少电偶效应，使用耐蚀性更强的材料。

（2）脱气塔：控制给水和冷凝水化学成分，通过焊后热处理降低焊接残余应力和加工应力，将焊缝轮廓打磨光滑。

（3）循环锅炉：缓慢启动尽量减小膨胀应变力，监测锅炉水的化学成分，并始终只在锅炉水化学成分已得到合理控制后再启动锅炉。

6. 腐蚀控制案例分析

某炼化企业加氢裂化装置反应产物/低分油换热器服役 13 年后发现内漏失效，打开换热器检查发现 2 根外侧管束 U 形部位发生断裂，其他部位基本完好。该换热器壳层材质为 Q345R，管束材质为 321，管箱的材质为 15CrMo+堆焊（309L+347），管程介质为加氢裂化反应产物，壳层介质为低分油，管程进口和出口温度分别为 244℃和 227℃，壳程进口和出口温度分别为 133℃和 210℃。

失效原因分析：通过管束断口宏观检查、材料化学成分分析、扫描电镜及能谱分析、金相检验分析，结合工艺介质和操作条件，可知该换热器换热管束由于受到壳程流体垂直方向上的冲击载荷，管束易振动，需承受一定的交变载荷，加之管内介质存在一定量含氯化物的腐蚀物，导致管内壁产生点蚀，进而在循环应力作用下产生腐蚀疲劳，最终导致疲劳断裂，如图 2-78 所示。

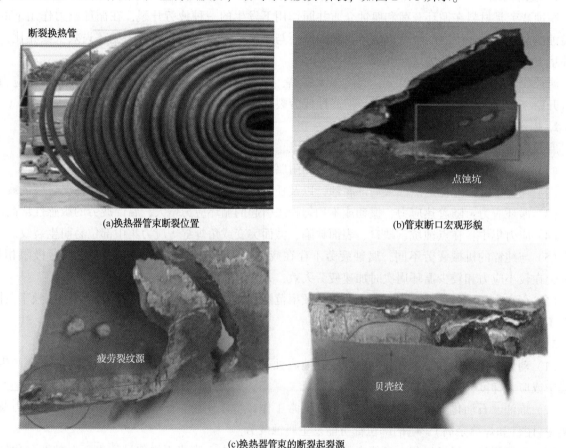

(a)换热器管束断裂位置　　(b)管束断口宏观形貌

(c)换热器管束的断裂起裂源

图 2-78　加氢裂化装置高压换热器管束腐蚀疲劳失效情况

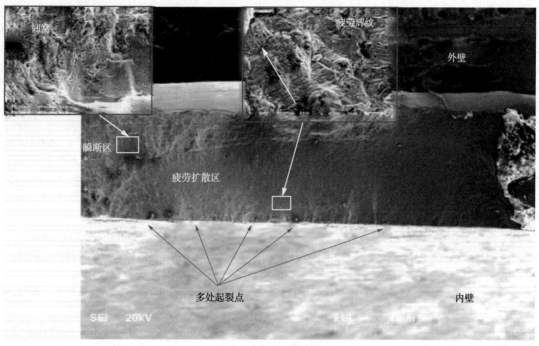

(d)管束断口的表面形貌及分析

图2-78　加氢裂化装置高压换热器管束腐蚀疲劳失效情况(续)

参 考 文 献

[1] 段永锋，于凤昌. 原油蒸馏装置塔顶系统腐蚀及缓蚀技术研究进展[J]. 全面腐蚀控制，2014，28(3)：15-19.

[2] Mishal S. A.；Faisal M. A.；Olavo C. D. Damage mechanism and corrosion control in crude unit overhead line[J]. Hydrocarbon Asia，2003，Mar./Apr.：44-49.

[3] 段永锋，于凤昌，崔中强，等. 蒸馏装置塔顶系统露点腐蚀与控制[J]. 石油化工腐蚀与防护，2014，31(5)：29-33.

[4] 李志平. 原油蒸馏装置的腐蚀与应对措施[J]. 安全、健康和环境，2007，7(9)：15-17.

[5] NACE International Task Group 342. Crude distillation unit—Distillation tower overhead system corrosion[M]. Houston，Texas：NACE International Publication，2009.

[6] API RP 571—2020. Damage Mechanisms Affecting Fixed Equipment in the Refining Industry[M]. Washington，DC：American Petroleum Institute，2020.

[7] GB/T 30579—2014. 承压设备损伤模式识别[S]. 中国国家标准化管理委员会，全国锅炉压力容器标准化委员会(SAC/TC 262).

[8] API RP 581—2019. Risk-Based Inspection Methodology[S]. Washington，DC：American Petroleum Institute，2019.

[9] 郭庆举，巩增利. 常减压塔顶腐蚀与中和剂的选择[J]. 石油化工腐蚀与防护，2013，30(4)：30-32.

[10] 陈洋. 常减压塔顶系统腐蚀与控制技术现状[J]. 全面腐蚀控制，2011，25(8)：10-13.

[11] Gutzeit J. Effect of organic chloride contamination of crude oil on refinery corrosion[A]. Proc. NACE Corros. 2000，(paper No. 00694).

[12] 段永锋，彭松梓，于凤昌，等. 石脑油中有机氯的危害与脱除进展[J]. 石油化工腐蚀与防护，2011，28(2)：1-3.

[13] 李自力，程远鹏，毕海胜，等. 油气田 CO_2/H_2S 共存腐蚀与缓蚀技术研究进展[J]. 化工学报，2014，65(2)：406-414.

[14] API 932-B—2019. Design，Materials，Fabrication，Operation，and Inspection Guidelines for Corrosion Control in Hydroprocessing Reactor Effluent Air Cooler (REAC) Systems[S]. Washington，DC：American Petroleum Institute，2019.

[15] M. S. Cayard，W. G. Giesbrecht，R. J. Horvath，R. D. Kane，and V. V. Lagad. "Prediction of Ammonium Bisulfide Corrosion and Validation with Refinery Plant Experience"[J]. NACE International，Corrosion 2006，Paper No. 06577.

[16] R. J. Horvath，M. S. Cayard，and R. D. Kane，"Prediction and Assessment of Ammonium Bisulfide Corrosion Under Refinery Sour Water Service Conditions，"[J] NACE International，Corrosion 2006，Paper No. 06576.

[17] C. Scherrer, M. Durrieu, and G. Jarno, "Distillate and Resid Hydroprocessing: Coping with High Concentrations of Ammonium Bisulfide in the Process Water,"[J]. Materials Performance, Volume 19 (11), November 1980: 25 - 31.

[18] NACE-2013-2535. Prediction and Assessment of Corrosion in Sulfuric Acid Alkylation Units[S].

[19] 姜万军, 潘晓斐, 杨冬伟. 硫酸烷基化装置的管道材料设计[J]. 石油化工腐蚀与防护, 2017, 34(3): 33-36.

[20] 曲豫. 硫酸烷基化装置腐蚀原因分析及预防措施[J]. 石油化工腐蚀与防护, 2015, 32(4): 40-42.

[21] 张兴. 烷基化装置浓硫酸管道腐蚀分析及处理[J]. 石油石化物资采购, 2020(29): 69-69.

[22] 顾望平. 炼油厂氯化铵腐蚀探讨[S]. 2011年压力容器使用管理学术会议论文集.

[23] NACE Paper No. 10359. Prediction, Monitoring, and Control of Ammonium Chloride Corrosion in Refining Processes [J]. NACE International. Corrosion, 2010.

[24] 李彦, 武彬, 徐旭常. SO₂、SO₃和H₂O对烟气露点温度影响的研究[J]. 环境科学学报, 1997, 17(1): 126-130.

[25] 张玉杰. 烟气露点与露点腐蚀防护[J]. 硫酸工业, 2020(10): 7-12.

[26] 胡洋, 李文戈, 谷其发. 炼油厂设备腐蚀与防护图解[M]. 北京: 中国石化出版社, 2015.

[27] 董绍平. 循环水不锈钢换热器抗氯离子应力腐蚀研究[J]. 石油化工腐蚀与防护, 2012, 29(1): 36-40.

[28] 伯士成, 屈定荣, 刘艳, 等. 碳钢在石化循环水中流动腐蚀试验研究[J]. 石油化工腐蚀与防护, 2019, 36(1): 6-7, 13.

[29] 王宁, 孙亮, 侯艳宏, 等. 炼油装置典型冷换设备腐蚀统计与成因分析[J]. 石油化工设备技术, 2020, 41(4): 37-42.

[30] 李晓炜, 樊志帅, 段永锋. 石化装置绝热层下腐蚀检测技术进展[J]. 石油化工腐蚀与防护, 37(6): 1-5.

[31] NACE SP0198—2017. Control of Corrosion under Thermal Insulation and Fireproofing Materials – A Systems Approach [S]. NACE International, Houston, TX, 2017.

[32] API RP 583—2014. Corrosion Under Insulation and Fireproofing[S]. Washington, DC: American Petroleum Institute, 2014.

[33] 段永锋, 于凤昌, 崔新安. 小分子有机酸对原油蒸馏装置的影响[J]. 石油化工腐蚀与防护, 2013, 30(6): 45-48.

[34] M. W. Joosten, J. Kolts, J. W. Hembree. Organic acid corrosion in oil and gas production[C]. NACE Corrosion, 200, Houston, 2002: 02294.

[35] A. Groysman, N. Brodsky, J. Pene, et al. Low Temperature Naphthenic acid corrosion Study[C]. NACE Corrosion 2007, Houston, 2007: 07569.

[36] 段永锋, 张杰, 宗瑞磊, 等. 天然气净化过程中热稳定盐的成因及腐蚀行为研究进展[J]. 石油化工腐蚀与防护, 2018, 35(1): 1-7.

[37] Rooney P. C.; Bacon T. R.; Dupart M. S. Effect of heat stable salts on MDEA solution corrosivity—part 2[J]. Hydrocarbon Processing, 1997, 24(4): 7-11.

[38] API RP 945—2003. Avoiding Evironmental Cracking in Amine Units[S]. Washington, DC: American Petroleum Institute, 2008.

[39] 中国石化《炼油工艺防腐蚀管理规定》实施细则(第二版).

[40] 于凤昌, 段永锋. 原油高温腐蚀评价及预测技术的研究进展[J]. 材料保护, 2013, 46(6): 55-60.

[41] 白锐, 杨文, 韩剑敏, 等. 原油高温腐蚀性能研究[J]. 全面腐蚀控制, 2012, 26(6): 7-11.

[42] American Petroleum Institute. Guidelines for ARvoiding Sulfidation (Sulfidic) Corrosion Failures in Oil Refineries: API RP 939-C 2nd Edition, 2019[S /OL].

[43] 喻灿, 韩立恒, 胥晓东. 加氢装置高温液相管线选材探讨[J]. 石油化工腐蚀与防护, 2020, 37(1): 37-41.

[44] 段永锋, 崔新安. 高温环烷酸腐蚀研究的新进展[J]. 全面腐蚀控制, 2015, 29(10): 61-66.

[45] 屈定荣. 炼厂的环烷酸腐蚀问题及最新研究动态[J]. 表面技术, 2016, 45(7): 115-121.

[46] 诸武扬, 乔利杰, 高克玮, 等. 断裂与环境断裂[M]. 北京: 科学出版社, 2000.

[47] 吕宏. 阳极溶解性应力腐蚀机理研究[博士论文]. 北京: 北京科技大学, 1998.

[48] Parkins R. N.; Staehle R. W. Stress corrosion cracking and hydrogen embrittlement of iron base alloy[A]. NACE Corrosion 1997[C], Paper 97601, NACE International, Houston, TX, 1997.

[49] 杨宏泉, 段永锋. 奥氏体不锈钢的氯化物应力腐蚀开裂研究进展[J]. 全面腐蚀控制, 2017, 31(1)13-19.

[50] API RP 938C. Use of Duplex Stainless Steels in the Oil Refining Industry [S]. American Petroleum Institute, 2015.

[51] Truman J. E. The Influence of Chloride Content pH and Temperature of Test Solutions on the Occurrence of SCC with Austenitic Stainless Steels[J]. Corrosion Science, 1976, 17(11): 737.

[52] 王保峰, 卢建树, 张九渊, 等. 不锈钢及镍基合金在高温水中的腐蚀研究[J]. 腐蚀与防护, 2001, 22(5): 187-190.

[53] Huang Y. L.；Cao C. N. Inhibition Effect s of I⁻ and I₂ on SCC of Stainless Steel in Acidic Chloride Solutions[J]. Corrosion, 1993, 49(6)：644.

[54] Logan H. J.；Sheman R. J. Studies of SCC of Austenitic Stainless Steel[J]. Welding J., 1958, 37(8)：462.

[55] NACE SP 0296—2010. Detection, Repair, and Mitigation of Cracking in Refinery Equipment in Wet H2S Environment. NACE International, Houston, TX, 2010.

[56] SH/T 3193—2017. 石油化工湿硫化氢环境设备设计导则[S]. 中国，北京：中华人民共和国工业和信息化部，2017.

[57] Protection of Austenitic Stainless Steels and Other Austenitic Alloys from Polythionic Acid Stress Corrosion Cracking During a Shutdown of Refinery Equipment：NACE SP0170—2012[S]，2012.

[58] 宋延达，王雪峰，张小建，等. 炼油装置连多硫酸应力腐蚀开裂及防护研究进展[J]. 石油化工腐蚀与防护，2019, 36(6)：8-12.

[59] 殷昌创. 炼油装置高压热交换器Ω环密封失效分析[J]. 石油化工设备，2015(5)：83-86.

[60] NACE International Task Group 177. NACE SP 0403—2008 Avoiding Caustic Stress Corrosion Cracking of Carbon Steel Refinery Equipment and Piping[S]. Houston, Texas：NACE International Publication, 2008.

[61] Ahmad S. Al-Omari, Ahmed M. Al-Zahrani, Graham R. Lobley, et al. Refinery caustic injection systems Design, operation, and case studies[A]. NACE Corrosion 2008[C], paper08551, NACE International, Houston, TX, 2008.

[62] 段永锋，王宁，侯艳宏，等. 原油蒸馏装置原油注碱技术的探讨与实践[J]. 石油炼制与化工，2019, 50(7)：58-62.

[63] 封辉，池强，吉玲康，等. 管线钢氢脆研究现状及进展[J]. 腐蚀科学与防护技术，2017, 29(3)：318-322.

[64] 罗浩，郭正进，戎咏华. 先进高强度钢氢脆的研究进展[J]. 机械工程材料，2015, 39(8)：1-9.

[65] 张铭显. 316L(N)奥氏体不锈钢晶间腐蚀与晶界特征分布优化的研究[D]. 北京：北京科技大学，2017.

[66] 周勇，左禹，闫福安. 晶间腐蚀敏感性研究进展：Ⅰ不锈钢贫化理论[J]. 材料保护，2018, 51(11)：111-119.

[67] PRANGE, F. A. Corrosion in a Hydrocarbon Conversion System[J]. Corrosion Engineering, 1959, 10(12)：13-15.

[68] 梁春雷，艾志斌，李蓉蓉. 金属粉化失效及其控制[J]. 期刊论文，2013, 49(8)：528-532.

[69] J. R. Foulds & R. Viswanathan Graphitization of steels in elevated-temperature service[J]. Journal of Materials Engineering and Performance, 2001(10)：484-492.

[70] API RP 934-A. Materials and Fabrication of 2¼Cr-1Mo, 2¼Cr-1Mo-1/4V, 3Cr-1Mo, and 3Cr-1Mo-1/4V Steel Heavy Wall Pressure Vessels for High-temperature, High-pressure Hydrogen Service. 2008.

[71] HG/T 20581—2011. 钢制化工容器材料选用规定[S]. 中华人民共和国化工行业标准.

[72] Ibrahim O H, Ibrahim I S, Khalifa T A F. Effect of aging on the toughness of austenitic and duplex Stainless Steel weldments[J]. Journal of Materials Science and Technology, 2010. 26(9)：810.

[73] 王立博，曹逻炜，刘文. σ相脆化失效可能性分级及检验策略[J]. 化工管理，2020(6)：135-136.

[74] Ghiya S P, Bhatt D V, Rao R V. Stress relief cracking in advanced steel material-overview[A]. Proceedings of the World Congress on Engineering[C]. Citeseer, 2009：1-3.

[75] 琛忠兵，吕一仕，石伟，等. 低合金耐热钢焊接接头再热裂纹研究进展[J]. 焊接，2016(12)：21-28.

[76] 余存烨. 钛腐蚀氢脆及其防止措施[J]. 全面腐蚀控制，2002, 16(1)：7-10.

[77] 杨长江，梁成浩，王华. 钛及其合金氢脆研究现状与应用[J]. 腐蚀科学与防护技术，2006, 18(2)：122-125.

[78] 师红旗，周灿旭，丁毅，等. 钛制换热器氢腐蚀破坏失效分析[J]. 腐蚀科学与防护技术，2009, 21(2)：137-139.

[79] 偶国富，周永芳，郑智剑，等. 空蚀机理的研究综述[J]. 液压与气动，2012, 18(4)：3-8.

[80] 张鑫. 不锈钢焊接接头蠕变行为的研究[D]. 成都：西华大学，2005.

[81] 梁浩宇. 金属材料的高温蠕变特性研究[D]. 太原：太原理工大学，2013.

[82] 赵玉柱. 制氢转化炉下尾管开裂原因分析及对策[J]. 当代化工，2020, 49(11)：2579-2583.

[83] 钱俊锋，董杰，刘建杰，等. 延迟焦化装置焦炭塔定期检验案例总结与缺陷分析[J]. 中国设备工程，2019(4)：94-96.

[84] API RP 941—2016. Steels for Hydrogen Service at Elevated Temperatures and Pressures in Petroleum Refineries and Petrolchemical Plants[J]. NACE International, Houston, TX, 2016.

[85] 陈炜，陈学东，顾望平，等. 加氢装置高温氢损伤机理与风险分析[J]. 腐蚀与防护，2019, 40(8)：623-626.

[86] 李辉，付磊，林莉，等. 金属材料的腐蚀疲劳研究进展[J]. 热加工工艺，2021, 50(6)：7-12.

[87] 王朝平. 高低压加氢换热器管束腐蚀疲劳断裂分析及改进措施[J]. 石油化工设备技术，2020, 41(4)：43-48.

第3章 典型炼化装置腐蚀流程分析

为了更好地开展设备防腐蚀工作，依据标准 GB/T 30579《承压设备损伤模式识别》，并参照 API RP 571《炼油工业静设备损伤机理》和 API RP 581《基于风险的检验》，结合典型炼化装置的工艺流程、原料性质、设备管道用材，梳理分析各生产装置可能发生的损伤机理及其分布情况，总结各生产装置的主要腐蚀类型及重点腐蚀区域，并以列表和流程图的方式进行索引，便于炼化企业技术和管理人员查阅和参考。

基于 GB/T 30579 和 API RP 571，建立炼化装置代码索引表，见表 3-1。

表 3-1　炼化装置损伤机理的代码索引表

代码	腐蚀机理	代码	腐蚀机理	代码	腐蚀机理
①	高温硫腐蚀	㉔	渗碳	㊽	氨应力腐蚀开裂
②	湿硫化氢损伤	㉕	氢脆	㊾	循环冷却水腐蚀
③	蠕变	㉗	热冲击	㊿	锅炉冷凝水腐蚀
④	高温 H_2/H_2S 腐蚀	㉘	汽蚀	51	微生物腐蚀
⑤	连多硫酸腐蚀开裂	㉙	铸铁石墨化腐蚀	52	液体金属脆断
⑥	环烷酸腐蚀	㉚	短期过热（含蒸汽阻滞）	53	电偶腐蚀
⑦	碱式酸性水腐蚀（硫氢化铵腐蚀）	㉛	低温脆断	54	机械疲劳(含振动疲劳)
⑧	氯化铵腐蚀	㉜	σ 相脆化	55	渗氮
⑨	盐酸腐蚀	㉝	475℃脆化	57	钛氢化
⑩	高温氢损伤	㉞	球化	58	土壤腐蚀
⑪	高温氧化	㉟	再热裂纹	59	金属粉化
⑫	热疲劳	㊱	硫酸腐蚀	60	应变时效
⑬	酸式酸性水腐蚀	㊲	氢氟酸腐蚀	62	磷酸腐蚀
⑭	耐火材料退化	㊳	烟气露点腐蚀	63	苯酚腐蚀
⑮	石墨化	㊴	异种金属焊接开裂	64	乙醇应力腐蚀开裂
⑯	回火脆化	㊵	氢致开裂-HF	65	含富氧气体引发燃烧、爆炸
⑰	脱碳	㊶	脱金属腐蚀	66	低分子有机酸腐蚀
⑱	碱脆	㊷	二氧化碳腐蚀	67	盐水腐蚀
⑲	碱腐蚀	㊸	腐蚀疲劳	68	浓差电位腐蚀
⑳	冲蚀	㊹	燃灰腐蚀	69	镍合金的 HF 应力腐蚀开裂
㉑	碳酸盐应力腐蚀开裂	㊺	胺腐蚀	70	含氧水的腐蚀（非锅炉水）
㉒	胺应力腐蚀开裂	㊻	绝热层下腐蚀		
㉓	氯化物应力腐蚀开裂	㊼	大气腐蚀		

腐蚀流程图（Corrosion flow diagram）是基于炼化装置的工艺流程图，依据各部位的工艺介质、操作条件、设备和管道选材等情况，定性描述炼化生产装置各单元设备和管道可能发生的腐蚀类型及其严重程度，将结果绘制在炼化装置的工艺流程图（PFD）中而形成的文件。同时为了直观明确表达生产装置各部位的腐蚀类型及其严重程度，采用不同颜色代表不同腐蚀类型和严重程度。腐蚀流程图的绘制

通常遵循以下原则。

1. 颜色使用原则

腐蚀流程图绘制过程中，颜色的使用应遵循以下原则：

（1）红、玫、绿代表主要工艺介质的主要腐蚀类型及其严重程度。红色腐蚀较严重，玫色腐蚀次之，绿色腐蚀轻微。

（2）蓝、浅蓝、青代表水相或酸性水的腐蚀类型及其严重程度。蓝色腐蚀较严重，浅蓝色腐蚀次之，青色腐蚀轻微。

（3）棕、黄色代表次要工艺介质的主要腐蚀类型及其严重程度。棕色腐蚀较严重，黄色腐蚀次之。

（4）紫色代表炉管腐蚀类型，即外部高温氧化，以及内部工艺介质发生的腐蚀类型，或者作为机动色备用。

2. 腐蚀定性原则

腐蚀类型及严重程度的确定应遵循以下原则：

（1）在腐蚀流程图绘制过程中，腐蚀类型的严重程度依据碳钢材质的腐蚀速率进行划分，且不考虑工艺防腐蚀措施；也可根据具体要求考虑选材、工艺防腐等的影响，但需要增加相应说明。

（2）腐蚀流程图中腐蚀类型主要为均匀腐蚀、局部腐蚀和应力腐蚀开裂，其他如材质劣化、机械损伤等方面损伤类型可根据具体情况及相关要求增加。

（3）本章各装置腐蚀流程图仅供参考，具体应用需根据不同工艺流程、不同工况、不同选材等具体情况进行评估判定。

3. 流程图图例原则

腐蚀流程图图例的使用应遵循以下原则：

（1）腐蚀流程图中每张图纸应单独标注腐蚀类型及其严重程度的图例。

（2）腐蚀流程图中的图例应通过文字描述腐蚀部位、具体腐蚀类型及其腐蚀严重程度。

3.1 原油蒸馏装置腐蚀流程分析

3.1.1 工艺流程简介

原油蒸馏装置是对原油进行一次加工的蒸馏装置，即将原油分馏成汽油、煤油、柴油、蜡油、渣油等组分的加工装置，主要目的是为下游诸多二次加工装置提供合格的原料。原油蒸馏装置的腐蚀主要取决于原油的性质，包括硫含量、酸值、盐含量等。

国内一般根据原油中硫含量和酸值（TAN）的高低，将原油分为以下六种类型：

（1）低硫低酸原油：S<1.0%（质量分数），TAN<0.3mgKOH/g；

（2）低硫含酸原油：S<1.0%（质量分数），0.3mgKOH/g≤TAN<0.5mgKOH/g；

（3）低硫高酸原油：S<1.0%（质量分数），TAN≥0.5mgKOH/g；

（4）高硫低酸原油：S≥1.0%（质量分数），TAN<0.3mgKOH/g；

（5）高硫含酸原油：S≥1.0%（质量分数），0.3mgKOH/g≤TAN<0.5mgKOH/g；

（6）高硫高酸原油：S≥1.0%（质量分数），TAN≥0.5mgKOH/g。

本节以某加工高硫高酸原油的原油蒸馏装置为参考，简单介绍其工艺流程。

原油经装置外原油罐区的原油泵送进装置后进入脱前原油换热网络，换热至130℃左右。脱前原油进入电脱盐系统脱盐、脱水。为保证脱盐、脱水效果，需注入洗涤水和破乳剂，且进行两级或三级电脱盐。脱后原油进入脱后原油换热网络，换热至225℃左右进入闪蒸塔进行闪蒸。其中，闪蒸塔顶气直接进入常压塔中部，闪底油由闪底泵抽出后进入闪底油换热网络，换热至290℃左右进入常压炉，加热至370℃左右后经转油线进入常压塔。

常压塔顶气经常顶油气换热系统冷凝至40℃后进入常顶回流罐，一部分常顶油返回至常压塔顶部，另一部分至轻烃回收装置，常顶含硫污水出装置。常压塔设两条侧线：常一线油进入常压汽提塔上段，换热至 40~50℃ 至航煤罐区；常二线、常三线分别进入常压汽提塔中段和下段，换热至 200℃ 左右后混合，再换热至 90℃ 左右后至加氢装置。常压过汽化油由泵抽出后直接进入减压塔中部。常压塔设两个循环回流：常一中由泵抽出，经换热后返回常压塔；常二中由泵抽出，经换热后返回常压塔。常底油由泵抽出后进入减压炉，加热至 380℃ 左右进入减压塔。

减顶油气至减顶抽空器系统，然后进入减顶分水罐。分水罐顶部分出的不凝气去减顶气脱硫塔系统进行脱硫，分水罐分出的减顶油经泵抽出，送至柴油加氢装置，减顶含硫污水出装置。减压塔设三条侧线：减一线及减顶循由泵抽出，换热到 50℃ 左右后，一路返回减压塔顶，另一路至柴油加氢装置；减二线及减一中由泵抽出，换热至 114℃ 左右后，一路返回减压塔，一路至蜡油加氢装置；减三线及减二中由泵抽出，换热至 205℃ 左右后，一路返回减压塔，一路至蜡油加氢装置。减压渣油由泵抽出，经换热至 162℃ 左右后至渣油加氢装置。

3.1.2 腐蚀介质及损伤机理分布图

原油蒸馏装置中的腐蚀介质主要来自原油中的硫化物、氮化物、氧化物、无机盐、微量金属元素以及石油开采、集输和炼制过程中的各种添加剂等，这些物质在加工过程中有些会变成或分解为活性腐蚀介质，对炼化设备造成严重危害。其中影响较大的有硫化物、氮化物、氧化物(石油酸)和无机氯盐等。

1. 硫化物组成及转化

原油中含硫化合物主要有元素硫、硫化氢以及硫醇、硫醚、二硫化物、噻吩硫(环状硫化物)等类型的有机硫化合物，此外可能含有少量既含硫又含氧的亚砜和砜类化合物。元素硫、硫化氢和硫醇都直接对金属具有较强的腐蚀性能，所以这些硫化物称为活性硫。硫醚、二硫化物以及噻吩类硫化物等不能直接对金属设备产生腐蚀作用，称为非活性硫，但是这些硫化物受热分解会生成硫化氢，从而对金属设备产生腐蚀。

2. 氯化物组成及转化

原油中氯化物可分为无机氯和有机氯两类。以无机氯和有机氯两种形式存在的氯化物在原油加工过程中均会造成金属设备的腐蚀、铵盐结垢堵塞等方面的危害。原油中的无机盐类主要有 $NaCl$、$MgCl_2$、$CaCl_2$ 等，其中 $NaCl$ 约占 75%~85%，$MgCl_2$ 和 $CaCl_2$ 约占 15%~25%，随原油产地的不同，Na、Mg、Ca 盐的含量会有很大的差异。原油加工过程中，这些无机盐会水解生成 HCl，对金属设备造成严重腐蚀。

一般原油中不含天然的有机氯化物，但是在采油过程中添加的化学助剂，如为提高采油率而使用的含氯代烃的清蜡剂、降凝剂、减黏剂等采油助剂，以及在炼油过程中使用可能含有有机氯化物的破乳剂、脱盐剂、缓蚀剂等。有机氯单独存在条件下对金属设备不产生腐蚀，但是原油电脱盐很难将其脱除，在炼厂后续加工装置中高温和氢气共存条件下，会生成 HCl，有水存在时具有较强的腐蚀性。

3. 氧化物组成

原油中氧均以有机化合物状态存在，这些含氧化合物可分为酸性含氧化合物和中性含氧化合物。酸性含氧化合物包括环烷酸、脂肪酸和芳香酸等羧酸类以及酚类化合物，总称为石油酸，其中主要是环烷酸，约占 90% 左右。中性含氧化合物包括醛类、酮类和呋喃类化合物，它们在原油中的含量极少。

原油中羧酸类含氧化合物有脂肪酸、环烷酸和芳香酸等。原油中的脂肪酸主要是正构脂肪酸。原油中环烷酸一般含有一个羧基，为典型的一元羧酸，其环烷环数从一个到五个，多半为稠和环系。C_5~C_{10} 的低分子环烷酸主要是环戊烷的衍生物，而 C_{12} 以上的环烷酸中既有五元环又有六元环，但以六元环为主。原油中芳香酸的芳香环数从一个到多个不等，还并有环烷环。

原油中的酚类的相关研究较少，其含量一般随其馏分沸点的升高而减少。酚类物质有苯酚、甲酚、二甲酚、三甲酚、萘酚以及含有 3~6 个缩合芳香环的酚类。目前针对原油中的中性含氧化合物的研究也较少，原油中酮类有烷基酮、环状酮；酯类一般含有芳香结构，主要存在于高沸点馏分和渣油中；此外有的原油中还发现有呋喃类含氧杂环化合物。

原油蒸馏装置的主要损伤机理见表 3-2，原油蒸馏装置设备和管道各部位的损伤机理分布图如图 3-1 所示。

110

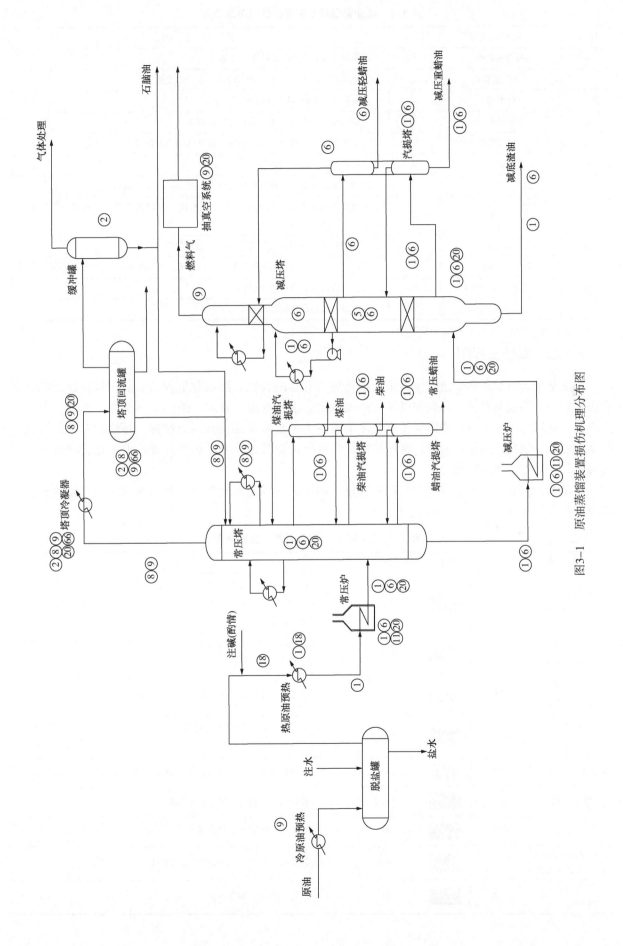

图3-1 原油蒸馏装置损伤机理分布图

111

表 3-2 原油蒸馏装置主要损伤机理及分布

序号	损伤机理	代码	影 响 部 位
1	高温硫腐蚀	①	温度高于240℃含硫油管道、设备
2	湿硫化氢损伤	②	常压塔顶冷凝冷却系统、减压塔顶冷凝冷却系统
3	环烷酸腐蚀	⑥	温度高于220℃含环烷酸油管道、设备
4	氯化铵腐蚀	⑧	常压塔顶部、顶循系统、塔顶冷凝冷却系统
5	盐酸腐蚀	⑨	常压塔顶部及塔顶冷凝冷却系统、减压塔顶部及塔顶冷凝冷却系统
6	高温氧化	⑪	常压炉炉管、减压炉炉管
7	碱脆	⑱	原油注碱后可能发生碱液浓缩的管道、换热器及炉管的局部
8	冲蚀	⑳	流速高或湍流部位，如减压抽真空器管路、换热器进出口分布管、管件的三通、弯头、大小头等
9	烟气露点腐蚀*	㊳	常压炉和减压炉的烟气管道及烟囱、空气预热器
10	绝热层下腐蚀*	㊻	温度处于-12~175℃的碳钢及低合金钢管道，温度处于60~205℃的不锈钢管道
11	循环冷却水腐蚀*	㊾	水冷器冷却水侧、冷却水管道
12	低分子有机酸腐蚀	㊋	常压塔顶及塔顶冷凝冷却系统

*该腐蚀类型未在损伤机理分布图中显示。

3.1.3 腐蚀流程图

原油蒸馏装置设备和管道可能发生的损伤类型有盐酸腐蚀、湿硫化氢损伤、氯化铵腐蚀、低分子有机酸腐蚀、高温硫腐蚀、环烷酸腐蚀、高温氧化、循环冷却水腐蚀、绝热层下腐蚀、冲蚀、烟气露点腐蚀、碱脆等。生产过程中需要重点关注的腐蚀类型是高温部位高温硫腐蚀、环烷酸腐蚀，低温部位盐酸腐蚀、氯化铵腐蚀；另外，常压炉炉管和减压炉炉管还应考虑炉管外部高温氧化；增设减顶气脱硫单元的装置应考虑胺腐蚀。

原油蒸馏装置的主要腐蚀类型、严重程度、图例颜色以及影响部位的统计见表 3-3，原油蒸馏装置腐蚀流程图如图 3-2 和图 3-3 所示。

表 3-3 各部位、腐蚀类型及严重程度索引

腐蚀类型	程度	颜色	色号	相 关 部 位
高温硫和环烷酸腐蚀	严重		10	常压炉进出口管线、常压转油线、常压塔下部、常三线及常底油管线、减压炉进出口管线、减压转油线、减压塔下部、减三线、减底油抽出至换热降温到280℃之前
高温硫和环烷酸腐蚀	中等		210	闪蒸罐及进出口管线、常压塔中段、常二线汽提塔进出口管线、减压塔中段、减二线抽出至一级换热
高温硫和环烷酸腐蚀	轻微		90	温度低于220℃油品油气(且不存在低温水相腐蚀的)管线及设备
盐酸腐蚀、氯化铵腐蚀等	严重		170	常压塔顶部及塔盘，常顶油气管线一级冷换设备；减压塔顶部及填料，减顶油气管线至抽空器后冷却器
碱式酸性水腐蚀	中等		144	常顶一级冷换设备之后管线与设备，减顶气液分离器及其出入口管道
盐水腐蚀	中等		144	脱前原油管线及换热器，原油储罐底部
胺腐蚀	中等		144	减顶气脱硫塔及胺液进出口管线
循环冷却水腐蚀/锅炉冷凝水腐蚀	轻微		130	水冷器的循环水侧、蒸汽/蒸汽凝结水管线
高温氧化/高温硫腐蚀	严重		192	常压炉炉管、减压炉炉管

112

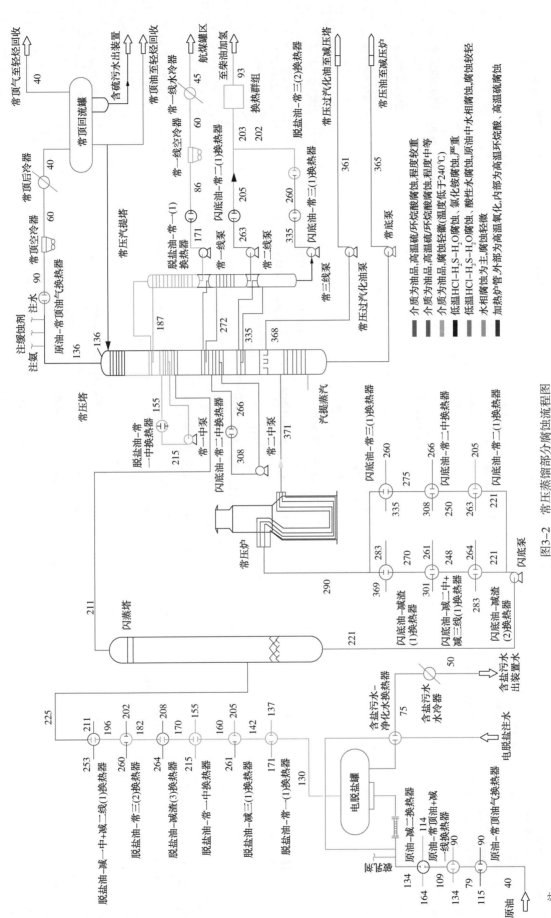

图3-2 常压蒸馏部分腐蚀流程图

注：
① 本章中腐蚀流程图的绘制均以加工高硫高酸原油且材质以碳钢为基准，不考虑工艺防腐蚀措施。该图仅供参考，各企业流程不同，工况不同，选材不同，需根据具体情况判定。下同，不再复述。
② 腐蚀流程图中管线附近标注的数值为温度值，单位为℃，下同。

113

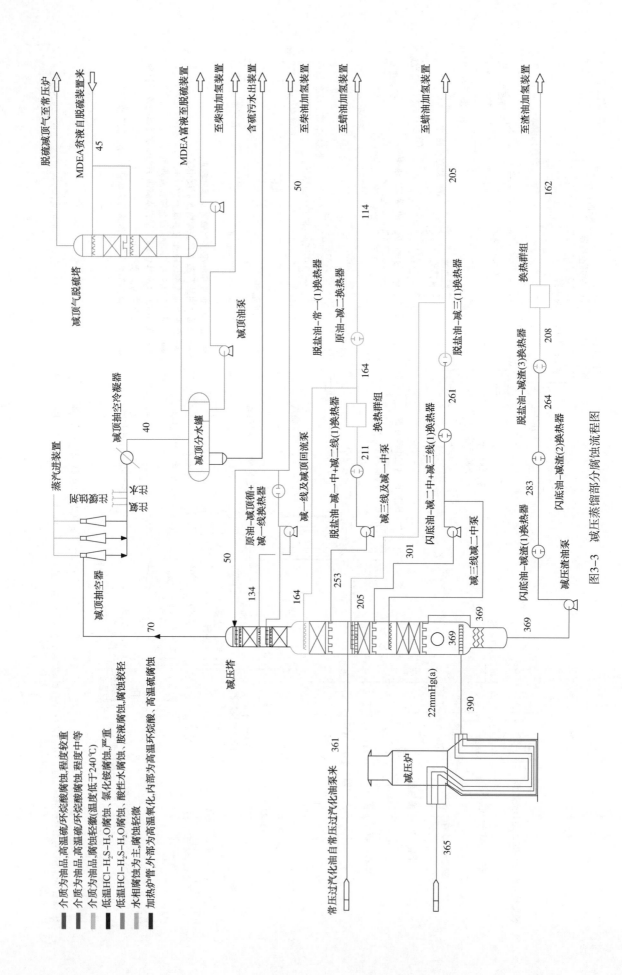

图3-3 减压蒸馏部分腐蚀流程图

3.2 催化裂化装置腐蚀流程分析

3.2.1 工艺流程简介

催化裂化是原油二次加工中最重要的加工过程之一，是指催化原料在热和催化剂的作用下使重质油发生裂化反应，转变为裂化气、汽油、煤油和柴油等的过程。催化裂化的原料种类比较多，早期以减压馏分油和焦化蜡油为主，随着原油的重质化，一些炼厂开始把减压渣油、常压渣油也作为原料。另外，有加氢精制装置的炼厂会把部分或全部催化原料先进行脱硫脱氮脱金属处理，再进入催化装置。本节以某加工减压蜡油和加氢重油混合原料的催化裂化装置为例，简单介绍其工艺流程。

混合原料油用提升管进料泵抽出，与油浆换热升温到260℃左右，进入到提升管下部进料喷嘴。自催化原料预处理装置来的加氢LCO进入到提升管下部两组喷嘴（预留）。原料油与雾化蒸汽在原料喷嘴混合后，与再生器来的高温再生催化剂接触，在提升管反应区汽化并反应，在较高的反应温度和较大剂油比的条件下，裂解成轻质产品（干气、液化气、汽油、轻柴油）。反应产生油气携带催化剂经过提升管出口旋流式快速分离器，分离出的大部分催化剂流入汽提段。带有少量催化剂的油气经升气管直接进入顶部单级旋风分离器进一步分离，分离出来的油气去分馏塔，分离回收下来的催化剂则经料腿再流入汽提段，然后从汽提段下部通过待生斜管进入再生器进行烧焦再生。再生催化剂进入再生斜管，经再生滑阀进入提升管底部，实现催化剂的连续循环利用。

由反应器出来的反应油气进入分馏塔人字挡板底部，与人字挡板顶部返回的275℃左右循环油浆逆流接触，油气自下而上被冷却洗涤。油气经分馏后得到气体、粗汽油、轻柴油、油浆。油气自分馏塔顶馏出，经分馏塔顶油气-换热水换热器、分馏塔顶空冷器、分馏塔顶后冷器冷却至40℃后，进入分馏塔顶油气分离器分离。分离出的不凝气进入富气压缩机。冷凝的粗汽油加压后，一部分送往吸收稳定部分的吸收塔顶部，另一部分用作分馏塔顶冷回流。轻柴油由分馏塔流入轻柴油汽提塔，由轻柴油泵抽出，经除盐水换热器降温后进入蜡油加氢装置。为提供足够的内部回流和使塔的负荷分配均匀，分馏塔另设顶循环回流、一中回流、二中回流和油浆循环回流。

经富气压缩机的压缩气体与脱吸塔顶气体混合后经空冷器冷却，再与饱和吸收油混合，冷却到40℃后，与气压机级间凝液泵来的凝缩油一起进入气压机出口油气分离器，分离出富气和凝缩油。富气进入吸收塔下部，稳定汽油作为补充吸收剂被注入吸收塔，两者逆流接触。贫气从吸收塔顶进入再吸收塔底部，与作为贫吸收油的轻柴油逆流接触，以吸收贫气中携带的汽油组分。气压机出口油气分离器分离出的凝缩油经泵加压，与稳定塔底油换热至58℃左右后进入脱吸塔。脱吸塔塔底的脱乙烷汽油与稳定汽油换热至130℃左右后进入稳定塔。C$_4$及C$_4$以下的液化气组分从塔顶馏出，冷却至40℃后进入稳定塔顶回流罐。塔底的稳定汽油经冷却后大部分进入轻重汽油分离塔进一步分离，一小部分用泵打入吸收塔顶作为补充吸收剂。

3.2.2 腐蚀介质及损伤机理分布图

1. 反应再生系统

反应-再生器是催化裂化的核心设备，该系统主要腐蚀机理有：高温气体腐蚀、催化剂引起的磨蚀和冲蚀、热应力引起的焊缝开裂、取热器蒸发管的高温水应力腐蚀开裂（SCC）和热应力腐蚀疲劳、连多硫酸腐蚀开裂等。

1) 高温气体腐蚀

本系统的高温气体主要是指催化剂再生过程中烧焦时产生的烟气，主要腐蚀部位是再生器至余热锅炉之间与烟气接触的设备和构件，腐蚀形态表现为钢材丧失金属的一切特征（包括强度）、氧化、龟裂、蠕变。

2) 催化剂引起的磨蚀和冲蚀

随反应油气和再生烟气流动的催化剂，会对构件表面产生冲刷磨损作用，使构件大面积减薄，甚至局部穿孔。主要腐蚀部位包括：提升管预提升蒸汽喷嘴、原料油喷嘴、主风分布管、提升管出口快速分离设施、烟气和油气管道上弯头及其他的滑阀阀板、热电偶套管、内取热管等。腐蚀形态多表现为大面积减薄或局部穿孔。

3）热应力引起的焊缝开裂

热应力的产生主要来源于三个因素：构件本身各部分间的温差、不同热膨胀系数的异种钢焊接和结构因素引起的热膨胀不协调等。发生这种开裂的主要部位有主风管与再生器壳体的连接处，不锈钢接管或内构件与设备壳体的连接焊缝，旋风分离器料腿拉杆及两端焊接固定的松动风、测压管等。

4）高温水腐蚀和热应力腐蚀疲劳

这类腐蚀常见于再生器内的取热管，大部分装置设计时常采用铬钼钢，由于高温水腐蚀和热应力腐蚀疲劳在离水进口一定距离内的管子顶部，远离焊缝处，会出现密集的环向裂纹。

5）NO_x-SO_x-H_2O 型腐蚀

催化原料中的氮、硫化合物，在催化反应过程中，一部分转化为焦炭沉积在催化剂上，催化剂再生过程中，这些化合物转变为 NO_x、SO_x。一旦耐热耐磨衬里破坏，这些氧化物和烟气就会窜入衬里和金属之间的间隙中，在一些较低温度的头盖处聚积，特别是遇到气候变化（下雨或下雪）更会在头盖内壁出现酸露点凝液，形成 NO_x-SO_x-H_2O 型应力腐蚀开裂。NO_x-SO_x-H_2O 型腐蚀可造成催化裂化再生器、三旋等设备腐蚀开裂，产生穿透性裂纹，严重威胁装置的正常生产。

2. 分馏系统

分馏系统的腐蚀主要是分馏塔底的高温硫腐蚀，分馏塔顶的冷凝冷却系统和顶循环回流系统腐蚀，以及在油浆系统中催化剂磨蚀。

1）高温硫腐蚀

这类腐蚀主要来源于油品所含的活性硫，腐蚀部位主要集中于分馏塔 240℃ 以上的高温部位，以及高温侧线和分馏塔进料段、人字挡板、油浆抽出线等处，腐蚀形貌表现为均匀腐蚀、坑蚀等。

2）分馏塔顶腐蚀和结盐

分馏塔顶主要发生 H_2S-HCl-NH_3-CO_2-H_2O 型腐蚀，此反应容易产生疏松垢层，易脱落在塔内堆积。催化反应及油品馏分中生成的 HCl、NH_3 和 H_2S 反应生成的 NH_4Cl 和 NH_4HS 易在低温下结晶形成盐垢，在降液槽下部沉积，堵塞溢流口造成淹塔，它们的结垢和水解所形成的盐酸腐蚀环境是造成顶循环系统腐蚀的直接原因。腐蚀形貌表现为均匀腐蚀和坑蚀。催化裂化装置湿式空冷因水质问题易形成 Na_2CO_3、$NaHCO_3$ 垢物，导致空冷器翅片和换热管表面出现腐蚀。分馏塔顶冷凝系统有 CO_2 和 H_2S，且 pH 值大于 7.5，因此存在碳酸盐应力腐蚀开裂，同时由于氰化物（HCN）存在，会加重腐蚀。

3）油浆蒸汽发生器管板应力腐蚀开裂

重油催化裂化装置的油浆蒸汽发生器管板与换热管焊接处及管板常出现大面积开裂，有些炼油厂使用不久就发生开裂。裂纹大多由壳程穿透管板，在管板与管焊缝上开裂以及管桥之间开裂。裂纹都集中在第一管程，此处正好是油浆进口处，温度最高。分析认为由于管板和管子贴胀不好，它们之间有间隙，锅炉水在间隙中不断蒸发和碱性物质浓缩，在温度和残余应力作用下形成碱脆开裂，其特点是穿透性沿晶开裂。其他装置的蒸汽发生器也有同样的开裂现象。因此，制造时采用正确贴胀工艺是关键。油浆蒸汽发生器的换热管正确选材是碳钢，有些厂选用不锈钢后出现氯离子的应力腐蚀开裂。目前认为此类腐蚀是蒸汽发生器在疲劳和应力腐蚀双重作用下失效所致。管板和管子胀接处有沟痕，产生应力集中，导致裂纹启源。管子的振动、温差应力促进了疲劳，疲劳加速了应力腐蚀开裂，使得管板快速开裂，以致失效。管板开裂主要原因是在油浆和水蒸气造成的工作应力、管板与管子焊接中的残余应力作用下以及重油硫化氢、除氧水中的氧腐蚀环境下引起的应力腐蚀破裂。

3. 吸收稳定系统

吸收稳定系统的腐蚀主要包括 H_2S-HCN-H_2O 型的腐蚀。腐蚀形貌表现为腐蚀减薄、氢鼓包和硫化物引起的应力腐蚀开裂。

1）腐蚀减薄

H_2S 遇铁反应生成的 FeS，与介质中的 CN^- 生成络合离子 $Fe(CN)_6^{4-}$，然后和铁反应生成亚铁氰化亚铁，在停工时被氧化为亚铁氰化铁呈普鲁士蓝色，这一腐蚀多发于吸收解吸塔顶部、稳定塔顶部和中部以及，吸收塔顶部和中部。腐蚀形貌为坑蚀及穿孔。

2）氢鼓包

这类腐蚀多发于解吸塔顶和解吸气空冷器至后冷器的管线弯头、解吸塔后冷器壳体、凝缩油沉降罐罐壁及吸收塔壁。腐蚀形貌表现为鼓包或鼓包开裂。

3）硫化物引起的应力腐蚀开裂

这类腐蚀常见于处于拉伸应力(包括工作应力和焊接残余应力等)区域叠加 H_2S-H_2O 腐蚀环境的敏感材料。

4. 能量回收系统

能量回收系统的腐蚀主要有三种：高温烟气的冲蚀和磨蚀、亚硫酸或硫酸的"露点"腐蚀、氯离子引起的奥氏体不锈钢的应力腐蚀开裂。

1）高温烟气的冲蚀和磨蚀

这类腐蚀常见于旋风分离器的分离单管，尤其是单管下端的卸料盘，双动滑阀的阀板、阀座、导轨及临界流速喷嘴的喷孔板，烟气轮机的叶片等部位。腐蚀形貌多为沟槽、裂纹、衬里脱落、局部减薄。

2）亚硫酸或硫酸的"露点"腐蚀与奥氏体不锈钢管线及构件的应力腐蚀开裂

这类腐蚀常见于膨胀节的波纹管，其破坏的形式包括：①波纹管与筒节焊缝开裂；②波纹管穿孔；③波纹管变形挤压；④波纹管鼓包。产生膨胀节破坏的原因有：烟气中的 Cl^- 和 SO_2 等与水蒸气结合形成腐蚀性很强的物质所造成的腐蚀；单层厚度太薄，腐蚀穿孔后渗入的水和腐蚀介质受热膨胀，极易产生鼓包变形或腐蚀穿孔；开停工及波动操作下的交变应力腐蚀疲劳；操作波动时失稳变形扭曲损坏；制造过程中的残余应力及焊接缺陷导致的波纹管与筒节焊接开裂。

催化裂化装置的主要损伤机理见表 3-4，催化裂化装置设备和管道各部位的损伤机理分布图如图 3-4 所示。

表 3-4　催化裂化装置主要损伤机理及分布

序号	损伤机理	代码	影 响 部 位
1	高温硫腐蚀	①	温度高于240℃含硫油品油气管道设备
2	湿硫化氢损伤	②	催化分馏塔塔顶冷凝冷却系统
3	蠕变	③	反再系统、外取热系统
4	连多硫酸腐蚀开裂	⑤	再生器顶部油气管线、旋风分离器、待生管和再生管、加热炉炉管
5	环烷酸腐蚀	⑥	原料进催化反应器之前高于220℃含环烷酸油品油气管道设备
6	氯化铵腐蚀	⑧	分馏塔顶部、顶循系统、LCO汽提塔
7	高温氧化	⑪	加热炉炉管
8	热疲劳	⑫	加热炉炉管
9	耐火材料退化	⑭	反应器、再生器及相连管线耐火材料衬里
10	冲蚀	⑳	原料管线、加热炉至反应气管线、反应器、再生器及进出口管线、旋风分离器、分馏塔下部、塔底抽出及循环线、HCO抽出线等
11	碳酸盐应力腐蚀开裂	㉑	分馏塔顶
12	烟气露点腐蚀*	㊳	烟气管道及烟囱
13	循环冷却水腐蚀*	㊾	水冷器冷却水侧、冷却水管道
14	绝热层下腐蚀*	㊻	温度处于-12~175℃的碳钢及低合金钢管道；温度处于60~205℃的不锈钢管道

* 该腐蚀类型未在损伤机理分布图中显示。

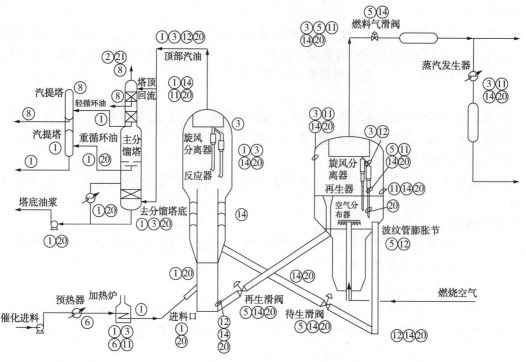

图 3-4 催化裂化装置损伤机理分布图

3.2.3 腐蚀流程图

催化裂化装置设备和管道可能发生的损伤类型有盐酸腐蚀、湿硫化氢损伤、氯化铵腐蚀、低分子有机酸腐蚀、高温硫腐蚀、环烷酸腐蚀、高温氧化、循环冷却水腐蚀、绝热层下腐蚀、冲蚀、烟气露点腐蚀、碱脆等。生产过程中需要重点关注的腐蚀类型是高温部位高温硫腐蚀、环烷酸腐蚀，低温部位盐酸腐蚀、氯化铵腐蚀，以及稀硝酸+硫酸应力腐蚀。

催化裂化装置的主要腐蚀类型、严重程度、图例颜色以及影响部位的统计见表 3-5，催化裂化装置腐蚀流程图如图 3-5 和图 3-6 所示。

表 3-5　各部位、腐蚀类型及严重程度索引

腐蚀类型	程度	颜色	色号	相 关 部 位
高温气体腐蚀、催化剂磨蚀	严重		10	反应沉降器、提升管、待生管、分馏塔下部等与高温（温度大于 280℃）油气接触的设备管道
高温气体腐蚀、催化剂磨蚀	中等		210	分馏塔中部，温度介于 220~280℃ 之间的管道设备
高温气体腐蚀、催化剂磨蚀	轻微		90	温度低于 220℃ 油品油气（且不存在低温水相腐蚀的）管线及设备
酸性水（H₂S-HCN-H₂O）腐蚀、湿硫化氢损伤等	严重		170	分馏塔顶部及塔盘，分馏塔顶油气管线一级冷换设备前；富气压缩机冷凝冷却系统；稳定塔顶部及塔盘，稳定塔顶油气管线以及冷换设备
酸性水（H₂S-HCN-H₂O）腐蚀、湿硫化氢损伤等	中等		144	吸收塔；脱吸塔；稳定汽油分离塔顶及塔盘；稳定塔顶油气管线以及冷换设备
循环冷却水腐蚀/锅炉冷凝水腐蚀	轻微		130	水冷器的循环水侧、蒸汽/蒸汽凝结水管线
高温气体腐蚀、催化剂磨蚀、局部温度过低易引起 NOₓ-SOₓ-H₂O 腐蚀	严重		40	再生器及其旋风分离器、余热锅炉、烧焦罐等与高温催化油气接触的设备管道
催化剂磨蚀	较重		50	温度低于 220℃ 的油浆线
烟气露点腐蚀	严重		192	烟气管道及烟囱

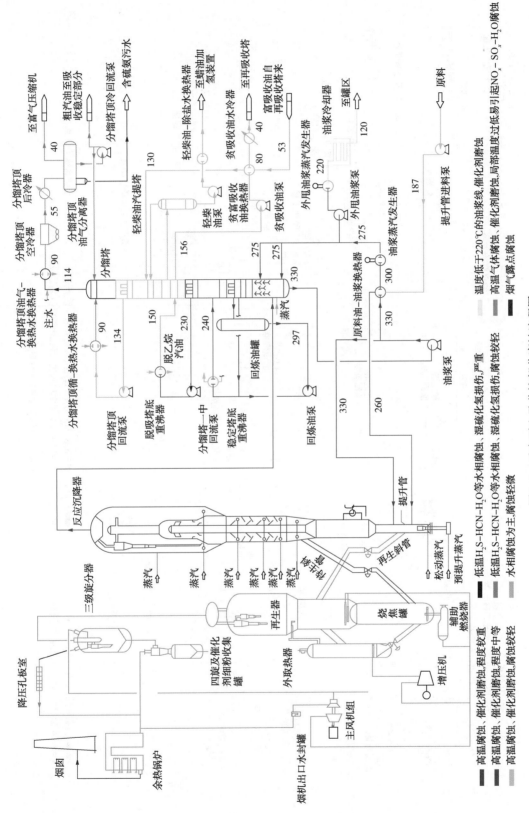

图3-5 反应再生及分馏部分腐蚀流程图

至富气压缩机

分馏塔顶油气换热水换热器

分馏塔顶空冷器

分馏塔顶后冷器

分馏塔顶油气分离器

分馏塔

粗汽油至吸收稳定部分

分馏塔顶冷回流泵

含硫氨污水

轻柴油汽提塔

轻柴油-除盐水换热器

至精制油加氢装置

贫吸收油水冷器

至再吸收塔

贫富吸收油换热器

富吸收油自再吸收塔来

贫吸收油泵

外甩油浆汽发生器

油浆冷却器

至罐区

提升管进料泵

原料

原料油-油浆换热器

外甩油浆泵

油浆蒸汽发生器

油浆泵

回炼油罐

回炼油泵

稳定塔底重沸器

分馏塔一中回流泵

脱吸塔底重沸器

分馏塔顶回流泵

脱乙烷汽油

注水

反应沉降器

三级旋分器

降压孔板室

烟囱

余热锅炉

四旋及催化剂细粉收集罐

再生器

烧焦罐

辅助燃烧器

外取热器

增压机

主风机组

烟机出口水封罐

蒸汽 蒸汽 蒸汽 蒸汽 蒸汽 蒸汽

再生斜管

松动蒸汽

预提升蒸汽

提升管

高温腐蚀，催化剂磨蚀，程度较重

高温腐蚀，催化剂磨蚀，程度中等

高温腐蚀，催化剂磨蚀，腐蚀较轻

低温H₂S-HCN-H₂O等水相腐蚀

低温H₂S-HCN-H₂O等水相腐蚀、湿硫化氢损伤，严重

低温H₂S-HCN-H₂O等水相腐蚀、湿硫化氢损伤，腐蚀较轻

水相腐蚀为主，腐蚀轻微

温度低于220℃的油浆线，催化剂磨蚀

高温气体腐蚀、催化剂磨蚀

高温气体腐蚀，局部温度过低引起NOₓ-SOₓ-H₂O腐蚀

烟气露点腐蚀

119

120

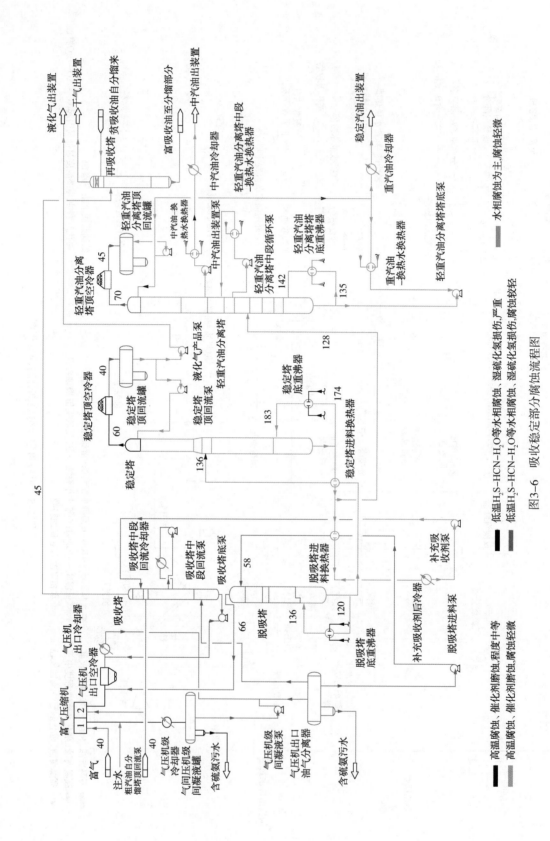

图3-6 吸收稳定部分腐蚀流程图

高温腐蚀、催化剂磨蚀、程度中等

高温腐蚀、催化剂磨蚀、腐蚀轻微

低温H₂S-HCN-H₂O等水相腐蚀、湿硫化氢损伤、严重

低温H₂S-HCN-H₂O等水相腐蚀、湿硫化氢损伤、腐蚀较轻

水相腐蚀为主、腐蚀轻微

3.3 延迟焦化装置腐蚀流程分析

3.3.1 工艺流程简介

焦化过程是以渣油(一般为减压渣油)为原料,在高温(500~550℃)下进行深度热裂化反应的一种热加工过程。减压渣油在管式炉中加热,采用高的流速使其在加热炉中短时间内达到焦化反应所需的温度,然后迅速进入焦炭塔,使焦化反应不在加热炉而是延迟到焦炭塔中进行,故称之为延迟焦化。其产物有油气、汽油、柴油、蜡油(重馏分油)和焦炭。延迟焦化工艺具有原料适应性强、热转化率较高以及设备投资费用低等优点,是重油轻质化的主要途径之一。本节以某加工减压渣油原料的延迟焦化装置为例,简单介绍其工艺流程。

装置原料经柴油-原料换热器、轻蜡油-原料换热、重蜡油-原料换热器,分别与热焦化柴油、焦化轻蜡油、焦化重蜡油进行换热,达到290℃后进入分馏塔底部,在此与来自焦炭塔的热油气中被冷凝的循环油一起流入塔底。分馏塔底焦化油用加热炉进料泵抽出,在流量控制下打入焦化加热炉。焦化油快速升温到500℃左右,然后经四通阀进入焦炭塔底部。循环油和原料油一起在焦炭塔内由于高温和长时间停留,产生裂解、缩合等一系列反应,最后生成富气、汽油、柴油、轻及重蜡油等产品和石油焦。石油焦炭结聚在塔内,除焦操作时从底部排出;热裂化的烃类产品则从焦炭塔顶流出。

焦炭塔顶油气进入分馏塔,经重蜡油集油箱抽出的重蜡油回流直接喷淋洗涤后,冷凝出循环油落入塔底,其余大量油气上升,进入重蜡油集油箱。重蜡油集油箱以上分馏段从下往上分馏出重蜡油、轻蜡油、柴油、汽油和富气。重蜡油、轻蜡油、柴油分别由泵抽出后,分为两路:一路返塔,一路经多级降温后出装置。

分馏塔顶油气经分馏塔顶空冷器、分馏塔顶后冷器冷却到40℃后流入分馏塔顶气液分离罐,分出的焦化富气进入吸收稳定部分(此部分类似催化裂化装置的吸收稳定部分),分出的粗汽油部分作为冷回流返塔,另一部分进入吸收稳定部分,分离罐分出的含硫污水出装置。

3.3.2 腐蚀介质及损伤机理分布图

随着原油不断劣质化,渣油的硫含量和酸值也不断增大,这就给以减压渣油为原料的延迟焦化装置带来了一系列设备和管线的腐蚀问题,其主要表现在:温度高于220℃以上的高温重油部位,如分馏塔的底部、蜡油段和柴油段以及分馏塔相应的高温重油管线及管件、焦化炉前的原料油管线、焦化炉炉管等,腐蚀形式为高温环烷酸/硫腐蚀,特别是当这些部位的材质为碳钢时,腐蚀较严重。而温度低于120℃的低温部位,如分馏塔顶部塔盘、冷凝器以及相应管线等,腐蚀形式为碱式酸性水腐蚀或由铵盐引起的垢下腐蚀。此外焦化装置还存在焦化炉辐射段炉管外壁高温氧化和脱碳及内壁高温硫腐蚀,空气预热器热管烟气露点腐蚀,低周热疲劳、急冷引起焦炭塔的塔体变形和焊缝开裂等。

1. 焦炭塔

焦炭塔在生焦期间,塔壁受到高温硫腐蚀,在冷却、切焦和预热期,受到碱式酸性水腐蚀,但因塔壁特别是泡沫层以下塔壁通常附有一层牢固而致密的焦炭而形成保护层,隔开了腐蚀介质,因而腐蚀一般不明显。泡沫段的内壁腐蚀较重是由于介质波动造成冲刷,使得塔壁上附着的焦炭层被冲刷掉,从而造成较严重的腐蚀。在塔顶部位,若因有焊接件而导致保温不好、传热较快,达不到结焦温度,内壁无结焦层附着于塔壁,致使塔壁裸露而被腐蚀。

焦炭塔经过蒸汽预热、油气预热、换塔、进油生焦、吹蒸汽、水冷却、放水和除焦等阶段完成每一生产周期,期间要经受从80~500℃之间的反复热冲击,伴随着长期反复冷却和反复加热可导致塔体变形、鼓胀,特别是以前碳钢材质制造的焦炭塔,而目前铬钼钢制造的焦炭塔则较少出现。

此外,焦炭塔发生裂纹最多的位置是在裙座焊缝。在API调查的焦炭塔中,有约一半的塔在靠近塔裙-壳体连接处的塔裙发生开裂,开裂常常发生在塔裙-壳体连接结构附近。

2. 分馏系统

焦化分馏塔高温重油部位的腐蚀,主要为高温硫腐蚀。原料油在分馏塔底与焦炭塔塔顶高温油气换热的工艺流程中，原料油中的轻质油会蒸发出来，同时也有一部分环烷酸进入到柴油和蜡油等重馏分油中，在分馏塔集油箱附近塔壁及塔盘板上也会出现沟槽状的环烷酸腐蚀；若工艺流程为原料油不经过分馏塔底换热的，因焦炭塔内操作温度较高（470~500℃），原料油中的大部分环烷酸会分解，分馏塔的高温重油部位环烷酸腐蚀则较轻微。

分馏塔顶主要的腐蚀介质有硫化氢、氯化氢和氨，在温度低于120℃的部位，存在碱式酸性水腐蚀；因介质中有氨存在，起中和作用，使得介质的 pH 值由酸性变为中性甚至碱性，相比常压塔顶的盐酸腐蚀其均匀腐蚀有所减弱，但带来了点蚀、坑蚀等局部腐蚀倾向。在分馏塔顶塔盘以及冷凝冷换设备等处，根据介质流速的高低，也可能会存在由铵盐引起的冲蚀或垢下腐蚀。

3. 焦化炉炉管

焦化炉辐射段在运行过程中炉管外壁温度在580~700℃之间，在该温度范围内炉管外壁发生高温氧化。温度越高，氧化越严重，随着炉管表面不断氧化，氧化层就越来越厚，最后掉皮剥落。

炉管内壁介质中含硫较高，介质流动情况复杂，在运行过程中对炉管直管段内壁造成高温硫腐蚀，同时对弯头等连接件的内壁造成较严重的冲刷腐蚀。在此温度下，介质中的环烷酸大部分会发生分解，因此辐射段炉管的腐蚀机理主要为高温硫腐蚀。同时，炉管的壁温如超过炉管的蠕变极限温度，还会造成炉管的蠕变损伤，特别是当炉管内壁局部结焦加剧时，加热炉传热效率降低，炉管壁温升高，在高温硫腐蚀和渗碳腐蚀共同作用下会加速炉管的壁厚减薄，从而进一步造成组织劣化和蠕变损伤。

对流段在运行过程中炉管外壁温度在370℃左右，在该温度下炉管的外壁高温氧化较轻。因介质中含硫含酸均较高，其炉管内壁的腐蚀机理主要为高温硫和环烷酸腐蚀。

为了防止原料油在加热炉辐射段炉管内停留时间过长而结焦，一般均采取在加热炉辐射段炉管内注汽，从而达到使原料油快速通过辐射段炉管而避免结焦。

为了提高焦化炉的热效率，尽量回收烟气中的热量，焦化炉一般均设有空气预热器，空气经过空气预热器与烟气换热后再进入加热炉内助燃。燃料中硫化物燃烧后形成 SO_2，其中一部分继续转化为 SO_3，随烟气到达热载体段换热，然后从烟囱排入大气。烟囱与外界相通，烟气经过烟囱时温度继续下降，并达到烟气露点（硫酸露点）以下，当有水汽进入时与烟气中 SO_2、SO_3 等形成 H_2SO_3、H_2SO_4 等液滴，液滴沿烟囱壁落到热载体翅片管上而腐蚀金属，因此沿烟囱圆周范围翅片管处的烟气露点腐蚀最为严重。

延迟焦化装置的主要损伤机理见表3-6，延迟焦化装置设备和管道各部位的损伤机理分布图如图3-7所示。

表3-6　延迟焦化装置主要损伤机理及分布

序号	损伤机理	代码	影 响 部 位
1	高温硫腐蚀	①	温度高于220℃含硫油管道设备
2	湿硫化氢损伤	②	分馏塔塔顶、塔顶冷凝冷却系统、塔顶回流及顶循回流、富气压缩系统
3	蠕变	③	焦炭塔及塔顶管线、焦化炉炉管
4	连多硫酸应力腐蚀开裂	⑤	焦化炉炉管
5	环烷酸腐蚀	⑥	温度高于220℃含环烷酸油管道设备
6	碱式酸性水腐蚀（硫氢化铵腐蚀）	⑦	焦炭塔上部、分馏塔塔顶冷凝冷却系统、富气压缩系统
7	氯化铵腐蚀	⑧	分馏塔塔顶、塔顶冷凝冷却系统、塔顶回流及顶循回流、富气压缩系统
8	高温氧化	⑪	焦化炉炉管
9	热疲劳	⑫	焦炭塔及塔顶管线、焦化炉炉管
10	冲蚀	⑳	焦炭塔塔底油气管线、切焦水管线、焦化炉炉管
11	热冲击	㉗	焦炭塔底锥段
12	烟气露点腐蚀*	㊳	焦化的烟气管道及烟囱
13	绝热层下腐蚀*	㊻	温度处于-12~175℃的碳钢及低合金钢管道，温度处于60~205℃的不锈钢管道
14	循环冷却水腐蚀*	㊾	水冷器冷却水侧、冷却水管道
15	低分子有机酸腐蚀	㊿	分馏塔顶冷凝冷却系统

* 该腐蚀类型未在损伤机理分布图中显示。

122

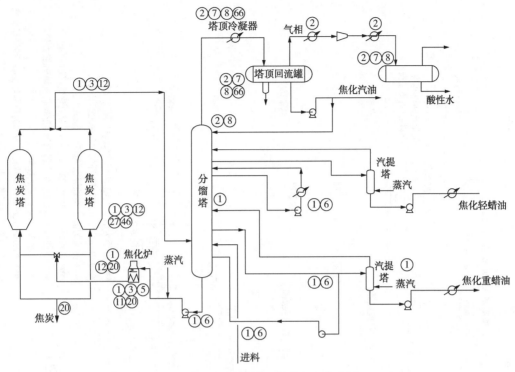

图 3-7　延迟焦化装置损伤机理分布图

3.3.3　腐蚀流程图

延迟焦化装置设备和管道可能发生的损伤机理有盐酸腐蚀、湿硫化氢损伤、氯化铵腐蚀、低分子有机酸腐蚀、高温硫腐蚀、环烷酸腐蚀、高温氧化、热疲劳、蠕变、循环冷却水腐蚀、绝热层下腐蚀、冲蚀、烟气露点腐蚀、碱脆等。生产过程中需要重点关注的腐蚀类型是高温部位高温硫腐蚀、环烷酸腐蚀，低温部位盐酸腐蚀、氯化铵腐蚀；另外，焦化炉炉管应考虑外部高温氧化。

延迟焦化装置的主要腐蚀类型、严重程度、图例颜色以及影响部位的统计见表 3-7，延迟焦化装置腐蚀流程图如图 3-8 所示。

表 3-7　各部位、腐蚀类型及严重程度索引

腐蚀类型	程度	颜色	色号	相　关　部　位
高温硫和环烷酸腐蚀	严重		10	温度高于 280℃含环烷酸/硫的油品油气管道设备
高温硫和环烷酸腐蚀	中等		210	温度介于 220~280℃间的含环烷酸/硫的油品油气管道设备
高温硫和环烷酸腐蚀	轻微		90	温度低于 220℃油品油气(且不存在低温水相腐蚀的)管线及设备
碱式酸性水腐蚀、氯化铵腐蚀、湿硫化氢损伤等	严重		170	分馏塔塔顶、塔顶冷凝冷却系统一级冷换设备出口之前，富气压缩冷却器出口之前等
碱式酸性水腐蚀、氯化铵腐蚀、湿硫化氢损伤等	中等		144	焦炭塔上部、分馏塔塔顶一级冷换设备之后管线与设备、塔顶回流及顶循回流，富气压缩冷却器出口之后管线及分液罐等
循环冷却水腐蚀/锅炉冷凝水腐蚀	轻微		130	水冷器的循环水侧、蒸汽/蒸汽凝结水管线
高温氧化、高温硫腐蚀	严重		192	焦化炉炉管
热疲劳、热冲击、蠕变	严重		40	焦炭塔及塔顶管线、焦化炉炉管

123

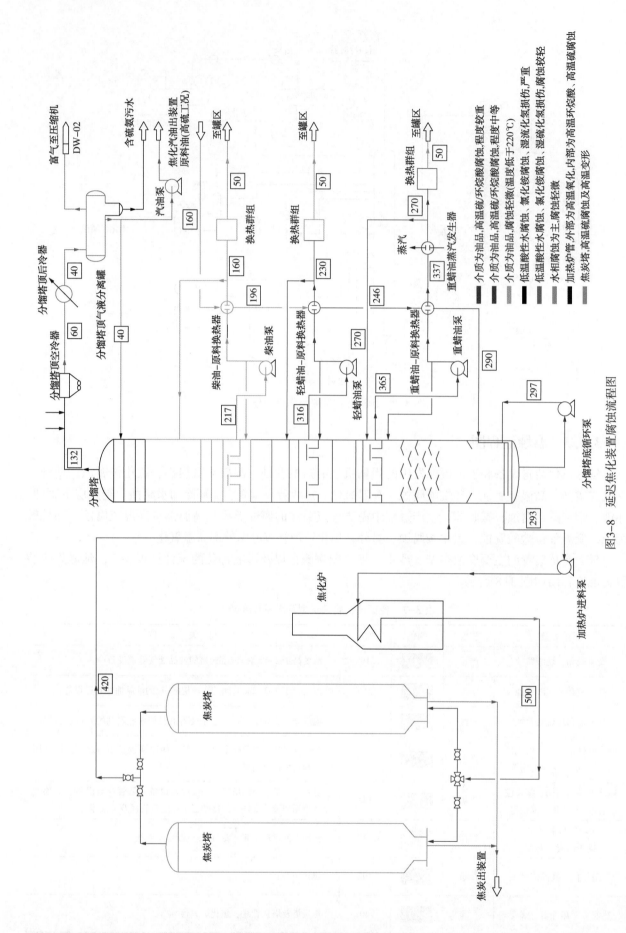

图3-8 延迟焦化装置腐蚀流程图

介质为油品,高温硫酸环烷酸腐蚀,程度较重

介质为油品,高温硫酸环烷酸腐蚀,程度中等

介质为油品,腐蚀轻微

低温酸性水腐蚀、氯化铵腐蚀、湿硫化氢损伤,严重

低温酸性水腐蚀、氯化铵腐蚀、湿硫化氢损伤,腐蚀较轻

水相腐蚀为主,腐蚀轻微

加热炉管,外部为高温环烷酸,高温硫腐蚀,内部为高温氧化及高温变形

焦炭塔,高温硫腐蚀

富气至压缩机

DW-02

含硫氨污水

焦化汽油出装置(高硫工况)

原料油(高硫油)

至罐区

至罐区

至罐区

换热群组

汽油泵

分馏塔顶气液分离罐

分馏塔顶后冷器

分馏塔顶空冷器

换热群组

换热群组

重蜡油蒸汽发生器

蒸汽

柴油-原料换热器

柴油泵

轻蜡油-原料换热器

轻蜡油泵

重蜡油-原料换热器

重蜡油泵

分馏塔循环泵

分馏塔

加热炉进料泵

焦化炉

焦炭塔

焦炭塔

焦炭出装置

3.4 加氢精制及裂化装置腐蚀流程分析

3.4.1 液相柴油加氢精制装置

1. 工艺流程简介

原料油经过换热和过滤后，进入滤后原料油缓冲罐。原料油经反应进料泵升压后与氢气混合，混氢原料油与反应生成油换热升温，然后进入反应进料加热炉加热。混氢原料油在反应进料加热炉内加热至所需的温度后，进入加氢反应器，在催化剂的作用下进行加氢反应。催化剂床层间设有控制反应温度的冷氢入口及分配盘。反应产物经热高压分离器简单分离，反应生成油与混氢原料油换热后，送至热低压分离罐进行油气分离，低分油送至汽提塔。热低分气与经热高压分离器后得到的反应生成气汇合后一起与低分油换热后，送至反应生成气空冷器进一步冷却，再送至冷低压分离器进行油、水、气三相分离。为防止结盐，通常在空冷器前注水。低分气去脱硫部分，冷低分油与反应生成气换热后送至汽提塔。冷低压分离器分出的含硫污水与自硫化氢汽提塔顶回流罐来的含硫污水汇合后送至装置外。经硫化氢汽提塔脱除硫化氢后，塔底油进入产品分馏塔。在分馏塔中经过蒸馏，从侧线抽出不同的油品送出装置。

新氢自装置外来，经过新氢分液罐分离夹带的液体后，送至加氢压缩机升压，经管线被送至反应器前与滤后原料进行混合。自分馏塔顶回流罐来的含硫污水与装置外来的脱盐水汇合后进入注水罐，通过注水泵分别送至反应生成气高压空冷器前注水点及硫化氢汽提塔塔顶空冷器注水点。

2. 腐蚀介质及损伤机理分布图

液相柴油加氢精制装置静设备的主要腐蚀和损伤类型包括高温高压氢引起的损伤(氢腐蚀、氢脆)、高温 H_2/H_2S 腐蚀、低温湿硫化氢引起的损伤(腐蚀减薄、硫化物应力腐蚀开裂、氢致开裂、应力导向氢致开裂)、氯化铵腐蚀、碱式酸性水腐蚀、铬钼钢回火脆化、不锈钢氯化物应力腐蚀开裂、不锈钢连多硫酸应力腐蚀开裂等。

在加氢反应系统，高温部位材质主要采用不锈钢、铬钼钢或不锈钢堆焊层，主要腐蚀机理是铬钼钢回火脆化、高温氢损伤、高温 H_2/H_2S 腐蚀以及停工时的连多硫酸应力腐蚀开裂，发生部位包括加氢反应器和高温高压换热器、反应加热炉炉管(炉前混氢流程)以及相连管道。反应流出物低温部位的主要腐蚀机理包括氯化铵腐蚀、碱式酸性水腐蚀、湿硫化氢引起的损伤(腐蚀减薄、硫化物应力腐蚀开裂、氢致开裂、应力导向氢致开裂)。氯化铵腐蚀主要发生部位是反应产物换热器及其相连管道；碱式酸性水腐蚀及湿硫化氢损伤主要发生部位是高压空冷器、高压分离器、低压分离器及其相连管道，以及循环氢系统的设备和相连管道。若原料油氯含量较高，则需重点关注加氢反应流出物系统氯化铵结盐问题。

分馏系统的主要腐蚀类型包括高温 H_2S 腐蚀、湿硫化氢引起的损伤(腐蚀减薄、硫化物应力腐蚀开裂、氢致开裂、应力导向氢致开裂)、氯化铵腐蚀，高温硫腐蚀主要发生在重沸炉及进出口管线、产品分馏塔的高温部位和换热器及其相连管线；湿硫化氢引起的损伤主要发生在硫化氢汽提塔塔顶冷凝冷却系统的设备和管线，以及酸性水管线；氯化铵腐蚀主要发生在硫化氢汽提塔塔顶冷凝冷却系统的设备和系统。

液相柴油加氢精制装置的主要损伤机理见表3-8，液相柴油加氢精制装置设备和管道各部位的损伤机理分布图如图3-9所示。

表3-8　液相柴油加氢精制装置主要损伤机理及分布

序号	损伤机理	代码	影　响　部　位
1	高温硫腐蚀	①	分馏部分加热炉及温度高于240℃的换热器/再沸器；硫化氢汽提塔及分馏塔高温管线
2	湿硫化氢破坏	②	反应流出物空冷器；高压分离器；低压分离器；循环氢脱硫塔塔顶管线；循环氢压缩机至进料/出料换热器管线；循环氢压缩机及气液分离罐；硫化氢汽提塔和硫化氢汽提塔顶换热器及相连管线
3	蠕变	③	加热炉管
4	高温 H_2/H_2S 腐蚀	④	反应部分混氢点后的换热器、加热炉；加热炉至反应器管线；加氢反应器
5	连多硫酸应力腐蚀开裂	⑤	换热器；加热炉；加热炉至反应器管线；反应器；反应进料/出料换热器至反应器管线(300不锈钢系列)中的奥氏体不锈钢部件
6	环烷酸腐蚀	⑥	进料管线、进料换热器、反应加热炉炉管
7	碱式酸性水腐蚀	⑦	反应流出物空冷器；反应流出物换热器至空冷器管线；高压分离器；低压分离器；高压分离器及低压分离器酸性水管线；高压分离器至低压分离器管线
8	氯化铵腐蚀	⑧	反应流出物结盐温度以下的换热器；反应流出物空冷器；反应流出物换热器至空冷器管线；循环氢压缩机出口管线
9	盐酸腐蚀	⑨	反应流出物空冷器；反应流出物换热器至空冷器管线
10	高温氢损伤	⑩	反应加热炉至反应器管线；反应器；进料/出料换热器；混氢点后的进料换热器
11	回火脆化	⑯	高温换热器；加氢反应器
12	冲蚀	⑳	反应流出物空冷器；反应流出物换热器至空冷器管线；高压分离器酸性水管线；高压分离器至低压分离器管线
13	胺应力腐蚀开裂	㉒	循环氢脱硫塔；循环氢压缩机前气液分离罐
14	氯化物应力腐蚀开裂	㉓	反应加热炉；加热炉至反应器管线；反应器；反应流出物空冷器；进料/出料换热器至反应器管线；循环氢压缩机出口管线
15	氢脆	㉕	换热器、加氢反应器
16	短期过热(含蒸汽阻滞)	㉚	加热炉
17	σ相脆化	㉜	高温换热器；加氢反应器
18	胺腐蚀	㊺	循环氢脱硫塔及其管线
19	绝热层下腐蚀	㊻	温度处于-12~175℃的碳钢及低合金钢管道；温度处于60~205℃的不锈钢管道

3. 腐蚀流程图

液相柴油加氢精制装置设备和管道可能发生的损伤类型有高温硫腐蚀、湿硫化氢破坏、蠕变、高温 H_2/H_2S 腐蚀、连多硫酸应力腐蚀开裂、环烷酸腐蚀、酸性水腐蚀(碱式酸性水)、氯化铵腐蚀、盐酸腐蚀、高温氢损伤、回火脆化、冲蚀、胺应力腐蚀开裂、氯化物应力腐蚀开裂、氢脆、过热、σ相脆化、475℃脆化及胺腐蚀等类型。生产过程中需要重点关注的腐蚀类型是高温 H_2/H_2S 腐蚀、环烷酸腐蚀、氯化铵腐蚀、碱式酸性水腐蚀、湿硫化氢损伤、胺腐蚀/胺应力腐蚀开裂、循环冷却水腐蚀、锅炉冷凝水腐蚀、高温氢损伤等类型。

液相柴油加氢精制装置的主要腐蚀类型、严重程度、图例颜色以及影响部位的统计见表3-9，液相柴油加氢精制装置腐蚀流程图如图3-10及图3-11所示。

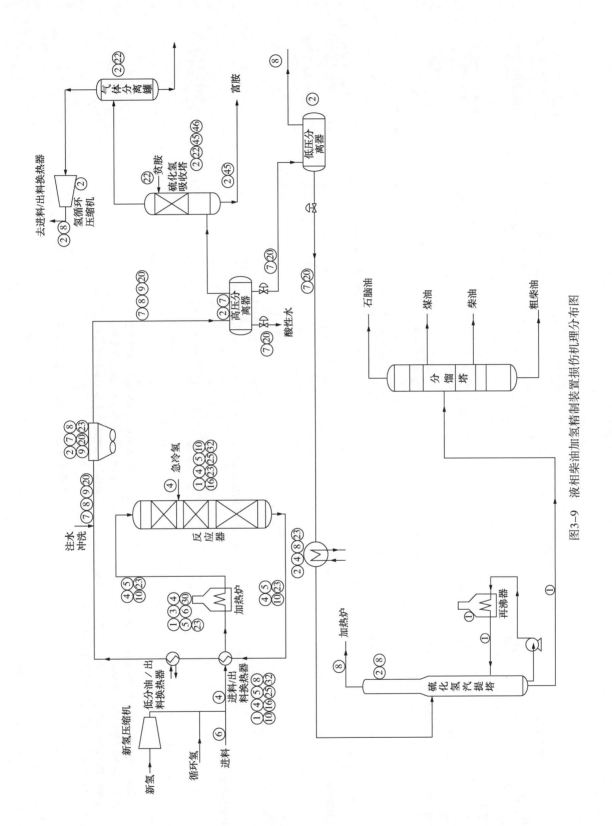

图3-9 液相柴油加氢精制装置损伤机理分布图

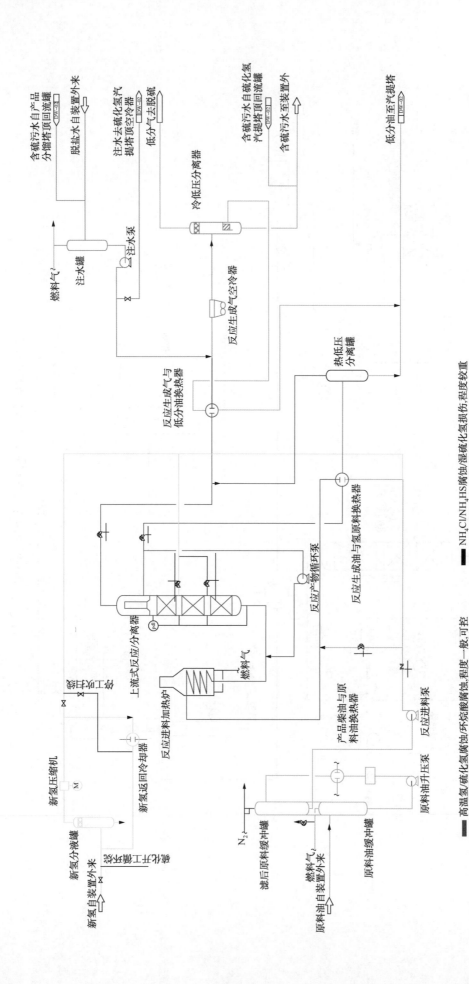

图3-10 液相柴油加氢精制装置反应部分腐蚀流程图（反应器以CrMo钢为基准）

含硫污水自产品分馏塔顶回流罐

脱盐水自装置外来

注水去硫化氢汽提塔顶空冷器

低分气去脱硫

冷低压分离器

含硫污水自硫化氢汽提塔顶回流罐

含硫污水至装置外

低分油至汽提塔

燃料气

注水罐

注水泵

反应生成气空冷器

反应生成气与低分油油换热器

热低压分离器

新氢压缩机

新氢返回冷却器

新氢分液罐

新氢自装置外来

上流式反应/分离器

反应进料加热炉

反应产物循环泵

反应生成油与原料油氢换热器

燃料气

产品柴油与原料油换热器

反应进料泵

反应生成油与原料油换热器

原料油升压泵

滤后原料缓冲罐

燃料气

原料油自装置外来

原料油缓冲罐

高温氢/硫化氢腐蚀环烷酸腐蚀,程度一般,可控
高温氢/硫化氢腐蚀环烷酸腐蚀,程度较轻
加热炉炉管,外部为高温气相腐蚀,内部为高温氧腐蚀
高温氧/硫化氧腐蚀:温度低于240℃,腐蚀轻微

NH₄Cl/NH₄HS腐蚀湿硫化氢损伤,程度较重
NH₄Cl/NH₄HS腐蚀湿硫化氢损伤,程度中等
循环冷却水腐蚀隔冷凝水腐蚀,腐蚀轻微

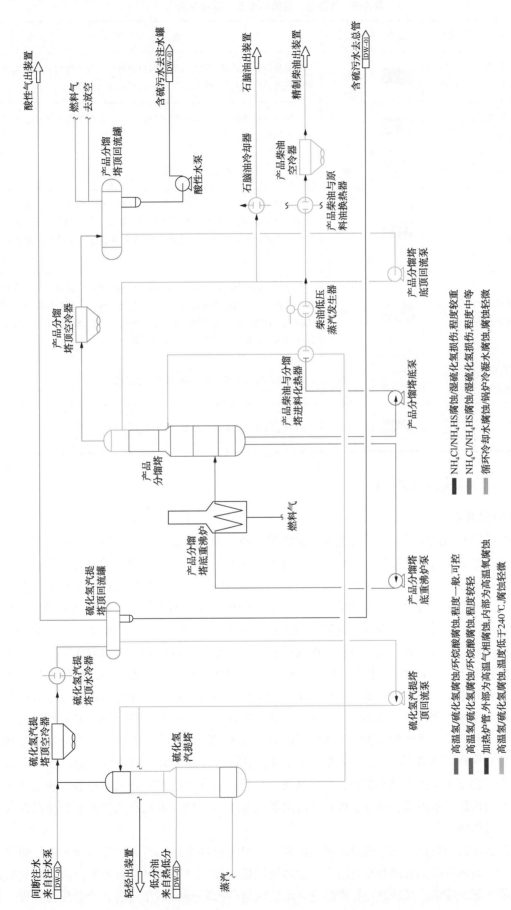

图3-11　液相柴油加氢精制装置分馏部分腐蚀流程图

酸性气出装置

燃料气

去放空

产品分馏塔顶回流罐

含硫污水去注水罐 DW-0I

石脑油出装置

精制柴油出装置

含硫污水去总管 DW-0I

酸性水泵

石脑油冷却器

产品柴油空冷器

产品柴油与原料油换热器

产品分馏塔顶空冷器

柴油低压蒸汽发生器

产品柴油与分馏塔进料换热器

产品分馏塔顶回流泵

产品分馏塔底泵

产品分馏塔底泵

硫化氢汽提塔顶回流罐

产品分馏塔

燃料气

产品分馏塔底重沸炉

产品分馏塔底重沸炉泵

硫化氢汽提塔顶空冷器

硫化氢汽提塔顶水冷器

硫化氢汽提塔顶回流泵

硫化氢汽提塔

硫化氢汽提塔底泵

间断注水来自注水泵 DW-0I

轻烃出装置

低分热底分来自热低分

蒸汽

图例说明:

■ 高温氢/硫化氢腐蚀/环烷酸腐蚀,程度一般,可控

■ 高温氢/硫化氢腐蚀/环烷酸腐蚀,程度较轻

■ 加热炉炉管,外部为高温气相腐蚀,内部为高温氧腐蚀

▬ 高温氢/硫化氢腐蚀,温度低于240℃,腐蚀轻微

■ NH_4Cl/NH_4HS腐蚀/湿硫化氢损伤,程度较重

■ NH_4Cl/NH_4HS腐蚀/湿硫化氢损伤,程度中等

■ 循环冷却水腐蚀/锅炉冷凝水腐蚀,腐蚀轻微

表 3-9　各部位、腐蚀类型及严重程度索引

腐蚀类型	程度	颜色	色号	相 关 部 位
高温 H_2/H_2S 腐蚀、环烷酸腐蚀	一般可控		10	加氢反应器；反应产物与混氢原料换热器；反应产物与混氢原料换热器至反应进料加热炉之间管线；反应产物循环管线及设备
高温 H_2/H_2S 腐蚀、环烷酸腐蚀	较轻		210	硫化氢汽提塔底部；产品分馏塔抽出线、产品分馏塔中下部、产品分馏塔底重沸炉之间返塔线
高温 H_2/H_2S 腐蚀	轻微		90	温度低于240℃油气管线及设备
氯化铵腐蚀、碱式酸性水腐蚀、湿硫化氢损伤	较重		170	反应流出物空冷器注水点前的管线；热高压分离器及热低压分离器；硫化氢汽提塔塔顶、硫化氢汽提塔塔顶空冷器及其之间的管线、硫化氢汽提塔顶回流罐水包及含硫污水管线；产品分馏塔顶回流罐水包及含硫污水管线
氯化铵腐蚀、碱式酸性水腐蚀、湿硫化氢损伤	中等		144	反应流出物换热器(结盐温度以下部位)至热低压分离罐；注水点至冷低压分离器之间管线；冷低压分离器及低分气管线；产品分馏塔顶至塔顶回流罐之间管线、产品分馏塔顶空冷器；硫化氢汽提塔顶回流罐及塔顶含硫污水管线、硫化氢汽提塔顶水冷器介质侧
循环冷却水腐蚀/锅炉冷凝水腐蚀	轻微		130	水冷器的循环水侧、蒸汽/蒸汽凝结水管线
高温氧化	一般可控		192	反应进料加热炉炉管；产品分馏塔底重沸炉炉管

3.4.2　蜡油加氢裂化装置

1. 工艺流程简介

装置外来的原料油进装置后，首先进入原料油缓冲罐，经原料油升压泵升压、与尾油换热后过滤除去杂质，进入滤后原料油缓冲罐。原料油经反应进料泵升压后与部分已预热的混合氢混合，混氢原料油与反应产物换热，然后进入反应进料加热炉加热升温。混氢原料油在反应进料加热炉内加热至所需的温度后进入加氢精制反应器，在此反应器中，混合原料在催化剂作用下，进行加氢脱硫、脱氮等精制反应。在催化剂床层间设有控制反应温度的冷氢入口和分配盘。用冷氢将精制反应产物调整至所需要的裂化温度后，进入加氢裂化反应器。在此反应器中，精制反应产物在催化剂作用下进行加氢裂化反应。在催化剂床层间同样注入控制反应温度的冷氢。裂化反应产物与混氢油换热降温后进入热高压分离器。装置外来的补充氢由新氢压缩机升压后与循环氢混合。混合氢先与热高分气进行换热，原料油混合后经与反应产物换热进加热炉，从热高压分离器分离出的液体(热高分油)经减压后进入热低压分离器进一步在低压下将液相溶解的气体闪蒸出来。气体(热高分气)与混合氢、低分油等换热后由热高分气空冷器冷却至50℃左右进入冷高压分离器，进行气、油、水三相分离。为防止热高分气中 NH_3 和 H_2S 在低温下生成铵盐结晶析出，堵塞高压空冷器，故在反应产物进入空冷器前连续注水。装置的反应注水由两部分水组成，即分馏塔顶冷凝水及除盐水。反应注水经高压注水泵升压后注入热高分气空冷器上游管线。

从冷高压分离器分离出的气体先经循环氢脱硫，再经过循环氢压缩机入口分液罐分液，进循环氢压缩机升压后，返回反应部分同补充氢混合。循环氢脱硫塔所需贫胺液自装置外来，由高压贫胺液泵升压后进入循环氢脱硫塔。从冷高压分离器分离出的液体(冷高分油)减压后进入冷低压分离器，继续进行气、油、水三相分离。冷高分底部的含硫污水减压后送至冷低压分离器闪蒸后再送出装置。从冷

低压分离器分离出的气体(低分气)送出装置,液体(冷低分油)直接进入硫化氢汽提塔。从热低压分离器分离出的气体(热低分气)经过空冷冷却后至冷低压分离器,液体(热低分油)直接进入脱硫化氢汽提塔。

低分油在脱硫化氢汽提塔中经过蒸汽汽提除去 H_2S 气体和轻烃。塔顶油气经空冷、水冷后进入硫化氢汽提塔顶回流罐。回流罐顶气体送至双脱装置;液相经泵升压后大部分作为塔顶回流,小部分送至双脱装置;含硫污水与酸性水闪蒸罐的含硫污水一起送至装置外污水汽提装置处理。脱硫化氢汽提塔顶气体送去脱硫。硫化氢汽提塔底油与柴油、尾油分别换热后,经分液罐分液后,由产品分馏塔进料加热炉加热至要求的温度进入产品分馏塔。产品分馏塔设两个侧线塔和两个中段回流。两个侧线塔分别为柴油侧线塔、白油侧线塔。白油侧线塔底白油馏分与热媒水换热,经空冷、水冷后送出装置。柴油侧线塔底柴油馏分与产品分馏塔进料换热后,给石脑油分馏塔底重沸器作热源,再与热媒水换热,经柴油空冷器冷却后作为产品送出装置。分馏塔顶混合石脑油送至石脑油分馏塔,进一步加工分出轻、重石脑油馏分。石脑油分馏塔底重石脑油与石脑油分馏塔顶轻石脑油分别送出装置。产品分馏塔底为加氢尾油,为柴油侧线塔底重沸器作热源后,与产品分馏塔进料、原料油分别换热,经尾油空冷器冷却后送出装置。

2. 腐蚀介质及损伤机理分布图

蜡油加氢裂化装置的主要腐蚀和损伤类型包括高温高压氢引起的损伤(高温氢损伤、氢脆)、高温 H_2/H_2S 腐蚀、低温湿硫化氢引起的损伤(腐蚀减薄、硫化物应力腐蚀开裂、氢致开裂、应力导向氢致开裂)、氯化铵腐蚀、碱式酸性水腐蚀、铬钼钢回火脆化、不锈钢氯化物应力腐蚀开裂、不锈钢连多硫酸应力腐蚀开裂等。

在加氢反应系统,高温部位材质主要采用不锈钢、铬钼钢、不锈钢堆焊层,主要腐蚀机理是铬钼钢回火脆化、高温氢损伤、高温 H_2/H_2S 腐蚀以及停工时的连多硫酸应力腐蚀开裂。发生部位包括加氢裂化/加氢精制反应器和高温高压换热器,反应加热炉以及相连管道。

反应流出物系统低温部位的主要腐蚀机理包括氯化铵腐蚀、碱式酸性水腐蚀、湿硫化氢引起的损伤(腐蚀减薄、硫化物应力腐蚀开裂、氢致开裂、应力导向氢致开裂)。氯化铵腐蚀主要发生部位是换热流程后部的高压换热器和相连管道、新氢系统设备和管道;碱式酸性水腐蚀及湿硫化氢损伤主要发生部位是高压空冷器、冷高压分离器、冷低压分离器及相连管道,以及循环氢系统的设备和相连管道。由于原料油硫含量相对较高,因此反应流出物低温部位的碱式酸性水腐蚀问题需重点关注。

分馏系统的主要腐蚀类型包括高温硫腐蚀、湿硫化氢引起的损伤(腐蚀减薄、硫化物应力腐蚀开裂、氢致开裂、应力导向氢致开裂)、氯化铵腐蚀。高温硫腐蚀主要发生在重沸炉及进出口管线、脱硫化氢汽提塔及分馏塔的高温部位和换热器、相连管线;湿硫化氢引起的损伤及氯化铵腐蚀主要发生在脱硫化氢汽提塔塔顶冷凝冷却系统的设备和管线。

蜡油加氢裂化装置的主要损伤机理见表3-10,蜡油加氢裂化装置设备和管道各部位的损伤机理分布图如图3-12所示。

3. 腐蚀流程图

蜡油加氢裂化装置设备和管道可能发生的损伤类型有高温硫腐蚀、湿硫化氢破坏、蠕变、高温 H_2/H_2S 腐蚀、连多硫酸应力腐蚀开裂、环烷酸腐蚀、碱式酸性水腐蚀、氯化铵腐蚀、盐酸腐蚀、高温氢损伤、回火脆化、冲蚀、胺应力腐蚀开裂、氯化物应力腐蚀开裂、氢脆、短期过热(含蒸汽阻滞)、σ 相脆化、胺腐蚀及绝热层下腐蚀等。生产过程中需要重点关注的腐蚀类型是高温 H_2/H_2S 腐蚀、环烷酸腐蚀、氯化铵腐蚀、碱式酸性水腐蚀、湿硫化氢损伤、胺腐蚀/胺应力腐蚀开裂、循环冷却水腐蚀、锅炉冷凝水腐蚀、高温氢损伤等类型。

蜡油加氢裂化装置的主要腐蚀类型、严重程度、图例颜色以及影响部位的统计见表3-11,蜡油加氢裂化装置腐蚀流程图如图3-13和图3-14所示。

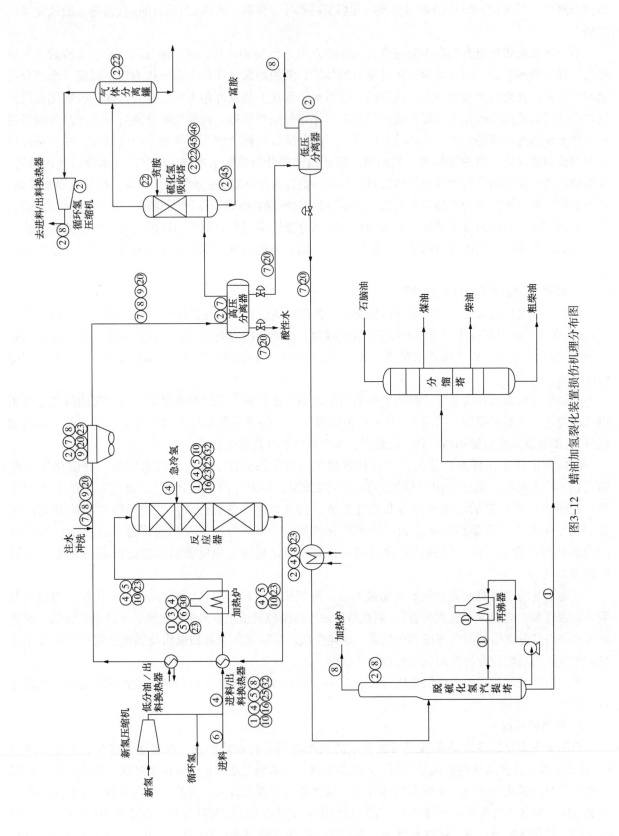

图3-12 蜡油加氢裂化装置损伤机理分布图

132

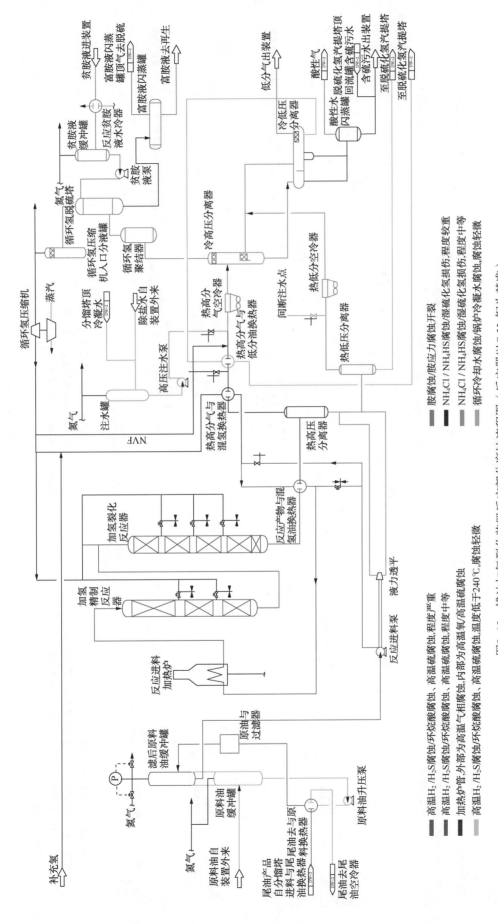

图3-13 蜡油加氢裂化装置反应部分腐蚀流程图（反应器以Cr-Mo钢为基准）

高温H₂/H₂S腐蚀/环烷酸腐蚀、高温硫酸腐蚀，程度严重

高温H₂/H₂S腐蚀/环烷酸腐蚀、高温硫酸腐蚀，程度中等

加热炉炉管，外部为高温氧气相腐蚀，内部为高温硫酸腐蚀

高温H₂/H₂S腐蚀/环烷酸腐蚀、高温硫酸腐蚀

胺腐蚀/胺应力腐蚀开裂

NH₄Cl/NH₄HS腐蚀/湿硫化氢损伤，程度较重

NH₄Cl/NH₄HS腐蚀/湿硫化氢损伤，程度中等

循环冷却水腐蚀/锅炉冷凝水腐蚀，温度低于240℃，腐蚀轻微

133

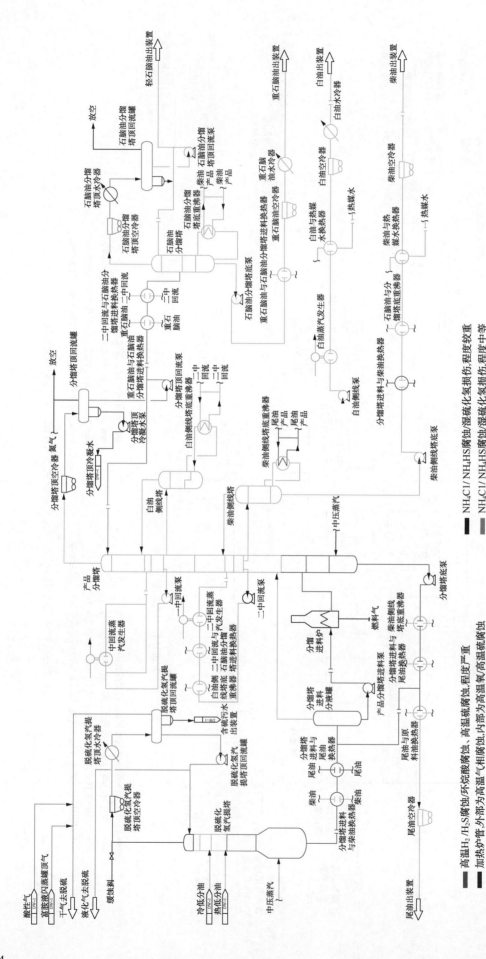

图3-14 蜡油加氢裂化装置分馏部分腐蚀流程图

■ 高温H_2/H_2S腐蚀/环烷酸腐蚀、高温硫腐蚀,程度严重

■ 加热炉炉管,外部为高温气相腐蚀,内部为高温氧/高温硫腐蚀

■ 高温H_2/H_2S腐蚀/环烷酸腐蚀,高温硫腐蚀,温度低于240℃,腐蚀轻微

■ 胺腐蚀/胺应力腐蚀开裂

■ NH_4Cl/NH_4HS腐蚀/湿硫化氢损伤,程度较重

■ NH_4Cl/NH_4HS腐蚀/湿硫化氢损伤,程度中等

■ 循环冷却水腐蚀/锅炉冷凝水腐蚀,腐蚀轻微

表 3-10　蜡油加氢裂化装置主要损伤机理及分布

序号	损伤机理	代码	影 响 部 位
1	高温硫腐蚀	①	分馏部分加热炉及温度高于240℃的换热器/再沸器；脱硫化氢汽提塔及分馏塔高温管线
2	湿硫化氢破坏	②	反应流出物空冷器；冷高压分离器；冷低压分离器；循环氢脱硫塔塔顶管线；循环氢压缩机至进料/出料换热器管线；循环氢压缩机及气液分离罐；脱硫化氢汽提塔和脱硫化氢汽提塔顶换热器及相连管线
3	蠕变	③	加热炉管
4	高温 H_2/H_2S 腐蚀	④	反应部分混氢点后的换热器、加热炉；加热炉至反应器管线；加氢精制反应器
5	连多硫酸应力腐蚀开裂	⑤	换热器；加热炉；加热炉至反应器管线；反应器；反应进料/出料换热器至反应器管线(300系列不锈钢)
6	环烷酸腐蚀	⑥	反应进料管线、进料换热器
7	碱式酸性水腐蚀	⑦	反应流出物空冷器；反应流出物换热器至空冷器管线；高压分离器；低压分离器；高压分离器及低压分离器酸性水管线；高压分离器至低压分离器管线
8	氯化铵腐蚀	⑧	反应流出物结盐温度以下的换热器；反应流出物空冷器；反应流出物换热器至空冷器管线；循环氢压缩机出口管线
9	盐酸腐蚀	⑨	反应流出物空冷器；反应流出物换热器至空冷器管线
10	高温氢损伤	⑩	反应加热炉至反应器管线；反应器；进料/出料换热器；混氢点后的进料换热器
11	回火脆化	⑯	高温换热器；反应器
12	冲蚀	⑳	反应流出物空冷器；反应流出物换热器至空冷器管线；高压分离器酸性水管线；高压分离器至低压分离器管线；循环氢脱硫塔底管线
13	胺应力腐蚀开裂	㉒	循环氢脱硫塔；循环氢压缩机前气液分离罐
14	氯化物应力腐蚀开裂	㉓	反应加热炉；加热炉至反应器管线；反应器；反应流出物空冷器；进料/出料换热器至反应器管线；循环氢压缩机出口管线
15	氢脆	㉕	换热器、反应器
16	短期过热(含蒸汽阻滞)	㉚	加热炉
17	σ 相脆化	㉜	高温换热器；反应器
18	胺腐蚀	㊺	循环氢脱硫塔及其管线
19	绝热层下腐蚀	㊻	温度处于-12~175℃的碳钢及低合金钢管道；温度处于60~205℃的不锈钢管道

表 3-11　各部位、腐蚀类型及严重程度索引

腐蚀类型	程度	颜色	色号	相 关 部 位
高温 H_2/H_2S 腐蚀、高温硫/环烷酸腐蚀	严重		10	混合进料自反应产物与混氢油换热器壳程至反应器、反应流出物自反应器至反应产物与混氢油换热器管程、产品分馏塔中下部、分馏塔进料与柴油换热器至产品分馏塔进料炉管线、脱硫化氢汽提塔底部及相连管线、分馏塔底至尾油与原料油换热器管线、柴油测线塔底重沸器管程、分馏进料炉至产品分馏塔管线
高温 H_2/H_2S 腐蚀、高温硫/环烷酸腐蚀	中等		210	尾油与原料油换热器壳程至滤后原料油缓冲罐、原料油缓冲罐、原料油缓冲罐至反应进料泵管线
高温 H_2/H_2S 腐蚀、高温硫/环烷酸腐蚀	轻微		90	温度低于240℃油气管线及设备
氯化铵腐蚀、碱式酸性水腐蚀、湿硫化氢损伤	严重		170	反应产物与混氢油换热器至热高压分离器管线、热高压分离器、热高压分离器至反应产物空冷前注水点间的管线、冷低压分离器水包及其含硫污水管线、酸性水闪蒸罐及其管线、循环氢脱硫塔至富胺液闪蒸罐管线、脱硫化氢气体塔顶部及塔顶至塔顶空冷前管线、脱硫化氢汽提塔塔顶空冷器、脱硫化氢塔顶回流罐水包及其含硫污水管线、产品分馏塔顶空冷器、分馏塔顶回流罐及冷凝水管线、石脑油分馏塔顶水冷器、石脑油分馏塔顶回流罐水包及管线

135

腐蚀类型	程度	颜色	色号	相关部位
氯化铵腐蚀、碱式酸性水腐蚀、湿硫化氢损伤	中等	■	144	循环氢脱硫塔入口分液罐、循环氢脱硫塔及其之间的管线；热低压分离器及其相连管线、冷高压分离器及其相连管线、热低分空冷器、热高分空冷器、冷低压分离器及其管线、热高分至热低分管线、热低压分离器至冷低分管线、冷高压分离器至冷低压分离器管线、循环氢聚结器及其相连管线、脱硫化氢汽提塔顶空冷器至脱硫化氢汽提塔顶水冷器之间管线、脱硫化氢汽提塔水冷器至塔顶回流罐之间的管线、产品分馏塔顶空冷器至分馏塔顶回流罐之间管线、产品分馏塔顶回流罐至分馏塔之间回流管线、石脑油分馏塔顶空冷器、石脑油分馏塔顶回流罐
胺腐蚀/胺应力腐蚀开裂	中等	■	144	贫胺液缓冲罐、反应贫胺液水冷器及其之间的管线、贫胺液缓冲罐至循环氢脱硫塔、富胺液闪蒸罐及相连管线
循环冷却水腐蚀/锅炉冷凝水腐蚀	轻微	■	130	水冷器的循环水侧、蒸汽/蒸汽凝结水管线
高温氧化、高温硫腐蚀	严重	■	192	分馏塔进料加热炉炉管、反应进料加热炉炉管

3.4.3　渣油加氢装置

1. 工艺流程简介

渣油加氢装置主要分为两个部分：反应部分、分馏部分。原料渣油首先进入原料油缓冲罐，经原料油升压泵升压、与加氢渣油及分馏塔中段回流等物料多次换热后，经自动反冲洗过滤器过滤除去杂质，进入滤后进料缓冲罐。滤后进料缓冲罐的原料油经反应进料泵升压后与部分已预热的混合氢混合，混氢原料油经高压换热器与热高分气、反应产物换热，然后进入反应进料加热炉加热至355℃左右。混氢原料油在反应进料加热炉内加热至所需的温度后进入加氢反应器，在催化剂的作用下，进行脱金属、脱硫、脱氮、脱残炭等一系列加氢反应，最后一个反应器出口温度为390℃左右。反应器间设有控制反应温度的急冷氢。反应产物与混氢原料油换热后进入热高压分离器。

从热高压分离器分出的气体(热高分气)先与混氢原料油、混合氢换热后由热高分气空冷器冷却至50℃左右进入冷高压分离器，进行气、油、水三相分离。为防止热高分气中 NH_3 和 H_2S 在低温下生成铵盐结晶析出，堵塞空冷器，在反应产物进入空冷器前注入净化水。从热高压分离器分离出的液体(热高分油)经减压后进入热低压分离器，从热低压分离器分离出的气体(热低分气)经与冷低分油换热并经热低分气空冷器换热冷却后进入冷低分闪蒸罐，冷低分闪蒸罐顶气体与富胺液闪蒸罐顶部气体一起去进行气体脱硫。

从冷高压分离器分离出的气体(循环氢)，先脱除硫化氢后由循环氢压缩机升压，返回反应部分同补充氢混合成混合氢，混合氢先与热高分气换热后再与原料油混合。从冷高压分离器分离出的液体(冷高分油)减压后混合，进入冷低压分离器，继续进行气、油、水三相分离。从冷高压分离器底部出来的含硫污水减压后，送至冷低压分离器，脱去大部分的酸性气后，含硫污水送出装置至污水汽提装置进行处理，酸性气送至脱硫装置脱硫。冷低分闪蒸罐底油和冷低压分离器罐底油混合后与热低分气、柴油换热后和热低分油一起进入脱硫化氢汽提塔脱硫。反应部分贫胺液由装置外进入循环氢脱硫塔。

低分油在脱硫化氢汽提塔中经过蒸汽汽提除去 H_2S。脱硫化氢汽提塔顶气和液态烃出装置。硫化氢汽提塔底油由分馏塔进料加热炉加热至合适的温度，进入分馏塔。分馏塔设一个侧线塔和一个中段回流。侧线抽出柴油产品，送柴油加氢装置进一步处理；塔顶为石脑油，送出装置；塔底为加氢渣油，送出装置。分馏塔设置中段回流，用来预热原料油。

2. 腐蚀介质及损伤机理分布图

渣油加氢装置的主要腐蚀和损伤类型包括高温高压氢引起的损伤(高温氢损伤、氢脆)、高温 H_2/H_2S 腐蚀、低温湿硫化氢引起的损伤(腐蚀减薄、硫化物应力腐蚀开裂、氢致开裂、应力导向氢致开裂)、氯化铵腐蚀、碱式酸性水腐蚀、铬钼钢回火脆化、不锈钢氯化物应力腐蚀开裂、不锈钢连多硫酸应力腐蚀开裂等。

在加氢反应系统,高温部位材质主要采用不锈钢或不锈钢堆焊、铬钼钢,主要腐蚀机理是铬钼钢回火脆化、高温氢损伤、高温 H_2/H_2S 腐蚀以及停工时的连多硫酸应力腐蚀开裂,发生部位包括加氢裂化/加氢精制反应器和高温高压换热器,反应加热炉以及相连管道。

反应系统低温部位的主要腐蚀机理包括氯化铵腐蚀、碱式酸性水腐蚀、湿硫化氢引起的损伤(腐蚀减薄、硫化物应力腐蚀开裂、氢致开裂、应力导向氢致开裂)。氯化铵腐蚀主要发生部位是换热流程后部的高压换热器和相连管道、新氢系统设备和管道;碱式酸性水腐蚀及湿硫化氢损伤主要发生部位是高压空冷器、冷高压分离器、冷低压分离器及相连管道,以及循环氢系统的设备和相连管道。由于原料油硫含量相对较高,因此反应流出物低温部位的碱式酸性水腐蚀问题需重点关注。

分馏系统的主要腐蚀类型包括高温硫腐蚀、湿硫化氢引起的损伤(腐蚀减薄、硫化物应力腐蚀开裂、氢致开裂、应力导向氢致开裂)、氯化铵腐蚀。高温硫腐蚀主要发生在重沸炉及进出口管线、脱硫化氢汽提塔和分馏塔的高温部位和换热器、相连管线;湿硫化氢引起的损伤及氯化铵腐蚀主要发生在脱硫化氢汽提塔塔顶冷凝冷却系统的设备和管线。

渣油加氢装置的主要损伤机理见表3-12,渣油加氢装置设备和管道各部位的损伤机理分布图如图3-15所示。

表 3-12　渣油加氢装置主要损伤机理及分布

序号	损伤机理	代码	影 响 部 位
1	高温硫腐蚀	①	分馏部分加热炉及温度高于240℃的换热器/再沸器;脱硫化氢汽提塔及分馏塔高温管线
2	湿硫化氢破坏	②	反应流出物空冷器;冷高压分离器;冷低压分离器;循环氢脱硫塔塔顶管线;循环氢压缩机至进料/料料换热器管线;循环氢压缩机及气液分离罐;脱硫化氢汽提塔和脱硫化氢汽提塔顶换热器及相连管线
3	蠕变	③	加热炉管
4	高温 H_2/H_2S 腐蚀	④	反应部分混氢点后的换热器、加热炉;加热炉至反应器管线;加氢精制反应器
5	连多硫酸应力腐蚀开裂	⑤	换热器;加热炉;加热炉至反应器管线;反应器;反应进料/出料换热器至反应器管线(300系列不锈钢)
6	环烷酸腐蚀	⑥	反应进料管线、进料换热器
7	碱式酸性水腐蚀	⑦	反应流出物空冷器;反应流出物换热器至空冷器管线;高压分离器;低压分离器;高压分离器及低压分离器酸性水管线;高压分离器至低压分离器管线
8	氯化铵腐蚀	⑧	反应流出物结盐温度以下的换热器;反应流出物空冷器;反应流出物换热器至空冷器管线;循环氢压缩机出口管线
9	盐酸腐蚀	⑨	反应流出物空冷器;反应流出物换热器至空冷器管线
10	高温氢损伤	⑩	反应加热炉至反应器管线;反应器;进料/出料换热器;混氢点后的进料换热器
11	回火脆化	⑯	高温换热器;反应器
12	冲蚀	⑳	反应流出物空冷器;反应流出物换热器至空冷器管线;高压分离器酸性水管线;高压分离器至低压分离器管线;循环氢脱硫塔塔底管线
13	胺应力腐蚀开裂	㉒	循环氢脱硫塔;循环氢压缩机前气液分离罐
14	氯化物应力腐蚀开裂	㉓	反应加热炉;加热炉至反应器管线;反应器;反应流出物空冷器;进料/出料换热器至反应器管线;循环氢压缩机出口管线
15	氢脆	㉕	换热器、反应器、热高压分离器
16	短期过热(含蒸汽阻滞)	㉚	加热炉
17	σ 相脆化	㉜	高温换热器;反应器
18	胺腐蚀	㊺	循环氢脱硫塔及其管线
19	绝热层下腐蚀	㊻	温度处于-12~175℃的碳钢及低合金钢管道;温度处于60~205℃的不锈钢管道

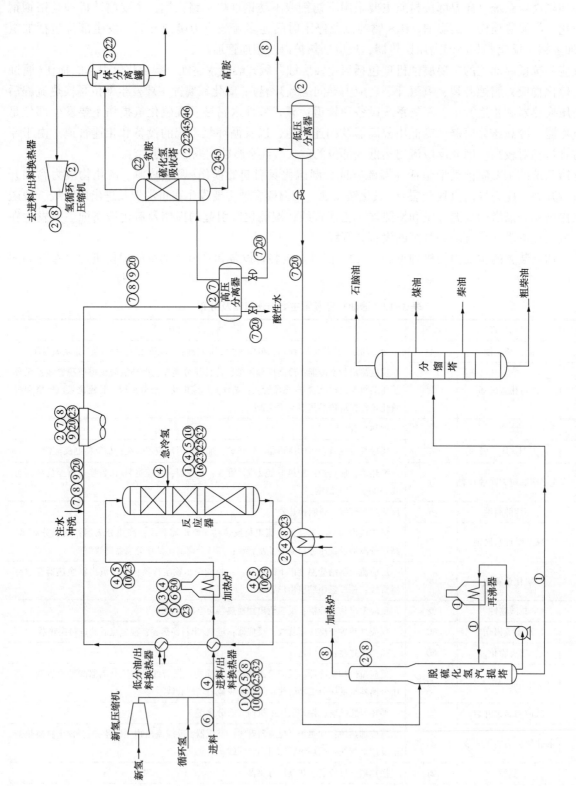

图3-15 渣油加氢装置损伤机理分布图

3. 腐蚀流程图

渣油加氢装置设备和管道可能发生的损伤类型有高温硫腐蚀、湿硫化氢破坏、蠕变、高温 H_2/H_2S 腐蚀、连多硫酸应力腐蚀开裂、环烷酸腐蚀、碱式酸性水腐蚀、氯化铵腐蚀、盐酸腐蚀、高温氢损伤、回火脆化、冲蚀、胺应力腐蚀开裂、氯化物应力腐蚀开裂、氢脆、短期过热(含蒸汽阻滞)、σ 相脆化、475℃脆化、胺腐蚀及绝热层下腐蚀等。生产过程中需要重点关注的腐蚀类型是高温 H_2/H_2S 腐蚀、环烷酸腐蚀、氯化铵腐蚀、碱式酸性水腐蚀、湿硫化氢损伤、胺腐蚀/胺应力腐蚀开裂、循环冷却水腐蚀、锅炉冷凝水腐蚀、高温氢损伤等类型。

渣油加氢装置的主要腐蚀类型、严重程度、图例颜色以及影响部位的统计见表 3-13,渣油加氢装置腐蚀流程图如图 3-16 及图 3-17 所示。

表 3-13　各部位、腐蚀类型及严重程度索引

腐蚀类型	程度	颜色	色号	相 关 部 位
高温 H_2/H_2S 腐蚀、高温硫/环烷酸腐蚀	严重		10	混合进料自反应产物与混氢油换热器壳程至反应器,反应流出物自反应器至反应产物与混氢油换热器管程
高温 H_2/H_2S 腐蚀、高温硫/环烷酸腐蚀	中等		210	产品分馏塔中下部,脱硫化氢气体塔底油与加氢渣油换热器至产品分馏塔管线、脱硫化氢汽提塔底部及相连管线、脱硫化氢气体塔底油与加氢渣油换热器至分馏塔进料加热炉管线、分馏塔加热炉至产品分馏塔管线、原料油与加氢渣油换热器至反应进料加热炉管线
高温 H_2/H_2S 腐蚀、高温硫/环烷酸腐蚀	轻微		90	温度低于240℃油气管线及设备
氯化铵腐蚀、碱式酸性水腐蚀、湿硫化氢损伤	严重		170	反应产物与混氢油换热器至热高压分离器管线、热高压分离器、热高压分离器至反应产物空冷前注水点间的管线、冷低压分离器水包及其含硫污水管线、循环氢脱硫塔至富胺液闪蒸罐管线、循环氢压缩机入口分液罐至富胺液闪蒸罐管线、脱硫化氢气体塔顶部及塔顶至塔顶空冷前管线、脱硫化氢塔顶回流罐水包及其含硫污水管线、产品分馏塔顶空冷器至分馏塔顶回流罐管线、分馏塔顶回流罐及冷凝水管线、分馏塔顶空冷器
氯化铵腐蚀、碱式酸性水腐蚀、湿硫化氢损伤	中等		144	循环氢脱硫塔入口分液罐、循环氢脱硫塔及其之间的管线;分离器及其相连管线、冷高压分离器及其相连管线、反应产物空冷器、冷低压分离器、冷低分闪蒸罐、热低压分离器、热低分空冷器、热高分至热低分管线、热低压分离器至热低分气冷低分油换热器、脱硫化氢汽提塔顶空冷器至脱硫化氢汽提塔顶水冷器之间管线、塔顶气管线、脱硫化氢汽提塔顶水冷器壳程、产品分馏塔顶回流管线
胺腐蚀/胺应力腐蚀开裂	中等		144	富胺液闪蒸罐、循环氢脱硫塔及相关贫富胺液管线
循环冷却水腐蚀/锅炉冷凝水腐蚀	轻微		130	水冷器的循环水侧、蒸汽/蒸汽凝结水管线
高温氧化、高温硫腐蚀	严重		192	分馏塔进料加热炉炉管、反应进料加热炉炉管

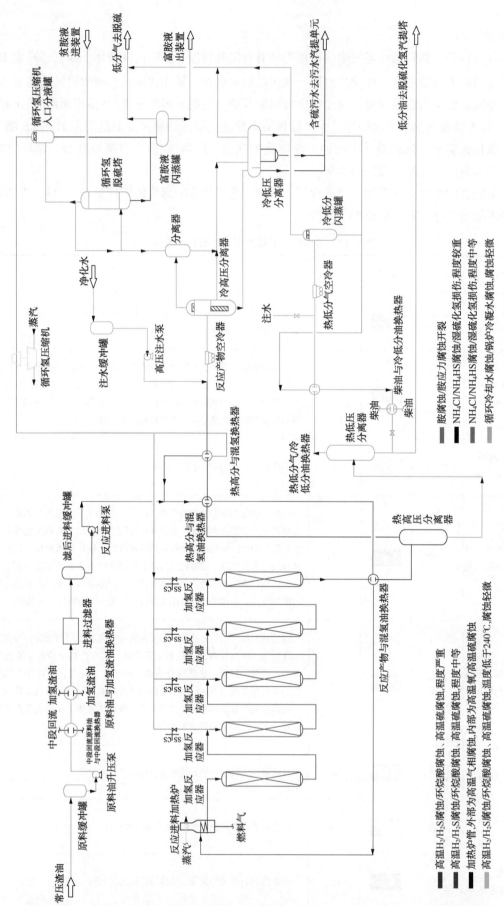

图3-16 渣油加氢装置反应部分腐蚀流程图（反应器以CrMo钢为基准）

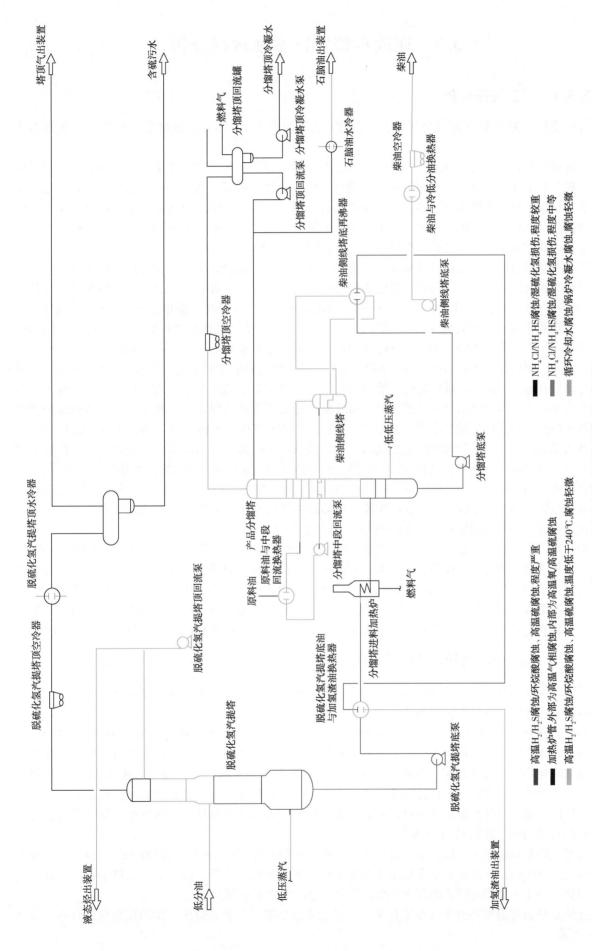

图 3-17　渣油加氢装置分馏部分腐蚀流程图

塔顶气出装置

含硫污水

脱硫化氢汽提塔顶水冷器

脱硫化氢汽提塔顶空冷器

脱硫化氢汽提塔顶回流泵

脱硫化氢汽提塔

脱硫化氢汽提塔底油
与加氢渣油换热器

脱硫化氢汽提塔底泵

液态烃出装置

低分油

低压蒸汽

加氢渣油出装置

燃料气

分馏塔顶回流罐

分馏塔顶冷凝水

分馏塔顶回流泵

分馏塔顶冷凝水泵

分馏塔顶空冷器

原料油

原料油与中段
回流油换热器

分馏塔进料加热炉

燃料气

分馏塔中段回流泵

低压蒸汽

分馏塔底泵

柴油侧线塔底再沸器

柴油侧线塔

柴油侧线塔底泵

石脑油水冷器

柴油空冷器

柴油与冷低分油换热器

石脑油出装置

柴油出装置

产品分馏塔

低压蒸汽

■ 高温 H_2/H_2S 腐蚀/环烷酸腐蚀、高温硫腐蚀，程度严重
■ 加热炉管外部为高温气相腐蚀，内部为高温氧/高温硫腐蚀
■ 高温 H_2/H_2S 腐蚀/环烷酸腐蚀、高温硫腐蚀，温度低于240℃，腐蚀轻微

■ NH_4Cl/NH_4HS 腐蚀/湿硫化氢损伤，程度较重
■ NH_4Cl/NH_4HS 腐蚀/湿硫化氢损伤，程度中等
■ 循环冷却水腐蚀/锅炉冷凝水腐蚀，腐蚀轻微

141

3.5 连续重整装置腐蚀流程分析

3.5.1 工艺流程简介

连续重整装置主要分为三个部分：预处理(也称为预加氢)部分、连续重整部分、催化剂再生部分。

预处理部分是将混合石脑油、乙烯裂解汽油等原料混合后，在一定条件下通入预加氢反应器进行加氢处理，在催化剂和氢气的作用下对原料进行脱硫、脱氮、脱氧、烯烃饱和、金属有机物分解等反应。然后反应产物进入脱氯反应器，在脱氯催化剂作用下去除氯，防止氯化物造成下游设备结盐、堵塞、腐蚀。经气液分离后的生成油经换热后进入蒸发塔拔头。塔底油作为重整进料，塔顶拔头油进入到汽提塔，脱除硫化氢后出装置。少量轻烃自塔顶拔出送至轻烃回收装置。

连续重整部分的目的是通过重整反应、再接触及分馏工艺过程，生产富含芳烃的高辛烷值汽油组分和副产高纯度的重整氢气。蒸发塔塔底油作为重整进料，与氢气混合后经过重整进料换热器加热到460℃左右，先后经过重整第一、第二、第三、第四反应器。在每级反应器中会发生芳构化(烷烃脱氢环化、环烷烃脱氢)、异构化、加氢裂化等反应。其中芳构化反应是重整过程的主导反应，大量吸热，使催化剂床层产生很大压降。为了给反应过程补充热量，进入每级反应器之前，进料需经过重整第一、第二、第三、第四加热炉将温度升高至540℃左右，经过反应器后出料温度又下降至500℃左右。重整产物冷却后在重整产物分离罐中进行气液分离，气相经过重整氢增压后进入增压机入口分液罐，氢气从顶部出来后进入增压机出口空冷器冷却，与重整产物分离罐底液混合后，再与来自再接触罐的低温液相物流换热，后经再接触冷冻器冷却至4℃，进入再接触罐进行气液分离，罐顶得到较高纯度的含氢气体大部分经过氢气脱氯罐脱除氯化氢后送往氢提浓(PSA)部分。增压机入口分液罐和再接触罐底液混合后经过脱戊烷塔进料脱氯罐脱除氯化物，经换热之后与来自氢气脱氯罐经加热的部分氢气混合，再经过脱烯烃和换热后，进入脱戊烷塔进行产物分离。脱戊烷塔采用重沸器加热，塔顶产物 C_5- 通过空冷器和后冷器冷却至脱丁烷塔，塔底产物脱戊烷油经换热后至重整油塔。重整油塔塔顶产品一部分打冷回流，一部分至芳烃抽提装置，塔底油 C_{8+} 至芳烃装置二甲苯塔。

催化剂再生部分是一套与反应部分密切相连又相对独立的系统。其作用一是实现催化剂连续循环，二是在催化剂循环的同时完成催化剂再生。来自第一重整反应器的待生催化剂被提升至再生部分，依次进行催化剂的烧焦、氯化(补氯和金属的再分散)、干燥和冷却。再生后的催化剂循环至第四反应器顶部的还原罐进行催化剂还原(氧化态变为还原态)，然后通过重力和提升依次逆流经重整第四至第一反应器与物料进行反应，上述催化剂的循环和再生是通过一套催化剂再生控制系统的控制来实现的。

3.5.2 腐蚀介质及损伤机理分布图

原料经预加氢反应，产生大量 H_2S 和 HCl，脱氮反应产生 NH_3，部分氧化物反应生成 H_2O，这些都会对装置后续设备及管道造成腐蚀。

预处理部分产生的 NH_3、H_2S、HCl 会在反应馏出物冷凝冷却及分馏的过程中产生 NH_4Cl 和 NH_4HS，导致腐蚀，尤其是在反应流出物中水蒸气分压大于10%的情况下，铵盐会吸湿潮解，发生垢下腐蚀或氯化物应力腐蚀开裂，造成预加氢系统后部及下游装置的设备、管线堵塞和腐蚀风险增加。目前，多数企业设置有反应产物脱氯罐，并且采用了严格的控水措施，预处理部分的铵盐腐蚀问题得到了较好的控制。同时，预处理的高温部位，如温度高于240℃的换热器、加热炉、反应器及上述设备的连接管线会发生高温 H_2/H_2S 腐蚀。

重整反应是高温临氢环境，催化剂带入的有机氯化物反应产生 HCl，在接触 NH_3 的情况下，两者会结合生成 NH_4Cl，主要发生在重整油分离部分的塔顶系统及分离罐、循环氢压缩机等处。此外，重整反应器、再生器及相连管道因催化剂高速流动，会发生冲蚀-磨损。

连续重整装置的主要损伤机理见表3-14，连续重整装置设备和管道各部位的损伤机理分布图如图3-18所示。

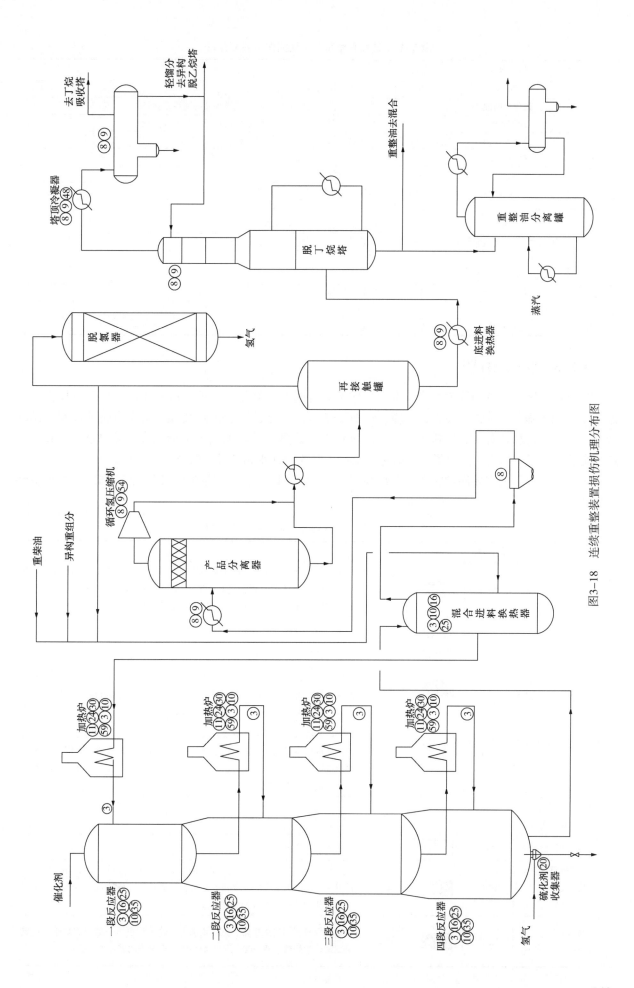

图3-18 连续重整装置损伤机理分布图

143

表 3-14 连续重整装置主要损伤机理及分布

序号	损伤机理	代码	影响部位
1	蠕变	③	反应器、加热炉、混合进料设备
2	氯化铵腐蚀	⑧	换热器、循环氢压缩机、脱丁烷塔顶及冷凝冷却系统
3	盐酸腐蚀	⑨	换热器、循环氢压缩机、脱丁烷塔顶及冷凝冷却系统
4	高温氢损伤	⑩	反应器、加热炉、混合进料设备
5	高温氧化	⑪	加热炉
6	回火脆化	⑯	反应器及混合进料换热器
7	冲蚀	⑳	与催化剂接触的设备及管线
8	渗碳	㉔	加热炉
9	氢脆	㉕	反应器、混合进料换热器
10	短期过热(含蒸汽阻滞)	㉚	加热炉
11	再热裂纹	㉟	反应器
12	氨应力腐蚀开裂	㊽	塔顶冷凝器
13	循环冷却水腐蚀	㊾	塔顶冷凝器
14	机械疲劳	(54)	循环氢压缩机
15	金属粉化	(59)	加热炉

3.5.3 腐蚀流程图

连续重整装置设备和管道可能发生的损伤类型有蠕变、氯化铵腐蚀、盐酸腐蚀、高温氢损伤、高温氧化、回火脆化、冲蚀、渗碳、氢脆、短期过热(含蒸汽阻滞)、再热裂纹、氨应力腐蚀开裂、循环冷却水腐蚀、机械疲劳及金属粉化等。生产过程中需要重点关注的腐蚀类型是高温硫腐蚀、高温 H_2/H_2S 腐蚀、高温氢损伤、高温氧化、氯化铵腐蚀、碱式酸性水腐蚀及盐酸腐蚀等类型。

连续重整装置的主要腐蚀类型、严重程度、图例颜色以及影响部位的统计见表 3-15，连续重整装置腐蚀流程图如图 3-19~图 3-21 所示。

表 3-15 各部位、腐蚀类型及严重程度索引

腐蚀类型	程度	颜色	色号	相关部位
高温 H_2/H_2S 腐蚀	一般可控		10	预加氢反应器、预加氢氯反应器及进出口管道，预加氢进料换热器管程入口；重整进料换热器，进料出口至重整进料加热炉，重整第一、二、三、四反应器及各设备进出口管线；催化剂再生气管线
高温 H_2/H_2S 腐蚀	轻微		210	预加氢进料换热器壳程至预加氢进料加热炉
油气腐蚀	轻微		90	温度较低的工艺介质、氮气、再生气等管线及设备
氯化铵腐蚀、碱式酸性水腐蚀、湿硫化氢损伤	较重		170	预加氢进料换热器管程预加氢产物出口至预加氢产物空冷器；汽提塔顶部至汽提塔重沸器；蒸发塔顶低温热水换热器壳程至蒸发塔顶空冷器
氯化铵腐蚀、碱式酸性水腐蚀、湿硫化氢损伤	中等		144	预加氢产物空冷器出口，预加氢气液分离罐及进出口管线；重整氢压缩机入口分液罐、汽提塔回流罐及进出口管线；蒸发塔塔顶后冷器、蒸发塔回流罐进出口管线；重整产物空冷器、重整氢增压机入口分液罐、增压机出口空冷器、再接触进料/罐底换热器、再接触冷冻器、再接触吸收罐底部及各设备进出口管线
循环冷却水腐蚀/锅炉冷凝水腐蚀	轻微		130	水冷器的循环水侧、蒸汽/蒸汽凝结水管线
氢气腐蚀	轻微		50	新氢、循环氢管道及设备
反应油气+催化剂，高温氧化、催化剂磨蚀	较重		40	重整第一、二、三、四反应器、N 返上部料斗、N 返下部料斗、N 返缓冲料斗、N 返重整反应器及相连管线；分离料斗、催化剂计量罐、再生器等与催化剂接触的设备及相连管线
高温氧化、高温 H_2/H_2S 腐蚀	较重		192	预加氢进料加热炉炉管、蒸发重沸炉炉管、重整第一加热炉炉管、重整第二加热炉炉管、重整第三加热炉炉管、重整第四加热炉炉管

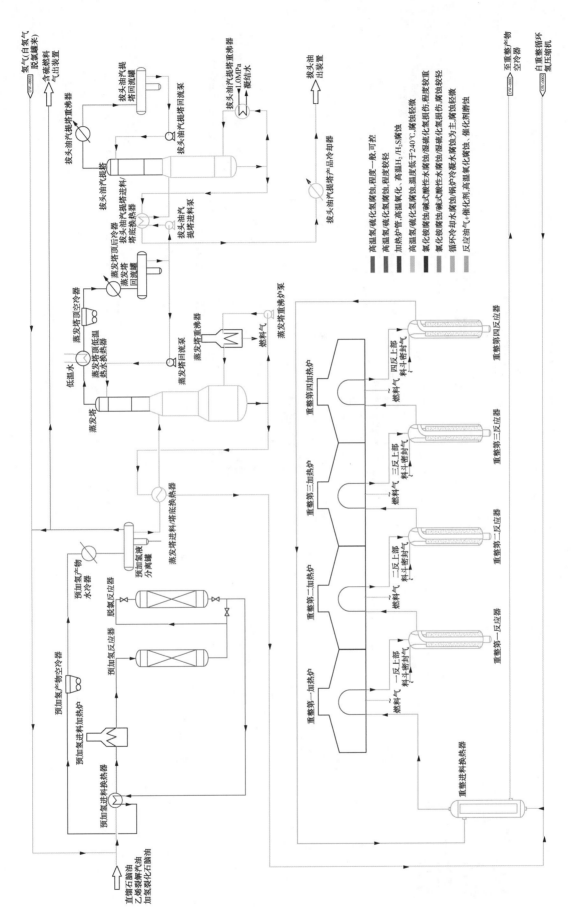

图3-19 重整反应部分腐蚀流程图

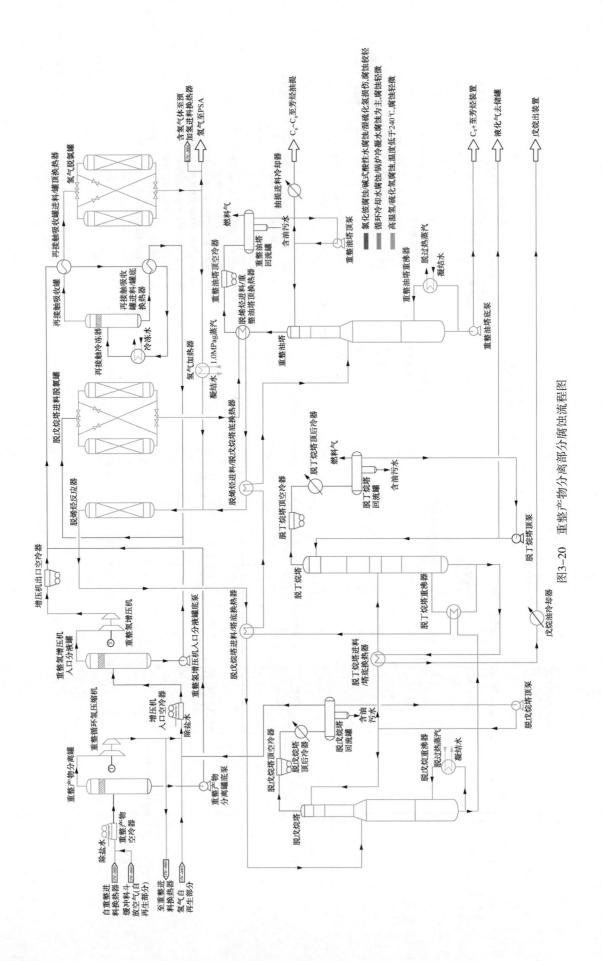

图3-20 重整产物分离部分腐蚀流程图

146

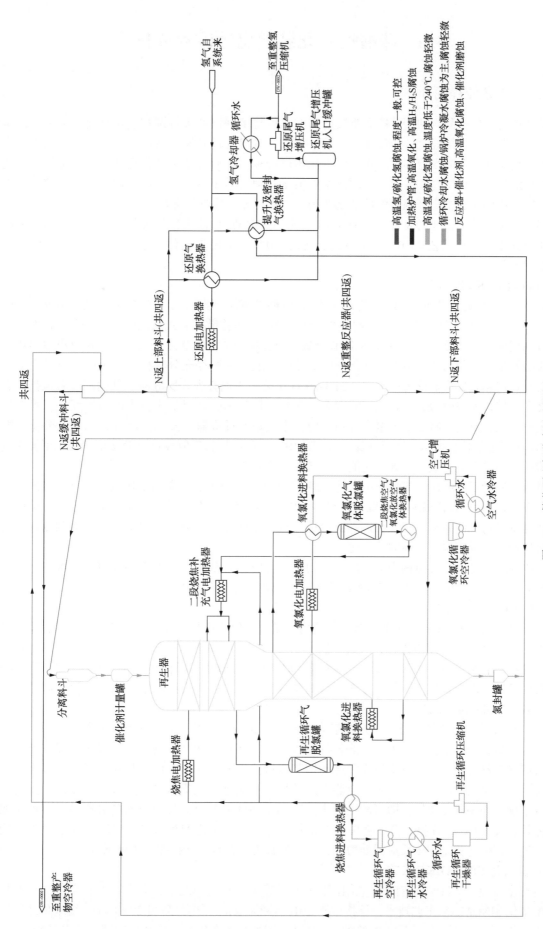

图3-21 催化再生部分腐蚀流程图

3.6 硫酸烷基化装置腐蚀流程分析

3.6.1 工艺流程简介

为了获得合格的产品汽油，一般需要按适当的比例将多种汽油进行调和。烷基化汽油具有高辛烷值、低蒸气压并且不含烯烃、芳烃等优点，是一种极为难得的优质调和汽油。硫酸烷基化的工艺方法是目前生产烷基化汽油的主流技术，在中国占比超过95%。硫酸烷基化过程把低辛烷值烯烃和硫酸催化剂中存在的异构烷烃结合在一起，所谓低辛烷值烯烃通常是丁烯、丙烯或戊烯，而异构烷烃通常是异丁烷，所生成的是有更高辛烷值的烷基化产物，主要是异辛烷或异庚烷。

硫酸法烷基化技术主要有4种，即DuPont公司的STRATCO流出物间接制冷工艺、Exxon Mobil公司的串联搅拌釜自冷式工艺、CB&I Lummus公司的CDAlky低温烷基化工艺、中国石化的SINOALKY硫酸烷基化工艺。

1. DuPont STRATCO 工艺

STRATCO工艺是美国STRATCO公司开发的硫酸法烷基化工艺，于2003年被杜邦公司收购。STRATCO工艺已有几十年的历史，从早期的氨封闭制冷和涡轮搅拌立式反应器到后来的HE型卧式反应器，再到现如今被广泛使用的HUE型偏心卧式反应器配合流出物制冷工艺。烷基化反应器是用来提供烃和硫酸发生反应的场所，根据烷基化反应的特性，能否使酸烃充分混合并且及时移出反应放出的热量，是衡量烷基化反应器优劣的关键。STRATCO工艺采用偏心卧式反应器，其内部装有搅拌装置和内循环夹套，用以实现硫酸和烃乳化液的混合、循环。搅拌为酸烃提供了更大的接触面积，可以使烯烃实现快速分散，有利于减少烯烃聚合等副反应。卧式偏心反应器和高位酸沉降器构成的乳化液循环是STRATCO工艺的核心技术。在卧式偏心反应器中，酸相和烃相反复保持充分接触，强化了异丁烷向酸相的传质，使得反应所消耗的异丁烷能够得到及时的补充。

针对如何取走反应放出的热量这一问题，STRATCO工艺采用了反应流出物制冷。反应流出物中部分液相异丁烷(包括少量丙烷和正丁烷)在反应器的冷却管束中蒸发，吸收反应放出的热量。反应流出物在闪蒸罐中进行气液分离后，气相进入制冷压缩机，压缩冷却，再循环回反应器作为制冷剂，制冷剂的加入还提高了异丁烷与烯烃的分子比。

STRARTCO工艺在世界范围内应用广泛，约占市场份额的80%。国内大部分硫酸法烷基化装置都采用STRATCO或类STRATCO流出物间接制冷工艺，烷基化产品的RON值为94~97。

2. CB&I CDAlky 工艺

鲁姆斯公司的CDAlky低温硫酸烷基化工艺对烷基化反应器进行了改进，使硫酸法烷基化反应可以在-3℃左右的理想反应温度下进行，有效抑制了副反应，C_8产物选择性高，辛烷值高。采用立式反应器，酸、烃在专有结构填料上接触反应，无需转动搅拌器，降低了操作故障率，减少了酸耗、能耗；采用高效聚结器，取消了反应产物的酸洗、水洗和碱洗工序，减少了装置投资和设备维护等费用。

3. Exxon Mobil SA 工艺

Exxon Mobil公司串联搅拌釜自冷式烷基化工艺已有50余年历史。该工艺将原料烯烃和循环异丁烷经混合并冷却后，分段平行地进入反应器各反应段，而循环硫酸和制冷剂在第一段进入反应器。单个反应段采用强混和搅拌釜，在每个反应段之间用竖直折流板隔开并相互串联相接。反应混合物由一个混和区流至下一个混和区，最末一级反应器内的酸烃乳化液进入沉降器进行分离。由于制冷温度高于间接制冷系统，小型制冷压缩机即可满足要求，有利于降低能耗。而且反应器的分段设计，可在相比杜邦工艺较低温度(4.4℃)和烯烃空速$0.1h^{-1}$条件下操作。烷基化产品辛烷值较高，并消除了精馏段的腐蚀。该工艺的优势是单个反应器能力大，工艺操作可靠，投资和操作成本较低。

4. 中国石化 SINOALKY 工艺

中国石化石油化工科学研究院联合洛阳工程公司等单位共同开发了具有中国石化自主知识产权的硫酸法烷基化SINOALKY工艺技术，该技术于2018年在石家庄炼化分公司$20\times10^4t/a$烷基化装置上进行了工业应用，并通过了中国石化总部鉴定，打破了国外公司在硫酸法烷基化领域的技术垄断。

针对烷基化反应的特点，SINOALKY 工艺技术采用多级多段静态混合器。多点进料的方式提高了反应器内的烷烯比，有效降低了烯烃的局部浓度，降低了副反应发生的概率。同时，该技术采用自汽化酸烃分离器，酸烃相通过分离器内装的纤维聚结内件后，利用降压汽化的部分异丁烷取走反应热，可将烷基化反应器内的温度控制在 0~4℃。在后续的酸烃分离过程中，SINOALKY 工艺技术采用高效的酸烃聚结器，利用液滴聚并原理，实现酸烃的快速高度分离，省去了碱洗、水洗等工序，减小了装置的投资费用和操作成本，减少了废水的排放量。

目前应用较多的为杜邦公司的 STRATCO 工艺，下面我们以此工艺为例，介绍其工艺流程、腐蚀机理并绘制相关的腐蚀流程图。

STRATCO 工艺主要由反应部分、制冷压缩部分、流出物精制部分、产品分馏部分组成。

反应部分：混合 C₄ 原料与脱异丁烷塔顶过来的循环异丁烷混合后，与反应器净流出物在原料–流出物换热器中换冷后进入原料脱水器，碳四馏分中的游离水在此被分离出去，再与循环冷剂直接混合并使温度降低至约 4.0℃进入烷基化反应器。

烷基化反应器是杜邦公司的专利产品。在反应器操作条件下，进料中的烯烃和异丁烷在硫酸催化剂存在下，生成烷基化油。反应完全的酸–烃乳化液经上升管直接进入酸沉降罐，并在此进行酸和烃类的沉降分离，分出的酸液循下降管返回反应器重新使用。从酸沉降罐分出的烃类降压后进入闪蒸罐进行气液分离。

制冷压缩部分：闪蒸罐分离出的气相进入制冷压缩机。从压缩机入口分液罐来的烃类气体进入压缩机一级入口，经压缩机压缩后，冷凝的烃类液体进入冷剂罐。冷剂罐一小部分烃类液体作为抽出丙烷经抽出丙烷泵升压送至抽出丙烷碱洗罐进行碱洗，以中和可能残留的微量酸，从抽出丙烷碱洗罐流出的丙烷经丙烷脱水器脱水后送回脱轻烃塔回收其中的异丁烷。

流出物精制部分：反应流出物首先进入流出物脱酸罐，在聚结器的作用下脱除流出物携带的酸。随后流出物与烷基化油产品换热后的热碱水在混合器中充分混合后进入流出物碱洗罐。碱洗后的流出物进行水洗及脱水。

产品分馏部分：流出物水洗及脱水后进入脱异丁烷塔，塔顶馏出物经脱异丁烷塔顶空冷器冷凝后进入塔顶回流罐。塔底丁烷和烷基化油自压进入正丁烷塔。正丁烷塔顶蒸出的正丁烷经塔顶冷凝器冷凝后进入塔顶回流罐。烷基化油由塔底产品泵抽出冷却至 40℃送出装置。

3.6.2　腐蚀介质及损伤机理分布图

硫酸作为烷基化反应的催化剂，也是烷基化装置中主要的腐蚀剂，所以硫酸烷基化装置所暴露的腐蚀主要表现为硫酸腐蚀、硫酸酯分解产生的亚硫酸腐蚀以及碱洗操作过程产生的碱腐蚀及碱应力腐蚀开裂。如果处在适宜的硫酸浓度、温度和流速范围内，采用碳钢制造即可满足安全要求。但是反应器反应温度偏高以及工艺介质含有杂质是导致烷基化装置腐蚀的主要因素，其次，温度和流速未能按照原始设计操作也是重要的影响因素。

1. 硫酸的浓度

进入装置新酸的浓度一般为 93%~98%，为浓硫酸，具有氧化性的腐蚀特性，能够在碳钢表面形成腐蚀产物保护膜，降低腐蚀速率，因此大部分 93%~98% 的浓硫酸环境选用碳钢材料。随着硫酸浓度的降低腐蚀性会显著增强。

随着硫酸与烃类介质的混合，反应系统中硫酸的浓度约为 88%，此时考虑硫酸的腐蚀和选材问题时，并不是按照 88% 的浓硫酸考虑，而是应该将烃类介质和硫酸分开考虑。烃类介质的加入并没有使硫酸溶液稀释，增强其腐蚀性，反而会在一定程度上降低其腐蚀性。当然，烃类介质中夹带的微量水，会使反应系统中循环使用的硫酸浓度降低，增加腐蚀性。

2. 温度

随着温度的升高，硫酸的腐蚀性会显著增强，对于浓硫酸，通常在 40℃以内，碳钢/316L 具有一定程度的耐腐蚀性能，但是随着温度的升高，需要使用 20 合金、C–276、高硅不锈钢、高硅合金等专有材质。

3. 流速

由于碳钢表面能够形成的腐蚀产物膜具有一定的保护性能，因此在93%~98%浓硫酸中，40℃以内可以选用碳钢材质。但是由于保护膜的容易脱落，脱落后腐蚀速率会显著增加，因此碳钢材质必须要严格控制硫酸介质的流速，一般要求不大于0.6m/s。对于流速较高、容易形成冲刷腐蚀的部位，必须要升级材质。

伴随硫酸腐蚀的一个特殊问题叫作氢致沟状腐蚀。在管道和储罐里，硫酸停滞或缓慢流动的部位，会发生这样的腐蚀。氢致沟状腐蚀属于局部加速腐蚀，在混合相酸管道、容器的人孔，特别是酸储槽某些类型的接管上方，能够发生这样的氢致沟状腐蚀。硫酸腐蚀产生的氢气会沿着容器壁、罐壁、管壁上升，并除去钢材表面硫酸亚铁保护膜，留下许多平行的腐蚀沟槽，所以叫作氢致沟状腐蚀。

当装置中的设备在低于环境空气温度的条件下操作时，这些设备容易发生外部腐蚀。当保温系统和蒸汽阻挡层发生破裂时，较低的金属温度能够使水分冷凝。这样，在水聚集的部位，就会引起保温层下局部腐蚀问题(CUI)。

在装置停工期间和准备进入系统的时候，酸腐蚀是特别麻烦的问题。如果操作中没有合适的预防措施，存在的稀酸会造成碳钢非常高的腐蚀速率。而且，同时存在的问题是，酸的稀释是个放热过程，温度升高会进一步加剧腐蚀。

硫酸烷基化装置的主要损伤机理见表3-16，硫酸烷基化装置设备和管道各部位的损伤机理分布图如图3-22所示。

表3-16　硫酸烷基化装置主要损伤机理及分布

序号	损伤机理	代码	影响部位
1	硫酸腐蚀	㊱	整个系统，尤其是反应器流出物管线、塔顶系统和重沸器
2	碱腐蚀	⑲	碱洗注入点、碱混合器
3	碱应力腐蚀开裂	⑱	碱洗注入点、碱混合器
4	绝热层下腐蚀	㊻	温度处于-12~175℃的碳钢及低合金钢管道；温度处于60~205℃的不锈钢管道

3.6.3　腐蚀流程图

硫酸烷基化装置设备和管道可能发生的主要腐蚀类型有硫酸腐蚀、碱腐蚀、碱应力腐蚀开裂、绝热层下腐蚀等。生产过程中需要重点关注的腐蚀类型是硫酸腐蚀与碱腐蚀等类型。

硫酸烷基化装置的主要腐蚀类型、严重程度、图例颜色以及影响部位的统计见表3-17，硫酸烷基化装置腐蚀流程图如图3-23所示。

表3-17　各部位、腐蚀类型及严重程度索引

腐蚀类型	程度	颜色	色号	相关部位
硫酸腐蚀	较重		10	流出物碱洗混合器、流出物水洗混合器、流出物碱洗罐、水包及其管线、流出物水洗罐、循环碱水加热器管程及其相互之间的管线；脱异丁烷塔顶管线、脱异丁烷塔顶空冷器；废酸沉降罐等设备及之间的管线
硫酸腐蚀	轻微		210	酸沉降罐、烷基化反应器、闪蒸罐、流出物脱酸罐、脱异丁烷塔、脱异丁烷塔回流罐水包及其废水管线、脱异丁烷塔重沸器及其与脱异丁烷塔间管线、脱正丁烷塔、脱正丁烷塔顶管线及回流管线、脱正丁烷塔顶空冷器、脱异丁烷塔回流罐水包及其废水管线、正丁烷产品冷却器壳程、脱正丁烷塔重沸器及其与脱正丁烷塔间管线
油气腐蚀	轻微		90	温度较低的工艺介质等管线及设备
碱腐蚀/碱应力腐蚀开裂	较重		170	流出物碱洗混合器、流出物水洗混合器、流出物碱洗罐、水包及其管线、流出物水洗罐、循环碱水加热器管程及其相互之间的管线
循环冷却水腐蚀/锅炉冷凝水腐蚀	轻微		130	水冷器的循环水侧、蒸汽/蒸汽凝结水管线

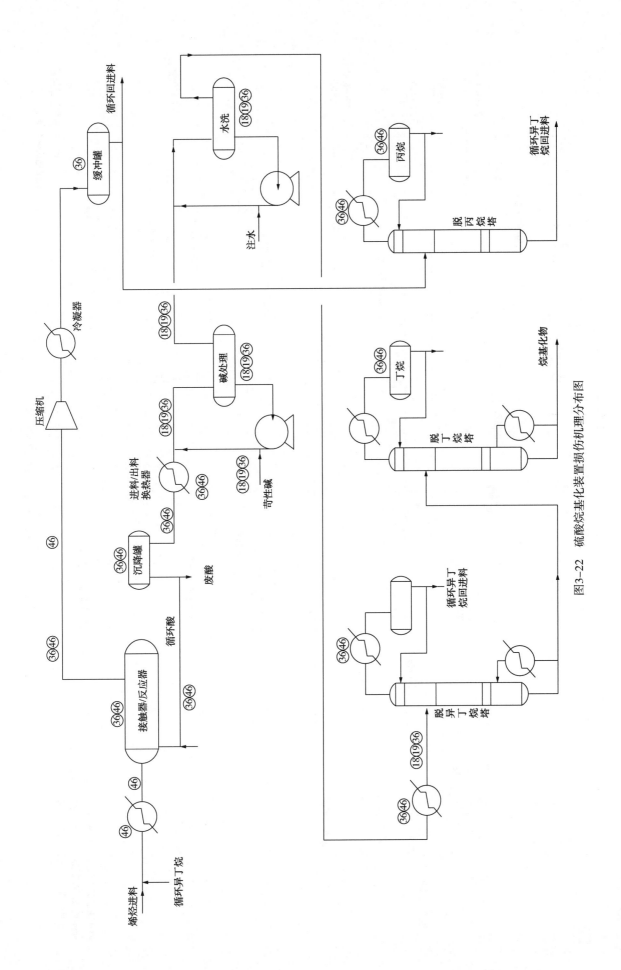

图3-22 硫酸烷基化装置损伤机理分布图

151

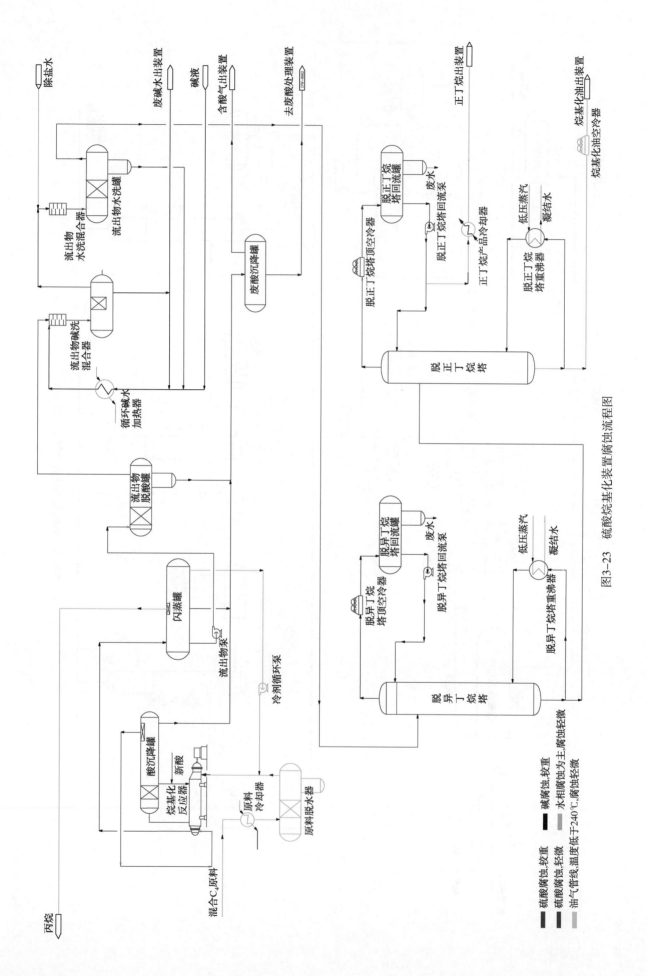

图3-23 硫酸烷基化装置腐蚀流程图

3.7 对苯二甲酸(PTA)装置腐蚀流程分析

3.7.1 工艺流程简介

对苯二甲酸(PTA)装置通常分成氧化单元和精制单元。氧化单元产出粗对苯二甲酸(CTA),通常包括五个主要部分:反应、CTA 结晶、CTA 溶剂交换、催化剂进料和溶剂处理。在精制单元,将 CTA 溶解,催化加氢去除 CTA 中的杂质,然后通过结晶、固液分离和干燥等步骤生产出 PTA。

1. 氧化单元

在催化剂进料部分,新鲜催化剂经过流量控制配成催化剂溶液用于反应单元进料。在反应部分,进料对二甲苯与醋酸和催化剂溶液混合后与空气反应,该反应为放热反应,生成的对苯二甲酸大部分在反应器中沉降出来形成浆料,并回收反应器气相中的醋酸。在 CTA 结晶部分,反应器出料浆料在多个串联的结晶器中降压、降温,结晶析出 CTA,在过滤、干燥并经溶剂回收后送到精制单元。在溶剂处理部分,回收自反应和 CTA 溶剂交换部分的不纯的溶剂,经过处理,将醋酸和水与反应副产物分离,然后再通过分馏除去回收溶剂中的杂质,得到干净醋酸溶剂。反应副产物形成浆料,进行残渣回收。

2. 精制单元

在进料准备部分,从氧化单元来的 CTA 浆料经打浆,并经多级预热将浆料加热至反应所需的温度。在精制反应部分,高压氢气从加氢反应器顶部进入,CTA 溶液流过加氢催化剂床层使对醛基苯甲酸(4-CBA)转换为对甲基苯甲酸(PT 酸)。在 PTA 结晶部分,来自加氢反应器的溶液被送入多级串联的闪蒸结晶器,得到 PTA 浆料。在 PTA 分离部分,将 PTA 浆料送入过滤机形成湿滤饼。在干燥和产品处理部分,PTA 湿滤饼经干燥机进行干燥,干燥后产品输送到 PTA 产品料仓。

3.7.2 腐蚀介质及损伤机理分布图

氧化反应以醋酸为溶剂,以四溴乙烷(或溴化氢)为催化剂,由于存在溴离子,使得醋酸的腐蚀性加强,尤其是对不锈钢材料产生点蚀,其中氧化单元的腐蚀性较强,高温部位腐蚀明显强于低温部位,流速高的部位及湍流区易发生冲刷腐蚀,同时,含有疏松固体与高速气体易对设备或管道造成磨蚀与冲刷腐蚀。另外,氧化与精制单元接触碱液或高温在线碱洗的部位易发生碱应力腐蚀开裂(碱脆)。

1. 有机酸腐蚀

碳钢与低合金钢一般表现为均匀腐蚀,不锈钢材料一般表现为点蚀。

(1)均匀腐蚀:本装置以醋酸作为溶剂,纯醋酸对普通奥氏体不锈钢腐蚀并不严重,几乎所有不锈钢对低温醋酸都具有较好的耐蚀性。醋酸中含有少量氧化性物质时,更有利于钝化而提高不锈钢在醋酸中的耐蚀性。但当醋酸的温度升高到接近沸腾,特别是含有还原性杂质时,不锈钢的耐蚀性就会变差,由于本装置多数设备管道处于高温环境中,因此醋酸引起的腐蚀较为严重。

(2)点蚀:不锈钢材料表面的氧化膜可以起到良好耐蚀作用,但当氧化膜局部区域发生损坏,就会在该处发生点蚀。卤素离子(如 Cl⁻、Br⁻)的存在会加速钝化膜的破坏,这是由于卤素离子比氧原子的直径更小,穿透能力强,容易穿透金属表面氧化膜内极小的孔隙,更易吸附在金属表面,与钝化膜表面的阳离子结合为可溶性的氯化物,使钝化膜破坏、发生点蚀。

由于含溴醋酸是本装置中一种不可缺少的介质,目前常将腐蚀严重的部位更换为钛材或镍基合金,腐蚀且存在冲蚀-磨蚀的部位则采用钛合金,并注意在焊缝连接处热喷焊超低碳、低锰、高镍铬相不锈钢,尽量消除电偶腐蚀和缝隙腐蚀。

2. 碱腐蚀、碱脆

高温碱液对碳钢及奥氏体不锈钢可产生腐蚀,其中碳钢腐蚀较严重。在氧化与精制干燥器内,为清除壁面垢层,需要停车或在线碱洗;此外,精制单元中催化剂由于长期使用会失活,也需定期碱洗。用于碱洗使用的 NaOH 中含有微量的 Cl⁻,给不锈钢带来了点蚀隐患,且碱洗后的设备在应力集中区易有高温碱液引起的应力腐蚀初始裂纹产生(碱脆)。

为防止碱洗造成的设备腐蚀,应首先避免碱液中混入Cl⁻,碱洗时注意碱液温度不要过高,碱洗后立即用大量脱盐水清洗干净,避免残留。在线碱洗工艺应控制在250℃、2%NaOH以下,最好采用200℃、1%NaOH碱洗条件。清洗完成后,需使用磁粉、射线、涡流或漏磁检测等方法检查焊缝与热影响区等应力集中区是否存在裂纹。

3. 冲蚀-磨蚀

主要发生在蒸汽系统及含固体浆料输送部位。蒸汽在由管线进入设备时,压力变化会导致体积和流速的变动,此外,蒸气管线弯头部位由于是流体转向区,会对管线造成冲刷。含固体浆料输送系统,当浆料中的含固率在30%以上时,会产生严重的磨蚀。

防范冲蚀-磨蚀的根本方法是结构设计,增加冲刷部位的壁厚也可在一定程度上延长设备或管道的使用寿命。可行的情况下,控制流速、减少气体中携带的固体量有助于减缓冲蚀-磨蚀。

4. 循环冷却水腐蚀

水冷器的循环水中由于溶解了盐、气体、有机化合物或存在微生物,会对水冷器的水侧产生腐蚀。尤其是当流速低于1m/s或工艺侧物料温度高于60℃时,易发生结垢、固体沉积,造成垢下腐蚀。通常没有设置牺牲阳极块时,腐蚀更为严重。

严格控制循环水的质量将有助于减缓腐蚀。另外,牺牲阳极的选用可在某种程度上减缓水冷器的腐蚀。但牺牲阳极的使用要充分考虑循环水垢下腐蚀的特点,保护目标(封头、隔板、管板或还是管束)及效果评估,牺牲阳极选型、用量的核算,对管箱内流体流速流态的影响,并考虑管束内防腐涂层的互补作用。

5. 其他腐蚀

(1)缝隙腐蚀:在填料、垫片、法兰紧固件的端部等液体静滞处,由于结构形成的缝隙,此处缝隙内外形成浓差电池导致了缝隙腐蚀的发生。

(2)氢致开裂:金属材料处在含氢的介质中,氢原子进入金属材料内部而产生阶梯形裂纹,这些裂纹的扩展最终使金属材料(如管道钢)发生开裂。PTA加氢反应器在高温高压临氢条件下操作,氢原子会渗入不锈钢反应器的复合层中,在应力集中部位引起开裂,发生开裂部位主要是进料接管嘴焊缝部位。

(3)电偶腐蚀:由于设备初始设计比较复杂,往往一台设备或一个部件由多种材料组成,而不同材料的腐蚀电位有差别,从而形成了一个电化学腐蚀电池。例如异种材料的焊接焊道处,以及干燥机在将液体蒸发为气体的区域。

(4)晶间腐蚀:金属和合金的微观组织是由被晶界分割开的晶粒组成的。晶间腐蚀是沿晶界或紧邻晶界的局部腐蚀,而晶粒本体基本上不受影响。富铬的晶界沉淀物使紧邻这些沉淀物的部位局部贫铬,致使这些区域在某些电解质中易遭到腐蚀损坏。

(5)露点腐蚀:氧化单元回转式干燥机操作温度在溴化氢露点以下时,可发生氢溴酸露点腐蚀。为防止露点腐蚀,需控制干燥机蒸汽列管内蒸汽温度不得低于149℃,提高干燥机筒体壁温至145℃以上,并降低滤饼含湿量。

PTA装置的主要损伤机理见表3-18,设备和管道各部位的损伤机理分布图如图3-24所示。

表3-18　PTA装置主要损伤机理及分布

序号	损伤机理	代码	影　响　部　位
1	有机酸腐蚀	⑥⑥	接触醋酸以及高温对苯二甲酸的部位
2	冲蚀	⑳	鼓风机、旋风分离器、溜料槽等
3	循环冷却水腐蚀	㊾	水冷器及伴热管的水侧
4	碱脆	⑱	氧化与精制单元干燥器及加氢反应器等需碱洗设备
5	钛氢化	㊼	精制单元加氢反应器及出口管道、氧化单元氧化反应器及出口管道
6	绝热层下腐蚀	㊻	温度处于-12~175℃的碳钢及低合金钢管道;温度处于60~205℃的不锈钢管道

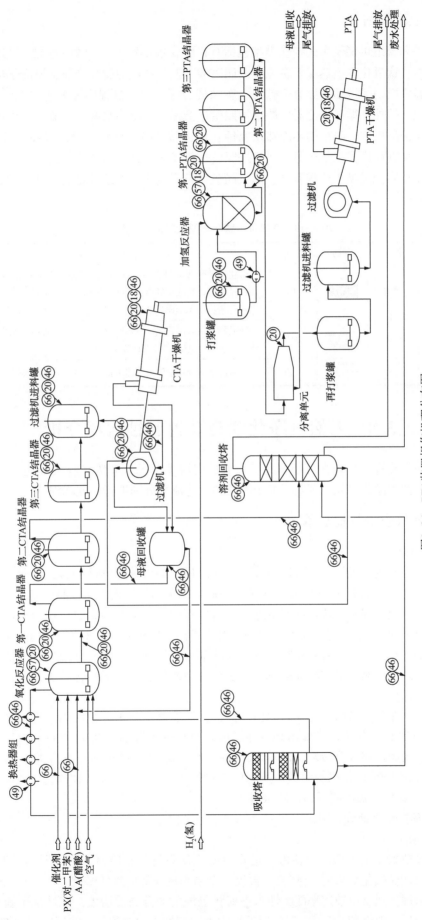

图3-24 PTA装置损伤机理分布图

155

3.7.3 腐蚀流程图

PTA装置设备和管道可能发生的损伤类型包括有机酸腐蚀(含溴)、冲蚀-磨蚀(归为冲蚀)、循环冷却水腐蚀、碱脆、钛氢化、绝热层下腐蚀、电偶腐蚀、氯化物应力腐蚀开裂、溴离子应力腐蚀开裂、氢溴酸腐蚀、高温氢损伤、振动诱导疲劳破裂、腐蚀疲劳等。生产过程中需要重点关注的腐蚀类型是有机酸腐蚀、冲蚀。另外,循环水冷器应严格按照生产指标控制冷却水水质、流速和冷却水出口温度,添加适宜剂量的缓蚀阻垢剂,防范循环冷却水腐蚀;停工碱洗时,接触碱液的设备在清洗后需用除盐水及时冲洗干净;加氢反应器在生产时应严格按照设计值操作,并定期开展金相检测。

PTA装置的主要腐蚀类型、严重程度、图例颜色以及影响部位的统计见表3-19,PTA装置腐蚀流程图如图3-25所示。

表3-19 各部位、腐蚀类型及严重程度索引

腐蚀类型	程度	颜色	色号	相关部位
有机酸腐蚀	严重		10	催化剂及醋酸进料管线;氧化反应器及出料管线;结晶器及进出料管线;过滤机进料罐及进出料管线;过滤机及进出料管线;母液回收罐及进出料管线;CTA干燥机及进料管线;加氢反应器及进出料管线
有机酸腐蚀	轻微		210	结晶器溶剂采出管线;溶剂回收塔及进出料管线;吸收塔液相进出料管线;第一PTA结晶器及出料管线;PTA干燥机
循环冷却水腐蚀	轻微		130	各水冷器的冷却水侧;冷却水管道;伴热盘管的水侧

3.8 天然气净化联合装置腐蚀流程分析

天然气净化联合装置主要包含五个单元,即天然气脱硫单元、天然气脱水单元、硫黄回收单元、尾气处理单元和酸性水净化单元,现基于五个单元的工艺流程分别进行腐蚀流程分析。

3.8.1 天然气脱硫及脱水单元

1. 工艺流程简介

原料天然气自系统进入天然气进料过滤分离器脱除携带的液体及固体颗粒,之后进入天然气吸收塔,采用溶剂吸收气体中的H_2S、CO_2及有机硫。脱硫后的天然气进入天然气脱水塔。吸收塔底部的富溶剂进入富溶剂闪蒸罐,闪蒸气从顶部流出进入燃料气管网,富溶剂与来自溶剂再生塔底的贫溶剂进行换热,被加热至100℃左右后进入溶剂再生塔。再生塔内,H_2S和CO_2被重沸器内产生的汽提气解吸出来,从塔顶流出,经空冷器、后冷器冷凝后进入溶剂再生塔顶回流罐,分液后进入硫黄装置的反应炉。溶剂再生塔底的贫溶剂经贫富溶剂换热器、贫溶剂空冷器、后冷器冷却后大部分进入吸收塔,一部分送至尾气处理部分。

脱硫后的天然气在脱水塔内与三甘醇(TEG)接触,天然气中的水分被脱除后进入净化天然气分液罐脱除可能携带的TEG后作为产品输出装置外。离开脱水塔的富TEG进入TEG闪蒸罐,溶解的天然气被闪蒸出来,进入脱水尾气分液罐。闪蒸后的TEG经贫富TEG换热器升温后进入TEG再生塔。再生塔内采用高压蒸汽加热TEG以脱除其中所含的水和烃类,再生后的贫TEG流入TEG缓冲罐,经贫富TEG换热器、TEG后冷器冷凝后返回脱水塔。

2. 腐蚀介质及损伤机理分布图

1)酸式酸性水腐蚀

酸式酸性水腐蚀主要发生部位包括再生塔顶冷凝冷却系统的空冷器、水冷器、回流罐及管道等。酸式酸性水的腐蚀性受硫化氢浓度、pH值、温度、杂质和流速等因素的影响。

(1)硫化氢浓度:通常腐蚀速率随酸性水中硫化氢浓度的升高而增大,酸性水中硫化氢浓度取决于气相中硫化氢分压、温度和pH值,在一定的压力下,酸性水中的硫化氢浓度随温度增加而降低。

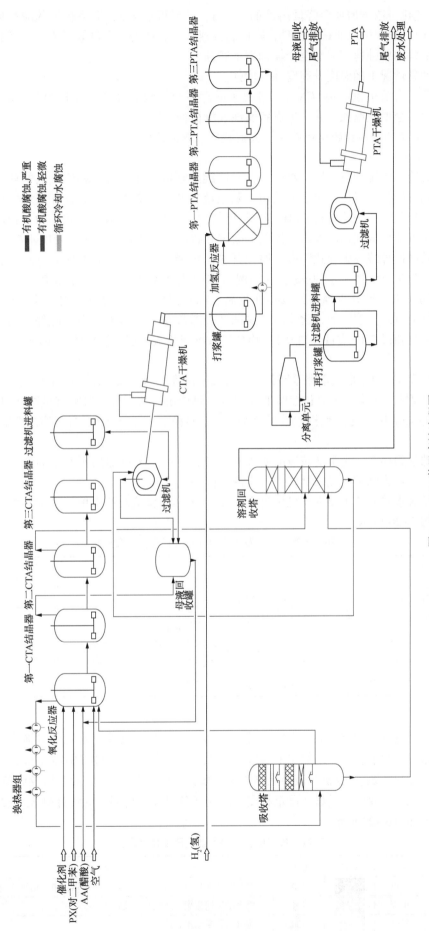

图3-25 PTA装置腐蚀流程图

157

（2）pH 值：硫化氢浓度增加会降低溶液的 pH 值，最低可达 4.5，形成较强的酸性环境，腐蚀加剧，pH 高于 4.5 时会形成硫化亚铁保护膜，降低腐蚀速率。有些场合则可能形成一个多孔的硫化物厚膜，不仅不能降低均匀腐蚀速率，甚至会加剧垢下腐蚀。

（3）温度：通常情况下随温度升高腐蚀性增强。

（4）腐蚀杂质：溶液中氰氢根（CN^-）、氯离子的存在会导致腐蚀产物保护膜的破坏，加剧腐蚀；空气或氧化剂的存在会增强腐蚀，并产生点状腐蚀或沉积物下腐蚀。

（5）流速：高流速冲刷易致硫化亚铁保护膜被破坏，腐蚀速率增大。

2）湿硫化氢损伤

再生塔顶冷凝冷却系统的空冷器、水冷器、回流罐及管道等在含有水和硫化氢的环境中可能发生碳钢和低合金钢的湿硫化氢损伤，包括氢鼓包、氢致诱导开裂、应力导向氢致开裂和硫化物应力腐蚀开裂四种形式。湿硫化氢损伤受材料、pH 值、硫化氢浓度、温度等因素的影响。通常提高钢材的纯净度能够提升钢材抗湿硫化氢损伤的能力，控制低碳钢和碳锰钢焊缝和热影响区硬度不超过 HB 200，且焊后热处理可有效降低焊缝发生硫化物应力腐蚀开裂的可能，并对防止应力导向氢致开裂具有一定的减缓作用。溶液中硫化氢浓度大于 50μg/g 或潮湿气体中硫化氢气相分压大于 0.0003MPa 时，容易导致湿硫化氢损伤的发生，且分压越大，敏感性越高。在室温到 150℃的范围内，均可能发生氢鼓包、氢致开裂、应力导向氢致开裂，而硫化物应力腐蚀开裂通常发生在 82℃以下。此外，当溶液中存在氰氢根或硫氢化铵浓度超过 2%（质量分数）时，均会导致湿硫化氢损伤的敏感性明显增加。

3）胺腐蚀

再生塔、富液管线、再生塔底重沸器等部位，易发生温度为 90~120℃的有机胺-酸式酸性水腐蚀以及胺液中污染物的腐蚀，污染物主要包括胺的降解物、热稳定性盐类等。通常有机胺本身腐蚀性轻微，因其溶解了酸性气（如硫化氢或二氧化碳）、胺降解产物、热稳定盐等杂质从而导致腐蚀性增强。

4）汽蚀

再生塔底重沸器除存在塔底半贫胺液的腐蚀外，还存在由于蒸汽加热而产生的汽蚀，常出现在束及壳程管板表面，表现为麻坑状或蜂窝状，以汽液界面部位最为明显。

天然气脱硫及脱水单元的主要损伤机理见表 3-20，天然气脱硫及脱水单元设备和管道各部位的损伤机理分布图如图 3-26 所示。

表 3-20　天然气脱硫及脱水单元主要损伤机理及分布

序号	损伤机理	代码	影　响　部　位
1	湿硫化氢损伤	②	原料气进料过滤器及管道，再生塔顶空冷器、水冷器、回流罐和管道等
2	酸式酸性水腐蚀	⑬	再生塔顶空冷器、水冷器、回流罐和管道等
3	胺应力腐蚀开裂	㉒	再生塔、富液管线、再生塔底重沸器等
4	胺腐蚀	㊺	再生塔、富液管线、再生塔底重沸器等
5	循环冷却水腐蚀	㊾	TEG 闪蒸罐、TEG 再生塔顶管线、水冷器冷却水侧、冷却水管道
6	绝热层下腐蚀	㊻	温度处于-12~175℃的碳钢及低合金钢管道；温度处于 60~205℃的不锈钢管道
7	冲蚀	⑳	流速高或湍流部位，如换热器进出口分布管、管件的三通、弯头、大小头等
8	汽蚀	㉘	再生塔底重沸器管板及管束

3. 腐蚀流程图

天然气脱硫单元设备和管道可能发生的腐蚀类型有酸式酸性水腐蚀、湿硫化氢损伤、胺腐蚀、胺应力腐蚀开裂、循环冷却水腐蚀、绝热层下腐蚀、冲蚀和汽蚀等。生产过程中需要重点关注的腐蚀部位是再生塔顶冷凝冷却系统、贫/富胺液换热器以及温度为 90~120℃的富胺液管道及设备。

天然气脱硫单元的主要腐蚀类型、严重程度、图例颜色以及影响部位的统计见表 3-21，天然气脱硫单元腐蚀流程图如图 3-27 所示。

表 3-21　各部位、腐蚀类型及严重程度索引

腐蚀类型	程度	颜色	色号	相　关　部　位
酸式酸性水/胺腐蚀	严重		170	贫富胺液换热器、再生塔顶酸性气空冷器，再生塔顶冷凝器及相连管线
酸式酸性水/胺腐蚀	中等		144	再生塔顶回流罐、胺液管道及设备
锅炉冷凝水腐蚀	轻微		130	蒸汽及其凝结水管线

158

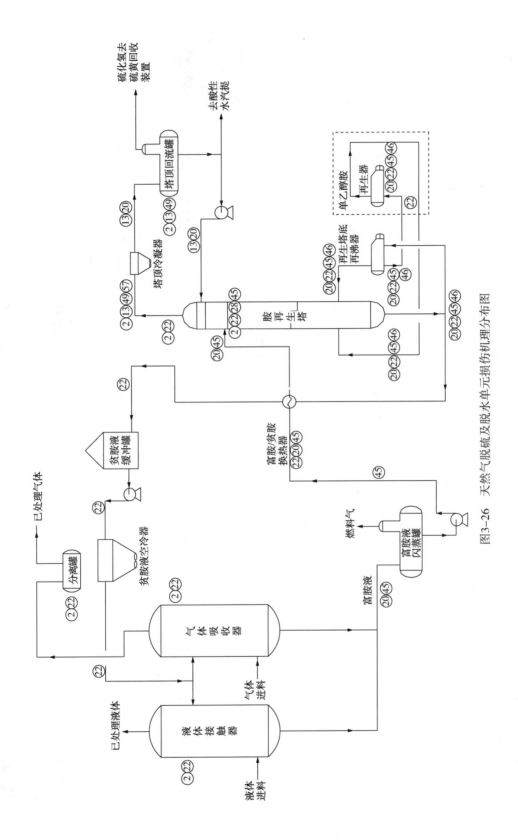

图3-26 天然气脱硫及脱水单元损伤机理分布图

159

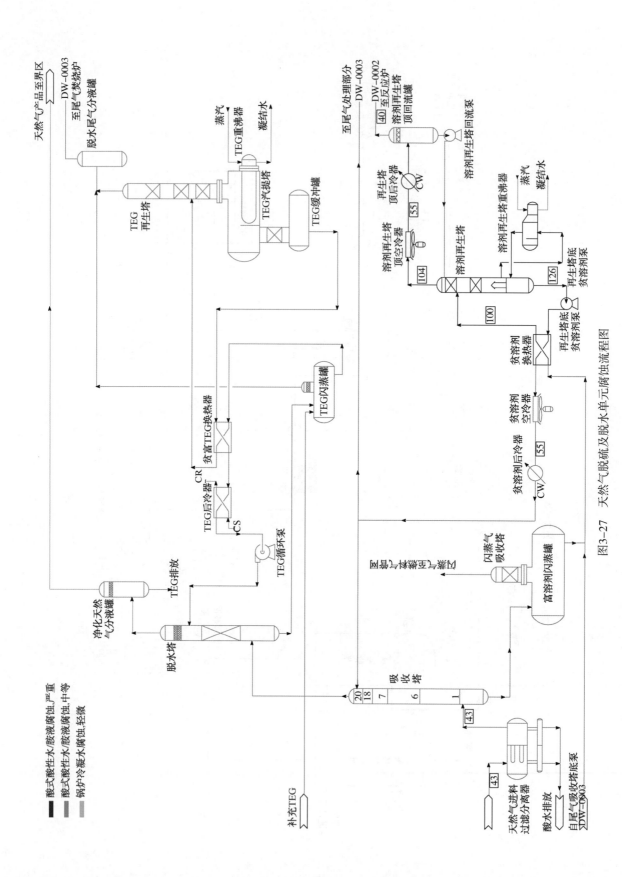

图3-27 天然气脱硫及脱水单元腐蚀流程图

酸式酸性水/胺液滴腐蚀,严重
酸式酸性水/胺液滴腐蚀,中等
锅炉冷凝水腐蚀,轻微

160

3.8.2 硫黄回收单元

1. 工艺流程简介

来自溶剂再生塔顶的酸性气进入克劳斯反应炉，与燃烧空气混合后进行反应，生成的过程气经余热锅炉将温度降至300℃左右后进入多级加热器、转化器、硫冷凝器，转化器中的硫蒸汽冷凝流至液硫池，而尾气则经液硫捕集器进一步脱除液硫后送至尾气处理部分。液硫在液硫池内采用循环脱气工艺将 H_2S 脱除，脱气后的产品液硫用液硫产品泵送至液硫成型单元生产固体硫黄产品。

2. 腐蚀介质及损伤机理分布图

硫黄回收单元的腐蚀主要有高温硫腐蚀和低温硫酸露点腐蚀等。

1）高温硫腐蚀

原料气中的硫化氢和反应生成的单质硫均为活性硫，且硫黄生成反应过程中温度较高，在高于240℃的条件下，这些活性硫可直接与金属发生作用而引起设备的腐蚀。高温硫腐蚀受温度影响较大，温度升高腐蚀加剧，通常高温硫腐蚀开始时速度较快，一定时间后腐蚀速度会恒定下来，这是由于金属表面生成了硫化亚铁保护膜的缘故。而当介质流速较高时，腐蚀产物膜被冲刷脱落，破坏了其对金属的保护作用，使金属的腐蚀加剧。

硫黄生成反应温度较高，由于反应燃烧炉等设备通常采用耐火衬里，高温硫化腐蚀主要存在于：①反应燃烧炉的内构件如燃料气喷嘴、酸性气喷嘴等；②废热锅炉进口管箱与传热管前端；③采用外掺合工艺的掺合管；④高温掺合阀以及转化器的内构件等。

2）硫酸腐蚀

硫酸腐蚀一方面是由于燃烧炉和转化器耐热衬里损坏后，过程气窜入内衬里，过程气中的水蒸气接触器壁发生冷凝结露，并吸收过程气中的 SO_2 和 O_2，形成 pH 值较低的酸溶液，造成设备的严重腐蚀；另一方面是由于过程气和硫黄尾气管道的波形补偿器夹层内窜入过程气和尾气，并冷凝使补偿器夹层腐蚀穿孔。

硫黄回收单元的主要损伤机理见表3-22，硫黄回收单元设备和管道各部位的损伤机理分布图如图3-28所示。

表3-22　硫黄回收单元主要损伤机理及分布

序号	损伤机理	代码	影响部位
1	高温硫腐蚀	①	反应燃烧炉的内构件、废热锅炉进口管箱与传热管前端、掺合管、掺合阀等
2	湿硫化氢损伤	②	酸性气分液罐
3	高温氧化	⑪	废热锅炉
4	耐火材料退化	⑭	反应燃烧炉、余热锅炉系统的衬里
5	冲蚀	⑳	流速高或湍流部位，如换热器进出口分布管、管件的三通、弯头、大小头等
6	硫酸腐蚀	㊱	反应燃烧炉、余热锅炉系统的衬里内壁
7	锅炉冷凝水腐蚀	㊿	汽包

3. 腐蚀流程图

硫黄单元设备和管道可能发生的腐蚀类型有高温硫腐蚀、硫酸腐蚀、锅炉冷凝水腐蚀、绝热层下腐蚀、冲蚀等。生产过程中需要重点关注燃烧炉和转化器耐热衬里损坏后，过程气窜入内衬里造成设备腐蚀。

硫黄回收单元的主要腐蚀类型、严重程度、图例颜色以及影响部位的统计见表3-23，硫黄回收单元的腐蚀流程图如图3-29所示。

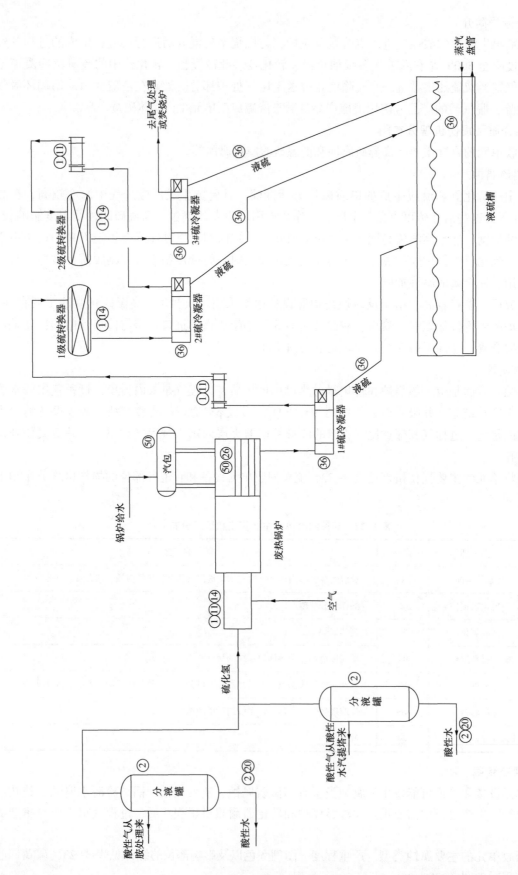

图3-28　硫黄回收单元损伤机理分布图

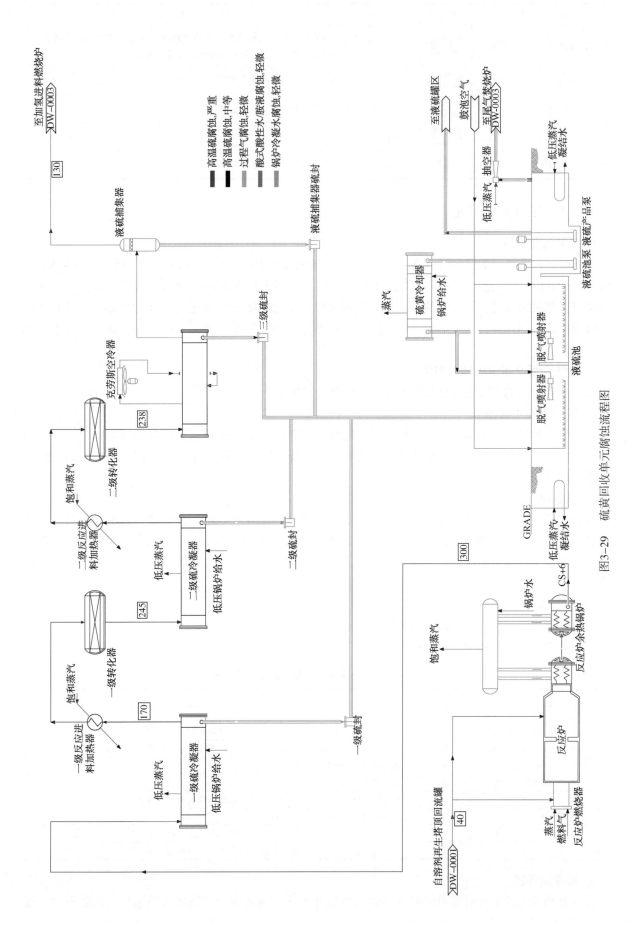

图3-29 硫黄回收单元腐蚀流程图

163

表 3-23 各部位、腐蚀类型及严重程度索引

腐蚀类型	程度	颜色	色号	相 关 部 位
高温硫腐蚀	严重		10	空气预热器、酸性气燃烧炉、燃烧炉废热锅炉、一级冷凝冷却器入口段、一级反应器、二级冷凝冷却器入口段及相连管线
高温硫腐蚀	中等		210	二级反应器、三级冷凝冷却器入口段/硫冷凝器
高温硫腐蚀	轻微		90	原料气管线及设备；低温过程气及液硫管线及设备
酸式酸性水腐蚀	轻微		144	酸性水管线
锅炉冷凝水腐蚀	轻微		130	汽包、蒸汽及其凝结水管线

3.8.3 尾气处理单元

1. 工艺流程简介

来自硫黄回收单元的尾气进入加氢进料燃烧炉与加氢进料燃烧器中反应产生的还原性气体混合，温度升至280℃左右，进入加氢反应器，之后经加氢反应器出口冷却器冷却后进入急冷塔降温，尾气自顶部进入尾气吸收塔，尾气中的H_2S被贫溶剂吸收，净化的尾气进入尾气焚烧炉燃烧后再进入余热锅炉降温后经烟囱排入大气。塔底急冷水过滤后一部分经降温后循环使用，一部分被送至酸性水气体单元。

2. 腐蚀介质及损伤机理分布图

尾气处理单元的腐蚀主要有酸式酸性水腐蚀和胺腐蚀等。

1）酸式酸性水腐蚀

硫黄反应的尾气经加氢反应后多数转变为硫化氢，急冷水吸收硫化氢后形成的酸性水对设备具有较强的腐蚀性。易发生酸式酸性水腐蚀的设备和管道主要包括急冷塔、急冷水冷却器、急冷水过滤器、急冷水泵和管道等。

2）胺腐蚀

在吸收塔内，胺液与尾气逆流接触吸收其中的硫化氢，尾气吸收塔、分液罐、富液泵及管道等设备和管道与胺液接触，通常贫胺液本身腐蚀性轻微，因其溶解了酸性气（如硫化氢或二氧化碳）、胺降解产物、热稳定盐等杂质从而导致腐蚀性增强。但由于尾气中硫化氢含量较低，整个胺液系统腐蚀较轻微。

3）烟气露点腐蚀

尾气的烟囱部位也存在硫酸露点腐蚀的可能。

尾气处理单元的主要损伤机理见表 3-24。

表 3-24 尾气处理单元主要损伤机理及分布

序号	损伤机理	代码	影 响 部 位
1	高温硫腐蚀	①	尾气焚烧炉等
2	酸式酸性水腐蚀	⑬	急冷塔、急冷水冷却器等急冷水系统的设备和管道（注氨情况下为碱式酸性水腐蚀）
3	胺应力腐蚀开裂	㉒	尾气吸收塔、分液罐、富液泵及管道等尾气吸收系统的设备和管道
4	硫酸腐蚀	㊱	余热锅炉系统的衬里内壁
5	烟气露点腐蚀	㊳	尾气烟囱
6	胺腐蚀	㊺	尾气吸收塔、分液罐、富液泵及管道等尾气吸收系统的设备
7	循环冷却水腐蚀	㊾	水冷器冷却水侧、冷却水管道
8	绝热层下腐蚀	㊻	温度处于-12~175℃的碳钢及低合金钢管道；温度处于60~205℃的不锈钢管道
9	冲蚀	⑳	流速高或湍流部位，如换热器进出口分布管、管件的三通、弯头、大小头等

3. 腐蚀流程图

尾气处理单元设备和管道可能发生的腐蚀类型有酸式酸性水腐蚀、胺腐蚀及胺应力腐蚀开裂、循

环冷却水腐蚀、绝热层下腐蚀、冲蚀、烟气露点腐蚀、碱脆等。生产过程中需要重点关注急冷塔、急冷水冷却器等急冷水系统的酸式酸性水腐蚀。

尾气处理单元的主要腐蚀类型、严重程度、图例颜色以及影响部位的统计见表3-25，尾气处理单元的腐蚀流程图如图3-30所示。

表 3-25　各部位、腐蚀类型及严重程度索引

腐蚀类型	程度	颜色	色号	相 关 部 位
高温硫腐蚀	严重		10	尾气焚烧炉
高温硫腐蚀	中等		210	加氢进料燃烧炉、加氢反应器等
高温硫腐蚀	轻微		90	液硫池等
酸式酸性水腐蚀	中等		144	急冷塔、急冷水冷却器等急冷水系统的设备和管道
胺液腐蚀	中等		144	尾气吸收塔、分液罐、富液泵及管道等尾气吸收系统的设备和管道
锅炉冷凝水腐蚀	轻微		130	蒸汽及其凝结水管线
烟气露点腐蚀	轻微		40	排烟烟道及烟囱

3.8.4　酸性水净化单元

1. 工艺流程简介

酸性水经酸水汽提塔进料/产品换热器升温至95℃左右后进入酸水汽提塔，在塔内酸性水与重沸器内产生的汽提蒸汽接触，汽提出所含的酸性气，酸性气直接送往尾气处理单元急冷塔中冷却并回收循环的H_2S，汽提后的净化水自酸水汽提塔底部流出，经酸水汽提塔进料/产品换热器、净化水冷却器降温后输出装置外。

2. 腐蚀介质及损伤机理分布图

酸性水净化单元主要腐蚀类型包括碱式酸性水腐蚀、湿硫化氢损伤等。其中湿硫化氢损伤参见3.8.1节。碱式酸性水腐蚀又称硫氢化铵腐蚀，主要发生在汽提塔塔顶管道、冷凝器、回流罐等部位，以及酸性水进料管道、换热器、汽提塔等。通常情况下，硫氢化铵腐蚀受温度、硫氢化铵浓度、pH值及流速等因素的影响。随着硫氢化铵浓度增大和流动速度加快而增加，质量浓度低于2%时，腐蚀性较低；质量浓度超过2%时，具有明显的腐蚀性。温度低于66℃时，气相中易析出硫氢化铵，并可导致积垢和堵塞。低流速区易发生垢下腐蚀，高流速区易发生冲刷腐蚀。

酸性水净化单元的主要损伤机理见表3-26，酸性水净化单元的设备和管道各部位的损伤机理分布图如图3-31所示。

表 3-26　酸性水净化单元主要损伤机理及分布

序号	损伤机理	代码	影 响 部 位
1	湿硫化氢损伤	②	汽提塔顶酸性气冷凝冷却系统、回流系统、酸性水原料罐及进塔管线等
2	碱式酸性水腐蚀	⑦	汽提塔塔顶管道、冷凝器、回流罐、酸性水进料管道、换热器等
3	循环冷却水腐蚀	㊾	水冷器冷却水侧、冷却水管道
4	绝热层下腐蚀	㊻	温度处于-12~175℃的碳钢及低合金钢管道；温度处于60~205℃的不锈钢管道
5	冲蚀	⑳	流速高或湍流部位，如换热器进出口分布管、管件的三通、弯头、大小头等

3. 腐蚀流程图

酸性水净化单元的设备和管道可能发生的腐蚀类型有湿硫化氢损伤、硫氢化铵腐蚀、循环冷却水腐蚀、绝热层下腐蚀、冲蚀等。生产过程中需要重点关注的腐蚀类型是汽提塔顶酸性气冷凝冷却系统、回流系统、酸性水原料罐及进塔管线的湿硫化氢损伤，以及汽提塔塔顶管道、冷凝器、回流罐、酸性水进料管道、换热器等部位的硫氢化铵腐蚀。

酸性水净化单元的主要腐蚀类型、严重程度、图例颜色以及影响部位的统计见表3-27，酸性水净化单元腐蚀流程图如图3-32所示。

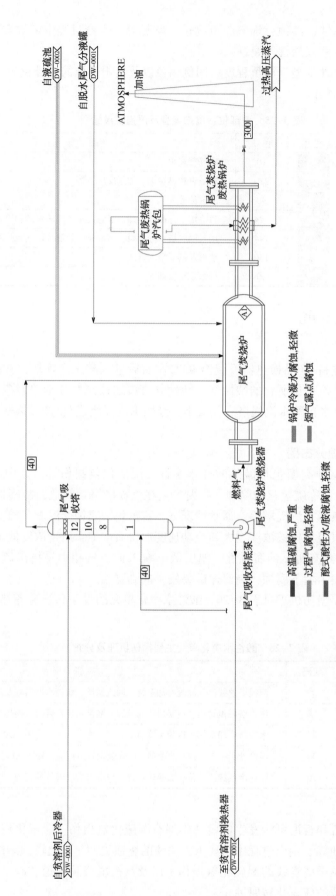

图3-30 尾气处理单元腐蚀流程图

166

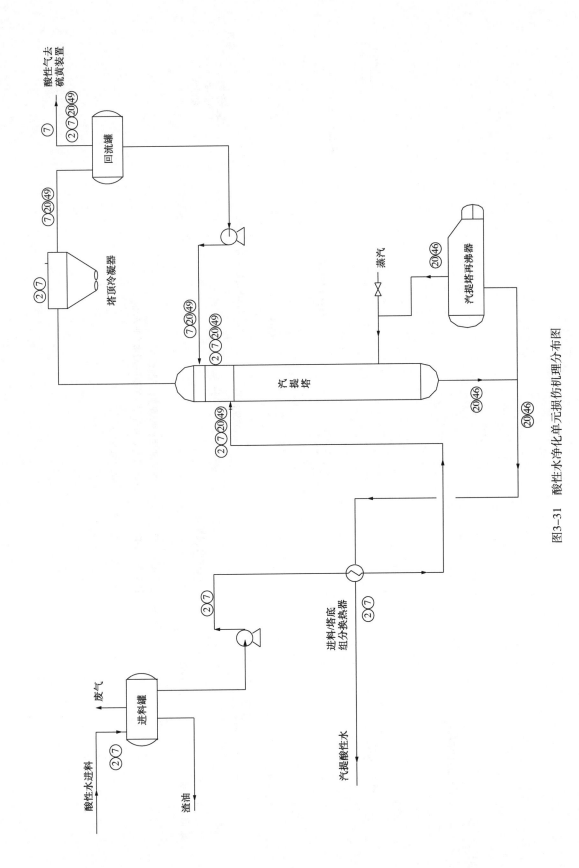

图3-31 酸性水净化单元损伤机理分布图

167

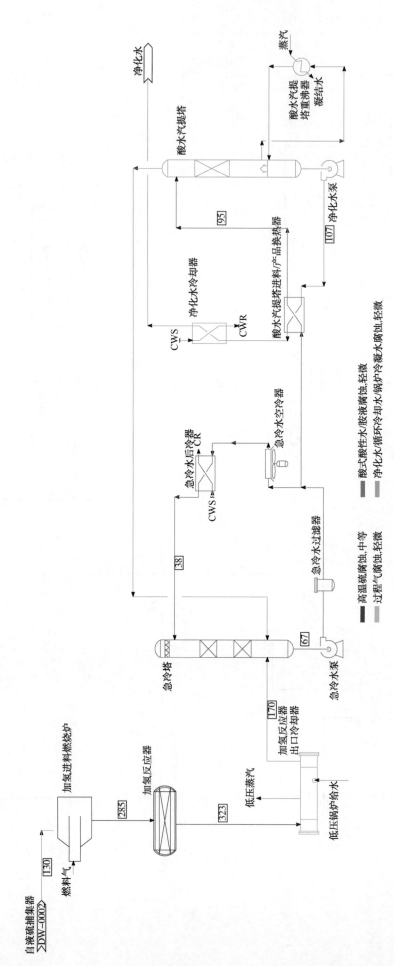

图3-32 酸性水净化单元腐蚀流程图

表 3-27　各部位、腐蚀类型及严重程度索引

腐蚀类型	程度	颜色	色号	相 关 部 位
碱式酸性水腐蚀	严重	■	170	原料水-净化水换热器(管程)、汽提塔上部、塔顶冷凝器、塔顶回流罐、酸性气分液罐及相连管线
碱式酸性水腐蚀	中等	■	144	原料水过滤器、原料水罐、主汽提塔中部
水相腐蚀(净化水、循环冷却水、锅炉冷凝水)	轻微	■	130	净化水、循环水、蒸汽及其凝结水管线

3.9　硫黄回收联合装置腐蚀流程分析

3.9.1　胺脱硫及再生单元

1. 工艺流程简介

含有 H_2S 或 CO_2 的原料气经进料过滤分离器后进入吸收塔底部，与自塔上部引入的有机胺溶液[如乙醇胺(MEA)、二乙醇胺(DEA)、N-甲基二乙醇胺(MDEA)等]逆向接触，原料气中的 H_2S 和 CO_2 被胺液吸收，气体得到净化。吸收塔底富胺液进入闪蒸罐，罐顶闪蒸气至燃料气管网，罐底富胺液经贫富胺液换热器换热后进入溶剂再生塔，再生塔底由重沸器供热。塔顶气体经酸性气空气冷却器、再生塔顶水冷器、酸性气分液罐后，酸性气送至硫黄回收部分，冷凝液经回流泵返塔作为回流。塔底贫液经贫富胺液换热器换热、空冷器、水冷器降温后送至脱硫部分。

2. 腐蚀介质及损伤机理分布图

胺脱硫及再生单元主要腐蚀类型包括酸式酸性水腐蚀、湿硫化氢损伤、胺腐蚀和胺应力腐蚀开裂等。

1) 酸式酸性水腐蚀

酸式酸性水腐蚀，主要发生部位包括再生塔顶冷凝冷却系统的空冷器、水冷器、回流罐及管道等。酸式酸性水的腐蚀性受硫化氢浓度、pH 值、温度、杂质和流速等因素的影响。

(1)硫化氢浓度：通常腐蚀速率随酸性水中硫化氢浓度的升高而增大，酸性水中硫化氢浓度取决于气相中硫化氢分压、温度和 pH 值，在一定的压力下，酸性水中的硫化氢浓度随温度增加而降低。

(2)pH 值：硫化氢浓度增加会降低溶液的 pH 值，最低可达 4.5，形成较强的酸性环境，腐蚀加剧，pH 高于 4.5 时会形成硫化亚铁保护膜，降低腐蚀速率。有些场合则可能形成一个多孔的硫化物厚膜，不仅不能降低均匀腐蚀速率，甚至会加剧垢下腐蚀。

(3)温度：通常情况下随温度升高腐蚀性增强。

(4)腐蚀杂质：溶液中氰氢根(CN^-)、氯离子的存在会导致腐蚀产物保护膜的破坏，加剧腐蚀；空气或氧化剂的存在会增强腐蚀，并产生点状腐蚀或沉积物下腐蚀。

(5)流速：高流速冲刷易致硫化亚铁保护膜被破坏，腐蚀速率增大。

2) 湿硫化氢损伤

再生塔顶冷凝冷却系统的空冷器、水冷器、回流罐及管道等在含有水和硫化氢的环境中可能发生碳钢和低合金钢的湿硫化氢损伤，包括氢鼓包、氢致诱导开裂、应力导向氢致开裂和硫化物应力腐蚀开裂四种形式。湿硫化氢损伤受材料、pH 值、硫化氢浓度、温度等因素的影响。通常提高钢材的纯净度能够提升钢材抗湿硫化氢损伤的能力，控制低碳钢和碳锰钢焊缝和热影响区硬度不超过 HB200，且焊后热处理可有效降低焊缝发生硫化物应力腐蚀开裂的可能，并对防止应力导向氢致开裂具有一定的减缓作用。溶液中硫化氢浓度大于 $50\mu g/g$ 或潮湿气体中硫化氢气相分压大于 0.0003MPa 时，容易导致湿硫化氢损伤的发生，且分压越大，敏感性越高。在室温到 150℃ 的范围内，均可能发生氢鼓包、氢致开裂、应力导向氢致开裂，而硫化物应力腐蚀开裂通常发生在 82℃ 以下。此外，当溶液中存在氰氢根或硫氢化铵浓度超过 2%(质量分数)时，均会导致湿硫化氢损伤的敏感性明显增加。

3) 胺腐蚀

再生塔、富液管线、再生塔底重沸器等部位，易发生温度为 90~120℃ 的有机胺-酸式酸性水腐蚀以

及胺液中污染物的腐蚀，污染物主要包括胺的降解物、热稳定性盐类等。通常有机胺本身腐蚀性轻微，因其溶解了酸性气(如硫化氢或二氧化碳)、胺降解产物、热稳定盐等杂质从而导致腐蚀性增强。

　　4)汽蚀

　　再生塔底重沸器除存在塔底半贫胺液的腐蚀外，还存在由于蒸汽加热而产生的汽蚀，常出现在束及壳程管板表面，表现为麻坑状或蜂窝状，以汽液界面部位最为明显。

　　胺脱硫及再生装置的主要损伤机理见表3-28，胺脱硫及再生单元设备和管道各部位的损伤机理分布图如图3-33所示。

表3-28　胺脱硫及再生单元主要损伤机理及分布

序号	损伤机理	代码	影　响　部　位
1	湿硫化氢损伤	②	原料气进料过滤器及管道、再生塔顶空冷器、水冷器、回流罐和管道等
2	酸式酸性水腐蚀	⑬	再生塔顶空冷器、水冷器、回流罐和管道等
3	胺应力腐蚀开裂	㉒	尾再生塔、富液管线、再生塔底重沸器等
4	胺腐蚀	㊺	再生塔、富液管线、再生塔底重沸器等
5	循环冷却水腐蚀	㊾	水冷器冷却水侧、冷却水管道
6	绝热层下腐蚀	㊻	温度处于-12~175℃的碳钢及低合金钢管道；温度处于60~205℃的不锈钢管道
7	冲蚀	⑳	流速高或湍流部位，如换热器进出口分布管、管件的三通、弯头、大小头等
8	汽蚀	㉘	再生塔底重沸器管板及管束

3. 腐蚀流程图

　　胺脱硫及再生单元设备和管道可能发生的腐蚀类型有酸式酸性水腐蚀、湿硫化氢损伤、胺腐蚀、胺应力腐蚀开裂、循环冷却水腐蚀、绝热层下腐蚀、冲蚀等。生产过程中需要重点关注的腐蚀部位是再生塔顶冷凝冷却系统、贫富胺液换热器以及温度为90~120℃的富胺液管道及设备。

　　胺脱硫及再生单元的主要腐蚀类型、严重程度、图例颜色以及影响部位的统计见表3-29，胺脱硫及再生单元腐蚀流程图如图3-34所示。

表3-29　各部位、腐蚀类型及严重程度索引

腐蚀类型	程度	颜色	色号	相　关　部　位
酸式酸性水/胺腐蚀	严重	■	170	贫富胺液换热器、再生塔顶酸性气空冷器，再生塔顶冷凝器及相连管线
酸式酸性水/胺腐蚀	中等	■	144	再生塔顶回流罐、胺液管道及设备
锅炉冷凝水腐蚀	轻微	■	130	蒸汽及其凝结水管线

3.9.2　酸性水净化单元

1. 工艺流程简介

　　酸性水经过滤器后进入原料水-净化水换热器，换热升温后进入酸性水汽提塔，塔底重沸器由蒸汽供热以保证塔底温度。汽提塔顶酸性气经冷凝冷却后进入塔顶回流罐，分出的酸性气再经酸性气分液罐分液，分出的酸性气为防止氨盐结晶，酸性气管线用夹套及管线伴热，以保持酸性气以85℃送至硫黄回收部分；分液罐分离液部分经塔顶回流泵返塔，另一部分送至原料水罐。汽提塔底净化水经净化水泵加压后出装置。

2. 腐蚀介质及损伤机理分布图

　　酸性水净化单元主要腐蚀类型包括碱式酸性水腐蚀、湿硫化氢损伤等。其中湿硫化氢损伤参见3.8.1节。碱式酸性水腐蚀又称硫氢化铵腐蚀，主要发生在汽提塔塔顶管道、冷凝器、回流罐等部位，以及酸性水进料管道、换热器、汽提塔等。通常情况下，硫氢化铵腐蚀受温度、硫氢化铵浓度、pH值及流速等因素的影响。随着硫氢化铵浓度增大和流动速度加快而增加，质量浓度低于2%时，腐蚀性较低；质量浓度超过2%时，具有明显的腐蚀性。温度低于66℃时，气相中易析出硫氢化铵，并可导致积垢和堵塞。低流速区易发生垢下腐蚀，高流速区易发生冲刷腐蚀。

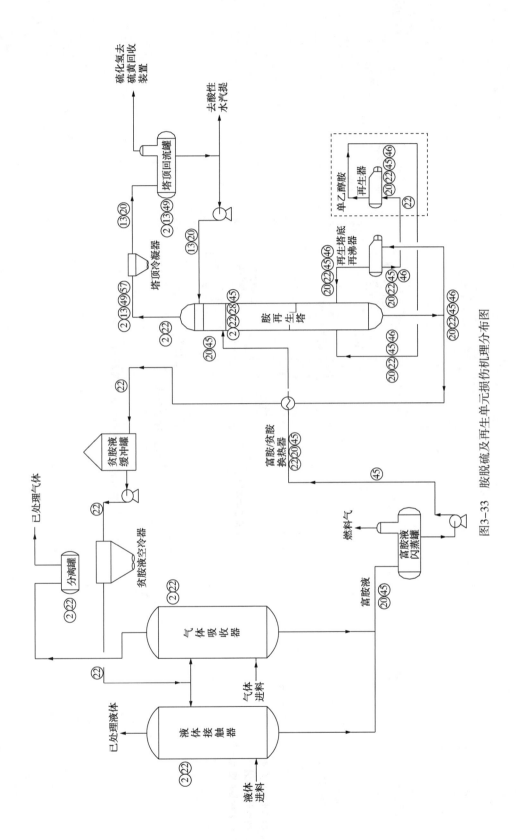

图3-33　胺脱硫及再生单元损伤机理分布图

171

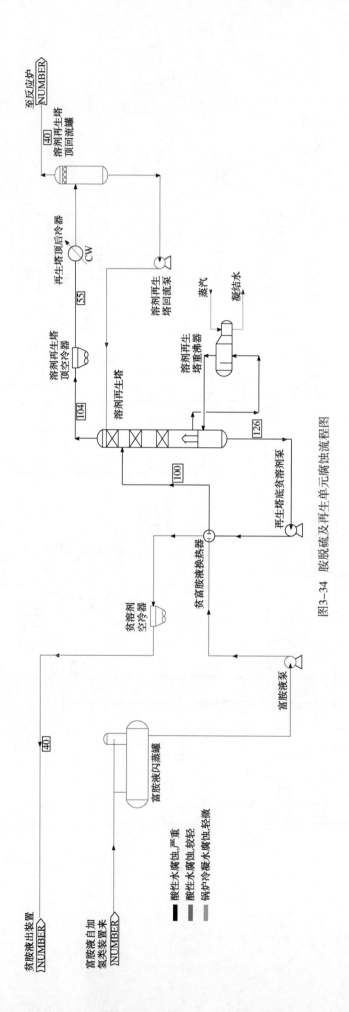

图3-34 胺脱硫及再生单元腐蚀流程图

贫胺液出装置
NUMBER

富胺液自加
氢类装置来
NUMBER

酸性水腐蚀,严重
酸性水腐蚀,较轻
锅炉冷凝水腐蚀,轻微

富胺液闪蒸罐

富胺液泵

贫溶剂
空冷器

贫富胺液换热器

再生塔底贫溶剂泵

溶剂再生塔

溶剂再生塔
顶空冷器

溶剂再生
塔重沸器

蒸汽
凝结水

再生塔顶后冷器

CW

溶剂再生塔
顶回流泵

溶剂再生塔
顶回流罐

至反应炉
NUMBER

40

100

104

126

55

40

172

酸性水净化单元的主要损伤机理见表3-30,酸性水净化单元的设备和管道各部位的损伤机理分布图如图3-35所示。

表3-30 酸性水净化单元主要损伤机理及分布

序号	损伤机理	代码	影 响 部 位
1	湿硫化氢损伤	②	汽提塔顶酸性气冷凝冷却系统、回流系统、酸性水原料罐及进塔管线等
2	碱式酸性水腐蚀	⑦	汽提塔塔顶管道、冷凝器、回流罐、酸性水进料管道、换热器等
3	循环冷却水腐蚀	㊾	水冷器冷却水侧、冷却水管道
4	绝热层下腐蚀	㊻	温度处于-12~175℃的碳钢及低合金钢管道;温度处于60~205℃的不锈钢管道
5	冲蚀	⑳	流速高或湍流部位,如换热器进出口分布管、管件的三通、弯头、大小头等

3. 腐蚀流程图

酸性水净化单元的设备和管道可能发生的腐蚀类型有湿硫化氢损伤、硫氢化铵腐蚀、循环冷却水腐蚀、绝热层下腐蚀、冲蚀等。生产过程中需要重点关注的腐蚀类型是汽提塔顶酸性气冷凝冷却系统、回流系统、酸性水原料罐及进塔管线的湿硫化氢损伤,以及汽提塔塔顶管道、冷凝器、回流罐、酸性水进料管道、换热器等部位的硫氢化铵腐蚀。

酸性水净化单元的主要腐蚀类型、严重程度、图例颜色以及影响部位的统计见表3-31,酸性水净化单元腐蚀流程图如图3-36所示。

表3-31 各部位、腐蚀类型及严重程度索引

腐蚀类型	程度	颜色	色号	相 关 部 位
碱式酸性水腐蚀	严重	■	170	原料水-净化水换热器(管程),汽提塔上部,塔顶冷凝器,塔顶回流罐,酸性气分液罐及相连管线
碱式酸性水腐蚀	中等	■	144	原料水过滤器,原料水罐,主汽提塔中部
水相腐蚀(净化水、循环冷却水、锅炉冷凝水)	轻微	■	130	净化水、蒸汽及其凝结水管线

3.9.3 硫黄回收及尾气处理单元

1. 工艺流程简介

自溶剂再生部分来的酸性气经分液罐后,进入酸性气燃烧炉,酸性气分液罐排出的酸性水定期用氮气压送到酸性水汽提部分处理。由燃烧炉鼓风机来的空气经空气预热器用蒸汽预热后,进入酸性气燃烧炉,酸性气燃烧配风量按烃类完全燃烧和1/3硫化氢生成二氧化硫来控制。燃烧后高温过程气进入管壳式废热锅炉冷却后再进入一级冷凝冷却器,液硫从一级冷凝冷却器底部进入硫池。过程气经加热后进入一级反应器,在合成氧化铝催化剂作用下,硫化氢与二氧化硫发生反应,生成硫黄。反应过程气经二级冷凝冷却器冷却,液硫进入硫池。过程气经加热后进入二级反应器,硫化氢与二氧化硫继续发生反应,生成硫黄。反应过程气经三级冷凝冷却器冷却后,液硫进入硫池。尾气再经捕集器进一步捕集硫雾后,进入尾气处理系统。

产生的液硫全部汇集进入硫池,液硫释放出的少量 H_2S 送到尾气焚烧炉。脱气后的液硫经泵送至成型机进行成型。捕集硫雾后的硫黄尾气经加热后与外补富氢气混合后进入加氢反应器。在还原/水解催化剂的作用下,SO_2、COS、CS_2 及液硫、气态硫等均被转化为 H_2S。加氢反应为放热反应,离开反应器后温度的过程气与加氢反应前尾气换热后进入急冷塔。尾气在急冷塔用循环急冷水降温。急冷水自急冷塔底部流出,经急冷水泵加压,进入急冷水冷却器冷却后返回急冷塔顶部。急冷后的尾气离开急冷塔顶进入尾气吸收塔,用胺溶液吸收尾气中的硫化氢,同时吸收部分二氧化碳。吸收塔底富胺液进入溶剂再生单元。从塔顶出来的净化尾气进入尾气焚烧炉,尾气中残留的硫化氢及其他硫化物完全转化为二氧化硫。焚烧后的尾气经尾气炉废热锅炉冷却至300℃后进烟囱排空。

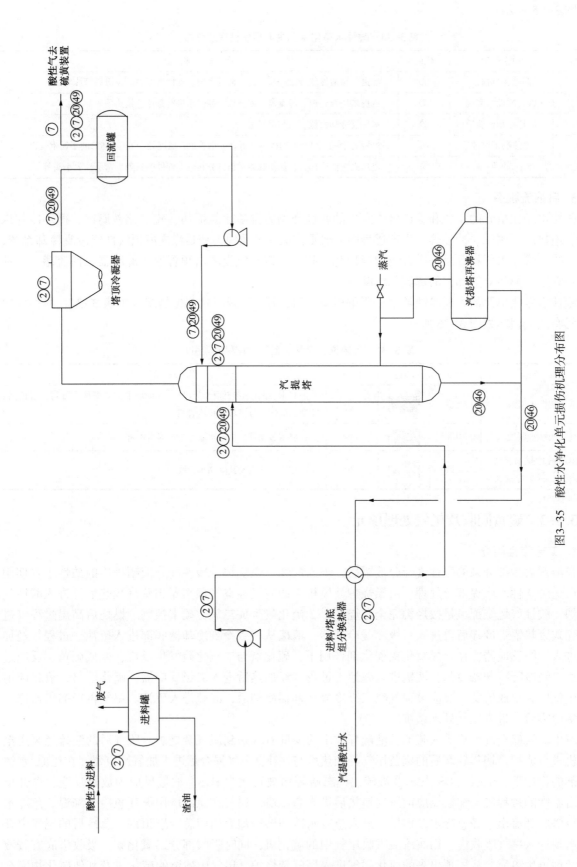

图3-35 酸性水净化单元损伤机理分布图

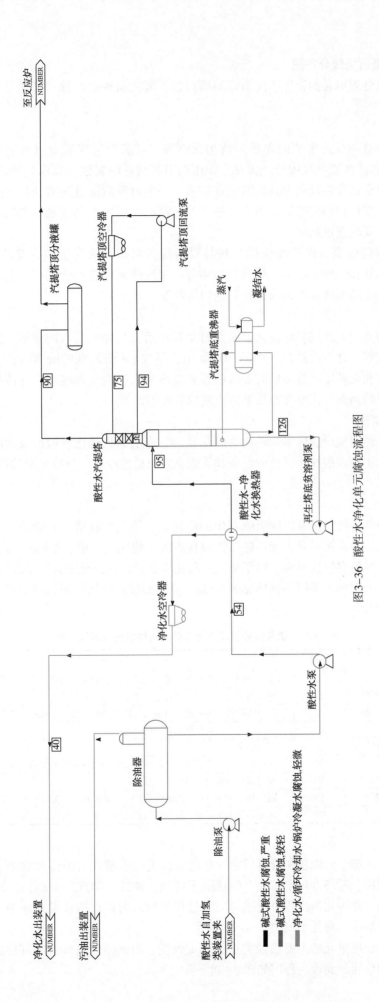

图3-36 酸性水净化单元腐蚀流程图

2. 腐蚀介质及损伤机理分布图

硫黄回收及尾气处理单元的腐蚀主要有高温硫腐蚀、酸式酸性水腐蚀、胺腐蚀和低温硫酸露点腐蚀等。

1）高温硫腐蚀

原料气中的硫化氢和反应生成的单质硫均为活性硫，且硫黄生成反应过程中温度较高，在高于240℃的条件下，这些活性硫可直接与金属发生作用而引起设备的腐蚀。高温硫腐蚀受温度影响较大，温度升高腐蚀加剧，通常高温硫腐蚀开始时速度较快，一定时间后腐蚀速度会恒定下来，这是由于金属表面生成了硫化亚铁保护膜的缘故。而当介质流速较高时，腐蚀产物膜被冲刷脱落，破坏了其对金属的保护作用，使金属的腐蚀加剧。

硫黄生成反应温度较高，由于反应燃烧炉等设备通常采用耐火衬里，高温硫腐蚀主要存在于：①反应燃烧炉的内构件如燃料气喷嘴、酸性气喷嘴等；②废热锅炉进口管箱与传热管前端；③采用外掺合工艺的掺合管；④高温掺合阀以及转化器的内构件等。

2）硫酸腐蚀

硫酸腐蚀一方面是由于燃烧炉和转化器耐热衬里损坏后，过程气窜入内衬里，过程气中的水蒸气接触器壁发生冷凝结露，并吸收过程气中的 SO_2 和 O_2，形成 pH 值较低的酸溶液，造成设备的严重腐蚀；另一方面过程气和硫黄尾气管道的波形补偿器夹层内窜入过程气和尾气，并冷凝使补偿器夹层腐蚀穿孔；此外，尾气的烟囱部位也存在硫酸露点腐蚀的可能。

3）酸式酸性水腐蚀

硫黄反应的尾气经加氢反应后多数转变为硫化氢，急冷水吸收硫化氢后形成的酸性水对设备具有较强的腐蚀性。易发生酸式酸性水腐蚀的设备和管道主要包括急冷塔、急冷水冷却器、急冷水过滤器、急冷水泵和管道等。

4）胺腐蚀

在吸收塔内，胺液与尾气逆流接触吸收其中的硫化氢，尾气吸收塔、分液罐、富液泵及管道等设备和管道与胺液接触，通常胺本身腐蚀性轻微，因其溶解了酸性气（如硫化氢或二氧化碳）、胺降解产物、热稳定盐等杂质导致腐蚀性增强。由于尾气中硫化氢含量较低，整个胺液系统腐蚀较轻微。

硫黄回收及尾气处理的主要损伤机理见表3-32，硫黄回收及尾气处理设备和管道各部位的损伤机理分布图如图3-37所示。

表 3-32　硫黄回收及尾气处理单元主要损伤机理及分布

序号	损伤机理	代码	影 响 部 位
1	高温硫腐蚀	①	反应燃烧炉的内构件、废热锅炉进口管箱与传热管前端、掺合管、掺合阀等
2	酸式酸性水腐蚀	⑬	急冷塔、急冷水冷却器等急冷水系统的设备和管道
3	胺应力腐蚀开裂	㉒	尾气吸收塔、分液罐、富液泵及管道等尾气吸收系统的设备和管道
4	硫酸腐蚀	㊱	反应燃烧炉、余热锅炉系统的衬里内壁
5	烟气露点腐蚀	㊳	尾气烟囱
6	胺腐蚀	㊺	尾气吸收塔、分液罐、富液泵及管道等尾气吸收系统的设备和管道
7	循环冷却水腐蚀	㊾	水冷器冷却水侧、冷却水管道
8	绝热层下腐蚀	㊻	温度处于-12~175℃的碳钢及低合金钢管道；温度处于60~205℃的不锈钢管道
9	冲蚀	⑳	流速高或湍流部位，如换热器进出口分布管、管件的三通、弯头、大小头等

3. 腐蚀流程图

硫黄回收及尾气处理单元设备和管道可能发生的腐蚀类型有酸式有酸性水腐蚀、胺腐蚀及胺应力腐蚀开裂、高温硫腐蚀、循环冷却水腐蚀、绝热层下腐蚀、冲蚀、烟气露点腐蚀、碱脆等。生产过程中需要重点关注燃烧炉和转化器耐热衬里损坏后，过程气窜入内衬里造成设备腐蚀，以及急冷塔、急冷水冷却器等急冷水系统的酸性水腐蚀。

硫黄回收及尾气处理单元的主要腐蚀类型、严重程度、图例颜色以及影响部位的统计见表3-33，硫黄回收及尾气处理单元的腐蚀流程图如图3-38所示。

176

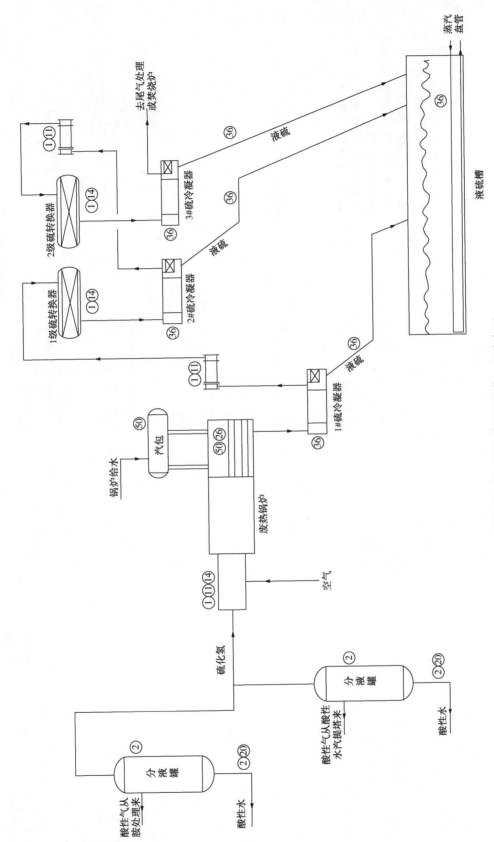

图3-37 硫黄回收单元的损伤机理分布图

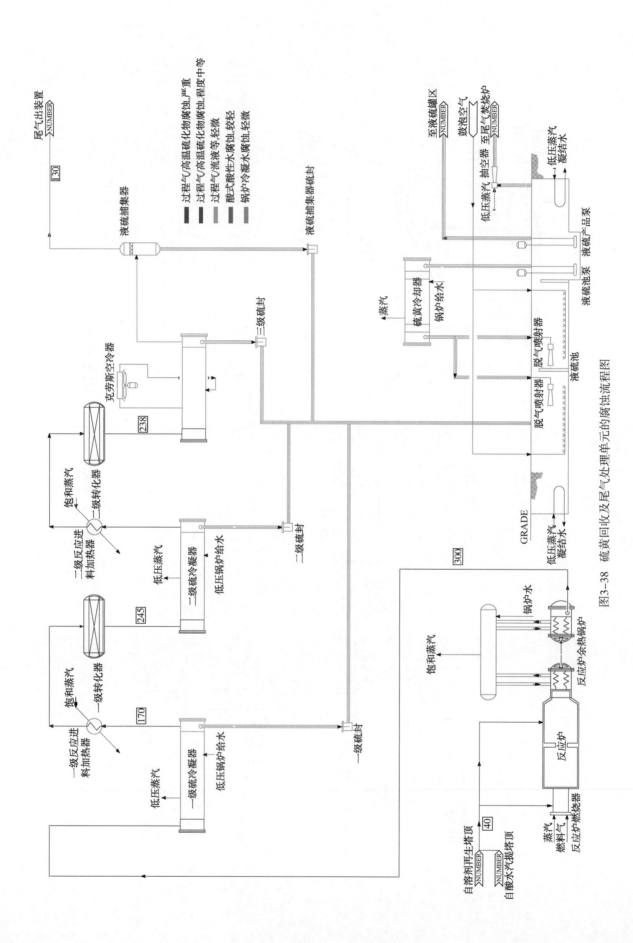

图3-38 硫黄回收及尾气处理单元的腐蚀流程图

表 3-33　各部位、腐蚀类型及严重程度索引

腐蚀类型	程度	颜色	色号	相 关 部 位
高温硫腐蚀	严重	■	10	空气预热器，酸性气燃烧炉，燃烧炉废热锅炉，一级冷凝冷却器入口段，一级反应器，二级冷凝冷却器入口段及相连管线
高温硫腐蚀	中等	■	210	二级反应器，三级冷凝冷却器入口段
高温硫腐蚀	轻微	■	90	原料气管线及设备；低温过程气及液硫管线及设备
酸式酸性水腐蚀	轻微	■	144	酸性水管线
锅炉冷凝水腐蚀	轻微	■	130	汽包、蒸汽及其凝结水管线

3.10　环保装置腐蚀流程分析

3.10.1　废酸装置

1. 工艺流程简介

硫酸烷基化废酸再生装置的主要作用是将上游硫酸烷基化装置反应形成的 90% 浓度左右的废硫酸，经过焚烧、净化、冷凝等过程，重新产生 98% 左右的硫酸，返回烷基化装置作催化剂，循环使用。其主要工艺流程简介如下。

烷基化装置产生的 90% 待生酸和系统来的含 H_2S 酸性气分别进入焚烧炉，在炉内 H_2S 气与空气进行氧化放热反应生成 SO_2，待生酸进行分解吸热反应，生成 SO_2、CO_2 和 H_2O。含 SO_2 的反应生成气体经过冷却、高温过滤器除尘后，送入反应器，在催化剂的作用下，将 SO_2 转化为 SO_3。反应后的气体进入冷凝器，进一步冷却，SO_3 与水反应形成液态的浓硫酸溶液。未完全反应的含有 SO_3 和 SO_2 的过程气，换热到 250℃，然后进入第二反应器，在催化剂的作用下将 SO_2 转化为 SO_3。SO_2 转化成 SO_3 的转化率高于 98%。从第二反应器出来的过程气再一次冷凝形成浓硫酸溶液。

2. 腐蚀介质及损伤机理分布图

1）高温氧化和硫化

金属在高温 SO_2、SO_3 及含氧的混合气氛中会发生氧化和硫化反应，其速率比在同等温度空气中大得多。在废酸焚烧过程中，SO_2 或混合烟气对金属材料的高温氧化和硫化现象普遍存在，并伴随着灰尘等固体颗粒的磨损和气流的冲刷，使腐蚀加剧。腐蚀速率取决于气温、气速、气体中杂质含量、固体粒度、设备结构及其布置和材质六大因素。针对废酸再生装置的高温混合气氛，混合气体中以硫化物为主，所发生的腐蚀以高温硫化腐蚀为主。

2）烟气硫酸露点腐蚀

含有 H_2SO_4 蒸气或 SO_3 和 H_2O 的混合气体被冷却到某一温度时，H_2SO_4 蒸气在气相中达到饱和状态，此时的温度成为 SO_3 露点或硫酸露点。硫酸露点及在其温度下的冷凝酸浓度是混合气体中 SO_3 和 H_2O 含量的函数，可以用公式计算或模拟得到具体的硫酸露点温度。将气体温度（或设备壁温）控制在至少高于露点 20~30℃ 是防止硫酸露点腐蚀最有效的方法。

3）硫酸腐蚀

废酸装置中硫酸腐蚀包括含杂质的稀硫酸腐蚀、浓硫酸腐蚀。影响腐蚀的主要因素是酸浓度、酸温度和流速，具体介绍参见 3.6.2 节。

4）熔盐腐蚀

废酸装置中熔盐主要由硝酸钾（53% 质量分数）、亚硝酸钠（40% 质量分数）和硝酸钠（7% 质量分数）组成。硝酸钠或钾熔盐在加热后会分解为金属钠或钾的阳离子和硝酸根离子，并最终会逐渐分解为 NO_2^+ 和 O^{2-}。当 O^{2-} 浓度较低时，熔盐流体就呈现酸性，这时在金属结构材料表面形成的金属氧化层通常会发生酸性溶解反应；当 O^{2-} 浓度较高时，熔盐流体就呈现碱性，这时在材料表面形成金属氧化物一般是比较稳定的，但是当存在过量的 O^{2-} 时，也会发生金属氧化层的溶解，生成金属氧化物阴离子。

熔盐腐蚀程度主要与熔盐温度、熔盐成分、杂质(卤素)及金属材料有关。通常情况下，当硝酸盐(硝酸钾和硝酸钠)的工作温度低于600℃时，熔盐流体呈现弱碱性(O^{2-}浓度较低)，这时金属结构材料中的铬元素就会溶于熔盐中，并在其表面生成一层具有抗腐蚀性的氧化层，从而限制铬从金属内部向表面进行迁移。当硝酸盐熔盐流体的温度超过600℃时，硝酸盐向亚硝酸盐的分解反应会逐渐增大，从而使得熔盐流体的碱性变大(O^{2-}浓度变大)。这时，在结构金属材料表面形成的具有保护作用的Fe_3O_4将变为对金属表面没有保护作用的$NaFeO_2$，从而使得腐蚀速率迅速增大。

废酸装置主要腐蚀类型、严重程度、图例颜色以及影响部位的统计见表3-34，废酸装置的腐蚀流程图如图3-39所示。

表3-34 各部位、腐蚀类型及严重程度索引

腐蚀类型	程度	颜色	色号	相 关 部 位
烟气露点腐蚀	严重		170	烟囱及冷凝系统的局部出现硫酸露点的部位
循环冷却水腐蚀/锅炉冷凝水腐蚀	轻微		130	硫酸冷却器水侧、锅炉水罐、蒸汽/蒸汽凝结水管线
高温烟气的氧化和硫化	较重		40	焚烧裂解炉、粉尘收集器、反应器等含有SO_2和SO_3烟气的高温部位
硫酸腐蚀	较重		10	原料线、冷凝器等与硫酸接触的设备和管道
熔盐腐蚀	轻微		192	熔盐设备和管道

3.10.2 脱硫脱硝装置

1. 工艺流程

目前，烟气同时脱硫脱硝技术有六十余种，有湿法和干法之分。常用的有活性炭/炭同时脱硫脱硝技术、固相吸附/再生同时脱硫脱硝技术、气固催化同时脱硫脱硝技术、吸收剂喷射同时脱硫脱硝技术、高能电子活化氧化法、湿法烟气同时脱硫脱硝技术等。本节以DuPont-Belco公司开发的低温氧化EDV湿法洗涤技术为例，介绍其工艺流程。该工艺主要分为三个单元：EDV湿法洗涤单元、水处理单元、臭氧发生单元。烟气经过急冷与臭氧反应后进入洗涤塔，在洗涤段大部分催化剂细粉、SO_3、SO_2、NO_x等被NaOH水溶液吸收，经过滤清模块过滤后，从顶部烟囱排出。含有腐蚀性物质的NaOH水溶液从洗涤塔底部排出并循环使用，通过控制新鲜碱液的加入量控制pH值。

2. 主要腐蚀类型

脱硫脱硝装置的主要腐蚀类型包括以下几种：

(1) 进洗涤塔前和出洗涤塔后可能随着温度的降低在烟气管道或烟囱局部形成烟气露点腐蚀；

(2) 烟气洗涤塔急冷区烟气与急冷水接触会形成酸性较强的水溶液，形成严重的酸性水腐蚀环境；

(3) 与碱液接触的设备或管道，也会遭受一定程度的碱腐蚀。

脱硫脱硝装置主要腐蚀类型、严重程度、图例颜色以及影响部位的见表3-35，腐蚀流程图如图3-40所示。

表3-35 各部位、腐蚀类型及严重程度索引

腐蚀类型	程度	颜色	色号	相 关 部 位
烟气露点腐蚀	严重		170	洗涤塔前的烟气管道
烟气露点腐蚀	中等		144	洗涤塔后的烟气管道及烟囱
循环冷却水腐蚀/锅炉冷凝水腐蚀	轻微		130	水冷器的循环水侧、蒸汽/蒸汽凝结水管线
碱腐蚀	较重		40	与碱液接触的设备和管道
酸性水腐蚀	较重		192	烟气急冷后形成的酸性较强的水溶液，与其接触的设备部位，如洗涤塔烟气进料口

3.10.3 废碱装置

1. 工艺流程简介

以STONE & WEBSTER公司典型的湿式空气氧化法(WAO)废碱处理工艺作为例，介绍其工艺流程

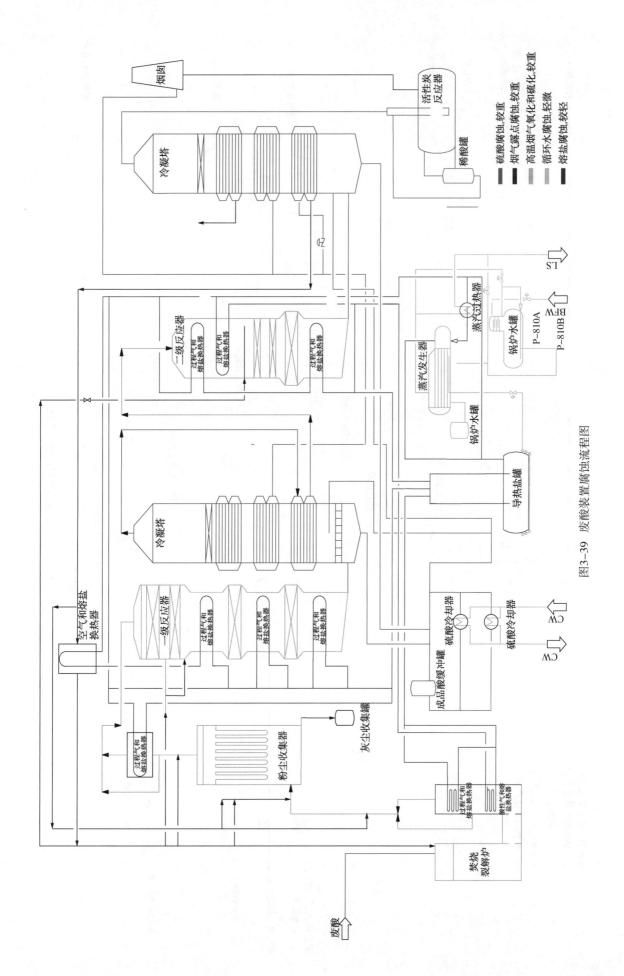

图3-39 废酸装置腐蚀流程图

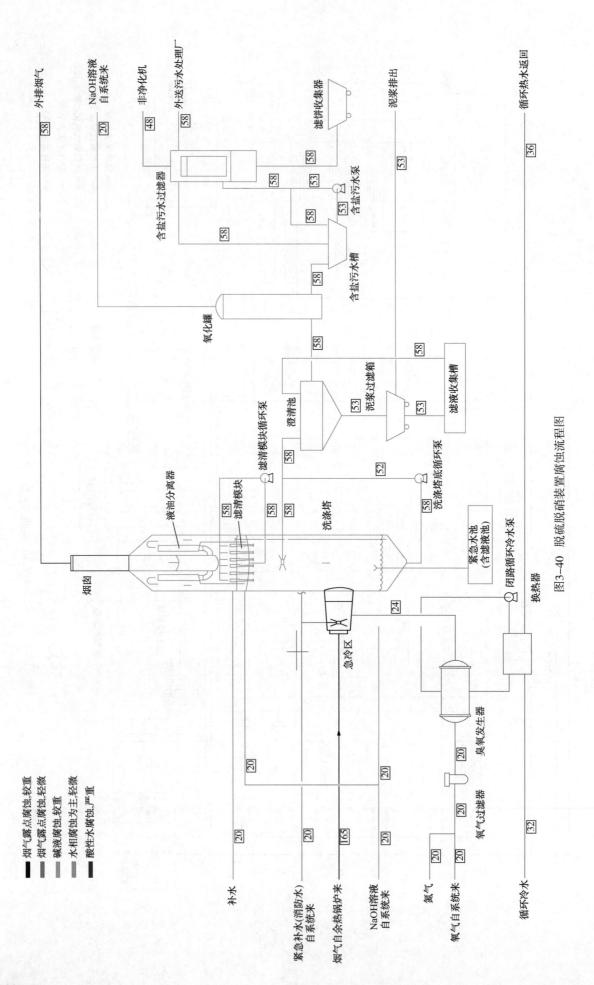

图 3-40 脱硫脱硝装置腐蚀流程图

182

腐蚀机理并绘制相关的腐蚀流程图。湿式空气氧化法（WAO）废碱处理工艺通过用热甲苯液/液萃取法对废碱液进行预处理，去除残留的聚合物以及更重要的聚合物前体，然后在湿式空气氧化部分去除预处理部分的废碱液中的污染物，将 Na_2S 氧化为 Na_2SO_4。装置主要分为四个部分：硫酸和废碱液存储部分、预处理部分、湿式空气氧化部分、中和部分。

硫酸和废碱液存储部分是将来自碱液塔的未经处理的废碱液在废碱液脱油罐中脱油，在废碱液脱气罐中脱气，并通过废碱液排放泵送至废碱液储罐。废碱液储罐中的轻烃相和聚合物经过撇油器和撇渣器被去除，并进入废碱液池。废碱液排放泵从废碱液储罐向后续废碱处理装置提供进料。

预处理部分是用热甲苯液/液萃取法对废碱液进行预处理，去除残留的聚合物以及更重要的聚合物前体（二烯烃和羰基化合物），这些前体往往会抑制湿式空气氧化过程中的反应速率。废碱液经废碱过滤器过滤后，被加热到75℃送至液/液萃取塔的顶部塔盘部分。在萃取塔中废碱与来自甲苯再生器的甲苯溶剂反向接触，目标是去除95%以上的羰基和二烯烃的聚合物。受污染的甲苯溶剂和补充的甲苯溶剂进入甲苯再生器进行再生。萃取塔底部的被轻芳烃或甲苯溶剂饱和的废碱进入烃汽提塔，汽提出轻芳烃组分或甲苯溶剂，将甲苯去除至<5wppm。

湿式空气氧化部分是去除预处理部分的废碱液中的污染物，将 Na_2S 氧化为 Na_2SO_4。经汽提后的碱液经过 WAO 废碱进料过滤器后进入湿式空气氧化反应器。反应器顶部的气体在 WAO 水洗吸收塔中清洗和冷却，除去水滴和气体中夹带的钠盐。冲洗水通过 WAO 洗涤循环冷却器冷却，并再循环至吸收塔。氧化废碱液在 WAO 废碱闪蒸罐中闪蒸，闪蒸后的废碱液经氧化物冷却器冷却后去中和部分的中和器。

中和部分是利用93%~98%（质量分数）的硫酸中和废碱，以去除氧化溶液中的 NaOH。93%~98%的硫酸从卡车供应至硫酸罐，经过硫酸泵输送，并在硫酸稀释储罐中使用工艺水稀释至20%。稀释后的硫酸进入到中和器中与废碱溶液发生中和反应，然后通过重力流入处理碱液输送罐。输送罐中的抛光氧化物根据液位控制系统由泵输送至废水生物处理系统。

2. 腐蚀介质及损伤机理分布图

废碱处理装置存在的腐蚀类型主要有碱脆、碱腐蚀、硫酸腐蚀、循环冷却水腐蚀等。

1）碱腐蚀

苛性碱或碱性盐引起的局部腐蚀，多发生在蒸发浓缩或高传热条件下。有时因碱性物质或碱液浓度不同，也可能发生均匀腐蚀。腐蚀坑可能因充满沉积物，使损伤被遮盖，在可疑区域进行检测时可能需要使用灵敏仪器。温度高于79℃的高浓度碱液可引起碳钢的均匀腐蚀，温度达到93℃时腐蚀速率非常大。苛性碱的浓度越高，腐蚀越严重。

2）碱脆

与碱液接触的设备和管道表面会发生应力腐蚀开裂，多出现在未消除应力热处理的焊缝附近，它可在几小时或几天内穿透整个设备或管线的壁厚。影响碱脆的因素主要有浓度、温度、残余应力、伴热等。碱浓度超过5%（质量分数）时，开裂就可能发生，随着碱浓度的升高，开裂敏感性升高。随着温度的升高，开裂敏感性增高。焊接或冷加工（如弯曲和成型）残余应力均可成为开裂的应力条件，通常应力要达到屈服应力时开裂才会发生。工厂经验表明有伴热的管线，或未经焊后热处理的碳钢管道和设备蒸汽吹扫时开裂可能性较高。主要的预防措施就是合理选材，消应力热处理等。

3）硫酸腐蚀

主要发生在中和部分，既存在浓硫酸的腐蚀，也存在稀硫酸的腐蚀，具体腐蚀机理参见 3.6.2 节。

废碱装置主要腐蚀类型、严重程度、图例颜色以及影响部位的统计见表3-36，腐蚀流程图如图3-41所示。

表 3-36 各部位、腐蚀类型及严重程度索引

腐蚀类型	程度	颜色	色号	相 关 部 位
碱腐蚀/碱脆	严重		40	萃取塔后与碱液接触的设备和管道
碱腐蚀/碱脆	较轻		50	萃取塔前（包含萃取塔）与碱液接触的设备和管道
循环冷却水腐蚀/锅炉冷凝水腐蚀	轻微		130	锅炉给水、蒸汽/蒸汽凝结水管线
硫酸腐蚀	较重		10	中和部分与硫酸接触的管线和设备
含氧水腐蚀	较轻		144	与含氧水接触的设备和管道

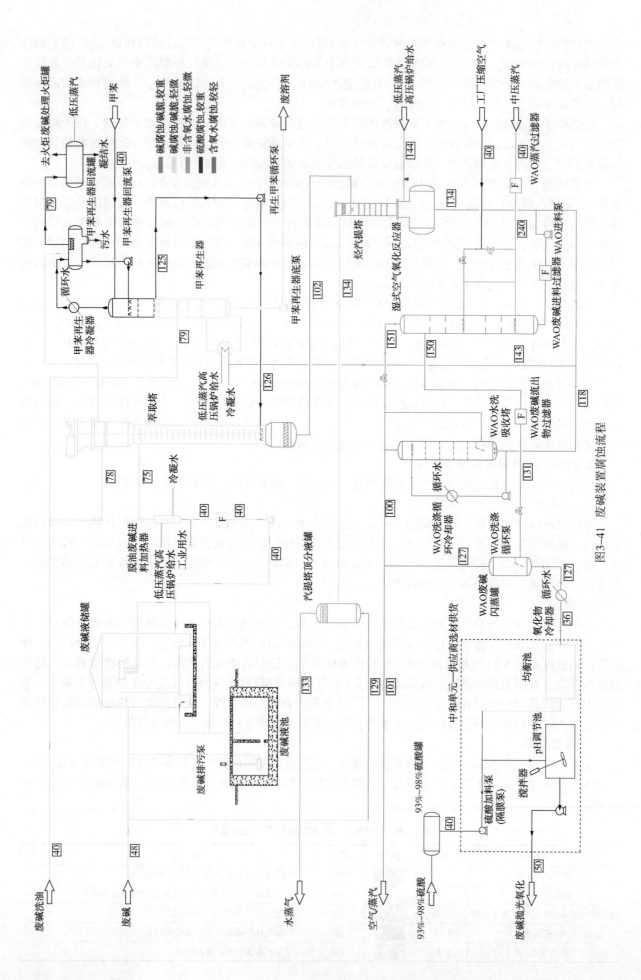

图3-41 废碱装置腐蚀流程

第4章　典型炼化装置材料选择流程

改革开放以来，我国炼油行业取得长足进步，炼油能力跃居世界第二位。炼油装置包括"龙头"的常减压装置和下游的催化重整、催化裂化、加氢等各类二次加工装置。近年来，为实现全厂流程和总体布局的整体化和最优化，炼油企业从原来的燃料型向炼化一体化转型，从以生产产品油为主到拉长产业链，朝着"油化并举、油头化尾"方向发展。

随着石油资源的深度开采以及进口原油的不断增加，原油劣质化趋势日益明显，出现高含硫、高含酸、高含盐的特点。一方面，随着国内原油资源的深度开采，原油的密度和酸值不断提高，而且在二次采油过程中加入许多助剂；另一方面，随着世界原油供应市场的变化，加工高硫、高酸劣质原油可以获得较好的经济效益，因而国内进口劣质原油的量逐年增加。

原油劣质化导致常减压装置和下游二次甚至三次加工装置的设备、管线等部件的腐蚀加重，长周期安全生产面临很大压力。这给各装置的选材提出了更高的要求，要求选材更加具体、更加有针对性。

材料流程图（Material Selection Diagram，MSD）是在工艺流程图（Process Flow Diagram，PFD）、工艺物料平衡数据等资料的基础上，对主要承压过流部件进行选材，包括静设备、管道、工业炉管、泵等。材料流程对于炼化装置的设计至关重要，它关注和体现装置的整体选材，材料匹配是重要原则，因而在国外发达国家，对于工艺包，提供材料流程是普遍做法，但国内绝大部分工程公司和专利商没有提供材料流程的实践和理念。在工程实践中，由于国内工程公司或设计院内部条块分割，专业之间选材是独立进行的，缺乏协调，造成材料选择不匹配，给现场的管理、维护带来风险。中国石化工程建设有限公司开国内先河，是国内为数不多的提供材料流程设计的工程公司，极大地改善了装置的选材问题。

对于炼化一体化装置，如1000万吨炼油、百万吨乙烯，涉及的工艺装置非常多，必须有一个专家团队，负责对整个全厂的工艺装置进行材料流程设计，使材料流程设计能够站在全局的高度、全厂的角度进行设计。图4-1为某千万吨炼油厂全厂工艺总流程。

本章将介绍典型炼化装置的工艺装置的材料流程设计，同时对工艺流程和选材原则进行简介。应该说明的是，本章对于典型炼化装置的材料选择，是推荐性的，在实际应用中，可以根据具体工况进行适当调整。

4.1　原油蒸馏装置材料选择流程

4.1.1　装置简介

原油蒸馏装置是对原油进行一次加工的装置，即将原油分馏成汽油、煤油、柴油、蜡油、渣油等组分的加工装置，其主要目的是为下游诸多二次加工装置提供合格的原料。原油蒸馏装置的腐蚀主要取决于原油的性质，包括硫含量、酸值、盐含量等。国内一般根据原油中硫含量和酸值（TAN）的高低，将原油分为下列六种类型：

（1）低硫低酸原油：S<1.0%（注：若非特别说明，本章均为质量分数），TAN<0.3mgKOH/g；

（2）低硫含酸原油：S<1.0%，0.3mgKOH/g≤TAN<0.5mgKOH/g；

（3）高硫低酸原油：S≥1.0%，TAN<0.3mgKOH/g；

（4）高硫含酸原油：S≥1.0%，0.3mgKOH/g≤TAN<0.5mgKOH/g；

（5）低硫高酸原油：S<1.0%，TAN≥0.5mgKOH/g；

（6）高硫高酸原油：S≥1.0%，TAN≥0.5mgKOH/g。

本节以某加工高硫低酸原油（S：2.5%；TAN：0.15mgKOH/g）的原油蒸馏装置为参考，对工艺流程进行简化，给出相应的材料流程和文字说明，如图4-2所示。

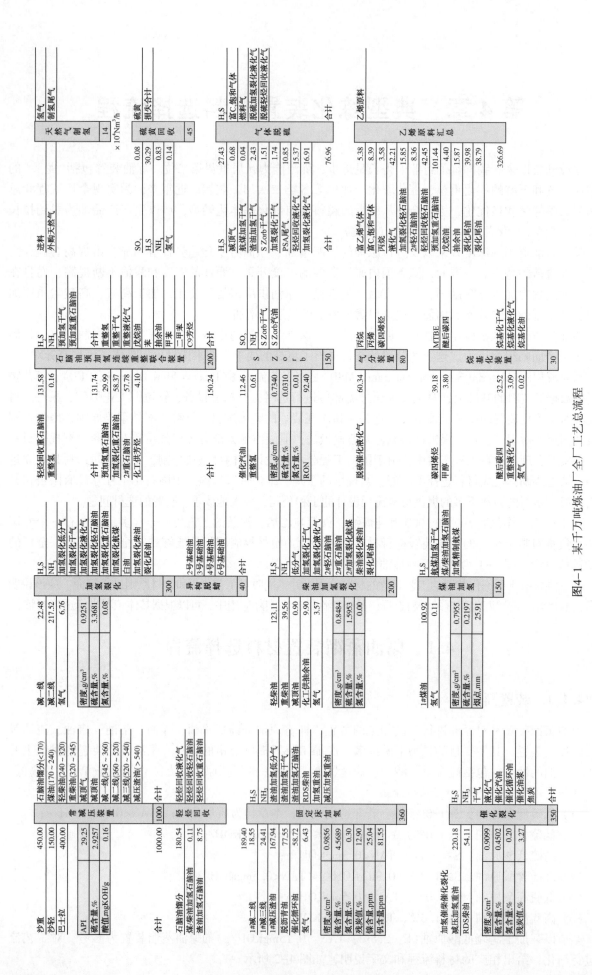

图4-1 某千万吨炼油厂全厂工艺总流程

186

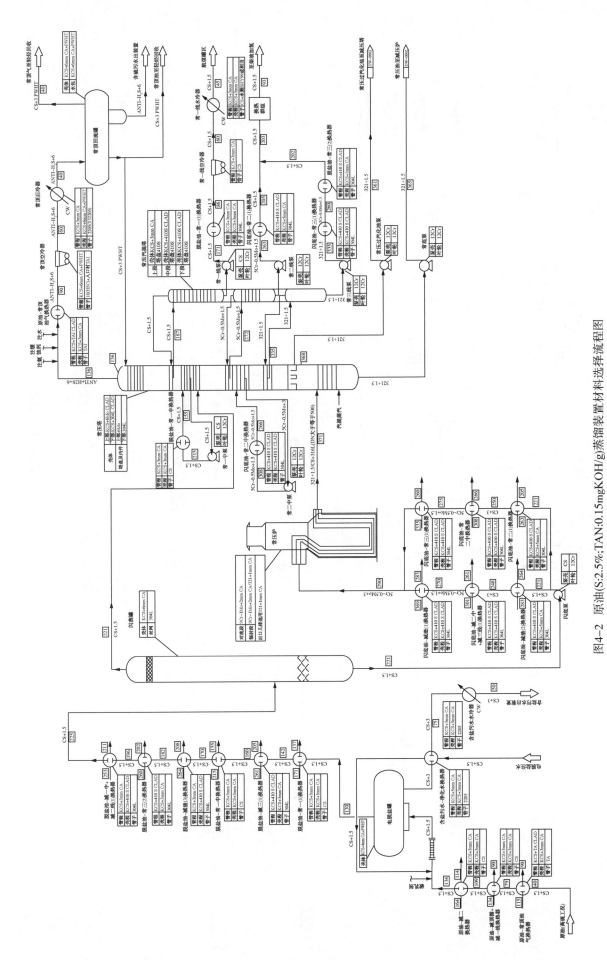

图4-2 原油(S:2.5%;TAN:0.15mgKOH/g)蒸馏装置材料选择流程图

187

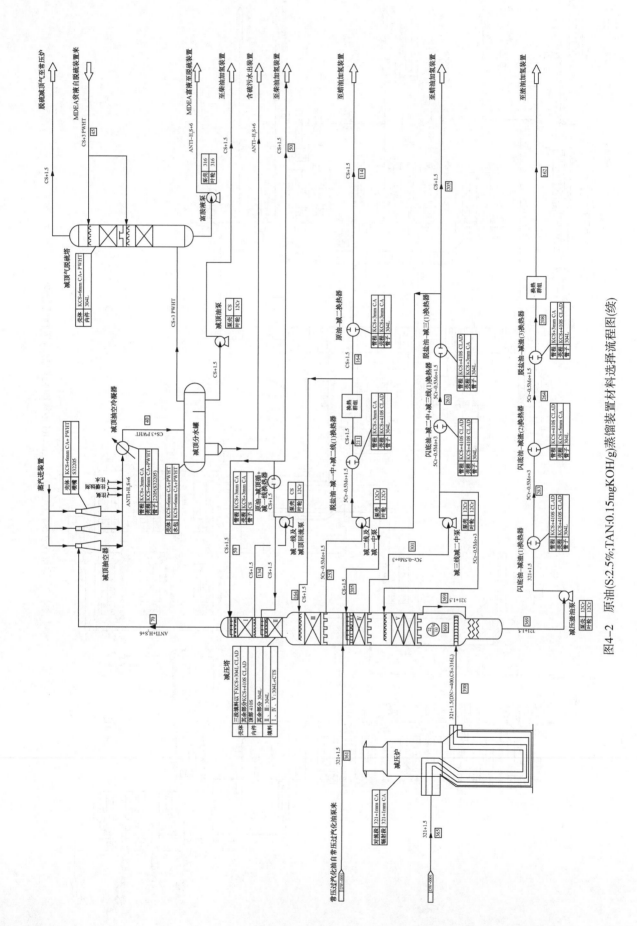

图4-2 原油(S:2.5%;TAN:0.15mgKOH/g)蒸馏装置材料选择流程图(续)

188

4.1.2 材料流程说明

原油蒸馏装置存在的损伤类型主要有高温硫腐蚀、环烷酸腐蚀、HCl-H_2S-H_2O 型腐蚀、湿 H_2S 损伤、碱式酸性水腐蚀、冲蚀、冷却水腐蚀等。结合对原料情况、工艺参数、现场运行经验的分析，给出了某加工高硫低酸原油(S：2.5%；TAN：0.15mgKOH/g)的原油蒸馏装置主要静设备、动设备、管线、泵等部件的选材。

1. 常顶冷凝系统

常顶部位主要包括常压塔上部塔体、塔盘(一般为五层)及常顶冷凝系统。常顶冷凝系统通常包括原油-常顶油气换热器、常顶空冷器、常顶水冷器及其管线。常顶部位首先要考虑的腐蚀类型为 HCl-H_2S-H_2O，其中处于相变部位(初凝区)的腐蚀最为严重。常顶系统的防腐首先要做好工艺防腐：合理的工艺参数设计、合理的管道布置、优化"一脱三注"的设计和操作等。其中，以往"三注"采用的方式粗放，往往就是引一根直管简单地插入工艺管道中，无法保证注水注剂效果。目前先进的做法是采用雾化喷嘴(对注剂还需增设叶轮)，且雾化喷嘴应通过风洞实验，以保证注水注剂有效。另外，管道上的注水注剂点位置距离管道上下游的管件要有一定长度限制，以使注水注剂与塔顶油气充分混合，起到稀释中和的作用。在工艺防腐到位的情况下，常顶部位的管道一般选择碳钢即可，优先选择抗 H_2S 碳钢，增大腐蚀裕量至 6mm，以满足抗湿 H_2S 损伤和抗碱式酸性水腐蚀的要求。对于初凝区，除采取合理工艺防腐措施外，需适当提高材质：对于初凝区的换热器，应优先采用钛材质的换热管；对于常顶塔体和塔盘，应优先采用超级奥氏体不锈钢 6Mo 钢或者合金 625(对于筒体可选用复合板)。

2. 常底和减底部位

常底和减底部位通常是指常压塔和减压塔中操作温度高于 260℃的塔体以及塔盘、填料等内件。上述部位首先要考虑的是高温硫腐蚀和环烷酸腐蚀。以往加工高硫低酸原油的原油蒸馏装置的选材通常是常底、减底壳体选择 410S 复合板，内件选择 304L。从部分现场运行经验来看，壳体使用 410S 复合板的选材方案仍存在一定的腐蚀风险：

(1) 常底和减底的塔体和塔盘往往还需要考虑环烷酸腐蚀，使用 410S 复合板有坑蚀或沟槽状腐蚀的风险；

(2) 减压塔底部填料需同时考虑高温硫腐蚀、环烷酸腐蚀以及较严重的结焦问题。

基于上述考虑，即使对于高硫低酸原油，常压塔底和减压塔底壳体建议优先使用 304L 复合板，常压塔和减压塔高温部位内件应适当提高材质，如 316L；对于腐蚀和结焦严重的塔盘、填料应使用 CTS 等表面处理技术。关于 CTS 技术详见第 6 章。

3. 常压炉和减压炉炉管

常压炉和减压炉炉管的腐蚀主要考虑高温硫腐蚀和环烷酸的腐蚀，因而以往加工高硫低酸原油的原油蒸馏装置炉管选材通常是 5Cr-0.5Mo，部分位置使用 9Cr-1Mo。结合现场运行经验和相关文献，上述选材存在一定风险：

(1) 由于油品多变或出于经济效益考虑，现场原油的酸值往往会较高，超过 0.3mgKOH/g，甚至接近 0.5mgKOH/g，需适当考虑环烷酸的腐蚀；

(2) 炉管的壁温会高于介质温度(例如高 50℃)，其腐蚀程度可能高于相连的管线或设备；

(3) 炉管的壁厚减薄情况难以监测，腐蚀后果严重。

基于上述考虑，常压炉炉管的对流段建议部分或全部使用 9Cr-1Mo，辐射段部分使用 9Cr-1Mo，出口几排根据腐蚀速率估算结果优先考虑使用不锈钢 321；减压炉炉管建议全部使用不锈钢 321。

4. 泵

泵的选材主要根据腐蚀类型和腐蚀程度选择碳钢、马氏体不锈钢 12Cr、奥氏体不锈钢 304 或 316、双相钢 2205 或 2507。闪底泵、常一中泵、常一线泵、减顶油泵、减一线及减顶回流泵腐蚀轻微，泵壳选择碳钢即可，叶轮通常选择 12Cr。含硫污水泵、富胺液泵，低温腐蚀较严重，壳体和叶轮通常选择 316。常二线泵、常二中泵、常三线泵、常底泵、减三线及减二中泵、减压渣油泵需考虑高温硫腐蚀，局部还需适当考虑环烷酸腐蚀，泵壳和叶轮需根据具体介质情况选择不锈钢12Cr、304或316。通常情况下，泵的选材应不低于设备和管线的选材。

上述选材方案是针对高硫低酸性质的原油给出的。随着油品变化，选材也应相应作出调整和优化。需要重点关注的原料性质参数包括硫含量、酸值、盐含量等。例如酸值明显提高时，相关设备、管线的材质应相应提高，包括常压塔塔底、减压塔塔底壳体应采用316L复合板，相连的管线、换热器、炉管、泵等材质也应相应提高。基于铁素体不锈钢410S在酸含量较高时易出现点蚀和沟槽状腐蚀，包括塔、罐、换热器的筒体覆层、泵的壳体和叶轮应慎用410S材质，优先选择304L或者316L覆层。另外，按照选材导则SH/T 3096—2012和SH/T 3129—2012，高硫油、高酸油的腐蚀程度分界温度均按照240℃考虑。结合现场经验和相关资料(如API RP939-C—2019)，建议环烷酸的起始腐蚀温度按照220℃考虑，高温硫腐蚀(不含氢气)的起始腐蚀温度按照260℃考虑；从现场运行情况来看，高酸油操作温度在220~240℃时，有现场也出现了较为明显的腐蚀；而对于高硫油，操作温度在240~260℃时，碳钢材质的设备和管线腐蚀轻微，运行良好。

4.2 催化裂化装置材料选择流程

4.2.1 装置简介

催化裂化是原油二次加工中最重要的加工过程之一，是指催化原料在热和催化剂的作用下使重质油发生裂化反应，转变为裂化气、汽油、煤油和柴油等的过程。催化裂化的原料种类比较多，早期以减压馏分油和焦化蜡油为主。随着原油的重质化，更多炼厂开始把部分或全部减压渣油、常压渣油等重质馏分油先通过加氢处理装置脱硫脱氮脱金属，再进入催化装置。

本节以某加工加氢重油和减压蜡油混合原料(S：1%；N：1600μg/g)的催化裂化装置为参考，对工艺流程进行简化，然后给出相应的材料流程和文字说明，如图4-3所示。

4.2.2 材料流程说明

催化裂化装置的工艺流程长，需要考虑的损伤类型众多：对于反应-再生部分，主要包括高温烟气腐蚀、催化剂的磨蚀和冲蚀、短时过热应力断裂、不锈钢的σ相脆化等；对于分馏部分和吸收稳定部分，主要包括高温硫腐蚀、H_2S-HCl-NH_3-CO_2-HCN-H_2O型腐蚀、湿H_2S损伤、碱式酸性水腐蚀、冷却水腐蚀等。结合对原料情况、工艺参数、现场运行经验的分析，给出了某加工加氢重油和减压蜡油混合原料(S：1%；N：1600μg/g)的催化裂化装置主要静设备、动设备、管线、泵等部件的选材。

1. 沉降器、再生器、旋风分离器

沉降器、再生器、三级旋风分离器的壳体选材为碳钢+隔热耐磨衬里，一、二级旋风分离器通常设置在沉降器、再生器内部，选材为15CrMo/304H+耐磨衬里。旋风分离器目前的问题主要集中在料腿断裂，这与304H在700℃左右环境中长期使用时的材料劣质化和焊接接头失效有关。如此高的温度极易出现σ相脆化，使材料脆性增加。而且料腿是在振动环境中工作，机械疲劳(振动疲劳)难以避免。设计和运行中应采取措施，减缓料腿的振动；运行中尽量避免超温现象的发生；提高焊接的技术要求和管理水平，保证焊缝的焊接质量满足要求，减缓其脆性的增加。

2. 分馏塔顶

分馏塔顶的腐蚀主要位于分馏塔上部塔盘、塔体及塔顶冷凝系统、塔顶循系统。相比常减压装置常顶部位，其腐蚀程度较轻，但其需考虑的腐蚀介质种类更多，除H_2S、HCl、NH_3外，还需考虑CO_2、HCN的影响。其腐蚀首要从工艺上考虑，包括控制原料的盐含量、合理的管道布置、合理的注水设计。以往注水采用的方式粗放，往往就是引一根直管简单地插入工艺管道中，无法保证注水效果。目前先进的做法是采用雾化喷嘴，且雾化喷嘴应通过风洞实验，以保证注水有效。另外，管道上的注水点位置距离管道上下游的管件要有一定长度限制，以达到注水与塔顶油气充分混合，起到稀释的作用。

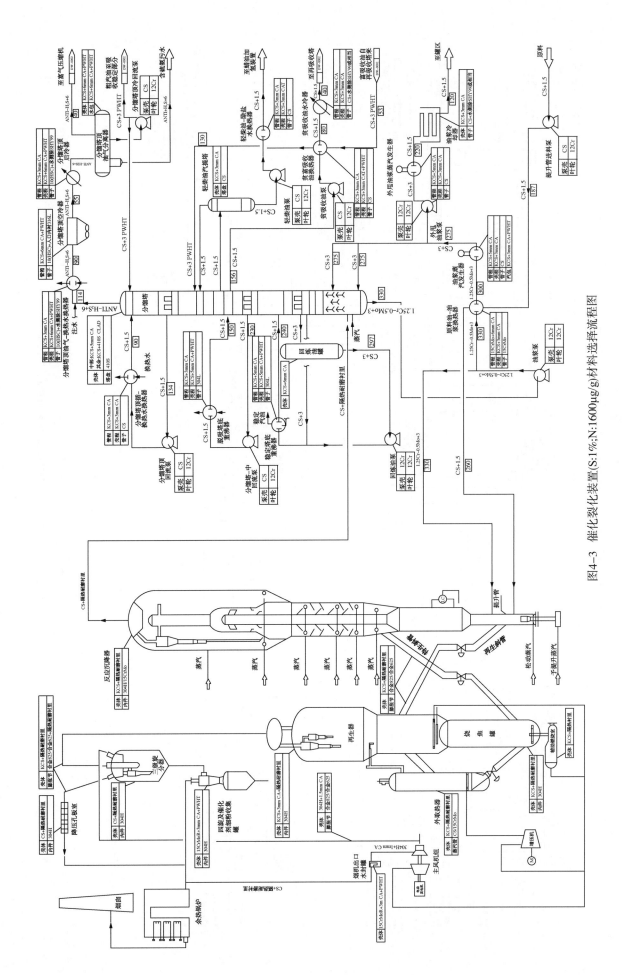

图4-3　催化裂化装置(S:1%;N:1600μg/g)材料选择流程图

191

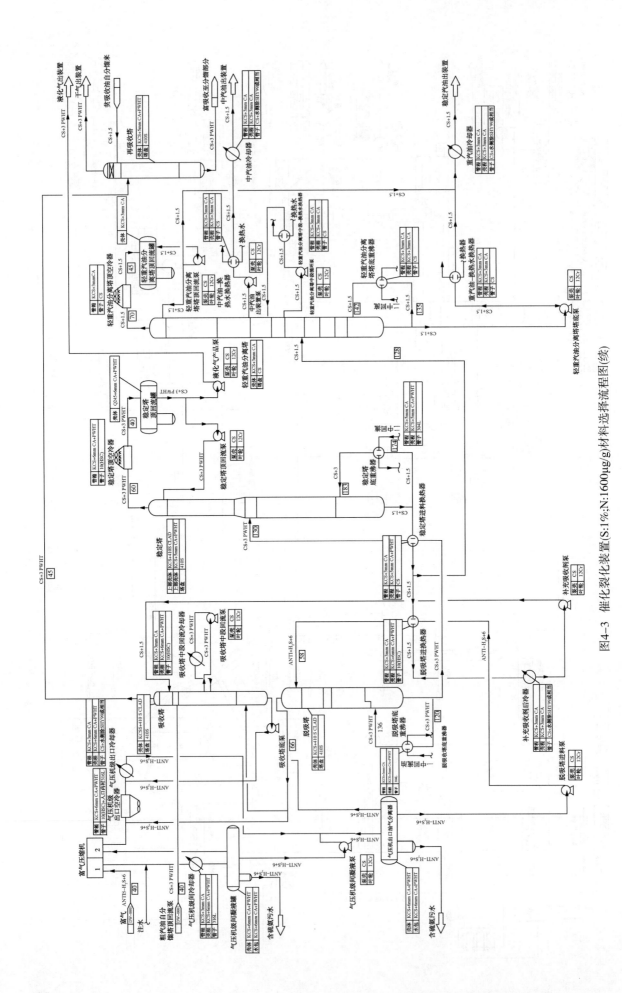

图4-3 催化裂化装置(S:1%;N:1600μg/g)材料选择流程图(续)

192

在此基础上，进行合理的选材。

（1）分馏塔顶部壳体覆层和塔盘应使用不锈钢 410S；

（2）管线优先选择抗 H_2S 碳钢，增大腐蚀裕量至 6mm；

（3）分馏塔顶油气-热水换热器优先选择抗 H_2S 碳钢。

从近几年运行情况来看，分馏塔顶油气-换热水换热器和分馏塔顶循换热器出现了比较多的腐蚀问题。这除了和原料劣质化密切相关外，可能和装置大型化以后，工艺防腐有待优化有关。应优化工艺防腐措施，必要时升级管束材质为不锈钢或对换热器管束通过 SHY99 涂料、CTS 表面强化技术防腐。

3. 高温油浆系统

高温油浆系统的选材主要考虑高温硫腐蚀和催化剂的磨蚀。高温油浆的 S 含量通常为原料的 2 倍左右，用通常的高温硫腐蚀速率估算模型（修正的麦克诺米曲线），其腐蚀速率往往较高：按照温度 330℃，硫含量 2%考虑，碳钢和 1.25Cr-0.5Mo 的腐蚀速率分别为 1mm/a 和 0.5mm/a。按照上述计算，碳钢和 1.25Cr-0.5Mo 均不满足使用要求。然而，从现场调研情况来看，部分使用碳钢的现场亦能满足使用要求，这说明实际的腐蚀速率低于这个值，这和油浆中 S 相对分子质量大、活性低有关。材料流程推荐管线的材质为 1.25Cr-0.5Mo，腐蚀裕量为 3mm；原油料-油浆换热器的管束和管箱选择 15CrMo，其中管箱的腐蚀裕量选择 6mm，蒸汽发生器推荐使用碳钢即可，高温油浆泵和回炼油泵的选材以 12Cr 为主。对于催化剂的磨蚀问题，主要集中在转动件、管件、调节阀等位置。应通过控制油浆中催化剂的含量、局部材质升级、加强检监测等手段来控制油浆系统的腐蚀。高温硫腐蚀的部件使用碳钢材质时，应对硅含量提出要求：根据相关资料，当硅含量低于 0.1%时，碳钢的抗高温硫腐蚀能力会急剧降低。

4. 吸收稳定系统

吸收稳定系统的腐蚀主要是 H_2S-HCN-H_2O 型的腐蚀，腐蚀形态为均匀腐蚀和应力腐蚀开裂，而 NH_3 和 HCl 导致的腐蚀不明显，其原因一是经过分馏塔顶油气分离器，NH_3 和 HCl 已经被含硫污水带走，二是工艺设计时在气压机出口空冷器前注入净化水再次洗涤，进一步降低了盐的存在。选材时，对于吸收塔、脱吸塔和稳定塔上部壳体建议选择 410S 复合板，这是因为 H_2S 含量较高，其腐蚀危害大，一旦严重腐蚀难以更换。使用碳钢材质的话，应加大腐蚀裕量应对均匀腐蚀，且采取有效的焊后热处理。对于其他设备和管线选择碳钢加厚并热处理的防腐方案，而对于动设备的选材通常泵壳选择碳钢即可，叶轮选择 12Cr，且满足湿 H_2S 损伤要求。

4.3 延迟焦化装置材料选择流程

4.3.1 装置简介

焦化过程是以渣油（一般为减压渣油）为原料，在高温（500~550℃）下进行深度热裂化反应的一种热加工过程。减压渣油在管式炉中加热，采用高的流速使其在加热炉中短时间内达到焦化反应所需的温度，然后迅速进入焦炭塔，使焦化反应不在加热炉而是延迟到焦炭塔中进行，故称之为延迟焦化。其产物有液化气、汽油、柴油、蜡油（重馏分油）和焦炭。

本节以某加工减压渣油原料（S：6%；N：4200μg/g）的焦化装置为参考，对工艺流程进行简化，然后给出相应的材料流程和文字说明，如图 4-4 所示。

4.3.2 材料流程说明

焦化装置需要考虑的损伤类型主要包括高温硫腐蚀、高温环烷酸腐蚀、低周疲劳、H_2S-HCl-NH_3-H_2O 型腐蚀、湿 H_2S 损伤、碱式酸性水腐蚀、冷却水腐蚀等。结合对原料情况、工艺参数、现场运行经验的分析，给出了以某加工减压渣油原料（S：6%；N：4200μg/g）的延迟焦化装置主要静设备、动设备、管线、泵等部件的选材。

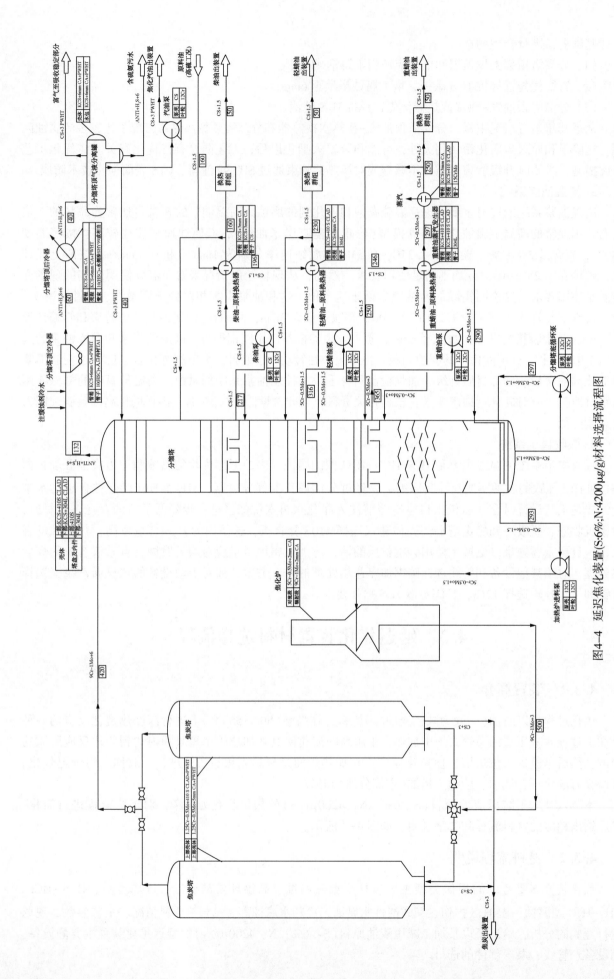

图4-4 延迟焦化装置(S:6%;N:4200μg/g)材料选择流程图

1. 焦炭塔

目前焦炭塔的选材通常是上部选择 1.25Cr-0.5Mo 基材复合 410S 不锈钢，而下部仅使用 1.25Cr-0.5Mo。顶部选择复合板结构，主要是考虑在冷却、切焦和预热期，承受 H_2S-HCl-NH_3-H_2O 腐蚀。下部不使用复合板，主要是依据经验，焦炭塔泡沫层以下部分有一层焦炭保护，认为腐蚀较轻微。不过从实际操作情况来看，部分焦炭塔下部锥段发现了严重腐蚀，因而有现场亦改用复合板结构。国外设计的焦炭塔也多采用整体复合板的选材方案，且上部和下部等厚，这是出于对腐蚀和疲劳损伤的双重考虑。另外，实践也表明，焦炭塔复合层 410S 的焊缝也会发生开裂。为减少裂纹产生，此位置焊材宜选用铁镍基合金或镍基合金。

延迟焦化装置的生产虽然是连续的，但焦炭塔需在 24~48h 的周期内生焦及除焦。由于周期性地由常温到 470~490℃ 的冷热循环操作，形成温差应力，引起显著的周期性应变，因而导致焦炭塔塔壁鼓胀变形、裙座与塔体间焊接接头开裂及堵焦阀接管焊接接头开裂。对于塔体变形和焊缝开裂，应采取综合的防护措施，包括：应尽可能缓慢和均匀地冷却焦炭，避免塔壁上产生向外的压力；焊缝内外侧应全部磨平，减少由热循环引起的峰值应力；所有与筒体相焊的连接焊缝处打磨圆滑；完善保温结构等。

2. 焦化炉

焦化炉炉管国内过去常推荐使用 5Cr-0.5Mo 炉管，后期部分或全部使用 9Cr-1Mo 炉管；对于高酸油工况，有部分项目在对流段使用不锈钢 316L 或者 317L。根据常用图表(修正的麦克诺米曲线)进行腐蚀速率估算，在硫含量、酸值和温度较高时，5Cr-0.5Mo 和 9Cr-1Mo 的腐蚀速率可能较高，甚至超过 1mm/a。然而从现场调研情况来看，Cr-Mo 钢的焦化炉炉管的实际腐蚀速率明显低于理论计算腐蚀速率。这可能和几方面有关：管壁附着一层牢固而致密的焦炭形成保护层，隔开了高温硫腐蚀和高温环烷酸腐蚀；温度太高(例如大于 480℃)后，高温硫腐蚀和高温环烷酸腐蚀的程度减弱。

3. 分馏系统

分馏塔塔顶壳体需考虑 H_2S-HCl-NH_3-H_2O 腐蚀，应采用碳钢复合 410S 不锈钢。底部温度较高，需考虑高温硫腐蚀和高温环烷酸腐蚀，应采用碳钢复合 304L 不锈钢。塔顶冷凝系统主要考虑湿 H_2S 损伤和碱式酸性水腐蚀，通常采取碳钢加厚和焊后热处理的方案。为防止可能产生的铵盐腐蚀，可考虑注水的工艺防腐措施。以往注水采用的方式粗放，往往就是引一根直管简单地插入工艺管道中，无法保证注水效果。目前先进的做法是采用雾化喷嘴，且雾化喷嘴应通过风洞实验，以保证注水有效。另外，管道上的注水点位置距离管道上下游的管件要有一定长度限制，以达到注水与塔顶油气充分混合，起到稀释的作用。分馏塔侧线的管线和设备主要考虑高温硫腐蚀，使用 Cr-Mo 钢和不锈钢 410S、304L 等。

4.4 加氢精制及裂化装置材料选择流程

4.4.1 装置简介

1. 煤油加氢装置工艺流程说明

（1）反应部分：原料油自装置外来，经过过滤与脱水后进入滤后原料缓冲罐，并由反应进料泵抽出升压后与混氢(循环氢与新氢混合)混合，然后先与加氢反应产物进行换热，再经反应进料加热炉加热至要求温度，自上而下流经加氢反应器。在反应器中，原料油和氢气在催化剂的作用下通过催化加氢进行脱硫、脱硫醇等反应。从加氢反应器出来的反应产物与混氢原料油换热后，在热高压分离器进行气、油两相分离；油相、气相经空冷冷却进入低压分离器，在低压分离器中进行气、油、水(间断)三相分离；根据原料的氮含量及加氢深度等要求，可灵活调整是否需要在空冷前注软化水，软化水使用来自热工的除氧水。低压分离器顶出来的气体至循环氢压缩机，重新升压后与压缩后的新氢混合，返回反应系统，罐底油相与航煤产品换热后进入分馏塔。

（2）分馏部分：分馏塔采用重沸炉作为塔底热源加热塔底产品，塔顶的轻油经空冷器、水冷器冷却后进入塔顶回流罐，其中一部分作为塔顶回流，另一部分送出装置，塔顶气相亦送出装置处理。从塔底出来的精制航煤产品由泵抽出，先与分馏塔进料换热，然后经空冷器与水冷器冷却，最后经过吸附脱硫、过滤、分水、注入抗氧剂等一系列处理后作为产品送出装置。

2. 液相柴油加氢处理装置工艺流程说明

（1）反应部分：原料油经升压换热后，与已预热的一段反应补充氢混合，分别与二段反应生成油和一段反应生成油进行换热，再经反应进料加热炉加热至所需温度后，与来自反应产物循环泵的循环油混合，一起自下而上流经液相加氢精制反应器（一段反应器）。在反应器中，原料油和氢气在催化剂作用下，进行加氢脱硫、脱氮等精制反应。反应产物经换热后，进入冷热高低压分离器进行气、油、水三相分离。

（2）分馏部分：热低分油和冷低分油一起首先进入硫化氢汽提塔脱除 H_2S 和轻烃，之后进入产品分馏塔。产品分馏塔仍采用重沸炉方式汽提，塔顶油气其中一部分液体作为塔顶回流，另一部分作为全馏分石脑油产品送出装置外。从塔底出来的精制柴油产品，先与分馏塔进料换热，再发生蒸汽，之后与原料油换热，最后经空冷器冷却，作为产品送出装置。硫化氢汽提塔顶的含硫酸性气及轻烃送至装置外处理。

3. 柴油、蜡油加氢裂化装置工艺流程说明

（1）反应部分：原料油经升压换热混氢后，在反应进料加热炉内加热至所需的温度后，进入加氢精制反应器，然后进入加氢裂化反应器，在催化剂的作用下，进行加氢反应。催化剂床层间设有控制反应温度的冷氢。反应产物经换热后，进入冷热高低压分离器进行气、油、水三相分离。

（2）分馏部分：热低分油和冷低分油一起首先进入硫化氢汽提塔脱除 H_2S，之后进入产品分馏塔。分馏塔侧线抽出石脑油、白油、柴油等产品送出装置。

4. 润滑油加氢装置工艺流程说明

（1）加氢处理部分：原料油混氢后，再与加氢处理反应产物换热，然后进入加氢处理反应进料加热炉加热到要求温度，依次进入加氢处理保护反应器和加氢处理反应器。在反应器中，原料油和氢气混合物料在高压、高温和催化剂的作用下，进行一系列的加氢改质反应，如脱硫、脱氮、芳烃加氢饱和、裂化等反应，脱除原料油中的杂质，提高油品的黏温性质。异构脱蜡进料与异构脱蜡段氢气混合，与异构脱蜡反应器的反应产物换热后进异构脱蜡反应进料加热炉加热至规定温度，进入异构脱蜡反应器，在有氢气存在和催化剂的作用下，发生蜡异构反应，达到基础油倾点要求。异构脱蜡反应产物经换热达到要求温度，进入后精制反应器，在补充精制催化剂的作用下，进一步进行加氢精制反应，去掉残存的烯烃和其他杂质，并将芳烃饱和，提高产品基础油的安定性和改善颜色。反应产物经换热后，进入冷热高低压分离器进行气、油、水三相分离。

（2）产品分馏部分：包括常压分馏及减压分馏两个系统，常压系统分出汽油和煤油，减压系统分出柴油及各种润滑油馏分。

4.4.2 选材说明

加氢装置存在的损伤类型主要有高温硫腐蚀、高温环烷酸腐蚀、高温氢腐蚀、高温 H_2-H_2S 腐蚀、湿硫化氢腐蚀、铵盐腐蚀、氯化物应力腐蚀开裂、连多硫酸应力腐蚀开裂、铬钼钢回火脆化、胺液腐蚀等。根据不同位置，不同的介质环境，选材如下。

1. 反应器进料系统

在氢气注入点之前的反应器进料系统，对于含硫原料，温度高于 260℃，或者含环烷酸，当进料温度超过 220℃时能够发生高温硫或高温环烷酸腐蚀。用铬含量 5% 或更好的合金能够抵抗高温硫腐蚀。为防止环烷酸腐蚀，有必要采用奥氏体不锈钢。在循环氢加入点之后，需要选用等级逐步提高的合金，耐受氢腐蚀和高温 H_2-H_2S 腐蚀。H_2-H_2S 腐蚀的起始温度是 230℃，腐蚀速率要根据循环气体中硫化氢含量和材料类型来计算。操作温度超过 230℃的工艺管道和换热器，通常选用奥氏体不锈钢。

工艺管道通常用 321 或 347 型不锈钢，如果设计压力很高且直径较大，一般采用 347 型不锈钢以降低壁厚。换热器管束通常采用 321 型不锈钢，壳体和管箱采用铬钼钢加 347 型不锈钢堆焊层。对于反应器进料系统中温度高于 200℃（近年来，通常控制得更低些）的设备和管线，材料选择时应重点考虑氢腐蚀问题。高于此温度，不能使用碳钢，在 200~288℃ 相对较窄的温度范围内，根据不同的氢分压，可以选用 1.25Cr-0.5Mo 或 2.25Cr-1Mo 等钢材耐受氢腐蚀。温度高于 288℃ 时，管道一般采用 321 型不锈钢。换热器管箱和壳体，需要用 1.25Cr-0.5Mo 或者 2.25Cr-1Mo 钢作为基材金属耐受氢腐蚀，内壁施加不锈钢堆焊层抵抗高温硫化氢腐蚀。

2. 反应器进料加热炉

炉管和 U 形弯头根据压力和温度的高低普遍采用 321 或者 347、347H 型不锈钢制造。U 形弯头用锻件比铸件好，虽然两者质量都很好，但是管壁温度高于 538℃ 时，铸件容易发生 σ 相致脆。

3. 反应器

反应器壳体选用 Cr-Mo 低合金钢制造，防止氢腐蚀，并且内表面施加奥氏体不锈钢堆焊层抵抗高温 H_2S 腐蚀。反应器基层最常用的材料是 2.25Cr-1Mo 钢和 2.25Cr-1Mo-V 钢，常用的堆焊层材质为 347 或 316L 型不锈钢，如果温度和硫化氢浓度允许（比如煤油加氢等反应条件较缓和的装置），反应器壳壁可采用单纯 Cr-Mo 钢制造，而不加不锈钢堆焊层。对于反应器内部构件，通常整体采用 321 或 347 型奥氏体不锈钢制造。

4. 反应器流出物系统

在反应器流出物系统，从反应器出口到热高分气/混氢换热器，按照与反应器进料系统相同的标准选择材料，即采用整体奥氏体不锈钢或不锈钢覆层，直到流出物冷却到低于高温 H_2-H_2S 腐蚀的阈值230℃。温度降到大约 230℃ 后，可选用抗氢腐蚀的 Cr-Mo 合金钢。发生 H_2-H_2S 腐蚀和氢腐蚀的确切阈值温度，与硫化氢浓度及氢气的分压有关。换热管和管板，管程和壳程两侧都会发生腐蚀，选材时要充分考虑到两侧的使用条件。从反应器出口开始，温度下降到大约 230℃ 之前，管道和换热器管束通常选用 321 型不锈钢，换热器壳体采用铬钼钢作基材加 347 型奥氏体不锈钢堆焊，换热器壳体的基材金属通常选用 2.25Cr-1Mo 钢。温度低于 200℃（近年来，通常控制得更低些）的高温氢腐蚀阈值温度时，一般采用碳素钢或碳锰钢，必要时设备及管线应经焊后热处理。

5. 热高分气-混氢换热器

通常情况下，氯化铵结晶温度处于热高分气-混氢换热器的换热温度区间。因此，热高分气-混氢换热器是加氢装置中最易发生氯化铵盐腐蚀的设备。如果加氢原料油中不含氯，换热管选用奥氏体不锈钢 321 即可；如果原料油中含有氯，奥氏体不锈钢不能耐氯化铵腐蚀，这种情况下，根据氯含量的大小要考虑将换热管选用合金 825 或合金 625。换热器壳体选用铬钼钢基层加奥氏体不锈钢 347 堆焊层。对于此换热器，单独靠提高材质等级还不能完全起到有效防腐的目的，通常会在此换热器前设置间断注水点，何时注水可根据换热器进出口压差大小来判断。以往注水采用的方式就是引一根 *DN*50 的直管简单地插入工艺管道中，注水方式粗放，无法保证注水效果。目前先进的做法是采用专用雾化喷头，这种雾化喷头应通过雾化及风洞实验，保证注水有效。另外，管道上的注水点位置距离管道上下游的管件要有一定长度限制，以达到注水与反应流出物充分混合，起到稀释氯化物的作用。

6. 反应流出物空冷器

反应流出物空冷器是最容易发生硫氢化铵（NH_4HS）腐蚀的设备。一般根据硫氢化铵的浓度与流速来对空冷器进行选材：NH_4HS 浓度、流速决定了 NH_4HS 的冲刷腐蚀严重程度。通常此空冷器选材为碳钢或合金 825；双相不锈钢也有选用，但近几年由于双相钢制造的此类空冷器事故频发，因此目前不推荐选用双相钢。对于碳钢，通常限制水中 NH_4HS 浓度小于 3%，且管内介质流速介于 3~6m/s 之间。对于合金 825，通常限制水中 NH_4HS 浓度小于 15%，且管内介质流速介于 3~15m/s 之间。如果空冷器前后管线选用碳钢，则 NH_4HS 流速要求参照碳钢。流速设置下限是为了避免 NH_4HS 滞留从而导致 NH_4HS 垢下腐蚀。如果管子选用碳钢，还需要在管子的入口处衬一段长度至少为 300mm 的 316L 奥氏体不锈钢管，以减缓因结构和变径造成的局部流速过大产生的冲刷腐蚀。此空冷器入口前会设置连续注水点，对硫氢化铵盐进行冲洗。以往注水采用的方式就是引一根 DN50 的直管简单地插入工艺管道中，无法保证注水效果有效。目前先进的做法是采用专用雾化喷头，这种雾化喷头应通过雾化及风洞实验，保证注水有效。另外，管道上的注水点位置距离管道上下游的管件要有一定长度限制，以达到注水与反应流出物充分混合，起到稀释氯化物和硫化物等的作用。

7. 反应流出物空冷器入口与出口管道

反应流出物空冷器入口（从水注入点开始）的管道和出口的管道容易与空冷器一样发生硫氢化铵腐蚀，尤其是在弯头、三通以及其他发生局部湍流的管段。硫氢化铵浓度很高时以及流速很高时，极容易加剧腐蚀。因此，这部分管道选材标准通常与空冷器保持一致。另外，管道的对称布置有利于流态稳定分布，避免偏流造成的局部冲刷腐蚀。如果不重视对称布置，即使选用高等级材质，也不一定能产生好的效果。早期引进的加氢工艺包中，由于原料油品性质还没那么苛刻，碳钢制空冷器安全操作了很多年，出入口管线采用对称布置是重要原因之一。

8. 分离系统

分离设备包括热高压分离器（热高分）、热低压分离器（热低分）、冷高压分离器（冷高分）、冷低压分离器（冷低分）四种。热分离器是在反应器出口温度下或者接近这样的高温下操作的，处于高温 H_2-H_2S 腐蚀的环境中。对于热高分，材质同反应器一致或相近，通常基材为 2.25Cr-1Mo 钢，内壁堆焊 347 型奥氏体不锈钢；热低分由于温度压力比热高分低一些，因此其壳体材质可采用 1.25Cr-0.5Mo 加 321 复合板。正常情况下，冷分离设备的腐蚀速率是较低的，但是当硫氢化铵浓度超过 3% 时，腐蚀可能加剧。这些设备的主要问题是进入的工艺流体可能会冲击壳体，造成局部硫氢化铵冲刷腐蚀。通过设置不锈钢防冲击挡板或者防磨板，把整个冲击区域隔离开，能够减缓硫氢化铵冲刷腐蚀。冷分离器（冷高分、冷低分）一般采用抗氢致开裂（HIC）的碳钢或碳锰钢制造，并加大腐蚀裕量。如果含硫污水浓度过高，其内壁可用 300 系列不锈钢作覆层，防止发生氢致开裂（HIC）或应力导向氢致开裂（SOHIC）。

9. 循环氢系统

循环氢系统很少发生严重的腐蚀问题。但是，循环氢压缩机通常采用 Ni-Cr-Mo 系列低合金高强度结构钢 4330 或 4140 制造，有发生硫化物应力腐蚀开裂的倾向。为了避免发生此种型式的开裂，需要限制压缩机材料的强度和硬度。另外，为了减缓硫化物应力开裂和硫氢化铵冲蚀，压缩机必须保持干燥，应使压缩机入口分液罐的捕沫器保持良好的工作状态，捕沫器选材应给予足够重视，建议采用 316L+CTS 处理。同时，对分液罐至压缩机入口管线进行蒸汽伴热也是保持压缩机干燥的重要措施之一。循环氢系统中会使用胺液来吸收硫化氢，胺液中的碱性物质会导致金属的碱脆，因此对于碳钢和碳锰钢设备应提出焊后热处理要求。胺液与硫化氢反应生成热稳定性盐（HSAS），因此要限制胺液的流速以减缓热稳定性盐对金属元件的冲刷腐蚀。

10. 分馏系统

分馏系统设备和管线的材料要根据抗高温硫化氢腐蚀的需要来选择。当物流中含有 H_2S 且温度高于 260℃，就需要选用合金钢。如果不含硫化氢，或者温度低于 260℃，一般可选用碳钢。分馏系统如果设置了硫化氢汽提塔，硫化氢几乎全部都从汽提塔汽提出装置。汽提塔的顶部湿硫化氢应力腐蚀会比较严重，一般都选用碳钢+不锈钢复合板，而汽提塔下部一般选用碳钢并要求焊后热处理。值得注意的是，近几年不时出现过塔体穿孔泄漏和塔盘腐蚀减薄甚至塌陷的情况，所以必要时，建议该塔进料段以上壳体选用 316L 或超级奥氏体不锈钢 6Mo 复合板，塔盘选用 316L+CTS。汽提塔顶回流部分的设备和管线均要考虑湿硫化氢应力腐蚀，选用碳钢时要适当加大腐蚀裕量，并提出焊后热处理要求。汽提塔下游的分馏塔等设备，除了分馏塔顶部需适当考虑湿硫化氢应力腐蚀外，其余部分不再需要考虑湿硫化氢应力腐蚀。如果分离系统没有设置硫化氢汽提塔，则分馏塔与分馏塔顶部回流部分选材与上述汽提塔部分选材一致。

4.4.3 加氢装置材料流程图

1. 煤油加氢装置材料选择流程图（图 4-5）说明

（1）煤油加氢装置的反应器，因为操作压力及温度不是很高，因此壳体一般采用 Cr-Mo 钢加不锈

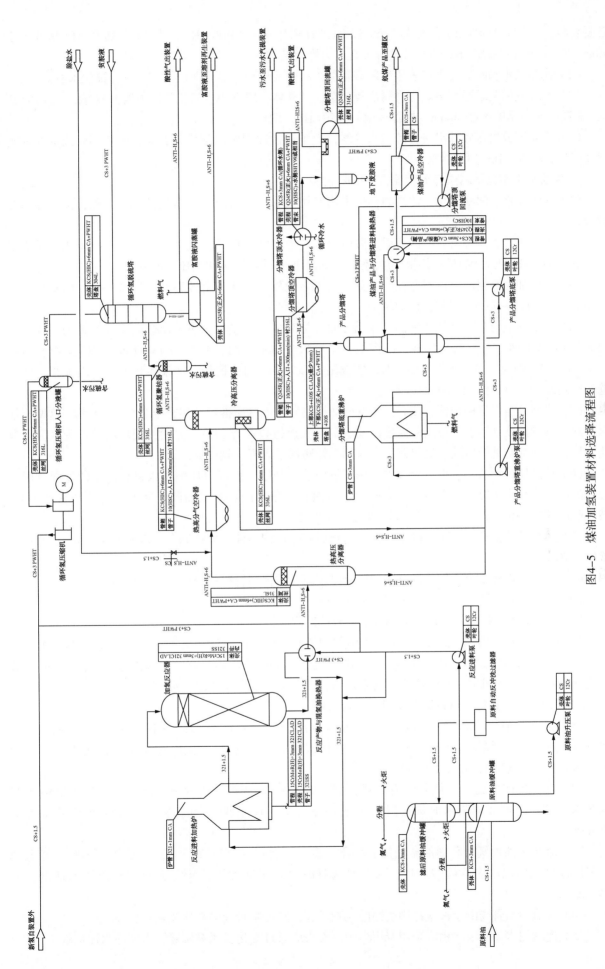

图 4-5 煤油加氢装置材料选择流程图

钢复合板。当 15CrMoR(H) 厚度大于 60mm 时，宜选用 14Cr1MoR(H)；当 14Cr1MoR(H) 厚度大于 90mm，宜选用 12Cr2Mo1R(H)，且复合板宜改为堆焊结构。

（2）连续注水和间断注水应采用专用雾化喷头，喷头应通过雾化及风洞实验，保证注水有效。

（3）富胺液闪蒸罐湿硫化氢应力腐蚀较严重，其壳体一般选用抗硫化物应力腐蚀较好的 Q245R（正火）钢板；如果厚度超过 30mm，推荐选用 Q345R（HIC）钢板。

（4）冷高压分离器底部出口含硫污水管线，由于铵盐冲刷腐蚀的风险较高，应控制管线的介质流速 ≤1.5m/s，NH_4HS 浓度 ≤4%。

2. 柴油加氢裂化材料选择流程图（图 4-6）说明

（1）连续注水、间断注水、注缓蚀剂应采用专用喷头，喷头应通过雾化及风洞实验，保证注水注剂效果。

（2）冷低压分离器和富胺液闪蒸罐，湿硫化氢应力腐蚀较严重，其壳体一般选用抗硫化物应力腐蚀较好的 Q245R（正火）钢板；如果厚度超过 30mm，推荐选用 Q345R（HIC）钢板。

（3）柴油加氢裂化的反应器工况较苛刻，壳体一般较厚，从安全性和经济性考虑，壳体基材一般选用 2.25Cr-1Mo-0.25V 材料，锻焊结构。

（4）对于混氢与热高分气换热器、冷低分油与热高分气换热器、热低压分离器等设备的壳体，一般采用 Cr-Mo 钢。当用 15CrMoR(H) 钢板、厚度大于 60mm 时，宜选用 14Cr1MoR(H) 钢板、当用 14Cr1MoR(H) 钢板；厚度大于 90mm 时，宜选用 12Cr2Mo1R(H) 钢板。如果换热器管箱因为结构原因选择锻焊结构，宜选择 15CrMo(H) 锻钢。

（5）热高分与混氢换热器、热高分与低分油换热器管束材质推荐使用合金 825：一方面，这两台换热器热高分侧温度处于氯化铵结晶温度区间，氯化铵腐蚀较严重；另一方面，现场调研发现，混合氢侧同样存在铵盐腐蚀的风险。这也是混合氢侧壳体建议堆焊不锈钢的原因。

（6）冷高压分离器、冷低压分离器、循环氢脱硫分液罐、循环氢压缩机入口分液罐的丝网及脱丁烷塔的部分塔盘由于腐蚀较严重，对丝网及重腐蚀的塔盘进行 CTS 表面改性处理。经过 CTS 处理后，转化膜厚度应 ≥100nm，并且点蚀指数（PREN）应 ≥42。

（7）热高分器空冷器进出口碳钢管线，为减缓铵盐冲刷腐蚀，应控制介质流速为 3~6m/s，NH_4HS 浓度 ≤4%。

（8）含硫污水管线由于铵盐冲刷腐蚀的风险较高，应控制管线的介质流速 ≤1.5m/s。

（9）应控制富胺液流速 ≤1.2m/s 以减缓冲刷腐蚀。

（10）贫胺液管线应控制流速 ≤2.1m/s 以减缓冲刷腐蚀。

（11）冷高压分离器底部至冷低压分离器管线应限制 NH_4HS 浓度不大于 4%，以减缓铵盐腐蚀。

（12）循环氢脱硫塔、循环氢压缩机入口分液罐、冷高压分离器，有发生硫化物应力腐蚀（SCC）和氢诱导开裂（HIC）的风险，故壳体应采用 Q345R（HIC）或 SA516-70（HIC）钢板。

3. 液相柴油加氢材料选择流程图（图 4-7）说明

（1）反应生成气与低分油换热器、热低压分离器等设备的壳体，一般采用 Cr-Mo 钢。当用 15CrMoR(H) 钢板、厚度大于 60mm 时，宜选用 14Cr1MoR(H) 钢板、当用 14Cr1MoR(H) 钢板、厚度大于 90mm 时，宜选用 12Cr2Mo1R(H) 锻钢。

（2）对于反应生成气与低分油换热器管束一般选择 316L。调研发现，该换热器管束腐蚀泄漏较频繁，这可能和液相柴油加氢装置的工艺特点有关。应根据腐蚀情况，必要时调整材质为合金 825。

（3）液相柴油加氢与普通的柴油加氢相比，多了一台反应产物循环泵。根据使用经验，考虑到停工阶段可能出现的连多硫酸腐蚀，这台泵选材时要选用增加了抗敏化元素的奥氏体不锈钢，如 347 或 316Ti。

（4）含硫污水管线由于铵盐冲刷腐蚀的风险较高，应控制管线的介质流速 ≤1.5m/s。

（5）连续注水、间断注水应采用专用喷头，喷头应通过雾化及风洞实验，保证注水注剂效果。

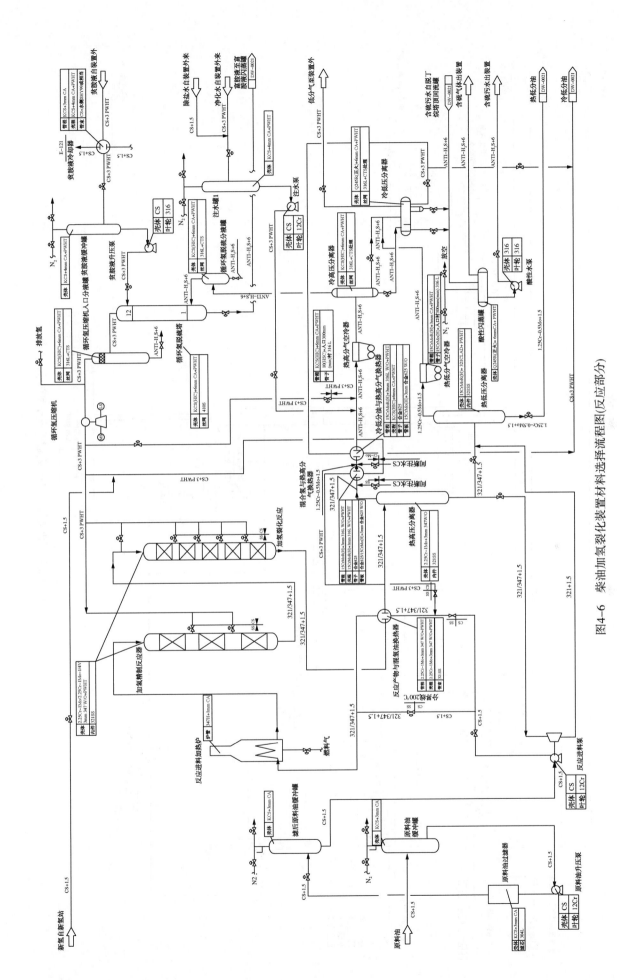

图4-6 柴油加氢裂化装置材料选择流程图(反应部分)

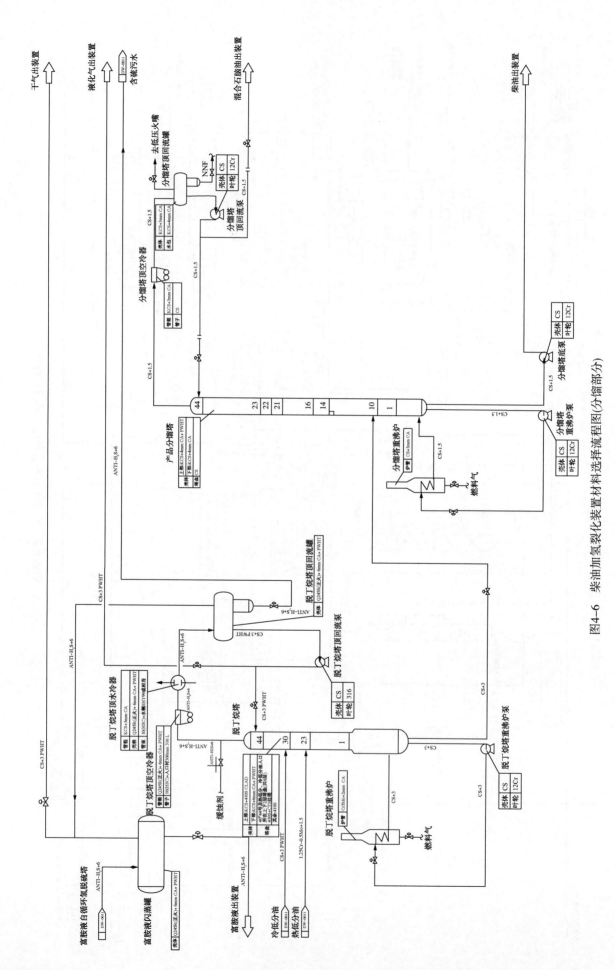

图4-6 柴油加氢裂化装置材料选择流程图(分馏部分)

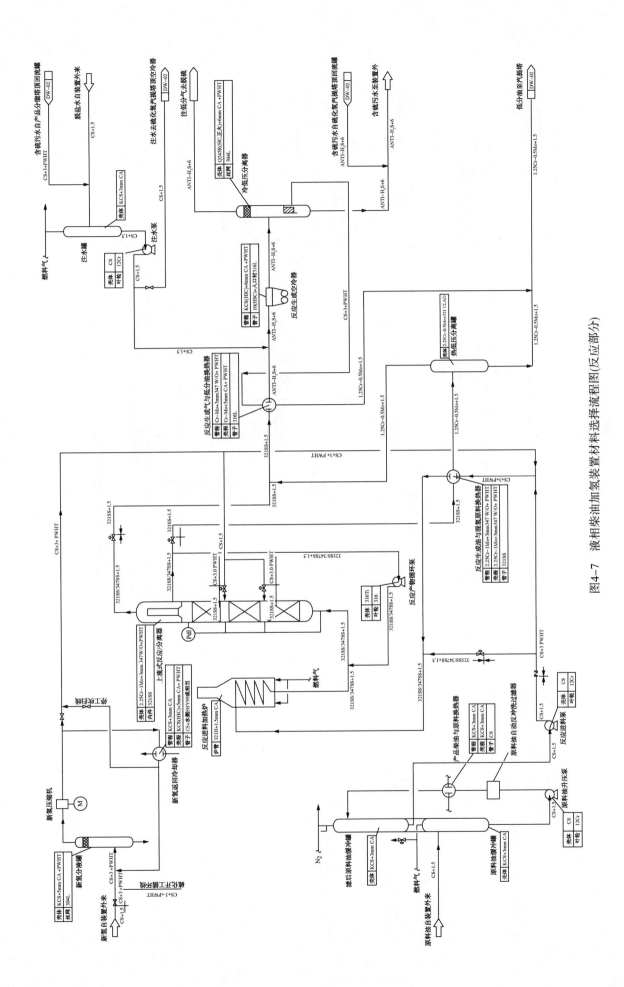

图4-7 液相柴油加氢装置材料选择流程图(反应部分)

203

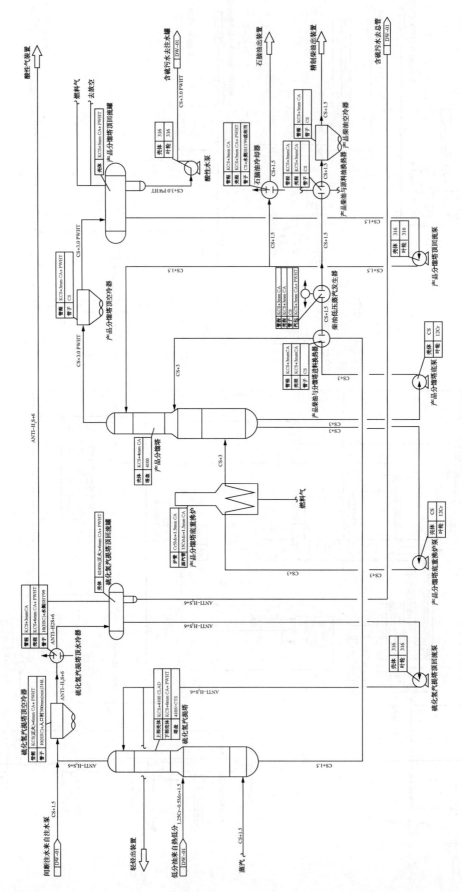

图4-7 液相柴油加氢装置材料选择流程图(分馏部分)

204

4. 蜡油加氢裂化材料选择流程图(图4-8)说明

(1) 蜡油加氢裂化的反应器工况较苛刻,壳体一般较厚,从安全性和经济性考虑,壳体基材一般选用 2.25Cr-1Mo-0.25V 的加钒锻钢,内壁加不锈钢堆焊层。

(2) 热高分气与低分油换热器、热低压分离器的壳体,通常选用 Cr-Mo 钢。当用 15CrMoR(H)钢板、厚度大于 60mm 时,宜选用 14Cr1MoR(H)钢板;当用 14Cr1MoR(H)钢板、厚度大于 90mm 时,宜选用 12Cr2Mo1R(H)钢板。

(3) 热高分气与低分油换热器管箱若因为结构原因选择锻焊结构时,应选择 15CrMo(H)锻钢。

(4) 当热高分气与混氢换热器的壳程与管程的壳体为一体式结构时(如螺纹锁紧环结构),壳程与管程壳体的材质宜保持一致。

(5) 热高分与混氢换热器、热高分与低分油换热器管束材质推荐使用合金825:一方面,这两台换热器热高分侧温度处于氯化铵结晶温度区间,氯化铵腐蚀较严重;另一方面,现场调研发现,混合氢侧同样存在铵盐腐蚀的风险。这也是混合氢侧壳体建议堆焊不锈钢的原因。

(6) 有些热高分气空冷器管束以往曾选用双相钢,出现过多起事故,造成非计划停工。为保证安全生产,目前基本上推荐选用合金825。

(7) 热高分气空冷器进出口碳钢管线,为减缓铵盐冲刷腐蚀,应控制介质流速为 3~6m/s,推荐值为 4.5m/s。

(8) 含硫污水碳钢管线由于铵盐冲刷腐蚀的风险较高,应控制管线的介质流速≤1.5m/s。

(9) 应控制富胺液碳钢管线流速≤1.2m/s 以减缓冲刷腐蚀。

(10) 贫胺液碳钢管线应控制流速≤2.1m/s 以减缓冲刷腐蚀。

(11) 冷高压分离器底部至冷低压分离器碳钢管线应限制其物流中的 NH_4HS 浓度不大于4%,以减缓铵盐腐蚀。

(12) 冷高压分离器、冷低压分离器、循环氢聚结器、循环氢压缩机入口分液罐的丝网由于腐蚀较严重,对丝网的不锈钢材质进行 CTS 表面改性处理。经过 CTS 处理后,转化膜厚度应≥100nm,并且 PREN 点蚀指数应≥42。

(13) 连续注水、间断注水、注缓蚀剂应采用专用喷头,喷头应通过雾化及风洞实验,保证注水注剂效果。

(14) 冷低分油和热低分油进入脱硫化氢汽提塔的入口建议采用对称分布结构,以达到物料均匀分配,减缓腐蚀风险。脱硫化氢汽提塔的顶部重腐蚀塔盘应选用 410 型不锈钢并进行 CTS 处理,处理后应满足 PREN 点蚀指数≥48,且转化膜厚度≥120nm。

(15) 循环氢脱硫塔、循环氢压缩机入口分液罐、冷高压分离器,有发生硫化物应力腐蚀(SCC)和氢诱导开裂(HIC)的风险,故壳体通常采用 Q345R(HIC)或 SA516-70(HIC)钢板。

5. 润滑油加氢装置材料选择流程图(图4-9)说明

(1) 热高分气/原料油换热器如果结构型式为一体式(螺纹锁紧环),则壳程壳体材质与管程壳体材质保持一致。

(2) 对于加氢处理单元的热高分与氢气换热器和热高分气空冷器,若原料氯、氮含量较高,铵盐腐蚀风险较大,可采用合金825。

(3) 热低压分离器壳体当设计厚度>60mm 时,宜选用 14Cr1MoR(H)钢板。

(4) 连续注水、间断注水应采用专用喷头,喷头应通过雾化及风洞实验,保证注水效果。

(5) 冷低压分离器壳体,湿硫化氢应力腐蚀较严重,其壳体一般选用抗硫化物应力腐蚀较好的 Q245R(正火)钢板;如果厚度超过 30mm,推荐选用 Q345R(HIC)钢板。

(6) 后加氢精制反应器的腐蚀介质程度较轻,内壁可不加不锈钢堆焊层,只采用 Cr-Mo 钢制造即可。反应生成物管线和换热管也可以不选用奥氏体不锈钢,选用 2.25Cr-1Mo 钢材质。若考虑制造问题,换热管和管线可以用不锈钢代替 Cr-Mo 钢。

(7) 后加氢精制反应器下游设备及管道部分,由于经过了上游的加氢处理脱除了几乎所有的硫、氮,因此这部分选材可以适当降低。

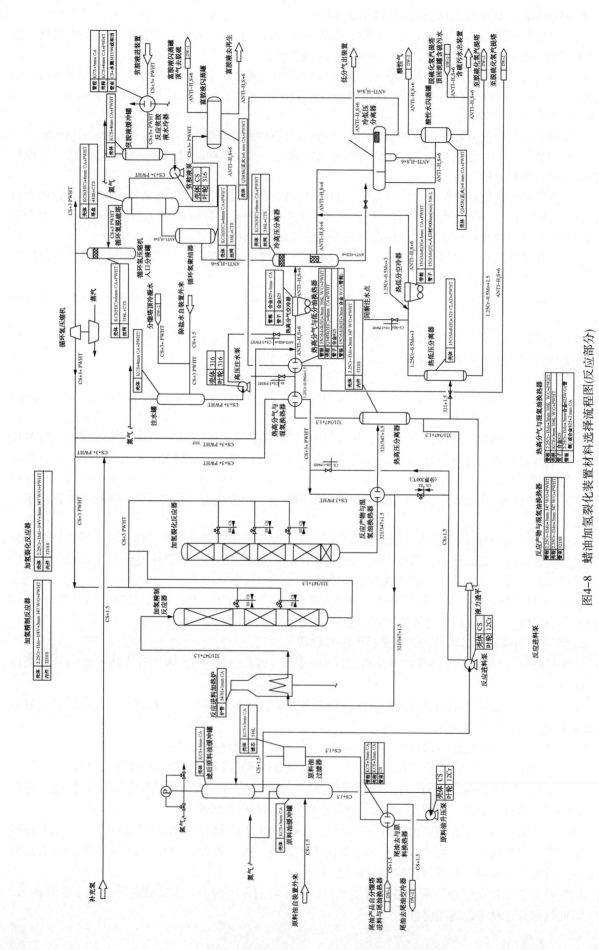

图4-8 蜡油加氢裂化装置材料选择流程图(反应部分)

206

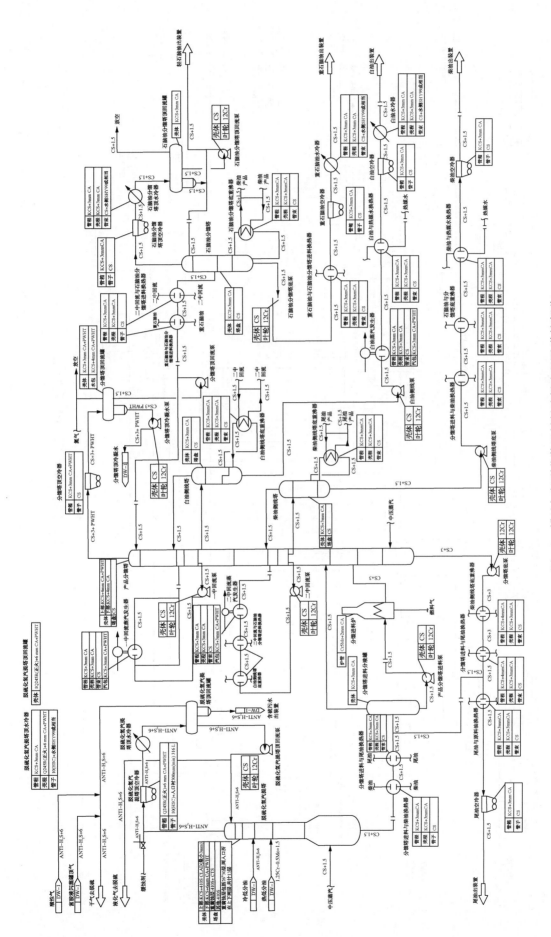

图4-8 蜡油加氢裂化装置材料选择流程图(分馏部分)

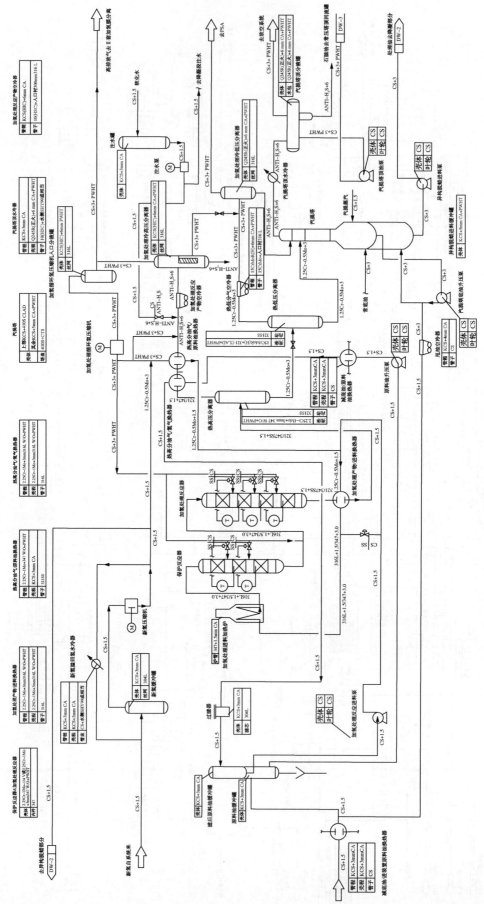

图4-9 润滑油加氢装置材料选择流程图(反应部分一)

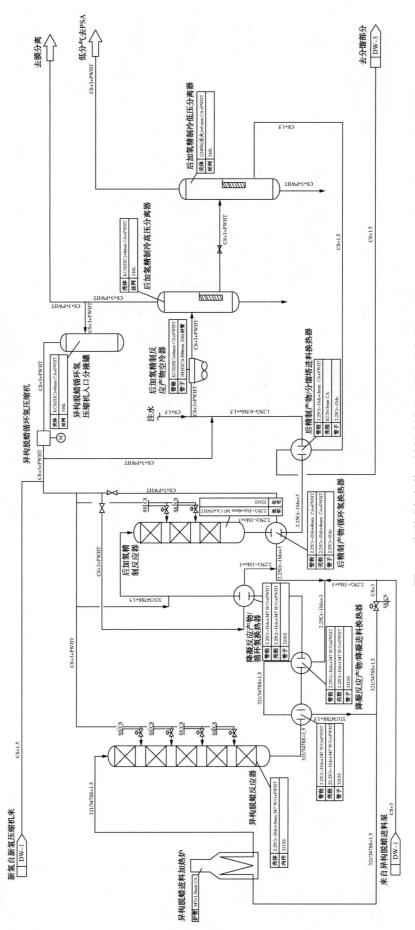

图4-9　润滑油加氢装置材料选择流程图(反应部分二)

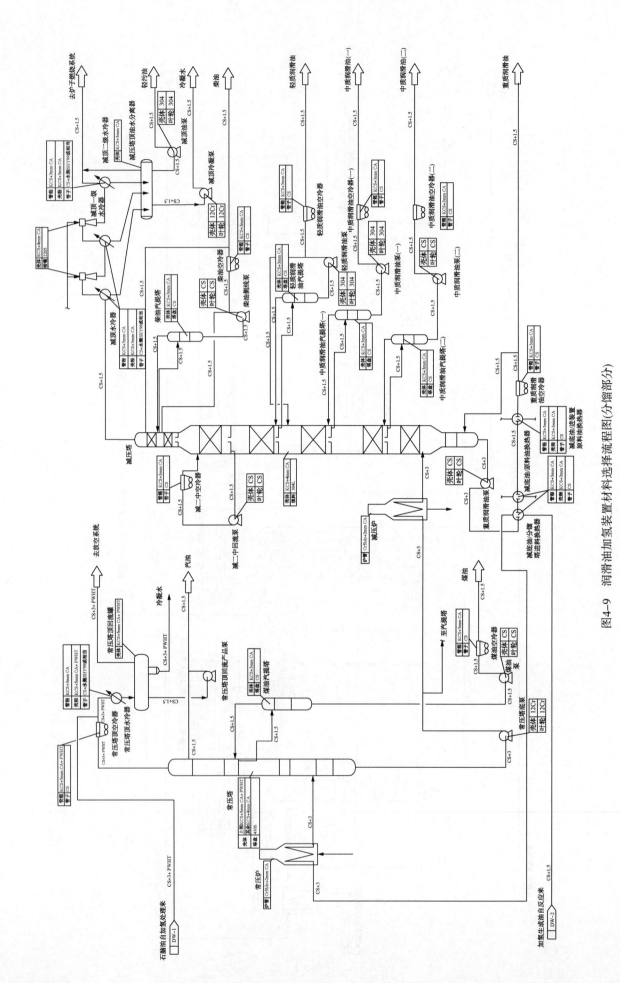

图4-9 润滑油加氢装置材料选择流程图(分馏部分)

（8）分馏系统由于原料经过了加氢处理，硫含量大大降低，所以除炉管外，设备和管线都可选用碳钢。

4.5 渣油加氢装置材料选择流程

4.5.1 固定床渣油加氢装置材料选择流程

4.5.1.1 装置简介

渣油加氢装置的主要目的是加工来自常减压装置的常压或减压渣油、焦化装置的部分焦化蜡油以及催化裂化装置的催化循环油，生产高质量的重油催化裂化装置原料，同时副产优质柴油和混合石脑油。

渣油加氢装置主要分为两个部分：反应部分、分馏部分。反应部分设置为双系列，分馏部分为两系列共用，可实现每个反应系列单开单停。

反应部分：原料油经升压换热混氢后，在反应进料加热炉内加热至所需的温度后，进入加氢反应器，在催化剂的作用下，进行脱金属、脱硫、脱氮、脱残炭等一系列加氢反应，反应器间设有控制反应温度的急冷氢。反应产物经换热后，进入冷热高低压分离器进行气、油、水三相分离。

分馏部分：热低分油和冷低分油一起首先进入硫化氢汽提塔脱除 H_2S，之后进入分馏塔。分馏塔侧线抽出石脑油、柴油、渣油等产品送出装置。

本节以某炼厂典型的 400 万吨/年渣油加氢装置为参考，对工艺流程进行简化，给出相应的材料流程和材料选择说明，如图 4-10 所示。

4.5.1.2 材料流程说明

渣油加氢装置存在的腐蚀类型主要有高温硫腐蚀、高温环烷酸腐蚀、高温 H_2 腐蚀、高温 H_2-H_2S 腐蚀、湿硫化氢损伤、铵盐(NH_4HS、NH_4CL)腐蚀、氯化物应力腐蚀开裂、连多硫酸应力腐蚀等。本节结合对原料情况、工艺参数、现场运行经验的分析，给出了某渣油(高硫)加氢装置主要静设备、泵、加热炉、管线等主要过流部件的材料流程。

加氢反应部分的选材跟一般的加氢装置选材原则基本类似，所面临的腐蚀类型也基本相同，包括高温 H_2 腐蚀、高温 H_2-H_2S 腐蚀、铵盐腐蚀等。但由于原料属于重油，硫含量或酸值、N 含量更高，相对一般加氢装置，腐蚀更为严重，因而选材一般相对较高。

1. 反应器进料系统

在进料中含有硫且温度高于 260℃，或者进料中含有环烷酸且温度大于 220℃ 这两种情况时，需要考虑高温硫腐蚀和高温环烷酸腐蚀，存在湍流或有高速流动的地方特别容易发生环烷酸腐蚀。

对于高温硫腐蚀，根据含硫量和温度，管道可以选择 CS 钢、Cr-Mo 钢(如 1.25Cr-0.5Mo、5Cr-0.5Mo、9Cr-1Mo)及不锈钢(如 304L、321、347)，滤后原料油缓冲罐可以选择 KCS+410S 复合板，对于反冲洗过滤器可以选用 KCS+410S 复合板，若无法选用复合板，可以选 304L；而对于环烷酸腐蚀，管道除了可以选择上述材料外，必要时可选择含 Mo 不锈钢如 316L。混氢之后还需考虑高温氢腐蚀，根据温度及氢分压，选择合适的铬钼钢或不锈钢。

对于混氢油，目前有两种观点：一种观点是，在氢气注入点之后可以不考虑环烷酸腐蚀，选材以 304L、321 或 347 为主(经 NACE 调查，大多数容易发生环烷酸腐蚀的部件在氢混合点的上游，并且操作温度在 232~288℃ 的范围。在氢混合点的下游、反应器进料管道、加热炉管和换热器里，都没有 304L、321 或 347 发生环烷酸腐蚀的报道)；另一种观点是，原料油混氢前后都应该考虑环烷酸腐蚀，可选择 316L。笔者倾向第二种观点。在第一个反应器里，尽管大部分环烷酸已经被破坏了，但是仍建议用选用堆焊 316L。在此反应器下游，不需要考虑环烷酸腐蚀。

值得注意的是，根据工程经验，若选用 304L、316L，有一点需要关注：随着装置大型化，管道和

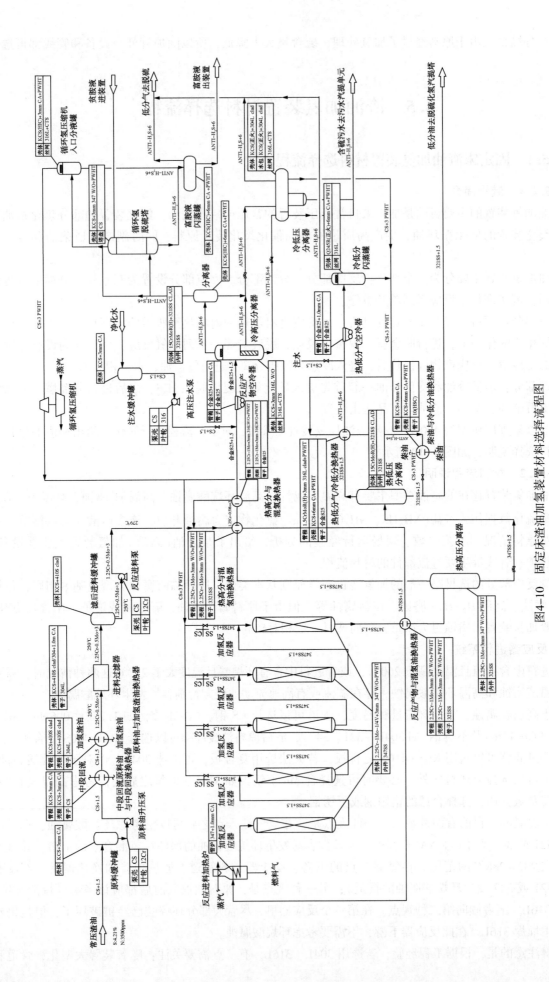

图4-10 固定床渣油加氢装置材料选择流程图

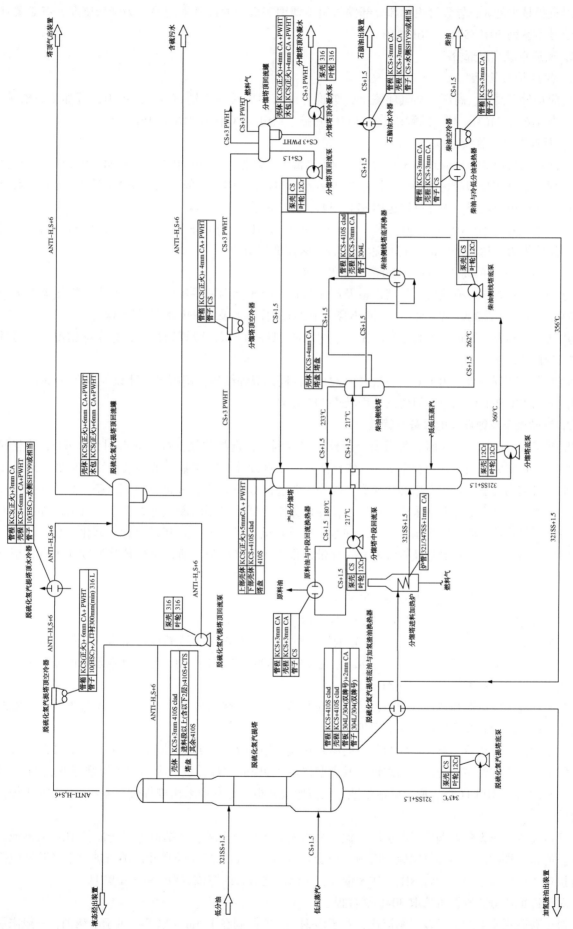

图4-10 固定床渣油加氢装置材料选择流程图图(续)

213

换热器直径越来越大，导致管板和部分部件所用不锈钢钢板和锻件越来越厚，为降低壁厚，有必要选用双牌号不锈钢304L/304、316L/316。

2. 反应系统高温部分

1) 反应炉及其管线

反应炉处于高温、高压、临氢环境下，炉管普遍采用奥氏体不锈钢347、347H；若加工高酸油，可以考虑316L、316Ti。相应的管线采用347(高硫)、316L或双牌号316L/316(高酸)。

2) 反应器及其管线

渣油加氢反应器的反应条件相对苛刻，为抗高温H_2腐蚀，一般选用2.25Cr-1Mo-0.25V，为抗高温H_2S腐蚀、连多硫酸应力腐蚀，一般堆焊309L型+347型。国外一般选用309LNb型单层堆焊，我国也将逐步推广单层堆焊。内件可以选用321、347，相应的管线选用347。

对于2.25Cr-1Mo-0.25V，国内牌号为12Cr2Mo1VR(H)，美国牌号为SA336 GR F22V，目前已经服役的反应器直径达ϕ5600mm，厚度达350mm，采用锻焊结构。

3) 注水点之前的高压换热器、分离设备及管道

这一部分包含高压换热器、分离设备及高压管道，处于高温H_2-H_2S腐蚀环境中。换热器多采用12Cr2Mo1(H)+堆焊309L型+347型，换热管选用321；管道多采用奥氏体不锈钢347。

热高压分离器一般选用12Cr2Mo1(H)+堆焊309L型+347型，锻焊结构，根据实际情况，也可选用12Cr2Mo1VR(H)。

热低压分离器一般选用14Cr1MoR(H)+321复合板，板焊结构，钢板厚度建议控制在90mm以下，否则，选用12Cr2Mo1R(H)，但建议采用堆焊347方案。

3. 铵盐垢下腐蚀环境的设备及管道

根据工程经验，工艺防腐非常重要，国外一些专利商，选材往往偏高，如选用合金625，价格昂贵。国内工程实践表明，选用合金825，结合良好的注水设计，能够基本解决铵盐腐蚀问题。对于工艺注水，目前的做法是采用专用雾化喷头，喷头需要进行CFD模拟，并进行风洞试验。高压换热器前采用间断注水，高压空冷器前采用连续注水，热低分空冷器前采用间断或连续注水。目前国外有些专利商将高压换热器前的间断注水改为连续注水，造成管道直径变大，尤其是装置大型化以后，此问题更为突出，给设备和管道制造及管线配管设计带来很大困难和挑战，所以不建议将连续注水点移至高压换热器前。

对于注水泵，一般泵壳可选碳钢，叶轮可选316。

对于合金825管道，流速应控制在15m/s以内，推荐9m/s。

对于热高分气和混氢换热器，热高分侧介质处于铵盐(NH_4Cl)结晶温度范围(典型结晶温度为206℃左右)，此时，建议管子选用合金825，壳体堆焊309L型+316L型，考虑到混氢侧的循环氢也含有铵盐，建议也采用堆焊309L型+316L型。

对于热高分空冷器和热低分空冷器，建议选择合金825。热高分空冷器前后管线也选用合金825，热低分空冷器前后管线选用抗硫化氢碳钢。

对于冷高压分离器，腐蚀环境为严重的湿硫化氢腐蚀环境、NH_4HS水溶液环境、NH_4Cl水溶液环境，根据大量工程经验，壳体采用碳钢，其内壁选用309LMo型焊带进行大面积单层堆焊形成316L堆焊层，丝网选取316L+CTS，能很好地耐蚀，无需像国外很多专利商采用堆焊合金400、合金625等贵重金属。

其他高压分离设备如循环氢脱硫塔、循环氢压缩机入口分离罐、聚结器等可选取抗HIC碳钢或碳锰钢。值得一提的是，循环氢脱硫塔塔顶一般会设置跨线，如果跨线经常开，则塔进料未经胺液吸附就直接进入循环氢系统，会将NH_3、H_2S带入，所以循化氢管线应该选取CS+3+PWHT。

对于冷低压分离器，可选取304L复合板。

对于含硫污水管线，应该限制流速，对于碳钢，一般限制在1.5m/s以下，对于不锈钢，一般限制

在 3m/s 以下。对于富胺液，一般限制在 1.2m/s 以下。

4. 分馏系统

分馏系统高温部位考虑高温硫腐蚀，低温部位考虑湿硫化氢应力腐蚀。对于分馏塔底重沸炉，炉管选用 321 或 347。对于脱硫化氢汽提塔，整塔选用 KCS+410S 复合板，值得注意的是，近几年不时出现过塔体穿孔泄漏和塔盘腐蚀减薄甚至塌陷的情况，所以，必要时，建议该塔进料段以上壳体选用 316L 或超级奥氏体不锈钢 6Mo 复合板，塔盘选用 316L+CTS；产品分馏塔，塔体上部选用 KCS+5mm+PWHT，下部考虑高温硫腐蚀，选用 KCS+410S 复合板，塔盘均选用 410S。塔顶回流部位的设备及管道考虑湿硫化氢应力腐蚀，选用抗湿硫化氢碳钢加热处理。从塔底部出来的渣油温度较高，所流经的管线和设备应选用 321，如果温度和硫含量满足一定条件，也可以选取 9Cr-1Mo 并加大腐蚀裕量。经过一系列换热后温度降低可选用普通碳钢。

4.5.2 浆态床加氢装置材料选择流程

4.5.2.1 装置简介

浆态床加氢装置，以减压渣油和催化循环油浆为原料，经加氢热裂化反应，生产液化气、石脑油、柴油、减压蜡油，并副产气体和油渣。其中减压蜡油作为蜡油加氢裂化原料，柴油和重石脑油作为柴油加氢裂化原料，轻石脑油作为乙烯或重整装置原料。

本节以某炼厂典型的 300 万吨/年浆态床加氢装置为参考，对工艺流程进行简化，给出相应的材料流程和材料选择说明，如图 4-11 所示。

4.5.2.2 工艺流程说明

新鲜原料油首先进入原料油缓冲罐，经原料油升压泵升压后与预闪蒸塔顶气、重蜡油中段回流及预闪蒸塔中段回流等物料多次加热后，再经原料油加热炉加热至 342℃ 左右后与新鲜催化剂前驱体和减压塔底循环油混合，经反应进料泵升压后进入浆液反应单元。

在浆态反应单元，混合原料从底部被送至 3 个并列的浆态床反应器中，此外，高温循环氢分两路分别进入到反应器中。

在浆态床反应器中，混合原料转化为气体、石脑油、中间馏分油和蜡油馏分。每个反应器的产物分别进入对应的热高压分离器，进行气液分离，热高分油经降压后送至浆液分馏单元的低压浆液分离罐。热高分气经逐步冷却后将反应产物冷凝：首先与循环氢进行换热，然后再经蒸汽发生器进一步冷却后，进入淋洗塔与来自减压塔的蜡油逆流接触，以洗涤可能携带的重油组分。淋洗塔底油送至浆液分馏单元。

淋洗塔顶的气相经与循环氢换热后进一步冷却，送至反应产物空冷器，为防止热高分气中 NH$_3$ 和 H$_2$S 在低温下生成铵盐结晶析出，堵塞空冷器，在反应产物进入空冷器前注入除盐水。最终冷却至 50℃，然后送至冷高压分离器，分离得到的冷高分油经冷低分进一步分离后送至产品回收单元。富含 H$_2$ 的冷高分气在循环氢脱硫塔中经 MDEA 洗涤除去其中的 H$_2$S，然后经循环氢压缩机压缩升压后，再分别经一系列换热器和循环氢加热炉加热。注入每个反应器的每一股循环氢，即第一循环氢和第二循环氢，均在加热炉独立的炉膛中加热，以便控制进入反应器的循环氢温度。

热低压分离器用于接收来自浆液反应单元的重油馏分：从低压油浆分离罐底部流出后经螺旋板式换热器换热产生中压蒸汽而冷却的热高分油，以及来自淋洗塔底部的冷凝油。这两股物流均经过降压，因压力降低而产生的气液两相在热低压分离器中进行分离。自热低压分离器分离的较重馏分的热低分油送至浆液汽提塔，顶部分离的气相送至预闪蒸塔。

预闪蒸塔底油进入减压塔，预闪蒸塔顶气先与新鲜原料换热回收热量，然后再经预闪蒸塔顶空冷器冷凝后进入预闪蒸塔顶回流罐进行气液分离，气相送至氢回收及气体回收单元，液相柴油（AGO）部分作为预闪蒸塔的回流，其余部分送至产品回收单元。预闪蒸塔顶回流罐收集的酸性水送出处理。

在浆液汽提塔 0.34MPa 的压力条件下，将热低分油中轻油组分经过热蒸汽汽提后送至预闪蒸塔。浆液汽提塔底油经过滤器除去可能存在的固体聚结物，然后送至减压塔。

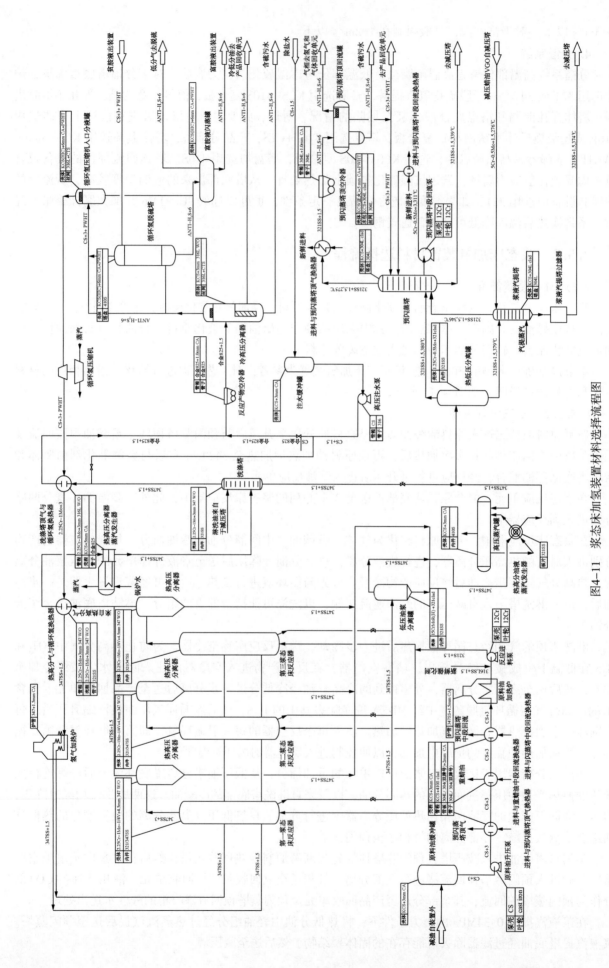

图4-11 浆态床加氢装置材料选择流程图

216

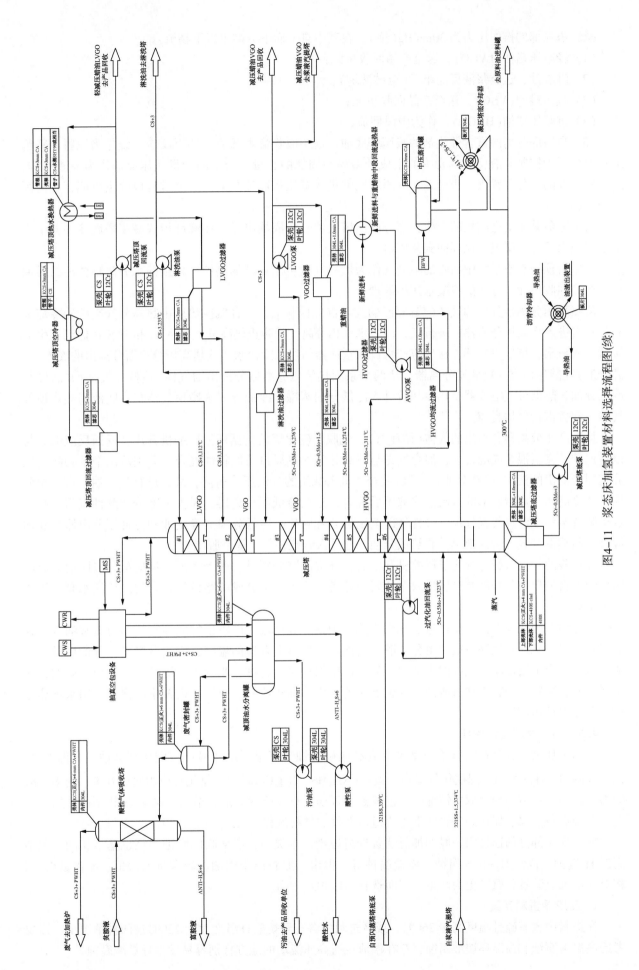

图4-11 浆态床加氢装置装置材料选择流程图(续)

217

减压塔顶部的操作压力为 30mmHg(绝)，在其中自上而下分馏出以下物流：

（1）轻减压蜡油（LVGO），送至产品回收单元；

（2）淋洗油，送至浆液反应单元(至淋洗塔)；

（3）减压蜡油（VGO），送至产品回收单元；

（4）重减压蜡油（HVGO），作为中段回流；

（5）自塔底分离的富含催化剂的减压塔底油。这一股物流大部分循环至反应系统作为原料和新鲜进料混合。为控制浆液反应单元中的生成的金属与固体的含量，余下的少量减压渣油作为油渣外排，送至界区外的焦化装置进一步处理。减压塔底油进入减压塔底油泵前，需经过滤以除去可能存在的固体聚结物。

为了避免减压塔底结焦的产生，部分减压塔底油自塔底抽出后，在螺旋板式减压塔底冷却器中产生中压蒸汽后冷却降温，循环回到减压塔。

减压塔顶抽真空系统中回收的不凝气作为燃料气送至循环氢加热炉，减顶油水分离罐分离的污油送至产品回收单元，分离的冷凝水送出处理。

从热高压分离器分出的气体(热高分气)先与混氢原料油、混合氢换热后由热高分气空冷器冷却至 50℃ 左右进入冷高压分离器，进行气、油、水三相分离。为防止热高分气中 NH_3 和 H_2S 在低温下生成铵盐结晶析出，堵塞空冷器，在反应产物进入空冷器前注入除盐水。从热高压分离器分离出的液体(热高分油)经减压后进入热低压分离器，从两个系列热低压分离器分离出的气体(热低分气)合并后经与冷低分油、热低分气空冷器换热冷却后进入冷低分闪蒸罐，冷低分闪蒸罐顶气体与富胺液闪蒸罐顶部气体一起去进行气体脱硫。

从冷高压分离器分离出的气体(循环氢)，先脱除硫化氢后由循环氢压缩机升压，返回反应部分与该系列的补充氢混合成混合氢，混合氢先与热高分气换热后再与原料油混合。分别从两个系列冷高压分离器分离出的液体(冷高分油)减压后混合，进入共用的冷低压分离器，继续进行气、油、水三相分离。从冷高压分离器底部的含硫污水减压后混合，送至冷低压分离器，脱去大部分的酸性气后，酸水送出装置至污水汽提装置处理，酸性气送至脱硫装置脱硫。冷低分闪蒸罐底油和冷低压分离器罐底油混合后与热低分气、柴油换热后和热低分油一起进入脱硫化氢汽提塔脱硫。

装置外的补充氢经过补充氢压缩机升压后，分成两路分别进入两个系列。反应部分贫胺液分成两路后经各自的反应贫胺液泵升压进入循环氢脱硫塔。反应注水分成两路后经各自的高压注水泵升压注入本系列。

低分油在硫化氢汽提塔中经过蒸汽汽提除去 H_2S。硫化氢汽提塔顶的酸性富气和粗石脑油送至轻烃回收装置。硫化氢汽提塔底油由分馏塔进料加热炉加热至合适的温度，进入分馏塔。分馏塔设一个侧线塔和一个中段回流。侧线抽出柴油产品，送柴油加氢装置进一步处理；塔顶为全馏分石脑油，送至轻烃回收装置；塔底为加氢渣油，送至催化装置作为催化原料。分馏塔设置中段回流，用来预热原料油和发生低压蒸汽。

4.5.2.3 材料流程说明

浆态床加氢装置存在的腐蚀类型主要有高温硫腐蚀、高温环烷酸腐蚀、催化剂磨蚀、高温 H_2 腐蚀、高温 H_2-H_2S 腐蚀、湿硫化氢损伤、铵盐(NH_4HS、NH_4Cl)腐蚀、氯化物应力腐蚀开裂、连多硫酸应力腐蚀等。本节结合对原料情况、工艺参数、现场运行经验的分析，给出了某浆态床(高硫)加氢装置主要静设备、泵、加热炉、管线等主要过流部件的材料流程。

加氢反应部分的选材跟一般的加氢装置选材原则基本类似，所面临的腐蚀类型也基本相同，包括高温 H_2 腐蚀、高温 H_2-H_2S 腐蚀、铵盐腐蚀等。但由于原料属于重油，硫含量或酸值、N 含量更高，相对一般加氢装置，腐蚀更为严重，因而选材一般相对较高。

1. 反应器进料系统

在进料中含有硫且温度高于260℃，或者进料中含有环烷酸且温度大于220℃这两种情况下，需要考虑高温硫腐蚀和高温环烷酸腐蚀，存在湍流或有高速流动的地方特别容易发生环烷酸腐蚀。

对于高温硫腐蚀，根据含硫量和温度，管道可以选择 CS、Cr-Mo 钢（如 1.25Cr-0.5Mo、5Cr-0.5Mo、9Cr-1Mo 及不锈钢（如 304L、321、347)，滤后原料油缓冲罐可以选择 KCS+410S 复合板；而对于环烷酸腐蚀，管道除了可以选择上述材料外，必要时可选择含 Mo 不锈钢如 316L。混氢之后还需考虑高温氢腐蚀，根据温度及氢分压，选择合适的铬钼钢或不锈钢。

对于含有环烷酸进料，原料油系统应该考虑环烷酸腐蚀，通常选用 316L 型材料。第一个反应器，可以选用堆焊 316L 或 347。但在此反应器下游，不需要考虑环烷酸腐蚀，由于经该反应器大部分环烷酸已经被破坏了。

值得注意的是，根据工程经验，若选用 304L、316L，有一点需要关注：随着装置大型化，管道和换热器直径越来越大，导致管板和部分部件所用不锈钢钢板和锻件越来越厚，为降低壁厚，有必要选用双牌号不锈钢 304L/304、316L/316。

2. 反应系统高温部分

1）反应炉及其管线

反应炉处于高温、高压、临氢环境下，炉管普遍采用奥氏体不锈钢 347、347H；若加工高酸油，可以考虑 316L、316Ti。相应的管线采用 347(高硫)、316L 或双牌号 316L/316(高酸)。

2）反应器及其管线

浆态床加氢反应器的反应条件相对苛刻，为抗高温 H_2 腐蚀，一般选用 2.25Cr-1Mo-0.25V，为抗高温 H_2-H_2S 腐蚀、连多硫酸应力腐蚀，一般堆焊 309L 型+347 型。内件可以选用 321、347。

对于 2.25Cr-1Mo-0.25V，国内牌号为 12Cr2Mo1VR(H)，美国牌号为 SA336 GR F22V，相应的管线选用 347 型材料。反应器及其出口管线应考虑催化剂的磨蚀，堆焊层有效厚度应不小于 4.5mm，管线腐蚀裕量取 3mm。

值得一提的是，有些专利商在此部分管线设置排凝点，存在死区，如果选材与主管线一致，则容易造成氯化物应力腐蚀开裂，所以排凝点管线及相应附件应选抗氯化物应力腐蚀性能较好的材料，如合金 825、合金 625、合金 C-276；目前，倾向于不设置排凝点。

每个反应器设置循环泵，泵的选材可以选用 347 或 316Ti 型材料。

3）注水点之前的高压换热器、分离设备及管道

这一部分包含高压换热器及高压管道，处于高温 H_2-H_2S 腐蚀环境中。换热器多采用 12Cr2Mo1(H)+堆焊 309L 型+347 型，换热管选用 321；管道多采用奥氏体不锈钢 347。

热高压分离器一般选用 12Cr2Mo1(H)+堆焊 309L 型+347 型，锻焊结构，根据实际情况，也可选用 12Cr2Mo1VR(H)。

淋洗塔一般选用 12Cr2Mo1R(H)，板焊结构，根据实际情况，目前国内已经完全具备厚度在 200mm 以下钢板的生产能力，也有成功的工业应用业绩。

热低压分离器一般选用 14Cr1MoR(H)+321 复合板，板焊结构，钢板厚度建议控制在 90mm 以下，否则，选用 12Cr2Mo1R(H)，但建议采用堆焊 347 方案。

3. 铵盐垢下腐蚀环境的设备及管道

根据工程经验，工艺防腐非常重要，国外一些专利商，选材往往偏高，如选用合金 625，价格昂贵。国内工程实践表明，选用合金 825，结合良好的注水设计，能够基本解决铵盐腐蚀问题。对于工艺注水，目前的做法是采用专用雾化喷头，喷头需要进行 CFD 模拟，并进行风洞试验。高压换热器前采用间断注水，高压空冷器前采用连续注水，热低分空冷器前采用间断注水。目前国外有些专利商将高压换热器前的间断注水改为连续注水，造成管道直径变大，尤其是装置大型化以后，此问题更为突出，给设备和管道制造及管线配管设计带来很大困难和挑战，所以不建议将连续注水点移至高压换热器前。

对于注水泵，一般泵壳可选碳钢，叶轮可选 316。

对于合金 825 管道，流速应控制在 15m/s 以内，推荐 9m/s。

对于热高分气和混氢换热器，热高分侧介质处于铵盐（NH_4Cl）结晶温度范围（典型结晶温度为

206℃左右），此时，建议管子选用合金825，壳体堆焊309L型+316L型，考虑到混氢侧的循环氢也含有铵盐，建议也采用堆焊309L型+316L型。

对于热高分空冷器和热低分空冷器，建议选择合金825。热高分空冷器前后管线也选用合金825，热低分空冷器前后管线选用抗硫化氢碳钢。

对于冷高压分离器，腐蚀环境为严重的湿硫化氢腐蚀环境、NH_4HS水溶液环境、NH_4Cl水溶液环境，根据大量工程经验，壳体采用碳钢，其内壁选用309LMo型焊带进行大面积单层堆焊形成316L堆焊层，丝网选取316L+CTS，能很好地耐蚀，无需像国外很多专利商采用的堆焊合金400、合金625等贵重金属。

其他高压分离设备如循环氢脱硫塔、循环氢压缩机入口分离罐、聚结器等可选取抗HIC碳钢。循化氢管线应该选取CS+3+PWHT。

对于冷低压分离器，选取304L复合板。

对于含硫污水管线，应该限制流速，对于碳钢，一般限制在1.5m/s以下，对于不锈钢，一般限制在3m/s以下。对于富胺液，一般限制在1.2m/s以下。

4. 分馏系统

分馏系统高温部位考虑高温硫腐蚀，低温部位考虑湿硫化氢应力腐蚀。对于预闪蒸塔和浆液汽提塔，整塔选用KCS+410S复合板；减压塔，塔上部选用KCS+5mm+PWHT，下部考虑高温硫腐蚀，选用KCS+410S复合板，塔盘选用410S。塔顶回流部位的设备及管道考虑湿硫化氢应力腐蚀，采用抗湿硫化氢碳钢加热处理。从塔底部出来的渣油温度较高，选用321，如果温度和硫含量满足一定条件，也可以选用5Cr-0.5Mo、9Cr-1Mo并加大腐蚀裕量。经过一系列换热后温度降低可选用普通碳钢。

4.5.3 沸腾床加氢装置材料选择流程

4.5.3.1 装置简介

沸腾床加氢装置，以减压渣油和催化循环油浆为原料，经加氢热裂化反应，生产液化气、石脑油、柴油、减压蜡油，并副产气体和油渣。其中减压蜡油可作为蜡油加氢裂化原料，柴油和重石脑油作为柴油加氢裂化原料，轻石脑油作为乙烯或重整装置原料。

本节以某炼厂典型的260万吨/年沸腾床加氢装置为参考，对工艺流程进行简化，给出相应的材料流程和材料选择说明，如图4-12所示。

4.5.3.2 工艺流程说明

新鲜原料油与新鲜催化剂混合经减二线、减二中多次加热后进入原料油缓冲罐，经原料油升压泵升压、与热高分气换热后，再经新鲜进料加热炉加热至300℃左右；来自循环氢压缩机和补充氢的混合氢与热高分气换热后氢气进加热炉加热至538℃左右；加热后的混氢和原料油在进料混合器中混合至温度为326℃左右进入反应单元，2个沸腾床反应器串联布置，每个反应器有一个反应循环泵。

混合原料从底部被送至第一沸腾床反应器中，渣油在活性催化剂存在下发生转化、脱金属、加氢、脱硫和脱氮反应。第一沸腾床反应器的流出物在级间分离器内被分离为液相和汽相，该分离器在反应器同样操作条件下运行。分离器液相与冷混氢在混合器中混合降温到第二沸腾床反应器中，完成了加氢转化反应，反应器流出物在热高压分离罐内分离为液相和气相，分离器在反应器条件下运行。

来自级间分离器罐和热高压分离器罐的气相依次与混氢和原料油换热，冷却至285℃左右进入温高压分离器罐，分离为液相和气相，温高压分离器的工作温度设置得足够高，以防止氯化铵盐沉淀。气相送至热高分气空冷器，为防止热高分气中NH_3和H_2S在低温下生成铵盐结晶析出，堵塞空冷器，在热高分气进入空冷器前注入除盐水。最终冷却至50℃左右，然后送至冷高压分离器，分离得到的冷高分油送至冷低压分离罐。富含H_2的冷高分气在循环氢脱硫塔中经MDEA洗涤除去其中的H_2S，然后经循环氢压缩机压缩升压后，与补充氢混合再经一系列换热器和氢气加热炉加热后再返回反应系统中。从温高压分离器分离出的液体(温高分油)经减压后与热低分气混合经与冷低分油换热降温后，一部分

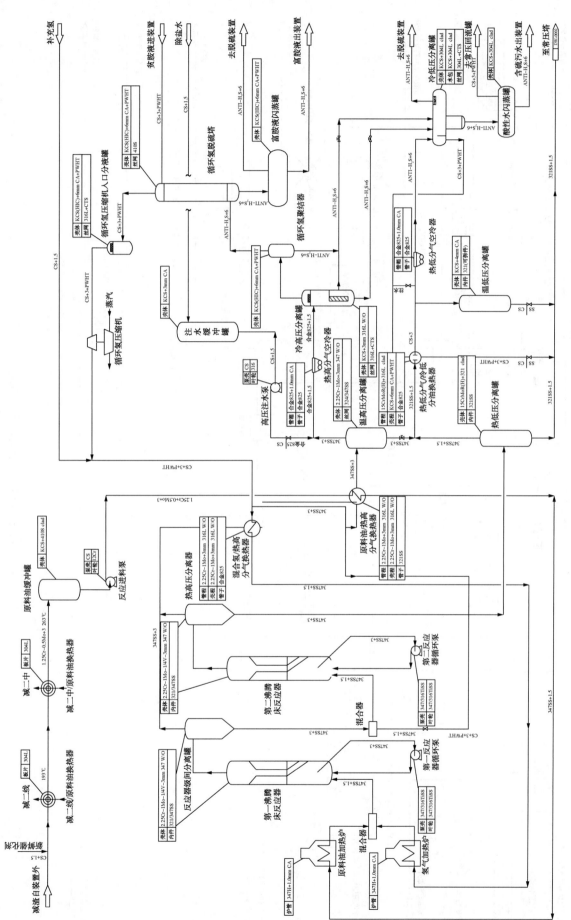

图4-12 沸腾床加氢装置材料选择流程图

221

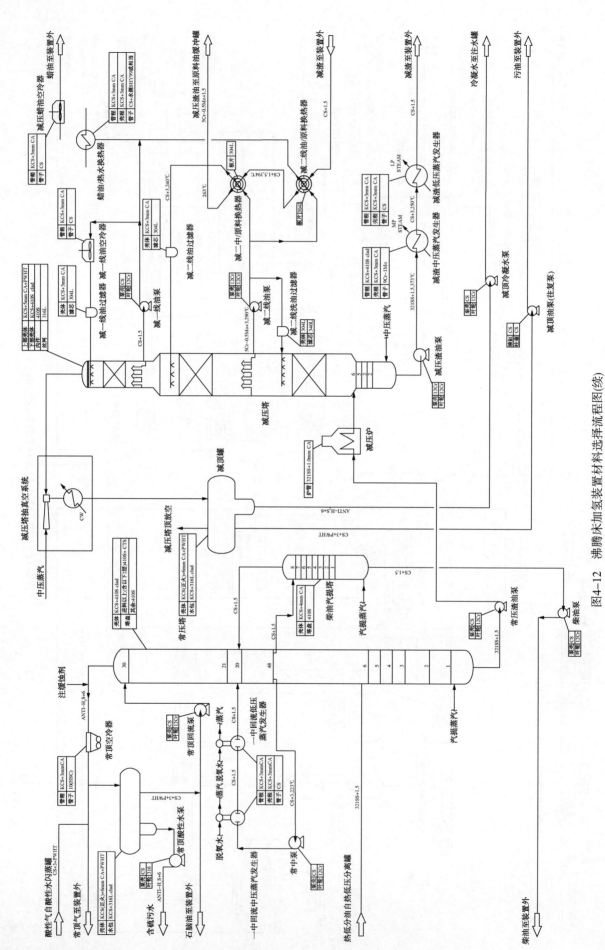

图4-12 沸腾床加氢装置装置材料选择流程图(续)

进入温低压分离器，一部分进入热低分空冷器冷却后进入冷低压分离器。热低分油和温低分油以及冷低分油混合后进入分馏单元。

分馏单元设置一个常压塔和减压塔，常压塔设一个侧线塔和一个中段回流，石脑油送至装置外，塔顶气也送至装置外处理。减压塔设一个中段回流和减压炉，侧线抽出柴油、蜡油产品，送柴油加氢和蜡油加氢装置进一步处理；塔底为加氢渣油，送至装置外。

4.5.3.3 材料流程说明

沸腾床加氢装置存在的腐蚀类型主要有高温硫腐蚀、高温环烷酸腐蚀、催化剂磨蚀、高温 H_2 腐蚀、高温 H_2-H_2S 腐蚀、湿硫化氢损伤、铵盐（NH_4HS、NH_4CL）腐蚀、氯化物应力腐蚀开裂、连多硫酸应力腐蚀等。本节结合对原料情况、工艺参数、现场运行经验的分析，给出了某沸腾床（高硫）加氢装置主要静设备、泵、加热炉、管线等主要过流部件的材料流程。

加氢反应部分的选材跟一般的加氢装置选材原则基本类似，所面临的腐蚀类型也基本相同，包括高温 H_2 腐蚀、高温 H_2-H_2S 腐蚀、氯化物结盐等。但由于原料属于重油，硫含量或酸值、N 含量更高，相对一般加氢装置，腐蚀更为严重，因而选材一般相对较高。

1. 反应器进料系统

在进料中含有硫且温度高于 260℃，或者进料中含有环烷酸且温度大于 220℃ 这两种情况下，需要考虑高温硫腐蚀和高温环烷酸腐蚀，存在湍流或有高速流动的地方特别容易发生环烷酸腐蚀。

对于高温硫腐蚀，根据含硫量和温度，管道可以选择 CS、Cr-Mo 钢（如 1.25Cr-0.5Mo、5Cr-0.5Mo、9Cr-1Mo 及不锈钢（如 304L、321、347），滤后原料油缓冲罐可以选择 KCS+410S 复合板；而对于环烷酸腐蚀，管道除了可以选择上述材料外，必要时可选含 Mo 不锈钢如 316L。混氢之后还需考虑高温氢腐蚀，根据温度及氢分压，选择合适的铬钼钢或不锈钢。

对于含有环烷酸进料，原料油系统应该考虑环烷酸腐蚀，通常选用 316L 型材料。第一个反应器，可以选用堆焊 316L 或 347。但在此反应器下游，不需要考虑环烷酸腐蚀，由于经该反应器大部分环烷酸已经被破坏了。

值得注意的是，根据工程经验，若选用 304L、316L，有一点需要关注：随着装置大型化，管道和换热器直径越来越大，导致管板和部分部件所用不锈钢钢板和锻件越来越厚，为降低壁厚，有必要选用双牌号不锈钢 304L/304、316L/316。

2. 反应系统高温部分

1）反应炉及其管线

反应炉处于高温、高压、临氢环境下，炉管普遍采用奥氏体不锈钢 347、347H；若加工高酸油，可以考虑 316L、316Ti。相应的管线采用 347（高硫）、316L 或双牌号 316L/316（高酸）。

2）反应器及其管线

沸腾床加氢反应器的反应条件相对苛刻，为抗高温 H_2 腐蚀，壳体一般选用 2.25Cr-1Mo-0.25V，为抗高温 H_2-H_2S 腐蚀、连多硫酸应力腐蚀，一般堆焊 309L 型+347 型。内件可以选用 321、347。

对于 2.25Cr-1Mo-0.25V 钢，国内牌号为 12Cr2Mo1VR（H），美国牌号为 SA336 GR F22V。相应的管线选用 347 型材料。反应器及其出口管线应考虑催化剂的磨蚀，堆焊层有效厚度应不小于 4.5mm，管线腐蚀裕量取 3mm。

值得一提的是，有些专利商在此部分管线设置排凝点，存在死区，如果选材与主管线一致，则容易造成氯化物应力腐蚀开裂，所以排凝点管线及相应附件应选用抗氯化物应力腐蚀性能较好的材料，如合金 825、合金 625、合金 C-276；目前，倾向于不设置排凝点。

每个反应器设置循环泵，泵的选材可以选用 347 或 316Ti 型材料。

3）注水点之前的高压换热器、分离设备及管道

这一部分包含高压换热器及高压管道，处于高温 H_2-H_2S 腐蚀环境中。换热器多采用 12Cr2Mo1（H）+堆焊 309L 型+347 型，换热管选用 321SS；管道多采用奥氏体不锈钢 347。

热高压分离器一般选用 12Cr2Mo1（H）+堆焊 309L 型+347 型，锻焊结构，根据实际情况，也可选

用 12Cr2Mo1VR（H）。

温高压分离器去壳体一般选用 12Cr2Mo1R（H）+堆焊 309L 型 + 347 型，也可以采用其内壁选用 309LNb 型焊带进行大面积单层堆焊形成 347 堆焊层。板焊结构，根据实际情况，目前国内已经完全具备厚度在 200mm 以下钢板的生产能力，也有成功的工业应用业绩。

热低压分离器一般选用 14Cr1MoR（H）+321 复合板，板焊结构，钢板厚度建议控制在 90mm 以下，否则，选用 12Cr2Mo1R（H），但建议采用堆焊 347 方案。

3. 铵盐垢下腐蚀环境的设备及管道

根据工程经验，工艺防腐非常重要，国外一些专利商，选材往往偏高，如选用合金 625，价格昂贵。国内工程实践表明，选用合金 825，结合良好的注水设计，能够基本解决铵盐腐蚀问题。对于工艺注水，目前的做法是采用专用雾化喷头，喷头需要进行 CFD 模拟，并进行风洞试验。

对于注水泵，一般泵壳可选碳钢，叶轮可选 316。

对于合金 825 管道，流速控制在 15m/s 以内，推荐 9m/s。

对于热高分气和混氢换热器，循环氢侧介质处于铵盐（NH_4Cl）结晶温度范围（典型结晶温度为 206℃左右），此时，建议管子选用合金 825，管箱壳体内壁堆焊 309L 型 + 316L 型，热高分侧只考虑高温 H_2-H_2S 腐蚀，从热高分到温高分的管线考虑高温 H_2-H_2S 腐蚀，选用 347。

对于热高分空冷器和热低分空冷器，建议选择合金 825。热高分空冷器前后管线也选用合金 825，热低分空冷器前后管线选用抗硫化氢碳钢。

对于冷高压分离器，腐蚀环境为严重的湿硫化氢腐蚀环境、NH_4HS 水溶液环境、NH_4Cl 水溶液环境，根据大量工程经验，壳体采用碳钢，其内壁选用 309LMo 型焊带进行大面积单层堆焊形成 316L 堆焊层，丝网选取 316L+CTS，能很好地耐蚀，无需像国外很多专利商采用的堆焊合金 400、合金 625 等贵重金属。

其他高压分离设备如循环氢脱硫塔、循环氢压缩机入口分离罐、聚结器等可选取抗 HIC 碳钢。循化氢管线应该选取 CS+3+PWHT。

对于冷低压分离器壳体，选取 304L 复合板。

对于含硫污水管线，应该限制流速，对于碳钢，一般限制在 1.5m/s 以下，对于不锈钢，一般限制在 3m/s 以下。对于富胺液，一般限制在 1.2m/s 以下。

4. 分馏系统

分馏系统高温部位考虑高温硫腐蚀，低温部位考虑湿硫化氢应力腐蚀。对于常压塔，整塔壳体选用 KCS+410S 复合板，塔盘选用 410S；减压塔，塔上部壳体选用 KCS+5mm+PWHT，下部壳体考虑高温硫腐蚀，选用 KCS+410S 复合板，塔盘选用 410S。塔顶回流部位的设备及管道考虑湿硫化氢应力腐蚀，采用抗湿硫化氢碳钢加热处理。从塔底部出来的渣油温度较高，选用 321，如果温度和硫含量满足一定条件，也可以选用 5Cr-0.5Mo、9Cr-1Mo 并加大腐蚀裕量。经过一系列换热后温度降低可选用普通碳钢。

4.6 连续重整装置材料选择流程

4.6.1 装置简介

连续重整装置是一种原油二次加工装置，是在一定的温度和压力条件下，利用氢气和双金属催化剂，使低辛烷值的直馏石脑油、加氢裂化石脑油、乙烯裂解汽油等分子重新排列，发生脱氢环化、异构化、加氢裂化等反应，转变成 C_6~C_9 芳烃产品或高辛烷值汽油，并副产氢气的装置。重整副产氢气可供二次加工的热裂化、延迟焦化汽油或柴油加氢精制等加氢装置使用。连续重整装置主要分为三个单元：预处理单元、连续重整单元、催化剂再生单元。

本节以某炼厂典型的 200 万吨/年连续重整装置为参考，对工艺流程进行简化，给出相应的材料流程和材料选择说明，如图 4-13 所示。

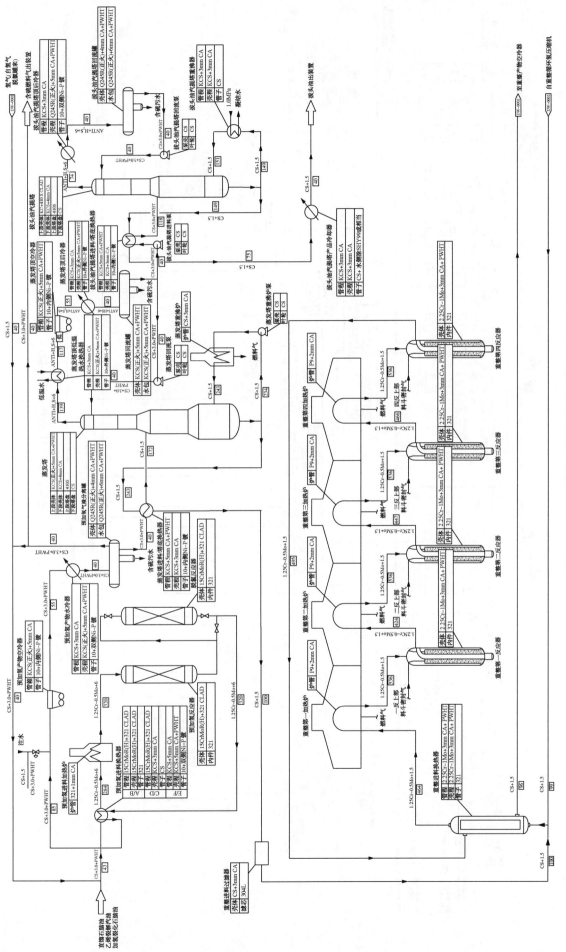

图4-13 连续重整装置材料选择流程图

225

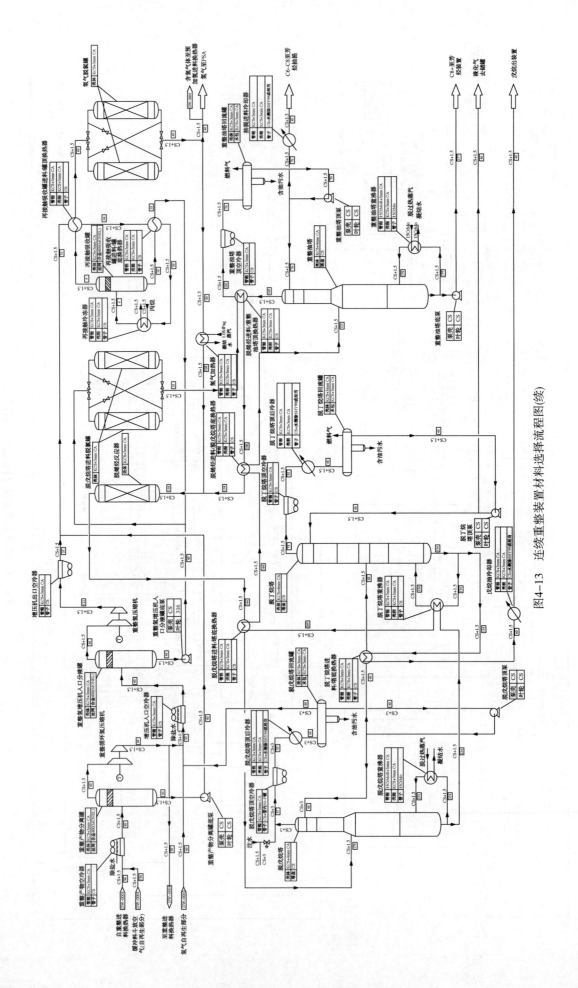

图4-13 连续重整装置材料选择流程图(续)

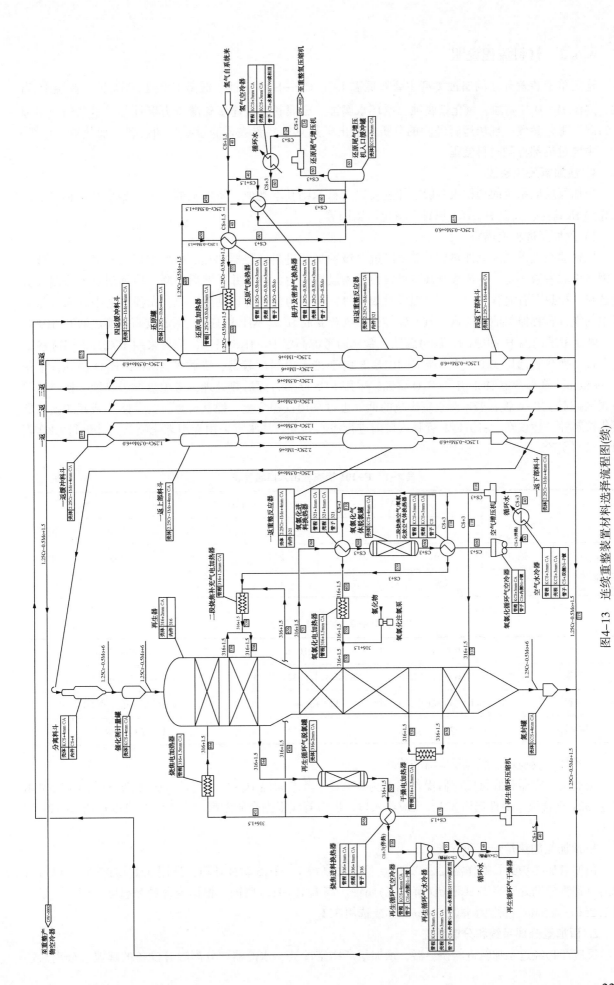

图4-13 连续重整装置材料选择流程图(续)

227

4.6.2 材料流程说明

连续重整装置存在的腐蚀类型主要有低温 HCl-H₂S-H₂O 腐蚀、低温 HCl-H₂O 腐蚀、高温 H₂ 腐蚀、高温 H₂-H₂S 腐蚀、氯化铵腐蚀、循环水腐蚀、金属粉化、连多硫酸应力腐蚀等。本节结合对原料情况、工艺参数、现场运行经验的分析，给出了某重整装置主要静设备、动设备、加热炉、管线、泵等主要过流部件的材料流程。

1. 预加氢反应系统

预加氢反应系统的选材跟一般的加氢装置选材原则基本类似，所面临的腐蚀类型也基本相同，包括高温 H₂ 腐蚀、高温 H₂-H₂S 腐蚀、氯化铵腐蚀等。

1）预加氢进料换热器

原料油在进入预加氢加热炉前需要经过多级预加氢进料换热器加热，根据装置的规模、工艺核算等因素串联台数不定。本流程预加氢进料换热器设置 6 台，两两并联然后串联，应该根据操作温度分别选材。换热器管壳程入口、出口温度见表 4-1，相应的材料选择见表 4-2。壳程原料中有来自重整氢中的氯，管程原料油中的氯、氮、硫等已加氢转变成 H₂S、NH₃ 和 HCl。温度较高的换热器 E-101A/B 壳侧需考虑高温 H₂ 和硫（有机硫）腐蚀，管侧需考虑高温 H₂-H₂S 腐蚀，选材采用 15CrMoR(H)+321 复合板，换热管选用 321；换热器 E-101E/F 由于进出口温度较低，壳程考虑 HCl-H₂O 腐蚀，采用 KCS+5mm。管程考虑 HCl-H₂S-H₂O 腐蚀，采用 KCS+5mm+焊后热处理，考虑氯离子腐蚀，换热管采用碳钢+双侧 Ni-P 镀，若不受投资影响的话，也可采用铁镍合金、镍基合金。为了防止或减缓换热器氯化铵腐蚀，建议在 E-101E/F 管程入口前进行注水处理。注水宜采用专用雾化喷头，并进行 CFD 模拟及风洞实验。

表 4-1　E-101 管壳程出入口温度表 ℃

		E-101A/B		E-101C/D		E-101E/F	
		管程	壳程	管程	壳程	管程	壳程
操作温度	进口	320	217	229	176	195	87
	出口	229	287	195	217	120	176

表 4-2　E-101 选材表

	E-101A/B	E-101C/D	E-101E/F
管程	15CrMoR(H)+321 CLAD	15CrMoR(H)+321 CLAD	KCS+5mm CA
壳程	15CrMoR(H)+321 CLAD	KCS+3mm CA	KCS+5mm CA+PWHT
换热管	321	CS	10+双侧 Ni-P 镀

2）预加氢反应器、脱氯反应器和管线

预加氢反应器和脱氯反应器操作温度为 320℃，考虑高温 H₂-H₂S 腐蚀，壳体选材采用 15CrMoR(H)+321 复合板，内件选用 321，反应器入口、出口管线根据介质温度、压力情况可以选用 Cr-Mo 钢和 321。

3）预加氢加热炉炉管和管线

预加氢加热炉炉管操作温度为 320℃，应考虑高温 H₂-H₂S 腐蚀环境，选用 321。加热炉入口管线和出口管线分别处于高温 H₂ 和硫（有机硫）腐蚀、高温 H₂-H₂S 腐蚀，根据硫含量和温度不同，可以选用 1.25Cr-0.5Mo，腐蚀裕量取 3~6mm，或选用 321。

2. 预加氢分离系统和分馏系统

反应产物经过预加氢进料换热器、预加氢产物空冷器、水冷器、分离罐等设备的降温、分离后进入分馏系统，物料中含有 H_2O，其腐蚀介质主要为 H_2S、NH_3 和少量 HCl。其中腐蚀较为严重的部位是预加氢产物空冷系统、蒸发塔和拔头油汽提塔顶及顶部循环系统，尤以相变初凝区腐蚀最严重，如预加氢产物空冷器、预加氢产物水冷器、预加氢产物分离罐、蒸发塔塔顶低温热水换热器、空冷器、后冷器、蒸发塔回流罐等。此系统防腐策略应该主要以工艺防腐为主，适当材料升级为辅。建议在预加氢产物空冷器前设置注水点，并采用专用雾化喷头，喷头应进行 CFD 模拟和风洞实验；蒸发塔顶选材采用 KCS+6mm+焊后热处理，也可以选用 KCS+410S 复合板。上部塔盘材质选用 410S，若腐蚀严重塔顶几层可采用 410S+CTS 处理。分离罐和回流罐及换热器壳体采用 KCS+6mm+焊后热处理，换热管选用碳钢，含腐蚀介质侧增加 Ni-P 镀，或选用其他更高级的材料；若氯离子控制得好，也可以采用 10(HSC)钢管。循环水侧考虑水质较差，水侧涂 SHY99 或相当的涂料。管线在 HCl-H_2S-H_2O 腐蚀环境中优先选用抗 H_2S 碳钢，腐蚀裕量取 6mm，以满足抗湿 H_2S 损伤和酸性水的腐蚀。拔头油汽提塔的材料选择思路同蒸发塔。泵多集中在蒸发塔和拔头油汽提塔部分，塔顶回流罐后管线 HCl-H_2S-H_2O 腐蚀情况较塔顶管线减轻，泵壳和叶轮选材碳钢即可。

3. 连续重整反应系统

连续重整反应系统主要包括重整进料换热器、重整加热炉和重整反应器及其连通管线。反应器进料为蒸发塔底线出的原料油，整个重整反应系统温度为 450~550℃，主要考虑高温 H_2 腐蚀。这部分选材依据 API 941，将操作最高工作温度和氢分压分别提高 28℃和 0.35MPa 后对应 Nelson 曲线选材，同时也要结合工程经验。

1) 重整进料换热器及管线

重整进料换热器压降要小，单台单管程纯逆流，换热器多采用板式换热器或缠绕管式换热器。管程进口温度为 100℃，出口温度为 464℃，壳程进口温度为 495℃，出口温度为 96℃。考虑高温 H_2 腐蚀环境，管壳程筒体选用 12Cr2Mo1R（H）加焊后热处理。板片或缠绕管选 321，临氢管线选用 1.25Cr-0.5Mo。

2) 重整加热炉及管线

重整反应温度为 450~550℃，H_2S 含量较少，加热炉管在含碳的烃气氛下易发生金属粉化。加热炉管采用 2.25Cr-1Mo 或 9Cr-1Mo，有良好的抗氧化性和高温强度。相比于 2.25Cr-1Mo，9Cr-1Mo 发生金属粉化的温度更高，条件允许情况下首选 9Cr-1Mo。加热炉进出料管线选择 1.25Cr-0.5Mo。

3) 重整反应器及管线

重整反应器多采用热壁反应器，操作温度为 540℃左右。筒体考虑高温 H_2 腐蚀，早期的重整反应器选用过 14Cr1MoR（H），但在开孔或结构不连续处易产生应力集中发生蠕变开裂，推荐选用 12Cr2Mo1R（H）。内件推荐选用 321，临氢管线选用 1.25Cr-0.5Mo。

4. 连续重整脱戊烷塔顶循系统

脱戊烷塔进料来源于脱烯烃反应器，大部分 H_2 已经脱氯罐至 PSA 装置，介质中含有少量 H_2 和 HCl。在经过蒸汽汽提后顶部 HCl 浓度升高，温度为 90℃，因此不需考虑 H_2 腐蚀，主要为低温 HCl-H_2O 的露点腐蚀。建议在空冷器前设置注水点，并采用专用雾化喷头，顶循系统管线选用碳钢，腐蚀裕量加厚至 3mm；换热管腐蚀性介质侧采用 Ni-P 镀，也可涂 SHY99 或相当的涂料。泵壳和叶轮选用碳钢即可。

5. 催化剂再生系统

催化剂再生系统主要包括烧焦、氧氯化、干燥、还原四个阶段。主要设备包括再生器、水冷器、干燥器、换热器、输送管、提升管、缓冲料斗、还原罐及其管线等。

1) 再生器及其支线设备和管线

再生器分为烧焦、氧氯化、干燥、冷却阶段。操作温度高达 500℃以上，考虑高温氧化，再生器及内件、支线设备和管线高温段可采用 316、321 或 316Ti。为了保证催化剂有一定的酸度和活性，在氧氯化区通入有机氯化物，因此系统低温段易产生 HCl-H_2O 腐蚀环境。低温段采用碳钢，设备腐蚀裕量增加至 4mm，管线腐蚀裕量增加至 3mm。同时，在露点温度以下的管线需要外加伴热，防止出现露点腐蚀。干燥器后连接的管线不需再加外伴热。

2）催化剂还原及提升阶段

还原及提升阶段的操作温度为 215~480℃，考虑高温 H_2 腐蚀，因此设备材料选用 14Cr1MoR（H）或 12Cr1MoR（H），内件选用 321，管线选用 1.25Cr-0.5Mo。

4.7 汽油吸附脱硫装置材料选择流程

4.7.1 装置简介

随着环保要求的提高，我国对车用汽油硫含量的要求逐渐严格，车用汽油和柴油质量升级中，硫含量分别从不大于 1g/kg 和不大于 2g/kg 降低到了不大于 10mg/kg。车用汽柴油实现超低硫必须克服一系列技术挑战。汽油吸附脱硫装置采用中石化专有技术，主要包括进料与脱硫反应、吸附剂再生、吸附剂循环和产品稳定四个部分。该技术基于吸附作用原理对汽油进行脱硫，通过吸附剂选择性地吸附含硫化合物中的硫原子而达到脱硫目的。与选择性加氢脱硫技术相比，该技术具有脱硫率高、辛烷值损失小、氢耗低、操作费用低的优点。

本节以某加工催化汽油原料(S：500mg/kg)的汽油吸附脱硫装置为参考，对工艺流程进行简化，然后给出相应的材料流程和文字说明，如图 4-14 所示。

4.7.2 材料流程说明

汽油吸附脱硫装置需要考虑的损伤类型主要包括高温硫腐蚀、高温氢腐蚀、冲刷腐蚀、冷却水腐蚀等。结合对原料情况、工艺参数、现场运行经验的分析，给出了某加工催化汽油原料（S：500mg/kg)的汽油吸附脱硫装置主要静设备、动设备、管线、泵等部件的选材。

1. 脱硫反应器

典型的汽油吸附脱硫装置的脱硫反应器的操作温度为 425~440℃，操作压力为 2.4 ~3.1MPa，设计温度为 470℃，设计压力为 4.26MPa，氢分压约为 0.7MPa(按照操作压力 3.1MPa、氢气的摩尔含量 22.5%计算)。由于介质中含有氢气，且操作温度较高，需考虑高温氢腐蚀。根据计算，对应的点在碳钢的曲线以上，使用碳钢不满足高温氢腐蚀的要求，因而脱硫反应器的壳体需选择 Cr-Mo 钢，包括 14Cr1MoR（H）和 12Cr2Mo1R（H）。脱硫反应器应优先使用 14Cr1MoR（H）作为壳体基层，其成本更低，制造难度相对较小。通常，当所需基层厚度超过 90mm 时，建议选用铬、钼含量更高的 12Cr2Mo1R（H）。

由于原料中含有一定量的硫，反应器还需考虑高温硫腐蚀。脱硫反应器的原料从底部进入，经过吸附剂后硫含量大幅降低，因而仅反应器底部需考虑高温硫腐蚀。仅使用 14Cr1MoR（H）或 12Cr2Mo1R（H）做底部壳体的话，腐蚀速率过高，因而反应器底部筒体和底部封头需堆焊 347 型不锈钢。近几年发现反应器内件腐蚀磨蚀严重，应从工艺设计、材料选择以及现场操作采取综合措施予以解决。

2. 再生器

典型汽油吸附脱硫装置中再生器的操作温度为 510~530℃，操作压力为 0.11MPa，设计温度为 550℃，设计压力为 0.35MPa。操作介质为氧气、氮气、二氧化碳、二氧化硫及吸附剂，相态为气相和固相。选材时需要考虑的因素包括：

（1）设计温度为 550℃，超出碳钢的最高使用温度(475℃)，需选用 Cr-Mo 钢或不锈钢。

（2）再生器中含有固相的吸附剂，内构件和再生器壳体需考虑冲刷腐蚀。

（3）由于介质为气相和固相，无液相水出现的可能，二氧化碳和二氧化硫腐蚀都不需要考虑。

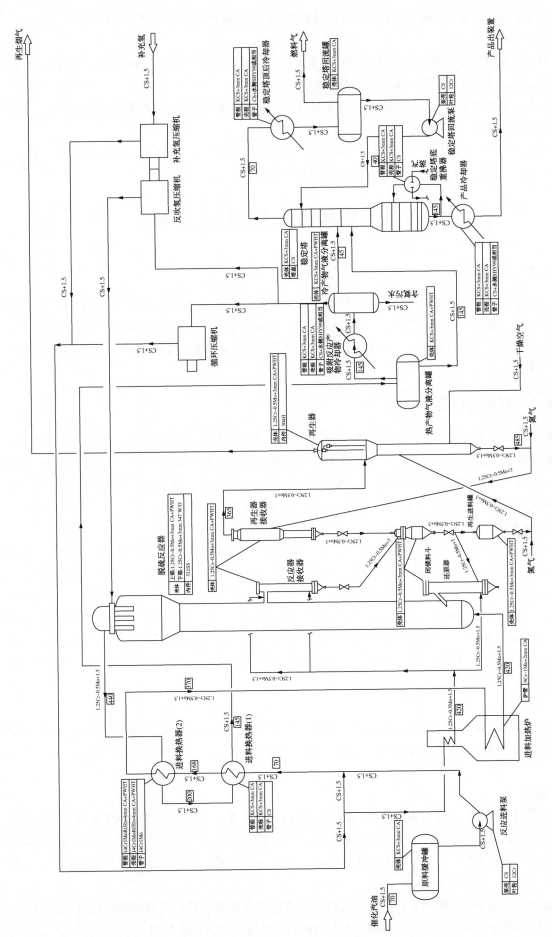

图4-14 汽油吸附脱硫装置材料选择流程图

综合以上因素，再生器壳体选用材质14Cr1MoR，旋风分离器等内构件材质选用304H。

3. 进料加热炉

典型汽油吸附脱硫装置进料加热炉的入口温度约为340℃，出口温度约为420℃。根据工艺计算，加热炉最高壁温在500℃左右。选材时需要考虑的因素包括：

（1）为保证换热效率，炉管的最大腐蚀裕量往往取3mm，按照10万小时寿命计算，最大允许的腐蚀速率为0.26mm/a。

（2）最高壁温在500℃左右，超出碳钢的最高使用温度（475℃），需选用Cr-Mo钢或不锈钢。

综合以上因素，进料加热炉的炉管材质选用9Cr-1Mo。

4.8 硫酸烷基化装置材料选择流程

4.8.1 装置简介

硫酸烷基化装置是用液化气中的烯烃及异丁烷为原料，以浓硫酸为催化剂，生产高辛烷值烷基化油的加工装置。装置主要包括四个部分：反应部分、制冷压缩部分、流出物精制和产品分馏部分。

本节以某烷基化装置为参考，对工艺流程进行简化，给出相应的材料流程和文字说明，如图4-15所示。

4.8.2 材料流程说明

硫酸烷基化装置主要的介质为混合C_4组分、作为冷剂的丙烷以及烷基化油，这些介质不具有腐蚀性，选材通常按照碳钢考虑。硫酸烷基化装置存在的腐蚀类型主要为硫酸腐蚀，与硫酸的浓度、温度、流速以及烃类介质中硫酸的含量有关。结合对原料情况、工艺参数、现场运行经验的分析，给出了某硫酸烷基化装置主要静设备、动设备、管线、泵等部件的选材。选材原则如下：

1. 硫酸浓度

进入装置新酸的浓度一般为93%~98%，为浓硫酸，具有氧化性的腐蚀特性，能够在碳钢表面形成腐蚀产物保护膜，降低腐蚀速率，因此大部分93%~98%的浓硫酸环境选用碳钢材料。随着硫酸浓度的降低腐蚀性会显著增强。随着硫酸与烃类介质的混合，反应系统中硫酸的浓度约为88%左右，此时考虑硫酸的腐蚀和选材问题时，并不是按照88%的浓硫酸考虑，而是应该将烃类介质和硫酸分开考虑。烃类介质的加入并没有使硫酸溶液稀释，增强其腐蚀性，反而会在一定程度上降低其腐蚀性。从现场使用来看，烃类介质中往往夹带微量水，会使反应系统中循环使用的硫酸浓度降低，增加腐蚀性。

2. 温度

随着温度的升高，硫酸的腐蚀性会显著增强，对于浓硫酸，通常在40℃以内，碳钢、316L具有一定程度的耐腐蚀性能，但是随着温度的升高，需要使用20合金、C-276、高硅不锈钢、高硅合金等材质。

3. 流速

由于碳钢表面能够形成的腐蚀产物膜具有一定的保护性能，因此在93%~98%浓硫酸中，40℃以内可以选用碳钢材质。但是由于保护膜容易脱落，脱落后腐蚀速率会显著增加，因此碳钢材质需要严格控制硫酸介质的流速，一般要求不大于0.6m/s。对于流速较高、容易形成冲刷腐蚀的部位，需要升级材质。

总体而言，以金属材料为主，部分位置可以考虑选用非金属材料，具有较高的性价比，但是也需要考虑因此而产生的风险。这些在硫酸烷基化废酸再生装置中进一步地介绍。

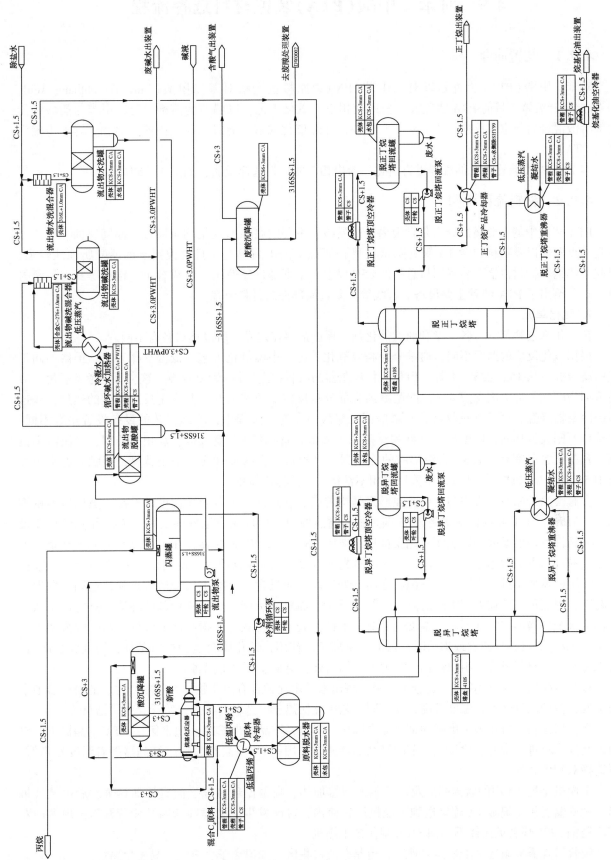

图4-15 硫酸烷基化装置材料选择流程图

4.9 对苯二甲酸(PTA)装置材料选择流程

4.9.1 装置简介

对苯二甲酸(PTA)装置是以对二甲苯(PX)为原料生产精对苯二甲酸(Pure Terephthalic Acid, PTA)的生产装置。目前 PTA 装置大多采用液相空气氧化工艺，以醋酸为溶剂，对二甲苯与醋酸和催化剂溶液混合后与空气反应，生成对苯二甲酸，并经催化加氢，通过结晶、固液分离和干燥等步骤生产出 PTA。

本节将 PTA 装置通常的流程进行简化，给出相应的材料选择说明，如图 4-16 所示。

4.9.2 材料流程说明

PTA 装置中的主要腐蚀介质是含溴离子的醋酸，主要的腐蚀形式是均匀腐蚀、晶间腐蚀、溴离子引起的点腐蚀以及物料中含 TA 颗粒造成的磨损腐蚀。由于高温高压且含溴离子的醋酸腐蚀性较强，因此不锈钢和钛材占整个装置用材总量的 85%以上，个别部件还使用了哈氏合金、锆材等其他特殊材料。本节给出了 PTA 装置主要设备、管线等主要过流部件的材料流程。

1. 氧化单元

在催化剂进料部分，各个专利商的催化剂、促进剂存在差异，所以选材各有不同。

根据氧化反应的温度不同，通常分为高温氧化工艺、中温氧化工艺、低温氧化工艺。虽然不同工艺的反应温度从 155~225℃不等，但是氧化反应器的材料都选用钛-钢复合板，这主要是考虑氧化反应的溶剂为醋酸，促进剂含溴离子。醋酸溶剂大部分从反应器顶部离开，并带走反应产生的热量，通过多级冷凝器降温，再经过吸收塔、脱水塔回收醋酸。在这一过程中，不同工艺的设备设置略有不同，而选材原则大致相同，根据温度高低和醋酸浓度高低，选择钛-钢复合板、双相不锈钢、奥氏体不锈钢。凡是接触温度大于 105℃含溴醋酸的冷凝器、再沸器、容器及管线多采用钛材，接触温度小于等于 105℃含溴醋酸的设备及管线多采用双相不锈钢、奥氏体不锈钢。

含有溴离子醋酸介质中的主要腐蚀形式是均匀腐蚀和点蚀，随着介质温度的升高，奥氏体不锈钢 304L、316L、317L 和双相不锈钢 2205 四种材料腐蚀加剧，2205 耐点蚀性能最好，304L 耐点蚀性能最差。不锈钢点蚀的原因是其表面氧化膜被局部破坏，316L、317L 钢含锰，在表面会形成 MnS 夹杂，夹杂处最易成为点蚀的起点。含有溴离子醋酸首先把钢表面的 Mn 腐蚀掉，使氧化膜破坏，产生点蚀坑。在点蚀坑内溴离子进一步浓缩，点蚀就会向深处发展。而且含溴醋酸不仅会产生点蚀，也同时发生均匀腐蚀，因而危害性较大。为解决点蚀问题主要是提高材质级别。对特别苛刻的环境，只能选用钛材或镍基合金。当醋酸浓度不高、温度较低时，不锈钢处于钝化状态，耐蚀性能较好；当醋酸浓度大于 80%~90%、温度接近沸腾或沸腾时，再加上溴离子的作用，钝化膜会遭到严重破坏，因此腐蚀严重。特别是在一些材料成分、组织结构、应力等不均匀处，更易发生局部腐蚀。

多级冷凝器一般选用钛-钢复合板。吸收塔出来的水通常含有溴化物，在吸收塔之后的换热器中水被蒸发，溴的浓度增加，温度升高，在不同工艺中此换热器的选材有钛材、哈氏合金、锆材等。

反应器出料浆料在多个串联的结晶器中降压、降温，结晶析出 CTA。通常第一 CTA 结晶器中，也通入空气进行进一步的氧化反应。前两级结晶器通常采用钛-钢复合板，后续结晶器随着温度的降低，可选择双相不锈钢。

干燥机是把 TA 中的含溴醋酸及水经蒸汽间接加热、高温循环氮气逆向直接加热蒸发后由氮气带出，螺旋输送机是把湿 TA 连续送到干燥机回转筒内，可能发生应力腐蚀和腐蚀疲劳开裂。现多用双相不锈钢 2205 代替奥氏体不锈钢 316L 制作该干燥机。

吸收塔除雾器附近是凝液停滞地区，也是杂质富集区，如溴离子、氢气，易发生腐蚀。

2. 精制单元

精制单元的溶剂主要是水，带有少量的醋酸、溴离子，相对氧化单元介质的腐蚀性大大降低，但

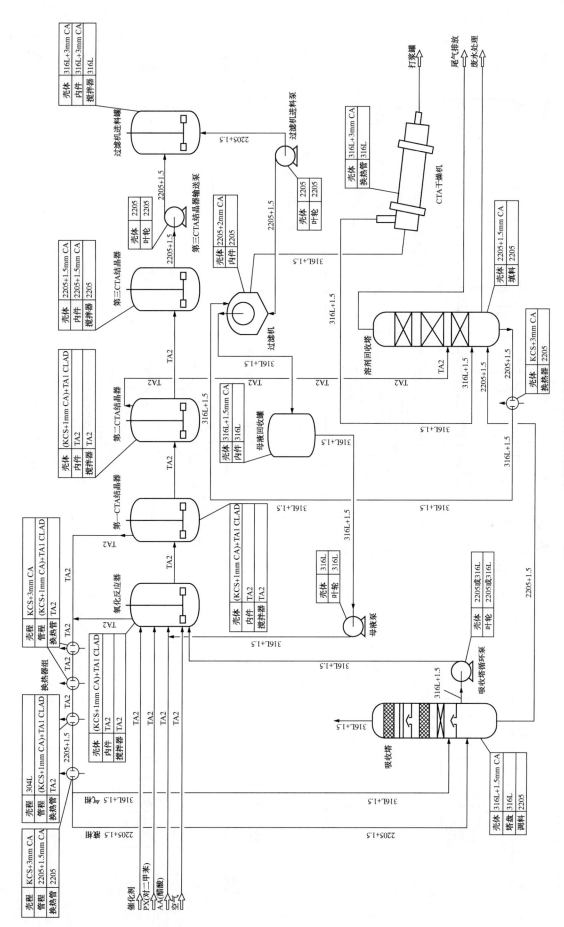

图4-16 PTA装置材料选择流程图

235

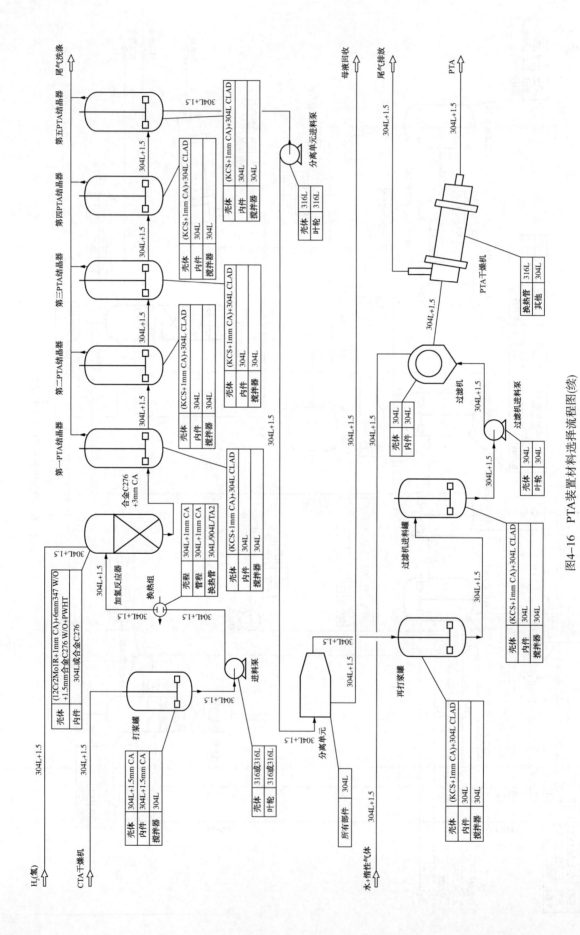

图4-16 PTA装置材料选择流程图(续)

加氢反应器进料预热器由于温度高（约300℃）且介质中存在少量醋酸、溴离子，有的选择钛材，也有选择904L的做法。加氢反应器也有腐蚀现象出现，不同工艺的加氢反应器选材有所不同。除此之外，为满足产品的洁净度要求，精制单元主要设备的材料为304L。加氢反应器中通入氢气，发生催化加氢反应，将TA中的不纯物转化成可溶于水的物质。主要反应为4-CBA转化为PT酸，后者通过结晶从PTA中去除。加氢反应器早期采用316L、304L，随着设备大型化，逐渐采用铬钼钢–不锈钢复合板、铬钼钢–不锈钢锻焊+堆焊结构。但是腐蚀现象时有发生，而腐蚀机理目前也没有定论。加氢反应器目前多使用双层堆焊，在不锈钢堆焊层上再堆焊哈氏合金或其他合金。钛会吸收氢气而变得脆化，通常在150℃以上发生氢化反应，故加氢反应器选择钛材需要谨慎。

加氢反应器之后的流程中虽然溴离子已基本排除，但由于工艺上的碱洗或中和需要，物料中往往带入微量的氯离子，而且在不锈钢器壁上容易黏滞PTA料垢，垢下氯离子的浓缩会引起以点蚀为起点的应力腐蚀开裂。为此，一是提高材料级别；二是改进结构改善应力条件；三是经常清洗去除沉积的料垢；四是选用含氯离子低的NaOH或用有机胺中和等。

干燥机介质为PTA，材料采用316L，存在点蚀以及蒸汽管因黏滞PTA物料造成的垢下腐蚀与应力腐蚀开裂的可能。

PTA装置选材另一个需要考虑的因素是磨蚀：对于换热管内介质含CTA、PTA的情况，换热管需要考虑磨蚀。高流速介质对设备的腐蚀影响很大，特别是在物料中含有固体颗粒时对设备产生冲刷磨损，使得设备发生非常严重的磨损腐蚀。PTA装置中某些换热器管箱采用奥氏体不锈钢，考虑磨蚀，换热管采用双相不锈钢。某些换热器管箱采用钛–钢复合板，覆层为工业纯钛，考虑磨蚀，换热管采用硬度更高的钛合金。

4.10 天然气净化联合装置材料选择流程

4.10.1 装置简介

天然气是在地下空隙层中天然生成的，以甲烷、乙烷、丙烷等低分子饱和烃为主的烃类气体与少量硫化氢、二氧化碳、氮气等非烃类气体组成的混合气体。它作为一种清洁、高效和优质的气体能源和化工原料，广泛应用于城市燃气、天然气液化、天然气发电和天然汽化工等多个领域。随着我国节能减排和能源结构优化的推进，以及相关环保法律法规的完善，天然气净化得到了越来越多的重视和关注。净化联合装置的稳定、可靠及安全运行对保障下游用气至关重要。

本节以某加工高含硫天然气[H_2S：5.5%（摩尔分数）；CO_2：6.57%（摩尔分数）]净化联合装置为参考，给出相应的材料流程和文字说明，如图4-17所示。

4.10.2 材料流程说明

天然气净化联合装置需要考虑的损伤类型主要包括湿H_2S损伤、CO_2腐蚀、高温硫腐蚀、胺腐蚀、$R_2NH-CO_2-H_2S-H_2O$、氯化物应力腐蚀开裂、冷却水腐蚀等。结合对原料情况、工艺参数、现场运行经验的分析，给出了某加工高含硫天然气[H_2S：5.5%（摩尔分数）；CO_2：6.57%（摩尔分数）]净化联合装置主要静设备、动设备、管线、泵等部件的选材。

1. 脱硫单元

脱硫单元分为脱硫部分和再生部分。脱硫单元的H_2S和CO_2分压都比较高，会产生严重的硫化氢腐蚀和CO_2腐蚀，选材以不锈钢316L或者316L复合板为主，天然气进料过滤分离器、吸收塔、富溶剂闪蒸罐入口部分、闪蒸汽吸收塔的壳体材质为316L或316L复合板。另外，从现场运行来看，天然气进料可能会含有一定量的氯，应通过优化工艺和操作，保证进料中氯离子含量（水中）小于100ppm（1ppm＝10⁻⁶），以降低不锈钢氯化物应力腐蚀开裂的风险。

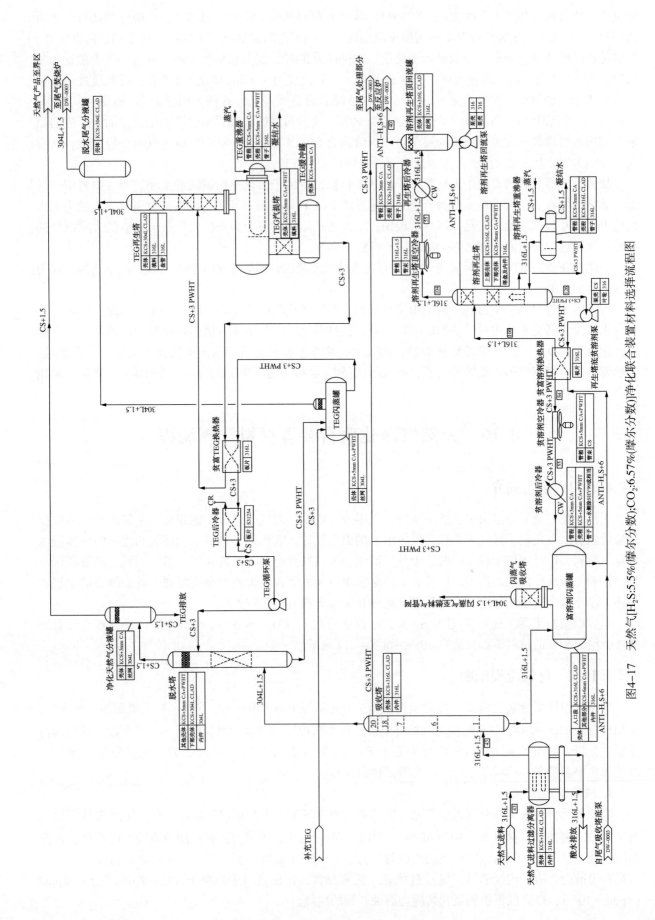

图4-17 天然气[H₂S:5.5%(摩尔分数);CO₂:6.57%(摩尔分数)]净化联合装置材料选择流程图

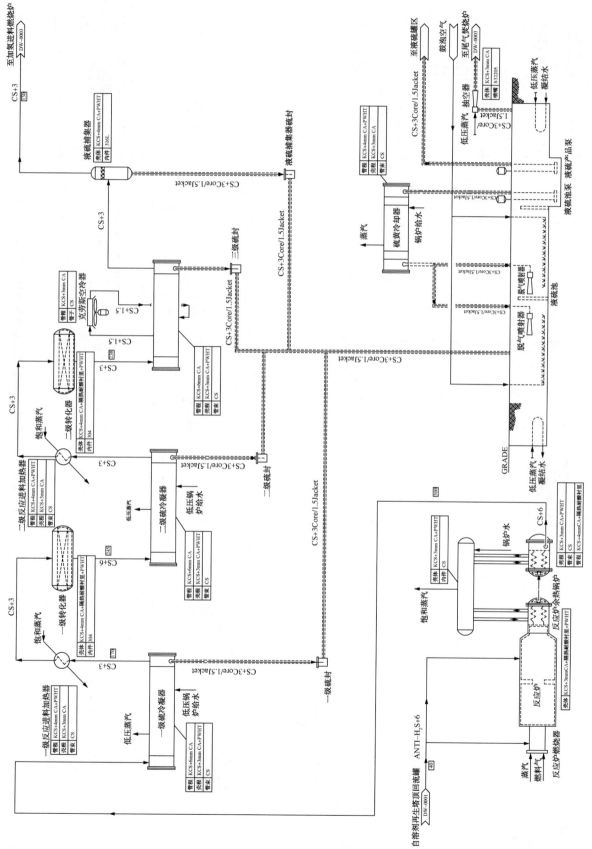

图4-17 天然气[H₂S:5.5%(摩尔分数);CO₂:6.57%(摩尔分数)]净化联合装置材料选择流程图(续)

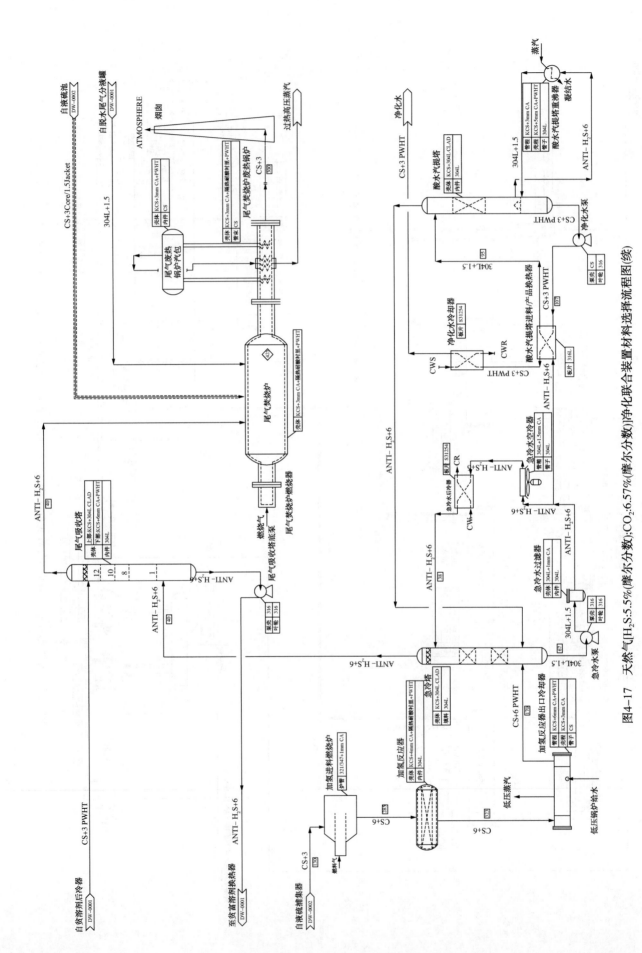

图4-17 天然气[H₂S:5.5%(摩尔分数);CO₂:6.57%(摩尔分数)]净化联合装置材料选择流程图(续)

再生部分贫胺液腐蚀不严重,但易发生应力腐蚀开裂,因而贫胺液部分的设备使用碳钢即可,但需焊后热处理,相应管道也需做焊后热处理。再生塔顶部有较高浓度的湿 H_2S 和 CO_2,设备宜使用 316L 复合板,管道也宜使用 316L 或者 316L 复合管。再生塔重沸器的壳程和管子也应使用 316L 材料。

2. 脱水单元

脱硫后的湿天然气中含有一定量的 H_2S、CO_2 和水,对碳钢需考虑湿 H_2S 损伤,进行焊后热处理,局部需要使用不锈钢或复合板。脱水塔的下部、TEG 再生塔、脱水尾气分液罐选用 304L 或 304L 复合板,TEG 重沸器的管束和贫富 TEG 板式换热器的板片选用 316L,TEG 后冷器还需考虑循环水侧的氯腐蚀,板片宜选用超级奥氏体不锈钢 254。

3. 硫黄回收单元

硫黄回收单元中设备和管道的选材主要是考虑单质硫的高温硫腐蚀,还需考虑微量 H_2S、SO_2、SO_3 和液相水的综合因素导致的腐蚀。反应和硫转化部分重点考虑高温硫腐蚀,对温度很高的反应炉、反应炉余热锅炉、各级转化器采用碳钢+隔热耐酸衬里的方案进行防腐。对于各级硫冷器以及高温管线采取碳钢加大腐蚀裕量的方案进行防腐。液硫池重点考虑亚硫酸、硫酸的露点腐蚀,通常采用高温耐酸砖的方案,液硫储罐采用氮气微正压保护,同时碳钢基体采用喷铝的表面防腐方法来防止自燃的发生。

4. 尾气处理单元

尾气处理单元中设备和管道的选材主要考虑高温硫腐蚀及 $R_2NH\text{-}CO_2\text{-}H_2S\text{-}H_2O$ 的腐蚀。其中高温硫腐蚀主要出现在加氢进料燃烧炉至加氢反应器之间。高温 H_2S、SO_2 与钢铁表面直接作用而产生腐蚀。由于尾气中硫化物含量较低,且以单质硫为主,因而高温硫腐蚀并不是很突出,对于加氢反应器采用碳钢+隔热耐酸衬里的方案进行防腐,对于管线采用碳钢加大腐蚀裕量的方案进行防腐。急冷塔处在酸性环境中,腐蚀较严重,采用 304L、316L 或其复合板,急冷水后冷器采取板式结构,还需考虑水侧氯的腐蚀,板片采用超级奥氏体不锈钢 254。尾气吸收塔需考虑 $R_2NH\text{-}CO_2\text{-}H_2S\text{-}H_2O$ 的腐蚀,对于壳体顶部采用 304L 复合板的方案,底部采用碳钢加厚的方案,并进行焊后热处理。

4.11 硫黄回收联合装置材料选择流程

4.11.1 装置简介

硫黄回收联合装置通常是由溶剂再生、酸性水汽提、制硫、尾气处理等单元组成。从上游装置来的高含硫胺液和酸性水分别进入溶剂再生单元和酸性水汽提单元,经重沸器加热脱硫后生成高浓度的 H_2S,之后 H_2S 被送至制硫单元,经过高温热反应和 Claus 低温催化反应生成硫黄。制硫单元产生的尾气进入尾气处理单元进行处理。硫黄回收联合装置工艺过程中反应物、产物种类多,腐蚀类型复杂。随着环保要求标准的日益严格,硫黄回收装置的平稳运行也越来越受到重视,其腐蚀的有效控制是装置管理的重点和难点。

本节以某加氢类装置配套的硫黄回收联合装置为参考,给出相应的材料流程和文字说明,如图 4-18 所示。

4.11.2 材料流程说明

硫黄回收联合装置需要考虑的损伤类型主要包括湿 H_2S 损伤、胺腐蚀、胺应力腐蚀开裂、碱式酸性水腐蚀、CO_2 腐蚀、高温硫腐蚀、硫酸露点腐蚀、冷却水腐蚀等。结合对原料情况、工艺参数、现场运行经验的分析,给出了硫黄回收联合装置主要静设备、动设备、管线、泵等部件的选材。制硫单元及尾气处理单元和 4.10 节的天然气净化联合装置相应单元的选材基本一致,本节不再重复论述。

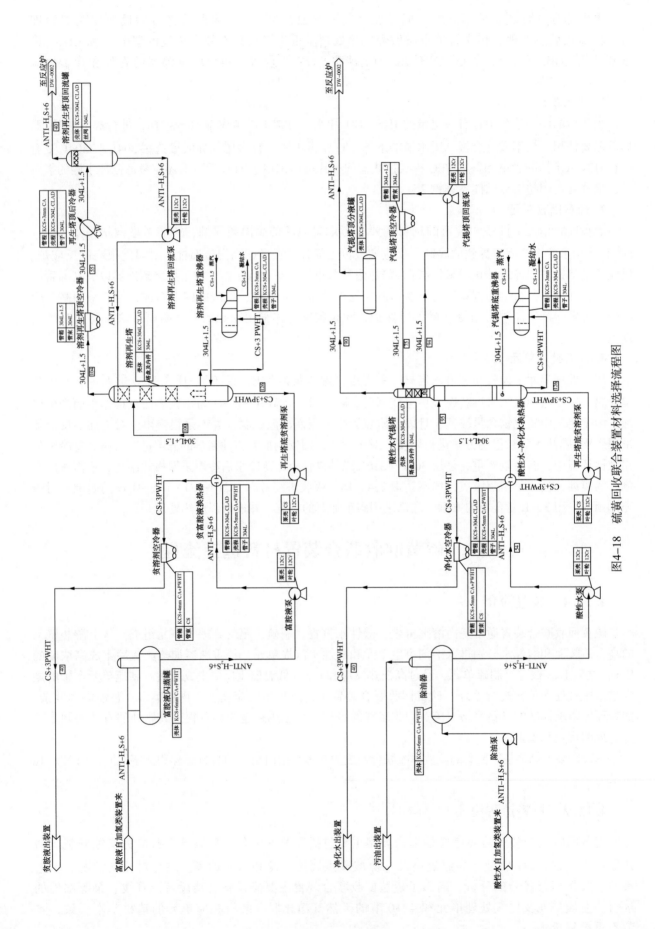

图4-18 硫黄回收联合装置材料选择流程图

242

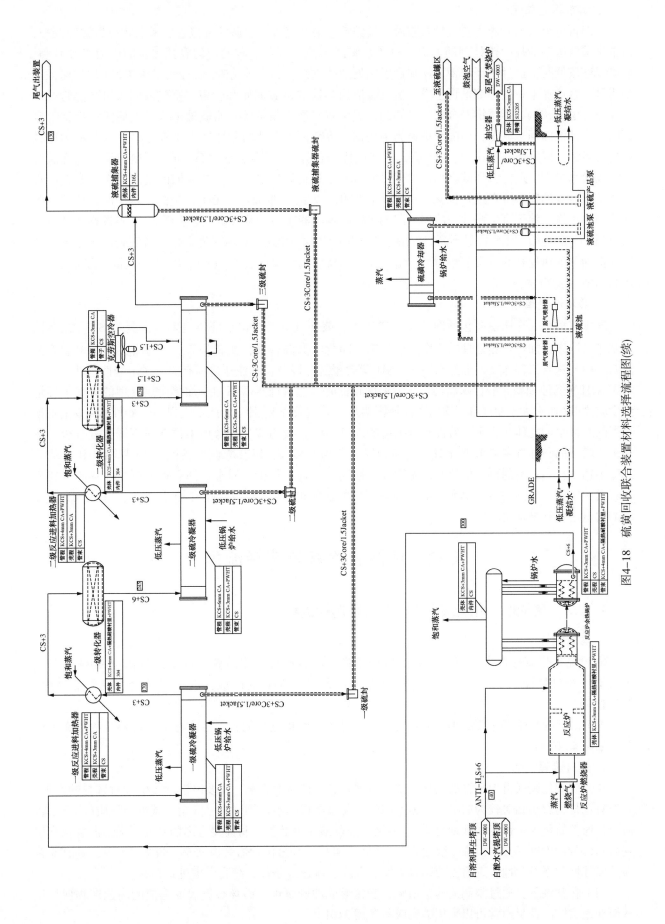

图4-18 硫黄回收联合装置材料选择流程图(续)

243

1. 溶剂再生单元

溶剂再生单元的介质主要包括贫胺液、富胺液、酸性气等。贫胺液部位主要考虑胺应力腐蚀开裂，通常是采取碳钢加焊后热处理的方案。对于富胺液部位，需考虑胺的均匀腐蚀和胺的应力腐蚀开裂。环境温度较低时，通过选择碳钢加厚加焊后热处理的方案；温度较高时（通常大于90℃），均匀腐蚀加剧明显，宜选择不锈钢。溶剂再生塔、贫富胺液换热器的富胺液侧和管束、富胺液的入口高温管线均应优先考虑不锈钢或不锈钢复合板。早期的装置中贫富胺液换热器、富胺液的入口高温管线有选择碳钢的，腐蚀泄漏问题较多，已陆续更换为不锈钢。溶剂再生塔顶的酸性气主要考虑湿 H_2S 的应力腐蚀和均匀腐蚀，以及酸性水腐蚀、CO_2 腐蚀，建议优先选择不锈钢材质；溶剂再生塔顶回流罐顶部酸性气管线含水量少，通常选择碳钢加厚加伴热的方式来进行腐蚀防护。需要说明的是溶剂再生装置的选材要结合装置的物料特点进行优化。例如来自催化装置的富胺液由于 CO_2 含量高，均匀腐蚀严重，包括溶剂再生塔、溶剂再生塔顶空冷器、溶剂再生塔重沸器在内的设备需考虑使用 316L 不锈钢的选材方案。当 CO_2 含量低、H_2S 含量不高时，溶剂再生塔壳体可考虑使用 410S 复合板，塔底壳体甚至可以使用碳钢加厚加热处理的方案。相应的，富胺液泵的材质也应综合 H_2S、CO_2、Cl^- 等介质的含量从 12Cr、304、316 中进行选择。

2. 酸水汽提单元

酸水汽提单元介质主要包括净化水、酸性水、酸性气等。净化水部位主要考虑湿 H_2S 应力腐蚀，通常是采取碳钢加焊后热处理的方案。近年来，净化水高温管线，尤其是弯头等位置发生了多起腐蚀泄漏事故。这与汽提深度不够导致 H_2S、NH_3 等含量超标以及设计流速过高有关。对于酸性水部位，需考虑湿 H_2S 腐蚀和碱式酸性水腐蚀。环境温度较低时，通过选择碳钢加厚加焊后热处理的方案；环境温度较高时（通常大于90℃），均匀腐蚀加剧明显，宜选择不锈钢。酸性水汽提塔、酸性水–净化水换热器的酸性水侧壳体和管束、酸性水汽提塔的入口高温管线均应优先考虑不锈钢或不锈钢复合板。溶剂再生塔顶的酸性气主要考虑湿 H_2S 的应力腐蚀和均匀腐蚀，以及酸性水腐蚀、CO_2 腐蚀，建议优先选择不锈钢材质；溶剂再生塔顶回流罐顶部酸性气管线含水量少，通常选择碳钢加厚加伴热的方式来进行腐蚀防护。与溶剂再生单元类似，其各部位的选材也应综合介质特点，包括 H_2S、CO_2、Cl^- 等介质的含量进行选材优化。

4.12　环保装置材料选择流程

4.12.1　硫酸烷基化废酸再生装置材料选择流程

1. 装置简介

硫酸烷基化废酸再生装置，主要的作用是将上游硫酸烷基化装置反应形成的浓度 90% 左右的废硫酸，经过焚烧、净化、冷凝等过程，重新生成 98% 左右的硫酸，返回烷基化装置作催化剂，循环使用。

本节以某硫酸烷基化废酸再生装置为参考，对工艺流程进行简化，给出相应的材料流程和文字说明，如图 4-19 所示。

2. 选材流程说明

硫酸烷基化废酸再生装置的选材，主要考虑高温对选材的影响，以及凝液形成硫酸对选材的影响。高温对选材的影响相对较为简单，根据不同的工况温度选择不锈钢、Cr-Mo 钢、碳钢等材质（出于工程需要，通常简化为不锈钢和碳钢材质）。凝液形成硫酸是该装置选材需要考虑的主要因素，温度从常温到高温（最高 250℃ 左右），硫酸浓度通常为 95%~98%，部分位置需考虑 93%~99% 的工况，具有非常强的腐蚀性和强氧化性，选材需要结合浓度、温度、流速等条件，综合考虑进行选材。

（1）在常温下，通过限制流速等措施，避免形成冲刷腐蚀，破坏金属表面形成的腐蚀产物保护层从而加速腐蚀。选材通常可以采用碳钢或不锈钢 316L。

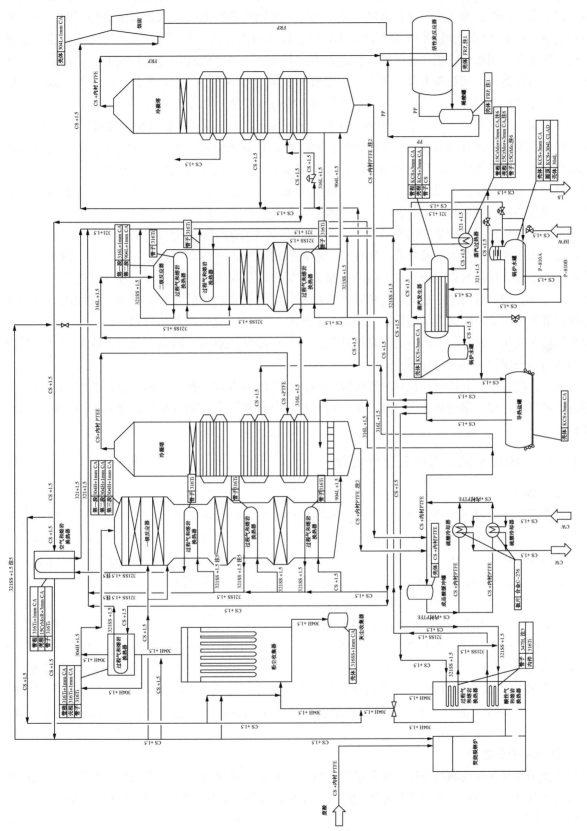

图4-19 硫酸烷基化废酸再生装置材料选择流程图

（2）随着温度的升高，浓硫酸的腐蚀性和氧化性显著增强，需要选用耐腐蚀性能更强的材料，常用材料包括904L、20合金等，虽然比316L的耐腐蚀性能更好，但是并不能完全解决腐蚀问题。由于浓硫酸腐蚀的特殊性，因此在温度较高时，需要高硅不锈钢以及高硅合金来抵抗浓硫酸腐蚀。比如耐硫酸不锈钢ZeCor，山特维克的SX系列高硅不锈钢，以及国内宣达实业的XD系列高硅不锈钢，在国内硫酸装置中有使用业绩。用户在装置运行过程中，若动静设备、管线出现腐蚀问题，高硅不锈钢和高硅合金可以作为一个选材参考。其他常用的金属材料如合金625、C-276等材料，在高温浓硫酸腐蚀环境并不是最优的选择，主要原因是材料成本的增加与耐腐蚀性能的增加不匹配。

（3）浓硫酸温度在90℃以内，设备和管线的选材，也可以考虑采用阳极保护，具有较高的性价比。阳极保护与阴极保护具有相似性，基本原理为：利用可钝化体系金属的阳极钝化性能，向金属通以适当的阳极电流，使其表面形成具有很高耐蚀性的钝化膜，并用一定的电流维持其钝化，以防止金属的腐蚀。其中阳极是需保护的设备或材料。天华化工机械及自动化研究设计院腐蚀电化学工程及设备研究所在浓硫酸溶液阳极保护方面具有较高的技术实力和大量的应用业绩。

（4）非金属材料在各种浓度的硫酸溶液中都具有非常优异的耐腐蚀性能。PTFE、PFA等氟塑料，几乎在任何浓度和温度范围内都具有非常优异的耐硫酸腐蚀性能。在硫酸装置中，PTFE、PFA可以作为设备、管道等部件的衬里，防止硫酸溶液的腐蚀。但是需要考虑在装置开停工和运行过程中，衬里的膨胀、老化、脱落有可能会造成设备和管道的堵塞，以及衬里局部的开裂、空隙造成无法对金属本体形成有效保护，造成腐蚀泄漏问题。其他材料如玻璃、石墨、耐酸砖等非金属材料，都能够在高温浓硫酸环境中使用，具有较为优异的耐腐蚀性能，但是也需要注重施工质量，尤其是连接处的质量问题，通常是造成腐蚀泄漏的主要因素。

废酸再生装置中部分位置存在稀硫酸腐蚀环境，此环境下有较多种类的非金属材料可供选择，例如塑料类的聚氯乙烯、聚丙烯、聚偏氟乙烯、超高相对分子质量聚乙烯等材料。涂料类的可以选用乙烯基树脂等材料。

4.12.2 脱硫脱硝装置材料选择流程

1. 装置简介

我国二氧化硫和氮氧化物排放量巨大，每年因酸雨和二氧化硫污染导致经济损失和环境污染非常严重，已成为制约我国经济发展的重要因素之一，因此脱硫脱硝装置的发展愈发受到重视。目前，烟气同时进行脱硫脱硝的技术有六十余种，有湿法和干法之分。常用的有活性炭/炭同时脱硫脱硝技术、固相吸附/再生同时脱硫脱硝技术、气固催化同时脱硫脱硝技术、吸收剂喷射同时脱硫脱硝技术、高能电子活化氧化法、湿法烟气同时脱硫脱硝技术等。

本节以DuPont-Belco公司开发的低温氧化EDV湿法洗涤技术为参考，装置主要分为三个单元：EDV湿法洗涤单元、水处理单元、臭氧发生单元。催化烟气经过急冷与臭氧反应后进入洗涤塔，在洗涤段大部分催化剂细粉、SO_3、SO_2、NO_x等被NaOH水溶液吸收，经过滤清模块过滤后，从顶部烟囱排出。含有腐蚀性物质的NaOH水溶液从洗涤塔底部排出并循环使用，通过控制新鲜碱液的加入量控制pH值。本节对工艺流程进行简化，给出相应的材料流程和文字说明，如图4-20所示。

2. 材料流程说明

脱硫脱硝装置存在的腐蚀类型主要有酸性水腐蚀、碱脆、磨蚀等。本节结合对原料情况、工艺参数、现场运行经验的分析，给出了某脱硫脱硝装置主要静设备、管线、泵等部件的材料流程。

1）洗涤塔

洗涤塔操作温度约为60℃，含有NaOH、H_2SO_4、HNO_3、硫酸盐、硝酸盐、氯离子等，腐蚀性大小主要取决于水溶液的pH值和温度。水中的氯离子可能会加大对材质的腐蚀作用，应严格限制水中氯离子的含量。洗涤塔塔体主材质及内件建议选用304L或316L。当所需不锈钢板厚度较厚时，从经

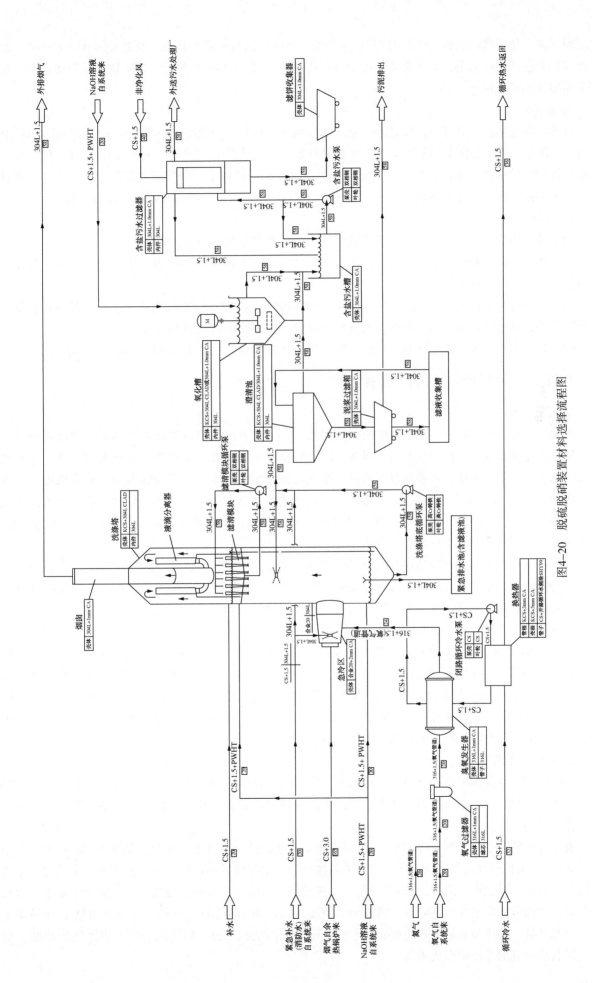

图4-20 脱硫脱硝装置材料选择流程图

247

济原因考虑，建议选用碳钢+304L 或 316L 复合板。顶部烟囱部位板厚较薄，可选用 304L 或 316L。该塔建议在制造厂完成制造，如果无法实现制造厂内制造，鉴于现场制造无法保证复合板焊接质量，建议采用整体不锈钢制造。

2) 急冷区

烟气在洗涤塔入口急冷区温度骤降，通入的臭氧将大部分氮氧化物和少量二氧化硫转换为 HNO_3 和 H_2SO_4，形成了高浓度酸区，腐蚀较为严重。同时循环系统中存在氯离子，形成 $HCl-H_2O$ 腐蚀环境。该段筒体和内件推荐使用合金 20，对氧化性腐蚀有很好的抵抗能力，同时耐氯化物应力腐蚀、点腐蚀等能力都很强。在与塔体直接相连的一段建议采用 304L 或 316L，与塔体覆层材料保持一致。

3) 系统管线

（1）补水系统：管线腐蚀轻微，管线选用碳钢，腐蚀余量取 1.5mm 足够。

（2）30%NaOH 溶液管线：工作温度较低（20℃），用碳钢即可，同时为了防止焊口碱脆，管线需要进行焊后消除应力热处理。

（3）氧气和臭氧管线：氧气管线操作压力>0.6MPa，根据相关标准材质至少选择不锈钢；臭氧的氧化性强烈，腐蚀性较强。综合考虑，氧气和臭氧管线材质建议均选用 316L。

（4）其余管线：因管线中含有硫酸盐、硝酸盐、氯离子等，材质建议选用 304L 或 316L。

4.12.3 废碱处理装置材料选择流程

1. 装置说明

石化行业在生产中经常产生高浓度的碱性污水。化工装置的废碱液主要有乙烯装置的碱液与裂解气中的二氧化碳和硫化氢反应生成的水溶液，以及裂解气中羰基和二烯烃聚合形成的聚合物。炼油装置的废碱液主要来自催化裂化装置对产品进行碱洗脱硫的精制过程。由于废碱液中含有高浓度有毒的硫化物（Na_2S、硫醇、硫酚和硫醚等）、酚类、环烷酸类的钠盐、油类、杂环芳烃和反应残余的游离氢氧化钠等，且具有难闻的恶臭气味，若不经过处理直接排放，会严重污染环境，抑制微生物的生长，影响污水处理正常运行和总排废水的达标排放。

目前废碱处理工艺主要有达标排放处理工艺和综合利用处理工艺。达标排放处理工艺有焚烧法、高效生物强化法、湿式氧化法等，可以将废碱中的大部分污染物降解为低毒小分子物质，降低 COD 等指标，经简单处理后即可排放。综合利用处理工艺有酸化法、电解法、化学沉淀法等，可以将部分污染物转换成化工原料，用于制备硫化钠等工业产品。

本节以 STONE & WEBSTER 公司典型的湿式空气氧化法（WAO）废碱处理工艺作为参考，通过用热甲苯液/液萃取法对废碱液进行预处理，去除残留的聚合物以及更重要的聚合物前体，然后在湿式空气氧化部分去除预处理部分的废碱液中的污染物，将 Na_2S 氧化为 Na_2SO_4。装置主要分为四个部分：硫酸和废碱液存储部分、预处理部分、湿式空气氧化部分、中和部分。本节对工艺流程进行简化，给出相应的材料流程和材料选择说明，如图 4-21 所示。

2. 材料流程说明

废碱处理装置存在的腐蚀类型主要有碱脆、酸和碱的化学侵蚀、循环水腐蚀等。本节结合对原料情况、工艺参数、现场运行经验的分析，给出了某废碱处理装置主要静设备、动设备、管线、泵等主要部件的材料流程。

废碱处理装置主要依据 API 571 和 NACE SP0403 进行设备和管道的选材，如图 4-22 所示。水相中大于 5% 的苛性碱浓度可在碳钢中产生应力腐蚀开裂。如果苛性碱浓度小于 2%（甚至可以用 5% 作为阈值），无需考虑温度，不需要对碳钢进行焊后热处理。有时，会在碱液浓度较低的环境中发生应力腐蚀开裂，但通常仅发生在局部碱液浓缩区域。例如，溶液中 50 ~ 100 ppm 的苛性碱就可能会在局部浓缩区引起开裂。避免局部浓缩效应可能的方法是避免偏离泡核沸腾、保持内表面无腐蚀性沉积物、避免在接收高热流的部件中形成水线。

248

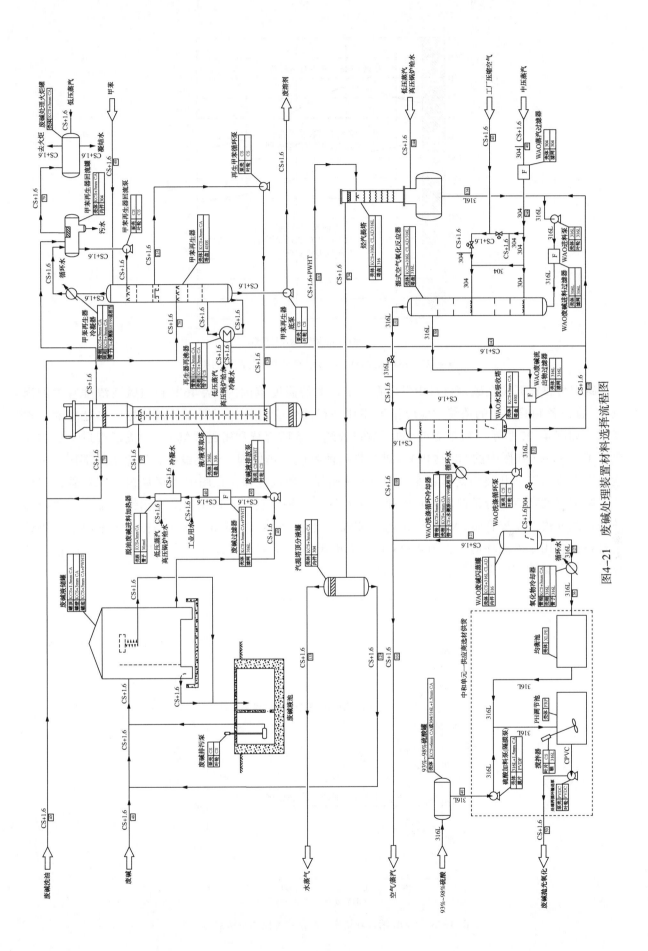

图4-21 废碱处理装置材料选择流程图

249

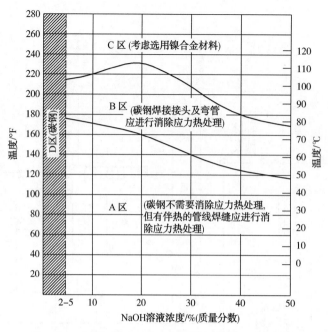

图 4-22　钢材在 NaOH 溶液中使用温度与浓度的关系

　　碱应力腐蚀开裂在碳钢材料中发生在一个较宽的温度范围内(从 46℃ 到与碱液浓度有关的沸点),且设备和管道中的浓缩效应应作为评判是否发生应力腐蚀开裂和是否需焊后热处理的要素考虑。如图 4-22 所示,碳钢焊缝(包括坡口焊缝、承插焊缝和密封焊缝)、冷成型管道弯头和换热管 U 形弯头(在图中的"B"区内)应进行焊后消除应力热处理。伴热设备和管道的局部区域可能达到发生应力腐蚀开裂的金属温度。如果无法确保金属温度保持在图中 A 区域内,应对碳钢焊缝和跟踪部件的弯管进行消除应力热处理。在 C 区域碳钢材料已不适用,应选用镍合金,需要提醒的是,此处说的是镍合金(Nickel Alloy),非镍基合金(Nickel-based Alloy)。在一定情况下,不锈钢材料也可用于碱液环境中,图 4-23 显示了奥氏体不锈钢在腐蚀介质中的应力腐蚀敏感性,它提供了基于碱浓度的温度限制。

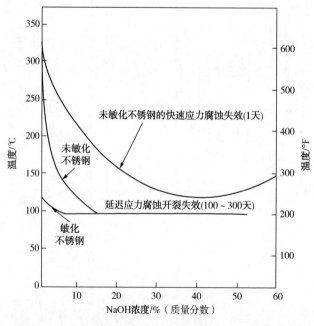

图 4-23　NaOH 溶液环境中 300 系列奥氏体不锈钢的腐蚀

250

对于本节采用的材料流程图，对碱液腐蚀较为敏感的区域为液/液萃取塔塔底流至 WAO 废碱液闪蒸罐阶段的设备和管线。此阶段管线温度较高，操作温度为 100~250℃，易发生碱应力腐蚀开裂。根据浓度此段材料推荐选用不锈钢或者镍合金。综合考虑经济原因，装置推荐选用 304、316 和 316L。

脱油废碱进料加热器为套管式换热器，介质环境为 1%碱溶液。壳程介质为蒸气，温度较高，同时管程为弯管结构，拆卸较为复杂，为避免因各种原因造成壁温升高引起碱脆，推荐采用合金 400 或合金 600。

参 考 文 献

[1] SH/T 3096—2012. 高硫原油加工装置设备和管道设计选材导则[S]. 北京：中华人民共和国工业和信息化部，2012.

[2] SH/T 3129—2012. 高酸原油加工装置设备和管道设计选材导则[S]. 北京：中华人民共和国工业和信息化部，2012.

[3] 张国信. 加工高硫和高酸原油腐蚀与选材新观点探讨[J]. 石油化工腐蚀与防护，2020，37(2)：1-5.

[4] 中国石化设备管理协会. 石油化工装置设备腐蚀与防护手册[M]. 北京：中国石化出版社，2001.

[5] 中国石化《炼油工艺防腐蚀管理规定》实施细则(第二版).

[6] NACE Paper No. 10359. Prediction, Monitoring, and Control of Ammonium Chloride Corrosion in Refining Processes[J]. NACE International. Corrosion，2010.

[7] 宗瑞磊，佘锋，李黎. 硫黄回收装置液硫脱气设备的腐蚀与控制[J]. 石油化工腐蚀与防护，2020，37(6)：18-21.

[8] 中国石油化工股份有限公司青岛安全工程研究院. 炼油装置防腐蚀策略，2008.

[9] 李黎. 加氢装置的腐蚀分析和选材防腐[J]. 当代化工，2016，45(9)：2150-2152.

[10] HG/T 20581—2011. 钢制化工容器材料选用规定[S]. 中华人民共和国化工行业标准.

[11] 陈炜，陈学东，顾望平，等. 加氢装置高温氢损伤机理与风险分析[J]. 腐蚀与防护，2019，40(8)：623-626.

[12] 屈定荣. 炼厂的环烷酸腐蚀问题及最新研究动态[J]. 表面技术，2016，45(7)：115-121.

[13] 佘锋，张迎恺. 省煤器硫酸露点腐蚀的选材[J]. 石油化工设备技术，2018，39(1)：59-62.

[14] NACE SP0403—2015. Avoiding Caustic Stress Corrosion Cracking of Refinery Equipment and Piping[S]. Houston, Texas：NACE International Publication，2015.

[15] 宗瑞磊. 炼油装置抗腐蚀选材系统的开发[J]. 石油化工设备技术，2013，34(6)：55-58.

[16] 段永锋，崔新安. 高温环烷酸腐蚀研究的新进展[J]. 全面腐蚀控制，2015，29(10)：61-66.

[17] API 932-B—2019. Design, Materials, Fabrication, Operation, and Inspection Guidelines for Corrosion Control in Hydroprocessing Reactor Effluent Air Cooler (REAC) Systems[S]. Washington, DC：American Petroleum Institute，2019.

[18] 王宁，孙亮，侯艳宏，等. 炼油装置典型冷换设备腐蚀统计与成因分析[J]. 石油化工设备技术，2020，41(4)：37-42.

第5章 炼化装置工艺防腐蚀与新技术应用

21世纪以来，世界范围内原油资源向着劣质化的方向发展，劣质原油加工已成为世界炼化企业共同面临的难题。从当前的情况来看，原油劣质化给炼油装置带来了严重的腐蚀问题，设备腐蚀已成为制约炼化装置长周期安全稳定运行的主要问题。根据国内外炼化装置的生产经验，针对炼化装置高温部位是以材料防腐为主、工艺防腐为辅的腐蚀控制方针；低温部位是以工艺防腐为主、材料防腐为辅的腐蚀控制方针。近年来，我国炼化企业在腐蚀控制方面取得了长足进步，API RP 571、API RP 581、GB/T 30579和GB/T 26610等技术文件和标准的颁布与实施为炼化装置腐蚀类型的判别和控制提供了明确的指南；同时，高硫、高酸原油加工装置选材导则（SH/T 3096、SH/T 3129）的颁布与实施，也基本消除了炼化装置由于材料选择导致的腐蚀问题。

目前，炼化装置低温系统的腐蚀正在成为影响装置安全长周期运行的关键，尤其是与氯化物以及低温硫化物相关的腐蚀问题。典型的如原油蒸馏装置塔顶系统的露点腐蚀、加氢装置反应流出物系统的铵盐结晶等。这种低温电化学腐蚀过程复杂，影响因素众多，同时冲蚀和腐蚀的共同作用使其测量和控制也更为困难。冲蚀破坏具有明显的局部性、突发性和灾难性，特别是含水和腐蚀性介质，多相流作用下引起的腐蚀穿孔机理更为复杂。因此，与高温腐蚀相比，低温部位腐蚀单纯依靠材质升级往往不能解决问题，工艺防腐蚀是解决低温系统腐蚀的关键。本章基于《中国石化炼油工艺防腐蚀管理规定实施细则》（第二版），结合国内外炼化装置工艺防腐蚀方面的技术标准和规范，介绍了典型炼油化工装置的工艺防腐蚀实施方式及范围，其他装置可参照。同时针对注入系统及设备、分馏塔顶循系统在线除盐技术、静电聚结油水分离技术等工艺防腐新技术的原理和应用进行了介绍，为炼化企业规范工艺防腐蚀的实施和操作，提升整体防腐技术和管理水平提供借鉴和指导。

5.1 典型炼化装置工艺防腐蚀实施方案

5.1.1 炼化装置工艺防腐蚀实施细则

1. 工艺防腐蚀管理规定实施细则

2012年，某大型石化公司组织编制了《炼油工艺防腐蚀管理规定实施细则》，该实施细则实行五年以来，在炼化企业工艺防腐蚀工作中起到了重要作用。2018年，该公司针对企业在《炼油工艺防腐蚀管理规定实施细则》执行过程中遇到的问题，结合我国炼化企业近年来在工艺防腐蚀措施方面的实践经验，参考最新国外技术规范和国内外技术标准，修订并颁布了《炼油工艺防腐蚀管理规定实施细则》（第二版）。该实施细则的颁布与实施，规范了炼化企业生产装置工艺防腐蚀的实施和操作，提高了炼化企业的整体防腐技术和管理水平。

2. 工艺防腐蚀的制定原则

（1）应根据炼化装置的腐蚀流程图、设备和管道的材质以及腐蚀监检测数据，从系统层面分析炼化装置的腐蚀类型及其特点，制定并优化生产装置的工艺防腐蚀措施。

（2）工艺防腐蚀应考虑其经济性，应对比采用工艺防腐蚀措施和材质合理升级的经济性。

（3）工艺防腐蚀措施的选择应充分考虑工艺参数调整的可能性以及加注药剂对生产工艺方面的影响。

（4）应根据工艺防腐蚀措施情况，安排腐蚀监检测方法对工艺防腐蚀的效果进行评估。

3. 工艺防腐蚀的实施原则

（1）工艺防腐蚀措施应根据加工原料的变化及时进行调整。

（2）工艺防腐蚀措施应根据腐蚀监检测结果及时进行调整。

（3）工艺防腐蚀措施的具体实施应根据防腐效果评估情况及时进行调整。例如，采用实时监测（如腐蚀探针、pH 计）、化学分析（如铁离子分析、原油电脱盐效果评估采用的盐含量分析等）、氢通量等方式评估工艺防腐蚀的效果，及时调整和优化工艺防腐蚀操作，避免发生严重腐蚀问题。

5.1.2　原油蒸馏装置

1. 处理量及原油质量控制

有条件的企业应保证原油在储罐中静止脱水 24h 以上，保证进电脱盐装置的原油含水量不大于 0.5%（质量分数），并尽量避免活罐操作。如原油使用脱硫剂，不允许含强碱，否则会引起设备碱脆；也不允许含强氧化剂，否则会破坏设备表面保护膜，形成胶质与结垢。

原油蒸馏装置应连续平稳操作，处理量应控制在设计范围内，超出该范围应请设计单位核算。控制进装置原油性质与设计原油相近，且原油的硫含量、酸值、盐含量原则上不能超过设计值，原油有机氯含量宜小于 $3\mu g/g$。当有特殊情况需短期、小幅超出设计值时，要制订并实施针对性的工艺防腐蚀措施，同时要加强薄弱部位（腐蚀评估确定）的腐蚀监测和对工艺防腐蚀措施实施效果的监督。污油回炼应控制其含水量，并保持小流量平稳掺入。

2. 加热炉操作

燃料气硫化氢含量应小于 $100mg/m^3$，宜小于 $50mg/m^3$。初顶气、常顶气、减顶气不得未经脱硫处理直接作加热炉燃料。日常生产应根据加热炉炉管设计温度控制炉管表面温度，烧焦时不应超过表 5-1 的规定值。控制排烟温度，确保管壁温度高于烟气露点温度 8℃以上。

表 5-1　各种材料炉管烧焦控制温度

材　　料	型号或类别	极限设计金属温度	
		℃	℉
碳钢	B	540	1000
C-0.5Mo 钢	T1 或 P1	595	1100
1.25Cr-0.5Mo 钢	T11 或 P11	595	1100
2.25Cr-1Mo 钢	T22 或 P22	650	1200
3Cr-1Mo 钢	T21 或 P21	650	1200
5Cr-0.5Mo 钢	T5 或 P5	650	1200
5Cr-0.5Mo-Si 钢	T5b 或 P5b	705	1300
7Cr-0.5Mo 钢	T7 或 P7	705	1300
9Cr-1Mo 钢	T9 或 P9	705	1300
9Cr-1Mo-V 钢	T91 或 P91	650①	1200①
18Cr-8Ni 钢	304 或 304H	815	1500
16Cr-12Ni-2Mo 钢	316 或 316H	815	1500
16Cr-12Ni-2Mo 钢	316L	815	1500
18Cr-10Ni-Ti 钢	321 或 321H	815	1500
18Cr-10Ni-Nb 钢	347 或 347H	815	1500
Ni-Fe-Cr	Alloy800H/800HT	985①	1800①
25Cr-20Ni	HK40	1010①	1850①

① 该值为断裂强度数据可靠值的上限。这些材料通常用于温度较高、内压很低且达不到断裂强度控制设计范围的炉管。

3. 电脱盐

1) 注破乳剂

破乳剂应分级注入,一级宜在静态混合器或混合阀之前管道注入,推荐在进装置原油泵前管道注入。其余脱盐罐,应在原油进各级电脱盐罐静态混合器或混合阀之前注入。

对于油溶性破乳剂,注入量推荐不超过 20μg/g;对于水溶性破乳剂,注入量推荐不超过 25μg/g(单级)。

密度大于 930kg/m³的重质原油或酸值≥1.5mgKOH/g 的高酸原油宜在储罐区附加注入破乳剂,注入位置可在原油进储罐管线,具有码头的企业应在码头输送管线注入。注入量:油溶性破乳剂推荐不超过 10μg/g;水溶性破乳剂推荐不超过 25μg/g。

2) 注水

电脱盐注水可采用工艺处理水(净化水、冷凝水)、新鲜水、除盐水等,推荐注水水质满足表 5-2 要求。注水量为原油总处理量的 2%~10%(质量分数),注水过程应连续平稳,并能够计量和调节。应在各级混合设备前管道,破乳剂注入点后注入。推荐使用最后一级注入"一次水",后一级排水作为前一级注水的工艺。

表 5-2 电脱盐注水控制指标

序 号	种 类	指 标	分析方法
1	$NH_3 + NH_4^+$	≤20μg/g; 最大不超过 50μg/g	HJ 535 HJ 536 HJ 537
2	硫化物	≤20μg/g	HJ/T 60
3	含盐(NaCl)	≤300μg/g	GB/T 15453
4	O_2	≤50μg/g	HJ 506
5	F	≤1μg/g	HJ 488 HJ 487
6	悬浮物	≤5μg/g	GB 11901
7	表面活性剂	≤5μg/g	HG/T 2156
8	pH	6~9①	GB/T 6920
9	COD	<1200mg/L	HG/T 399

① 针对高酸原油的电脱盐注水 pH 值推荐 6~7。

3) 操作温度

操作温度应由所加工的原油试验选择温度,使原油黏度在 3~7mm²/s 范围内,或根据同类装置的经验数据确定。重质原油的操作温度最好能控制在 140~150℃。

4) 操作压力

操作压力应在设计范围内。

5) 电场强度

强电场:推荐 0.5~1.0kV/cm;弱电场:推荐 0.3~0.5kV/cm。电场强度应在一定范围内可调,宜采用变压器换挡器调整电压。

6) 上升速度与停留时间

原油在罐内上升速度和停留时间与采用的电脱盐技术类型、原油性质等有关,推荐在设计范围内操作。

7) 混合强度

混合阀压差推荐 20~150kPa。

8）油水界位

电脱盐罐内原油与水的界位宜控制在电脱盐罐中心下部 900~1200mm 处，具体数据应根据实际生产中排水中油含量确定。

9）反冲洗操作

根据原油脱盐脱水情况，每月冲洗 3~5 次，每罐冲洗 30~80min，脱水口、罐底排污口见清水为冲洗合格。先冲洗一级罐，然后依次冲洗二、三级罐。

10）原油电脱盐操作控制指标

原油电脱盐操作控制指标见表 5-3。对于重质原油或酸值 ≥1.5mgKOH/g 的高酸原油，且渣油去焦化装置加工或作沥青原料的，脱后含盐指标可控制到不大于 5mg/L。

表 5-3　原油电脱盐操作控制指标

项目名称	指标	测定方法
脱后含盐/（mg/L）	≤3	SY/T 0536
脱后含水/%	≤0.3	GB/T 260
污水含油/（mg/L）	≤200	SY/T 0530

4. 低温部位防腐

1）常压塔顶

应核算塔顶油气中水的露点温度，控制塔顶内部操作温度高于水露点温度 14℃ 以上。塔顶回流如返塔温度低于 90℃，可与顶循混合后返塔，或采取其他措施。塔顶挥发线应依次注入中和剂、缓蚀剂和水。注入方式采用可使注剂分散均匀的喷头，喷射角度以不直接冲击管壁为宜。

注中和剂：目前炼化企业中和剂的主要类型为有机胺/氨水，推荐注有机胺中和剂。注有机胺用量依据排水 pH 值为 5.5~7.5 来确定；注氨水用量依据排水 pH 值为 7.0~9.0 来确定；有机胺和氨水混合注入时，注入量依据排水 pH 值为 6.5~8.0 来确定。

注缓蚀剂：用量推荐不超过 20μg/g（相对于塔顶总流出物，连续注入）。若为油溶性缓蚀剂，可采用石脑油作为溶剂。

注水：在中和剂、缓蚀剂注入点之后的塔顶油气管线上注水，但要避免在管线内壁局部形成冲刷腐蚀。注水量要保证注水点有 10%~25% 液态水。常压塔顶注水可采用本装置含硫污水、净化水或除盐水，水质要求见表 5-4。

表 5-4　注水水质指标

成　分	最高值	期望值	分析方法
氧/（μg/L）	50	15	HJ 506
pH 值	9.5	7.0~9.0	GB/T 6920
总硬度/（mg/L）	1	0.1	GB/T 6909
溶解的铁离子/（mg/L）	1	0.1	HJ/T 345
氯离子/（mg/L）	100	5	GB/T 15453
硫化氢/（mg/L）	—	小于 45	HJ/T 60
氨氮/（mg/L）	—	小于 100	HJ 535 HJ 536 HJ 537
CN⁻/（mg/L）	—	0	HJ 484
固体悬浮物/（mg/L）	0.2	少到可忽略	GB 11901

2)塔顶冷凝水控制指标

"三注"后塔顶冷凝水的技术控制指标见表5-5。

表5-5 "三注"后塔顶冷凝水的技术控制指标

项目名称	指 标	测定方法
pH 值	5.5~7.5(注有机胺时) 7.0~9.0(注氨水时) 6.5~8.0(有机胺+氨水)	GB/T 6920
铁离子含量/(mg/L)	≤3	HJ/T 345
Cl⁻含量/(mg/L)	≤30①	GB/T 15453
平均腐蚀速率/(mm/a)	≤0.2	在线腐蚀探针或挂片

① 氯离子含量的指标为推荐指标。

5. 高温缓蚀剂(必要时)

加工高酸原油,温度高于288℃的设备、管线材质低于316类不锈钢(Mo 含量≮2.5%),减压塔填料低于317类不锈钢,或油相中铁含量>1μg/g时,可根据装置实际腐蚀监测情况,考虑在以下部位加注高温缓蚀剂:常三线、常底重油线、减二线、减三线、减四线抽出泵入口处。

缓蚀剂用量推荐不大于10μg/g(相对于侧线抽出量,连续注入)。最好选择无磷高温缓蚀剂,并控制油相中铁含量≤1μg/g。

6. 蒸发式空冷器

使用除盐水作为冷却水。以氯离子浓度计,浓缩倍数不大于5,且需要定期排污。必要时使用缓蚀剂。

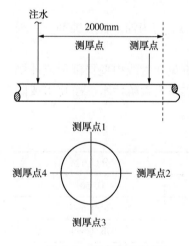

图5-1 注水点后定点
测厚布点示意图

7. 腐蚀监检测

腐蚀监检测方式包括在线监测(在线 pH 计、高温电感或电阻探针、低温电感或电阻探针、电化学探头、在线测厚等)、化学分析、定点测厚、腐蚀挂片、红外热测试、烟气露点测试等。各装置应根据实际情况建立腐蚀监检测系统和腐蚀管理系统,保证生产的安全运行(以下各装置参照执行)。

加热炉宜定期对辐射炉管进行红外热成像测试,监测炉管表面温度,防止炉管超温。

注剂点与注水点正对处应安排定点测厚点。至少在注水点之后2m内安排2处定点测厚点(见图5-1),监测注入点是否引起腐蚀。

8. 开工停工保护

为防止减压塔内构件和减压单元换热器硫化亚铁自燃,推荐停工时采取 FeS 钝化措施,但要密切关注钝化剂本身和钝化残剂对设备或管线的腐蚀;钝化步骤后增加水冲洗,并注意对导淋等相对不流动位置残剂的排放。

9. 循环冷却水换热器

循环冷却水管程流速不宜小于1.0m/s。当循环冷却水壳程流速小于0.3m/s时,应采取防腐涂层、反向冲洗等措施。循环冷却水水冷器出口温度推荐不超过50℃。

10. 原油蒸馏装置与腐蚀相关的化学分析

原油蒸馏装置与腐蚀相关的化学分析见表5-6。

表 5-6　原油蒸馏装置与腐蚀相关的化学分析一览表

分析介质	分析项目	单　位	最低分析频次	建议分析方法
脱前原油	含盐量	mgNaCl/L	1 次/日	SY/T 0536
	含水量	%	1 次/日	GB/T 8929
	金属含量	μg/g	按需	Q/SH 3200-134
	酸值	mgKOH/g	3 次/周	GB/T 18609
	硫含量	%	3 次/周	GB/T 17040
	总氯	μg/g	2 次/月	SN/T 4570
	有机氯①	μg/g	2 次/月	SN/T 4570
脱后原油	含盐量	mgNaCl/L	2 次/日	SY/T 0536
	含水量	%	2 次/日	GB/T 8929
初顶油 初侧线油 常顶油 常压侧线油 常压渣油 减顶油 减压侧线油 减压渣油	硫含量	%	按需	GB/T 17040
	酸值	mgKOH/g	按需	GB/T 18609
	金属含量	μg/g	按需	Q/SH 3200-134
燃料油	硫含量	%	1 次/周	GB/T 17040
燃料气	硫化氢含量	%	1 次/周	GB/T11060.1
电脱盐排水	pH 值		按需	GB/T 6920
	氯离子含量	mg/L	按需	GB/T 15453
	硫化物	mg/L	按需	HJ/T 60
	铁离子含量	mg/L	按需	HJ/T 345
	含油量	mg/L	按需	HG/T 3527
初顶水 常顶水 减顶水	pH 值		1 次/日	GB/T 6920
	氯离子含量	mg/L	2 次/周	GB/T 15453
	硫化物	mg/L	按需	HJ/T 60
	铁离子含量	mg/L	2 次/周	HJ/T 345
电脱盐注水	pH 值		2 次/周	GB/T 6920
常压炉烟道气 减压炉烟道气 集合管烟道气	CO	%	1 次/周	Q/SH 3200-129
	CO_2		1 次/周	
	O_2		1 次/周	
	氮氧化物		1 次/周	HJ 693
	SO_2		1 次/周	HJ 57

① 原油中有机氯含量小于 1μg/g 时，可按需分析。

5.1.3　催化裂化装置

1. 处理量及原料控制指标

装置应连续平稳操作，处理量应控制在设计范围内，超出该范围应请设计单位核算。装置加工的原料油应符合设计要求，原料油的硫含量原则上不能超过设计值。当有特殊情况需短期、小幅超出设计值时，要制订并实施针对性的工艺防腐蚀措施，同时要加强薄弱部位(腐蚀评估确定)的腐蚀监测和对工艺防腐蚀措施实施效果的监督。监测原料油氯含量和氮含量，判断分馏塔积盐情况。

2. 烟气系统

1）露点腐蚀

露点腐蚀控制：控制排烟温度，确保管壁温度高于烟气露点温度8℃以上。

2）水封罐

监测水封罐中水的pH值，宜使用无机氨控制pH值大于5.5。

3. 分馏塔顶低温系统

分馏塔顶温度及回流控制：核算塔顶油气中水露点温度，控制塔顶内部操作温度应高于水露点温度14℃以上。

必要时在催化分馏塔顶油气管线注入缓蚀剂。注入量推荐不超过20μg/g(相对于塔顶总流出物，连续注入)。若为油溶性缓蚀剂，可采用石脑油作为溶剂。控制催化分馏塔顶回流罐中冷凝水含铁总量≤3mg/L。

在分馏塔顶出口管线注水，可采用本装置含硫污水、净化水(水质要求见表5-4)或除盐水。注水量要控制排水pH值小于9.0。

采用可使注剂分散均匀的喷头，喷射角度以不直接冲击管壁为宜。

4. 富气压缩机

必要时在富气压缩机出口注水管线注缓蚀剂。缓蚀剂注入量推荐不超过20μg/g(相对于富气流量，连续注入)。若为油溶性缓蚀剂，可采用石脑油作为溶剂。控制油水分离罐含硫污水的含铁总量≤3mg/L。

在富气压缩机出口管线注水。可采用本装置含硫污水、净化水(水质要求见表5-4)或除盐水。注水量控制排水pH值小于9.0。

采用可使注剂分散均匀的喷头，喷射角度以不直接冲击管壁为宜。

5. 开工停工保护

为防止催化分馏塔顶冷凝系统、吸收稳定系统的凝缩油罐和再沸器等硫化亚铁自燃，推荐停工时采取FeS钝化措施，但要密切关注钝化剂本身和钝化残剂对设备或管线的腐蚀；钝化步骤后增加水冲洗，并注意对导淋等相对不流动位置残剂的排放。

6. 循环冷却水换热器和蒸发式空冷器

循环冷却水换热器和蒸发式空冷器的控制同原油蒸馏装置。

7. 催化裂化装置与腐蚀相关的化学分析

催化裂化装置与腐蚀相关的化学分析见表5-7。

表5-7 催化裂化装置与腐蚀相关的化学分析一览表

分析介质	分析项目	单 位	最低分析频次	建议分析方法
原料油	总氯含量	μg/g	按需	GB/T 18612
	金属含量	μg/g	2次/月	Q/SH 3200-134
	硫含量	%	2次/月	GB/T 380
	氮含量	μg/g	2次/月	NB/SH/T 0704
	酸值	mgKOH/g	按需	GB/T 18609
富气	硫化氢含量	%	1次/周	GB/T 11060.1
分馏塔顶水、富气压缩机级间排水、富气压缩机出口排水	pH值	mg/L	1次/周	GB/T 6920
	氯离子含量		1次/周	GB/T 15453
	硫化物		按需	HJ/T 60
	铁离子含量		1次/周	HJ/T 345
	CN⁻含量		按需	HJ 484
	氨氮		按需	HJ 537

分析介质	分析项目	单　位	最低分析频次	建议分析方法
再生烟气	CO	%	2次/周	Q/SH 3200-129
	CO_2		2次/周	Q/SH 3200-129
	O_2		2次/周	Q/SH 3200-129
	氮氧化物		1次/周	HJ 693
	SO_2		1次/周	HJ 57

5.1.4 延迟焦化装置

1. 处理量及原料控制指标

装置应连续平稳操作，处理量应控制在设计范围内，超出该范围应请设计单位核算。

装置加工的原料油应符合设计要求，原料油的硫含量原则上不能超过设计值。当有特殊情况需短期、小幅超出设计值时，要制订并实施针对性的工艺防腐蚀措施，同时要加强薄弱部位(腐蚀评估确定)的腐蚀监测和对工艺防腐蚀措施实施效果的监督。

焦化原料酸值如大于1.5mgKOH/g，进料段大于240℃高温部位的选材宜考虑316类不锈钢(Mo含量≮2.5%)，同时加强设备管线的定期腐蚀监测和高温部位检查。

监测原料油氯和氮含量，掺炼污油时，注意分馏塔积盐问题，并加强分馏塔顶部低温腐蚀监控。掺炼催化油浆，控制油浆固含量不大于6g/L。

2. 加热炉操作

燃料气硫化氢含量应小于100mg/m^3，宜小于50mg/m^3。日常生产应根据加热炉炉管设计温度，控制炉管表面温度。烧焦时不应超过表5-1的规定值。控制排烟温度，确保管壁温度高于烟气露点温度8℃以上。

加热炉炉管在线烧焦，推荐400℃以前的升温速度为100℃/h，400~600℃的升温速度为80℃/h。1Cr5Mo材质炉管壁温度推荐不超过650℃，1Cr9Mo材质炉管壁温度推荐不超过705℃，其他材料炉管温度控制见表5-1。炉管烧焦时颜色以微红为好，不可过红(粉红至桃红)，如炉管过红，应先降温，再逐渐增加蒸汽量、减少风量，一次燃烧炉管应控制在2~3根。炉膛温度不超630℃，短时最高推荐不超过650℃。当烧焦完成后，推荐炉膛以80℃/h速度降温。

3. 低温部位防腐

分馏塔顶温度及回流控制：核算塔顶油气中水的露点温度，控制塔顶内部操作温度高于水露点温度14℃以上。

必要时在焦化分馏塔顶油气管线注缓蚀剂，注入量推荐不超过20μg/g(相对于塔顶总流出物，连续注入)。若为油溶性缓蚀剂，可采用石脑油作为溶剂。控制分馏塔顶回流罐中冷凝水总含铁量≤3mg/L。

在分馏塔顶出口管线注水，可采用本装置含硫污水、净化水(水质要求见表5-4)或除盐水。注水用量要控制排水pH值小于9.0。

注缓蚀剂和水采用可使注剂分散均匀的喷头，喷射角度以不直接冲击管壁为宜。

4. 富气压缩机

必要时在富气压缩机出口注水线上注入缓蚀剂。用量推荐不超过20μg/g(相对于富气流量，连续注入)。若为油溶性缓蚀剂，可采用石脑油作为溶剂。控制油水分离罐含硫污水的含铁总量≤3mg/L。

在富气压缩机出口管线注水，可采用本装置含硫污水、净化水(水质要求见表5-4)或除盐水。注水用量要控制排水pH值小于9.0。

注缓蚀剂和水采用可使注剂分散均匀的喷头，喷射角度以不直接冲击管壁为宜。

5. 循环冷却水换热器和蒸发式空冷器

循环冷却水换热器和蒸发式空冷器的控制同原油蒸馏装置。

6. 焦化装置与腐蚀相关的化学分析

焦化装置与腐蚀相关的化学分析见表5-8。

表5-8　焦化装置与腐蚀相关的化学分析一览表

分析介质	分析项目	单位	最低分析频次	建议分析方法
原料油	总氯含量	μg/g	按需	GB/T 18612
	金属含量	μg/g	按需	Q/SH 3200-134
	硫含量	%	2次/月	GB/T 380
	氮含量	μg/g	2次/月	NB/SH/T 0704
	酸值	mgKOH/g	按需	GB/T 18609
富气	硫化氢含量	%	1次/周	GB/T 11060.1
分馏塔顶水、富气压缩机级间排水、富气压缩机出口排水	pH值	mg/L	1次/周	GB/T 6920
	氯离子含量		1次/周	GB/T 15453
	硫化物		按需	HJ/T 60
	铁离子含量		1次/周	HJ/T 345
	CN⁻含量		按需	HJ 484
	氨氮		1次/周	HJ 537
加热炉烟气	CO	%	1次/周	Q/SH 3200-129
	CO₂		1次/周	Q/SH 3200-129
	O₂		1次/周	Q/SH 3200-129
	氮氧化物		1次/周	HJ 693
	SO₂		1次/周	HJ 57

5.1.5　加氢装置

1. 原料质量控制

装置应连续平稳操作，处理量应控制在设计范围内，偏离该范围应核算反应流出物系统硫氢化铵 K_p 系数、流速、注水量等。

装置加工的原料油必须符合设计要求，原料中硫、氮、氯离子、铁离子、金属含量以及新氢中氯化氢的含量等应严格控制在设计值范围内并定期分析。

2. 加热炉控制

控制加热炉炉管表面不能超过设计温度。控制排烟温度，确保管壁温度高于烟气露点温度8℃以上。

3. 工艺防腐

1）注缓蚀剂（必要时）

（1）脱硫化氢塔、脱丁烷塔、脱乙烷塔顶馏出线

注入位置：进空冷之前油气管线（注入口距空冷器入口大于5m）。类型：成膜型缓蚀剂。注入方式：采用可使注剂分散均匀的喷头，喷射角度以不直接冲击管壁为宜。含硫污水控制指标：总含铁量 ≤3mg/L。

（2）高压空冷器

注入位置：注水泵入口。用量：根据装置实际腐蚀情况确定。类型：多硫化物或成膜型缓蚀剂。若采用多硫化物类型缓蚀剂时，严格控制注入水中氧含量≤15μg/kg且pH值≥8。

原则上不推荐加氢反应流出物系统注缓蚀剂。

2）注水

注入位置：高压空冷器前总管、高压换热器前。若反应流出物系统高压换热器发生铵盐沉积，宜采用连续注水或间断注水方式。注水量：保证总注水量的 25% 在注水部位为液态，并控制高分水中 NH_4HS 浓度小于 4%。不得以节水为名停止注水或减少注水。注入方式：采用可使水分散均匀的喷头，喷射角度以不直接冲击管壁为宜。注水水质：除氧水或临氢系统净化水，其中临氢系统净化水用量最大不能超过总注水量的 50%，具体也可以采用其他来源作为注水，注水水质的各项具体指标见表 5-4，若在注水中加入多硫化物，水中 pH 值必须≥8。控制冷高分入口温度在 40~55℃。

3）高压空冷器流速和流出物 K_p 值

加氢装置用硫化氢和氨的摩尔百分比乘积 K_p 来表征硫氢化铵的腐蚀程度（$K_p = [H_2S] \times [NH_3]$）。$K_p$ 值越大，即硫氢化铵浓度越高，发生腐蚀风险越严重。高压空冷器选用碳钢设备时，要控制 K_p 在 0.3 以下，流速控制在 3~6m/s，否则进行材质升级。

高压空冷器应禁止局部停风机、局部关闭百叶窗以及局部调节风机的频率，必要时应进行红外热成像测试，确定空冷器组及空冷器管束是否存在偏流。

4. 循环冷却水换热器和蒸发式空冷器控制

循环冷却水换热器和蒸发式空冷器控制见原油蒸馏装置。

5. 开停工保护

防止硫化亚铁自燃：推荐停工时采取 FeS 清洗钝化措施。

注意临氢系统的 Cr-Mo 钢回火脆性问题。在开停工过程中，凡临氢设备、管线应遵循"先升温、后升压，先降压、后降温"的原则。

防止 300 系列不锈钢连多硫酸应力腐蚀开裂：参考 NACE RP0170《炼油厂设备停工期间避免奥氏体不锈钢出现连多硫酸应力腐蚀开裂的防护措施》实施。

6. 循环氢脱硫

控制循环氢气脱后的 H_2S 含量≤0.1%（体积分数）。

7. 加氢装置与腐蚀相关的化学分析

加氢装置与腐蚀相关的化学分析见表 5-9。

表 5-9　加氢装置与腐蚀相关的化学分析一览表

分析介质	分析项目	单　位	最低分析频次	建议分析方法
原料油	总氯含量	μg/g	1 次/周	GB/T 18612
	金属含量	μg/g	按需	Q/SH 3200-134
	硫含量	%	1 次/周	GB/T 380
	氮含量	μg/g	1 次/周	NB/SH/T 0704
	酸值	mgKOH/g	按需	GB/T 18609
循环氢	氯化氢	mg/m³	按需	Q/SH 3200-109
	硫化氢含量	%	1 次/周	GB/T 11060.1
冷低压分离器油品	水含量	μg/g	1 次/月	SH/T 0246
分馏塔顶水、脱硫化氢汽提塔顶水、脱丁烷、脱乙烷塔顶水、冷高压分离器排出水、冷低压分离器排出水	pH 值		1 次/周	GB/T 6920
	氯离子含量		1 次/周	GB/T 15453
	硫化物含量	mg/L	按需	HJ/T 60
	铁离子含量		1 次/周	HJ/T 345
	氨氮		按需	HJ 537

261

5.1.6 催化重整装置

1. 原料控制指标

催化重整原料馏程应严格按照设计指标控制，尤其是原料的硫含量、氮含量、氯含量和金属含量必须控制在设计值范围内。

重整进料中硫含量低于 $0.25\mu g/g$ 时，需要向重整进料中注硫(注硫剂应不含磷)。注硫除了能抑制催化剂的初期活性外，还有一个重要作用，即钝化反应器壁，形成保护膜，防止渗碳发生，减少催化剂积炭。

2. 加热炉控制

燃料气硫化氢含量应小于 $100mg/m^3$，宜小于 $50mg/m^3$。日常生产应根据加热炉炉管设计温度控制炉管表面温度。控制排烟温度，确保管壁温度高于烟气露点温度8℃以上。

3. 预加氢系统

必要时在预加氢汽提塔塔顶挥发线进空冷之前注缓蚀剂，注入点距空冷器入口大于 5m。用量：推荐不超过 $20\mu g/g$(相对于塔顶总流出物，连续注入)。注入方式：采用可使注剂分散均匀的喷头，喷射角度以不直接冲击管壁为宜。若为油溶性缓蚀剂，可采用石脑油作为溶剂。含硫污水控制指标：总含铁量 ≤3mg/L。

必要时在预加氢汽提塔塔顶挥发线进空冷之前注有机胺中和剂，注入点距空冷器入口大于 5m。用量：控制冷凝水 pH 值 5.5~7.5。注入方式：采用可使注剂分散均匀的喷头，喷射角度以不直接冲击管壁为宜。

必要时在预加氢反应流出物空冷器前管线注水。水质：除氧水或临氢系统净化水(临氢系统净化水用量最大不能超过注水量的 50%)，具体指标见表 5-4。用量：保证总注水量的 25% 在注水部位为液态。注入方式：采用可使水分散均匀的喷头，喷射角度以不直接冲击管壁为宜。

4. 芳烃抽提系统

含水溶剂控制 pH 值不低于 8.0。装置停工期间，再生后的溶剂应采用氮气密封保护，尽量避免与空气接触氧化而腐蚀设备。控制溶剂再生塔温度低于 180℃，防止重沸器超过溶剂分解温度造成腐蚀。

5. 催化剂再生系统

循环烧焦气若采用高温脱氯剂脱氯，应监控脱氯罐出口气中氯小于 $30mg/m^3$；若超过 $30mg/m^3$，即视为脱氯剂已穿透，需要及时更换。循环烧焦气若碱液脱氯，碱液与循环气混合所使用的静态混合器及冷却器等设备及管线要采用防止氯离子腐蚀的双相钢等材质，同时连续注碱。控制循环碱液的 Na^+ 浓度为 2%~3%，pH 值为 8.5~9.5。

6. 循环冷却水换热器和蒸发式空冷器

循环冷却水换热器和蒸发式空冷器控制见原油蒸馏装置。

7. 开停工保护

注意临氢系统的 Cr-Mo 钢回火脆性问题，在开停工过程中，凡临氢设备、管线应遵循"先升温、后升压，先降压、后降温"的原则。

8. 重整装置与腐蚀相关的化学分析

重整装置与腐蚀相关的化学分析见表 5-10。

表 5-10 重整装置与腐蚀相关的化学分析一览表

分析介质	分析项目	单 位	最低分析频次	建议分析方法
原料油	总氯含量	$\mu g/g$	1 次/周	GB/T 18612
	金属含量	$\mu g/g$	按需	砷：Q/SSZ 093 铜：Q/SSZ 094
	硫含量	%	1 次/周	GB/T 380
	氮含量	$\mu g/g$	1 次/周	NB/SH/T 0704

分析介质	分析项目	单 位	最低分析频次	建议分析方法
循环氢	氯化氢	mg/m³	2次/周	Q/SH 3200-109
	硫化氢含量	%	2次/周	GB/T 11060.1
预加氢产物分离罐排出水、预加氢汽提塔顶回流罐排出水、脱戊烷塔顶回流罐排出水	pH 值		1次/周	GB/T 6920
	氯离子含量		1次/周	GB/T 15453
	硫化物含量	mg/L	按需	HJ/T 60
	铁离子含量		1次/周	HJ/T 345
	氨氮		1次/周	HJ 537
加热炉烟气	CO		1次/周	Q/SH 3200-129
	CO₂		1次/周	Q/SH 3200-129
	O₂	%	1次/周	Q/SH 3200-129
	氮氧化物		1次/周	HJ 693
	SO₂		1次/周	HJ 57

5.1.7 硫酸烷基化装置

1. 工艺防腐

使用碳钢材质时，硫酸流速一般限制在 0.6~0.9m/s。

脱丁烷塔和脱异丁烷塔塔顶管线建议注入不大于 10mg/L 的成膜型胺类缓蚀剂，控制塔顶水冷凝液 pH 值 6~7。

在装置停工期间，设备冲洗要采取适当的排放和冲洗程序，防止生成稀酸造成碳钢腐蚀。为使设备不受气体影响，常用水灌满设备，直到排放水的 pH 值大于 6.0，然后尽快把设备里的水排光。

在设备检修期间水洗之前，常用低浓度苛性碱冲洗反应器、沉降器、储槽和其他设备，应注意苛性碱的浓度小于 3%，避免发生碱开裂。

2. 硫酸烷基化装置与腐蚀相关的化学分析

硫酸烷基化装置与腐蚀相关的化学分析见表 5-11。

表 5-11 硫酸烷基化装置与腐蚀相关的化学分析

分析介质	分析项目	单 位	最低分析频率	分析方法
酸沉降器的废酸	酸浓度	%	1次/周	GB 11198.1
水洗循环回路中水样	pH		1次/周	GB/T 6920
脱异丁烷塔顶罐水样	pH		1次/周	GB/T 6920
脱丙烷塔顶罐水样	pH		1次/周	GB/T 6920

5.1.8 硫黄回收装置

1. 原料控制

严格按照装置设计值控制加工原料的性质，保证加工原料性质在装置设计值范围之内。酸性气的性能指标见表 5-12。

表 5-12 酸性气控制指标

项 目	烃含量	质量指标	分析方法或标准
酸性气	%	≤3	气相色谱法

2. 反应系统

1）反应炉

采用 H$_2$S/SO$_2$ 自动分析仪，根据其比值调节配风，控制进入燃烧反应炉的空气量，防止出现过氧燃烧。控制燃烧反应炉的外壁温度大于 150℃，避免露点腐蚀。

2）余热锅炉

余热锅炉的过程气出口气流温度宜限制在 350℃ 以下，防止余热锅炉出口管箱及出口管线遭受高温硫化腐蚀。

3）硫冷凝冷却器

当硫冷凝冷却器管束选用碳钢时，管壁温宜控制在 350℃ 以下。

4）系统设备和管线

改善内外保温隔热结构，维持金属壁温，避免露点腐蚀。

3. 急冷水系统

根据实际操作情况，定期清理急冷水过滤器。控制急冷水 pH 值不小于 5.5。

4. 尾气焚烧炉

避免焚烧炉炉膛温度的突升突降。控制排烟温度，确保余热锅炉管壁温度高于烟气露点温度 8℃以上，含硫烟气露点温度可通过露点测试仪检测得到或用烟气硫酸露点计算方法估算。

5. 开停工保护

装置停工时应采用干燥惰性气体降温、吹扫脱硫。高温时过氧时间尽可能短，以保证装置停工后，设备和管线内部不存在任何酸性介质(残硫、过程气)。对于任何不需要打开检查的设备和管线应充满氮气保护密封，防止系统中湿气的冷凝，保持温度在系统压力所对应的露点温度以上。

检查或检修的设备，应先用氮气吹扫，清除酸性介质和腐蚀产物。对于余热锅炉炉管、硫冷凝冷却器内存在硫化亚铁腐蚀产物，需要按照相关标准进行处理，防止硫化亚铁自燃。

装置开工时，余热锅炉和硫冷凝器壳体通加热蒸汽，防止设备升温时局部过冷，生成凝结水造成腐蚀。

5.1.9 胺脱硫装置

1. 原料与产品质量指标

酸性水原则上按加氢型酸性水(加氢裂化、加氢精制、渣油加氢等)与非加氢型的酸性水(常减压、催化裂化、焦化等)进行分类处理。装置应连续平稳操作，处理量应控制在设计范围内，超出该范围应请设计单位核算。

2. 工艺防腐

1）流速

富胺液在管道内的流速应不高于 1.5m/s，在换热器管程中的流速推荐不超过 0.9m/s，富液进再生塔流速推荐不超过 1.2m/s。再生塔顶酸性水系统碳钢管线控制流速推荐不超过 5m/s，奥氏体不锈钢管线控制流速推荐不超过 15m/s。

2）温度

吸收塔操作温度小于 50℃ 时，再生塔重沸器蒸汽温度推荐不超过 149℃。

3）缓蚀剂

根据情况可通过在胺液中添加缓蚀剂来减缓腐蚀，但应考虑缓蚀剂的发泡问题。

4）热稳定盐

MEA 和 DEA 热稳态盐含量推荐不超过 2%，最大不应超过 4%；MDEA 热稳态盐含量推荐不超过 0.5%，最大不应超过 4%。

3. 再生塔重沸器

重沸器设计时壳宜为釜式结构，具有较大汽相空间。壳程介质流速应控制在 1.5m/s 以下。管程最好设计为正方形排列，同时加大出口管径。

4. 惰性气体保护

对于储罐和储存容器需要用惰性气体(氮气)保护，防止氧进入胺液发生降解。

5. 胺液工艺操作

(1)控制酸性气吸收量小于 0.3mol/mol(MEA、DEA 为吸收剂时)、0.4mol/mol(MDEA 为吸收剂时)。

(2)如果系统中使用奥氏体不锈钢，胺液 pH 值宜大于 9.0，推荐控制胺液 pH 值大于 10.0。

6. 脱硫装置与腐蚀相关的化学分析

脱硫装置与腐蚀相关的化学分析是胺液分析，其分析项目见表 5-13。

表 5-13 胺液的化学分析项目

项 目	单 位	最低分析频率	分析方法或标准
pH 值		1 次/月	GB/T 6920
硫化氢硫含量	μg/g	1 次/月	SH/T 0222
热稳态盐	%	1 次/月	Q/SSZ 096
氯离子	μg/g	1 次/月	GB/T 14642
总铁	μg/g	1 次/月	HJ 776
固体物	%	1 次/月	GB/T 9738

5.1.10 污水汽提装置

1. 原料与产品质量指标

酸性水原则上按加氢型酸性水(加氢裂化、加氢精制、渣油加氢等)与非加氢型的酸性水(常减压、催化裂化、焦化等)进行分类处理。装置应连续平稳操作，处理量应控制在设计范围内，超出该范围应请设计单位核算。

2. 工艺防腐

1)塔顶温度(双塔工艺)

脱 NH_3 汽提塔塔顶温度应大于 82℃，防止气体冷凝物腐蚀和 NH_4HS 堵塞。

提高脱 H_2S 汽提塔汽提压力，降低塔顶温度(必须≥20℃)，既可使 NH_3 在水中的溶解度提高，又可消除或减少塔顶 H_2S 管线的结晶物；如果塔顶温度过低(≤19℃)，H_2S 和水生成 H_2S-$6H_2O$，容易堵塞管道。

2)注水

如塔顶冷凝器压降增加，可采用间断注水或采用蒸汽加热措施，防止塔顶冷凝器由于 NH_4HS、NH_4HCO_3 或氨基甲酸铵结晶引起的堵塞和腐蚀。H_2S 汽提塔底液变送器、玻璃板液面计、汽提塔流量计等引线需定期用水冲洗，防止高浓度 NH_4HS 等结晶物堵塞仪表测量引线。

3)流速

针对碳钢材质管线，污水进料线和回流循环线的进料速度控制在 0.9~1.8m/s，减少管线的冲蚀和腐蚀。H_2S/NH_3 汽提塔顶冷凝物料的速度控制在 12m/s 以下。汽提塔顶管线中气体的流速控制在 15m/s 以下，以减缓冲蚀。

4)酸性气

控制酸性气温度大于露点温度，避免在输送过程中产生腐蚀。

3. 保温措施

塔顶和塔顶管线需采取保温措施，可同时对管线进行蒸汽伴热，防止气相冷凝物的腐蚀。汽提塔和容器等需采取保温措施，防止因剧烈降温出现结晶物。脱 H_2S 汽提塔液控阀、压控阀需采取加伴热线和保温措施，防止结晶堵塞。

4. 开停工保护

开工时装置的设备和工艺管线推荐使用蒸汽、氮气或工业水置换装置内的空气，防止腐蚀和腐蚀产物堵塞管道。停工时，用工业水切换原料污水并冲洗设备和管线。注意水不能窜进酸性气线和放火炬线，停工时不宜用压缩空气吹扫系统设备，防止发生腐蚀问题。为防止汽提塔内构件和部分换热器硫化亚铁自燃，推荐停工时采取 FeS 清洗钝化措施。

5. 污水汽提装置与腐蚀相关的化学分析

分析酸性水进料、硫化氢汽提塔塔顶分液罐排出水、氨汽提塔塔顶分液罐排出水，分析项目见表 5-14。

表 5-14　水相分析项目

项目名称	单位	最低分析频率	测定方法或标准
pH 值		1 次/周	GB/T 6920
铁离子含量	mg/L	按需	HJ/T 345
硫化物含量	mg/L	1 次/周	HJ/T 60
CN^-	mg/L	按需	HJ 484
NH_3	mg/L	1 次/周	HJ 535
Cl^-	mg/L	1 次/周	HJ/T 343
含油	mg/L	按需	HG/T 3527
酚	mg/L	按需	HJ 503
COD		按需	GB/T 15456

5.1.11　循环冷却水系统

1. 循环冷却水质

循环冷却水水质应符合 GB/T 50050《工业循环冷却水处理设计规范》中的控制指标要求。使用再生水作为补充水应符合 Q/SH 0628.2《水务管理技术要求　第 2 部分：循环水》要求，具体见表 5-15。

表 5-15　循环水使用再生水作为补充水水质要求

项目	单位	控制值
pH 值(25℃)		6.5~9.0
COD	mg/L	≤60
BOD	mg/L	≤10
氨氮[①]	mg/L	≤1.0
悬浮物[①]	mg/L	≤10
浊度	NTU	≤5.0
石油类	mg/L	≤5.0
钙硬度(以 $CaCO_3$ 计)[①]	mg/L	≤250
总碱度(以 $CaCO_3$ 计)[①]	mg/L	≤200
氯离子	mg/L	≤250
游离氯	mg/L	补水管道末端 0.1~0.2
总磷(以 P 计)	mg/L	≤1.0
总铁	mg/L	≤0.5
电导率[①]	μS/cm	≤1200

项　目	单　位	控制值
总溶固	mg/L	≤1000
细菌总数	CFU/mL	≤1000

① 在满足水处理效果(腐蚀速率、黏附速率等)基础上,可对指标进行适当调整。

2. 工艺防腐

1) 缓蚀阻垢剂

缓蚀阻垢剂应针对水质和工况选择高效、低毒、化学稳定性和复配性能好的环境友好型药剂。当采用含锌盐药剂配方时,循环冷却水中锌盐含量应小于 2mg/L(以锌离子计);循环冷却水系统中有铜合金换热设备时,水处理药剂配方应有铜缓蚀剂。

2) 微生物控制

循环冷却水微生物控制宜以氧化型杀菌剂为主,非氧化型杀菌剂为辅。当氧化型杀菌剂连续投加时,应控制余氯量为 0.1~0.5mg/L;冲击投加时,宜每天投加 2~3 次,每次投加宜控制水中余氯 0.5~1mg/L,保持 2~3h。非氧化型杀菌剂宜选择多种交替使用。

3) 循环冷却水浓缩倍数

循环冷却水浓缩倍数应按照有关要求进行控制,当出现超标时,可采取增大排污量的方式来调整。

4) 循环冷却水温度控制

循环冷却水出换热器的温度推荐不超过 50℃。

3. 腐蚀监检测

应使用监测换热器法,模拟生产装置换热器的操作条件,利用饱和蒸汽作热介质,运行一个月后取下测算腐蚀速率及黏附速率、污垢热阻反映结垢情况。具体方法参照《中石化冷却水分析和试验方法》。

4. 其他工作

循环冷却水系统开车前应进行清洗和预膜处理,清洗和预膜处理程序宜按人工清扫、水清洗、化学清洗、预膜处理顺序进行。人工清扫范围包括冷却塔水池、吸收池和首次开车时管径不小于 800mm 的管道。水清洗管道内清洗流速不应低于 1.5m/s。化学清洗剂及清洗方式根据具体情况确定,化学清洗后立即进行预膜处理。预膜剂配方和预膜操作条件可根据试验及相似条件的运行经验确定。

5. 循环冷却水运行效果

现场监测换热器碳钢试管腐蚀速度应≤0.075mm/a,黏附速度应≤20mg/(cm^2·月),生物黏泥应≤3mL/m³。

6. 循环冷却水系统与腐蚀相关的化学分析

循环冷却水系统与腐蚀相关的化学分析见表 5-16。

表 5-16　循环冷却水日常水质分析项目

分析项目	单　位	分析频次
pH		1次/8h
浊度	NTU	1次/8h
水处理剂浓度	mg/L	1次/8h
游离氯	mg/L	1次/8h
细菌总数	个/mL	2次/周
钾离子	mg/L	1次/日
钙硬度(以 $CaCO_3$ 计)	mg/L	1次/日
总碱度(以 $CaCO_3$ 计)	mg/L	1次/日

分析项目	单 位	分析频次
电导率	μS/cm	1 次/8h
氯离子	mg/L	1 次/日
总铁	mg/L	3 次/周
生物黏泥	mL/m³	2 次/周
石油类	mg/L	1 次/日(炼油系统)
CODcr	mg/L	1 次/日
浓缩倍数		1 次/日
氨氮	mg/L	1 次/日(有氨系统)
硫酸根离子	mg/L	1 次/周
硫离子	mg/L	1 次/周(有硫系统)
铜离子	mg/L	2 次/周(有铜系统)
腐蚀速率	mm/a	1 次/月
黏附速率	mg/(cm²·月)	1 次/月
铁细菌	个/mL	1 次/月
硫酸盐还原菌	个/mL	1 次/月

5.2 工艺防腐注入系统及设备

注洗涤水、缓蚀剂和中和剂是最为经济有效且通用性强的工艺防腐措施,具有成本低、操作简单、见效快、并适合长期使用等特点,是减缓各类分馏塔塔顶冷凝冷却系统设备、管线腐蚀,延长设备、管线使用寿命的主要措施。关于洗涤水、缓蚀剂和中和剂等工艺防腐注入系统,在炼油装置设计阶段就需要考虑,比如注入目的和注入点的安全评估、注入过程模拟、加注设施的选择等。在炼油装置运行期间,需要正确使用与评估注水和注剂系统,从而通过全面分析、针对性的设计、良好的运行与管理,促进装置防腐水平的提高,降低腐蚀概率,提高装置使用寿命,保证装置的正常运转。

5.2.1 工艺防腐注入设备现状

炼化装置为了工艺防腐,需要在不同的位置注水和注剂。例如在原油蒸馏装置的"三顶"注中和剂、缓蚀剂和水;在催化裂化装置和焦化装置的分馏塔顶注缓蚀剂和水,富气压缩机出口注水;在加氢反应流出物系统注水等。

国外炼化企业对洗涤水和防腐助剂的工艺防腐一直比较重视,尤其是针对洗涤水和防腐助剂的注入系统及设备。例如 NACE SP0114 详细论述了炼油企业在设计和检测阶段注入点和工艺混合点的特点和要求,并讨论了注入点和工艺混合点系统的典型选材、腐蚀问题、成功的设计和检验规范。马来西亚国家石油公司基于石化企业生产装置的设计、建造、运行和维护期间获得的经验数据,发布化学注剂设备设计和工程实践技术标准手册。该标准手册提供了为使化学注剂能够与管线内工艺气体或液体均匀混合而使用的化学注剂专用设备。API RP 932B 对加氢反应流出系统的注水水质、注水量及注水方式提出了明确的要求。

从 20 世纪开始"一脱三注"以来,国内设计单位和炼化企业对注水和注剂设备不太重视,简单地认为把注液管插入主管注入即可。实际操作中,炼化企业将注水管的末端弯成弯头,插入到主管线中直接注入。这样注水和注剂没有雾化,气液接触面积小,注水和注剂分布不均匀,没有起到良好的腐蚀防护作用。近几年国内开始重视注水和注剂的问题,中国石化在 2018 年发行的《炼油工艺防腐蚀管理规定》实施细则(第二版)中规定:注水和注剂采用分散均匀的喷嘴,喷射角度以不直接冲击管壁为宜。国内炼化企业也开始将传统的直管式改为喷头、喷嘴式。图 5-2 展示了多种注入设备的结构示意图。

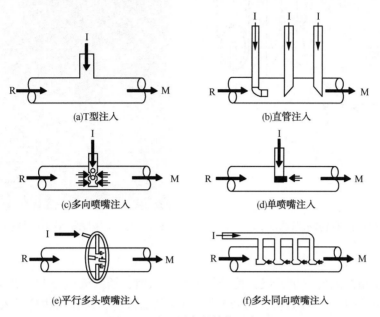

图 5-2 注入设备的结构示意图

I—注剂注入方向;R—工艺流体方向;M—混合流体方向

目前国内外使用较多的注水设备结构如图 5-3 所示,通过法兰与主管道连接,喷嘴伸到管道中间,采用实心锥或者空心锥喷雾。但根据调研,发现虽然部分企业基于现场实践总结了一些成功经验,但是整体来看,注水系统还是较为混乱。问题主要集中在注水量、注入水与油气混合方式、各注水点定量化、注水水质与酸性水的分析检测、注水效果的监控、使用不专业的喷嘴等方面。

由于注剂量相比于注水量非常小,因此注剂喷嘴不适合用类似注水喷嘴压力雾化的形式。国内外注中和剂和低温缓蚀剂目前经常使用如图 5-4 所示的注入方式:注液管插入油气管道中心,其端面为与水平面成一定角度的斜面,端面最长处开槽,注剂通过此设备注入后,依靠主管道的油气线速度来分散。此注入方式喷嘴处没有压降,不会堵塞喷嘴,但是分散效果很差。通过风洞

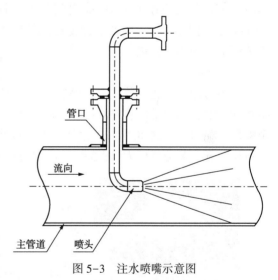

图 5-3 注水喷嘴示意图

试验显示采用此方式注入的注剂基本都沉积在管道底部流走(见图 5-5),既造成注剂浪费,也达不到防腐的工艺目的。

5.2.2 注入系统设备组成

与注入系统相关的设备通常包括注入喷嘴、注水和注剂泵、流量计、注剂储罐等。

1. 注入喷嘴

注入设备包含多种类型和结构,从简单的管接头、插入管到复杂的喷嘴,各种注入设备的示意图如图 5-2 所示。

1)T 型连接

T 型连接是最简单的注入装置,仅用于混合后因温度变化较大引起腐蚀的流体,且只有当下游管道或设备能够提供足够的停留时间,或在泵入口部位注入时,才考虑采用 T 型注入方式。

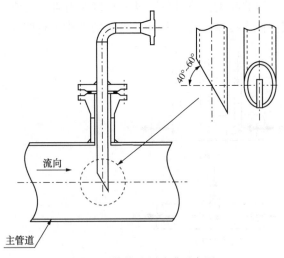

图 5-4　传统注剂喷嘴示意图

图 5-5　传统注剂方式效果(风速 15m/s，注剂量 5L/h)

2) 插入管

插入管注入是 T 型注入的一个升级，使用插入管注入时，插入管应该与工艺流体流动方向同向，并处在工艺流体管道的中心。应考虑使用顶端带有斜面的插入管，这种结构的插入管有利于更好地促进注剂分散，减弱压力边界部位因化学注剂浓缩引起的腐蚀或结垢。当采用斜面结构时，斜面角度应在 30°~45°之间，较长的一端设有开槽，开槽为注剂分散的中心。插入管的开槽设计，槽宽应在 2~3mm 之间，槽长应在 10~13mm 之间。工艺管道为水平方向时，插入管插入工艺管道的深度至少为 150mm(距离上部内壁)或者中心线处，两者之间取较小值。工艺管道为垂直方向时，插入管应插入到工艺管道的中心线位置。

3) 喷嘴

喷嘴可用来快速分散注剂，增加与工艺流体的接触面积，快速促进混合。商业市场提供多种喷射结构的喷嘴，如全锥形、空心锥形、扇形等，图 5-6 展示了部分喷嘴的雾化分布。注水喷嘴一般选用全锥形，喷射角度在 30°~120°之间。喷嘴性能的影响因素包括喷射模式(见图 5-6)、液滴尺寸、注入设备压力和工艺流体压力(即 ΔP)、体积流量等。

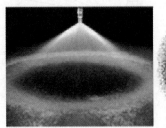
(a)空心锥喷雾及雾滴分布

(b)实心锥喷雾及雾滴分布

图 5-6　空心锥形喷嘴和实心锥形喷嘴的雾滴分布

喷嘴选择时除了考虑实际工况条件下注剂和稀释剂的实际性质的影响外，还应考虑注剂的主要目的。当以润湿管壁为主要目的时，建议采用顺流注入方式[见图 5-7(a)]，顺流注入方式大部分采用全锥形结构的喷嘴。当以增加喷雾区域为主要目的时，可使用空心圆锥结构的雾化喷嘴并采用逆流注入方式[见图 5-7(b)]。应避免采用错流注入方式，因为错流注入会导致对管壁的冲击[见图 5-7(c)]。当错流注入无法避免时，应考虑升级管道材料或安装耐蚀衬里。若注入点距离下游工艺管道的弯头太近，也会对管壁产生冲击[见图 5-7(d)]。

喷嘴材质应高于注入点管线材质。建议低压部位注水喷嘴选用双相钢或以上材质，加氢装置高压换热器和高压空冷前注水喷嘴选用合金 825 或合金 625。

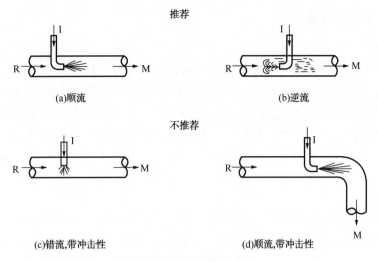

推荐

(a)顺流   (b)逆流

不推荐

(c)错流,带冲击性   (d)顺流,带冲击性

图 5-7 注入喷嘴的流向

2. 注水泵和注剂泵

应根据核算的注水量和注剂量选择大小合适的注水泵和注剂泵。泵的出口设定压力必须大于工艺流体管道的最大操作压力与注入系统涉及的所有压力损失(流体静力、摩擦力等)之和，但要低于工艺流体管道的最大设计压力。为防止系统超压或泵的损坏，通常需要针对泵安装一个内部旁路或外部反冲循环。与注入流体接触的泵部件，选材应根据流体性质来确定。

3. 流量计

为了能够准确控制注剂和注水的量及注入速率，应在注剂和注水管道上安装流量计。流量计的种类较多，包括转子流量计、压差流量计、涡轮流量计和质量流量计等。每种流量计都有各自的优缺点，应根据注剂和注水性质选择合适的流量计。

4. 注剂储罐

注剂储罐主要是用来储存化学注剂的，化学品储罐上应有明确的标识，标明罐内物质的化学成分及其危害。所选材质要根据化学注剂的性质和存储条件来定。如果是非承压的化学注剂储罐(或临时储存容器)，最好能设置放空管道，与外界联通，但储罐的排空污染物控制应遵守当地法律法规。放空管道的设计应具备防止雨水的功能。若储罐储存高浓度酸性物质，罐内应采用惰性气体保护，或者使用在线干燥剂，以阻止大气中水分进入罐内。高浓度酸的局部稀释会导致较高的腐蚀速率。

5.2.3 注入位置

注入位置选择，应考虑多个方面，如混合时间、腐蚀性、工艺、机械、检查维护可行性、经济性等。当以混合为主要目的时，或者未分散的高浓度注剂具有腐蚀性时，注入点与下一个注入点、弯头、阀门或工艺设备之间的距离应尽量充足；当以润湿为主要目的时，注入装置的位置应靠近目标部件，应避免注入装置的位置安装在距离目标部件较远的上游，致使注入雾滴的聚结，降低助剂的分散度；当以腐蚀控制为主要目的时，注入点位置应该位于预期高腐蚀速率区域的上游，若不能达到这一要求，注入设备的上游部分需要材料升级。

注入点应设置在工艺管道的直管段上，禁止在弯头、三通、大小头或其他管道配件上安装。直管段更有利于混合均匀、充分，同时保证混合的稳定性。注入点应距离工艺管道的下一个弯头或者管件(阀门、热电偶等)尽量远一点。注入设备的安装位置应能够便于开展检测工作。

关于注水、注中和剂和注缓蚀剂，NACE SP0114—2014 规定：中和剂和缓蚀剂应在水露点的上游注入；洗涤水应从塔顶冷凝器上游至少 10 倍管径处注入油气管线的垂直管道；对于带有多台换热器或者空冷器的塔顶冷凝系统，为了防止洗涤水偏流，应在每台换热器或者空冷器的入口处用喷嘴注入洗涤水。

5.2.4　注入点的监检测

1. 注入点的监测

为了验证注入效果，应建立工艺流体监测和分析标准，并在运行过程中连续监测。需要监测的对象包括但不限于：①工艺流体的温度、压力和流量；②露点温度和腐蚀性物质（HCl、NH₃、H₂S）的浓度；③注水水质是否满足要求；④各点的注水量是否充足、分布是否均匀；⑤塔顶回流罐的分离能力是否满足要求；⑥塔顶冷凝水 pH 值、铁离子、氯离子、腐蚀速率等；⑦新鲜水的补充量。

如果条件许可，可采用腐蚀挂片、在线探针、氢通量监测或其他腐蚀监测技术监测工艺物料的腐蚀性。探针的安装位置非常关键，在系统设计时应仔细考虑。

2. 注入点的检测

应对炼化企业注入系统的腐蚀情况、损伤问题等进行定期检查，检查范围包括：①注入点上游管道，注入点之前 300mm 或 3 倍管道直径，两者取较大值；②注入点下游管道，注入点之后沿流体方向的第二个弯头或者第一弯头之后 7.6m，两者取较小值，某些情况下可能出现在下一个压力容器；③延伸至上游第一个截止阀的注入设备（如喷嘴）的化学注剂管道；④已确认与注入点相关腐蚀/冲蚀的区域。

5.2.5　加氢反应流出物系统注水

下面以加氢装置反应流出物系统注水为例，阐述关于注入系统的注意事项。

1. 加氢反应流出物注水存在的问题

加氢反应流出物系统注水的目的是防止铵盐沉积，以及通过降低水溶液中盐浓度以减缓腐蚀。如果条件允许，应注入足量的冲洗水，确保将 NH_4HS 和 NH_4Cl 的浓度降至期望水平，并能有效地将 Cl^- 从气相洗涤到水相。同时，冲洗水的质量也很重要，对加氢反应流出物系统的腐蚀也可能产生潜在的促进作用。目前，各企业加氢反应流出物注水的问题主要集中在以下几个方面：

（1）化验分析：企业关于加氢装置各物料的化验分析普遍存在分析项目偏少、分析频率偏低（尤其是装置或原料变化时）、部分化验分析方法执行不到位等问题。例如多数企业对原料油中氯含量分析较少且误差较大，大部分企业对新氢中氯含量未分析，大多数企业都没有开展反应流出物系统注入水的水质分析等。

（2）关键参数监控：企业日常操作运行期间，经常忽视与工艺防腐相关的关键参数的监测，其注水操作多数依据经验进行调整。同时，大多数基层技术人员没有掌握关键参数的计算方法，以及依据这些参数的数值进行工艺调整。加氢反应流出物与腐蚀相关的关键参数主要包括铵盐结晶温度、注水量、酸性水中 NH_4HS 浓度、硫氢化铵 K_p 系数、高换换热系数 K 值和反应流出物系统 H_2S 分压等。

（3）注水系统：针对加氢反应流出物系统的工艺防腐措施主要是注水，如果条件允许，应注入足量的冲洗水，确保将 NH_4HS 和 NH_4Cl 的浓度降至期望水平，并能有效地将 HCl 从气相洗涤到水相。虽然部分企业基于现场实践总结了一些成功经验，但是整体来看，加氢装置反应流出物注水系统较为混乱。各企业高压空冷器注水系统的问题主要集中在注水量、注入水与油气混合方式、各注水点定量化、注水水质与酸性水的分析检测、注水效果的监控等方面。

（4）缓蚀剂：加氢反应流出物系统是否加注缓蚀剂一直存在争议。据相关文献和标准报道，缓蚀剂在反应流出物系统中使用受到一定程度的限制，应用效果好坏参半。通过调研统计分析发现缓蚀剂在加氢反应流出物系统的使用效果并不理想。因此，原则上不推荐在反应流出物系统加注缓蚀剂。当企业加注多硫化物类型缓蚀剂时，需要严格控制注入水中氧含量不大于 15μg/kg、pH 值不小于 8 的要求。

2. 高压换热器的注水操作建议

1）注水位置

发生氯化铵盐沉积的高压换热器之前的管道，注水点应靠近换热器进口管箱，注入位置在设计阶段就要充分考虑并标注具体的注入点，最好能在 DCS 图中有间断注水起始的依据，以方便操作人员。图 5-8 和图 5-9 是某炼化企业新建装置高压换热器进出口压差监测及 DCS 压差的示意图。

图 5-8　某炼化企业加氢高压换热器注水点设计

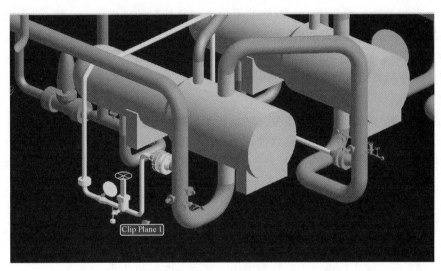

图 5-9　某炼化企业加氢高压换热器设计三维图上进出口压差显示(白色的线)

2）注水方式

推荐采用间歇注水方式，采用间歇注水方式是控制反应流出物高压换热器发生氯化铵结盐和腐蚀的关键措施。企业应制定间歇注水操作规程，包括注水量、注水装置、注水持续时间和分析检测等。推荐采用可使水分散均匀的喷头，喷头应选用镍基合金 625 或哈氏合金 C-276，并安装在工艺流体管道的中心位置；注水应采用顺流方式注入，且喷射角度不宜直接冲击管壁。

3）注水水质和注水量

注水水质的相关要求参见表 5-4。注水量要保证在注水部位剩余液态水的量不少于 25%，同时核算间歇注水期间 REAC 系统的总注水量不超出冷高分的油水分离负荷，避免因超出负荷后冷高分油带水导致后续设备的腐蚀问题。

4）注水起始依据

（1）开始注水：当高压换热器的压差超过 30kPa 时，或者高换换热系数 K 值低于开工初期 K 值的 80% 时开始注水；如两者不具备时，可依据换热器壳程侧物料介质出口温度低于正常温度的 10℃ 判定。

（2）在换热器间歇注水期间，彻底冲洗沉积的铵盐是减缓腐蚀的关键，应及时分析注入水和酸性水中氯离子含量，当两者中氯离子含量基本一致时，可认为冲洗干净，则停止间歇注水；若条件不具备时，可根据压差、K 值或温度回归正常值后再冲洗不低于 30min 为宜。

5）其他

（1）间歇注入系统应包含一个双截断式开关阀，或者配置其他正反馈关闭系统，确保不使用时完全关闭，防止因少量水的泄漏导致较严重的腐蚀发生。

（2）为防止冬季冻结，注入系统的管道推荐采用伴热系统结构，且注入点部位应采用保温结构。

3. 高压空冷器的注水操作建议

空冷器入口前应设置连续注水。

1）注水位置和注水方式

平衡对称在积盐区前优先采用总管上单点注水，结合注水雾化喷头和静态混合器，保证洗涤水与反应流出物油气充分接触混合，有利于液态水在反应流出物中均匀分配，以保障水洗效果。单点注水位置应设置在高压空冷器前的总管。

对于采用多点注水的设计，应采用雾化喷嘴方式，各注水点应设置在油气管道的垂直管段，至少距离第一个流向改变处（弯头和三通）上游的10倍管径以上。宜在各个注水点设注水调节阀，或在注水点设置限流控制手段（如限流孔板），以保障各分支管的注水量。

2）注水水质和注水量

注水水质的相关要求参见表5-4。注水量：保证在注水位置不少于25%液态水（具体计算方法见5.2.5节中的"5. 关键参数计算方法"）。对柴油原料类加氢装置的碳钢或Cr-Mo的高压空冷器，酸性水中硫氢化铵浓度按小于4%（质量分数）控制；对蜡油原料类加氢装置和渣油加氢装置的碳钢或Cr-Mo的高压空冷器，酸性水中硫氢化铵浓度按小于3%（质量分数）控制；对加氢类高压空冷器采用NS1402的，酸性水中硫氢化铵浓度按小于4%（质量分数）控制。

3）注水效果评价

（1）当装置处理量、原料的性质发生变化时，应及时核算 K_p 值、流速、酸性水中硫氢化铵浓度等参数，如超出范围应及时调整高压空冷器之前注水点的注水量。

（2）定期采用红外热成像监测注水点、空冷器进出口配管、空冷器第一排管束的温度分布情况，根据监测结果及时调整注水量。

4）其他

单点注入系统的管道推荐采用伴热系统结构，且注入点部位应采用保温结构。在DCS界面或PI系统中嵌入硫氢化铵 K_p 系数、硫氢化铵浓度、高压换热器换热系数 K 值等关键参数监控，利于装置操作和技术人员及时判断反应流出物系统工艺防腐效果，进而及时调整优化。

针对高压空冷器系统的注水系统，无论是单点注水方式或者多点注水方式，都需要保证注水点的注水量，以达到注水后保证剩余的液态水量不低于25%的要求，且满足在冷高压分离器以 NH_4HS 浓度（质量分数）不超过4%或3%为指标设置总水流量的要求。但是因注水泵量程、注水来源、冷高分油水分离能力以及酸性水汽提塔负荷等因素的影响，大多数企业注水量偏少。

单点注水能保证洗涤水与反应流出物油气充分接触混合，为洗涤油气中氯化物提供充分接触时间，推荐在单点注水的下游设置静态混合器，不仅有利于从气相流出物中更有效地洗涤盐类物质，而且有利于液态水在反应流出物中均匀分配，较大程度地避免在进入高压空冷器之前的各支管内分配不均匀。

与单点注水设置相比，多点注水的设置通常靠近高压空冷器，注水后与流出物油气的接触混合时间较少，氯化物的洗涤效果可能不佳，需要结合雾化喷嘴的注水结构增加混合效果。因此，建议针对非平衡对称的进口管道系统，或者大型化加氢装置采用多点注水方式，且采用雾化喷嘴方式，各注水点应设置在油气管道的垂直管段，至少距离第一个流向改变处（弯头和三通）上游的10倍管径以上。

4. 热低分空冷器的注水操作建议

1）注水位置

热低分空冷器或冷却器之前的总管。

2）注入方式

针对柴油原料的加氢装置热高分工艺流程，推荐采用间歇注水方式；针对蜡油和渣油原料的加氢装置热高分工艺流程，推荐采用连续注水方式。并选用实心全锥雾化喷头顺流注入，雾化粒径为300~600μm，其注水喷头安装在工艺流体管道的中心位置，并采用镍基合金625或哈氏合金C-276材料制造，且喷射角度不宜直接冲击管壁。

3）注水水质和注水量

注水水质的相关要求参见表5-4。注水量应保证在注水部位使注入后剩余液态水的量不少于25%。

4）其他

为防止冬季冻结，注入系统的管道推荐采用伴热系统结构，且注入点部位应采用保温结构。

5. 关键参数计算方法

1）氯化铵结晶温度

氯化铵结晶温度的计算公式为：

$$T = \frac{-38150}{\ln(K_p) - 39.7} - 460$$

式中　K_p——系数，$K_p = P_{NH_3} \times P_{HCl}$，$P_{NH_3}$ 和 P_{HCl} 分别为 NH_3 和 HCl 的分压，$psia^2$；

　　　　T——氯化铵结晶温度，℉。

2）硫氢化铵结晶温度

硫氢化铵结晶温度的计算公式为：

$$T = \frac{-19589}{\ln(K_p) - 41.6} - 460$$

式中　K_p——系数，$K_p = P_{NH_3} \times P_{H_2S}$，$P_{NH_3}$ 和 P_{H_2S} 分别为 NH_3 和 H_2S 的分压，$psia^2$；

　　　　T——硫氢化铵结晶温度，℉。

3）注水量的计算方法

通常采用工艺过程模拟的方法来计算反应流出物气相的蒸汽饱和所需的水量。另外，也可以按照以下步骤采用手工计算饱和蒸汽相中所需的水量。需要注意的是，此计算方法仅为估计值，并且可能与模拟计算的结果相差5%左右。

（1）估算注水点注水后的平衡温度。如果没有热高压分离器，温度通常应比注入前的操作温度低17~55℃；如果存在热高压分离器，温度可能比操作温度低110℃或更低。

（2）基于饱和蒸汽表，确定在上述温度下的饱和水蒸气压力。

（3）估算在注水点反应流出物气相中氢/烃的摩尔流量（通常与冷高压分离器的气相流量非常接近）。

（4）采用下列公式估算给定条件下水蒸气达到饱和压力所需注入水的摩尔流量：

$$F_W = F_c \times H_C \times \frac{P_{satstm}/P_{system}}{1 - P_{satstm}/P_{system}}$$

式中　F_W——冲洗水的摩尔流量，kmol/h；

　　　　H_C——气相摩尔流量，注入点处气相中 H_2 和烃的摩尔流量，kmol/h；

　　　P_{satstm}——注入水的温度下饱和蒸汽的绝对压力，kPa；

　　　P_{system}——注水点的绝对压力，kPa；

　　　　F_c——在表5-17中定义，其他操作压力可使用插值获得 F_c 值。

表5-17　F_c 值

操作压力		F_c	操作压力		F_c
psig	kPa		psig	kPa	
500	3450	1.1	1500	10300	1.3
1000	6900	1.2	2000	13800	1.4

针对反应流出物系统注水点，该计算公式可估算使注水点处的气相达到水蒸气饱和时所需的注水

量。为了达到注水点冲洗水注入后不少于25%的过量水（25%的冲洗水保持液态水）要求，则需要将由上述公式计算出的水量乘以1.25，即得到反应流出物系统注水点需要注入的水量。

4）酸性水中硫氢化铵浓度的计算方法

（1）常规算法

硫氢化铵的生成量取决于反应流出物中NH_3和H_2S的浓度。若H_2S生成量（摩尔流量）大于NH_3生成量（摩尔流量），则酸性水中硫氢化铵浓度（质量分数）的计算公式如下：

$$C_{NH_4HS} = 0.0364 \times W_f \times F_n \times \frac{C_n}{W_{Wr}}$$

式中 C_{NH_4HS}——酸性水中硫氢化铵浓度，%（质量分数）；

W_f——装置原料油的质量流量，kg/h；

F_n——装置原料油中氮含量，%（质量分数）；

C_n——反应器中脱氮率（氮的净转化率），%；

W_{Wr}——反应流出物系统中注入冲洗水的质量流量，kg/h。

若H_2S生成量（摩尔流量）小于NH_3生成量（摩尔流量），则酸性水中硫氢化铵浓度（质量分数）的计算公式如下：

$$C_{NH_4HS} = 1.594 \times W_f \times \frac{F_m}{W_{Wr}}$$

式中 C_{NH_4HS}——酸性水中硫氢化铵浓度，%（质量分数）；

W_f——装置原料油的质量流量，kg/h；

F_m——装置原料油中硫含量，%（质量分数）；

W_{Wr}——反应流出物系统中注入冲洗水的质量流量，kg/h。

这些关系式很容易从硫氢化铵由等摩尔量的NH_3和H_2S组成的这一事实中推导出来。因此，酸性水形成的硫氢化铵含量受到NH_3和H_2S中任一组分的最小摩尔浓度的限制。通常情况下，反应流出物中H_2S生成量（摩尔流量）大于NH_3生成量（摩尔流量），大多数加氢装置都采取第一种计算方法。

（2）无热高分流程的算法

在没有热高分（HHPS）且反应器中H_2S的生成量大于NH_3的生成量的情况下，针对冷高分（CHPS）酸性水中硫氢化铵浓度（质量分数）的计算公式如下：

$$C_{NH_4HS} = \frac{(MW_{NH_4HS}) \times W_f \times F_n \times C_n \times 100\%}{(MW_N) \times W_{Wr} \times 100 \times 100}$$

简化后计算公式：

$$C_{NH_4HS} = 0.0364 \times W_f \times F_n \times C_n / W_{Wr}$$

式中 C_{NH_4HS}——酸性水中硫氢化铵浓度，%（质量分数）；

W_f——装置原料油的质量流量，kg/h；

F_n——装置原料油中氮含量，%（质量分数）；

C_n——反应器中脱氮率（氮的净转化率），%；

W_{Wr}——反应流出物系统中注入冲洗水的质量流量，kg/h；

MW_{NH_4HS}——NH_4HS的相对分子质量，51；

MW_N——氮的相对分子质量，14。

上述计算公式是基于在冷高分操作条件下，所有的NH_3被酸性水吸收并转化为NH_4HS的假设前提。这个假设前提是合理的，因为装置的现场数据和工艺模拟结果表明，反应流出物中99%以上的NH_3在冷却后都会溶解到液相水中。该计算公式的另一个假设前提是反应流出物系统中所有的水都已被冷凝，这是一个合理的假设，虽然冷高分气相和液相烃中含有少量的水，但其所占比例较少。

基于该计算公式，可以计算出在给定NH_4HS浓度条件下所需的注水量。

5）硫氢化铵 K_p 系数的计算方法

硫氢化铵的 K_p 系数可用于还未进行酸性水中硫氢化铵浓度分析的场合，且以反应流出物蒸汽相 H_2S 和 NH_3 为基础进行计算，其计算公式为：

$$K_p = [H_2S] \times [NH_3]$$

式中　K_p——系数，K_p 系数的值越大，即硫氢化铵浓度越高，发生腐蚀风险越大；

　　$[H_2S]$——反应流出物中硫化氢的摩尔分数（干基），%；

　　$[NH_3]$——反应流出物中氨的摩尔分数（干基），%。

6）反应流出物系统 H_2S 分压的计算方法

API RP 932-B 和 API RP 581 认为反应流出物系统硫化氢分压对酸性水腐蚀具有明显的影响，硫化氢在高压空冷器内的分压计算公式为：

$$P_{H_2S} = \frac{M_{H_2S} + M'_{H_2S}}{M_{Tot}} \times P$$

$$= \frac{W_f \times F_S/32 + 1.03 \times F_{H_2} \times C_{H_2S}}{1.03 \times F_{H_2}/22.4} \times P$$

式中　P_{H_2S}——高压空冷器系统的硫化氢分压，kPa；

　　M_{H_2S}——反应系统生成的硫化氢摩尔数，mol；

　　M'_{H_2S}——循环氢中硫化氢摩尔数，mol；

　　M_{Tot}——空冷器入口气相摩尔数，mol；

　　P——空冷器入口压力，kPa；

　　W_f——处理量，kg/h；

　　F_S——原料硫含量，%（质量分数）；

　　F_{H_2}——循环氢流量，m^3/h；

　　C_{H_2S}——硫化氢浓度，%（体积分数）。

7）高压换热器换热系数 K 值的计算方法

目前大多数企业依据经验，将空冷前注水改至高换前注水，每周更改注水流程一次，每次更改注水 2~4h，无法准确判断更改注水点后的效果。建议高换前后无差压表监控的装置在 DCS 中增加换热器的换热系数 K 值，以换热系数 K 的变化作为更改注水点依据。

忽略散热损失，根据换热器内的热量平衡 $K \times \Delta t \times S = q \times C_p \times \Delta T$，则传热系数 K 为：

$$K = \frac{q \times \Delta T \times C_p}{\Delta t \times S}$$

式中　q——壳程/管程进料量，kg/h；

　　C_p——壳程物流在换热器内的平均热容，$kJ/(kg \cdot ℃)$；

　　T——壳程/管程进出端温度差，℃；

　　Δt——换热器管壳程对数平均温差，℃；

　　S——换热器面积，m^2。

5.2.6　注水和注剂设备最新研究进展

1. 注水设备

根据雾化原理不同，喷嘴有很多类型，适合炼化企业注水的是压力式离心喷嘴。它本质上是一个节流设备，把压力能转化为速度能，利用喷嘴内旋流件产生液体旋转，在收敛通道内加速喷出空心扩散锥状膜，利用液体与外界气体的流速差而破碎、雾化。

压力式离心喷嘴的性能主要包括以下几点：

（1）流量特性：即喷嘴的体积（或质量）流量随供液压力而变化的关系。其体积流量与供液压力的关系为：

$$Q_v = \mu A \sqrt{\frac{2\Delta P}{\rho}}$$

式中　Q_v——体积流量，m^3/s；

　　　μ——流量系数，为 $0\sim1$ 之间的无单位系数，取值与喷嘴的结构有关；

　　　A——喷孔截面积，m^2；

　　　ΔP——液体在喷嘴上的压降，Pa；

　　　ρ——液体密度，kg/m^3。

从上式中可以看出，当一个喷嘴结构确定以后，其注水量的多少与喷嘴压降的平方根成正比。

炼化企业所用注水喷嘴的额定压降一般为 $0.1\sim0.15MPa$，喷嘴的额定流量应按照装置的正常注水量设计。当装置处理量变化，需要改变注水量时，可调整喷嘴前的压力来调节注水量。

（2）喷雾锥角：将喷嘴出口中心点到喷雾炬外包络线的两条切线之间的夹角定义为喷雾锥角。喷雾锥角应该根据现场主管道直径来确定，在不冲刷管道的前提下保证有足够的管道填充率。

（3）雾滴尺寸：雾滴尺寸反映了雾化细度，目前一般用容积-表面平均直径 D_{32}（索达尔平均直径）来表示。需要明确的是，雾滴尺寸不是越小越好，从蒸发和接触面积的角度来考虑，雾滴尺寸小是有利的。但如果要求雾滴过细，喷嘴的开孔也要足够小，这样一方面限制了喷嘴的流量，另一方面也容易造成喷嘴堵塞。从实际操作来看，注水喷嘴的雾滴尺寸为 $200\sim800\mu m$ 较为合适。

应当根据注入位置的工作压力和注水量来选择注水设备。当注入位置气相压力小于 $1MPa$ 且注水量小于 $5m^3/h$ 时，即使在注入系统前端安装有过滤器的情况下，喷嘴依然有堵塞的风险，建议此种工作环境选择图 5-10 所示的可在开工状态下拆装的注水系统。该注入系统由阀门、压力表、过滤器和离心式喷嘴等组成，注水方向与介质流向一致。使用中如果发现压力表指示升高，说明喷嘴有堵塞。此时关闭前端管线上的阀门，可在开工状态进行喷嘴拆卸更换，油气零泄漏。该注水系统已在多家炼化企业应用（见图 5-11）。

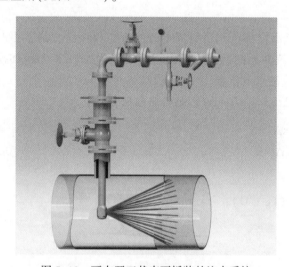

图 5-10　可在开工状态下拆装的注水系统

图 5-11　"可在开工状态下拆装的注水系统"
在某炼化企业的应用

当注入位置气相压力为 $1\sim2.5MPa$，或者注入位置气相压力小于 $1MPa$ 但注水量大于 $5m^3/h$ 时，可以采用图 5-12 所示的低压固定式注水系统。该系统注水方向与介质流向一致，只能在装置停工时安装。

当注入位置气相压力大于 $2.5MPa$ 时，应采用图 5-13 所示的高压固定式注水系统。该系统注水方向与介质流向一致，只能在装置停工时安装。

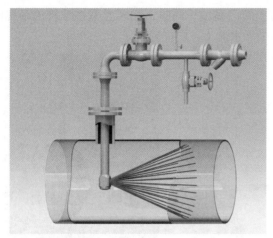
图 5-12　低压固定式注水系统

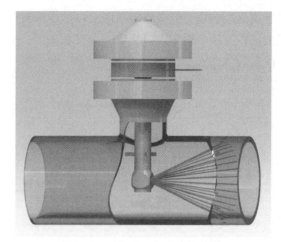
图 5-13　高压固定式注水系统

2. 注剂设备

根据压力式喷嘴设计特点，在压降一定的前提下，喷嘴注液量和喷嘴的开孔面积成正比。如果按照 10L/h 的注入量计算，喷嘴的开孔约为 0.4mm，这样的喷嘴极易堵塞，不能用于实际生产，因此国内外均采用图 5-4 所示的方式进行注剂。这种方式注入的助剂直接沿管道内壁下部流淌，中和剂不能与管道内的气相介质中的腐蚀性物质充分接触而发生中和反应，且缓蚀剂不能均匀的分散到管道内，无法在管道内壁形成有效的防腐蚀保护膜。

图 5-14 所示的叶轮式注剂喷嘴将所在管道内气体的动能转化为机械能来雾化微量注剂，解决了"微量"与"雾化"的矛盾。叶轮式注剂喷嘴头部安装有液体分布器，上面开有若干个注入孔。液体分布器上安装有一组叶轮，叶轮迎着主管道介质流向安装，管道内介质带动叶轮旋转，注剂通过注入孔被离心力高速甩出，大液滴被甩成小液滴，再利用主管道风速雾化，油气速度越高，雾化效果越好。叶轮式注剂喷嘴适用于微量液态注剂注入气态介质，雾化效果好，没有堵塞的风险。

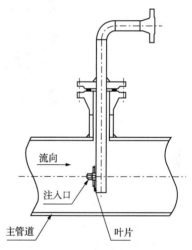
图 5-14　叶轮式注剂喷嘴

3. 智能加注系统

炼化企业原油蒸馏装置塔顶系统工艺防腐蚀易受人工操作、原油性质变化、在线监测仪器易故障等因素的影响。因此，针对常减压装置塔顶系统低温腐蚀控制的问题，基于常减压装置塔顶工艺流程，借助于塔顶系统热力学与离子平衡模型，建立工艺防腐精准自动加注操作参数数据库，并通过 DCS 实时获取现场工艺参数、LIMS 分析数据和注入橇装设备的运行参数，结合腐蚀敏感性介质浓度、pH 值、流速、注水量、中和剂和缓蚀剂功效等，利用工艺防腐智能控制软件实时、精确地计算出不同工艺介质组分、生产负荷(温度、流量、压力)、脱盐效率条件下的加注参数，最后通过控制器自动控制注中和剂泵、注缓蚀剂泵和注水泵的注入量，大幅度降低塔顶系统露点腐蚀和铵盐垢下腐蚀风险，提高设备寿命，同时实现防腐助剂的最优化加入。

4. 应用案例

1)案例 1：某炼化企业常顶挥发线注水改造

某炼化企业在原油蒸馏装置的常顶挥发线依次注入中和剂、缓蚀剂和水。常顶系统两台换热器并联，其管束材质为钛材，换热器进出口管线材质为碳钢。运行期间发现一台换热器出口管道腐蚀穿孔，另一台换热器出口基本没有减薄，如图 5-15 所示。常压塔顶系统的具体腐蚀部位如图 5-16 所示。

利用计算流体力学对该换热器的出口轨迹进行模拟，结果如图 5-17 所示。其中的流动轨迹与现场腐蚀减薄部位高度一致，可以初步判断为酸溶液的流动腐蚀。

经过分析，原常顶挥发线注水量偏小，且注水后形成的两相流存在偏流，造成后路换热器入口水分配不均匀，水少或者没有水通过的换热器内部出现露点，形成局部的强酸溶液环境。此强酸溶液对钛材管束腐蚀较弱，但会在换热器出口造成碳钢管道或阀门腐蚀。同时，在实验室搭建管道系统的缩比模型进行实验，两个出口管道一个有水流出，另一个无水流出，同样验证了偏流问题。

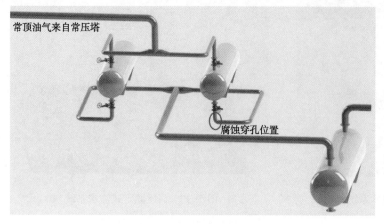

图 5-15　管道系统图

图 5-16　现场腐蚀照片

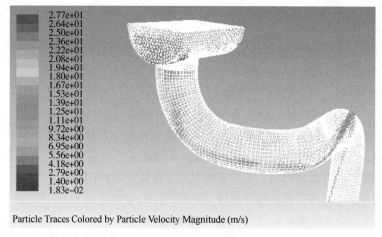

图 5-17　注水偏流腐蚀仿真分析

通过将注水位置由常顶挥发线改为在换热器前分支注水，增大注水量，并采用专业厂商提供的喷嘴，原腐蚀部位没有再发生腐蚀现象。

2）案例 2：某炼化企业原油蒸馏装置三顶注水系统改造

某炼化企业以辽河原油为基础料，同时掺炼进口原油。近年来，原油中硫含量、氯含量和酸值均有不同程度的增加，可能在原油蒸馏装置塔顶低温部位形成较为强烈的腐蚀介质，对管线和设备造成不同程度的腐蚀。2015~2016 年，在生产过程中陆续出现了常顶油气与原油换热器管束腐蚀穿孔、减顶一级冷却器脱液线弯头腐蚀穿孔、常顶后冷器腐蚀泄漏等低温腐蚀问题。

该原油蒸馏装置初馏塔、常压塔和减压塔原注水点都设置在塔顶馏出线中段，位置单一，不利于注水的有效分布。另外，塔顶注水口都是管线直接对接在馏出线上，入管线内深度不足，没有喷淋装置。这种方式造成注水与酸性物质接触效率低，不能充分洗涤油气、吸收腐蚀介质。

2016 年 10 月，利用停工检修进行了三顶注水系统改造。此次改造分别在常顶油气与原油换热器入口管线、初顶后冷器入口管线、初顶空冷器入口管线、减顶二级水冷器入口管线、减顶三级水冷器入口管线增加注水点，注水方式采用图 5-10 所示的可在开工状态下拆装的注水系统。注水系统于 2016 年 11 月改造完成并投用，车间对三顶切水 pH 值、铁离子含量、硫化物和氯离子含量等一系列防腐指标进行连续监测，同时对低温缓蚀剂注入量进行标定。改造前后腐蚀物分析数据见表 5-18。

由表 5-18 可知，改造后 pH 值可稳定在 6~9 的规定指标之间，比改造前更加稳定；铁离子质量浓度比改造前明显降低，远低于 3mg/L 的规定值；硫化物和氯离子含量与之前比较明显降低，管线、空冷器和水冷器的腐蚀速率得到了降低。同时，由于注水效果良好，低温缓蚀剂的注入量得以减少。该原油蒸馏装置 2017 年上半年累计消耗缓蚀剂 36t，单耗 0.025kg/t，耗量比去年同期减少 5t，单耗降低 0.005kg/t。仅缓蚀剂一项，上半年累计降低成本 10 万元，全年累计节省成本 20 万元，经济效益可观。

表 5-18　改造前后腐蚀物分析数据

日　期	取样点	注水量/(t/h)	pH 值	总铁/(mg/L)	H₂S/(mg/L)	Cl⁻/(mg/L)
2016.04.27（改造前）	初顶	4	5.8	5.32	54.58	31.84
	常顶	5	6.2	3.79	89.87	44.11
	减顶	5	6.8	2.7	84.68	40.47
2016.06.10（改造前）	初顶	4	6.7	2.34	89.07	47.29
	常顶	5	5.4	2.64	73.67	45.03
	减顶	5	8.1	3.29	112.8	31.84
2017.05.22（改造后）	初顶	7	7.4	0.28	37.23	22.74
	常顶	10	7.2	0.28	54.77	20.45
	减顶	11	7.2	0.35	41.81	27.29
2017.06.19（改造后）	初顶	7	8.2	0.17	64.55	12.28
	常顶	10	8.0	0.05	42.41	12.28
	减顶	11	8.7	0.23	58.56	5.91

H_2S 总铁 Cl^-

3）案例 3：某炼化企业加氢装置高压换热器前注水方式改造

某炼化企业汽油加氢装置在高压换热器前采用直管注水来防止铵盐结晶。运行期间发现注水点出现泄漏，周围有不同程度的减薄（见图 5-18）。

经分析，该部位的泄漏为直管注水造成的冲刷腐蚀。将直管注水改为图 5-13 所示的高压固定式注水系统（见图 5-19），改造后，原腐蚀部位没有再发生腐蚀现象。

图 5-18　注水腐蚀部位　　　　　　　图 5-19　高压固定式注水系统安装现场

注水和注剂要依据工艺的要求，依据设备的现场条件进行设计，并尽可能选择专业的喷嘴厂商针对具体问题设计，可以消除潜在的风险，并能够提高注水和注剂的效能。

积极采用先进的分析、检测手段，通过仿真和实验，能够迅速发现问题出现的原因，为解决问题提供指导。

5.3　分馏塔顶循系统在线除盐技术

NH_4Cl 认为是一种酸式盐，因为它是由强酸和弱碱结合形成的。化学当量稀释的 NH_4Cl 溶液（如质量分数小于 0.1%）腐蚀性不高，但是在液相露点或在 NH_4Cl 浓度非常高的干点附近腐蚀十分严重。碳钢在浓缩条件下湿 NH_4Cl 中的腐蚀速率高达 25mm/a。固态 NH_4Cl 盐类能由气态的 NH_3 和 HCl 直接生成，这由它们的浓度及温度决定。这些盐类在超出水浓缩点之上直至204℃或更高的温度下沉积。铵盐沉积在金属表面之后，由于极强的吸湿性，铵盐能够吸收气相中含有的水蒸气，在沉积的管壁处局部形成了高浓度的铵盐水溶液，从而造成垢下腐蚀。

在催化、焦化及临氢装置中，原料中的氯在反应器中转变为HCl，而且原料中有相当一部分氮转变为NH_3。当反应流出物中HCl分压P_{HCl}和NH_3分压P_{NH_3}足够高时，就会在上述装置注水点之前有NH_4Cl结晶析出。一般通过K_p值计算NH_4Cl的结盐温度，判断装置部位是否结盐：

$$K_p = P_{HCl} \cdot P_{NH_3}$$

在原油蒸馏装置中，原油所含氮化物主要为吡啶、吡咯及其衍生物，这些氮化物在原油蒸馏装置中很少分解。原油蒸馏装置中氨的来源主要有塔顶注氨、注入含氨的水（如酸性水汽提装置的净化水、电脱盐排水与其他装置未经处理的酸性水）、掺炼含氨废油、油田与储运注含氨化合物等。

NH_3与HCl可在一定部位聚集，生产氯化铵。如催化、焦化装置可在分馏塔上部聚集，一般在120~140℃（顶循抽出口附近）发生化合反应生成氯化铵（NH_4Cl）。NH_4Cl既可以细小的颗粒被油气携带到上层塔盘，也可在分馏塔内液相夹带，还能在塔内件表面沉积，从而造成堵塞，影响正常操作。

5.3.1 在线除盐技术介绍

随着原油性质的变化，近几年来分馏塔顶循系统结盐和腐蚀问题较为突出，直接影响到装置的安全稳定长周期运行。针对常减压、催化、焦化等装置分馏塔塔顶系统的结盐在采取有效的工艺防腐蚀措施也不能控制的情况，可考虑采用在线除盐技术。其中华东理工大学开发的微萃取耦合油/水分离新型工艺技术，采用换热后的部分循环油油量进行除盐分离，然后返回分馏塔顶部，达到将整个顶循含盐量维持在一个较低水平的运行目的，从而消除盐类析出结晶造成堵塞和腐蚀的问题。

分馏塔顶循环油在线除盐设备主要由湍旋混合器、顺流径向萃取器和油水分离器三部分组成。其技术原理如图5-20所示，首先通过湍旋混合器将水均匀分散到循环油中，油中的盐部分溶解到水中，然后经顺流径向萃取器深度捕获盐类离子，油水分离器利用粗粒化及波纹强化沉降，快速并高效地实现油水分离，溶水性盐溶于水中被带出，达到顶循油在线脱盐的目的。

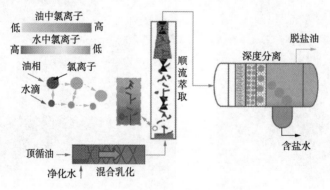

图5-20　除盐设备工作原理示意图

顺流径向萃取技术是一种紧凑式的高效萃取方式，使用螺旋形混合元件产生高速的旋转流动，这样的流动促进了水滴的破碎，并且内部的变径结构产生多区域小尺寸涡流，强化了径向混合萃取。由于水滴产生高速自转，水滴自转表面的离子交换速度大大提高，宏观上表现出优秀的萃取能力。纤维床油水分离使用特殊孔道的纤维层，可以有效地使分散在油中的细小水滴聚结长大，从而提高了油水两相沉降效率，在同一处理量下，纤维床可以有效地降低沉降空间，缩小油水分离设备的尺寸。

5.3.2 在线除盐技术应用

据某大型石化公司调研统计，截至2019年4月，该公司系统内8家企业13套装置分馏塔顶循系统配备了在线除盐系统，另有15套装置计划增设在线除盐系统，如图5-21所示。

基于目前13套已使用的在线除盐系统的运行效果分析，发现在线除盐技术对减缓分馏塔顶循系统的结盐具有一定积极作用。结合各企业反馈的情况，以及征询系统内防腐和设计技术人员的意见，具体建议如下：

（1）针对原油蒸馏装置常压塔顶循系统，分析常压塔顶循系统铵盐的组成及来源，建议首先以优化电脱盐（注水水质、脱盐等）和常压塔（塔顶温度、顶循量、注水水质及回用、冷回流、中和剂等）操作的方式进行顶循系统的结盐预防；加工原油性质较差且原料管理困难的装置可考虑增设在线除盐系统。

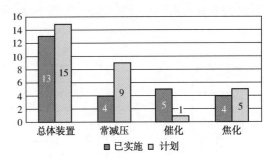

图5-21　某大型石化公司在线除盐系统的应用情况（截至2019年4月）

（2）对于催化裂化装置分馏塔塔顶循系统，如果加工原料部分来自常减压渣油，根据分馏塔运行情况可考虑增设在线除盐系统；其他原料建议以优化分馏塔操作的方式开展顶循系统的结盐预防。

（3）对于延迟焦化装置分馏塔顶循系统，尤其是需要回炼污油的装置，建议增设在线除盐系统。

（4）对于顶循系统运行的在线除盐系统，因工艺介质温度较高且含水（铵盐水溶液），具有较强的腐蚀性，需要考虑在线除盐系统（注水点至油水分离后）的防腐措施，例如注水中添加缓蚀剂，并加强该系统设备和管线的腐蚀监检测。

下面以原油蒸馏装置和延迟焦化装置为例，简述在线除盐的过程。

1. 原油蒸馏装置

1）工艺流程

国内某炼油厂原油蒸馏装置常压分馏塔顶循环油的抽出量为593.96t/h，抽出温度为148℃，返塔温度为113℃，采用换热后的约1/20~1/15循环油油量即30~40t/h进行除盐处理，然后再返回分馏塔顶部，以将整个顶循系统腐蚀速率维持在一个较低水平。

具体工艺流程见图5-22，虚线框中为改造部分，分馏塔顶循回流油经过冷却器后，分出的顶循回流油进入除盐成套设备，与2~4t/h净化水或电脱盐注水混合，注水在顺流径向萃取器内快速溶解顶循油中的盐，经油水分离器将溶解了盐类的废水除去后的顶循油与另一部分顶循油汇合回流返回塔顶，含油污水进入装置酸性水系统去下游污水汽提装置处理。

2）系统除盐效果

该设备运行稳定后，常压分馏塔顶部循环系统总流量为594t/h，分馏塔顶循分出量为40t/h，注水量为4t/h，顶循分出量约为总循环量的1/15，注水量为顶循油分出量的10%，装置运行稳定后油水分离器界位分层清晰，切水不带油，返塔脱盐油不带水。现场开工标定持续了9天，每天取一组除盐装置进出口顶循油样进行分析。图5-23为分馏塔顶循在线除盐设备的进出口油品中盐含量及脱盐效率曲线。由图5-23可以看出，设备进口顶循油盐的初始质量浓度为1.3mgNaCl/L，代表着顶循系统中的油品盐含量。每一组出口顶循油盐含量均比入口有一定下降，效率从5%至85%不等。由于设备进出口顶循油不断地在顶循系统中进行循环，因此盐含量不尽相同，每一组效率测试结果并不能代表设备每一天的脱盐效率，但从脱盐效率上来看经过设备的顶循油中盐含量均有降低，工艺路线的目的即是通过除盐设备长期运行将顶循系统中的盐类不断带出系统。从图5-23可以看出，随着设备的长期运行，顶循油中盐质量浓度不断降低，在第9天时降低至0.5mgNaCl/L，虽然在盐含量较低时设备的脱盐效率略低，但通过长期运行仍可将原油蒸馏装置进料带入的盐类带出，控制顶循系统中盐含量处于较低水平，减缓了腐蚀的发生。

2. 延迟焦化装置

1）工艺流程

某炼化企业1.4Mt/a延迟焦化装置分馏塔顶部塔盘、空冷管束、顶循泵等设备和管线经常出现严重的结盐现象，造成堵塞、腐蚀和泄漏等隐患，成为装置大处理量和长周期安全生产的瓶颈。后来应用除盐新技术，分出20t/h顶循回流油进入除盐成套设备，与0.5~1t/h除盐水混合，除盐水在微相萃取器分离器内快速溶解顶循油中的盐，脱盐后的顶循油汇合顶循回流返塔，含盐污水进入装置酸性水系统去下游污水汽提装置处理，如图 5-24 所示。

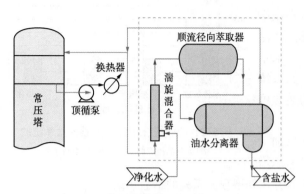

图 5-22 分馏塔顶循环油系统改造流程

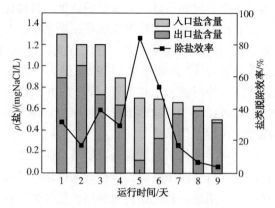

图 5-23 进出口顶循油盐含量测试结果

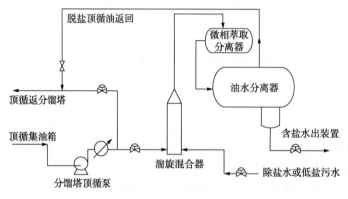

图 5-24 分馏塔除盐系统工艺流程

2）除盐效果

（1）自投用分馏塔顶循油除盐设施后，设备运行安全平稳。在原油脱盐连续超标、减压渣油盐含量持续增高的情况下，分馏塔顶部及顶循备用泵未出现结盐堵塞情况，运行泵未出现机封结盐泄漏和叶轮损坏等现象。

（2）投用除盐设施后，对进出除盐设备顶循油进行氯含量化验分析，从化验分析值看，分馏塔顶循油经过在线连续脱盐，油中氯含量逐步降低，同时含盐水中氯离子含量也在逐步降低。

5.4 静电聚结油水分离技术

近年来，随着我国大部分油田进入开采后期，原油重质化、劣质化趋势越来越明显，如塔河油田原油密度最高已经超过 $1g/cm^3$，胜利超稠油的密度也超过 $1g/cm^3$；再加上深度开采过程中采油助剂的大量使用，导致很多油田采出液油水乳化严重，这给常规油水分离带来下述问题：

（1）电脱水设备运行不稳。由于采出液含水高、性质差和乳化严重，经过常规油水分离后可能含水偏高，进入电脱水设备会导致电流升高甚至跳闸，影响电脱水设备的安全稳定运行，同时电流高还会增加电脱水设备的电耗。

（2）设备级数多、占地面积大、投资高。由于常规油水分离设备效率低，需要多级分离才能满足原油含水要求，必然导致设备个数多、占地面积增大、运行及维护费用增加。

（3）环保压力大。原油劣质化加上采油助剂的应用导致原油采出液乳化严重，加上常规油水分离效果差，会导致排水含油超标，给污水处理和环境保护带来很大压力。

对于炼化企业而言，原油劣质化、重质化趋势的加重，加上采油助剂的残留，往往造成电脱盐装置乳化严重，脱盐电流大幅增加甚至电场垮塌，最终造成脱盐效果下降，排水含油严重超标。为了减少原油流失，保护环境，炼化企业不得不对污水中的原油进行回收，一个炼化企业每年回收的污油少则数千吨，多则数万吨。这些污油由于含水、含盐高，乳化严重，没有合适的加工途径，造成炼化企业库存压力增大。

5.4.1 静电聚结油水分离技术介绍

静电脱水技术是油水乳化液最有效的分离技术，在油水分离、电脱水及原油电脱盐等领域得到了广泛应用，但传统的静电脱水技术均采用金属裸电极，虽然能使低含水量原油达到较好脱水效果，但已经不能适应油田高含水乳化液及炼化企业高含水污油的处理。从静电场用于原油电脱水之初，西方学者就发现了金属电极的弊端，含水较多的原油易形成水链造成短路，导致电场垮塌，严重的甚至会损坏变压器。为了解决上述问题，国外学者提出了静电聚结脱水的理念，即采用绝缘电极代替传统的电极，来解决高含水原油电场短路问题。

国外研究人员经过多年的实验研究，提出了静电预聚结脱水技术，通过绝缘电极材料的使用，可以直接处理高含水物料，加快水滴聚结速度，提高油水分离效率。该技术的发展主要体现在电极材料和结构的开发以及聚结器的研制方面。从1916年开始，西方学者尝试将具有绝缘性能的材料用于静电聚结脱水，适用的绝缘材料主要有有机玻璃、聚四氟乙烯绝缘层、聚甲基丙烯酸甲酯等。从20世纪80年代初开始，国外先后进行了紧凑型静电聚结器的研究，相继开发出了静电破乳器、电脉冲感应聚结器(EIPC)、紧凑型静电聚结器(CEC)、容器内置式静电聚结器(VIEC)、高效紧凑分离系统(LOW ACC)等。国内石油大学也开发了圆柱形静电聚结器。

虽然上述技术都进行过油田现场试验，也取得了较好的结果，但都没有得到大范围推广应用，分析认为可能存在设备可靠性、连续长周期运行安全有效性方面的问题。

针对油田存在的问题和海上油田急需开发油水分离效率高、设备占地面积小、排水含油低的油水分离技术及设备的需求，以及炼化企业急需解决污油处理的难题和日益严格的环保要求，中石化炼化工程(集团)股份有限公司洛阳技术研发中心(SEGR)在多年原油电脱盐技术积累、劣质油预处理研究及静电聚结高效油水分离技术研究的基础上，开发了原油静电聚结脱水技术。原油静电聚结脱水技术采用专用的进料分配器，可实现原油的快速收集，减少排水含油；采用复合电极技术，可在高含水工况下建立稳定的脱水电场，实现高含水原油的快速脱水；采用组合电场及智能连续调压技术，可实现原油的深度脱水；采用多种安全保障技术，可实现设备的安全稳定运行。该技术既可用于油田含水高达99%采出液的高效处理，又可用于炼化企业高含水污油的高效脱盐脱水处理，使处理后的原油满足生产要求，保证后续装置正常运行。

5.4.2 原油静电聚结脱水技术应用

1. 海上采油平台侧线试验

2012年12月，原油静电聚结脱水技术首次在国内某海上采油平台FPSO上进行了侧线试验。试验装置为橇装式设备，整体尺寸4600mm(长)×2500mm(宽)×4300mm(高)，由脱气罐和静电聚结分离器、变压器、控制柜、离心泵、流量计、压力表、温度计、液位计、平台梯子以及相应的各种阀门和管线等组成，如图5-25所示。设备总体积为6.26m³，按现场停留时间40min计算，设备处理量为9.39m³/h，设计最大处理量为40m³/h。现场侧线试验工艺流程如图5-26所示，采用同样的原料，在同样的温度下考察静电聚结分离技术的脱水效果。

现场侧线试验期间，油田采出液温度为51~58℃，含水80%~90%，生产分离器停留时间为40min，出口原油含水为16%左右。采用静电聚结分离器处理，在优化

图5-25 某海上采油平台原油
静电聚结脱水试验装置

的电压下，停留时间 40min，出口原油含水小于 1.3%；停留时间 10min，出口原油含水小于 7.8%。试验表明：在同样的工艺条件下，静电聚结脱水技术可提高脱水效果 90% 以上；在处理量提高到 4 倍（停留时间缩短到四分之一）的情况下，静电聚结脱水技术的处理效果仍比生产分离器好 50%。

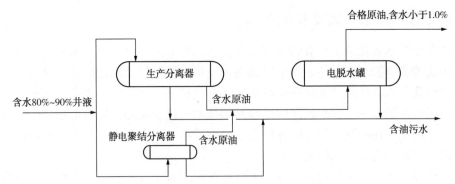

图 5-26　某海上采油平台原油静电聚结脱水试验流程示意图

2. 炼化企业应用

近年来，国内部分炼化企业对回收的各种污油采用掺入到电脱盐前的方式进行回炼，这对电脱盐装置运行产生了重大的影响，造成脱盐电流升高、脱盐效果下降，排水含油严重超标，产生更多的污油，形成恶性循环。这些污油、污水对炼化企业的污水处理影响很大，回收的这种污油越来越多，难以消化，从而造成污油严重积压，库存压力越来越大，影响企业的正常生产。为了解决部分炼化企业电脱盐排水含油高、回收的污油难加工等问题，将原油静电聚结脱水技术应用于炼化企业电脱盐高含油污水的处理，实现了污油的快速回收及高效脱盐脱水，处理后的污油可直接掺入常减压原油蒸馏装置进行加工。该技术于 2018 年 7~11 月在某炼化企业炼油一部 1# 原油蒸馏装置上进行了工业应用。

图 5-27　某炼化企业电脱盐污油静电聚结脱水处理系统

1）装置概况

静电聚结脱水装置采用橇装式设备，橇块尺寸为 7000mm（长）×3400mm（宽）×4500mm（高），由静电聚结油水分离罐、上部平台、下部平台和管线组成，如图 5-27 所示。静电聚结油水分离罐设计压力为 1.6MPa，设计温度为 150℃，最大液体量处理量为 25m³/h，处理液体的含水量满足 30%~99% 范围内变化，处理弹性为 60%~105%。

2）工艺流程

某炼化企业现场电脱盐排水处理流程如图 5-28 所示，图中虚线部分为电脱盐污油静电聚结脱水处理系统。为了不影响企业生产装置的正常运行，污油静电聚结脱水处理现场进料选择二级换热后的电脱盐排水，预先在二级换热器和三级换热器之间的管路上设置了三个阀门。工业试验时，电脱盐排水从二级换热器后引出，进入污油静电聚结脱水装置，收集污油并进行脱盐脱水处理，处理好的污油排入污油缓冲罐，收油后的污水返回到三级换热器之前，进料的多少通过主回路上的阀门来调节。

3）处理效果

现场应用期间，装置操作压力在 0.3~0.7MPa 之间，处理量在 5~25m³/h 之间，操作温度在 52~85℃之间，进料含油在 2000~75000mg/L 之间。采用静电聚结脱水技术处理后，原油回收率大于 97%，处理后的原油含水小于 0.5%，含盐小于 4.5mgNaCl/L，排水含油总体上小于 200mg/L，回收的原油可以直接掺入原油蒸馏装置进行加工。

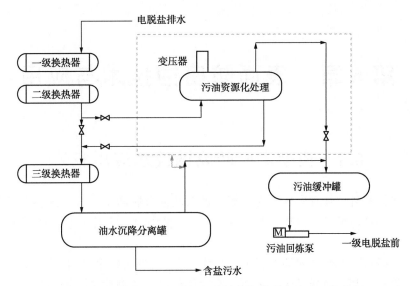

图 5-28　某炼化企业电脱盐污油静电聚结脱水处理工艺流程

参 考 文 献

[1] NACE SP0114. Standard Practice Refinery Injection and Process Mix Points [S]. Houston，2014.

[2] PETROVAS Technical Standards. Chemical Injection Facilities [J]．PETRONAS Technical Standards（PTS） publication，2010.

[3] API 932B. Design，Materials，Fabrication，Operation，and Inspection Guidelines for Corrosion Control in Hydroprocessing-Reactor Effluent Air Cooler（REAC）Systems[S]. Washington，2019.

[4] 中国石化股份有限公司炼油事业部.《炼油工艺防腐蚀管理规定》实施细则(第二版)[S]. 北京，2018.

[5] 洛阳德明石化设备有限公司．一种可在开工状态下拆装的注液设备：中国，201821830983.1[P]．2019-7-19.

[6] 洛阳德明石化设备有限公司．一种气体驱动式机械雾化分布器：中国，201910019544.5[P]．2019-4-2.

[7] 冯爱金，付晓锋，李剑．常减压原油蒸馏装置三顶注水系统改造[J]．石油石化节能，2017，8(8)：40-43.

[8] Adan Sun，Deyuan Fan. PREDICTION，MONITORING，AND CONTROL OF AMMONIUM CHLORIDE CORROSION IN REFINING PROCESSES[J]．NACE Corrosion，2010，10305.

[9] 范利．在线除盐技术在常压塔顶循流程的应用[J]．石化技术，2020，27(10)：77-79.

[10] 华东理工大学．延长分馏塔顶循环油系统运转周期的方法：中国，1031942588[P]．2014-10-22.

[11] 华东理工大学．一种油品深度脱水的方法及装置：中国，103980934B[P]．2015-07-01.

[12] 李利辉，王继虎，竺嘉斌，等．常减压常顶循环油系统在线脱盐脱酸防腐新技术[J]．炼油技术与工程，2018，48(5)：20-25.

[13] 侯继承，许萧．延迟焦化分馏塔除盐新技术的工业应用[J]．炼油技术与工程，2014，44(9)：13-16.

[14] 李振泉，郭长春，王军，等．特高含水期油藏剩余油分布新认识[J]．油气地质与采收率，2019，26(6)：19-27.

[15] 徐孝轩．高含水油田原油脱水节能对策[J]．石油石化节能，2015，5(10)：35-37.

[16] 许立华．海上平台稠油脱水工艺要点简述[J]．科技创新与应用，2015(6)：31.

[17] 孙宇，胡建凯．炼油厂重污油回炼新工艺的研究[J]．石油化工技术与经济，2014，30(5)：33-35.

[18] Frank W. Peek，JR. Separation of liquid suspensions，US Patent 1170184(1916).

[19] H. F. Fisher. Dehydrator with high field intensity grounded electrode. US Patent 1838924(1931).

[20] Halley Wolfe，Angeles et al. Method and apparatus for electelcally treating fluids. US Patent 2364118(1944).

[21] Carl C. Grove，Gardena，Calif. Electrical process for dehydrating oil. US patent 2539074(1951).

[22] McCoy et al. Method and apparatus for removing contaminants from liquids. US patent 3839176(1974).

[23] 陈家庆，朱玲，丁艺，等．原油脱水用紧凑型静电预聚结技术(三)[J]．石油机械，2010，38(8)：82-86.

[24] 陈家庆，初庆东，张宝生，等．原油脱水用紧凑型静电预聚结技术(二)[J]．石油机械，2009，37(5)：77-82.

[25] 陈家庆，常俊英，王晓轩，等．原油脱水用紧凑型静电预聚结技术(一)[J]．石油机械，2008，36(12)：75-80.

第6章 表面防腐蚀技术与应用

6.1 典型表面防腐蚀技术应用概述

原油中除碳、氢元素外,还存在硫、氮、氧、氯以及重金属和杂质等,这些非碳氢元素在石油加工过程中转化为各种各样的腐蚀性介质,与石油加工过程中加入的化学物质(助剂)一起形成复杂多变的腐蚀环境。

一般通过材质升级可以达到防腐蚀的目的,但由于部分设备体积、质量大,高等级材质制造的设备制造成本高、周期长。相比材质升级,表面防腐性价比高,在防腐蚀的同时有些工艺技术还可以改善材料表面的其他性能。

炼化装置中大量的金属设备,根据介质环境和设计寿命的不同需求,广泛应用了表面防腐蚀技术。相比选用高等级材料来满足设备防腐蚀要求,在实际应用中表面处理技术往往是兼具多样性和经济性且更为合理的技术路线。

金属表面防腐蚀技术通过工艺方法赋予金属表面不同于基体材料的化学成分、组织结构、相组成或表面形貌,使其在特定介质中具有明显优于基体材料的耐腐蚀特性,从而起到了延长设备使用寿命、保障装置长周期运行的目的。

常见的表面防腐蚀技术包括涂层技术、合金催化技术、不锈钢表面强化技术、非金属衬里技术、热喷涂技术等,本章主要介绍炼化装置中常见的表面防腐蚀技术在典型的金属设备中的应用(见表6-1),以为设计及设备管理人员提供有益参考。

表6-1 炼化装置常用表面防腐蚀技术与应用一览表

设备类型＼表面技术	涂层	合金催化膜层	不锈钢表面强化	非金属衬里	热喷涂
储罐	√			√	√
管道	√	√	√	√	√
冷换设备	√	√	√		√
塔及内件	√		√	√	√

6.2 涂 层 技 术

防腐蚀涂层用于炼化装置金属设备的防护就是采用不同的工艺将涂料涂覆在金属表面,相当于给金属穿上一层外衣,将金属材料与腐蚀环境隔离,防止金属发生电化学腐蚀和化学腐蚀,从而有效延长设备使用寿命。同时有些涂层还能具有特定的功能性,满足不同环境的应用要求。涂层防腐技术的应用对节约大量金属材料及保障炼化装置的长周期运行有着非常重要的作用和意义。

炼化装置对防腐涂料的需求:炼化装置设备及管道外壁对防腐蚀涂料的要求是多方面的,既需要耐化工大气腐蚀、耐盐雾侵蚀、耐土壤腐蚀、耐高温腐蚀、耐化学品侵蚀等优良的性能,还需要满足防静电等其他功能性需求,因此炼化装置选用的涂料产品具有多样性和复杂性。从传统的醇酸树脂涂料、氯磺化聚乙烯涂料、高氯化聚乙烯涂料、氯化橡胶涂料、沥青涂料等到低碳环保的富锌涂料、玻璃鳞片涂料、反射隔热涂料、耐黏污自清洁涂料、高性能石墨烯涂料等,其逐步向低 VOCs、高固体分、低表面处理、底面合一、厚膜型施工等方向发展。其中无溶剂、高固体分、水性涂料的应用，在保证防腐蚀性能的同时，有效地解决了目前炼化装置在设备涂装过程中传统溶剂型涂料施工带来的安全问题和环保问题。

同时伴随着涂料工业进步，涂装技术也取得了长足发展，从早期的刷涂、辊涂、喷涂等传统涂装技术发展到静电喷涂、高压无气喷涂等先进涂装技术，促使在炼化装置中越来越多的高性能涂层得到应用，其中在钢结构、管道、冷换设备、储罐等设备中的应用最为成熟。

6.2.1 冷换设备涂层防腐技术

冷换设备大量采用防腐涂层的方式解决其腐蚀问题，冷换设备防腐涂层需要具有良好的防腐蚀能力、耐温性、优异的导热性能以及抗蒸汽吹扫性能，常用的冷换设备专用防腐涂料有SHY99、TH-901等。其中SHY99防腐涂料是山东德齐华仪防腐工程有限公司研制和开发的一种冷换设备专用防腐涂料；TH-901防腐涂料是由国家海洋局海水淡化研究所中海防腐公司研制和开发的一种防腐涂料，目前两种涂料在冷换设备防腐工程中应用比较广泛。

1. 技术原理

在潮湿环境中由于氧和水分的存在使金属产生腐蚀，反应如下：

阳极： $$Fe \longrightarrow Fe^{2+} + 2e$$

阴极： $$2H^+ + 2e \longrightarrow 2H \longrightarrow H_2 \uparrow$$

或 $$2H_2O + O_2 + 4e \longrightarrow 4OH^-$$

在溶液中： $$Fe + 2OH^- \longrightarrow Fe(OH)_2$$

在水与氧的作用下，$Fe(OH)_2$生成水合氧化铁，即铁锈：

$$2Fe(OH)_2 + H_2O + 1/2O_2 \longrightarrow Fe_2O_3 + xH_2O$$

冷换设备涂层防腐技术是根据冷换设备结构特点，采用特殊的施工工艺，将专用防腐蚀涂料涂覆在基体表面，从而阻隔腐蚀介质对金属基体的影响，同时涂料中的防锈颜料还能够在不同角度减小腐蚀电池反应，起到缓蚀效果，从而提升冷换设备的使用寿命和运行状况。

冷换设备涂层防腐除了对材料本身的性能要求外，合理的施工工艺及严格的过程控制也是非常重要的方面，其中包括施工人员的专业化水平、对基材的处理质量、施工环境的控制等多方面。图6-1和图6-2分别对基材处理的等级要求以及防腐涂层外观质量进行说明。表6-2列出了SH/T 3540—2018《钢制冷换设备管束防腐涂料及涂装技术规范》中对冷换设备涂层性能指标的要求。

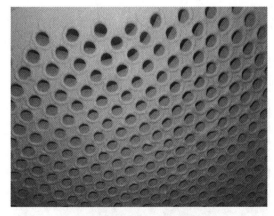

图6-1　基材处理Sa2½级

图6-2　水冷器应用SHY99防腐涂层

表6-2　《钢制冷换设备管束防腐涂料及涂装技术规范》涂层性能指标

检查项目	执行标准	合格指标	检测部位
附着力	GB/T 1720-划圈法	1级	平行试样
	GB/T 9286-划格法	1级	平行试样

检查项目	执行标准	合格指标	检测部位
冲击强度	GB/T 1732	40cm	平行试样
硬度	GB/T 1730-B 法	>0.6	平行试样
柔韧性	GB/T 1731	1mm	平行试样
耐温变	GB/T 1735	10 周期无变化(-40~300℃/1 周期)	平行样管
耐水性(水煮)	GB/T 1733	120h 无变化	平行样管

目前国内冷换设备防腐层涂装技术水平良莠不齐，有的甚至为了降低成本忽视隐蔽工程的施工质量，未严格按照行业标准及防腐材料的施工要求组织施工，导致出现了一些防腐涂层失效案例(见图 6-3)，可见过程控制及质量管理工作的重要性。

2. 技术特点

(1) 优异的耐介质性能：对腐蚀介质稳定，有效延长设备使用寿命；

(2) 良好的导热性能及阻垢性能：可有效地提高设备传热效率，提升装置运行水平，降低劳动强度，减少非计划性停工造成的经济损失。图 6-4 标示了不同时间点有无防腐涂层对换热管传热效率的影响。

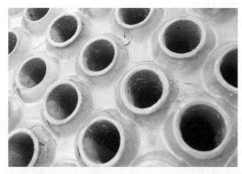

图 6-3 某防腐厂家防腐涂层层间脱落

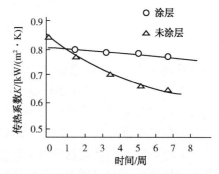

图 6-4 有无防腐涂层对换热管传热系数影响

(3) 耐高温性：满足开停工时 240℃、10kgf/cm² 蒸汽 24h 扫线要求。

3. 工程案例

1) 循环水系统腐蚀

随着循环水浓缩倍数的提高，水中成垢盐类及腐蚀性离子也成倍增加，给整个系统带来了严重的结垢腐蚀问题，影响了生产装置的平稳运行。在循环水系统中，冷换设备腐蚀主要是由溶解的盐、气体、有机化合物或微生物造成的，其可以导致设备不同形式的腐蚀损伤，包括均匀腐蚀、点蚀、微生物腐蚀、应力腐蚀开裂和垢下腐蚀等。图 6-5 为典型的冷换设备在循环水层的腐蚀形态。

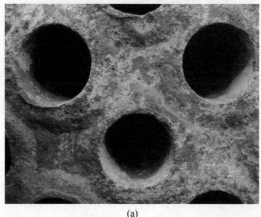

(a)

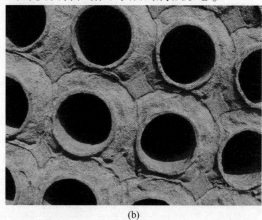

(b)

图 6-5 水冷器典型的循环水侧腐蚀形态

在循环水侧采用涂层方式进行腐蚀控制，是国内大多数炼化企业采用的方式。图6-6为SHY99防腐涂层在炼化装置中的应用情况。

(a)　　　　　　　　　　　　　　　(b)

图6-6　SHY99防腐涂层在中石化某炼化冷换设备循环水系统中应用4年

2）涂料+牺牲阳极保护

为解决循环水的腐蚀问题，有的企业采用涂料+牺牲阳极保护的方法，解决循环水的电化学腐蚀问题，获得了理想的防腐效果。发生电化学腐蚀时，阴阳极之间产生腐蚀电流。采用电极电位比被防腐体低的金属并与基体接触，利用低电位金属的腐蚀电流作为高电位被防腐体的防腐蚀电流。牺牲阳极通常选用镁合金阳极。

阳极块的布局原则：不能影响管程介质的流速；阳极前端与管板间距要小于阳极之间及阳极与封头内表面的距离；阳极块平面布局要尽量均匀（见图6-7）。

阳极块的设计原则：牺牲阳极的规格是影响使用寿命和发生电流的重要因素。受水冷器检修周期的限制，牺牲阳极的尺寸不宜过小，应对牺牲阳极的使用寿命进行理论计算，尽量保证其使用寿命满足一个检修周期，还应考虑冲刷和温度对其使用寿命的影响；另外，牺牲阳极的规格尺寸还受水冷器管箱和小浮头内尺寸的限制，牺牲阳极过大或安装过多会占据管箱和小浮头内较大空间，影响循环水的流速。

图6-7　SHY99涂层+牺牲阳极防护

阳极块的安装原则：阳极块安装在水冷器管箱和小浮头的内部。阳极块采用焊接或者螺栓连接的方法进行固定，安装完成后须将焊渣清除干净，铁脚采用板状铁脚，材质为碳素结构钢，铁脚表面应清洁无锈，并经过镀锌处理，镀锌层质量应符合GB/T 3764《金属镀层和化学覆盖层厚度系列及质量要求》的规定。对安装后的牺牲阳极应仔细检查，确保安装牢靠、接触良好。

阳极块表面质量：牺牲阳极的工作表面可为铸造面，工作表面应无氧化渣、毛刺、飞边等缺陷，不允许有裂纹团存在。

6.3　合金催化膜层技术

6.3.1　技术原理

炼化装置金属设备常用的镀层防腐技术一般有电镀技术和合金催化技术两种。电镀层是一种电化学过程，利用直流电从电解液中将金属离子还原，在工件（阴极）上不断析出并不断沉积而成；合金催化层是在无外加电流的条件下，利用还原剂的作用，使合金催化液中的金属离子通过化学沉积的方法，向呈催化活性的基体表面析出沉积而成。

合金催化层是一种均一单相组织，没有晶粒边界，不易形成电偶腐蚀，加之在酸性介质中形成致密的钝化膜，所以合金催化层具有优良的化学惰性。

需要说明的是，在合金催化层制备过程中，由于基体表面粗糙度过大、合金催化层厚度过薄或者前处理不合格等原因，都有可能造成合金催化层不完整或者存在空隙，在大多数使用介质中会构成大阴极、小阳极型腐蚀原电池，使设备局部腐蚀加剧。所以施工过程中特别强调要进行封孔处理，常见的封孔工艺包括无机铬盐溶液封孔、TiO_2-SiO_2溶胶法封孔、有机硅封孔剂封孔法等，封孔完成后采用蓝点法进行孔隙率检测，并完成工程质量验收。

合金催化层主要物相为玻璃态非晶物质，图6-8为合金催化层 X 射线衍射图，从图中可以看出，在 2Theta＝45°处有明显的衍射馒头峰，且馒头峰向两侧漫散开来，是非晶态很强的显著特征。

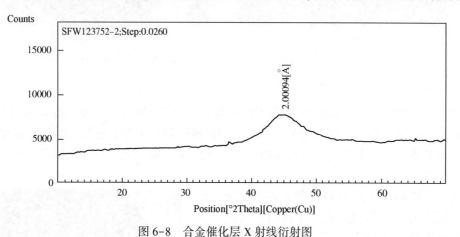

图 6-8 合金催化层 X 射线衍射图

6.3.2 技术特点

1. 耐腐蚀性好

表6-3给出了高磷含量(磷含量为9%～12%)的合金催化层在不同介质中与不锈钢的腐蚀速率(全浸法)对比。

表6-3 合金催化层与不锈钢腐蚀速率对比

介 质	温度/℃	腐蚀速度/(mm/a)	
		合金催化层	Cr18Ni9Ti
40%硫酸	30	0.012	>1.5
37%盐酸	30	0.042	>1.5
40%氢氟酸	30	0.012	>1.5
40%乳酸	沸腾	0.189	>1.5
50%磷酸	50	0.043	>1.5
50%柠檬酸	50	0.041	0.5
85%甲酸	沸腾	0.012	>1.5
30%醋酸	沸腾	0.078	0.5～1.5
浓硝酸	30	1.029	<0.5
96%氢氧化钠	沸腾	0.096	>1.5
20%重铬酸钾	沸腾	0.001	0.05～0.5

介　质	温度/℃	腐蚀速度/（mm/a）	
		合金催化层	Cr18Ni9Ti
3.5%氯化钠	沸腾	0.003	0.05~1.5
10%氯化钾	沸腾	0.006	0.005~1.5
45%氯化镁	沸腾	0.005	>1.5
10%氯化铁	30	1.516	>1.5
10%氯化铵铜	沸腾	0.092	>1.5
10%硫酸铜	30	0.072	0.05
30%次氯酸钠	95	0.0001	>1.5

合金催化层性能优异，几乎不受碱液、中性盐水、半咸水和海水的腐蚀。50μm厚的合金催化层在浓度为400g/L碱溶液（180℃）中有很好的耐蚀性。在72%的NaOH溶液中（115℃），其耐蚀性比纯镍高5~10倍。在含氯离子的盐溶液中，合金催化层的腐蚀速率明显低于18-8不锈钢。在一些含盐酸的化工原料中，合金催化层的耐蚀性远优于普通碳钢。在H_3PO_4、H_2SO_4和10%HF中，其腐蚀速率低于硬铬镀层。对石油炼制及石油化工中Cl^-应力腐蚀、H_2S和环烷酸的腐蚀具有优异的防腐蚀能力，在有机介质中也具有良好的耐蚀性（见图6-9）。

图6-9　合金催化层

2. 硬度高

表6-4给出合金催化层在热处理前、后的硬度值。

表6-4　合金催化层在热处理前、后的硬度值

未经热处理		400℃热处理	
硬度值（HV）	平均值（HV）	硬度值（HV）	平均值（HV）
606		974	
627	637	943	969
678		988	
627		988	
627	634	1097	1040
648		1034	

注：载荷为100g。

表6-4表明，通过合金催化表面强化可以获得较高的硬度，并且经过热处理可进一步提升硬度指标。

3. 附着力强

参照ISO 1458—2002（E）标准，进行加热-骤冷试验，试样尺寸为45mm×70mm×1mm，表面沉积50~100μm合金催化层在300℃温度下加热1h，然后浸室温水中骤冷，试样表面光洁，无任何鼓泡、片状剥离或碎屑现象出现。用同样尺寸试件，参照ISO 2819—2017（E）标准进行弯曲试验，试样经多次180°弯曲，直至断裂，镀层无剥落现象。

4. 耐磨性好

黄铜试片（22mm×22mm）上分别镀10μm的合金催化层与Cr，压在直径120mm、转速3000r/min的木棉上抛光，测定磨损量，结果见表6-5。

表 6-5　未经热处理的合金催化层和 Cr 层耐磨性对比

合金催化层	磨损量/mg				平均磨损量/mg
合金催化 （未经热处理）	6.0	4.1	6.4	3.4	5.0
Cr	3.0	2.8	3.5	2.0	2.8

美国标准局用对耐磨件-碳素工具钢进行了干滑动耐磨试验，结果表明，合金催化层经热处理，其耐磨性明显改善，并且随热处理温度升高而提高，可与硬铬媲美，结果见表 6-6。

表 6-6　400℃热处理合金催化层和 Cr 耐磨性对比

镀层	硬度/(kg^2/mm^2)	磨损速率/$(10^{-4}mm^3/m)$
合金催化(5%P 含量)(400℃热处理)	890	0.12(0.068)
Cr-1	650	1.0
Cr-2	820	0.18

6.3.3　工程案例

炼化行业中，合金催化防腐技术主要应用于管道、泵、阀门、搅拌器以及反应罐、热交换器、蒸发浓缩罐等，其基材金属类型、磷含量、设计镀层厚度及性能见表 6-7。主要发挥其耐蚀性好、硬度高、耐磨性好的特性。

表 6-7　合金催化层在炼化装置中的主要应用

零件	基材金属类型	磷含量	镀层厚度/μm	性能
压力容器	钢	高磷	50	耐蚀
反应容器	钢	高磷	100	耐蚀、提高产品纯度
搅拌器轴	钢	低磷、中磷、高磷	37.5	耐蚀
泵和叶轮	钢、铸铁	低磷、中磷、高磷	75	耐蚀
热交换器	钢	高磷	75	耐蚀、耐冲蚀
过滤器和零件	钢	高磷	25	耐蚀、耐冲蚀
涡轮机叶轮转子	钢	高磷	75	耐蚀、耐冲蚀
压缩机叶轮	铝	高磷	12.5	耐蚀、耐冲蚀
喷嘴	黄铜、钢	高磷	12.5	耐蚀、耐冲蚀
球阀、闸阀、止逆阀、 蝶阀、旋塞阀	钢	低磷、中磷、高磷	75	耐蚀、润滑
阀门	不锈钢	低磷、中磷、高磷	25	耐磨、抗擦伤、 防应力腐蚀开裂

注：根据合金催化层中磷含量，可将合金催化层分为低磷(1%~4%)、中磷(5%~8%)、高磷(9%~12%)。

在炼油生产装置中的诸多系统(如原油蒸馏装置分馏系统、重油催化裂化装置、延迟焦化装置、催化重整装置、气体分馏装置、加氢精制装置、硫酸回收装置、芳烃抽提装置等系统)中，工作温度在 100~350℃范围内，工作介质中含有 H_2S、单质硫及硫化物、环烷酸、HCl 及 Cl^- 成分等腐蚀介质的设备，均可采用合金催化工艺技术。中石化某厂在原油蒸馏装置减渣换热器上采用合金催化技术保护的碳钢管束已用 8 年从未出现腐蚀穿孔现象；另一企业在常压蒸馏装置三顶(常压塔顶、减压塔顶、初馏塔顶)部位的设备上自 1996 年采用合金催化层保护技术最长应用寿命达到七年，最短也有三年以上，较好地解决了该部位在生产中遇到的 HCl+H_2S+H_2O 的腐蚀问题。

1. 重整装置预加氢进料换热器

在预加氢单元中反应产物馏出系统中氯化物腐蚀是主要问题之一。在预加氢部分，由于原料中含有一定量的硫、氮、氧、氯等化合物，在预加氢过程中会与氢反应生成 H_2S、NH_3、H_2O、HCl 等，形成低温 $H_2S+HCl+H_2O$ 腐蚀环境，合金催化层在该环境中具有良好的应用效果，在中石化多家炼化企业都有超过一个周期的使用业绩。

2. 催化装置分馏塔顶冷却器

催化装置中分馏塔顶冷凝冷却系统主要发生 $H_2S+HCl+NH_3+CO_2+H_2O$ 型腐蚀，H_2S、HCl 和 NH_3 在适当的温度下反应生成 NH_4Cl 和 NH_4HS，易在低温下结晶形成盐垢，它们的结垢和水解所形成的 $HCl+H_2S+H_2O$ 环境是造成塔顶及顶循环系统腐蚀的直接原因，表现为均匀腐蚀减薄和坑蚀，在中石化某炼厂成功应用合金催化技术可有效降低材质等级，满足设备管理的要求。

需要说明的是，分馏塔顶冷凝冷却系统的防腐蚀在采用表面防腐技术的同时需要按照工艺防腐蚀管理规定做好工艺防腐工作，分馏塔顶挥发线可注中和剂和缓蚀剂，顶循环油可增加除盐设施，洗涤 Cl^- 等有害介质，避免铵盐结晶造成的垢下腐蚀。

例如中石化某炼厂催化装置分流塔顶冷却器，介质为顶循油，温度为 115～100℃，投用时间为 2018 年 1 月，合金催化层厚度为 75μm，投用 2 年 10 个月，设备表面防护层完整，状况良好，如图 6-10 所示。

展望：合金催化技术作为一种新兴的表面处理技术，未来正朝着多元化的方向发展，比如微粒与合金共沉积的技术、多元合金共沉积技术、研究开发特定的功能性镀层、镀液稳定性及废液处理方面，随着技术稳定性和功能性的进步和拓展，未来也将在石油化工行业得到更加广泛的应用。

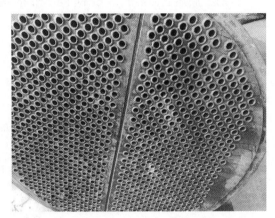

图 6-10　中石化某炼厂催化装置分馏塔顶冷却器使用 2 年 10 个月

6.4　不锈钢表面原位改性氧化物膜层技术

6.4.1　技术原理

不锈钢钝化不仅能预防局部腐蚀，还能够提高不锈钢在环境介质中的化学稳定性。不锈钢优良的抗腐蚀性能来自表面的 Cr_2O_3 自然钝化膜。通过在不锈钢表面制备一层厚度更厚的钝化膜，可以大大提高材料的耐蚀性。

不锈钢表面原位改性氧化物膜层技术（Corrosion-resistant Treatment Surface，CTS）是对不锈钢钝化的加强，是一种通过消除材料表面晶间缺陷和加工形变诱导的马氏体，在基材表面生成一层超强钝化膜层的表面技术。

CTS 技术的原理是采用化学-电化学方法在基材表面消除缺陷，生成强化膜层。通过增加具有抗腐蚀性能的 Cr_2O_3 的含量，并减少易腐蚀的 Fe 以及催化结焦活性较强的 Ni，使材料在提升耐蚀性能的同时具有抗焦的优良性能。

如图 6-11 所示，通过对不同金相组织的耐蚀性差异和金相组织的溶解度之间的关系进行深入研究，利用奥氏体晶间缺陷与加工形变诱导马氏体易于溶解的特点，选择性地消除不锈钢表面易蚀缺陷，制造出局部深入基材内的粗糙表面，并用电化学的方法在此表面上生成以 Cr_2O_3 为主、锚入基材达500nm 以上的致密保护膜，膜层厚度是不锈钢自然钝化膜厚度的 100 倍以上。在缺陷较多的表面形成了更厚的保护膜层，实现"变弊为利"的转化，也解决了不锈钢复杂结构内件不适用高温固溶法消除形变诱导马氏体，且在炼化装置严苛腐蚀环境下形变诱导马氏体引起的易蚀问题。

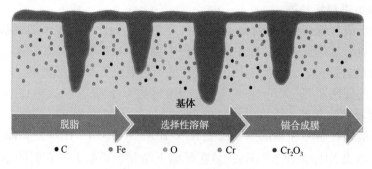

图 6-11　生产流程示意图

同时，膜层表面形成富 Cr 低 Fe、Ni 的元素分布，大大降低了催化结焦的活性，通过改善表面的光滑程度，减少流体在材料表面的停留时间，同时通过改善油性物质在表面的润湿性，减少"干板"现象，取得良好的抗结焦性能。

6.4.2　技术特点

1. 耐蚀性强

表面强化后的膜层化学成分发生改变，如表 6-8 所示，300 系奥氏体不锈钢膜层中 Cr 元素含量超过 40%，膜层的耐点蚀当量（PREN）≥40，比原材质提高了 1 倍以上，高于很多耐蚀性能优秀的不锈钢合金材料，抗腐蚀效果非常明显。PREN=1×Cr%+3.3×Mo%+16×N%，式中 Cr%、Mo% 和 N% 分别为元素 Cr、Mo 以及 N 的质量分数。

表 6-8　膜层主要元素含量表

元素	质量分数/%	元素	质量分数/%	元素	质量分数/%
C	0~3	Fe	10~35	Si	0~2.5
O	20~35	Mo	1~4	Ca	0~2
Cr	40~53	Ni	0~4	其他	<1

不锈钢自然钝化膜的厚度小于 10nm，国际上先进技术目前能够达到的最大膜层厚度为 100nm。而 CTS 技术处理的不锈钢件耐蚀膜层的最大厚度可达到 1000nm。

针对氯离子、硫化物、环烷酸等有机酸的抗腐蚀效果，相比未经过强化处理的普通不锈钢 304、316L、317L 明显提升。图 6-12 为三氯化铁腐蚀试验中经 CTS 技术处理前后材料腐蚀速率的对比情况。

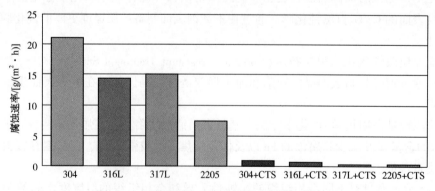

图 6-12　不锈钢经 CTS 处理前后腐蚀速率对比

2. 耐蚀的同时抗结焦

在降低材料表面膜层易腐蚀且催化活性较强的元素 Fe 的同时，催化结焦活性较强的 Ni 元素含量也有所减少，Cr 元素含量增加并以氧化态存在，不具备催化活性，整体膜层的催化活性大幅降低，使得材料表面抗结焦性能得到提升。同时通过改善材料表面润湿性和光滑度，进一步减缓结焦的发生。

296

3. 适用范围广泛

在不锈钢材表面形成的膜层与基材形成嵌入式锚合结构，因此膜层与基材的热膨胀不会出现明显的断层，在接触介质温度明显波动变化的情况下不会出现膜层脱落的情况。800℃的热震试验显示膜层无脱落，结合力远大于其他涂层、镀层材料，能够适应炼化行业大部分设备的操作温度变化要求。

CTS技术适用于含有奥氏体的不锈钢材料，主要有奥氏体不锈钢、双相钢以及超级不锈钢等。经过CTS技术处理的塔内件、换热器、过滤器等可广泛应用于炼化行业等含有氯离子、硫及硫化物和环烷酸等有机酸的复杂腐蚀环境中。

同时，CTS的生产工艺可以适应塔内件、换热器、管道、泵等各种复杂结构工件，达到均匀一致的处理效果。

6.4.3 在炼化装置的应用

CTS技术已广泛应用于炼化企业，在原油蒸馏装置、污水汽提装置、煤化工装置等的塔内件、管道、换热器和过滤器等设备成功应用，有效提高了设备的耐腐蚀能力。该技术的应用已覆盖高酸和高硫原油蒸馏、污水汽提、煤化工等严苛工况，应用效果显著。目前应用的案例中，各种腐蚀介质的最大浓度分别为：原油酸值最高达4.33mgKOH/g，原油硫含量最高达2.65%，酸性水进料H_2S含量最高达8409mg/L（塔顶70%~90%以上），Cl^-含量最高达11000mg/L。

1. 原油蒸馏装置

原油蒸馏装置作为炼化企业的龙头装置，担负着重要的作用。该装置通过物理蒸馏的方法产出中间馏分或是为二次加工装置提供原料。该装置的稳定优质运行是全厂安全长稳优运行的先决条件。近年来，原油蒸馏装置受到原油劣质化的影响，腐蚀和结焦问题日益突出。

目前装置选材一般参考SH/T 3096—2012《高硫原油加工装置设备和管道设计选材导则》和SH/T 3129—2012《高酸原油加工装置设备和管道设计选材导则》。以减压塔为例，选材标准如表6-9和表6-10所示。

表6-9 加工高酸低硫和高酸高硫原油减压塔主要设备推荐用材

设备名称	设备部位	设备主材推荐材料	备 注
减压塔	壳体	碳钢+06Cr13	介质温度<240℃
		碳钢+022Cr19Ni10	介质温度240~288℃
		碳钢+022Cr17Ni12Mo2	介质温度≥288℃
	塔盘	06Cr13	介质温度<240℃
		022Cr19Ni10	介质温度≥240℃
		022Cr17Ni12Mo2	介质温度≥288℃
	集油箱、分配器、填料支撑等其他内构件	06Cr13	介质温度<240℃
		022Cr19Ni10	介质温度240~288℃
		022Cr17Ni12Mo2	介质温度≥288℃
	填料	022Cr19Ni10	介质温度<240℃
		022Cr17Ni12Mo2	介质温度240~288℃
		022Cr19Ni13Mo3	介质温度≥288℃

表6-10 加工高硫低酸原油减压塔主要设备推荐用材

设备名称	设备部位	设备主材推荐材料	备 注
减压塔	壳体	碳钢+06Cr13	介质温度≤350℃
		碳钢+022Cr19Ni10	介质温度>350℃
	塔盘	06Cr13	介质温度≤350℃
		022Cr19Ni10	介质温度>350℃
	填料	022Cr19Ni10	

由于加工原油的多样性，即使采用标准中的推荐材质，实际生产中腐蚀还是会不可避免地发生，影响设备的长周期稳定运行。如果在设计阶段，根据不同的腐蚀介质与操作工况，采用合适的CTS工艺，在不升级材质的情况下，提高基材的耐蚀抗焦水平，可以保障装置安全长稳优运行。以下是CTS技术在原油蒸馏装置应用的几个典型案例。

1）高硫低酸原油工况

中国石化某分公司2#原油蒸馏装置，加工原油硫含量为2.45%，酸值为0.24mgKOH/g，属于高硫低酸原油。减压塔填料原设计材质为316L，运行过程中洗涤段高温硫腐蚀[见图6-13（a）]和结焦[见图6-13（c）]问题严重。检修前，减压塔压降逐步上升至16mmHg，严重超过设计值。2015年大修，应用CTS技术对减压塔全塔4段填料进行强化。至2020年检修，316L+CTS填料应用一个周期后未发生腐蚀[见图6-13（b）]，未见明显结焦[见图6-13（d）]，继续第二个周期的应用。该技术也在加工高硫原油的中国石化青岛炼化1200万吨/年原油蒸馏装置减压塔减一线、减二线填料进行了应用。

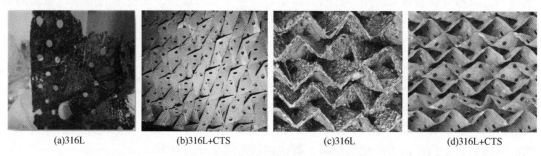

| (a)316L | (b)316L+CTS | (c)316L | (d)316L+CTS |

图6-13 应用前后腐蚀和结焦情况对比

2）高酸低硫原油工况

中海石油某石化公司1200万吨/年原油蒸馏装置，加工原油酸值为4.33mgKOH/g，硫含量为0.34%，属于高酸低硫原油。减压塔洗涤段填料原设计材质为317L，高温环烷酸腐蚀严重，对部分填料应用CTS技术，与317L填料进行耐蚀性能对比测试。图6-14为测试的结果对比，317L填料应用一个周期后腐蚀报废更换[见图6-14（a）]，317L+CTS填料应用一个周期[见图6-14（b）]和两个周期[见图6-14（c）]后均未发生可见腐蚀，目前正在进行第三个周期的服役，使用寿命延长2倍以上。此外，CTS技术还在加工高酸低硫原油的中海石油中捷石化、中海石油大榭石化得到成功应用。

| (a)317L(2011~2014年) | (b)317L+CTS(2011~2014年) | (c)317L+CTS(2011~2014~2019年) |

图6-14 洗涤段测试填料效果对比

3）高硫高酸原油工况

珠海某石化公司100万吨/年沥青装置加工委内瑞拉马瑞原油，硫含量为2.97%，酸值为1.74mgKOH/g，API为16.0，属于高硫高酸重质原油。减压塔高温段填料原设计材质为316L。2016年检修发现减三线、减四线填料都出现了整体腐蚀塌陷，如图6-15（a）所示。检修后应用316L+CTS填料，运行二个周期后检修发现填料表面光洁，未见腐蚀，继续应用。图6-15（b）为316L+CTS填料2019年检修现场照片，图6-15（c）为2021年检修现场照片。

| (a)316L(2014~2016年) | (b)316L+CTS(2017~2019年) | (c)316L+CTS(2017~2021年) |

图 6-15　减三线填料应用前后腐蚀情况对比

中国石化某分公司 800 万吨/年原油蒸馏装置，加工原油硫含量为 1.16%，酸值为 0.92mgKOH/g，属于高硫高酸原油。减压塔采用深拔工艺，运行至第 2 周期减压塔压降开始有逐步增加趋势，中后期全塔压降最高达到了 5.47kPa，主要在洗涤段，分析原因主要是减压塔高温段填料结焦。2017 年 4 月装置检修发现减压塔洗涤段填料表面结焦严重，运用风镐强行拆除后报废。检修期间对减一线、减二线填料进行更换(化学清洗)，对减三线和洗涤段原设计的 317L 填料应用 CTS 技术。重新开车后减压塔的压降下降至 1.73kPa，并在随后的一个周期(4 年)内保持平稳。图 6-16 为应用前后一个周期减压塔压降变化的情况。

图 6-16　减压塔压降数据

应用 CTS 技术不仅能带来耐蚀抗焦的效果，同时也能带来工艺的改进以及效益的增加。检修后由于减压塔全塔压降下降，装置总拔出率明显升高。检修前装置总拔出率约为 71.48%，检修后装置总拔出率约为 75.45%，装置总拔出率平均增加 3.97%，经济效益明显。

CTS 技术在国内多家炼油企业的原油蒸馏装置都有成功应用，包括中国石化扬子石化、安庆石化、齐鲁石化、北海炼化、青岛炼化、沧州石化、武汉石化、高桥石化、中科炼化、中国石油吉林石化、兰州石化、庆阳石化、南充石化，中海石油惠州石化、大榭石化、中捷石化等炼化企业的原油蒸馏装置。

2. 二次加工装置

炼化企业停工检修时，大量塔内件由于表面存在结焦、油污、腐蚀产物，无法有效清除，继续使用影响工艺运行效果、降低产品质量、存在安全隐患，需要更换，造成资源浪费。不锈钢塔内件循环再利用技术在不影响材料机械性能前提下去除氧化物和油性积碳混合层，并进一步强化因腐蚀受损的材料性能，实现不锈钢内件的循环再利用，从而减少了不锈钢的使用，为"碳达峰、碳中和"作出贡献。

中国石化某炼化公司 290 万吨/年延迟焦化装置，原料渣油中的硫含量为 4.98%，柴油中硫含量为 2.65%，酸值为 2.9mgKOH/100mL。2015 年大检修时，拆出的塔盘存在不同程度的腐蚀坑，浮阀出现不同程度的减薄现象。

2015 年检修期间对汽油吸收塔、解吸塔、稳定塔、柴油吸收塔等的部分塔板应用了不锈钢塔内件循环再利用技术，即对符合要求的利旧塔内件进行修复后进行 CTS 处理。经过一个周期的应用，CTS 处理的塔板和浮阀表现良好，基本无腐蚀，继续使用。

以稳定塔为例，稳定塔塔顶温度为 60℃，塔板原设计材质为 0Cr13，浮阀为 304。图 6-17(a) 为 2015 年检修拆出的稳定塔塔顶 1#塔盘，塔板上锈蚀明显。对利旧塔板进行修复并进行 CTS 处理后，继续服役，见图 6-17(b)。

(a)利旧塔板　　　　　　　　　　　　　　　(b)利旧塔板修复+CTS后(通道板)

图 6-17　稳定塔利旧塔板循环再利用情况

经过一个周期的使用后，两种塔板的腐蚀情况对比如图 6-18 所示，未处理的塔板和浮阀[见图 6-18(a)]均出现明显腐蚀，经过 CTS 处理的塔板和浮阀[见图 6-18(b)]未见腐蚀，膜层可见。此外，CTS 技术在柴油加氢、催化裂化以及加氢处理装置也有相应的应用，抗腐蚀效果优异。

(a)0Cr13塔板/304浮阀　　　　　　　　　　　(b)0Cr13+CTS塔板/304+CTS浮阀

图 6-18　稳定塔塔板应用一周期效果对比

3. 污水汽提装置

中国石化某分公司 70t/h 污水汽提装置污水汽提塔采用单塔汽提工艺。污水汽提塔进料污水中 H_2S 含量为 8409mg/L，NH_3 含量为 17109mg/L，HF 含量>10mg/L，属第三类重度腐蚀环境(API 581)。该塔的操作温度为 47~140℃，塔顶压力为 0.5MPa(G)。污水汽提塔顶部散堆填料原设计材质为 316L，改造前，填料使用不到一年就失效更换。2000 年改造后采用 304+CTS 填料(阶梯环散堆填料，规格为 $\phi38×1.0mm$)，一直应用至 2009 年检修，应用年限超过 9.5 年，应用寿命延长 8 倍。2010 年 1 月检修更换，填料仍选用 CTS 技术。中国石化海南炼化、中国石化扬子分公司以及中海石油惠州石化的酸性水汽提装置汽提塔填料(塔板)也应用了该技术。

4. 煤化工装置

福建某石化公司炼油乙烯项目 POX/COGEN 装置酸性气管线中含有水蒸气(81.96%)、NH_3

（8.25%）、CO_2（4.78%）、H_2S（2.87%）、CO（0.50%）、$HCOOH$（0.18%）、HCN（0.03%）及 H_2 等。酸性气管线的操作温度为 131℃，压力为 0.235MPa。改造前管线材质为 316L，采用管线外伴热。伴热效果不理想时，水蒸气凝结，酸性气体在凝结的液体中聚集，形成低温露点腐蚀，管线 3 个月内就会因为腐蚀减薄、穿孔而更换。2017 年改造对 316L 管先进行了 CTS 处理。重新开车后，运行时 316L+CTS 管线不开伴热，截至 2019 年 5 月未发现腐蚀穿孔现象，使用时间延长 8 倍。

某煤化工企业酸性水汽提单元腐蚀严重，回流系统的设备更换周期短，影响装置的酸水处理。回流管内回流液 Cl^- 含量高，最大为 11000mg/L，温度为 90℃。液体流速快，冲刷腐蚀严重。管内 304 滤网放置一周后腐蚀明显，40 天后滤网腐蚀殆尽，整体骨架所剩无几。对滤网应用 CTS 技术，放置 3 个月后，304+CTS 滤网的骨架及外框仍保持完整，使用寿命延长 3 倍以上。图 6-19（a）和图 6-19（b）分别为 304 滤网运行 40 天后以及 304+CTS 滤网运行 3 个月后的照片。

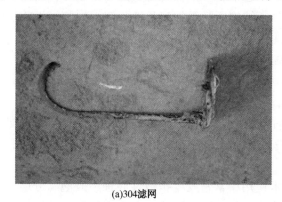 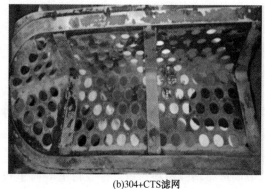

(a)304滤网　　　　　　　　　　　(b)304+CTS滤网

图 6-19　滤网应用效果对比

CTS 技术通过不锈钢表面强化的方式，使低等级材质在抗腐蚀性能方面可达到高等级材质的水平，在提升了不锈钢材料耐蚀性能的同时具有优越的抗结焦性能。目前 CTS 技术的应用已覆盖高酸、高硫、高氯等严苛工况。表面强化后的塔内件可在延长使用寿命的同时提升炼化装置的工艺效果，保障装置的长周期平稳运行，创造了巨大的经济效益和社会价值。根据不锈钢钝化膜的机理，CTS 技术将继续推广应用于其他装置及领域，效果同样值得期待。

6.5　非金属衬里技术

炼化装置中大多以金属材料提供强度支撑，但由于介质环境的复杂多样，单独依靠基体金属材料来满足各类环境所要求的耐温、耐蚀性能，既不科学，也不经济，所以利用非金属材料耐腐蚀、耐磨、抗渗透等特点，与金属材料复合应用成为常见的材料选择。本节主要介绍非金属衬里技术在炼化装置中的应用，其中包括耐腐蚀砖板衬里、橡胶衬里、玻璃鳞片衬里、玻璃纤维增强塑料衬里、塑料衬里等。

6.5.1　耐腐蚀砖板衬里技术

耐腐蚀砖板衬里是在金属或混凝土的内壁以耐腐蚀胶泥衬砌耐腐蚀砖板。其具有耐腐蚀性好、耐热性高、机械强度大等优点，缺点是衬里层厚、抗震性差、手工操作施工期长。随着材料科学的进步，性能优良的砖板与胶泥不断出现，尤其是近年来预应力衬里技术的出现，将砖板衬里技术发展推向一个新的阶段。今后发展的方向是开发性能优良的耐腐蚀砖板与胶泥，改进施工方法，完善监测手段。

在炼化装置中的应用：在乙醛生产反应器、触媒器中，由于介质腐蚀性强，操作温度高，并且带压操作，不锈钢、铅以及一些非金属材料是难以解决腐蚀问题的，采用砖板衬里技术，先衬两层橡胶，再衬两层耐酸、耐温砖，解决了设备的腐蚀问题。

6.5.2　橡胶衬里技术

橡胶衬里是采用一定厚度的片状耐蚀橡胶,复合在基体的表面,经过特殊的工艺处理,形成连续完整的保护覆盖层,是一项经济实用的防腐蚀技术。

橡胶具有较好的物理机械性能和较高的化学稳定性,同时具备一些特有的加工性质,比如优良的可塑性、可黏结性、可配合性及硫化成型等特征,从而使该技术具有可行性和实用性。

橡胶衬里技术最充分地利用了橡胶优异的加工性能,从而提供了可靠性高的衬里施工基础。耐蚀橡胶覆盖层具有优异的综合性能,特别是硬质橡胶衬里可以耐受大多数无机和有机化合物等介质的作用,而且有的合成橡胶覆盖层可以抵抗强氧化性化学药品的侵蚀。橡胶衬里的突出优点是它与钢铁的黏合力强,当硬质橡胶衬里层从钢铁基体表面剥离时,通常是发生橡胶自身的内聚破坏,因此橡胶衬里层可在真空环境下正常使用。由于橡胶的特殊大分子结构所赋予的高弹性,使得橡胶衬里兼备优良的耐曲挠性、耐磨性、防空蚀和热变形等宝贵的特性。

其在炼化行业中的应用:强酸、强碱触液槽和罐是应用橡胶衬里技术最为广泛和成熟的场合。

6.5.3　鳞片衬里技术

鳞片衬里是指以耐蚀性树脂为主要基料,以薄片状填料为骨料,添加各种功能性添加剂混配而成的胶泥状或涂料状防腐材料,再经专用设备或人工按一定施工规程涂覆在被防护基体表面而形成的防腐蚀保护层。

与玻璃纤维增强塑料衬里、橡胶衬里等衬里技术使用中常常发生扩散性底蚀、鼓泡、分层、剥离等物理腐蚀破坏不同,鳞片衬里技术具有耐腐蚀介质渗透能力强,固化残余应力分散松弛性好,对环境热应力及负载应力敏感性差等优点,故而其发展迅速,应用范围较广。

在炼化装置中的应用:目前玻璃鳞片衬里技术在电厂脱硫装置中应用最为广泛,炼化企业中在阳离子交换器及大型盐酸储槽中有过应用,且应用效果超过10年。

6.5.4　塑料衬里技术

塑料与金属比较,具有质量轻、耐腐蚀性能好、力学强度范围广、易加工、耐磨等特点,当塑料作为金属基体设备内部衬里时,赋予了设备抗渗透、抗腐蚀、耐磨等良好的性能。近些年来,由于优良性能的塑料品种不断开发,加工技术不断进步,塑料衬里技术在防腐蚀领域得到了广泛的应用。

塑料的品种较多,每种塑料都有其各自的性能特点,在防腐工程中作为设备的内部衬里常用的塑料品种有聚氯乙烯、聚乙烯、聚丙烯、聚四氟乙烯等。一般而言,塑料衬里是否能够满足设备生产条件的需要,主要取决于塑料的耐腐蚀性能、抗渗透性能和耐热性能,同时衬里施工也是决定应用效果的关键因素。

在炼化行业中的应用:炼化企业公用工程中,大量采用钢制管道内衬塑料技术的管道系统,常用的有衬PVC(聚氯乙烯)、PP(聚丙烯)、PVDF(聚偏二氟乙烯)、PTFE(聚四氟乙烯),可根据介质条件选择合适的种类,同时管道系统的安装工程质量也是影响其使用效果的重要因素,应引起重视。

因篇幅所限,本节只对玻璃纤维增强塑料衬里技术进行详细介绍。

6.5.5　玻璃纤维增强塑料衬里技术

玻璃纤维增强塑料(简称玻璃钢)技术是以合成树脂为黏结剂,以玻璃纤维制品作为增强材料而制成的复合材料,具有质量轻、强度高、耐腐蚀、成型性好和适用性强的优异性能,是炼化装置防腐蚀工程中不可缺少的材料之一,其中最常用的是玻璃纤维增强塑料衬里。

1. 技术原理

玻璃纤维增强塑料衬里主要起屏蔽作用,使介质与基体隔离起到防腐作用。它具有耐腐蚀性、耐渗透性能,与基体表面有较好的黏结强度。一般玻璃纤维增强塑料内衬层由三部分构成,即过渡层、增强层及功能层。

1) 常见的玻璃纤维及制品类型

（1）玻璃纤维种类：包括无碱玻璃纤维、中碱玻璃纤维、高碱玻璃纤维、高强纤维。其中高碱玻璃纤维由于其碱金属氧化物含量高，导致其在水、碱液中耐性差，同时其力学性能较差且不易存放，故很少使用。一般情况下，在酸性介质中一般选用中碱玻璃纤维，对衬里强度要求较高时选用无碱玻璃纤维，在酸、碱交替介质中，当碱液浓度较低时，可选用无碱玻璃纤维和中碱玻璃纤维。

（2）玻璃纤维制品种类：

① 无捻粗纱：纤维呈平行排列，通过直接并股、络砂而成，其拉伸强度高、易被树脂浸透。

② 无捻粗纱方格布：一种平纹无捻粗纱织物，具有铺覆性好、树脂浸润性好的特性。

③ 短切纤维毡：把短切无捻粗纱切割成 50~70mm 长度，采用黏结剂黏合成不同厚度的平面增强材料。

④ 表面毡：用黏结剂将定长玻璃单丝随机均匀交叉铺放后黏结而成，单丝采用直径 10~20μm 的中碱玻璃纤维。主要用于衬里层表面的富树脂层。

⑤ 玻璃布带：与布的结构相似，但宽幅小，适用于小部件成型。

2) 玻璃纤维增强塑料衬里常用树脂

主要是四种热固性树脂：不饱和聚酯、环氧、酚醛、呋喃树脂。常见树脂的耐性比较见表 6-11。

表 6-11 常用树脂在不同介质中的耐蚀性比较

介质种类	聚酯树脂				环氧树脂	酚醛树脂	呋喃树脂
	氯化聚酯	间苯型聚酯	双份 A 聚酯	乙烯基树脂			
HCl，37%	A	A	A	A	A	A	A
H_4PO_3，85%	A	A	A	A	A	A	A
H_2SO_4，70%	A	D	A	A	A	A	A
$HOCl$，10%	A	A	A	A	C	D	D
冰醋酸	B	D	D	D	D	A	A
乳酸	A	A	A	A	A	D	D
油酸	A	A	A	A	A	A	A
$NaOH$，10%	D	D	B	A	A	D	A
KOH，45%	D	D	D	B	A	D	A
氨水，30%	B	B	B	A	A	B	A
苯胺		D	D	D	D	D	D
丙酮	D	D	D	D	C	A	A
丁酮	D	D	D	D	C		A
酒精	A	D	B	B	A	A	A
苯	C	D	D	D	A	A	A
甲苯	C	C	D	D	A	A	A
二甲苯	C	D	C	D	A		A
四氯乙烯	D	D	D	D	C	A	A
三氯乙烯	D	D	D	D	C	A	A
三氯甲烷	C	D	D	D	C		A
二氯甲烷	D	D	D	D	D	A	B
王水	A	D	B	A	D	D	D

介质种类	聚酯树脂				环氧树脂	酚醛树脂	呋喃树脂
	氯化聚酯	间苯型聚酯	双份A聚酯	乙烯基树脂			
湿二氧化氯	A	D	D	A	D	D	D
铬酸	A	D	D	A	D	D	D
硝酸	A	D	A	A	D	D	D
溴气	A	D	A	A	D	B	D
氯气	A	D	A	A	D	B	D

注：（1）表中 A—耐蚀性优良；B—良；C—可；D—劣。
　　　（2）本数据为试验数据，并非一定完全符合使用情况。

2. 施工工艺

玻璃纤维增强塑料衬里技术常用的施工工艺包括手糊工艺、喷射成型工艺、模压成型工艺和模塑料成型工艺、真空灌注工艺。其中采用真空灌注工艺制备的玻璃纤维增强塑料层一次成型，具有密度高、结合力好、抗渗透性能优的特点，具有独特的性能优势。玻璃纤维增强塑料衬里施工前对基体材料的处理质量是保证衬里层与基材结合紧密度的重要因素，所有待衬里表面进行喷砂除锈，除锈等级达到 GB 8923《涂装前钢材表面锈蚀等级和除锈等级》中规定的 Sa2½级。施工过程中良好的前处理是各层间的结合强度的有效保证。根据施工经验，设备内部结构较复杂及结构件较多时，在施工时应特别注意连接处的衬里层施工，防止整体的衬里层出现薄弱的部位。图 6-20~图 6-23 介绍了真空灌注衬里技术部分工艺环节。

图 6-20　基材处理

图 6-21　玻璃纤维制品铺设

图 6-22　封头盖板灌注成型

图 6-23　抽真空设备

真空灌注衬里施工工艺举例如下：基材处理→铺设玻璃纤维制品→真空灌注→功能层涂装→初检→产品固化→产品修整→产品检验。

3. 工程应用

玻璃纤维增强塑料衬里技术在炼化装置中有着广泛的应用，其中在容器、储槽、反应器塔类等设备中能经常见到它的身影。图 6-24 介绍了衬里层一般设计方案，表 6-12 介绍了各层材料的类型及作用。

在煤制氢气装置中的储罐和中间罐中的介质为煤焦浆或渣、水，玻璃纤维增强塑料衬里层除了具有一定的耐腐蚀性能外(硫腐蚀、氯离子腐蚀等)，还应有较好的抗磨蚀性能。乙烯基玻璃纤维增强塑料产品具有较好的耐腐蚀性能及耐温性能，能够满足其防腐性能；在乙烯基树脂中加入特定的耐磨材料，如碳化硅等，可以增强玻璃纤维增强塑料衬里产品的耐磨性，满足设计、应用要求。

由中国石化工程建设有限公司牵头，联合山东德齐华仪防腐工程有限公司经过技术攻关，首次将真空灌注玻璃纤维增强塑料衬里技术成功用于中海石油某石化公司 60 万吨/年芳构化装置洗涤罐(见图 6-25)，自 2015 年应用至今效果良好。

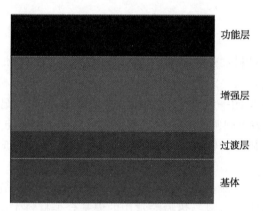

图 6-24　玻璃纤维增强塑料衬里层示意图

图 6-25　洗涤罐玻璃纤维增强塑料衬里

表 6-12　玻璃纤维增强塑料衬里各层材料类型及作用

名　称	材料类型	作　用
功能层	玻璃纤维、树脂、耐磨填料	耐腐、耐磨
增强层	玻璃纤维、树脂	承受强度
过渡层	树脂(底漆)	使罐壁与玻璃钢粘接

4. 玻璃纤维增强塑料衬里质量控制要点及检测要求

(1) 玻璃纤维增强塑料衬里施工时，在施工全过程中应进行质量检查，发现缺陷后应立即进行修整，合格后才可继续施工。在热固化处理后，应进行全面质量检查，发现缺陷后进行修补。

(2) 玻璃纤维增强塑料衬里设备在养护期内，必须采取防雨措施，以免影响衬里效果。

(3) 玻璃纤维增强塑料衬里设备在养护期内，上方禁止交叉作业。

(4) 所有部位用自测进行外观检查，并应符合下列规定：

① 气泡：耐蚀层表面允许最大气泡直径应为 5mm，每平方米直径不大于 5mm 的气泡少于 3 个时，可不予修补，否则应将气泡划破修补。

② 裂纹：耐蚀层表面不得有深度 0.5mm 以上的裂纹，增强层表面不得有深度为 2mm 以上的裂纹。

③ 凹凸(或皱纹)：耐蚀层表面应光滑平整，增强层的凹凸部分厚度应不大于厚度的 20%。

④ 返白：耐蚀层不应有返白处，增强层返白区最大直径应不超过 50mm。

⑤ 其他：衬里设备与基体的结合应牢固，无分层、脱层、纤维裸露、树脂结节、异物夹杂、色泽明显不匀等现象。

⑥ 对于玻璃纤维增强塑料衬里层表面不允许存在的缺陷，应认真进行质量分析，及时修补。同一部位的修补次数不得超过两次。如发现有大面积气泡或分层时，应把缺陷全部铲除，露出基层，重新进行表面处理后开始施工。

（5）固化度检查：用手触摸玻璃纤维增强塑料制品表面是否发黏，用棉花蘸丙酮擦玻璃钢表面，观察颜色，或用棉花球置于玻璃纤维增强塑料表面上，如手感有黏、棉花变色或棉花球吹不动，即固化不合格。

（6）硬度检测：采用专用仪器，如巴氏硬度计，检测衬里层的固化情况。

（7）衬里微孔检查：玻璃纤维增强塑料衬里设备可采用电火花检测器或微孔测试仪进行抽样检查。测试时采用的测试电压或电火花长度应根据不同膜厚经试验确定，或应符合设计图纸的规定。对检查出的缺陷应进行修补。以石墨粉为填料的玻璃纤维增强塑料衬里设备不得用此法检查。

（8）泄漏实验：按测试规范要求进行压力试验。

6.6 热喷涂技术

6.6.1 热喷涂技术介绍

热喷涂是利用热源将粉末状或丝状的金属或非金属材料加热到熔融或半熔融状态，然后借助焰流的动力或外加高速气流的动力，使熔化的涂层材料雾化并以一定的速度喷射到经过预处理的基体材料表面，与基体材料结合而形成具有各种功能表面覆盖涂层的一种技术。热喷涂技术最早于 20 世纪 10 年代在瑞士被发明，我国于 20 世纪 50 年代开始引进和发展热喷涂技术，目前该技术已广泛用于防腐、耐磨、抗高温、隔热等，在航空航天、钢铁冶金、机械制造、交通运输、石油化工和医疗等领域应用广泛。

热喷涂防腐涂层所用材料主要有锌、铝及其合金材料、镍基合金材料、不锈钢材料和复合陶瓷材料等。其中锌、铝及其合金材料是最常用的热喷涂防腐涂层材料，热喷涂常用的镍基合金材料主要有蒙乃尔合金、镍铝合金和镍基复合材料等，热喷涂常用的不锈钢材料主要有马氏体不锈钢和奥氏体不锈钢，热喷涂常用的陶瓷热喷涂材料有氧化物陶瓷、碳化物陶瓷和金属陶瓷。此外，近年来还发展出了其他新型的喷涂材料，例如 TiN 基复合材料和铝青铜等，喷涂材料的发展拓宽了热喷涂技术的应用领域。

按照不同的热源种类，热喷涂通常可以分为火焰喷涂、高速火焰喷涂、爆炸喷涂、电弧喷涂和等离子弧喷涂。各种热喷涂方法的特征参数如表6-13所示。

表 6-13 热喷涂方法的特征参数

喷涂方法	温度/℃	粒子速度/(m/s)	结合强度/MPa	孔隙率/%	喷涂效率/(kg/h)	相对成本
火焰喷涂	3000	40	8~20	10~15	2~6	1
高速火焰喷涂	3000	800~1700	70~110	<0.5	1~5	2~3
爆炸喷涂	4000	800	>70	1~2	1	4
电弧喷涂	5000	100	12~25	10	10~25	2
等离子喷涂	>10000	200~400	60~80	<0.5	2~10	4

6.6.2 热喷涂的特点

热喷涂涂层中颗粒与基体表面之间以及颗粒与颗粒之间的结合，通常认为有机械结合、冶金-化学结合和物理结合三种。一般来说，涂层与基体的结合以机械结合为主，当喷涂后进行重熔时，喷焊层与基体的结合主要是冶金结构。

熔融态变形颗粒在撞击基体表面冷凝收缩时产生的微观应力积累使涂层中存在残留应力。残留应力大小与涂层厚度成正比，当涂层厚度达到一定程度后，涂层中的拉应力超过涂层与基体或涂层自身的结合强度时，涂层就会发生破坏。因此，薄涂层一般比厚涂层具有更好的结合强度，涂层的厚度一般为 150~180μm。

热喷涂涂层是由无数变形粒子互相交错呈波浪式堆叠在一起的层状组织结构，涂层中颗粒与颗粒之间不可避免地存在一定空隙或空洞，其孔隙率一般为 0.025%~20%。因此，热喷涂结束后需进行封孔处理，以提高涂层耐腐蚀性能。按物质种类来分，封孔材料主要有有机封孔材料和无机封孔材料。有机封孔剂按硬化类型可分为加热硬化型封孔剂和常温硬化型封孔剂两大类，常用的有机封孔剂主要有石蜡、氟树脂、热硬化性树脂、热塑性树脂和有机高分子涂料。无机封孔剂以硅酸盐、铝磷酸盐、铬酸、溶胶-凝胶系列为主，主要应用于高温氧化气氛和溶盐环境。对涂层进行封孔时，需要考虑设备所处的温度及接触的介质，选择合适的封孔剂。

6.6.3 在炼化装置的应用

热喷涂技术已应用于塔器、储罐、反应器和管道等设备，有效提高了设备的耐腐蚀能力。

1. 热喷涂在塔器防腐的应用

山东海科化工集团有限公司焦化装置干气脱硫塔塔器材质为 20R 钢复合 304 不锈钢，由于存在 $H_2S+CO_2+H_2O$ 腐蚀和 MDEA 降解热稳态盐冲蚀，应用 4 年后发现塔内壁复合层腐蚀严重，点蚀坑深度在 2mm 左右，部分蚀坑达到 3mm，基本穿透复合层，复合层腐蚀严重，部分区域出现复合层脱落现象，如图 6-26(a)所示。检修时使用 316L 不锈钢丝材在内壁喷涂 316L，涂层厚度为 0.5mm，并应用树脂型封孔剂封孔，封孔层厚度约为 0.1mm。装置运行一年后检查发现原腐蚀坑较为密集区域腐蚀减缓，点蚀区域没有扩大，如图 6-26(b)所示。

 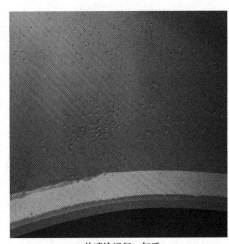

(a)热喷涂前　　　　　　　　　　　(b)热喷涂运行一年后

图 6-26　塔壁腐蚀形貌图

2. 热喷涂在球罐防腐的应用

河南石油勘探局南阳石蜡精细化工厂采用电弧喷涂技术在液化气球罐内壁喷涂镍包铝-铝复合涂层。该厂 2002 年检修期间，发现一台 200m³ 液化气球罐的一块瓜片上出现 10 处鼓包现象。液化石油气储罐材质为 16MnR，工作压力≤1.57MPa，工作温度≤40℃，内壁氢鼓包主要由液化石油气中的硫化氢和游离水引起。由于该储罐鼓包现象属于早期，没有发展到开裂的程度，材质没有恶化，因此采用了电弧喷涂进行内壁修复。内壁进行喷砂净化粗化后，进行金属的喷涂。喷涂打底层使用镍包铝丝材，工作层使用铝基丝材，最后使用环氧基有机复合涂料进行封孔处理。该储罐使用 1 年后对其进行了开罐检验，发现喷涂后没有新增鼓包，原有鼓包也没有继续发展。

3. 热喷涂在管道防腐的应用

中国石化青岛石化应用热喷涂技术对原油罐加热盘管进行喷涂铝涂层，并应用涂料封孔，应用效果良好。中国石油川西北气田集输管道弯头原应用寿命为 1~3 年，应用超音速火焰喷涂技术在弯头喷涂以 Al_2O_3/TiO_2 为主的涂层后，管道弯头应用寿命延长至 10~15 年。

4. 热喷涂在其他设备防腐的应用

炼化企业中烟气轮机处于高温、高压、腐蚀以及固体颗粒冲击的环境中，叶片腐蚀严重，应用周期一般为 2~6 个月。采用等离子喷涂技术在烟气轮机叶片上喷涂 Co-Cr-Ni 合金，可有效提高耐腐蚀能力。合金的组成为 Co 含量 35%~60%，Cr 含量 25%~40%，Ni 含量 8%~15%。济南炼油厂含高灰尘和硫含量的烟机，连续运行 351 天后停机检查，叶片完好无损。广州石化炼油厂烟机连续运行 762 天后，检查发现叶片涂层情况良好。上海石化烟机叶片进行喷涂处理后，连续运行时间长达 6 年。

6.6.4 展望

热喷涂技术通过在基材表面喷涂某种材质的涂层，使设备的耐腐蚀能力得到提高，该技术可应用于新设备的处理，同时也可用于已使用设备的表面修复，在炼化行业已经有成功应用案例。热喷涂技术在炼化装置防腐应用方面的发展方向主要是开发新型喷涂材料，以应对炼化装置复杂腐蚀介质引起的腐蚀，解决炼化装置的腐蚀问题。

6.7 表面防腐技术在储罐中的应用

6.7.1 储运系统中的储罐和球罐

石油化工企业(包括炼油厂)的储运系统工程主要包括各种气体、液体原料、中间产品、产品以及辅助生产用料(例如各种化学药剂、添加剂)的储存和运输设施，同时也包括工厂自用燃料油和燃料的储运设施。具体包括：液体原料、液体中间原料的储存及转输；液体产品的储存及出厂；污油系统；燃料气系统；化学药剂系统；开停工系统；厂内工艺及热力管网等。

储罐是石油化工工业中广泛使用的储存设备，用以储存各种气体、液体和固体物料。储罐在生产工艺过程中通常仅作为储存容器使用。此处的储罐主要指现场组焊的储罐。炼油厂除了炼制国内原油外，还根据需要炼制各种性质的进口原油。由于进口原油日趋变劣，原油酸值和硫含量较高，这些因素使得各类储存设备的腐蚀变得越来越严重和复杂，单独采用某种常规的防护措施很难解决问题，材料防腐蚀应与其他防护方法相结合，达到理想的防腐效果。采用行之有效的综合防腐蚀技术，对于确保环境安全、炼厂长周期安全平稳运行具有重要意义

由于原油储罐及中间产品罐各部位所处的环境不同，腐蚀形式也有所不同，储罐罐外壁、罐内壁及罐底板下表面的防护各有特点。

本节以某炼厂典型储运系统为参考，对工艺流程进行必要简化，对其中原油储罐、中间产品储罐和液化气球罐的腐蚀成因、材料选择和防腐方案选择加以说明，重点讨论了表面防腐技术的应用。

6.7.2 储罐和球罐典型腐蚀形式和成因

甲 A 类液体(如液化气、丙烯等)及轻石脑油、戊烷油选用球型储罐；甲 B 和乙 A 类液体(如重石脑油、汽油等)选用内浮顶罐，原油罐选用外浮顶罐；乙 B、丙类液体(如蜡油、重油等)及酸、碱选用固定顶罐；另外，为满足环保要求，减少罐区油气挥发对环境污染，柴油罐选用内浮顶罐。

1. 原油储罐

通常炼厂原油处理量为 1000 万吨/年，选择中东含硫原油巴士拉、沙特轻油和沙特重油作为代表性油种，三种原油的混合比例为 40∶15∶45。

进口原油从原油码头上岸，管道输送进入原油罐储存，混合原油在此经进一步沉降脱水后，泵送至原油蒸馏装置。原油储罐各部分典型腐蚀形式如表 6-14 所示。

表 6-14　原油储罐各部分典型腐蚀形式

储罐部位	腐蚀形式	形 成 原 因
储罐外壁		
罐壁及罐顶	化学腐蚀	大气中盐雾和酸雨等
	电化学腐蚀	罐体焊接质量缺陷，在焊缝处易产生
罐底板下表面	电化学腐蚀	地表水及雨水与罐底板下表面接触
	氧浓差腐蚀	罐底板与基础间的缝隙小，边缘水分氧含量高，水分中心氧不易扩散进去氧含量低，从而产生氧浓差
	细菌腐蚀	罐底与基础间有硫酸盐还原菌
储罐内壁		
内罐壁最上 2m 左右	化学腐蚀	大气中盐雾和酸雨等 （浮顶罐罐壁上部 2m 左右与大气接触，同外防腐）
浮盘下表面及罐壁液面以上部分	电化学腐蚀	潮湿空气由边缘密封等结构进入油罐内，在内表面凝结成一层连续水膜，并同空气及油气中的硫化物一起构成电化学腐蚀
	氧浓差腐蚀	氧在液面的含量高，随着液体加深而含量降低，引起氧浓差。靠近气液界面的罐壁为阴极，缺氧的罐壁为阳极，在电化学作用下金属将受到腐蚀
罐底板上表面	化学腐蚀	罐底板钢板与油料中不饱和烃发生化学反应
	电化学腐蚀	罐底油料中的水分、杂质与罐底接触产生微原电池
	化学腐蚀	罐底油料中的不饱和烃、硫化氢等与罐底发生化学反应
	细菌腐蚀	罐底有硫酸盐还原菌

2. 中间原料储罐

正常生产时，各炼油装置之间的中间原料由上游装置直接进入下游装置；当生产过程中出现原料供求不均衡、装置出现小故障或上下游装置需要停工小修时，由设在系统的中间原料罐收料或付料。

炼厂的液体物料产品主要为汽油、煤油、柴油、润滑油、液硫、苯、甲苯、混合二甲苯、船燃、丙烯、液氨、石脑油产品及乙烯料等。另外油品调和产品包括汽油、C_9 芳烃、甲苯、烷基化油、抽余油、MTBE 等。

储罐中的硫化亚铁主要是储罐金属内壁发生硫腐蚀作用的产物。根据石油加工工艺的特点，石油中的硫多存在于轻质油中间产品中，导致轻质油中间产品储罐和轻污油储罐的硫腐蚀问题尤其突出，罐内会聚集较多的硫化亚铁，导致罐内硫化亚铁自燃的可能性相对较高。因此，轻质油储罐发生火灾爆炸事故的风险大大增加。

油品中的硫通常会以不同形态存在，而不同形态的硫与钢铁发生腐蚀反应的活性也各不相同，根据上述特性，可将油品中的硫分为活性硫和非活性硫。油品中的单质硫、硫化氢、硫醇等可直接与铁或铁的化合物发生反应生成硫铁化合物，属于活性硫；而硫醚、多硫化物等不能直接与钢铁或其化合物发生反应，属于非活性硫；非活性硫在高温的情况下会分解生成活性硫，进而与铁或铁的化合物发生反应生成硫铁化合物。在轻质油储罐中，油品中的活性硫通常大部分是硫化氢，并包含少量的单质硫和硫醇等。

储罐的抗腐蚀能力主要与以下两个方面有关，一是储罐材质本身抗腐蚀能力的强弱，在储罐设计建造时根据实际使用要求来确定；二是储罐防腐措施抗腐蚀能力的强弱。储罐抵抗硫腐蚀的能力越强，则罐内硫化亚铁的生成量就越少，储罐发生硫化亚铁自燃事故的风险性就越小；反之，则储罐发生硫化亚铁自燃事故的风险性就越大。因此，在设计含硫的轻质油品储罐时，应选用满足实际要求的罐体材质和防腐蚀方案，确保储罐的抗腐蚀能力。中间产品储罐各部分典型腐蚀形式如表 6-15 所示。

表 6-15 中间产品储罐各部分典型腐蚀形式

储罐部位	腐蚀形式	形 成 原 因
储罐外壁		
罐壁及罐顶	化学腐蚀	大气中盐雾和酸雨等
	电化学腐蚀	罐体焊接质量缺陷,在焊缝处易产生
罐底板下表面	电化学腐蚀	地表水及雨水与罐底板下表面接触
	氧浓差腐蚀	罐底板与基础间的缝隙小,边缘水分氧含量高,水分中心氧不易扩散进去氧含量低,从而产生氧浓差
	细菌腐蚀	罐底与基础间有硫酸盐还原菌
储罐内壁		
罐壁内表面、罐顶内表面和罐底板上表面	硫腐蚀产生硫化亚铁	随着储罐大小呼吸作用的发生,罐外的空气会从罐顶呼吸阀进入罐内。同时,储罐受日照、环境温度和外来油品温度的影响,温差变化使储罐内壁上部和罐顶内表面发生凝露现象而形成一层薄薄的水膜,在有空气和水存在的情况下,因内防腐涂层脱落而裸露的罐壁会与油品中的硫化氢等活性硫发生反应,从而生成硫化亚铁
	电化学腐蚀	轻质油品进罐通常会带有少量游离水,经过一段时间沉降后,罐内的液相会分层为油层和水层,由于水的密度比轻质油的密度大,水层位于储罐的底部。当有水存在时,储罐内油品中含有的硫化氢等活性硫会对储罐的罐壁下部和罐底板上表面造成很明显金属腐蚀,主要表现为电化学腐蚀

3. 液化烃球罐

球罐是工业上广泛用于储存石油化工介质的压力容器,特别是在压力储罐领域中广泛应用。据统计,我国约有 40% 的球罐是用来储存液化石油气 LPG 的。此类球罐在使用中具有较大的危险性,主要是因为 LPG 一般是经过催化裂化工艺而产生,含有一定的水分、H_2S 气体。这些物质的共存,形成了湿 H_2S 环境。球罐在这种环境下很容易受到腐蚀,进而形成裂纹,引发气体泄漏造成爆炸等严重事故。

由于球罐发生应力腐蚀开裂无任何征兆,具有隐蔽性、突发性的特点,所以一旦发生腐蚀泄漏,其造成的后果往往是具有灾难性的,尤其是近年来国内炼制进口含硫原油比重的加大,球罐发生硫化物应力腐蚀开裂的事件呈逐年上升的趋势。

影响湿硫化氢环境下腐蚀开裂的因素较复杂,有环境因素(H_2S 含量、pH 值等),又有材料因素(硫含量、夹杂物、形态、组织状态及缺陷等)和制造因素(焊接、焊后热处理等)。

另外,液化烃沸点很低,其饱和蒸气压随温度升高而急剧增加。外部气温高时球罐表面温度往往超过 60℃,为了安全生产,很多单位采取淋水降温,不仅造成球罐锈迹斑斑、加剧设备腐蚀,而且浪费了宝贵的水资源。

利用涂料是减少球罐受太阳辐射热的重要措施。从 20 世纪 90 年代开始我国许多单位陆续开发出了高效热反射(隔热)涂料。

按《固定式压力容器安全技术监察规程》要求,对丙烷、丙烯等液化烃的压力,可按其 50℃ 时饱和蒸气压力设计,其罐安全阀压力可按设计压力设计。液化烃进罐温度一般低于 40℃,若采用热反射涂料能把受太阳辐射后罐外表面温度控制在 50℃ 以下,则球罐不用淋水降温也能安全操作。液化烃球罐各部分典型腐蚀形式如表 6-16 所示。

表 6-16 液化烃球罐各部分典型腐蚀形式

球罐部位	腐蚀形式	形 成 原 因
球罐外壁	化学腐蚀	大气中盐雾和酸雨等
	电化学腐蚀	罐体焊接质量缺陷,在焊缝处易产生
球罐内壁	湿硫化氢环境下腐蚀开裂	腐蚀由阴极氢脆型机制占主导地位,损伤具有全局性和整体性。在炼油生产中,随着硫含量的增加,硫化氢应力腐蚀开裂现象尤为普遍和严重。

6.7.3 储罐和球罐典型腐蚀案例

储罐和球罐的防腐方案以阴极保护和表面涂层为主，除了传统的涂层之外，在某些特殊的环境也使用了如金属热喷涂的技术。对不同储罐的防腐措施总结如表6-17~表6-19所示。

1. 原油储罐

表6-17 原油储罐常用防腐方案

序号	防腐部位	防腐要求	防腐材料名称
1	罐底板下表面	耐潮湿，并与外加电流阴极保护系统匹配	钢板边缘涂刷可焊性涂料，干膜厚度≥20μm，其余部位涂刷环氧煤沥青涂料或厚浆型环氧漆，干膜厚度≥320μm
2	内防腐：罐底板上表面、罐壁内表面下1.6m部分(一般至刮蜡板下沿)、浮顶底板下表面、浮顶外边缘板外表面等。防腐要求分为两部分		
2.1	罐底板上表面+罐壁下0.6m	耐原油、耐海水、耐化学品，涂料不导静电，并与罐内设置的牺牲阳极匹配；	干膜厚度为350~550μm
2.2	浮顶下表面+罐壁其余	耐原油、导静电	干膜厚度为350~400μm
3	外防腐：包括罐壁外表面、罐壁内表面上部2.5m部分、浮顶顶板上表面、抗风圈表面及其他金属结构外表面等(包括边缘防水裙板上表面)		
3.1	不保温部分：罐壁外表面上部1m部分、罐壁内表面上部2.5m部分、浮顶顶板上表面、抗风圈表面及其他金属结构外表面等(包括边缘防水裙板上表面)	耐紫外线、耐盐雾、耐化工大气，其中浮顶上表面还应耐水	采用可覆涂聚氨酯配套涂料(无机富锌底漆+环氧云铁中间漆+聚氨酯面漆)，涂层干膜厚度≥250μm
3.2	保温部分：罐壁外表面(自抗风圈以下)	耐潮湿、耐化工大气	采用无机富锌底漆+环氧云铁中间漆，涂层干膜厚度≥170μm
4	其他		
4.1	浮舱内表面	耐潮湿、耐化工大气	水性无机锌涂料，涂层干膜厚度≥70μm
4.2	加热器	耐原油、耐海水、耐高温(操作温度一般为250℃)	有机硅耐高温涂料，涂层干膜厚度≥100μm
5	罐底边缘板与罐基础连接处	耐候、保持弹性	储罐罐底边缘板与基础结合部采用弹性防水涂料

2. 中间原料储罐

表6-18 中间原料罐常用防腐方案

序号	防腐部位	防腐要求	防腐材料名称
1	罐壁内表面(包括罐顶内表面和罐底板上表面)	耐油性导静电防腐蚀涂料	底漆为富锌类防腐蚀涂料，面漆采用本征型或浅色的环氧类或聚氨酯类等导静电防腐蚀涂料，涂层干膜厚度≥250μm，其中底板内表面≥300μm
2	罐底板下表面	耐潮湿	钢板边缘涂刷可焊性涂料，干膜厚度≥20μm，其余部位涂刷环氧煤沥青涂料或厚浆型环氧漆，干膜厚度≥320μm

311

序号	防腐部位	防腐要求	防腐材料名称
3	外防腐(及钢结构)	耐紫外线、耐盐雾、耐化工大气	采用可覆涂聚氨酯配套涂料(无机富锌底漆+环氧云铁中间漆+聚氨酯面漆),涂层干膜厚度≥250μm
4	罐底边缘板与罐基础连接处	耐候、保持弹性	储罐罐底边缘板与基础结合部采用弹性防水涂料

3. 液化烃球罐

表 6-19   液化烃球罐常用防腐方案

序号	防腐部位	防腐要求	防腐材料名称
1	球罐外表面(包括上段支柱)	耐紫外线、耐盐雾、耐化工大气,以及热反射(隔热)功能	热反射隔热防腐涂料,干膜厚度≥250μm
2	球罐内壁	减缓发生硫化物应力腐蚀开裂	采用热喷涂铝+环氧树脂封闭防护措施,或者采用喷涂阴极保护防腐稀土合金丝+环氧树脂封闭防护措施,干膜厚度≥300μm

4. 典型腐蚀案例

罐外壁和罐内壁腐蚀如图 6-27 和图 6-28 所示。

(a)   (b)

图 6-27   罐外壁腐蚀

6.7.4   储罐和球罐涂层防腐技术展望

石油化工行业无论是上游的采油集输系统及中游的炼油、炼化系统,还是下游的产品仓储、销售系统,其储罐的腐蚀都比较严重。影响石油化工行业管线和储罐腐蚀的因素一般可分为材料因素和环境因素。储罐外表面主要为大气腐蚀,其所处的大气环境中,含有的氧、水蒸气、二氧化碳等成分,都可导致管线、储罐的腐蚀。同时,由于管线、储罐放置在炼化厂区或者周边,常年受到工业大气中二氧化硫、硫化氢等有害气体影响而产生腐蚀。

目前,在环境因素对石油化工行业设备的腐蚀影响方面,已经进行了广泛而全面的研究,并且各种防腐材料得到了广泛的应用。但是,节能材料对石油化工行业设备腐蚀的影响,则鲜有研究。石油化工行业作为我国主要的能源消耗行业之一,在为经济发展作出巨大贡献的同时,也消耗了大量能源。随着我国经济下行压力加大,产能普遍性过剩、产业结构不合理、技术创新能力不强等问题和矛盾愈发突出,这也对石油化工行业的节能、减排事业提出了更高的要求。如果在对石油化工设备进行节能减排的同时,还能加强其防腐性能,则将进一步提高节能设计和材料的经济、社会和环境价值。

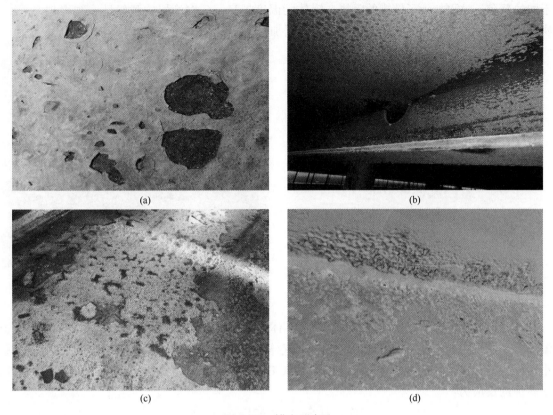

图 6-28 罐内壁腐蚀

1. 当前储罐外防腐现状

目前，石化行业的大部分储罐外表面采用防腐涂料涂装的方式进行防腐处理，防腐涂料主要是隔离金属材料与腐蚀介质而达到防腐的作用。优质的防腐涂料应具有阴极保护作用、阳极（钝化、缓蚀）作用和涂层的屏蔽作用。在储罐外防腐上应用最广泛的为环氧富锌底涂+环氧云铁中涂+聚氨酯/丙烯酸/氟碳面涂的防腐系统。虽然储罐的外表面进行了防腐处理，但在实际应用中，仍然不可避免地在局部发生了腐蚀，甚至穿孔等问题，给生产安全带来了极大的隐患。以下就防腐涂料在储罐外防腐中存在的不足进行分析。

1）耐候性因素

储罐的外防腐涂层虽然在表层采用了耐候性较好的聚氨酯/丙烯酸/氟碳等面漆，但是，面涂涂层均比较薄，而内层的环氧类底漆耐候性较差，同时我国炼油基地大部分处于沿海地区，如图6-29和图6-30所示。储罐一般接近或位于炼油厂，空气中氯离子、二氧化碳和硫化物等浓度均比较高，大气环境比较恶劣，特别容易破坏表面涂层，而一旦表层受到破坏，内层的环氧涂层耐候性差，空气中的水分、氯离子以及二氧化碳、硫化物等就会渗透至罐体表面产生腐蚀。

与此同时，由于腐蚀一般刚开始发生的是点蚀，只是局部的涂层发生松动或脱落，而这种情况容易形成氧浓差腐蚀。其形成原理主要是同一金属表面出现不同的电极电位，发生涂层剥落或者松动较大的区域氧浓度大，该区域电位高，为阴极，未剥落或者松动的区域氧浓度小，该区域电位低，为阳极，由于不同部位氧的浓度不同，在贫氧的部位的自然电位（非平衡电位）低，是腐蚀原电池的阳极，其阳极溶解速度明显大于其余表面的阳极溶解速度，故遭受腐蚀。

阳极：
$$M-ne \longrightarrow M^{n+}$$

阴极：
$$O_2+H_2O+4e \longrightarrow 4OH^-$$

氧浓差腐蚀会加速储罐表面涂层的脱落，从而导致各种腐蚀的发生和加重。

2）温度因素

由于储罐为金属材质，吸热传热能力强，同时为了满足储罐的管理和其他要求，储罐会被涂刷成各种不同的颜色，这更加大了储罐的吸热。罐体的温度越高，防腐涂层的耐候性衰减得越严重，而且发生腐蚀后，温度越高，腐蚀的速度也会成倍地增加。

图6-29　我国千万吨炼厂分布图　　　　　　　　图6-30　沿海大型炼化基地

另外，目前储油罐罐体大多采用拱顶、浮顶罐体，罐体内部存在气相空间。随着罐体温度的升高，与低温相比，罐体中的原油会加倍地挥发 H_2S 等气体，待温度再次降低后，罐体内部的水蒸气就会液化为小水滴吸附在储罐内壁上，这些水滴中会含有 H_2S ，另有氧气与其共同作用，发生化学腐蚀，这种化学腐蚀的反应为：

$$2Fe+2H_2S+O_2 \longrightarrow 2FeS+2H_2O$$
$$4Fe+6H_2S+3O_2 \longrightarrow 2Fe_2S_3+6H_2O$$
$$H_2S+2O_2 \longrightarrow H_2SO_4$$

而这些反应后生成的硫酸与空气中的水蒸气或氧气都可以作为电解质，发生电化学腐蚀。

与此同时，罐体的高温环境容易导致罐体表面昼夜温差大，从而引起罐体材料大幅度地热胀冷缩，反复的热胀冷缩会导致罐体材料内部的应力无法释放，从而导致应力腐蚀，应力腐蚀一般认为有阳极溶解和氢致开裂两种。常见应力腐蚀的机理是：金属材料在应力和腐蚀介质作用下，表面的氧化膜被腐蚀而受到破坏，破坏的表面和未破坏的表面分别形成阳极和阴极，阳极处的金属成为离子而被溶解，产生电流流向阴极。由于阳极面积比阴极面积小得多，使得阳极的电流密度很大，进一步腐蚀已破坏的表面。加上拉应力的作用，破坏处逐渐形成裂纹，裂纹随时间逐渐扩展直到断裂。这种裂纹不仅可以沿着金属晶粒边界发展，而且还能穿过晶粒发展。

3）环保因素

目前的罐体外防腐主要采用的为油性体系，油性体系中苯、二甲苯、醚类等各种有机物含量高，对施工人员和环境的危害大。

2. 反射隔热材料处理现状

基于罐体高温产生的诸多问题和潜在危害，石油石化行业开始使用银粉漆和传统反射隔热涂料等外防腐涂料对储罐外表面进行防腐处理。不管是银粉漆，还是传统反射隔热涂料等，其原理均是通过反射太阳光，从而使罐体表面的温度降低，达到降低罐体温度的作用。目前应用最为广泛的是传统反射隔热涂料，但是，由于各厂商自身的技术水平不一、产品质量参差不齐等原因，造成应用于储罐的反射隔热涂料也存在一些问题和不足，具体如下：

1）性能衰减严重

目前，市场上大多数的反射隔热涂料喷涂于储罐罐外壁后，可以使表面最高温度降低 10～30℃，但是热反射性能的衰减非常快，通常 6～12 个月，甚至雾霾严重的地区在 3～6 个月后，反射隔热的热反射性能会衰减超过 50%。1～2 年后，涂层的反射隔热性能几乎消失殆尽，并且罐体表面容易沉积、渗透大量气溶胶粉尘，造成表面颜色斑驳杂乱，严重影响外观性能，增加表面吸热。

2）耐候性因素

普通的反射隔热涂料大多采用苯丙乳液作为黏结剂，户外的储罐长时间地风吹日晒，尤其是沿海地区加上高盐雾环境，在反射隔热涂层的性能衰减后，导致表面温度升高，急剧老化，反射隔热涂层会发生黄变、鼓包、脱落等现象，不但无法起到为罐体隔热降温的作用，还会加速罐体表面的腐蚀，如图6-31所示。

3）安全隐患因素

反射隔热涂料的涂膜为有机体系，风沙在罐体表面（见图6-32）摩擦的过程中，容易在表面形成静电，而如果空气比较干燥，静电无法及时导走，储油罐体的"呼吸"作用及所处环境通常会含有一定量的可燃性气体，一旦静电大量聚集，可能会产生明火等安全隐患。

图6-31 普通的反射隔热涂料自洁性与耐候性差

图6-32 普通的反射隔热涂料容易形成静电并积灰

3. 新型防腐反射隔热涂料对储罐外防腐的影响

新型防腐反射隔热涂料具有极高的全太阳光反射比（≥90%）和近红外反射比（≥93%），远高于国标的指标（GB/T 25261—2018《建筑用反射隔热涂料》，全太阳光反射比为85%，近红外反射比为80%）。同时涂膜致密，具有优异的耐候性、自洁性能、抗静电性能，能使罐体表面最高温度降低20~40℃，与环境温度接近，确保原油和成品的安全储备，使用寿命达到10~20年，节能、环保。使用新型防腐反射隔热涂料的球罐如图6-33所示。

4. 新型防腐反射隔热涂料对储罐防腐性能的提升

1）致密涂膜结构对防腐性能的提升

新型防腐反射隔热涂料通过科学的颗粒级配，使涂膜内部形成几乎无空隙的堆积结构，同时采用了性能优异的隔热粉体、耐候乳液和先进的生产工艺，能够在基材表面形成黏结强度高、致密、不透水的涂膜，能完全阻隔水分、二氧化碳和硫化物等腐蚀介质与罐体的接触，从而在源头阻止腐蚀的发生。新型防腐反射隔热涂料施工后表面如图6-34所示。

图6-33 新型防腐反射隔热涂料与普通隔热涂料的对比

图6-34 新型防腐反射隔热涂料涂膜致密且光滑

2）自洁性能对防腐性能的提升

新型防腐反射隔热涂料优异的自洁性能，能够避免腐蚀介质在表面的附着，从而杜绝了腐蚀的发生。同时，优异的自洁性能可保证罐体耐老化和耐污水冲刷，反射率衰减比低于1%，长效保持极高的太阳光反射比，保证对罐体的温降效果，如图6-35所示。

3）高反射性能对防腐性能的提升

新型防腐反射隔热涂料极高的太阳光反射性能可使基材表面最高温度降低20~40℃，使罐体表面的昼夜温差极小，从而有效防止罐体由于热胀冷缩产生内应力导致的应力腐蚀；表面温度的降低可以降低内部腐蚀性气体的挥发，减缓罐顶的内腐蚀速度。同时，通过降低表面温度能够有效降低同一时间段内表面不同区域的温差，避免由于罐体表面温度不均导致的温差腐蚀。罐体红外成像照片如图6-36所示。

图6-35 新型防腐反射隔热涂料涂膜
自洁性能高、经久耐用

图6-36 新型防腐反射隔热涂料高反射率，
降低罐体温度

5. 传统保温材料防腐现状

目前，对于绝大多数石油、石化行业的管线、储罐、加热炉等热设备，一方面，设备表面长期处于高温状态，不容易沾染水汽等腐蚀介质；另一方面，为了达到节能降耗和安全保护的目的，这些设施表现均已经做了保温处理，而保温措施同样可以保证在设备停运或者工作的过程中避免接触到水等腐蚀介质。基于这两方面的原因，管道和加热设备表面一般不做防腐处理或进行简单的防腐处理措施。但是，目前的传统保温材料，如玻璃棉、岩棉、硅酸铝棉等，在长期运行过程中发现，并不能有效保护管线、储罐、加热炉等高温设备的腐蚀。而从安全性能上分析，相较于常温储存的储罐，热设备腐蚀造成的危害更大，下面主要结合传统保温材料分析其在管线、储罐、加热炉保温过程中对防腐的影响。

1）气密性因素

目前应用最为广泛的传统保温材料为硅酸铝棉、玻璃棉，玻璃棉是将熔融玻璃通过离心纤维化，然后形成棉状的材料。其内部疏松、多孔，存在大量的气孔和贯通通道，这也是其具有保温性能的核心因素。但是，玻璃棉这种结构无法做到气密性，在设备停运或者设备表面包覆层发生破坏时，大量的水汽、二氧化碳等腐蚀介质会渗透到玻璃棉中，进而对设备进行腐蚀。而且，由于玻璃棉能够吸附水汽，水汽会长时间地存在于设备周围，这进一步加快了腐蚀的发生。

同时，由于保温层的气密性差，致使设备表面干湿反复，同样会导致氧浓差腐蚀：英国材料保护学家伊文思认为，钢铁表面处于湿润的条件下，当氧的通路被限制时，锈层可以作为氧化剂发生阴极的去极化反应，即

$$4Fe_2O_3 + Fe^{2+} + 2e \longrightarrow 3Fe_3O_4$$

当锈层干燥时是透氧的，这时 Fe_3O_4 又会被渗入的氧重新氧化成 Fe_2O_3，即

$$3Fe_3O_4 + 3/4O_2 \longrightarrow 9/2Fe_2O_3$$

由此可见，在干湿交替的条件下，带有锈层的钢铁能加速其自身腐蚀。

保温层下罐体钢板的腐蚀如图6-37和图6-38所示。

图6-37　传统保温棉在热油罐顶长期使用后造成严重腐蚀

（a）　　　　　　　　　　　　　　　　（b）

图6-38　传统保温棉在原油罐罐外壁长期使用后造成严重腐蚀

2）结构强度因素

由于玻璃棉结构疏松，在设备震动、检修或者受外力撞击等的作用下会发生坍塌，导致坍塌部位保温性能变差或者丧失，进而该处热阻隔不足，使设备局部散热过快，导致局部温度过低，会形成温差腐蚀。高温端电位低，为负极，该电极发生氧化反应，金属遭到腐蚀，低温端电位高，为正极，该电极发生还原反应，金属受到保护。同时设备局部发生坍塌后，坍塌部位热量会大量溢出，大量的热量会加速破坏防潮层、防水层等外层保护，使水分等腐蚀介质充分接触设备表面，进一步加速了腐蚀的进行，如图6-39所示。

6. 新型保温材料（气凝胶毡类）应用现状

随着保温材料和技术的发展，现在市场上也开始采用气凝胶毡类保温材料对原油罐、热油罐、输送管道和加热炉等设备进行保温。气凝胶毡由于具有较低的导热系数，能够有效降低保温层厚度而慢慢受到用户的关注。但是气凝胶毡类材料价格昂贵，性价比低，同时目前市场上的气凝胶毡类材料体系仍然存在着一些问题和不足，具体如下：

1）气密性因素

市场上的气凝胶毡类保温材料虽然进行了疏水处理，但是还存在两个方面的问题：一方面，气凝胶毡的疏水材料是有机材料，在热设备的高温条件下，疏水材料会老化，疏水性能很快衰减甚至丧失；另一方面，气凝胶类材料的安装采用的是物理拼接安装，横向与纵向接口之间无法做到气密性，这两个方面的原因同样会导致像玻璃棉气密性差造成的设备腐蚀问题。

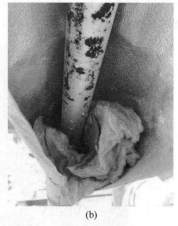

(a)   (b)

图 6-39　传统保温棉在高温管道使用后造成的管道腐蚀

2）结构因素

气凝胶毡类保温材料是将气凝胶填充在纤维层空隙中，通过气凝胶干燥过程中产生的作用力附着于纤维上，但很容易掉落，当设备振动或外力作用下特别容易形成掉粉现象，而一旦粉体掉落后，一方面气密性会进一步降低，另一方面也容易造成局部温差，产生温差腐蚀，如图 6-40 所示。气凝胶微观结构如图 6-41 和图 6-42 所示。

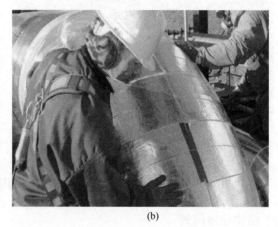

(a)   (b)

图 6-40　气凝胶毡的拼接结构丧失了气密性

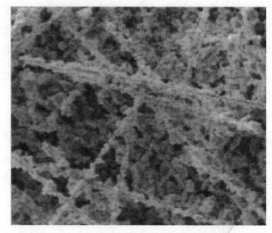

图 6-41　常规气凝胶微观结构   图 6-42　气凝胶保温体系微观结构

气凝胶保温体系的重要意义在于避免了传统保温材料和气凝胶毡掉粉、保温效果差的缺陷，完美契合新时代国家的节能环保理念，助力工业企业践行国家节能降耗、绿色发展，是工业企业保温升级改造、更新换代可信赖的优质产品。新型保温材料对原油罐、热油罐、输送管道和加热炉等热设备防腐性能的提升主要表现在以下几方面：

（1）气密性对原油罐、热油罐、输送管道和加热炉等热设备防腐性能的提升

新型保温材料一方面通过原位合成技术把保温材料内部分割成一个个气密的小舱室，并把空气固定其中，避免空气流动带走热量，最大限度地减少热对流的产生，降低热量损失，保证气密性；另一方面，采用低导热系数、高回弹性的复合体填充材料通过对接缝的密封填充，确保整个保温系统完全密封，杜绝水、空气和其他腐蚀介质的渗透，从而对管道和设备的防腐筑起一道强有力的屏障。气凝胶保温隔热涂料施工后表面如图6-43和图66-44所示。

图6-43　气凝胶保温涂料应用在高温　　　　　图6-44　气凝胶保温涂料应用在原油罐浮盘
热油罐顶，6年后效果显著

（2）结构设计对管道、加热炉等设备防腐性能的提升

新型保温材料具有结构稳定、强度大及优异的拼接技术，能够保证保温系统长期、安全、稳定地运行，有效避免管道和设备运行过程中出现局部过量热散失或热击穿等问题，杜绝温度不匀造成的阳极腐蚀，增强管道和设备的防腐性能。其施工后的表面形貌如图6-45和图6-46(a)(b)所示。

图6-45　气凝胶保温涂料应用在
加热炉外壁，8年后效果

福建某公司重污油罐和重整原料储罐腐蚀较严重，采用超音速电弧喷涂在其内壁喷涂稀土铝合金涂层，并做封孔处理。应用14个月后开罐检查，发现内壁涂层完好无损，测厚发现涂层的平均厚度没有明显变化。

(a)储油罐中部　　　　　　　　　　　　(b)储油罐顶部

图6-46　运行14个月后储油罐涂层形貌

参 考 文 献

[1] 庄光山. 等. 金属表面处理技术. 北京: 化学工业出版社, 2010.

[2] 张迎恺, 等. SH/T 3540—2018. 钢制冷换设备管束防腐涂层及涂装技术规范[S]. 5.

[3] 中国石油化工股份有限公司青岛安全工程研究院. 炼油装置防腐蚀策略汇总. 2008: 251.

[4] 王亮. 牺牲阳极保护技术在水冷器上的应用[J]. 全面腐蚀控制, 2017, 31(11): 47-49.

[5] 涂湘湘. 实用防腐蚀工程手册. 北京: 化学工业出版社, 2000: 428.

[6] 王国钦. 化学镀镍磷合金镀层的特性及其应用[J], 流体机械, 1999, 27(5): 40-42.

[7] 李鹏. 化学镀镍的发展趋势[J]. 电镀与精饰, 2003, 25(4): 11.

[8] 董鹏, 吴慧真. 微型裂解方法研究金属表面的结焦和结焦抑制. 石油化工, 1997, 26(1): 17-20.

[9] 李处森, 余力, 等. 三种金属及其氧化物膜在碳氢化合物热裂解反应中结焦行为的研究. 中国腐蚀与防护学报, 2001, 21(3): 158 ~166.

[10] 李范, 等. 发动机喷嘴表面化学改性抗结焦积碳北京航空航天大学学报. 2014, 40(4): 564-568.

[11] 张文洲. 延迟焦化装置焦化炉炉管结焦机理分析及措施. 广东化工, 2017, 44(12): 245-247.

[12] 陈建民, 等. 减压深拔及结焦控制研究. 炼油技术与工程, 2012(2): 8-14.

[13] 新日铁住金不锈钢株式会社. 加工后耐蚀性优异的镀铬不锈钢板: CN201010121155.2[P]. 2010-08-25.

[14] 涂湘湘. 实用防腐蚀工程手册. 北京: 化学工业出版社, 2000: 504.

[15] 涂湘湘. 实用防腐蚀工程手册. 北京: 化学工业出版社, 2000: 578

[16] 王学武. 金属表面处理技术[M]. 北京: 机械工业出版社, 2008.

[17] 张龙, 胡小红. 热喷涂涂层封孔处理及其耐蚀性能研究[J]. 热喷涂技术, 2014(4): 45-48.

[18] 翟彬, 盖小厂. 金属喷涂工艺在干气脱硫塔表面维修中的应用[J]. 山东化工, 2017, 46(1): 77-78, 81.

[19] 雷炎森. 热喷涂技术在液化气球罐氢鼓包防治中的应用[J]. 化工设备与防腐蚀, 2004(5): 53-54.

[20] 童辉, 韩文礼, 张彦军, 等. 表面工程技术在石油石化管道中的应用及展望[J]. 表面技术, 2017, 46(3): 195-201.

[21] 谌哲, 杜磊, 兰宇, 等. 热喷涂技术及其在天然气管道中的应用[J]. 上海涂料, 2009, 47(2): 19-22.

[22] 夏光明, 闵小兵, 周建桥, 等. 热喷涂技术制备耐蚀涂层在炼油装备中的应用及发展前景[J]. 金属材料与冶金工程, 2012, 40(4): 59-63.

[23] 廉婕, 姚堃. 浅谈液化石油气球罐腐蚀机理[J]. 中国石油和化工标准与质量, 2016, 36(23): 17-18.

[24] 郝爽. 轻质油储罐硫化亚铁自燃的预防[D]. 武汉工程大学, 2016.

[25] 王磊. 炼厂静设备的腐蚀与防护[D]. 大连理工大学, 2015.

[26] 吴远程, 刘保磊, 陈芳. 高固体分环氧防腐底漆的配方设计[J]. 中国涂料, 2015, 30(5): 60-63.

[27] 张振江. 太阳热反射涂料在新疆储油罐上的隔热性能探讨[J]. 中国涂料, 2014, 29(3): 70-72, 76.

[28] 柳承志. 大型成品油储罐的涂漆防腐设计——总结沿海地区成品油内浮顶储罐的涂漆技术要求及方案[J]. 石油化工建设, 2013, 35(6): 53-56.

[29] 邹积强, 张丽华. ZARE 技术在含硫化物液态烃球罐的应用[J]. 石油化工腐蚀与防护, 2012, 29; (3): 56-59.

[30] 王辉. $10×10^4 m^3$ 大型浮顶油罐的设计[J]. 石油化工设计, 2012, 29; (2): 9-12, 67.

[31] 姜惠娟. 浅谈外浮顶原油储罐的腐蚀及防护措施[J]. 中国石油和化工标准与质量, 2012, 32; (2): 92, 157.

[32] 包月霞. 金属腐蚀的分类和防护方法[J]. 广东化工, 2010, 37; (7): 199, 216.

[33] 丁志忠. 液化石油气球罐腐蚀原因分析及改进措施[J]. 石化技术, 2005, (3): 55-58.

[34] 李兆斌. 预防炼油设备的湿硫化氢腐蚀[J]. 石油化工设备技术, 2004(3): 1-4, 4.

第7章 承压设备建造失效防护技术与应用

焊接和冷加工成型是承压设备制造的两个关键工序，会导致材料组织和性能发生变化，由此引发了大量的腐蚀失效及其他失效，需要采用焊后热处理以及成型后恢复性能热处理。而实际由于热处理工艺不当，即使采用了热处理，依然发生了大量失效。因此，针对实际存在的问题，本章从焊后以及冷成型后热处理两个方面来分析其对失效的影响，分析了典型的失效案例并提出了预防措施。

7.1 材料焊后热处理导致的失效

7.1.1 消除焊接残余应力的必要性

保证承压设备制造环节的质量对提高材料在服役过程中的抗失效、抗腐蚀能力具有重要意义。大量工程经验表明，制造不当是造成承压设备腐蚀失效和破坏的主要原因之一。承压设备通常采用焊接制造技术，将各个零部件整合在一起形成一个密闭整体，才能承担起压力作用下的盛装流体介质的作用。焊接接头由焊缝、熔合区、热影响区三部分组成，如图 7-1 所示。

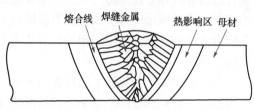

图 7-1 焊接接头组成示意图

焊缝由熔化的焊接材料和熔化的母材组成，因此焊缝金属的化学成分、力学性能等不能完全代表焊接材料的化学成分和力学性能。熔合区是指焊缝金属与母材交接的过渡区，即焊接过程中液态的混合金属（焊接材料和母材）与固态金属（母材）相交，在交界面上形成了焊缝轮廓线（熔合线）。热影响区是在焊接过程中母材经历短时升温（并未熔化）之后冷却而形成的金相组织、机械性能发生变化的区域。通常热影响区是焊接接头最为薄弱的区域。

焊接质量的好坏直接影响到焊接接头的耐蚀性能。焊接残余应力是焊后残留在焊件内的焊接应力。焊接过程不均匀温度场以及由它引起的局部塑性变形是产生焊接应力的根本原因。焊接残余应力是导致延迟裂纹、再热裂纹及应力腐蚀裂纹的主要原因之一。对于碳钢和低合金钢的某些焊接压力容器及其受压元件，较大的焊接残余应力使得失效风险增大，通常采用焊后热处理消除残余应力来控制失效的风险。焊后热处理是消除残余应力最常用、最有效的方法。焊接残余应力的大小主要与材料、焊接接头厚度和预热温度等参数有关。GB/T 150.4《压力容器 第 4 部分：制造、检验和验收》根据此三个因素对是否进行焊后热处理进行了相关规定，如表 7-1 所示。

表 7-1 需进行焊后热处理的焊接接头厚度

材　　料	焊接接头厚度
碳素钢、Q345、Q370R、P265GH、P355GH、16Mn	>32mm >38mm（焊前预热 100℃ 以上）
07MnMoVR、07MnNiMoDR、12MnNiVR、08MnNiMoVD、10Ni3MoVD	>32mm >38mm（焊前预热 100℃ 以上）
16MnDR、16MnD	>25mm
20MnD	>20mm（设计温度不低于−30℃ 的低温容器） 任意厚度（设计温度低于−30℃ 的低温容器）

材　　料	焊接接头厚度
15MnNiDR、15MnNiNbDR、09MnNiDR、09MnNiD	>20mm（设计温度不低于-30℃的低温容器） 任意厚度（设计温度低于-30℃的低温容器）
18MnMoNbR、13MnNiMoR、20MnMo、20MnMoNb、20MnNiMo	任意厚度
15CrMoR、14Cr1MoR、12Cr2Mo1R、12Cr1MoVR、12Cr2Mo1VR、15CrMo、14Cr1Mo、12Cr2Mo1、12Cr1MoV、12Cr2Mo1V、12Cr3Mo1V、1Cr5Mo	任意厚度
S11306、S11348	>32mm >38mm（焊前预热100℃以上）
08Ni3DR、08Ni3D	任意厚度

值得注意的是，表7-1中关于低温用钢热处理是作为标准的最低要求。根据厚度划分是否进行热处理存在一定的风险，还要综合考虑焊接因素，包括焊材的选择和管理、焊接参数的选择和过程控制、焊接方法的选择、现场制造和工厂制造的差异等。这些因素对焊接接头的冲击韧性有较大影响，设计者需抛开厚度因素，综合考虑其他各种因素，对低温设备提出合理的热处理要求。

某些焊接容器及其受压元件，虽然焊接残余应力影响度并不一定很大，但一旦失效后果特别严重，也宜进行焊后热处理预防失效，如盛装毒性为极度或高度危害介质的容器。对于介质有应力腐蚀倾向的容器，焊接残余应力会成为应力腐蚀的主要驱动力，必须进行焊后热处理。应力腐蚀开裂与焊接残余应力大小和腐蚀介质密切相关，本章重点从如何消除焊接残余应力的角度，来打破应力腐蚀开裂产生的条件。

当前，整体热处理技术已经较为成熟，但是随着承压设备向大型化方向发展，不可避免地采用了分段制造、分段热处理、总装焊缝局部热处理的方法进行制造。由于局部热处理技术不成熟，导致众多安全事故发生。影响局部热处理的关键因素有加热带宽度、温度均匀性控制以及应力控制等。

7.1.2　局部热处理加热带宽度

局部热处理加热带宽度的设置是影响焊接残余应力消除效果的关键因素，如某炼厂加氢装置的螺纹锁紧环高压换热器（见图7-2）在服役过程中开裂引起氢气泄漏事故就是一个典型的案例。此换热器壳程为典型的不等厚焊接接头，厚度分别为254mm和95mm。壳体材料为12Cr2Mo1R（H），设计要求焊接接头硬度应满足≤237HV10，实测硬度近350HV10，主要原因是由于局部热处理工艺不当造成的。该合拢焊缝采用传统电加热带的方式进行局部热处理，无论是加热方式还是保温方式，均无法实现均温区的温度均匀性控制，内壁残余应力消除效果不理想，又在临氢环境下服役，从而导致严重的氢致开裂失效。

中国石油大学（华东）蒋文春教授发现，在局部热处理过程中，焊缝加热阶段膨胀，冷却阶段收缩，热处理后产生"收腰变形"现象，在内表面产生新的二次拉伸残余应力，导致内表面应力难以消除。加热带宽度是影响热处理效果的关键因素。由于缺乏理论的支撑，国内外标准对局部热处理的加热带宽度的规定不一致。ASME和GB/T 150建议均温带宽度采用焊缝宽度各加上1倍的筒体壁厚或50mm，取最小值，但未给出加热带宽度。GB/T 30583《承压设备焊后热处理规程》仅仅推荐了50mm以下加热带宽度的计算公式：$HB=7nh_k$（$1<n<3$，h_k为焊缝最大宽度）。为降低残余应力，国际上，英国压力容器标准PD 5500：2015和欧盟EN 13445-4：2009建议加热带宽度不应小于$5\sqrt{Rt}$，WRC 452建议加热带宽度为$5t+4\sqrt{Rt}$。国外方法建立在深入研究加热带宽度对残余应力消除效果的影响规律基础上，虽然可以有效降低残余应力，但带来两个问题：①在加热带两侧，不可避免地带来新的热处理热影响区；②当前承压设备向大型化方向发展，壁厚和直径超大，采用上述方法加热带宽度过大，热处理过程变形容易超标；同时当采用电加热时需要的电功率过大，现场无法实施。

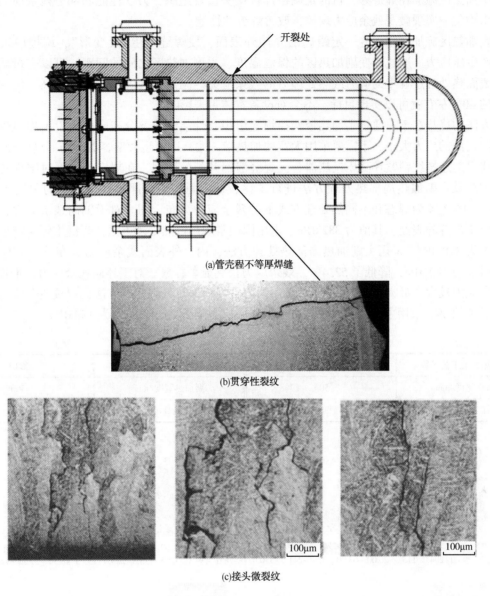

(a)管壳程不等厚焊缝

(b)贯穿性裂纹

100μm   100μm

(c)接头微裂纹

图 7-2　螺纹锁紧环高压换热器

7.1.3　主副加热局部热处理

针对上述国内外标准存在的问题，中国石油大学(华东)蒋文春教授提出了一种新的局部热处理方法——主副加热局部热处理方法，被工业界誉为"蒋氏热处理方法"，如图 7-3 所示，该方法包括主、副加热区：

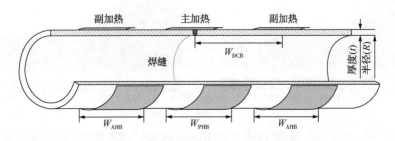

图 7-3　主副加热局部热处理示意图

（1）主加热区施加在焊缝处，目的是调控焊接接头微观组织、力学性能和部分残余应力，使得焊接接头组织均匀，实现微观残余应力调控，改善焊缝的性能。

（2）副加热区施加在距焊缝一定距离的壳体外表面，使焊缝产生"反变形"，调控内表面残余应力，甚至产生压应力。通过改变副加热区的保温温度、主副加热区之间的间距，可以定量调控焊接接头内、外表面热处理过程中的应力或热处理后的残余应力。副加热区温度不需要太高，仅为主加热区最高温度的40%左右就可以实现目标，不会对设备本体带来影响。

这一方法的优势在于：通过主加热带调控焊缝组织和性能以及部分残余应力，副加热带可以定量调控焊缝内表面的应力大小，不需要采用太宽的加热带，尤其适合超大型容器的局部热处理。

为了找出上述螺纹锁紧环高压换热器合拢焊缝泄漏开裂的原因，在规定条件下对国内常规局部热处理标准方法及主副加热局部热处理方法进行了比较。主副加热局部热处理方法的关键工艺参数如表7-2所示。图7-4为焊态和不同热处理方式下的残余应力分布云图。对于轴向残余应力，焊后最大残余应力位于焊缝外表面，其值为382MPa。采用国内常规局部热处理方法，焊缝堆焊层产生较大拉应力，最大值为328MPa。采用主副加热局部热处理方法，内、外表面残余应力分布均匀，应力水平较低，最大值仅为182MPa，降低了52.4%，残余应力得到显著释放。对于环向残余应力，堆焊层附近焊缝焊态残余应力较大，最大值为578MPa。采用国内常规局部热处理标准方法，焊接残余应力大小相比焊态仅降低了18%。采用主副加热热处理方法，残余应力降低65.4%，约为150MPa。

表7-2　主副加热关键工艺参数

主副加热关键工艺参数	数值	主副加热关键工艺参数	数值
主加热宽度/mm	500	副加热宽度/mm	500
主副加热间距/mm	380	副加热最高温度/℃	600

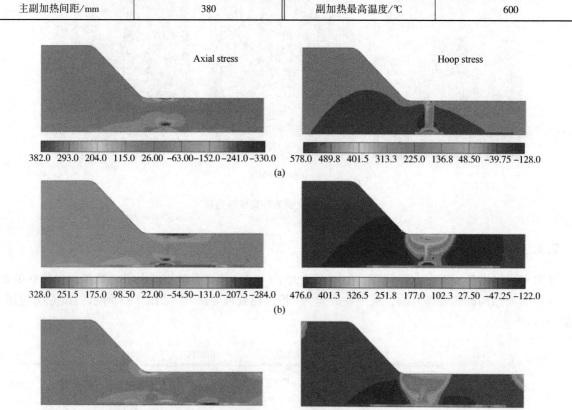

图7-4　焊态(a)、常规局部热处理(b)及主副加热局部热处理(c)后的轴向和
环向残余应力云图分布(单位：MPa)

图 7-5 给出了不同热处理方式下内表面轴向应力和环向应力的分布。对于轴向残余应力，采用常规局部热处理方法的残余应力值不但没有减小，反而增大，这主要是由堆焊层的热膨胀系数较大以及局部热处理收腰变形导致的。采用主副加热局部热处理方法，轴向应力变为压应力。对于环向应力，局部热处理的最大焊接残余应力降低了 20%。采用主副加热局部热处理方法后，环向应力从 284MPa 下降到 36.8MPa，降幅为 87%。通过以上分析可以看出，采用传统的局部热处理方法无法降低堆焊层的残余应力。内壁残余应力无法消除是产生泄漏开裂的原因之一，而主副加热局部热处理可以有效改善内壁的应力分布。为了更好地解决这一工程问题，下一步中国石化工程建设有限公司将联合中国石油大学(华东)、抚顺机械设备制造有限公司等单位采用测试和模拟分析方法进行研究，提出更合理更可行的该类接头的热处理导则。

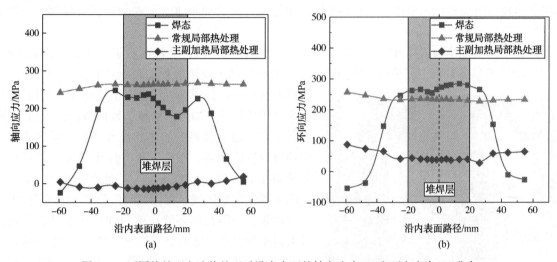

图 7-5　不同热处理方法热处理后沿内表面的轴向应力(a)和环向应力(b)分布

该方法的一个典型应用案例是宁波天翼全球最大常压塔局部热处理，如图 7-6 所示。该塔直径为 12m，长 112.56m，单重 2252t。由于直径超大、长度超长，无法进行整体热处理，只能采用分段焊接、分段热处理、整体组装的工艺进行制造。整体组装过程中的合拢焊缝只能进行局部热处理。该塔器局部热处理技术要求采用 WRC 452 建议加热带宽度，所需的加热宽度为 3m，加热带宽度太大，现场无法实施。采用主副加热局部热处理技术，成功地解决了这一难题。

(a)　　　　　　　　　　　　　　　　(b)

图 7-6　主副加热局部热处理技术在超限塔器的应用

主副加热局部热处理方法经焊接残余应力计算及测试验证，在中国石化工程建设有限公司、二重(镇江)重型装备有限责任公司、上海蓝滨石化设备有限责任公司、茂名重力石化装备股份公司、中国石化天津分公司、兰州兰石重型装备股份有限公司等企业的大型塔器、加氢反应器、换热器等系列产品上应用，形成了工程设计和施工方法，申请制定了 T/CSTM 00546—2021《承压设备局部焊后热处理规程》，并计划于近期出版《承压设备局部焊后热处理》专著。

7.1.4 局部热处理步进式温度均匀性控制方法

局部热处理另外一个关键是均温性要求较高。承压设备局部焊后热处理的加热方式主要包括柔性陶瓷加热片加热、火焰加热和感应加热。通常，材料为加钒钢时，热处理温度为705℃±14℃；材料为其他铬钼钢时，热处理温度一般为690℃±14℃。保温过程中的任意两点温差不能超过28℃。除此之外，厚壁加氢反应器的壁厚在100mm到近360mm，超限塔器最大壁厚也超过了200mm。壁厚增加给局部热处理温度均匀性控制增加了难度。而柔性陶瓷加热片加热的最大壁厚为75mm。卡式炉、模块炉通常采用火焰加热，能源消耗巨大，能量利用率低，不符合国家对节能环保的要求，在现场也无法实施。而感应加热具有电能转化效率高、无 CO_2 排放，能耗仅为火焰加热20%，在承压设备局部热处理领域具有很好的推广前景。

为此，中国石化建设工程有限公司联合中国石油大学（华东）、兰州兰石重型装备股份有限公司、二重（镇江）重型装备有限责任公司、中国第一重型机械集团大连加氢反应器制造有限公司以及青岛海

图7-7 悬浮床反应器总装缝感应
加热局部热处理

越机电科技有限公司等单位进行了感应加热均温性试验，研究采用单侧感应加热沿壁厚、轴向方向温度分布规律。进行了大量超厚板感应加热均温性实验，结果表明，从单侧进行感应加热，在整个工件厚度截面加热过程中温差控制在18℃以内，尤其是浅表面感应涡电流集中区域无明显温度突变区域，在保温阶段的最大温差为14.4℃。超厚加氢反应器筒体环缝在感应加热保温过程中均温区最大温差为8℃，处理壁厚突破352mm，能够满足相关标准要求。在大量实验和计算的基础上，中国石油大学（华东）蒋文春教授提出了步进式温度均匀性控制方法，适用于陶瓷片加热、感应加热和卡式炉火焰加热，精度能够满足热处理均温性的要求，可在大型厚壁容器局部热处理中推广应用。如图7-7所示，某化工企业300万吨/年渣油加氢裂化装置千吨级锻焊式悬浮床反应器成功采用中频感应加热技术进行了总装缝现场局部热处理。

7.1.5 TP 347 厚壁管道稳定化热处理

加氢装置 TP 347 厚壁管道稳定化热处理也是感应加热成功应用的典型案例之一。厚壁 TP 347 管线焊接接头是否进行稳定化热处理一直存在争议，原因是壁厚增大会导致再热裂纹发生。尤其是现场管线的热处理，散热大，温度分布不均匀。近十几年来，千万吨炼油项目在全国不断上马，几乎每个炼厂都会出现因为热处理不当造成的开裂。由于内壁无法进行保温，试验发现，采用陶瓷片加热内外壁温差达150℃，稳定化热处理一般为900℃左右，而温度低于850℃时，也会增加不锈钢的敏化。而感应加热可以有效解决这一难题。某石化公司260万吨渣油加氢项目，采用的 TP 347 管线壁厚达到50mm，现场有30%的管线焊缝需要进行局部热处理。为提高安全性，业主提出采用感应加热进行稳定化热处理。业主联合中国石化工程建设有限公司、中国石油大学（华东）蒋文春教授课题组、青岛海越机电科技有限公司等联合攻关，首先在实验室内进行50mm厚TP 347管线感应加热局部热处理的均温性实验，研究了感应电缆缠绕宽度、间距、电源功率等工艺参数的影响规律，获得了最优化的工艺，满足了 TP 347 均温性的要求，确定了现场稳定化热处理工艺，制订了科学的施工方案。经过专家评审，在现场实施，测试结果表明（见图7-8）：内外壁温差能够保持在很低范围之内，稳定化热处理保温过程内壁温度远高于敏化温度。脱离敏化温度区间，解决了工程现场施工时因内壁无法保温而造成热处理过程温差过大导致再热裂纹的世界难题。

图 7-8 TP 347 弯头稳定化热处理现场

7.1.6 焊接的影响

从结构设计和选材角度综合考虑防腐策略的同时，也要考虑焊接和热处理的可执行性或者难易程度。从材料角度考虑可能合适，但是如果制造很难实现，也不是一个好的设计。以某炼化企业加氢裂化装置为例，在硫化阶段发现热高分气与冷低分油换热器(见图 7-9)发生泄漏。该换热器为高低压换热器，管板与管箱是一个整体，换热管与管板焊接是在管板与管箱焊接完毕后进行的。换热管材料为5Cr-0.5Mo，管板为 14Cr1Mo 锻件，材料淬硬倾向大。一般 5Cr-0.5Mo 焊接预热温度至少要 200℃，而且在焊接过程中需一直保持该温度，焊接条件苛刻，焊接质量难以保证。停车打开换热器后发现，有 78 根管接头发生开裂，管接头硬度高达 288HBW。造成腐蚀开裂的主要原因是预热温度未采用焊接工艺评定或标准规定的预热温度，或者焊后热处理未有效消除焊接残余应力。从这个案例可以说明，腐蚀控制一定要采取综合措施，不可偏颇。

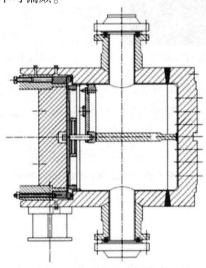

(a)换热器结构示意图

(b)换热管应力腐蚀整体图

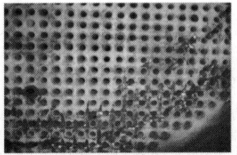

(c)换热管应力腐蚀放大图

图 7-9 热高分气与冷低分油换热器

7.1.7　材料选择

对于不锈钢等高合金材料制压力容器，焊后通常采用固溶或稳定化热处理。由于采用很高的热处理温度，容器无法或很难实施。从选材的角度，选用抗点蚀指数高的材料避开焊后热处理是更好的选择。抗点蚀指数 PREN(Pitting Resistance Equivalent Number) 是石化行业普遍使用的定性衡量抗点蚀能力的一个指数，PREN=%Cr+3.3×%Mo+16×%N。从公式可以看出，它是对炼钢的冶金化学成分提出了要求，是一个综合性要求。钢厂需要根据要求综合考虑，提供满足要求的产品。对于连多硫酸应力腐蚀，可选用超低碳和稳定化元素的奥氏体不锈钢，如 321、347、316Ti、304L、316L 等。

材料对服役腐蚀环境的适用性也是非常重要的。如双相钢对于氯化物应力腐蚀是很好的材料，但是现在越来越多的认识是，双相钢不太适合于硫化氢应力腐蚀环境。尤其当硫化氢分压超过一定数值时，不推荐选用双相钢，这也是通过很多失效案例总结出来的。如某原油预处理装置原油和导热油换热器，换热器型式是浮头式，管程介质含有盐、少量 H_2S，硫化氢分压超过 0.2MPa，换热管采用超级双相钢 S32750，在投入使用几个月后便因管头泄漏紧急停工。经分析，是典型的硫化氢导致的应力腐蚀开裂，穿晶解理(脆性)断裂，如图 7-10 所示。

 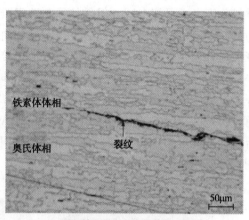

(a) C列换热器管束失效位置(箭头标记的位置)　　　(b)最长轴向裂纹尖端金相组织图谱

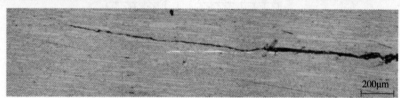

(c) 最长轴向裂纹尖端金相组织图谱(200倍)

图 7-10　原油和导热油换热器

7.1.8　结构设计

结构设计有时也直接关系到失效的风险大小。某炼化公司变压吸附装置吸附塔，在运行过程中有两台底封头处发现穿透裂纹，装置紧急停车。该塔为疲劳设备，经比照图纸，开裂处正位于图 7-11(a)所示位置。经了解此位置焊接完毕后未经打磨，图纸也没有要求打磨处理。通过结构改进，采用图 7-11(b)所示结构很好地解决了局部应力集中造成的疲劳开裂问题。

7.1.9　咬边控制

缺口敏感性也是应力腐蚀和氢致延迟裂纹、低温脆断的一个重要诱因。一般对于盛装毒性为极度或高度危害介质的压力容器，对于标准抗拉强度下限值 $R_m \geqslant 540MPa$ 的低合金钢制压力容器、承受循环载荷的压力容器等，焊缝表面不允许有咬边现象(见图 7-12)。咬边是常见的焊接缺陷，对容器质量的危害可以概括为三个方面：

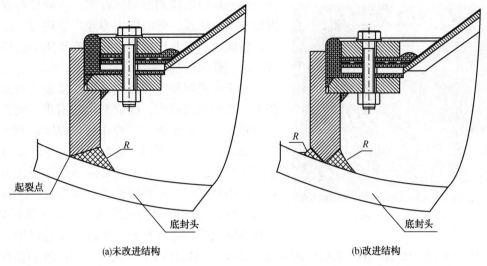

(a)未改进结构　　　　　　　　(b)改进结构

图 7-11　变压吸附装置吸附塔

（1）造成微小区域的形状突变，产生应力集中，是需控制的脆性断裂源、疲劳破坏源之一；

（2）咬边是"开口"缺陷，容器内表面的咬边直接与介质接触，介质在压力作用下会进入咬边内，形成不流动的介质"死区"，进而浓缩，加剧局部腐蚀；

（3）在渗入其内介质压力的作用下，咬边处更易诱发裂纹。

对于不锈钢制压力容器，从控制应力腐蚀的角度，严格控制咬边也是提高耐蚀能力的措施。这就需要精心焊接，使焊缝无咬边。当焊缝出现咬边时，必须采用修磨的方式完全去除，这也是压力容器制造领域高质量发展的必然要求。

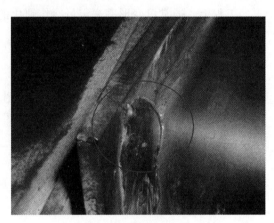

图 7-12　焊接咬边

7.1.10　返修

返修也是压力容器制造环节不可回避的一个环节。对于盛装毒性为极度或高度危害介质的压力容器、Cr-Mo 钢制压力容器、低温压力容器、应力腐蚀的压力容器等，返修后务必重新进行热处理。返修是对局部进行补焊，拘束度较大，会产生较高残余应力，给失效创造了条件。对于有再热裂纹倾向材料制造的压力容器，比如某些 Cr-Mo 压力容器，局部热处理后应该加强无损检测。因为再热裂纹一般较小，建议采用 TOFD 或 PAUT 技术进行检测，以提高检出率。

7.2　材料冷加工导致的腐蚀及其他失效

7.2.1　成型与相变控制

材料成型是指金属材料在冷态或热态下借助外力产生塑性变形的过程，例如封头、U 形弯管、管件、弯头等部件的成型。材料成型是除焊接之外影响耐蚀性能的另一个关键因素。目前，成型工艺是制约材料耐腐蚀性能和综合力学性能的薄弱环节之一。

换热管是换热器中实现热量交换、传递的关键部件，在换热器中用量较大如 U 形弯管换热器。对于双相不锈钢、铁镍基合金、镍基合金、超级奥氏体不锈钢等耐腐蚀性较强的材料，一般应用在腐蚀比较苛刻的环境，换热管弯后一般要求进行热处理。换热管的弯制涉及模具制作、清洁厂房、加热方

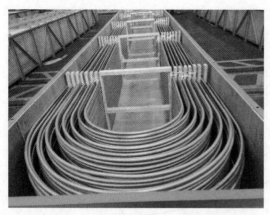

图 7-13 国内某钢管厂 2507U 形弯管

式、热处理制度特别是加速冷却,一般设备制造厂无法保证弯管段质量,弯制应由专业厂家进行。经过多年努力,目前国内专业厂家的弯管工艺和质量已经可以与国外厂家相媲美(见图 7-13)。

对于碳素钢和低合金钢,厚度代表几何刚性,厚度越大,变形抗力越大,冷成型也越困难。成型过程中减薄量越大,变形量越大,冷作硬化程度也越大。冷作硬化会加大产生应力腐蚀开裂的风险。冷成型时钢材会产生塑性变形,再经 200~450℃ 的热作用还会引起应变时效,使钢材塑性、冲击韧性进一步降低,韧脆转变温度提高,致使脆性断裂的风险增大。对于奥氏体不锈钢、双相不锈钢等高等级材料,在冷成型过程中,随着变形率的不同,还会不同程度地发生金相组织的变化,如发生马氏体改变,使得材料硬度和脆性提高,也会增加应力腐蚀开裂的风险。

工程上,通常以变形率来定量冷作硬化的程度。当不同材料的受压元件成型后,变形率达到对应的数值,则应于成型后进行恢复性能热处理。对于钢板,GB/T 150 给出了钢板冷成型后的恢复性能热处理要求,并给出了变形率的计算方法。

变形率计算:

单向拉伸(如筒体成型,见图 7-14):变形率(%)$= 50\delta[1-(R_f/R_0)]R_f$

双向拉伸(如封头成型,见图 7-14):变形率(%)$= 75\delta[1-(R_f/R_0)]R_f$

式中　δ——板材厚度,mm;

R_f——成型后中面半径,mm;

R_0——成型前中面半径(对于平板为 ∞),mm。

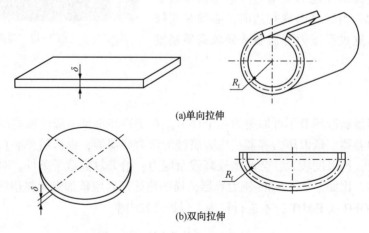

(a)单向拉伸

(b)双向拉伸

图 7-14 单向拉伸和双向拉伸成型

同时,并结合介质环境,对恢复材料性能的热处理进行了如下规定:

(1)盛装毒性为极度或高度危害介质的容器;

(2)图样注明有应力腐蚀的容器;

(3)对碳钢、低合金钢,成型前厚度大于 16mm 者;

(4)对碳钢、低合金钢,成型后减薄量大于 10% 者。

以上条件只要满足任何一条,当变形率符合下述规定时,应进行恢复性能热处理:

(1)碳钢、低合金钢及其他材料,变形率超过 5%;

(2)奥氏体型不锈钢,包括普通奥氏体不锈钢,如 304L、304 等;超级奥氏体不锈钢,包括 904L、6%Mo 钢等;镍基和铁镍基合金等。对于普通奥氏体不锈钢和超级奥氏体不锈钢,变形率超过

15%，但当设计温度低于-100℃时或高于675℃时，变形率控制值为10%。随着原油劣质化的趋势越来越明显，高合金用量越来越多，表7-3和表7-4分别给出了国内外最新关于常用超级奥氏体不锈钢钢板和常用铁镍和镍基合金钢板的成型后恢复性能热处理要求，供行业内参考。

表7-3 常用超级奥氏体不锈钢推荐恢复性能热处理制度

材　料			要求的热处理最小温度/℃
合金简称	中国牌号	美国牌号	
904L	S39042	N08904	1100，加速冷却
254	S31254	S31254	1150，加速冷却
6Mo	S38367	N08367	1110，加速冷却
6Mo	S38926	N08926	1100，加速冷却

表7-4 常用铁镍和镍基合金推荐恢复性能热处理制度

材　料			要求的热处理温度/℃
合金简称	中国牌号	美国牌号	
合金X	NS3312	N06002	1105，加速冷却
合金C-22	NS3308	N06022	1120，加速冷却
合金600	NS3102	N06600	1040，加速冷却
合金601	NS3103	N06601	1040，加速冷却
合金625	NS3306	N06625	1095，加速冷却
合金690	NS3105	N06690	1040，加速冷却
合金800	NS1101	N08800	980，加速冷却
合金800H	NS1102	N08810	1120，加速冷却
合金800HT	NS1104	N08811	1150，加速冷却
合金C-276	NS3304	N10276	1120，加速冷却
合金825	NS1402	N08825	980~1010，加速冷却
合金20	NS1403	N08020	960~1000，加速冷却

图7-15给出了304不锈钢在-70℃（液氮）下拉伸，其马氏体相变量随冷加工变形量的变化关系。从图7-15可知，当塑性变形量小于10%时，马氏体相变量随拉伸变形量的增加变化平缓；但如塑性变形量处在10%~20%之间，则相变量随变形量的增大而迅速增加。马氏体是脆性组织，会增加材料腐蚀特别是应力腐蚀风险，同时对于高温蠕变性能也不利。

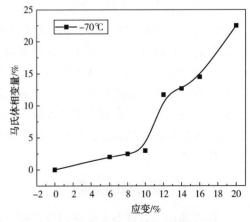

图7-15 304不锈钢马氏体相变量随冷
加工变形量的变化关系

奥氏体不锈钢冷加工形成马氏体后，对湿H_2S的应力腐蚀开裂特别敏感，特别是膨胀节。因为膨胀节变形量大，形成的马氏体数量和硬度都很高，而膨胀节进行固溶处理时容易变形，因此容易忽略冷加工后膨胀节的固溶处理。某石化公司的常压塔塔顶挥发线管路的304不锈钢膨胀节便发生过H_2S导致的应力腐蚀开裂。图7-16为膨胀节开裂的宏观形貌和断口扫描电镜形貌，断口上显示鸡爪纹形貌，是典型的H_2S导致的应力腐蚀开裂特征。

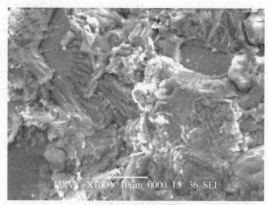

(a)膨胀节开裂宏观形貌　　　　　　　　　　　　　(b)断口上鸡爪纹特征

图7-16　304不锈钢膨胀节开裂形貌

一般来说，采用经过正火、正火加回火、调质处理的钢材制造的受压元件，宜采用冷成型或温成型。当成型温度较低、冷作硬化的影响仍存在时，恢复性能的热处理建议采用冷成型受压元件的热处理条件和要求。当厚壁钢板采用正火加回火时，为保证厚度方向的冲击韧性，一般会要求正火(允许加速冷却)加回火。然而，加速冷却是一个模糊的提法，没有进行定量的规定。通常，钢厂采用何种加速冷却工艺和冷却速度，在产品出厂的质保书中不会明确给出，这就给制造厂后续封头成型留下了制造隐患。

随着装备的大型化发展，承压设备的直径越来越大，封头的成型也面临着巨大的挑战。封头(椭圆封头和球形封头)的成型也是行内的痛点。大量的工程案例表明：封头成型后，材料性能都会有不同程度的下降，增加了压力容器在投入使用后腐蚀及其他形式的失效风险，亟须引起行业重视。这与恢复性能热处理的控制不到位有关。其原因是封头制造厂在进行热处理时随意性较大，加速冷却工艺也没有相关的规范，这在业内是普遍存在的问题。

另外，对于碳素钢和低合金钢，钢厂的正火温度在质保书中也没有给出。钢板从出炉到压制成型大约需要4min，其间温度下降150℃左右。对于厚壁设备来说，需要的时间更长。实际成型中，一旦发生操作不当或模具安装不到位，造成出炉到压制成型时间延长，温度下降会更大。为了避免温度下降较大，通常采用更高的加热温度。而加热温度高会造成材料晶粒长大，从而降低材料性能，尤其是冲击韧性，使得服役过程中的失效风险增大。

7.2.2　强力组装控制

尽管强力组装在压力容器制造过程中是严格禁止的。但在工程实践中，一些现场制造的设备成型过程中仍然存在强力组装现象，强力组装施加了外力，即使恢复性能热处理也不能彻底消除。由此发生的失效案例经常发生。例如某石化厂的反应器采用347H，直径为ϕ8200mm，设计温度为520℃，在运行过程中封头焊缝热影响区开裂泄漏，如图7-17所示。通过焊接接头解剖检查发现，焊接接头成型不良，错边明显，存在强力组装现象。金相分析表明，裂纹是从熔合线处起裂，沿热影响区和融合线扩展，为典型的沿晶裂纹，是在焊接残余应力及强力组装施加外力的作用下发生的再热裂纹(也称之为应力松弛裂纹)。

7.2.3　复合板热处理

在石油化工装置中大量使用复合板，复合板可采用爆炸或热轧工艺进行制造。国内外专利商、工程公司及标准均规定复合成型后应进行消除应力热处理，但是均未给出具体的热处理制度。复合板的热处理一直是世界难题，基层材料和覆层材料众多，不同材料热处理制度差异很大。如何平衡不同材料热处理制度之间的差异，将残余应力尽可能地消除，同时将热处理对两种材料的不利影响降至最低，实现最优的热处理效果，是一件挑战性很大的工作。

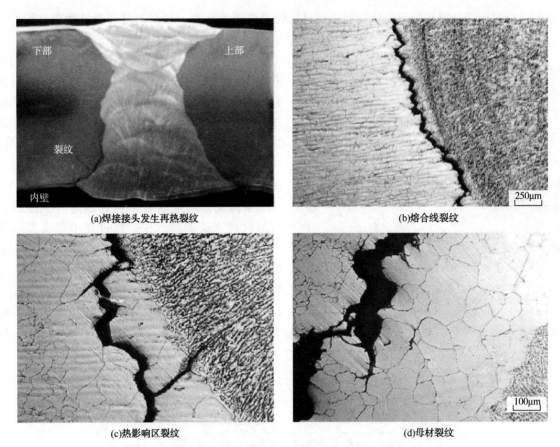

图 7-17　强力组装和焊残余应力导致的再热裂纹

工程上，因热处理不当导致复合板性能下降影响到耐蚀性能的案例众多。例如某化工项目一批设备因为高温临氢含硫介质选用 14Cr1MoR(H)+321 复合板，设备制造厂在对经爆炸成型的复合板进行模拟焊后热处理复验时发现一些批次的钢板冲击韧性不合格，如表 7-5 所示。设计要求 $-20℃$ 夏比 KV_2 冲击吸收能量 $\geq 47J$，实测值有的只有 $10 \sim 20J$ 左右，远低于爆炸前的基层钢板的性能。经进一步了解，复合板厂采用的热处理工艺为正火+回火，而实际上钢板厂为了保证冲击韧性，特别是 $T/2$ 厚度的韧性，采用的是正火(加速冷却)+回火工艺。一般复合板厂不具备钢厂的加速冷却工艺实施条件，造成复合板性能下降，给后续使用留下了安全隐患。复合板的热处理工艺应该引起行业的高度重视。

表 7-5　复合板基层冲击性能对比　　　　　　　　　　　　　　　　　　　　　　　　J

位置	焊后模拟热处理制度	爆炸前基层钢板			爆炸后并经热处理后 基层性能复验		
$T/2$	最小模拟：(690±14)℃×6h	285	292	256	22	24	88
$T/2$	最大模拟：(690±14)℃×20h	262	215	278	45	42	30

7.2.4　管件成型恢复性能热处理

石油化工装置管道用到大量的弯头、等颈和异颈三通、等颈和异颈四通等管件，在很多炼厂都出现过因管件质量不合格而引发的严重腐蚀和泄漏事故。主要原因是管件成型工艺复杂、变形量大，无法计算具体的变形率。现行标准和工程经验表明，三通、弯头成型后应进行恢复性能热处理。其次，管件的管理相对较弱，门槛低，厂家众多，产品质量层次参差不齐，加之招标体系不健全，使得管件质量难以得到保证。建议：对管件厂家进行分级管理，引入第三方相关评价机制，对于过程控制进行量化处理，这对于管件特别是重要位置和特种材料的管件至关重要。典型的过程质量管控失控的案例如下：

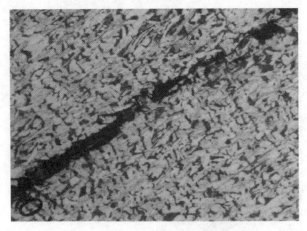

图 7-18　三通碳钢管件沿晶开裂

某炼化公司碳钢管件（三通）在现场焊接时发生开裂现象，沿三通厚度方向开裂贯穿，为沿晶开裂，如图 7-18 所示。通过硬度和冲击韧性测试发现，表面硬度达到 251HBW，远超标准规定的 200HBW，冲击吸收能量数值在个位数。经分析，与成型后的冷作硬化有关。这批管件未经恢复性能的热处理，违反了标准规定，质量管理失控。

某炼化公司加氢裂化装置热高分空冷器出口管道材料为碳素钢，在运行过程中弯头发生泄漏事故，导致紧急停车。经失效分析，失效弯头发生脆性断裂，由内壁起裂，贯穿性裂纹，为穿晶裂纹，是典型的应力腐蚀特征，如图 7-19 所示。

经测试，常温冲击吸收能量只有几个焦耳，硬度近 220HBW。综合判断，该弯头成型后未进行恢复性能热处理（即正火），存在冷作硬化现象，韧性降低。

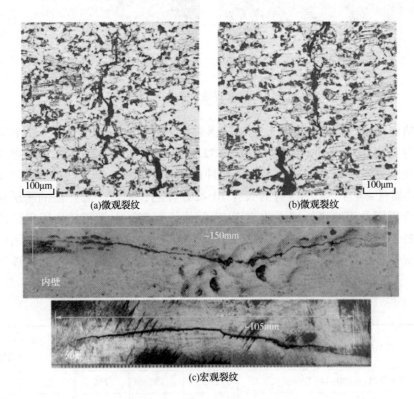

(a)微观裂纹　　　　　　　　　　(b)微观裂纹

(c)宏观裂纹

图 7-19　热高分空冷器出口管道裂纹

某炼化公司加氢裂化装置热高分空冷器入口管道发生爆燃也是一个非常典型的案例。专利商选择双相不锈钢 S32205，弯头规格为 ϕ609.6×36mm，双相不锈钢强度很高，抗拉强度 $R_m \geqslant 655$MPa。由此可见，弯制难度非常大，弯制温度必须控制在 1020~1100℃，温度范围很窄，对弯制工艺提出非常高的要求。在开工过程中发生爆燃，此时氢气压力为 10MPa。经失效分析发现，爆裂弯头断口整体上呈典型粗晶脆断特征，组织异常粗大，晶粒度低于 00 级，奥氏体组织呈板条状魏氏过热组织，如图 7-20 所示。经分析，弯头加热温度可能在 1300℃以上。由此可见，弯头弯制工艺的控制是至关重要的。

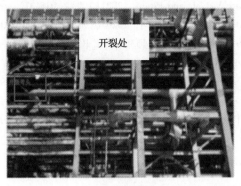
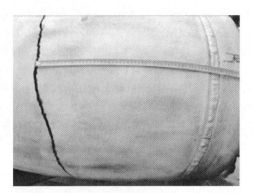

(a)入口管道开裂位置   (b)爆裂弯头宏观裂纹

(c)爆裂弯头断口形貌

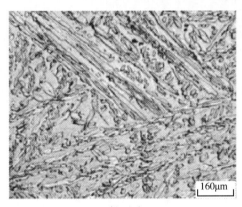

(d)断口组织   (e)爆燃现场图

图 7-20　热高分空冷器入口管道

7.3　承压设备建造质量控制建议

　　焊接、成型和热处理等承压设备建造技术对于炼化装置的安全运行至关重要，对于减少失效和腐蚀风险起着基础性作用。从用户、设计单位、制造单位、监理单位等各个环节严格把关，并从管理上下狠功夫，才能从根本上解决质量控制问题。

　　（1）在设计方面，业主和设计院应该选择合适的热处理方法和标准，随着残余应力理论研究的不断深入和测量技术的不断提高，也可探索对热处理的残余应力、组织调控效果提出具体指标；

　　（2）在制造方面，重点要掌握热处理温度均匀性控制和应力消除效果的计算、测试和评价方法，掌握正确的热处理工艺；

　　（3）在监理方面，要强调过程把控，加强关键制造过程的温度、应力等关键参数测试的见证、检查、核实。

参　考　文　献

［1］Qiang Jin，Wenchun Jiang，Wenbin Gu，et. al. A primary plus secondary local PWHT method for mitigating weld residual stresses in pressure vessels[J]. International Journal of Pressure Vessels and Piping, 2021(192)：104431.

［2］蒋文春，金强，谷文斌，等．主副加热调控残余应力局部热处理方法：中国，202010198508.2[P].2020-06-16.

［3］蒋文春，金强，王金光，等．主副感应加热局部热处理方法：中国，202011556840.8[P].2021-04-30.

［4］蒋文春，金强，罗云，等．大型压力容器局部热处理方法：中国，201910804924.X[P].2020-12-08.

［5］蒋文春，金强，罗云，等．一种大型压力容器局部热处理过程优化及自动控温方法：中国，201910804940.9[P].2019-10-25.

［6］顾雪东．不锈钢膨胀节开裂与奥氏体钢冷加工形变马氏体及耐湿 H_2S 应力腐蚀研究[D].上海：华东理工大学工程，2004.

第8章 腐蚀监检测新技术与应用

腐蚀监检测就是利用各种仪器、工具和分析方法，对金属材料在所处环境或所处工艺介质中的腐蚀因素、腐蚀过程及腐蚀结果进行监测、检测与分析，及时为工程技术人员反馈腐蚀相关信息，预测设备和管线的剩余寿命，从而采取有效措施减缓腐蚀、发现隐患，避免加重腐蚀损失和腐蚀事故发生。通常，腐蚀监检测主要有以下目的：

(1) 识别装置的腐蚀隐患并进行预警；
(2) 提高装置操作平稳率，减少非计划停工；
(3) 判断腐蚀发生的程度和腐蚀形态；
(4) 监测腐蚀控制方法的使用效果(如选材、工艺防腐等)；
(5) 指导工艺操作调整，避免腐蚀环境劣化；
(6) 评价设备和管道使用状态，提高设备和管道可靠性；
(7) 预测设备和管道的剩余寿命；
(8) 帮助制订设备和管道检维修计划。

通过腐蚀监检测，炼化企业不仅可以预防腐蚀事故的发生，还可以及时调整腐蚀控制方案，减少不必要的腐蚀控制费用，获得最大的经济效益。另外，通过收集和积累腐蚀监检测数据，可以为装置检修提供基础数据，为下一生产周期积累经验。

8.1 腐蚀监检测体系的建立

由于炼化装置工艺操作环境复杂、原料性质劣化，导致腐蚀机理多样化，腐蚀部位难以准确定位，而且导致腐蚀的原因存在于设备和管道全寿命周期的各个环节，包括设计、制造、安装、运行等环节。因此，仅关注某一环节或采用某一种腐蚀监检测技术无法满足设备和管道腐蚀管控的要求，必须建立可靠的腐蚀监检测体系，在设备和管道寿命周期中的每个环节有效地开展腐蚀监检测，重点关注内容包括腐蚀监检测位置的选取、腐蚀监检测方法的使用、腐蚀监检测频率的确定等，从而为实现炼化装置腐蚀的全流程管理提供有效的数据支撑和实现手段。

8.1.1 腐蚀监检测体系的建立

腐蚀监检测体系包括管理制度、管理流程、技术方法等方面，腐蚀监检测体系的基本构架如图8-1所示。

腐蚀监检测体系管理流程如图8-2所示。要保证腐蚀监检测体系的成功运行，首先要对装置进行腐蚀评估，找出高腐蚀风险部位，根据腐蚀类型采取合理的腐蚀监检测措施。腐蚀评估的方法包括腐蚀回路分析、腐蚀机理识别、腐蚀发生程度评价等。管理流程中重要的一点是装置根据现场运行的实际腐蚀监检测情况，及时对腐蚀监检测方案进行不断完善优化，实现腐蚀监检测的动态管理。

腐蚀监检测技术方法主要有测厚、腐蚀介质分析、腐蚀挂片、腐蚀探针、停工腐蚀检查等常规方法，以及脉冲涡流、电磁超声、声发射、ACFM等新技术。腐蚀监检测体系的技术方法不仅包括腐蚀监检测技术，还包括腐蚀回路分析、腐蚀机理识别、流态模拟分析、腐蚀数据分析等理论和实践相结合的腐蚀评估技术。

腐蚀监检测体系应从生产装置的设计阶段开始建立，通过腐蚀机理识别、腐蚀回路分析等方法，找出装置高腐蚀风险部位，并设计腐蚀监检测方案，包括在线腐蚀监测方案以及装置运行期间的腐蚀监检测方案，尤其是需要在设备和管道上开口安装的腐蚀监检测设备，一定要在设计阶段做好规划。

图8-1　腐蚀监检测体系基本构架

图8-2　腐蚀监检测体系管理流程

在设备和管道寿命周期的不同阶段，腐蚀监检测体系关注的重点和采取的技术方法也不相同。在制造安装阶段，应重点关注容易导致后续腐蚀的设备和管道制造质量、安装质量问题，如不锈钢管件(弯头、三通等)的固溶化处理、湿硫化氢环境下碳钢管道的焊后消除应力热处理等。对这些可能存在的隐患，要采取有效的技术方法进行检测排查，包括材质校验、硬度检测、磁性检测、超声探伤抽测、射线检测等。在装置运行阶段，应重点关注工艺操作条件变化可能带来的腐蚀问题，尤其要关注注入点、高流速、死区等部位，采取的技术方法包括腐蚀介质分析、腐蚀相关工艺操作参数监测(如露点温度、结盐温度、pH值、流量等)、腐蚀速率监测、脉冲涡流扫查等。

8.1.2　腐蚀监检测部位的确定

腐蚀监检测方案制定中的最大难题是如何准确选择监检测部位。早期主要以方案制定者的经验及装置历史发生的腐蚀问题为基础，综合其他同类装置的腐蚀问题来选择监检测布点部位。但由于腐蚀的复杂性，腐蚀重点部位会因工艺条件、材质、结构等的不同而变化，无法有效实现腐蚀的动态管控。随着技术的进步，目前腐蚀监检测方案的制定不再以经验为主，而是采取腐蚀风险评估、腐蚀回路分析、腐蚀机理判定、腐蚀模拟计算、腐蚀实践分析等方法精准识别高腐蚀风险隐患部位，实现腐蚀风险部位的分级，从而尽可能地避免监检测选点错误，提高腐蚀监检测的效率。

腐蚀监检测部位的选择通常需要遵循以下几个原则：

(1)对于均匀腐蚀减薄机理，宜选择高流速、湍流或涡流等部位进行优先布点。

(2)对于局部腐蚀减薄机理，要在特定的部位多布点，单点检测可能会无效。

(3)如果发现局部腐蚀，应扩大检测范围，覆盖100%的同类可疑部位。

(4)应根据原料性质、现场工艺操作等变化，及时动态调整布点方案。

(5)布点时应重点关注以下几个腐蚀严重的部位：

① 注入管段；

② 有水凝结的部位，尤其是水凝结开始的部位，如常减压塔顶冷凝冷却系统空冷器出口及水冷器出入口；

③ 设备和管道高湍流区域，如管道的弯头、三通、大小头等部位；

④ 高流速部位，如泵、控制阀、孔板等后部流速较高、可能存在冲刷腐蚀的部位；

⑤ 死区或者低流速区域，如低点排凝、高点放空、间断使用的跨线等；

⑥ 可能存在多相流的部位；

⑦ 腐蚀介质被浓缩的部位，如循环冷却水系统；

⑧ 高温高压腐蚀严重的部位；

⑨ 事故发生频繁的设备和管道；

⑩ 下一周期计划更换的设备管道。

8.1.3 腐蚀监检测方法的确定

在实际生产过程中，采用单一的腐蚀监检测方法不能满足炼化企业的要求，通常需要同时采用多种监检测方法才能获得比较准确可靠的腐蚀监测信息。例如，电阻探针或电感探针腐蚀监测数据通常需要用腐蚀挂片数据进行校正，以防止由于探头污染等因素造成的数据偏差。另外，工艺介质分析和腐蚀产物分析也十分重要，可以反映出腐蚀发生的主要原因和腐蚀状况，与腐蚀监测数据相关联后，这些数据可以用于预测腐蚀发生的可能性及程度。随着技术的不断进步，新的监检测技术不断出现，检测效率、检测精准度都大幅度提高。为了实现高效监检测的同时降低监检测成本，炼化企业通常会采用多种监检测组合方法，如点检测、面检测的结合等。表8-1列出了几种常见的腐蚀监检测组合技术。

表8-1 常用的腐蚀监检测组合技术

腐蚀监检测内容	组 合 技 术
壁厚检测/监测	低风险：定点测厚
	中高风险，且温度≤130℃：贴片式无源测厚
	极高风险或中高风险，且温度>130℃：在线壁厚测量系统
保温层下腐蚀检测	目视检查
	红外热成像
	超声波测厚/电磁超声测厚
	超声导波检测
	脉冲涡流检测
空冷及换热器管束的检测	宏观检查：目视检查、内窥镜检查
	超声波测厚
	管束涡流/旋转超声/超声导波检测
	管子-管板角焊缝X射线拍片检测
	管板表面磁粉/渗透着色检测

8.1.4 腐蚀监检测频次的确定

腐蚀监检测可以周期性进行，也可以连续性进行，其频率由腐蚀监检测方法、被监检测部位腐蚀程度及腐蚀监检测费用三方面确定。腐蚀监检测方法决定着腐蚀速度的响应时间。腐蚀检测频次一般较低，如腐蚀挂片的检测周期通常为一个月以上，定点测厚的检测周期通常为三个月以上。在线腐蚀监测频次较高，如电阻探针或电感探针的监测周期可以缩短到几小时至几天。此外，被监测部位腐蚀加重时应加大腐蚀监测频率，而腐蚀比较轻微的部位其监测频率应相应减少，这可以根据现场情况动态调整，或者结合RBI或者腐蚀风险分级，实现监检测效率的最优化。腐蚀监检测费用对于炼化企业十分重要，过于频繁地采用高成本的腐蚀监测方法，其费用是相当巨大的。在目前阶段，连续性在线腐蚀监测费用比周期性腐蚀监测费用高，因此，多数炼化企业仍采取后一种方法，并且在允许的情况下尽量减少监检测频率。

8.2　腐蚀监检测新技术介绍

8.2.1　脉冲涡流检测技术

1. 技术简介

脉冲涡流检测技术属于新型的无损检测技术，该技术可实现设备或管道壁厚损伤的快速扫查和定位，无需破坏被检构件(外部涂层、保温层和保护层)，实现快速、大面积检测，并可在高温条件下在役使用，特别是针对高风险在役(或在线)管道内壁的体积型腐蚀缺陷或腐蚀隐患(主要是局部腐蚀)扫查，该系统有着"高效扫查和快速定位"的技术优势，为评估设备管道缺陷和安全隐患提供了可靠的数据支持。

2. 技术原理

脉冲涡流检测技术是一种由常规涡流检测演化而来的新型电磁检测技术，也被称为瞬态涡流检测技术。其基本原理是通过在探头加载瞬间关断电流，激励出快速衰减的脉冲磁场，该磁场可以穿过一定厚度的保护层和保温层，诱发被检构件表面产生涡流，所诱发的涡流会从上表面向下表面扩散。同时，在涡流扩散过程中又会产生与激励磁场方向相反的二次磁场，在探头的接收传感器中会输出这个感应电压(脉冲涡流信号)。如果管道上有缺陷，则会影响加载管道上脉冲涡流状况，继而影响接收传感器上的感应电压。二次磁场感应的电压包含了被测构件本身的一些特性，如厚度、尺寸、缺陷等综合信息，采取合适的方法和检测元件对二次场进行测量，分析测量信号，即可得到被测构件的信息。脉冲涡流扫查的技术原理如图8-3所示。

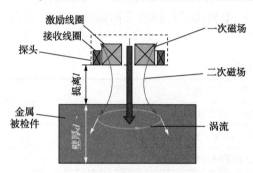

图 8-3　脉冲涡流检测的技术原理示意图

与传统涡流检测不同，脉冲涡流检测采用方波或阶跃，接收元件拾取的电磁信号通常称之为脉冲涡流信号，是以构件为中心的系统脉冲或者阶跃响应。相比于涡流检测方法，脉冲涡流检测方法的优势主要体现如下：

(1)脉冲涡流信号频率丰富，其中包含的超低频涡流信号能够穿过薄的金属防护层和较厚的非金属层，实现对被测构件的深处缺陷检测，提取构件较深层次的信息，克服了传统涡流检测中趋肤效应的影响。

(2)与传统涡流传感器相比，脉冲涡流传感器激励线圈激发的磁场幅值大，因此在大提离下仍可得到检测信号；同时脉冲涡流传感器覆盖面积大，能检测大面积的金属腐蚀。

脉冲涡流检测技术的核心点是要找到与壁厚相关的特征值，脉冲涡流信号在被测构件中的传递过程中可以分为早期信号、中期信号和晚期信号，其中中期信号和晚期信号与壁厚相关，并遵从以下公式：

$$V(t) = \begin{cases} F(l, d)\rho^{-1/2}\mu^{-1/2}t^{-3/2} & (t \leqslant t_0) \quad \text{中期信号，按幂函数关系衰减} \\ F(l, d)e^{-\frac{\varphi t}{\mu}} & (t > t_0) \quad \text{晚期信号，按指数函数关系衰减} \end{cases}$$

式中　$V(t)$——感应电压，V；

　　　　l——线圈的提离距离，mm；

　　　　d——构件的厚度，mm；

　　　　ρ——构件的电阻率，$\Omega \cdot m$；

μ——构件的磁导率，H/m；

t_0——涡流扩散至构件下表面的时间，s。

根据上述公式，脉冲涡流中期信号衰减较慢，符合幂函数关系；晚期信号衰减较快，符合指数函数关系。中期信号和晚期信号之间有一个过渡区间，通常被称为拐点，壁厚越薄，拐点出现越早，反之则拐点出现越晚，因此，可以利用拐点出现的时间（拐点时间）或拐点后的斜率来表征壁厚情况。经试验分析，拐点时间和拐点斜率不受提离距离（保温层厚度）的影响，且与被测构件的壁厚呈一定函数关系，拐点时间和拐点斜率是良好的壁厚检测特征值。

3. 适用范围

（1）可实现铁磁性材料（碳钢、铬钼钢等）和非铁磁性材料（奥氏体不锈钢等）的检测，对被检管道/设备材质要求低。

（2）适用于扫查管道内壁的体积型腐蚀缺陷或腐蚀隐患，可实现高效扫查和快速定位。

（3）可不拆除包覆层（保温层和保护层）和防腐层进行检测，对金属表面状态要求较低，无需除锈去漆、无需打磨金属本体、无需耦合剂。

（4）可在役检测，适用于石油化工典型操作工况，不受被检对象温度、被检对象内部介质的影响。

4. 应用注意事项

（1）脉冲涡流检测技术目前暂不能实现对细小裂纹、夹渣、气泡等缺陷的扫查。

（2）不拆除保温进行扫查时，由于受探头直径、提离高度影响和穿透能力限制，磁场投影金属总量比较大，扫查精度变差。因此对于高风险部位，建议拆除保温进行精确检测。

图8-4 溶剂再生装置
再生塔现场照片

5. 应用案例

某企业溶剂再生装置的再生塔塔体材质为碳钢，介质为富胺液、贫胺液、H_2S，操作温度为130℃，操作压力为0.2MPa，原始壁厚为14mm。经脉冲涡流扫查发现该塔有多处壁厚减薄缺陷，其减薄最严重的部位为富胺液进料线入口处下方塔壁，现场照片见图8-4，分析图像见图8-5。通过检测发现，壁厚最大值为10.66mm，最薄点厚度为2.95mm。车间对此处做贴板处理，并计划在下次检修时更换该塔。

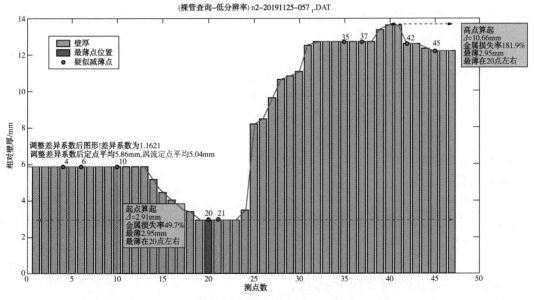

图8-5 溶剂再生装置再生塔脉冲涡流分析图像

8.2.2 超声导波检测技术

1. 技术简介

长距离超声导波检测(MsS)系统由美国西南研究院研发,其激发原理为磁致伸缩效应和磁致伸缩逆效应。超声导波检测技术可以长距离定性判断管道缺陷情况,准确定位缺陷部位(包括局部腐蚀减薄、点蚀、坑蚀等)。

MsS超声导波检测不仅可以实现管道长距离检测,还可用于重点装置管道腐蚀隐患排查,提高了腐蚀风险区域定位的准确性。该技术和其他腐蚀监检测方法(超声波测厚、脉冲涡流、C扫描等)组合应用,可以大大提高检测效率,提升检测精度,实现对设备和管道严重腐蚀部位的有效监控,保证装置的长周期安全稳定运行。

2. 技术原理

超声导波是一种机械弹性波,能沿着被测管道的边界形状传播并受到管道几何形状的约束和导向。导波在传播过程中遇到缺陷或焊缝等特征部位时,会部分反射回来,造成传感器电压信号的变化,经过软件处理,可以得到缺陷或焊缝等部位的特征信号。

超声导波的激发原理有压电效应和磁致伸缩效应两种,MsS采用后一种原理,如图8-6所示。MsS超声导波在管道中的传输有纵波、扭力波、弯曲波三种形式,其中只有扭力波的声速恒定不变,而且扭力波只在固体中传播,不受管道内输送液体的影响,所以在管道检测中,MsS采用扭力波模式。

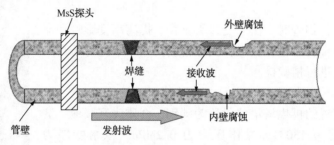

图 8-6 磁致伸缩超声导波检测原理

MsS超声导波检测分直接法和间接法。直接法是利用材料自身的磁致伸缩效应在构件中直接激励和接收导波,只适用于铁磁性材料的检测。间接法是先在磁致伸缩带的上面激励导波,通过干耦合或黏接耦合的方式将导波由磁致伸缩带传送到待测构件上,实现导波激励;并通过相同的耦合方式将导波从待测构件传送回磁致伸缩带,通过逆磁致伸缩效应,实现导波接收。间接法既适用于铁磁性材料的检测,也适用于非铁磁性材料的检测。

3. 适用范围

(1)石油化工生产装置管道,尤其适用于管廊管道的腐蚀检测和监测;

(2)海上采油平台、油气田、输油输气站场的管道网络;

(3)埋地管道,尤其是横穿公路、铁路、河流等管道的套管;

(4)锅炉管、换热器管;

(5)储罐罐壁及罐底。

4. 应用注意事项

(1)检测范围:

① 良好状态下(地上直管段,管道状态内外壁有轻微腐蚀,10~20年的老管线),双方向可检测200~300m管道横截面积损失量的3%及以上的缺陷;

② 典型状态下(地上直管段,管道状态内外壁有严重腐蚀,30年以上的老管线),双方向可检测100m管道横截面积损失量的3%及以上的缺陷;

③ 苛刻状态下(地上直管段,管道状态内外壁有非常严重腐蚀,或埋地管线),双方向可检测30~60m管道横截面积损失量的6%及以上的缺陷。

（2）检测点应选择在距离焊缝超过 1.5m 的位置。

（3）检测部位应进行打磨处理，打磨宽度约 10cm，磨到露出金属光泽为宜，再用抹布擦掉表面浮尘。

（4）耦合剂应涂抹均匀，防止产生气泡，根据温度高低选用合适的耦合剂。

（5）适配器不能放置于铁钴带连接处。

（6）检测带伴热管的管线时，主管线与伴热管线之间的最小间距为 10mm。

（7）检测管廊密排管线时，并排管线之间的最小间距为 10mm。

5. 应用案例

某企业减压塔顶空冷器出口管线为碳钢，介质为减顶油气，操作温度为 50℃。采用超声导波技术对部分管段进行检测，布点两处。通过检测发现，被测管段大部分呈中等腐蚀状态，局部存在严重腐蚀，导波信号衰减严重，导致检测距离较短。在 01 检测点正向 0.4m、2.0m、2.4m 处均存在严重腐蚀，管道测厚壁厚最大值为 5.19mm，最小值为 3.27mm；在 02 检测点反向 0.3m、正向 0.5m 处有严重腐蚀，管道测厚壁厚最大值为 4.13mm，最小值为 1.92mm，管道底部测厚数据多在 2.0mm 左右。02 检测点的超声导波检测信号见图 8-7，其中 d1 和 D1 部位反射信号分别为 12.9%、12.3%，大于 10%，为严重腐蚀部位。

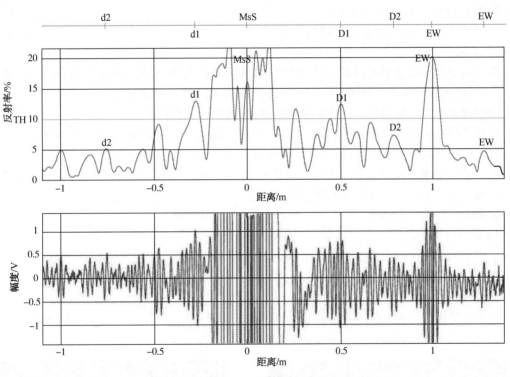

图 8-7　减顶空冷出口管线超声导波检测信号

8.2.3　数字射线检测技术

1. 技术简介

数字射线检测技术（Digital imaging in radiology）是在射线胶片照相法的基础上结合先进的数字成像技术形成的。其检测系统主要包括四个部分：射线机、探测器系统、检测工装、计算机系统。

与胶片射线技术相比，其优势有以下几个方面：

（1）可立即获得图像，检测速度快，工作效率高；

（2）不使用胶片，不需要处理胶片的化学药品，不会造成环境污染；

（3）运行成本低；

（4）检测结果为数字图像，便于存储、查询和调用。

该技术的不足之处是空间分辨率较低，但其灵敏度与分辨率已经能够满足工业领域无损检测要求。

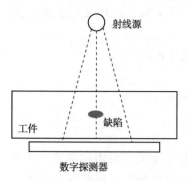

图 8-8 数字射线技术
原理示意图

2. 技术原理

数字射线检测与胶片照相在射线透照原理上是一致的，均是由射线机发出射线透照被检工件，衰减、吸收和散射的射线光子由成像器件接收。不同点在于成像器件对于接收到的信息的处理技术：胶片照相是射线光子在胶片中形成潜影，通过暗室的处理，利用观片灯来观察缺陷；而数字成像则是利用计算机软件控制数字成像器件，实现射线光子到数字信号再到数字图像的转换过程，最终在显示器上进行观察。数字射线技术原理如图 8-8 所示。

3. 适用范围

数字射线检测技术可用于壁厚检测、外腐蚀检测、焊缝缺陷检测、外径检测等，在石化生产装置的应用场景包括但不限于：

（1）长期投用无法停车检测的管道；

（2）外部有覆盖层（如保温、保冷、耐火材料等），且要求不拆除覆盖层检测的管道；

（3）管径 DN150 以下的液相管道；

（4）管径 DN200 以下的气相管道；

（5）不受被检测工件操作温度的影响。

4. 应用注意事项

由于在检测过程中要接触射线源，因此要加强现场操作人员及操作环境的安全防护。根据 NB/T 47013.11—2015《承压设备无损检测　第 11 部分：X 射线数字成像检测》要求：

（1）应根据被检工件结构特点和技术条件的要求选择适宜的透照方式；

（2）检测环境应满足系统运行对环境（温度、湿度、接地、电磁辐射、振动等）的要求；

（3）X 射线辐射防护条件应符合 GB 18871 和 GBZ 117 的相关规定；

（4）现场进行 X 射线数字成像检测时，应按 GBZ 117 的规定划定控制区和管理区，设置警告标志，检测人员应佩戴个人剂量计，并携带剂量报警仪。

5. 应用案例

1）应用案例 1

某炼化企业采用数字射线对去丁烷塔塔顶仪表管线进行检测，发现局部腐蚀严重，实测最小壁厚为 1.6mm，而该部位最小许用壁厚为 1.8mm，如图 8-9 所示。

2）应用案例 2

某炼化企业采用数字射线技术对乙烯装置冷区工艺管线进行检测，发现局部壁厚异常，如图 8-10 所示。

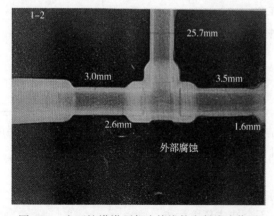

图 8-9 去丁烷塔塔顶仪表管线数字射线成像图

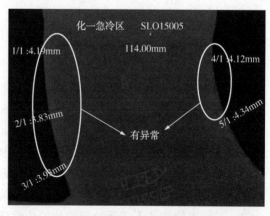

图 8-10 乙烯装置冷区工艺管线弯头壁厚异常

3）应用案例3

某液位计接管保温层下腐蚀严重，采用数字射线检测发现，局部壁厚为1.5mm，如图8-11所示。

(a)   (b)

图8-11 液位计接管保温层下腐蚀(a)及数字射线成像图(b)

8.2.4 贴片式无源测厚技术

1. 技术简介

贴片式无源测厚技术是精确、定点、无电源和无线的壁厚检测技术。贴片式无源测厚系统主要包含无线无源超声传感器、手持探测仪和配套解析软件(见图8-12)。

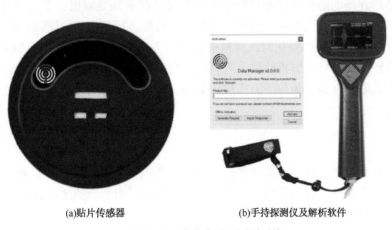

(a)贴片传感器   (b)手持探测仪及解析软件

图8-12 贴片式无源测厚系统

贴片式无源测厚技术属于超声波壁厚测量技术，可搭配临时超声波测厚、高温在线壁厚测厚等技术，实现设备管道壁厚的全面检测。其技术优势与应用特点主要有：

（1）通过专用延长杆或延长线的组合可用于高处、悬空等高风险部位的检测，降低人员操作风险，并减少搭架子、拆装保温等费用；

（2）可用于隐蔽工程、涂层或包覆材料下金属材料的壁厚监检测；

（3）支持机器人或无人机搭载检测，以降低配合成本和操作风险；

（4）固定安装与布点可消除人工检测带来的多种误差(包括每次测量位置的偏差)，可实现精准的、可重复的测量，有利于设备管道的腐蚀速率计算及剩余寿命评估；

（5）贴片式无源测厚系统可以与企业腐蚀数据管理平台无缝衔接，实现数据的批量录入；

（6）对于高风险、精度要求高的检测点，贴片式无源测厚系统提供专用的解析软件，对现场取得的数据源文件进行解析，可以通过解析软件查看、记录、分析测量过程中的波形，验证检测数据是否可靠。

2. 技术原理

贴片式传感器由高精度超薄压电超声晶片、信号采集和供电线圈等组成，采用分体式结构，其中

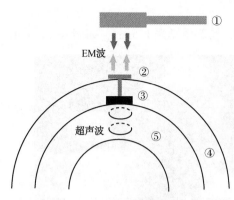

图 8-13 贴片式无源测厚技术现场
安装及测试示意图

①手持式检测仪；②信号采集及供电线圈+延长线；
③贴片式传感器；④保温层；⑤管道

超薄压电超声晶片采用专用保护材料粘贴到被测设备管道表面，信号采集和供电线圈通过延长线引出到保温层外或安全位置，便于现场检测的实施。该技术现场安装部分没有任何外加电源，绿色环保，用电是在测量过程中通过手持仪的电磁耦合技术提供的，同时实现数据信号的传输读取，检测精度达到 0.05mm，可实现设备管道壁厚的非接触式高精度无损无源检测。图 8-13 为贴片式无源测厚技术的现场安装及测试示意图。

3. 适用范围

（1）适用场合：适用于工业领域设备、管道及其他结构，根据操作环境温度可选择普通型、高温型，根据被测结构的厚度可选择斜切波型及通用型传感器；

（2）适用通信方案：可选择人工操作手持仪并自动记录的方案，也支持监测模式下的无线传输方案；

（3）适用材质：超声波的良导体材料，包含所有常用金属及合金。

4. 应用注意事项

（1）由于曲率大的安装部位超声波传感器与被测部件的接触面积相对减小，至目前为止，贴片式无源测厚系统通常适用于外径大于 50mm、表面温度不大于 130℃ 的设备及管线。

（2）贴片式传感器外部的防护涂层可对测量部位表面长期紫外线辐射、干湿交替或物理碰撞等起到防护作用，确保了传感器的使用寿命。但在特殊工况下长期运行仍有可能缩短传感器使用寿命。

（3）当环境条件（如温度）发生变化时，材料中的声速会发生变化。测量数据如果希望获得更高精度的测量值，需要将测量结果导入解析软件中对温度进行补偿，从而得到更精确的测量壁厚值。

（4）传感器固定式安装在被检测部件上实现数据的采集，在设备/管线更换时需进行同期更换，不可重复使用。

5. 应用案例

1）炼油生产装置

某新建炼油厂需要对生产装置重点腐蚀部位进行测厚检查，通过腐蚀评估，确定各生产装置主要高风险等级腐蚀部位，采取贴片式无源测厚技术与人工定点测厚相结合的测厚方案。图 8-14 为贴片式无源测厚传感器在保温层下和高点的安装、使用。

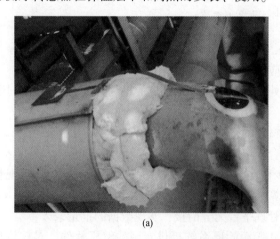

(a)　　　　　　　　　　　　　(b)

图 8-14 贴片式无源测厚传感器在保温层下和高点的安装、使用

2）化工生产装置

某企业化工装置位于沙漠腹地，其 CO_2 吸收塔长期存在腐蚀问题，因地域原因，专业人员赴企业开展定期定点测厚费用很高，同时因减薄区域比较集中、腐蚀形貌不符合典型的均匀腐蚀特征，实际

346

检测中也难以实现准确定点，因此人工测厚数据不能提供有效可靠的参考依据。

通过在先前确定的储罐局部腐蚀区域布设40枚贴片式无线无源传感器，对该设备的重点腐蚀部位(上部气液混相段)实施了定期定点检测，如图8-15所示。

图8-15 CO_2吸收塔局部布置贴片式无源测厚传感器

8.2.5 电感探针腐蚀监测技术

1. 技术简介

电感探针腐蚀监测技术是一种快速测量金属在某种环境介质下腐蚀速率的技术。电感探针主要由感知腐蚀元件(测量试片)、内部线路及填充、承载过渡、信号引出四部分组成，如图8-16所示。在管道上通过探针接出装置使探针的感知腐蚀元件即测量试片与腐蚀介质接触，测量试片腐蚀减薄信息能够被测量仪表监测到，并通过有线、无线、离线等信号传输方式，把实时测量数据传输到上位计算机显示或应用。

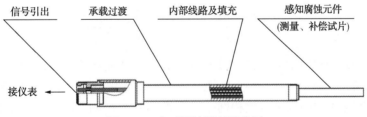

图8-16 电感探针原理示意图

电感探针通常采用的使用方式是，以现场的管道、容器为应用背景，在管道上开孔焊接探针接出装置，探针通过接出装置伸入到管道内部，使测量试片与管道内介质接触。电感探针感知腐蚀元件采用与管道相同的材质制作，以探针的腐蚀减薄趋势和腐蚀速率来反映管道的腐蚀并感知介质中腐蚀因素的变化。电感探针是消耗品，测量试片被腐蚀减薄到规定的极限厚度时需更换探针。根据温度、压力、风险等客观实用环境要求，可选择满足条件的探针接出装置与探针带压回收工具组合，实现探针的带压拆装和更换。不具备带压拆装条件的，则使用固定式结构探针，待停工检修时再更换。

以数据传输形式区分，电感探针分为有线数据传输、无线数据传输、离线存储(即定期取数)三种形式。其中有线数据传输需要在生产装置内进行布线形成有线数据网络，但有线数据传输可以避免更换电池的困扰以及排除无线信号受装置遮挡的不稳定因素，减少维护量。

以探针的感知腐蚀元件外形结构区分，又可分为管状、片状两种形式。

电感探针测量感知腐蚀元件减薄的灵敏度可以达到纳米级别，能够快速测量出腐蚀速率的变化情况，以0.2mm/a的腐蚀速率计算，一般2h就能测量出腐蚀速率的变化，同时电感探针的测量数据是实时连续的，可以监测到腐蚀发生和发展的整个过程，所以对于使用防腐注剂的工况通常采用电感探针来指导注剂的使用，而精度为 0.01~0.1mm 的超声测厚是做不到的。

电感探针的内部线路和填充以及信号引出接头都应是耐高温工艺制造，目前市场上使用的电感探针可以耐温 420℃。

2. 测量原理

电感探针的高测量灵敏度是由高精度测量回路技术和探针结构设计技术组合实现的，二者缺一不可。其测量原理见图 8-17，从图中可以看出，电感探针由测量试片 $R_测$（感知腐蚀元件）、温度补偿试片 R_{ref} 和施加电流的信号源 I 组成一个完整的测量回路，实际应用过程中，补偿试片包裹在探针测量试片内部，处于被保护状态，不与介质接触，也不会发生腐蚀减薄，但理论上它要与测量试片的温度保持一致。测量回路中：R_{ref} 代表补偿试片的电阻值；$R_测$ 代表测量试片的电阻值；V_{ref} 代表运算放大器测得的补偿试片端电压；$V_测$ 代表运算放大器测得的测量试片端电压；AD 转换是一组 18 位以上的高精度 AD 模数转换器，把模拟量转成数字量进行运算和输出。

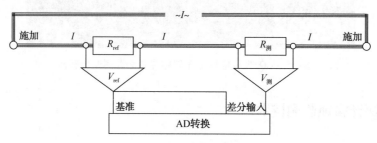

图 8-17　电感探针测量电路示意图

主要技术特点归纳为：

（1）施加信号 I，采用差分输入电路，检测测量试片和补偿试片的信号峰-峰值，保证测量的灵敏度高和测量信号稳定，其计算公式如式(8-1)所示，使施加电流 I 的微小波动能自动消除，提高测量的稳定性，使测量的最终结果 $AD_测$ 只与测量试片与补偿试片的电阻比值有关，进而提炼出厚度值。

$$AD_测 = \frac{V_测 - V_{ref}}{V_{ref}} = \frac{I \cdot R_测 - I \cdot R_{ref}}{I \cdot R_{ref}} = \frac{R_测}{R_{ref}} - 1 \tag{8-1}$$

（2）金属的电阻率以及电阻值是随温度变化而变化的，其变化关系如式(8-2)所示。因测量试片与补偿试片的材质相同，且处于同一个温度环境，所以温度变化系数 α 相同，温度变化量相同。结果为，$R_测$ 和 R_{ref} 因温度变化引起的变化倍数相同，代入式(8-1)中可以消除，从而能够消除温度变化的影响，这也是采用差分电路和温度补偿试片的主要原因。

$$R_t = R_0 [1 + \alpha(t - t_0)] \tag{8-2}$$

（3）应采用 18 位以上 AD 模数转换器，使输出值能以 1 为单位在 $0 \sim 2^{18}$（约 26 万份）之间根据输入值的大小线性递变。这里 1 只代表测量值 1 份的变化量，不代表具体值。

探针测量试片的结构规格不是任意的，设计约束其长、宽、厚，使测量试片在腐蚀过程中长和宽保持不变，减薄量为从原始厚度开始减薄至极限量 0.26mm 时，其厚度的变化量与其电阻值的变化量近似地呈线性。这样，测量试片原始厚度的电阻值对应 AD 转换芯片的 0，测量试片减薄 0.26mm 时的电阻值对应 AD 转换芯片的 2^{18}，AD 转换变化 1 份时，厚度变化量为 $0.26/2^{18}$mm，正好对应测量试片 1nm 的变化量。

综上所述，高精度差分测量回路负责保证对应电阻输入量在 $0 \sim 2^{18}$ 之间以 1 为单位近似线性递变，探针结构设计技术保证测量试片的电阻值每变化 1 份时正好是 1nm，二者结合使电感探针的测量灵敏度达到纳米级别。但事实上，曲面管状测量试片探针的厚度变化量与其电阻值在理论上并不是完全呈线性，为弥补该非线性偏差，国内有的厂家对电感探针非线性偏差进行了数学模型处理，使探针测量试片的厚度变化量与电阻值完全呈线性，消除了曲面管状探针的理论误差。

3. 适用范围

（1）电感探针适用于快速测量腐蚀速率和跟踪腐蚀趋势；

（2）电感探针基于测量试片减薄方法，所以适用于油、气、水等任意介质；

（3）选择适用的承载器和拆装装置，可以提高使用的环境压力，目前市场上使用的最高环境压力为 100MPa。

4. 应用注意事项

（1）电感探针的腐蚀速率及其减薄与管道某部位实际腐蚀速率及其减薄关联度较高，但并不完全一致。因此在应用时要注意该客观事实，提炼与应用相关的信息。

（2）电感探针的温度补偿试片置于测量试片内部，会造成补偿试片的温度存在滞后，同时测量回路中导线也具有其温度特性，当环境温度发生波动时，造成测量结果有一定的波动和误差。一般来说，有效信号越大，抑制噪声信号的能力就越强，所以当腐蚀速率越大时，呈现的误差或波动就越不明显。

（3）电感探针相当于于电子挂片，而挂片技术的一个主要参数是测量面积。在微观层面，测量试片表面有粗糙度指标，粗糙度不同，挂片与介质接触的表面积就不同，对于普通挂片只需最终称重结果即可，测量结果几乎不受影响，但对于实时采集数据的纳米级别的电感探针来说影响较大，尤其是装入初期的电感探针其影响往往不可忽略，因此在探针使用初期要根据实际数据进行综合判断。

（4）电感探针测量的是均匀腐蚀速率和腐蚀减薄，因此要了解金属设备和管道各部位的实际厚度，则需要采用超声测厚等方法进行测量。

5. 应用案例

图 8-18 为某厂加工 350 万吨/年俄罗斯原油常压塔顶馏出线工艺流程图，在换热器 E2002 后，即空冷器 A2002 前安装有一支电感探针，预期对塔顶防腐注剂情况进行实时监测。

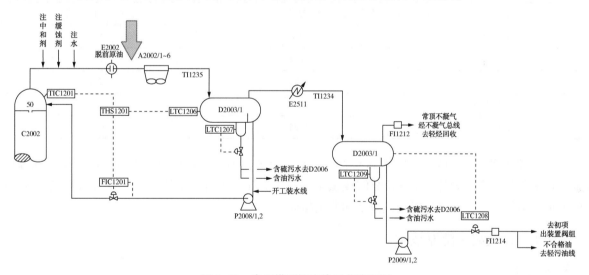

图 8-18　常压塔顶馏出线工艺流程图

图 8-19 是该处电感探针的腐蚀减薄曲线图。图中纵坐标为探针减薄厚度值（起步探针厚度软件从负值起计），横坐标为时间。两个时间点之间的减薄量差值除以时间差即为腐蚀速率。分析如下：

（1）自 2020 年 1 月 15 日 6 时至 2020 年 1 月 15 日 14 时，软件获取这段区间的腐蚀速率达到 1.7mm/a，属严重超标。

（2）生产部门及时调整注剂，但腐蚀状态时好时坏，腐蚀减薄阶梯上升。

（3）所加工俄油原油硫含量为 0.61%，含盐为 11.04mg/L，酸值为 0.055mgKOH/g，常顶腐蚀回路属 $HCl-H_2S-H_2O$ 腐蚀原理，原油脱后含盐情况见表 8-2。从表 8-2 可以看出，脱后含盐超标明显，不合格次数 36 次，占 18%，含盐最大为 25.5mg NaCl/L。2019 年 7 月停工检修时两级电脱盐升为三级电脱盐。

常压塔顶馏出线E2002换热器出口管线腐蚀趋势图

记录开始时间1
2020-01-11

记录结束时间
2020-02-11

探针
350-T2_001

分析项目
☑ 腐蚀损耗
☐ 腐蚀率
☐ 温度

自 2020/01/15 06:05
至 2020/01/15 14:44
时间区间内的计算结果为:
1.7443 (mm/a)

图 8-19　电感探针腐蚀减薄曲线图

表 8-2　原油脱后含盐数据

样品判定	含盐量	含水量
分析标准	Q/SY LYF0001	GB/T 260
规格指标	≤3.0	≤0.2
计量单位	mgNaCl/L	%(质量分数)
最大值	25.5	1
最小值	0.8	0.03
次数	192	232
合格次数	156	230
不合格次数	36	2
合格率	81.25%	99.14%

（4）腐蚀速率超标与脱后含盐超标有直接关系，另外，不排除有机氯的存在，电脱盐无法脱除，导致大量氯化物在常压炉等高温部位分解成氯化氢，随油气进入塔顶系统，并在露点温度以下电解质环境形成强酸性介质，最终造成腐蚀波动和严重超标。

8.2.6　在线超声测厚技术

1. 技术简介

在线超声测厚技术是从常规手持超声测厚技术引申出来的一种工业在线式管道厚度测量技术，其测量原理是同根的，采用超声波发、收传感器经被测物外壁向内壁发出超声波，并接收返回的超声波，通过测量设备外壁和内壁返回声波的时间差，并根据声音在介质中的传播速度来计算被测物壁厚。

与手持超声波测厚不同的是，其数据处理是在上位计算机中进行的。在测量电路的基础上，配备有线通信、无线通信以及数据存储模块，把接收的波形数据以在线或离线的形式传到上位计算机，上位计算机对波形数据进行处理，得到被测管道壁厚结果。

对于低温管道来说，把超声探头贴在管道表面，通过一种可行的结构设计，将一个或一组超声探头安装于管道上就可以实现多点实时壁厚测量。但对于高温运行的管道来说，直接将超声探头或晶片贴合于管道进行测量是不可行的，晶片的振动是受温度影响的，会直接影响测量结果。所以在线超声波测厚的应用形式有多种，通常的划分方法是参考温度因素，分为高温单点在线测厚技术和低温多点在线测厚技术，如图 8-20 所示。

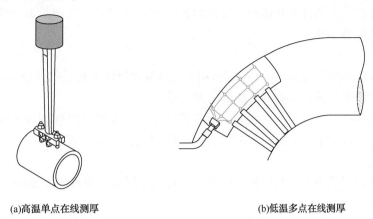

(a)高温单点在线测厚   (b)低温多点在线测厚

图 8-20　超声波测厚应用形式

以数据传输形式划分，有无线、有线、离线三种形式。无线数据传输又分近距离通信和远程通信两种形式。近距离无线通信有 Hart、Wia-pa 以及 Lora 等形式，远程无线通信有 GPRS 等形式。

2. 技术原理

1）高温单点测厚技术

超声探头的晶振特性受温度限制，在温度较高时，晶片的振动会衰减，并在短时间内就减弱到不能识别的程度。而需要长时间定点监测的高风险管道恰以高温管道为主，所以选择有效超声波为测量媒介，以片状或弧面矩形杆状等金属波导杆为超声波载体，把超声波传感器与高温被测管道隔离开来，不使之直接接触，使超声传感器处于低温环境，但保持其振动特性不变。与常规超声测厚技术相比，只是在探头与管壁之间加了一段波导，作为声音往返的公共通道。其测量厚度还是通过管道内、外壁返回声音的时间差来计算，所以，波导杆只是增加了声音传导的长度，不影响测量结果。

在线超声波定点测厚有两个技术难点，一是信号的高频采集，二是波形识别和数据处理。在声速固定的情况下，声音往返被测物的时间也就固定了，能提高测量精度的唯一方法就是提高信号采集频率，保证在固定时间内测量较多的数据，把反射波形描绘得更充分、更准确。国外技术采用的测厚采集频率通常为 8MHz，国内技术除 8MHz 外还有 40MHz 采集频率。如图 8-21 所示，数据采集到之后，需要绘制波形图和定位波峰的位置，进而计算出两个波峰之间的时间差，这需要包括数字滤波、相关性计算以及波形识别等一系列数据处理技术。通过高频数据采集提高测量精度，通过数据处理技术过滤噪声和提高测量的稳定性，二者相辅相成，缺一不可。

图 8-21　在线超声波测厚技术回波示意图

在线超声测量精度受声速以及数据采集频率两个硬性条件限制，测量精度一般能达到 0.01mm，所以，在线超声波定点测厚技术比较适合于管道壁厚风险的在线跟踪监测和识别。

2）低温多点测厚技术

由于超声传感器的晶振特性在低温下不受影响，因此可以把超声传感器直接固定到被测物外壁上，省略了波导杆，这也给同时安装多个超声波传感器创造了条件。

通用的多点形式有两种，一是分离式传感器，分别独立粘接到被测物表面；二是带式传感器，把多个超声传感器集成在一个软性带状体上，应用时统一固定到被测物表面。不论哪种传感器，其数据采集及数据处理技术都基本相同。

3. 适用范围

在线超声测量精度一般为0.01mm，所以适用于管道壁厚风险的在线跟踪监测和在线风险识别，不适用于快速测量腐蚀速率以及工艺防腐措施的实时评价。

在满足仪表适用环境的基础上，在线高温定点测厚几乎不受管道温度环境的限制，例如可以应用到400~600℃的管道，低温多点测厚受被测物表面温度限制，一般常规超声探头适用被测物最高温度为65℃。

低温多点测厚在设置适合的安装结构条件下，也适用于埋地管道的在线壁厚测量。

4. 应用注意事项

（1）因测量精度所限，在线超声测厚技术如果用于快速测量腐蚀速率或实时评价电脱盐、助剂等工艺防腐措施则有误差放大作用。以精度0.01mm、用间隔24h的二次测量结果求腐蚀速率为例，考虑正向误差和负向误差，则两次测量结果求差的最大误差为0.02mm，计算年腐蚀率则需乘以365天，则腐蚀速率的最大误差为7.3mm/a。如果用间隔一个月的两次测量数据计算，则腐蚀速率的最大误差为0.24mm/a。如果用间隔一年的两次测量数据计算，测量腐蚀速率的最大误差为0.02mm/a。所以在线超声测厚技术不适用于快速测量腐蚀速率，也不适用于实时评价电脱盐、助剂等工艺防腐措施，而适用于管道壁厚风险监测和在线风险识别。

（2）在线超声测厚对于薄壁管道的测量能力减弱，对于曲率大的小管径其回波效果和稳定性也受影响。在声速和数据信号采集频率一定的情况下，两个波峰之间的距离由壁厚决定，壁厚越薄两个波峰距离越近，4mm以下的薄壁管道，两个波峰混连在一起容易造成波峰识别误差，致使测量结果波动，此外，任何现场实际电路都存在现场噪声干扰，在这些因素作用下，对于薄壁管道可能无法获取实际壁厚值。小管径管道因内壁曲率较大，对声波入射偏角有放大作用，使散射波增强，造成波形质量不佳。薄壁管道和小管径的组合更容易造成测量结果不稳定或无法测取实际壁厚。根据实用经验，DN80以下、壁厚小于4mm的管道需谨慎选用。

5. 应用案例

该案例是一个带有波导杆的在线超声测厚装置，某厂酸性气装置的E5607管线，于2017年1月5日安装在线超声定点测厚仪。该部位腐蚀介质为含胺酸性气（内含大量H_2S、CO_2）并夹带部分胺液，同时，经空冷器后一部分气相冷凝为液相，在空冷器出口形成气液两相冲刷也会造成腐蚀加剧，因此该部位被识别为重点腐蚀部位，需要进行重点监测。该测点在安装前的初始壁厚为8.91mm，连续监测至2017年11月17日，显示测量结果为5.77mm，见图8-22，经人工用手持超声测厚仪复测证实在线测厚结果与人工超声测量结果一致。

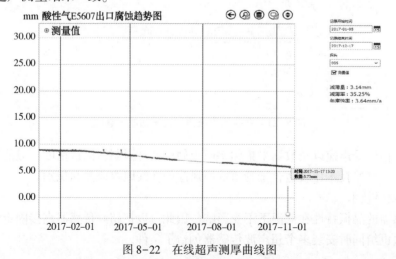

图8-22 在线超声测厚曲线图

由于该管线在线超声测厚装置对该管壁厚度进行连续不间断地跟踪测量，所以腐蚀情况一直在掌控之内。壁厚至预警值后，企业对此管线进行了外加防护处理，计划下个管线检修周期更换管线。

8.2.7 FSM

1. 技术简介

FSM 英文全称为 Field Signature Method，中文翻译为"区域特征检测法"，进一步解读为，能同时测量一块面积内多个不同区域的腐蚀综合特征。它是一种通过监测电场变化来识别管道区域腐蚀的一种在线腐蚀监测技术。由于是以矩阵方式排列测量电极，所以国内对此技术命名为电场矩阵壁厚监测技术。

如图 8-23 所示，以一段管道为测量对象，采用 8×6 规模矩阵（也可 12×8、12×12，或其他组合），测量管道段全周向腐蚀。在管道上选定的测量区域焊接 8×6=48 个信号电极柱，周向 8 列，轴向 6 排。在矩阵区域两边规定距离分别焊接施加电场的电极柱。恒流源经施加电场的电缆施加到管道上，经 A、B、C、D 构成电场施加回路。C、D 为补偿试块上两端的接线点。补偿试块是独立的，经绝缘处理后固定在管道上，与管道之间绝缘并能与管道的温度变化保持同步。从矩阵区域 48 个信号电极柱以及补偿试块上相应的 2 个信号电极柱，共接出 50 路信号线连接到测量仪表上。

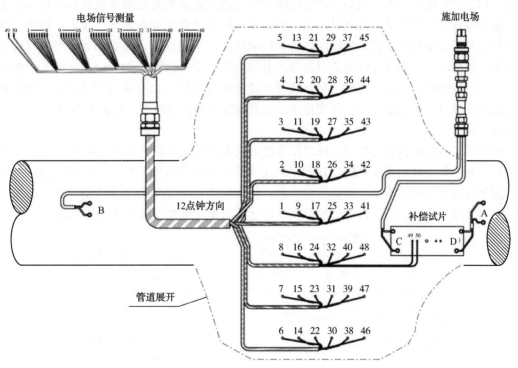

图 8-23　FSM 法（电场矩阵法）典型应用示意图

以上就构成了 48 点阵全周向电场矩阵测量模式。以测量区域 48 个电极柱轴向相邻两点为一个测量区域，共形成 8×5=40 个测量区域。每个区域的腐蚀综合特征会影响相邻两个电极柱以及周围相关电极柱上的电压分布，全部 48 个电极柱上的电压值经综合演算得到 40 个区域的腐蚀减薄值，这就是区域特征检测法。

因施加电场所需的电量较大，所以在防爆装置区一般采用有线供电模式，顺带采用有线通信模式。在非防爆装置区，除可以采用有线供电外，还可以采用蓄电池供电、太阳能充电的无线通信模式。

2. 技术原理

如图 8-24 所示，给一段金属管道或管道的某一部分施加安全恒流电流，在被测管段形成一个电场。电场是由电势梯度和电流线来表征的，以矩阵的形式在被测区域表面焊接电极柱，用电极柱把被测区域表面分割成若干个区块，通过监测电极柱的电压可以获得电场在所有区块的客观分布，通过数据模型的建立进一步表征管道形貌和腐蚀状态。

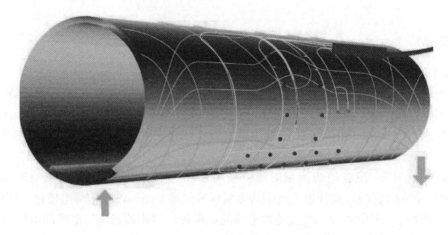

图 8-24　FSM 电场矩阵技术原理示意图

影响电场分布的唯一因素是区域电阻，如果管道厚度及其金属特性是均匀的，则其电场分布一定是均匀的。如果管道电阻分布不均匀，则施加的电场会根据管道电阻的分布特性而呈现出相对应的分布，即其电场特征与管道电阻特性是对应的。把初始电场特征数据储存起来，像人的指纹一样作为识别管道身份及其后续变化的依据，所以区域特征检测法又叫电指纹法。不管初始电场怎样分布，后续管道的减薄、点蚀坑蚀、裂纹等任何能引起管道电阻分布改变的因素，都会引起电场相应的变化，而且这种变化是有规律的，具有平移性、对称性和可叠加性等特点。以电场的初始特征，初步建立和判断管道腐蚀的区域分布，以电场后续的变化来识别管道区域腐蚀的发展，此为 FSM 法（电场矩阵法）监测腐蚀的基本原理。

以在管道上焊接的电极柱为结点，可以把管道看成由单层或多层电阻组成的等效电路。图 8-25 为双层电阻局部和全周等效电路示意图，其表层的连线结点可以看成电极柱根部位置。逐次测量电流方向每两个相邻电极对之间的电压，根据等效电路，任一规模的规则矩阵，其电阻变化量都可以根据已知的电阻定律或电场规律，以矩阵数列的形式推演计算出来，进而换算成厚度变化量。

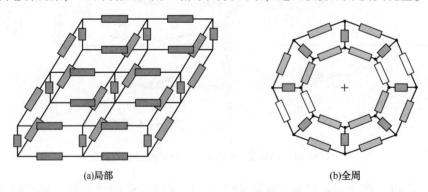

(a)局部　　　　　　　　　　　　(b)全周

图 8-25　管道双层电阻等效电路示意图

与电感探针的单一回路不同的是，电场矩阵中的电流是多通路的，对于某一矩阵单元来说，当电流方向上的一个单元发生腐蚀时，该矩阵单元的电阻会增大，这时会阻碍本路的电流流过，即流过的电流减小，结果是其前后相邻单元会因流过的电流减小而电压降低，如果此时认为流过的电流是恒定的，电压减小就相当于管道增厚。同样，垂直于电流方向上的某一个矩阵单元发生腐蚀，其阻碍的电流会分流到其左右的相邻单元，结果是，左右相邻单元会因分得电流而电压升高，相当于无腐蚀减薄。这是 FSM 即电场矩阵的测量难点，需要根据矩阵形式规模、电极柱间距、管道初始壁厚等参数建立数学模型，消除因电场分布关联效应造成的无腐蚀增厚或减薄，如图 8-26 所示。

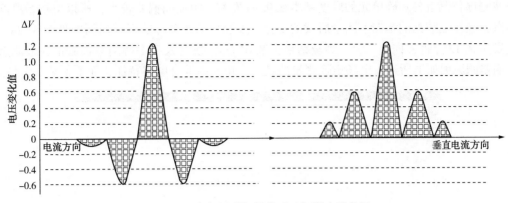

图 8-26 电场矩阵相邻单元互相影响示意图

FSM（电场矩阵）的测量结果展现形式通常有三种：第一种是以单元为单位，同电感探针一样，展示一个单元的腐蚀减薄曲线或剩余壁厚曲线；第二种是如图 8-27（a）所示，以柱状图的形式并列展现出所有单元的剩余壁厚或腐蚀减薄量；第三种是如图 8-27（b）所示，以三维曲面的形式展示出测量区域全部单元的剩余壁厚，向下突起部分表示腐蚀减薄。

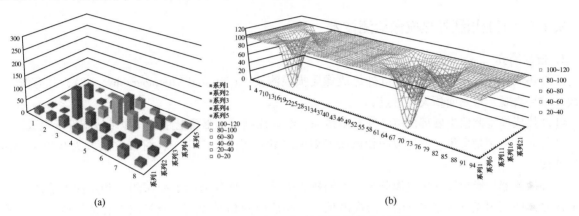

图 8-27　FSM（电场矩阵）结果展现形式示意图

3. 适用范围

（1）FSM 是基于一种已经证明了的技术，以区块为单位来表征腐蚀，能测量一块面积中的区域腐蚀，因此可以测量局部腐蚀以及裂纹的存在，这是其独有的特点。

（2）能同步监测一段管道的全周向腐蚀，能监测环焊缝的全周向腐蚀，能同步监测一个矩形区域的腐蚀，同步监测区间大、种类多、效率高。

（3）不用在管道上开孔，只需在管道外表面浅焊电极柱即可，适合硫化氢、氢腐蚀环境。

（4）适合于工业厂区管道的测量，也适用于埋地管道测量。

（5）测量精度为壁厚的 0.5%，所以适用于长期在线跟踪壁厚风险监测，不适用于实时腐蚀速率测量或工艺防腐的实时评价。

4. 应用注意事项

（1）FSM（电场矩阵）是基于测量区域的电阻变化量而实现壁厚测量的，区域电阻是这个单元内各种腐蚀形貌的综合特征体现，实测中不好判断区域内具体发生了什么腐蚀。由于测量精度为壁厚的 0.5%，局部点蚀等较小的腐蚀特征不容易被识别出来。

（2）使用中需要一个稳定的电场和导电通路，当温度太高时，会使导线的接触端子氧化而导致接触电阻增加，造成施加电场不稳定，所以使用中要注意接触电阻增大并选用不易腐蚀氧化的导电材料作为导线。

5. 应用案例

某常减压装置塔底油管线弯头部位，在迎流面安装 8×6＝48 点阵电场矩阵，安装初期通过人工用手持超声波测厚仪测量各矩阵单元的厚度基本在9mm左右，单元间偏差较小，所以把初始厚度数据定为绝对零点，在零点数据的基础上测量后续的变化。安装后第5个月的三维曲面图见图8-28，壁厚最大减薄点发生在12点钟方向第二组，测量结果为8.61mm。通过人工手持测厚仪验证，最薄点厚度为8.5mm。偏差的原因如上所述，电场矩阵测量的是一个单元的综合电阻特征，而不是某一个最薄点。

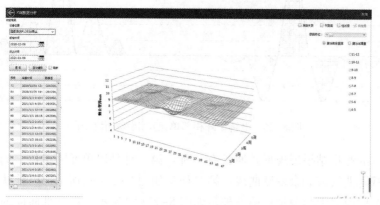

图8-28　电场矩阵实测结果图例

8.2.8　工业用红外热成像检测技术

1. 技术简介

红外热成像检测技术也被称为红外热成像无损检测技术(Infrared Thermography，IT)，具有测量速度快、结果直观、检测面积大等特点。

红外热成像检测仪主要部件由红外光学镜头、红外探测器、驱动电路及其他结构配件等组成。

红外光学镜头是采集、捕捉被测物体所发射的红外辐射的光学设备，可接收波段为 $0.75 \sim 100 \mu m$ 的红外线。

红外探测器是影响红外热成像分布结果的核心部件，一般分为光子型探测器和热探测器两种。光子型探测器即利用光电效应传导电子形成电信号，响应时间相对较短，但对波长有选择性，且大多在低温下工作，需要制冷，又被称为制冷型探测器。热探测器主要通过吸收红外辐射后引发的温度变化和物理性质的变化实现信号传输，对波长没有选择性，但响应时间较长，常温即可正常工作，也被称为非制冷型探测器。目前工业中常用的红外热成像检测技术一般采用非制冷型探测器。

2. 技术原理

红外辐射(或热辐射)是一种电磁波，位于可见光的红光范围之外。自然界中，温度在绝对零度(-273℃)以上的物体都会不断发出红外辐射(或称热辐射)。热辐射是存在最广泛的辐射，且物体的辐射能大小与物体的表面温度具有直接相关性。

图8-29为红外热成像的检测基本原理，利用不同物体具有的红外热辐射性能，用红外热成像仪进行快速扫描获取有效的光学信号，通过图像处理技术将其转换生成热图像和温度值，在显示器上实时显示物体的温度场分布情况。

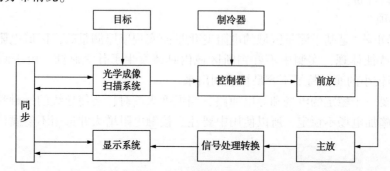

图8-29　红外热成像检测基本原理(制冷器使用制冷型探测器时具备)

红外热成像仪能够连续获得反映表面温度分布的二维温度场，为了适应多种定量分析应用场合，工业红外热成像检测技术需要依托强大的后台处理软件系统进行数据解析。利用红外热成像仪的定量分析功能可获取温度场中任一指定部位的温度值，并可对温度较高的区域进行局部解析，获取其平均值、最大值和最小值。

红外热成像检测时，为使被检测对象与背景的温度有更加明显的差异，需要增加外部热源激励以提高检测精度或使检测更容易。通过增加主动激励源的办法得到表面热成像图的检测技术又称为主动式红外热成像检测技术，利用检测目标本身的红外热辐射特性实现红外热成像的检测技术被称为被动式红外热成像检测技术。

3. 适用范围

采用红外热成像技术，可以快速、准确地实现设备和管道实际温度场分布的监检测，获取腐蚀、泄漏、堵塞、衬里/保温损坏等信息，在问题发生前期进行预判并采取处理措施，减少设备维修维护管理成本或实现有效的降能增效。红外热成像技术主要应用于以下工况：

(1) 管线保温节能效果评估和保温层下腐蚀预判；

(2) 加热炉节能检测及衬里损伤检测；

(3) 炉管表面结焦、"超温点"的检测及剩余寿命评估；

(4) 催化裂化装置反再系统，如再生器和沉降器等设备的损伤检测及衬里的剥离、开裂、磨损的检测；

(5) 换热器及空冷器的流态分布情况检测；

(6) 冷热物流流态变化导致的腐蚀风险预判；

(7) 工艺防腐注剂、注水效果等的检测评估；

(8) 安全阀和蒸汽阀的泄漏检测；

(9) 地下管道的泄漏检测。

4. 应用注意事项

使用红外热成像仪检测时，表征出的温度场分布不仅受到被检测物体的实际温度影响，而且还受到周围通过物体表面反射的辐射和大气辐射的影响。同时还受到大气中的阳光散射，或其他更强烈的辐射源发出的杂散辐射等因素的干扰，实际操作时应当注意以下几点：

1) 设置被检测物体的发射率

不同材料向外发射红外辐射的能力称为被检测物体的发射率，也被称为辐射率。发射率一般为0.1~0.95之间小于1的常数，并受材料本身、表面粗糙度、表面颜色的影响。抛光面材料的表面发射率低于0.1，氧化表面或涂层表面的发射率会比较高，油类涂料的红外发射率均高于0.9。

金属材料的发射率一般低于0.5，且随温度的升高而增大。非金属材料的发射率一般会比较高且随温度的升高而减小。因此在采集金属设备/管线等的表面温度时，如果发射率低于0.5，最好不要直接测量。必须拍摄时，可在检测范围内放置一个高发射率参考物，或对照接触式测量的结果来对比调整发射率。

2) 确定检测对象与红外热成像仪镜头之间的最佳测量距离

空间分辨率也被称为距离系数比，是指红外热成像仪的检测目标大小与距离的关系，是红外热成像仪的自有特点。在被检测物体的尺寸一定时，应控制拍摄距离在合理范围内，确保被检测物体的局部或全部出现在视场内。可补偿大气吸收的辐射能及大气本身可被检测到的辐射能，确保聚焦时图像最清晰、更加准确地掌握检测对象的温度。

3) 拍摄角度

对于不同发射率的物体，如果表面粗糙，在满足目标尺寸的情况下不需要调整拍摄角度。对于表面光滑的非金属(如玻璃、瓷砖等)和金属材料，拍摄角度不宜超过垂直方向30°，以免光亮表面反射干扰能量。普通金属表面的拍摄角度可放宽到不超过垂直方向45°。拍摄角度选取如图8-30所示。

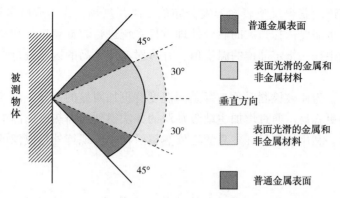

图 8-30 拍摄角度选取示意图

4）检测环境

不建议在下雨天、大风、过冷过热天气下使用。湿度较大或下雨时水滴附着在被检测目标上蒸发，检测出的物体表面温度明显低于真实温度。大风环境下，尤其是在电力行业应用时，如现场风速大于 5m/s，也会导致被测物体散热过快，使测量温度偏低。红外热成像仪的适用温度范围较广，一般在 10~50℃ 时均可以正常应用。但在过冷或过热天气下使用，均会影响测量的准确度或电池蓄电能力。当环境温度过低（如低于 0℃ 时）时，需充分预热后使用，且室外连续监测时间不能过长。

5）设置正确的测温范围和图像模式

很多红外热成像仪都设置有不同的测温范围和图像模式，选择对应的温度范围和图像模式可以明显提高检测的准确性。常用的图像模式有铁红（Iron）模式、彩虹（Rainbow）模式、灰度（Grey）模式。铁红模式是温度场分布最直观的图像模式，清晰度也可满足使用需求；彩虹模式温度分布最直观，但聚焦困难，且部分细节上的温度分布不够清晰；灰度模式细节上分辨度最清晰，但温度场分布相对最不直观。

5. 应用案例

1）催化装置反再系统

催化装置反再系统的设备、管线、阀门等处于高温与流动催化剂冲刷磨损运行条件下，内壁一般都安装有隔热耐磨衬里材料。在生产运行过程中，无法通过外观检查确定其内部运行情况，而检查其表面温度是确定其运行状态的重要参数之一。通过运用红外热成像检测技术对其表面温度进行测量，得到的热成像图可清晰准确地反映出设备与管道表面温度分布情况，对热成像图进一步分析、判断，就可确定设备与管道内部衬里的实际状态。

图 8-31 为某炼化装置外循环滑阀下部的红外热成像图，经温度场解析显示外循环滑阀下部包盒子处最高表面温度为 474.4℃，存在超温问题。

2）加热炉炉壁

某炼厂加热炉炉壁红外热成像图谱如图 8-32 所示，通过进行红外热成像检测，可以得到准确的设备外表面温度场分布结果，进行综合对比分析后即可有效分辨出加热炉炉壁的超温部位。

某炼厂为实现加热炉炉壁散热损失的定量核算，采用红外热成像技术对整台加热炉的保温节能效果进行综合评估，图 8-32 为炉壁红外热成像区域温度解析图。通过对温度的解析，参照 GB/T 4272—2015《设备及管道绝热技术通则》的相关方法计算表面平均热损失，核算炉壁的当前总体散热损失。

3）加热炉炉管

加热炉炉管红外热成像区域温度解析图如图 8-33 所示。在进行加热炉炉管测试时，由于红外热像仪获取炉管的表面温度及其分布受多种因素影响，所测温度并不是炉管的真实温度，而是这些因素交互作用后的结果，因而需要对测试结果进行分析计算。

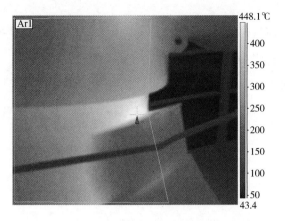

图 8-31 带保温层的外循环滑阀下部红外热成像图

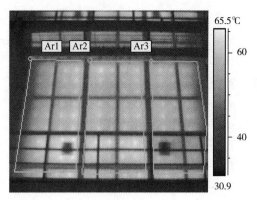

图 8-32 加热炉炉壁红外热成像区域温度解析图

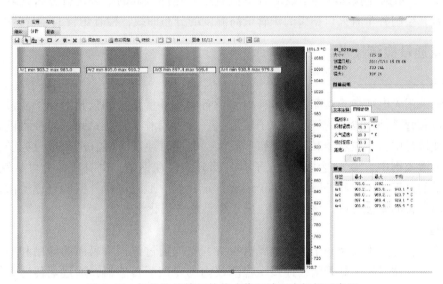

图 8-33 加热炉炉管红外热成像区域温度解析示意图

影响红外热成像检测技术测量工业炉内高温炉管表面温度的主要因素包括工业炉内壁强辐射、炉膛内火焰辐射、工业炉内粉尘的影响、工业炉内气体/蒸汽/CO_2对红外线的吸收。

如图 8-34 所示,探测器接受的是观测方向上各种热辐射总和对应的温度值,它包括炉管本身的热辐射 W_L,炉管反射炉膛的热辐射 W_q,炉管反射高温烟气的热辐射 W_a,高温烟气与火焰的直接热辐射 W_y,炉外大气的热辐射 W_{atm},即探测器接受的总热辐射 W_t 为:

$$W_T = \tau_0 W_L + \tau_0 W_q + \tau_0 W_a + \tau_0 W_y + (1-\tau_0) W_{atm} \quad (8-3)$$

式中 τ_0——大气修正系数。

根据 Lowtran 大气模型:

$$\tau_0 = e^{-\alpha(\sqrt{d_0}-1)} \quad (8-4)$$

式中 α——衰减系数,取 0.046;

d_0——大气光路,取 0.4m,则 $\tau_0 = 1.017$。

测量时,探测器加火焰滤片,即 W_y 可以忽略不计,W_{atm} 很小,也可以忽略不计,故式(8-3)简化为:

$$W_T = \tau_0 W_L + \tau_0 W_q + \tau_0 W_a \quad (8-5)$$

利用 Stefen-Boltzmann 定律 $W = \varepsilon \sigma T^4$,式(8-5)改

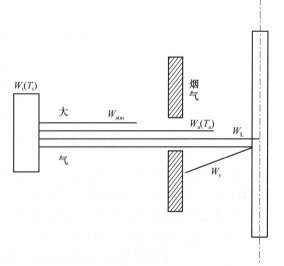

图 8-34 红外热像仪测量炉管表面温度场示意图

写为：

$$\varepsilon_T \sigma T_T^4 = \tau_0 \varepsilon_L \sigma T_L^4 + \tau_0 \varepsilon_q \sigma T_q^4 + \tau_0 (1 - \varepsilon_L) \sigma T_a^4 \tag{8-6}$$

即

$$T_L = \left[\frac{\varepsilon_T T_T^4 - \tau_0 \varepsilon_q T_q^4 - \tau_0 (1 - \varepsilon_L) T_a^4}{\tau_0 \varepsilon_L} \right]^{\frac{1}{4}} \tag{8-7}$$

式中　ε_T——设置的总辐射系数；

　　　ε_L——炉管在温度为 T_l 时的辐射系数；

　　　ε_q——炉壁在温度为 T_a 时的辐射系数；

　　　T_L——炉管真实温度，℃；

　　　T_T——探测器显示炉管某点温度，℃；

　　　T_q——炉壁温度，℃；

　　　T_a——炉管测试点周围烟气温度，℃。

利用式(8-7)，根据经验选取各参数的合适值对红外热像获取的结果进行分析处理，得到炉管表面温度及其分布，绘制各个看火口拍摄的炉管最高温度的分布曲线，检查炉管的运行状况。

8.2.9　氢通量检测技术

1. 技术简介

氢通量检测采用光电离微元素测量技术，检测设备管线外壁渗出的氢相对原子质量。氢通量检测技术将测量设备和管道外壁渗出的氢相对原子质量（氢气浓度）作为腐蚀结果、腐蚀程度评判依据。在某些类型的腐蚀过程中，会在容器和管道内壁形成氢，即在腐蚀表面（阴极）形成氢原子，氢原子半径非常小，部分可渗入钢中，渗入钢中的氢原子有一部分滞留在钢中，也有一部分可从钢材外壁渗出，在外壁形成微量的氢气，内壁和外壁的氢原子形成一定比例。通过测量外壁的氢原子渗透量，可在一定程度上反映出设备的腐蚀程度。该测量方法属于典型的分析化学技术。

2. 技术原理

氢通量检测是在外壁上安装一个柔性金属盘探头，空气通过该探头表面的导槽和中心毛细管将管壁的含氢空气引入气体导管，导管最终连接至检测仪内的专用氢传感器，通过氢传感器探头捕捉的空气中氢气浓度被转换为氢通量（单位面积内的流量）。氢通量检测原理如图 8-35 所示。

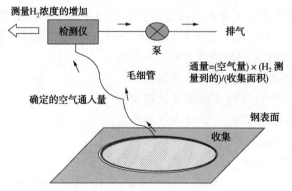

图 8-35　氢通量检测原理示意图

通过测量氢通量值，结合温度、厚度与合金材质，通过腐蚀速率模型，可以估算钢材实时的腐蚀发生程度。该技术无需将探头插入设备或管道内，属于无损的腐蚀监检测技术。

环烷酸腐蚀环境下，氢通量检测数据与腐蚀速率的换算程序如下：

（1）氢通量厚度（flux thickness）计算：

氢通量厚度[pL/(cm·s)] = 氢通量测量值[pL/(cm²·s)] × 壁厚(cm)

（2）根据氢通量厚度与操作温度，通过查表可核算腐蚀速率：

氢通量厚度、温度与腐蚀速率的换算关系图见图 8-36。

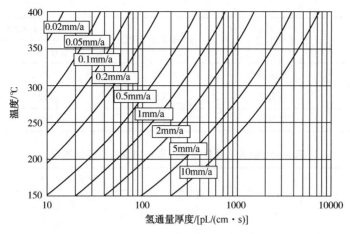

图 8-36　氢通量厚度、温度与腐蚀速率的换算关系曲线图

3. 适用范围

氢通量检测技术为炼化装置的钢制设备与管道内壁的酸性腐蚀状况(腐蚀反应生成氢原子的腐蚀环境)提供了一种非插入式和接近实时指示的监检测手段。氢通量技术主要腐蚀检测的范围包括:

(1)低温无机酸腐蚀(如盐酸、硫酸等);

(2)高温环烷酸腐蚀;

(3)湿硫化氢损伤;

(4)HF 腐蚀;

(5)氢致开裂(HIC)等。

腐蚀速率与腐蚀介质种类、浓度、材质、温度、流速、流态和流向等密切相关,通过氢通量检测可估算腐蚀发生程度,属半定量检测,主要用于判断腐蚀趋势与腐蚀速率变化情况。

4. 应用注意事项

(1)氢通量反映的是检测金属表面的氢气含量,金属材质、金属形状、温度、物料、压力、表面状况等均将影响氢通量的检测值,需要经过多次检测才能确认金属腐蚀情况。

(2)通过氢通量检测数据核算腐蚀速率,属于半定量检测,可用于判断腐蚀趋势与腐蚀速率变化情况,并不一定是真实的腐蚀速率。腐蚀速率可通过超声波测厚、脉冲涡流扫查等技术进行检测验证。

5. 应用案例

某石化厂常减压装置加工原油的酸值与硫含量波动较大,为有效查找装置中存在的高风险腐蚀隐患,采用氢通量检测技术对装置高温部位的高风险工艺管线进行了腐蚀检测,包括常压炉入口管线、常压转油线、常二中线、常二线、常三线、常底油线、减三线及减四线,各进行了两次定点检测。通过氢通量检测,发现所检测的工艺管线局部存在比较明显的腐蚀情况,检测结果及核算腐蚀速率分别见表 8-3、表 8-4。

表 8-3　常减压装置重点工艺管线氢通量检测数据

序号	管道名称	检测位置	运行介质温度/℃	氢通量检测数据/[pL/(cm²·s)]	
				5月28日	6月2日
1	常压炉入口管线	总管(西)	300	330	60
		总管(东)	300	400	90
2	常压转油线	常压塔入口	370	450	280
3	常二中	泵出口	320	280	200
4	常二线	泵出口	285	40	90
5	常三线	泵出口	345	710	220

序号	管道名称	检测位置	运行介质温度/℃	氢通量检测数据/[pL/(cm²·s)]	
				5月28日	6月2日
6	常底油	泵出口	355	30	480
7	减三线	泵出口	325	590	110
8	减四线	泵出口	345	300	90

表 8-4　根据氢通量厚度、操作温度核算腐蚀速率

序号	管道名称	位置	运行介质温度/℃	管道原始壁厚/mm	5月28日		6月2日	
					氢通量厚度	腐蚀速率/(mm/a)	氢通量厚度	腐蚀速率/(mm/a)
1	常压炉入口管线	总管(西)	300	7.04	232.32	0.9	42.24	0.18
		总管(东)	300	7.04	281.6	1.1	63.36	0.3
2	常压转油线	常压塔入口	370	10	450	0.8	280	0.5
3	常二中	泵出口	320	7	196	0.6	140	0.4
4	常二线	泵出口	285	5	20	0.1	45	0.2
5	常三线	泵出口	345	5	355	0.8	110	0.3
6	常底油	泵出口	355	7	21	0.04	336	0.8
7	减三线	泵出口	325	7.8	460.2	1.3	85.8	0.3
8	减四线	泵出口	345	5	150	0.35	45	0.1

对检测当日常减压装置原油腐蚀介质含量进行化验分析,详细数据见表 8-5。

表 8-5　常减压装置原油腐蚀介质含量分析数据

原油化验分析		
项目名称	5月28日	6月2日
酸值	1.36mgKOH/g	0.41mgKOH/g
含硫量	0.377%	0.63%
脱前含盐量	21mgNaCl/L	48.1mgNaCl/L
脱后含盐量	5.9mgNaCl/L	4.7mgNaCl/L

从 5 月 28 日与 6 月 2 日两次加工原油腐蚀介质含量化验分析数据来看,5 月 28 日加工原油酸值(1.36mgKOH/g)明显高于 6 月 2 日加工原油酸值(0.41mgKOH/g),且大于该装置的酸值设防值(0.5mgKOH/g),此外,5 月 28 日的原油硫含量低于 6 月 2 日的。在相同工艺操作条件下,原油酸值越高,高温环烷酸腐蚀越严重,而原油硫含量越高,对高温环烷酸腐蚀的抑制作用越明显。5 月 28 日加工原油的酸值高、硫含量低,从分析结果看,腐蚀速率明显高于 6 月 2 日,腐蚀规律与通过原油腐蚀介质含量分析数据推断的腐蚀规律基本吻合。

8.2.10　其他腐蚀监检测新技术

1. 声发射检测技术

声发射是一种常见的物理现象,是材料内部由于突然释放应变能而形成的一种弹性应力波。材料中裂纹的产生与扩展、断裂、应力再分配、撞击及摩擦等都可以释放这种应变能。氢脆裂纹的产生及腐蚀引起的断裂和分层也产生声发射。各种材料声发射信号的频率范围和幅度范围很宽。利用仪器探测、记录、分析声发射信号,进而推断声发射源、对被检测对象的活性缺陷情况评价的技术称为声发

射检测技术。声发射检测的技术原理如图8-37所示。

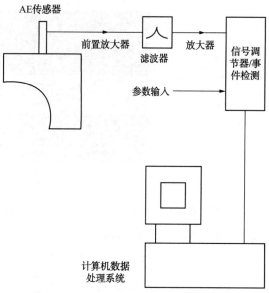

声发射检测是一种动态检验方法,适用于工业过程在线监控及在役压力容器检测。该技术对线性缺陷较为敏感,可用于检测形状复杂的构件,在一次试验过程中能够整体探测并评价整个结构中缺陷的状态。此外,声发射可用于其他方法难以或不能接近环境下的检测,如高低温、核辐射、易燃、易爆及剧毒等环境。

声发射技术的缺点是对材料十分敏感,且易受到环境噪声(如机泵的噪声)的干扰。声发射检测目前只能给出声发射源的部位、活性和强度,不能给出声发射源内缺陷的性质和大小,仍需依赖于其他无损检测方法进行复验。

图8-37　声发射检测技术原理示意图

2. 金属磁记忆检测技术

金属磁记忆检测技术利用地磁场作为磁化场,在地磁场和载荷的共同作用下,铁磁性金属构件在应力和变相集中区的磁筹结构会在一定取向的局部区域产生漏磁场,该漏磁场的分布反映出金属构件内部的应力集中区或缺陷区,通过特定的磁敏探头进行检测,可实现铁磁性构件的早期损伤诊断。图8-38显示了磁记忆检测技术的工作示意图。

图8-38　金属磁记忆检测工作示意图

金属磁记忆检测技术利用自发磁化现象,不需要专门的磁化装置,无需对被检工件进行表面处理,检测过程无污染。该技术可以检测在役设备,检测速度可达到100m/h,效率高;探头提离效应小,采用传感器探测时可离开金属表面(提离数毫米甚至数十毫米,对检测结果影响不大),是目前唯一能以1mm精度确定应力集中区的方法。

但是金属磁记忆技术只能检测铁磁性材料,且只能发现缺陷可能出现的位置,不能对缺陷进行定量分析。由于它是一种弱磁信号检测方法,信号易受材质、缺陷大小和种类、外激励或残余磁场的大小和方向以及表面粗糙度等因素干扰。

3. 内旋转检测技术

内旋转检测技术(IRIS)以超声测厚技术为基础,主要用于换热器管束、空冷管束的壁厚测量,发现壁厚减薄类的缺陷,如冲蚀等。该检测技术的原理基于脉冲回波检测法,探头激发一个在水中产生的高频脉冲超声波,用一个反射镜将超声波反射成沿管子内径径向入射的波束,在管子内外表面都会反射一个回波,内表面回波与外表面回波的时间和波幅经系统数字化处理后,通过计算就可以得到管子内径、外径和壁厚。图8-39为IRIS技术的工作原理示意图。

该技术可以检测铁磁性、非铁磁性、非金属材料,不受材料电导率或磁导率的影响,能精确测量管子的壁厚或确定缺陷的准确位置,以及缺陷的形状、分布等;能实时显示其横截面图(B扫描)、管壁展开图(C扫描)以及管子纵向截面图(D扫描)。其缺点是检测速度慢,操作复杂,且需要管子内部充满水充当耦合剂。

4. 漏磁检测技术

漏磁检测技术主要用于炼化装置的储罐和锅炉水冷壁等设备和管道的检测。当铁磁性板材被外加磁化装置磁化后,在板材内可产生感应磁场,若板材上存在腐蚀或机械损伤等体积性缺陷,则磁力线会泄漏到板材外部,从而在其表面形成漏磁场,如在磁化装置中部放置一个磁场探头(通常采用霍尔元

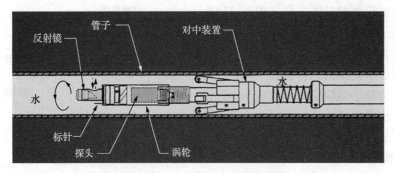

图 8-39　IRIS 技术工作原理示意图

件或线圈等磁场传感器），则可探测到该漏磁场，由于漏磁场强度与缺陷深度和大小有关，因此可以通过对漏磁场信号的分析来获得板材上产生体积性缺陷的情况。图 8-40 为漏磁检测技术原理示意图。

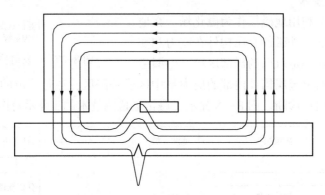

图 8-40　漏磁检测技术原理示意图

漏磁检测的探头不与被测金属表面接触，不受被检对象表面形状和内部介质的影响。该技术可以对缺陷进行量化评估，检测效率高，且无污染。但是该技术只适用于铁磁性材料，不适用于检测表面有涂层或者覆盖层的试件和形状复杂的试件。对于开裂很窄的裂纹，尤其是闭合性裂纹，该技术很难检出。

5. 交流电磁场检测技术

交流电磁场检测技术（Alternating Current Field Measurement，ACFM）是在交流电压降法（ACPD）基础上发展起来的一种新兴的电磁无损检测技术，可实现所有金属结构物（包括铁磁性材料和非铁磁性材料）表面/近表面缺陷快速非接触检测。其技术原理是探头在工件中感应出均匀的交变电流，均匀感应电流在裂纹、腐蚀等缺陷位置产生扰动，引起空间磁场畸变，利用检测传感器测量空间磁场畸变信号，从而实现缺陷的检测与评估。图 8-41 为交流电磁场检测技术原理示意图。

交流电磁场检测技术属于非接触检测，检测过程中探头无需与被检工件直接接触，无需清除被检工件表面涂层等附着物，如喷涂层、油漆层、环氧树脂胶层、沥青层等，最大提离距离可达 10mm（即允许有不超过 10mm 的非导电附着物），相较于磁粉、渗透等表面检测技术可节省大量检测时间和经济成本，尤其适用于金属装备的在役检测。该技术可适用于高温、水下以及辐照等恶劣环境，检测过程中无任何耗材、介质和耦合剂，检测无后效性，无需退磁或其他后处理，且可连接编码器实时记录并存储检测数据，可对缺陷进行记录和回放，并对缺陷尺寸（长度和深度）进行高精度定量计算，其缺点是对于复合材料以及大壁厚设备内部缺陷尚存在检测盲区。

6. 在线氯离子监测技术

在线氯离子监测基于电极测量原理，将被测介质引出到在线测量仪器，通过过程处理技术，经程序控制，自动完成取样、配比、加药、搅拌、测量、废水增压回收、电极清洗等系列动作，实现水溶液的氯离子浓度测量。介质的定量配比采用高精度注射泵，定量精度远优于人为手工操作。相关过程处理参数可通过人机界面灵活设置，根据不同被测介质的工艺参数特点，可定制程序以及加注药剂的种类。该技术适用于水中含有氯离子的浓度检测，取样动力依靠介质自有压力实现，如图 8-42 所示。

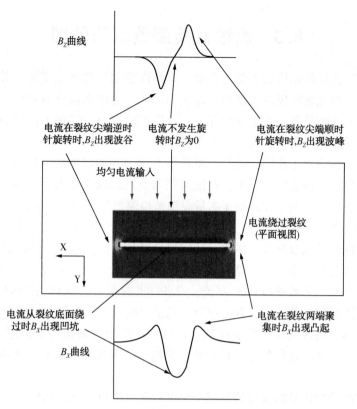

图 8-41　交流电磁场检测技术原理示意图

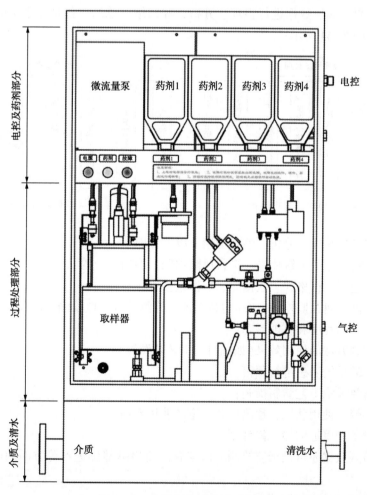

图 8-42　在线氯离子监测示意图

8.3 腐蚀监检测数据的处理

炼化装置的生产工艺操作始终处于变化之中，原料性质也经常发生变化，并且设备与防腐管理及投入也是不断变化的，因此腐蚀风险控制和管理是动态的。为识别与有效预防腐蚀风险，炼化企业必须在正确的时间，对正确的设备，在正确的部位，开展正确的设备管理工作(如检查、FFS、修理、更换、重新验证信息、考虑操作条件、变更、操作实践等)。

在炼化企业日常设备管理工作中，通常需要积累大量的各类腐蚀数据以备长期使用，如设备和管道材料性质、环境条件、腐蚀监检测数据、腐蚀案例与重点腐蚀部位台账、腐蚀控制措施等。企业虽然日常通过开展各类腐蚀监检测工作取得了大量腐蚀监检测数据，但其数据往往是分散的、碎片化的。为了更好地有效利用这些腐蚀数据信息，应该在不同的腐蚀管理内容上建立基本的数据统计要求，不仅是单一的腐蚀监检测数据以及腐蚀案例等，还应整合各类设备参数、历史数据、原料或物料性质等，将其组织成为基本腐蚀数据库系统，存储腐蚀数据并进行统计分析。应结合设备完整性管理平台，实现腐蚀监检测数据系统、工艺数据(LIMS)系统、设备管道数据信息(EM)系统的关联分析。例如：

(1) 冷换设备腐蚀管理涉及的腐蚀数据应至少包括材质、介质温度、介质 pH 值、介质流速、腐蚀类型、腐蚀监检测数据、腐蚀速率、防腐措施等。针对在冷换设备防腐工作中积累的这些腐蚀数据，进行整理、分析与管理，并将这些数据进行归纳、总结，整合成系统的腐蚀数据，不断改进腐蚀管理工作，如图 8-43 所示。

(2) 埋地管道腐蚀管理涉及的腐蚀数据应至少包括管道材质、土壤 pH 值、土壤含水量、土壤含盐量、土壤电导率、土壤氯离子含量、腐蚀监检测数据、埋地管线腐蚀速率、阴极保护措施等。针对埋地管线防腐工作中积累的腐蚀数据进行整理、分析，并归纳、总结，整合成系统的腐蚀数据，不断改进腐蚀管理工作，如图 8-44 所示。

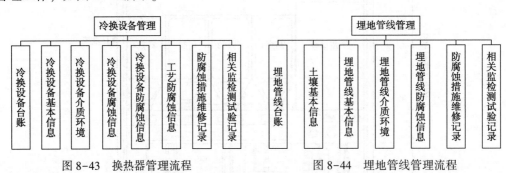

图 8-43 换热器管理流程   图 8-44 埋地管线管理流程

腐蚀监检测数据经过统计、分析、整合可用于以下方面：

(1) 分析确定影响腐蚀的关键要素，进行风险识别、隐患定位等；

(2) 数据管理，包括数据格式、数据库、数据挖掘等；

(3) 指导制定或修订腐蚀监检测方案(包括腐蚀监检测部位、监检测方法及监检测频率的选择)；

(4) 判断腐蚀发生的程度和腐蚀形态；

(5) 监测腐蚀控制方法的使用效果(如选材、工艺防腐等)；

(6) 对腐蚀产生的系统隐患进行预警；

(7) 判断是否需要采取工艺防腐措施；

(8) 评价设备和管道使用状态，预测设备管道的使用寿命；

(9) 帮助制定设备和管道的检维修计划。

此外，腐蚀监检测数据还可用于监检测方法与腐蚀监检测部位选点等方面的研究，主要包括以下几个方面：

(1) 工艺及原料变化的实时监测；

（2）辅助检测评价技术的开发；

（3）腐蚀流态模拟；

（4）腐蚀预测模型的开发。

炼化企业利用已有的大量腐蚀监检测数据，进行深度挖掘，可促使腐蚀监检测技术的发展。例如，由单一化向集成化发展，由点检测向面检测发展，由离线检测向实时在线检测发展，由数据有线传输向无线传输发展，由单一实现腐蚀监检测功能向腐蚀自动控制发展，由单一数据分析向多数据、大数据分析发展。

8.4 展　望

2017 年 NACE STAG P72（美国腐蚀工程师协会非美洲区炼化防腐专家委员会）调研表明，超声波定点测厚、腐蚀介质分析、装置停工装置腐蚀检查、腐蚀在线监测等技术已经成为炼化企业腐蚀管理的常用方法。

随着科技的进步，炼化企业对腐蚀监检测的技术要求越来越高，腐蚀监检测趋向于完整性管理与精细化、智能化和数字化等方向发展。具体表现在以下几个方面：

1. 腐蚀完整性管理对腐蚀监检测技术的需求

腐蚀完整性管理体系的理念源于近年来设备完整性管理体系的飞速蓬勃发展。与设备完整性管理一样，腐蚀完整性管理是一种动态的、不断改进的技术模式，贯穿于装置设备的设计、制造、安装、运行、维护直至报废全过程。

腐蚀完整性管理是实现整套装置腐蚀风险评估与分级、腐蚀相关参数监控、防腐措施及预知性维修、腐蚀预警及分析、腐蚀完整性管理平台搭建的核心，是实现全流程腐蚀管理的重要组成部分，如图 8-45 所示。

腐蚀监检测作为腐蚀完整性管理体系实现的重要手段，需要参与到装置设计之初腐蚀监检测的布点，不仅可避免装置运行期间的频繁开孔、拆保温、搭架子，节省临时检维修及固定检修过程中产生的二次费用，而且对于预防性维修的实现更为有效，如图 8-46 所示。

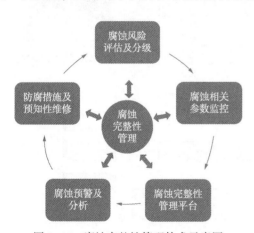

图 8-45　腐蚀完整性管理技术示意图

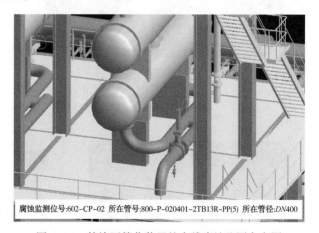

腐蚀监测位号:602-CP-02 所在管号:800-P-020401-2TB13R-PP(5) 所在管径:*DN*400

图 8-46　某炼厂催化装置的在线腐蚀监测布点图

2. 精细化检测手段的实施

目前传统检测方法存在很多弊端，如点对点测厚容易出现漏检而导致缺陷难以被发现、在役设备裂纹检测实施困难、材料劣化检测手段匮乏等，发展相应的面检测技术、裂纹检测技术和材质劣化类检测技术将成为必然的趋势。

3. 在线腐蚀监检测技术的发展

如图 8-47 所示，常用的在线壁厚测量、在线腐蚀检测探针测量、在线腐蚀介质分析、场矩阵等，均会对设备和管道本体产生损伤，发展无损、无线、低成本、免维护的检测方式是国内外的统一共识。

(a)在线腐蚀检测探针测量 (b)在线壁厚测量 (c)在线腐蚀介质分析 (d)场矩阵

图 8-47 常用的在线腐蚀监检测手段

4. 组合式监检测技术的发展

为有效识别局部腐蚀风险，实现准确定位，可采取多种腐蚀监检测方法相结合的组合式监检测技术，举例如下：

（1）CUI（保温层下腐蚀）组合监检测技术：采用红外热成像检测进行初筛，发现局部超温或温度异常部位。针对这些部位采用超声导波进行缺陷定位，然后采用脉冲涡流实现缺陷的精准排查，最后采用超声波测厚进行验证。对最终发现的隐患部位，根据失效风险等级，可以采用贴片式无源测厚或高温在线壁厚测量等技术进行长期、实时的在线监测与预警。

（2）减薄类组合监检测技术：减薄类缺陷组合监检测技术的发展思路与 CUI 组合监检测技术基本一致，可通过超声导波发现缺陷、脉冲涡流进行局部筛查，并使用超声波测厚复测与确认。根据发现的减薄部位从材质、工艺、原始壁厚等进行剩余寿命评估，再根据评估结果指定监检测方案，进行实时在线监测，如图 8-48 所示。

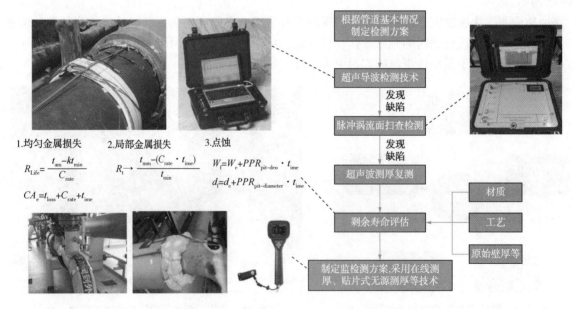

图 8-48 减薄类组合监检测技术示意图

5. 大数据平台建设与剩余寿命评价

基于腐蚀完整性管理技术的发展基础，对设备/管道进行全寿命周期的监测和检测，将获取的数据进行集成与二次挖掘，建立完整的大数据平台，并以有效的监检测数据为基础，对设备/管道的剩余寿命进行评价，从而实现腐蚀的有效管理。

6. 智能化检测的发展

免人工、低成本、小型化检测是必然的发展趋势。

参 考 文 献

[1] 武新军，黄琛，丁旭，等．钢腐蚀脉冲涡流检测系统的研制与应用[J]．无损检测，2010，32(2)：127-130.

[2] 武新军，张卿，沈功田．脉冲涡流无损检测技术综述[J]．仪器仪表学报，2016，37(8)：1689-1708.

[3] 孟涛，何仁洋，肖勇，等．超声导波技术在压力管道腐蚀检测的应用研究．管道技术与设备，2010(6)：42-44.

[4] 赵秋洪，胡钧华，司永宏，等．MsS超声导波技术在管道腐蚀检测中的应用研究．化学工程与设备，2009(10)：28-30.

[5] 钟丰平，叶宇峰，程茂，等．超声导波对不同类型管道腐蚀检测的适用性研究．压力容器，2009，26(2)：11-15.

[6] 李晓刚，付冬梅．红外热像检测与诊断技术[M]．北京：中国电力出版社，2006.

[7] 王岭雪，蔡毅．红外成像光学系统进展与展望[J]．红外技术，2019，41(1)：1-12.

[8] 魏嘉呈，刘俊岩，何林，等．红外热成像无损检测技术研究发展现状[J]．哈尔滨理工大学学报，2020，25(2)：64-72.

[9] 马婷．红外热成像仪原理与应用分析[A]．见：宁夏回族自治区科学技术协会编．第十四届宁夏青年科学家论坛石化专题论坛论文集[C]．宁夏回族自治区：《石油化工应用》杂志社，2018：4.

[10] 余进，周斌．氢通量检测在高酸原油管线腐蚀监测中的应用[J]，管道科学与设备，2015，5：36-38，41.

[11] 马永明．氢通量检测数据与腐蚀速率对应关系研究[J]，山东化工，2019，48(3)：88-89.

[12] 汪沈阳，方艳，等．氢通量技术在缓蚀剂效果评价中的应用[J]．油气田地面工程，2019，38(1)

[13] 邓希，廖柯熹，等．高含硫集气管线腐蚀监控技术研究[J]．石油与天然汽化工，2018，47(3)：73-75，79.

第9章 泄漏监测技术与应用

泄漏即事故，石油化工企业35%以上的安全事故由泄漏引起，49%左右的装置非计划停车或局部停车消缺与腐蚀泄漏、密封泄漏和完整性缺陷有关；某集团公司统计，24%的非计划停车由腐蚀泄漏引起。在设计阶段，识别、分析和评价泄漏风险或隐患，形成过程泄漏风险图，部署物联网监测系统，在线连续监测泄漏风险及其趋势，定漏溯源、预警预测，是腐蚀风险控制的最后一道重要防线，能够防止泄漏风险演变成安全隐患，防止泄漏安全隐患演变成安全生产事故，有效减轻泄漏的后果和危害，提升炼化装置腐蚀风险控制和过程安全管理水平。

9.1 泄漏监测技术概述

9.1.1 背景现状

1. 泄漏分类

设备泄漏包括外漏和内漏。外漏包括逸散性泄漏和突发性泄漏，内漏一般是指换热设备管程与壳程之间的泄漏或阀门关闭不严。腐蚀泄漏既有外漏，也有内漏。腐蚀造成的外漏通常是突发性泄漏，腐蚀引致的内漏通常会影响产品的品质，严重的内漏会导致设备故障停机、装置非计划停车。

依据《国家安全监管总局关于加强化工企业泄漏管理的指导意见》（安监总管三〔2014〕94号）和《中国石化危险化学品泄漏安全管理办法》（中国石化安〔2017〕653号），突发性泄漏的泄漏量一般较大（超过50kg/h)，不受控、危害大，企业应当实行分级管理即分T1（严重泄漏）和T2（一般泄漏）两级管理，立即采取防范控制措施，并按照生产安全事故（或事件）统计分析；对于内漏，企业应当建立检查、排查机制，加强管理。逸散性泄漏非预期、隐蔽性强，企业应当建立《密封点台账》，开展泄漏检测与修复（LDAR)，减少、消除逸散性泄漏；统计分析泄漏历史数据和密封失效数据，指导预防泄漏管理工作。逸散性泄漏的后果一般比突发性泄漏低，因此不需要按照生产安全事故（或事件）进行管理和报告。

炼化装置的常见泄漏可按图9-1进行分类。

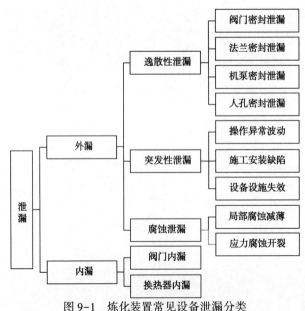

图9-1 炼化装置常见设备泄漏分类

2. 炼化装置常用泄漏监测技术

石油化工设备泄漏监测技术可以分为直接法和间接法两种类型(见图 9-2)。

(1) 直接法：直接监测释放源或泄漏源设备的泄漏率(Y_L)，或监测释放源附近或其邻域环境空气中泄漏介质的浓度(Y_C)。

(2) 间接法：间接监测导致泄漏的原因(Cause)物理量(X_{ci})或泄漏表征(Representation)物理量(X_{rj})。腐蚀探针监测、在线测厚和电场矩阵监测可以视为典型的间接法监测。

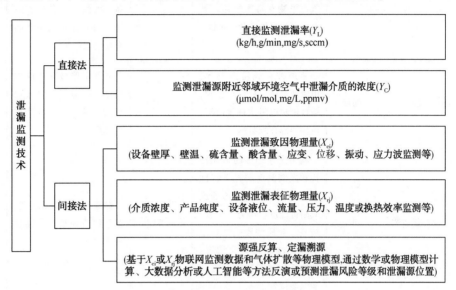

图 9-2　泄漏监测技术分类

近 10 年来炼化装置常用的泄漏在线连续监测技术见表 9-1。

表 9-1　石油化工行业常用泄漏在线连续监测技术

序号	技术描述	类型	传感器原理或特点	应用场景	适用设备或场景	技术成熟度
1	有毒可燃气体探测报警系统(GDS 或 F&G)	直接法	催化燃烧、热传导、红外、紫外、半导体、电化学、光致电离、顺磁、激光、微纳米或生物等	点	偶尔或短时外漏的第二级释放：气体压缩机和液体泵的动密封；液体采样口和气体采样口；液体/气体排液(水)口和放空口；经常拆卸的法兰和经常操作的阀门组	成熟技术，已大规模或批量工程应用
2	密封失效监测和报警系统	直接法	基于包袋法原理的设备管线密封点连续监控	点	高危易漏设备管线重要静密封点	新兴技术，已有规模或批量工程应用
3	红外热像法泄漏在线监测	直接法	包括红外气体探测热像法和红外测温热像法。前者采用非制冷型焦平面阵列探测器，每个探测单元都对应场景中的一个微面元，通过应用场景被测气体云团直接成像和气体红外辐射吸收特征多光谱差分分析等技术，在线连续监测泄漏气体的成分和空间分布；后者通过在线连续监测释放源和邻域环境介质的温度场分布和变化情况判断被监测对象是否发生明显泄漏	域或线	储运或工作介质为苯系物、烷烃、烯烃、SO_2、氨气等挥发性有机物或有毒有害气体的设备管线	新兴技术，已有规模或批量工程应用

序号	技术描述	类型	传感器原理或特点	应用场景	适用设备或场景	技术成熟度
4	激光泄漏在线监测	直接法	量子级联激光器，其波长可以覆盖中远红外的全部波长，可探测大多数空气污染物和毒害气体，具有极高的灵敏度和稳定性	域或线	储运或工作介质为苯系物、烷烃、烯烃、SO_2、氨气等挥发性有机物或有毒有害气体的设备，外漏后设备上方或下风向光程空气中泄漏介质的浓度	新兴技术，已有规模或批量工程应用
5	腐蚀在线监测	间接法	超声波在线定点测厚，电阻或电感探针在线监测，线性极化电阻法在线监测，电场矩阵在线监测	点或域	存在壁厚减薄或应力腐蚀开裂泄漏风险或隐患的容器、管道或其重要部件	成熟技术，已大规模或批量工程应用
6	光纤传感在线监测	间接法	利用光导纤维的传光特性和光调制后的光学特性探测设备管线泄漏源处或其附近温度、压力、位移、应变、介质浓度、电导率的异常波动或变化情况，智能反演泄漏风险等级和泄漏源位置	域或线	储罐或长输管道油气、苯系物或烃类液体连续外漏	新兴技术，已有规模或批量工程应用
7	质量压力平衡法在线监测	间接法	基于设备进出口或管道中流动介质的质量守恒和压力变化关系，监测介质流经的管路系统是否发生较大或明显泄漏	点或线	长输管道或动力管道外漏，换热器或阀门内漏	成熟技术，已大规模或批量工程应用
8	循环水或冷凝水水质在线监测	间接法	红外或紫外分光光度法监测工作介质中的含油量，间接判断介质流经管路是否发生泄漏	点或线	换热器或冷凝器单体内漏	成熟技术，已大规模或批量工程应用
9	声波/声发射泄漏在线监测	间接法	利用负压波、应力波、超声波、次声波或声发射探测器监测设备管道声学、压降或振动特征的变化或异常波动情况，基于泄漏失效模式数据标签或系统标定反演泄漏源位置和泄漏量大小	点或线	阀门或换热器内漏，火炬管网支路安全阀内漏，油气长输管道或动力管道外漏	新兴技术，已有批量或示范工程应用
10	危险区域泄漏阵列在线监测	间接法	利用气体浓度探测器阵列在线连续监测高风险区域下风向被测特定气体浓度变化或异常波动情况，基于气体扩散模型和最优化算法源强反算、定漏溯源	域	高点或高处等含CO、H_2S、NH_3、Cl_2、氯乙烯和苯等高毒、剧毒、易燃易爆气体或挥发性有机物重大危险源设备或密封点密集平台	新兴技术，已有批量或示范工程应用

序号	技术描述	类型	传感器原理或特点	应用场景	适用设备或场景	技术成熟度
11	多参数智能自动化巡检	间接法	利用智能线控底盘车载或无人机机载声波、红外、激光或气体探测器监测被测区域、危险路径或管线的声光特征、设备表面温度场分布和环境介质浓度异常波动或变化情况,基于常态下声光嗅特征基准数据库、边缘计算和机器学习等方法定漏溯源	域或线	储运、处理或输送 CO、H_2S、NH_3、Cl_2、氯乙烯、苯、天然气、浓盐酸、浓硝酸、浓硫酸或高温高压蒸汽等的动力管网、管廊管道、天然气场站、集输管道和重大危险源罐区等	新兴技术,电力行业和数据中心等已有规模和批量工程应用,油气和化工行业有示范工程应用

3. 泄漏监测技术基本要求

基于 API 1155—1995《Evaluation Methodology for Software Based Leak Detection System》,泄漏监测技术或系统的效能可以从以下七个方面考虑:

(1) 工作可靠(Reliability):能够安全、稳定、长周期地运行,运维简单,能够降低人工巡检频次、强度或健康损伤风险;

(2) 灵敏度(Sensitivity)高:能够探测出待测物理量微小的变化,物理分辨率高;

(3) 精确度(Accuracy & Precision)高:探测准确性和重复精度高,误报率或误报频次低;

(4) 耐用性(Robustness)高:传感器随时间和环境工况的零漂和线性漂移小,适用工况范围宽,适应高温或低温等严苛环境和高点、高处或保温层下等人工巡检或传统有毒可燃气体监测报警系统监测盲区部位;

(5) 响应速度(Response Time)快:能够尽可能地早发现、早预警和早报告微小泄漏,响应速度快,预警、报警及时,避免泄漏在人们毫无知觉的情况下从小微泄漏扩展成为大漏;

(6) 系统兼容性(Compatibility)好:能够兼容装置现有的生产执行系统 MES、健康安全环保系统 EHS 和设备完整性管理系统 IOWs 等信息系统或平台;

(7) 经济有效(Economical & Effective):监测效率高,生命周期成本低,有助于实现设备的预测性维护,生产安全效益高。

9.1.2 泄漏监测面临的难点和挑战

腐蚀风险防控手段失效,腐蚀监测系统未及时发现泄漏风险,就会发生非预期的腐蚀泄漏。

腐蚀泄漏主要表现为突发性泄漏和设备内漏。

突发性泄漏如果未能及早发现并及时采取有效措施堵漏或止漏,就容易造成生产安全事故。近年来,由于我国石化企业劣质原油加工量的逐年增大,石化装置及其附属管线腐蚀泄漏事故事件发生频次较多,尤其以位于塔顶、罐顶等高点、高处难于巡检部位的空冷器、油气管线弯头、死区、绝热层下含缺陷焊缝和加热炉炉管腐蚀外漏为甚。

阀门和换热设备内漏事故,也是近年来的突出问题。阀门阀体和阀芯之间腐蚀内漏,换热器管板焊缝、胀接部位或管束内漏,轻则降低产品质量和换热效率,重则导致装置非计划停车或安全生产事故。

依据泄漏持续时间长短和频繁程度,泄漏可以分为连续性泄漏、周期性短时泄漏(第一级释放源)和偶尔短时泄漏(第二级释放源)。根据 GB/T 50493—2019《石油化工可燃气体和有毒气体检测报警设计标准》,可燃气体和有毒气体探测器检测的主要对象是属于第二级释放源的设备或场所的下列部位:

(1) 气体压缩机和液体泵的动密封或机械密封部位;

(2) 经常操作的液体采样口和气体采样口;

（3）经常操作的液体排液（水）口和气体放空口；

（4）根据工艺需要每天或每班都要进行拆卸的法兰和经常操作的阀门组。

显然，可燃和有毒气体检测报警系统（GDS）并不适用于腐蚀泄漏监测，主要原因在于设备管线腐蚀失效的80%是由局部腐蚀造成的，而设备管线局部腐蚀的具体部位具有高度的不确定性。对于局部腐蚀，由于设计、制造和安装过程中产生的缺陷位置的不确定性及操作工况（如介质组分、流速、温度和压力等）异常波动时间或范围的不确定性，导致腐蚀泄漏发生的具体部位和第一时间具有高度的不确定性。因此，腐蚀泄漏监测难的首要问题在于不知道容易泄漏的具体部位、探测器应如何布置；其次，如果腐蚀泄漏监测布点位置不科学、不合理，就无法及时探测出泄漏；最后，不能及时知道哪儿漏、何时漏，就不可能知道漏什么、漏多大及泄漏风险等级，就会贻误防止泄漏从小微等级发展成为大漏的时机，失去预防维护的有利时机。

对于逸散性泄漏，存在3%~10%的不可达密封点，常规泄漏检测和修复（LDAR）工作采用的便携式仪器探测法不搭建脚手架就无法检测；红外热像仪虽可远距离检测泄漏，但距离有限制、受热源干扰大，且仅能检测 10000μmol/mol 以上的较大泄漏，对于被遮挡或超视距的点位无法检测。不可达密封点因其特殊物理或化学因素造成其长期处于被隔离状态，对其泄漏状态不可知，形成了一个个泄漏监控盲点。不可达密封点在石化装置普遍存在，易由"监控盲点"形成"监控盲区"，易形成机械结构完整性管理的薄弱环节和安全管理上的"溃穴"。常规 LDAR 技术搭建脚手架检测不可达密封点，脚手架搭建费用高、人工作业风险大，长期靠近有毒有害介质泄漏源检测使员工健康损伤和中毒风险增大。氢气无色无味，LDAR 或 GDS 均难以监检测氢气泄漏；高温临氢设备氢气泄漏后容易着火，氢气火焰一般为淡蓝色，白天不易发现，只能夜间闭灯检查氢气漏点，难以提前发现泄漏风险。

现有 GDS 和 LDAR 方法监检测盲区、高温临氢设备泄漏监测以及探测器布（点）位置、部署数量，是在线泄漏监测的难点和挑战。

9.1.3　智能泄漏监测物联网系统

炼化装置智能泄漏监测物联网系统（见图9-3）可以有效解决局部腐蚀泄漏、不可达密封点泄漏和高温临氢设备泄漏无法或难以监测的问题。新建炼化装置在可行性研究和设计阶段，应用危险与可操作性分析 HAZOP 和风险矩阵法 L·S 等安全风险分析工具识别、分析和评价泄漏安全风险或隐患，根据泄漏风险图和分级管控方案设计智能物联网泄漏监测预警系统，在装置建设阶段部署物联网泄漏监测预警系统，能够及早发现泄漏，定漏溯源，预测泄漏趋势，减轻泄漏的后果和危害，减少非计划停车或局部停车消缺等安全生产事故，提升装置过程安全管理和智能运维水平。

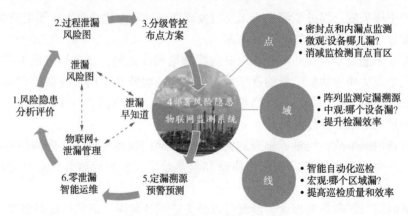

图9-3　智能泄漏监测物联网系统

1. 泄漏风险图

逸散性泄漏常见于法兰连接接头、螺纹连接接头、阀门填料密封、设备人孔和机泵动密封等部位。突发性泄漏致因通常为设备材质劣化（如材质石墨化、氢鼓泡、蠕变和密封材料老化等）、几何结构不连续(如三通、弯头和直径突变部位等)、应力应变不连续(如基础沉降超差和支撑失效等)或应力腐蚀开裂、局部腐蚀穿孔(如空冷器、焊缝、弯头、三通、阀门、多相流管段、设备气液交界处)和法兰螺栓连接接头蠕变或应力松弛。常减压、催化裂化、汽柴加氢、加氢裂化(反应、分离、脱硫单元)、连续重整(预处理、重整单元)、脱硫装置、乙烯(裂解、急冷单元)、聚乙烯聚丙烯(聚合、精制单元)、芳烃(制苯、抽提单元)、合成橡胶、合成气、合成氨(净化、汽化单元)等炼化装置和超期服役或含缺陷(如焊缝夹渣、未焊透、焊接裂纹、热处理裂纹等)设备部件点位的泄漏风险通常较大。

　　API 的研究表明,83%的逸散性泄漏来自 0.24%的设备管线组件(见图 9-4),80%以上的腐蚀失效事故源自局部腐蚀泄漏,而局部腐蚀泄漏通常来自不到 0.15%的设备。

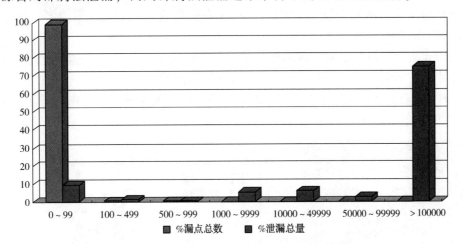

图 9-4　83%的逸散性泄漏来自 0.24%的设备管线组件

　　据某千万吨炼油、百万吨乙烯炼化一体化企业统计,52%的安全生产事故或事件由腐蚀泄漏引起(见图 9-5),腐蚀泄漏和密封点泄漏合计占到了泄漏事故或事件总数的 88%。2013 年 11 月 22 日,发生在青岛的中石化东黄输油管道泄漏爆炸特别重大事故的直接原因,就是管道腐蚀穿孔泄漏。

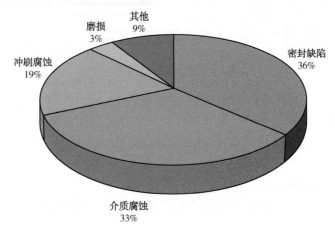

图 9-5　炼化企业泄漏形式统计分析

　　通过历史监检测数据分析、损伤失效模式分析和危险与可操作性(HAZOP)分析及数学归纳法可得到静态的泄漏风险隐患图(PLD)。历史监检测数据和设备维护数据包括但不限于腐蚀监测数据、测厚数据、RBI 检验报告、损伤模式分析报告、LDAR 检测和 RCM 记录。

　　通过基于物联网 + 技术的泛在感知、数据挖掘、概率统计、大数据分析和机器学习等数字化技术可得到动态的泄漏风险隐患图(iPLD)。泛在感知包括但不限于腐蚀监测、设备状态监测、结构健康完整性监测和泄漏监测等;泛在感知或普适监测是建设本质安全、生产高效、节能环保、管理卓越和可持续发展智能工厂的基础。

　　与 HAZOP 分析、RBI 检验、承压设备损伤模式识别和腐蚀控制文件(CCD)编写等类似,形成高质量的静态 PLD 图需要长期的、丰富的专业经验、知识库和专家系统，需要遵循的流程长、程序多，实时性不强，难以动态管控在役运行的炼化装置的泄漏风险。

基于物联网 + 数字化技术形成的动态泄漏风险图（iPLD），在物联网监测节点布点位置科学合理的条件下，迭代升级的速度快，在较短的时间内就能相当准确地预测结构损伤速率（如腐蚀速率），同样能够满足动态管控炼化装置设备泄漏风险和零泄漏运维的要求。

由于 80% 以上的泄漏事故源自不到 0.3% 的设备管线，因此泄漏风险图 PLD 应抓住关键的少数，聚焦到 0.3% 左右的高危易漏设备管线或其部件上。

针对 A 类和 B 类中高风险泄漏风险隐患点位（见图 9-6），分析其泄漏致因，如果该类设备的泄漏失效主要由介质局部冲刷腐蚀导致，则可以通过计算流体力学（CFD）仿真模拟局部腐蚀易漏部位，在易漏部位布点进行壁厚在线监测（见图 9-7）。

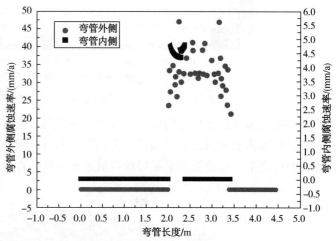

图 9-6　A 类和 B 类中高风险
泄漏风险隐患点位

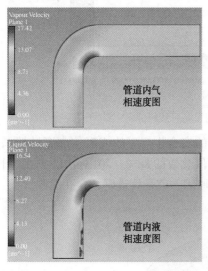

图 9-7　CFD 仿真模拟弯头部位的冲刷腐蚀

但对于绝大多数含缺陷设备，操作工况异常波动或开停车过程中高低温交变导致的泄漏，具体泄漏部位往往不可知，只能通过最优化算法和介质扩散模型仿真泄漏场景集和扩散路径集，形成泄漏风险图 PLD（见图 9-8）。

2. 物联网泄漏监测预警系统

根据泄漏风险图（PLD），针对中或高风险的泄漏场景，设计并部署物联网泄漏监测预警系统（ELD，见图 9-9）。

物联网系统的监测节点一般采用 LPWAN 低功耗无线技术将监测数据传输至数据集中器（DTU）、网关（Gateway）、客户前置设备（CPE）或 NB-IOT/5G 基站。无线传输可以显著降低布线成本，部署更多的监测节点，提高监测系统的覆盖度和探测能力。炼化装置新建或智能化改扩建时应为物联网监测系统设计专用的配电箱或预留专用的防爆电气电缆接口，以方便 DTU、网关、CPE 或基站接电。

物联网泄漏监测预警系统（iELD）典型应用场景如下：

（1）点：高风险动静密封点泄漏或局部腐蚀泄漏部位定点监测；

（2）域：重大危险源设备或高风险密封点、易腐蚀部件密集区域阵列监测、定漏溯源；

（3）线：埋地长输油气管线多参数在线泄漏监测或管廊管道、重大危险源罐区边界/危险路径智能自动化巡检。

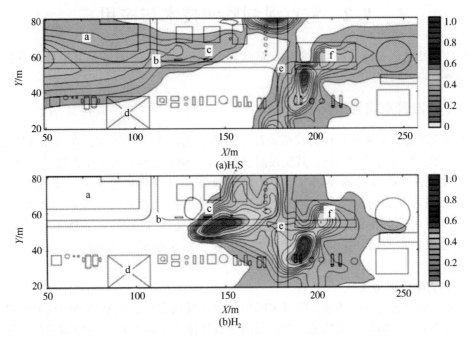

图 9-8　H_2S 和 H_2 泄漏风险区域等值线图

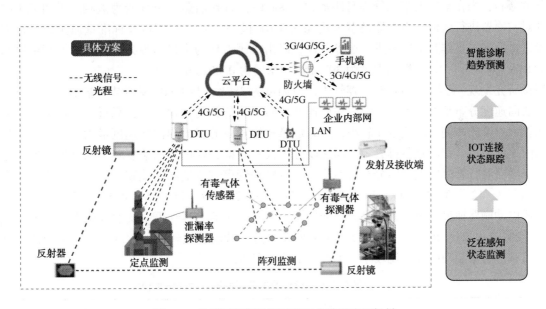

图 9-9　物联网泄漏监测预警系统典型应用场景

3. 物联网 + 泄漏管理

"物联网"即万事万物互联互通网，万事万物(对象)的属性、运行状态和位置信息等通过泛在感知、通信连接和数字化技术互联互通并服务于物主或用户(人)。基于点、域、线物联网监测系统泄漏在线连续监测数据 Y_L/Y_C，结合泄漏表征或泄漏致因物理量监测(如腐蚀监检测)数据 X_{ci}/X_{rj}，通过大数据分析和机器学习等方法构建 Y_L/Y_C 与 X_{ci}/X_{rj} 之间数学物理函数或概率关系并迭代优化，能够智能自动化预测结构失效损伤速率、预警泄漏风险等级，实现零泄漏(安全生产事故)智能运维，加速过程安全管理的数字化转型。

"物联网 + 泄漏管理系统"的监测数据可存储于工厂的中央数据库、本地化服务器或工业云数据库；"物联网 + 泄漏管理系统"软件(平台)本地化部署保密性强，但迭代优化 Y_L/Y_C 与 X_{ci}/X_{rj} 之间数学物理函数或概率关系没有云端部署和云计算方便和快速，这些需要在可研和设计阶段基于用户需求清晰地定义。

9.2 定点泄漏监测技术与应用

定点泄漏监测技术是一种点对点泄漏隐患或致因监测手段，主要目的是及早发现设备哪个部位泄漏，消减监检测盲点或盲区。

9.2.1 空冷器管束腐蚀泄漏监测

近3年不完全统计，某大型石化公司炼油厂加氢装置的需求不断增加，在役加氢装置超过80多套。换热系统是加氢装置的关键设备，其服役温度在60~350℃之间，最高压力超过10MPa。

多相流动反应体系在空冷器换热过程中，会出现露点腐蚀及多相流冲刷腐蚀泄漏问题。随着多相流动系统泄漏后介质的再分布，导致管束露点区域迁移及冲刷腐蚀加剧，致使空冷器泄漏事故频发。例如某石化厂空冷器设计寿命4年，但大多数使用1年多之后就不得不更换，更有甚者，个别空冷器仅正常使用几个月左右就发生了泄漏，频繁造成非计划停工、应急检修，极大地影响了安全生产。

1. 计算流体力学模拟仿真

针对某石化厂加氢装置分馏塔顶空冷器实际生产中多发的多相流冲刷腐蚀泄漏问题进行研究。该空冷器内部流体介质为石脑油与水的混合物，利用计算流体力学（CFD）对空冷器进行流体流动与传热仿真模拟研究；采用HTRI模拟软件对空冷器进行模拟仿真，得到了空冷器管束内温度分布以及气相质量分数分布，当在空冷器第二管程且距离出口8m时，石脑油蒸气全部变为液相。采用FLUENT模拟软件对空冷器进行建模，空冷器模型采用MIXTURE模型、K-ε模型以及标准壁面函数进行数值模拟，以进口质量流量作为空冷器进口边界条件，以出口压力作为出口边界条件，空冷器管束壁面传热系数为816.3W/(m²·K)，壁面温度为307.15K，壁厚为0.0025m。

模拟研究发现（见表9-2）：空冷器管束出口温度为380K，与HTRI模拟结果基本一致，空冷器各排管束法向速度分布基本一致，管箱内法向速度分布不均匀且变化比较大，靠近空冷器进口部分法向速度比较大，管箱两侧法向速度比较小，且靠近第三排管束的管箱内法向速度最大，靠近第二排管束的管箱内速度最小。空冷器各排管束切向速度分布极不均衡，管束切向速度较大的靠近空冷器进入口部位。空冷器各排管束内湍动能分布极不均匀，特别是管束进口端湍动能较大，在第一排管束中特别是第5、6、7、12、13、14、17、18、19、20、21、25、26、27、33、34、35根管束的进口端湍动能较大，所以冲刷腐蚀最严重，最容易出现冲刷腐蚀泄漏；在第二排管束中特别是第3、4、5、13、14、15、16、23、24、25、26、33、34、35、36根管束的进口端湍动能较大，所以最容易出现冲刷腐蚀而泄漏；第三排管束湍动能变化比较小，不容易出现冲刷腐蚀。

表9-2　分馏塔空冷器设计改进前后冲刷湍动能仿真模拟

	改进前	改进后
管箱流速图		

	改进前	改进后
第一排管束湍动能分布	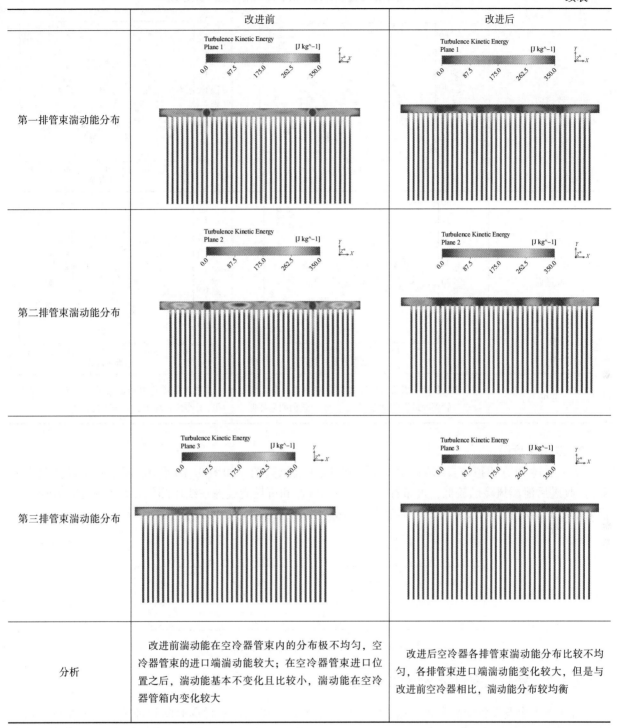	
第二排管束湍动能分布		
第三排管束湍动能分布		
分析	改进前湍动能在空冷器管束内的分布极不均匀，空冷器管束的进口端湍动能较大；在空冷器管束进口位置之后，湍动能基本不变化且比较小，湍动能在空冷器管箱内变化较大	改进后空冷器各排管束湍动能分布比较不均匀，各排管束进口端湍动能变化较大，但是与改进前空冷器相比，湍动能分布较均衡

空冷器管束的冲刷速率最大值集中在管束的进口端，在管束进口端之后基本不存在冲刷现象，最大冲刷速率为4.76mm/a；进口端是电化学腐蚀最严重的部位，电化学腐蚀速率为0.00065mm/a。冲刷速率与电化学腐蚀速率相比，冲刷速率占主导，电化学腐蚀速率基本可以忽略。模拟结果与现场实际检测分析结果基本一致。

与改进前的空冷器相比，改进后的空冷器管束冲刷速率大大降低（见表9-3）。空冷器管束在进口端的冲刷速率最大，在管束进口端之后，冲刷速率基本不变化，最大的冲刷速率为0.19mm/a。空冷器管束进口端的电化学腐蚀速率最大，最大的电化学腐蚀速率为0.00048mm/a；与冲刷速率相比，电化学腐蚀速率可以忽略。

表 9-3 分馏塔空冷器设计改进前后冲刷腐蚀速率仿真模拟

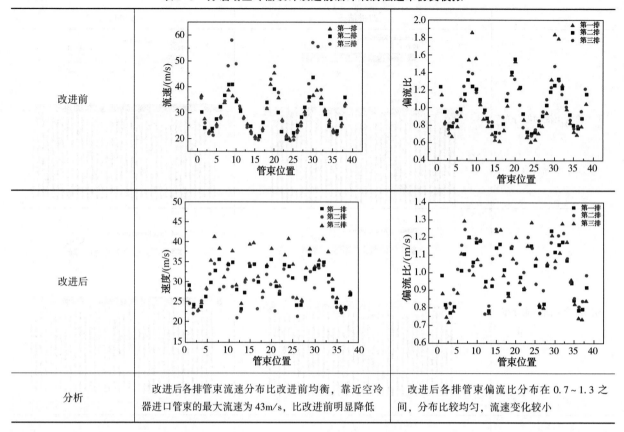

改进前	
改进后	
分析	改进后各排管束流速分布比改进前均衡，靠近空冷器进口管束的最大流速为43m/s，比改进前明显降低	改进后各排管束偏流比分布在0.7~1.3之间，分布比较均匀，流速变化较小

2. 泄漏风险图

基于上述 CFD 模拟仿真结果，绘制冲刷腐蚀泄漏风险图，如图 9-10 所示(图中粗黑圈为易漏管束)。改进后泄漏风险已较低，可布置红外测温热成像和可见光成像在线监测仪在线监测空冷器进口端管束根部的温度状态和变化情况，通过高级数据分析和机器学习预知预警泄漏风险。

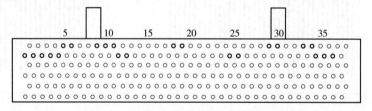

图 9-10 分馏塔空冷器冲刷腐蚀泄漏风险图

9.2.2 密封点密封状态物联网监测

石油化工企业设备动静密封点总数可达数十万至百万以上，密封点泄漏管理关键绩效指标一般为 KPI≤0.35‰，漏点或泄漏隐患点数可达数十至数百点，以不可达密封点或监检测盲区部位的点数居多。

炼化设备的健康状况和设备的工艺指标是分不开的，如果设备性能下降，其工艺性能也会下降；工艺操作参数异常波动或开停车升降温速率过快、密封点紧固程序不规范，会导致设备管道动静密封点或焊缝泄漏。

"物联网+"动静密封点状态监测系统由设备密封点泄漏收集层、感知层和连接应用层构成，如图 9-11 所示。"物联网+"高级数据分析和机器学习技术能够实现高风险密封点的状态监测、泄漏趋势预警和预测性维护，实现一张图"动态"管理动静密封点的运维状态、风险等级和结构完整性。

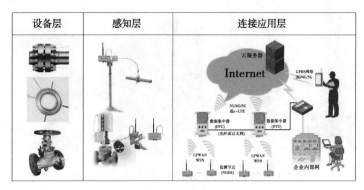

图9-11 "物联网+"动静密封点状态监测系统

1. 静密封点状态监测

基于US EPA21、ISO 15848和TA Luft的包袋法原理，可对阀门和法兰静密封点状态进行物联网在线监测。物联网在线监测系统的核心组件为基于包袋法原理的紧凑型阀杆填料或法兰连接泄漏收集器和物联网监测节点设备如图9-12所示。

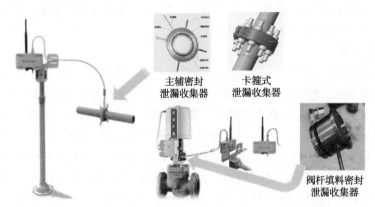

图9-12 阀门和法兰静密封点状态物联网在线监测

法兰泄漏收集器包括卡箍式泄漏收集器和垫片式泄漏收集器。前者适用所有类型的、操作温度不高于400℃的法兰连接，无需大修窗口；后者为主、辅双密封结构（见图9-13），抗高低温交变和高温应力松弛，某些应用场景或工况下可代替"碟簧+缠绕垫"密封方案，适用于操作温度不高于550℃的法兰连接。垫片式泄漏收集器的主密封实际上是一种金属碰金属恒应力密封垫片（MMC），附加预紧载荷存储于垫片内、外金属骨架的弹性变形中，确保作用在密封材料上的密封应力保持恒定，可有效抵抗高低温交变和高温临氢工况导致的法兰螺栓紧固载荷衰减，可有效防止因高低温交变、高温应力松弛或蠕变所带来的密封泄漏问题。垫片式泄漏收集器的辅助密封可以有效收集主密封的微泄漏，收集的泄漏通过专利设计的引漏管流经低功耗微机电传感器，在线连续监测高危密封点的微小泄漏和法兰连接接头的密封状态。

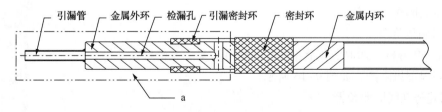

图9-13 垫片式泄漏收集器工作原理

阀门填料静密封泄漏收集器分常温型（≯180℃）和高温型（≯550℃）两种。设备管线组件中高低温阀门阀杆密封的无组织泄漏约占无组织泄漏总排放量的60%左右；在线监测阀杆静密封的密封状态（见图9-14），可以及时发现超标泄漏点，实现填料密封的预测性维护，提升阀门静密封的完整性管理水平。

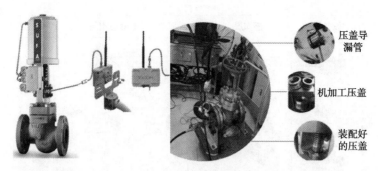

图 9-14　阀杆填料密封泄漏收集和在线监测

压盖导漏管

机加工压盖

装配好的压盖

按照长江三角洲区域统一标准 DB 31/T 310007—2021《设备泄漏挥发性有机物排放控制技术规范》4.1.3 款和 GB 37822—2019《设备泄漏挥发性有机物无组织排放控制标准》8.3.2.f 款的规定，配备密封失效检测和报警系统的源头泄漏防控措施的设备管线组件可免于泄漏检测。对于高风险不可达密封点，泄漏在线监测预警系统可降低人工巡检劳动强度和作业安全风险，提高过程安全管理的数字化水平。

基于"包袋法"原理的静密封点状态监测适用的工艺介质为挥发性有机物和无机非腐蚀性或非强氧化性有毒有害气体，不适用易结焦介质或无机液体。

2. 动密封点状态监测

热油泵或大机组动密封一旦泄漏，就会着火或引发上下游设备非计划停车，危害大，需要在线监测密封泄漏致因或领先指标。据统计，泵的维护费用占到整个工厂维护成本的 7%，机泵泄漏会导致大约 0.2% 的生产损失。因此，对机泵的泵壳振动、轴承温度、润滑状态及其动静密封、双机械密封封液罐液位或进出口压差进行在线状态监测，可实现机泵的预测性维护，提高泵的可靠性。

双端面机械密封通常应用于对密封要求较高的地方，其表面经过精细机械加工，一面安装于密封压盖内，一面安装于主轴上，密封件之间用密封液填充以起到润滑和降温作用。表面杂质和结焦会缩短密封寿命，但是正确的冲洗可以使其持续工作数千小时。辅助密封冲洗系统可以是加压的或是无压的。无压密封冲洗系统是让工艺流体流入密封液，充当缓冲剂，这种方式可能使工艺流体通过外侧密封泄漏到空气中。带加压密封冲洗系统的双机械密封可以有效防止泄漏的发生。

图 9-15 显示了 API PLAN 52 冲洗方案，它提供洁净的外部缓冲液以保护环境。压力升高表示泵送工艺流体在大气压力下产生汽化并泄漏到缓冲液；同样，如果泵送流体在大气压下依然保持液态，那么液位升高也可表明泄漏发生。采用无线数字压力表或无线导波雷达变送器在线连续监测压力波动和液位变化，可提早发现动密封泄漏隐患。

3. 应用案例

某炼化企业新建 PX 装置应用密封点在线监测系统连续监测高风险法兰连接接头的密封状态。

1）静态泄漏风险图

基于 HAZOP 分析，选取 120 个左右高温临氢易漏法兰密封点，创建密封点静态泄漏风险图，如图 9-16 所示。

2）泄漏趋势在线监测预警

某加热炉入口集合管法兰，2018 年 9 月 30 日及之前，实测泄漏率很低（0 ~ 2.5sccm），但自 2018 年 10 月 1 日起泄漏率突然增大至 10sccm 以上，10 月 4 日进一步增大至 15sccm 以上，10 月 7 日增大至 30sccm 以上（见图 9-17）。泄漏由小漏逐渐增至中漏的趋势明显，系统自动报警，提醒用户现场查看原因，及时采取预防或预测性维护措

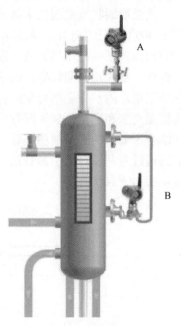

图 9-15　API 冲洗方案 52
无压辅助密封冲洗
系统用于在线监测
A—压力变送器；B—液位变送器

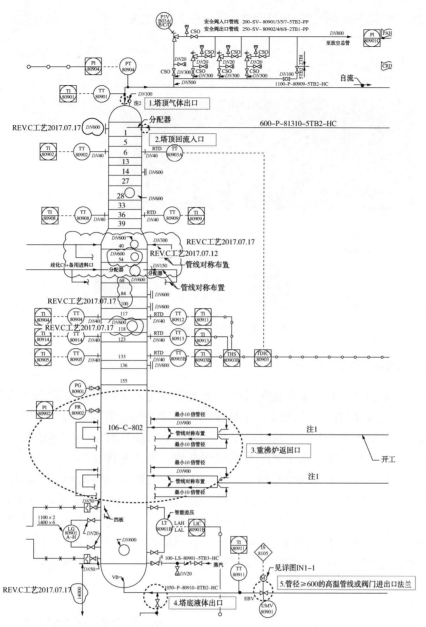

图 9-16　新建 PX 装置高风险法兰螺栓连接接头静态泄漏风险图（虚线圈标示处为高风险点）

施，避免了大漏后应急带压堵漏，实现了"把隐患消灭在事故发生之前"。

图 9-17　密封点泄漏趋势在线监测预警

3）动态泄漏风险图

动态泄漏风险图显性化泄漏风险隐患点，通过一张图可视化动态管理泄漏风险：漏什么、漏多大、哪儿漏、何时漏，一目了然(见图9-18)，避免了台账比对分析之苦、之累。

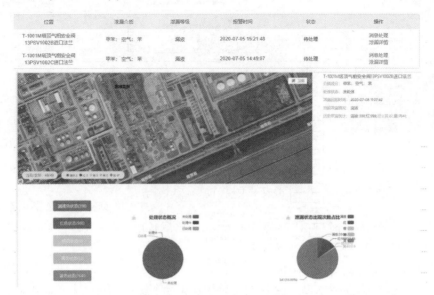

图9-18 泄漏风险隐患显性化

9.2.3 设备内漏声发射监测

换热器内漏后轻则降低产品质量和换热效率，重则导致安全生产事故。常用的换热压力容器运行状况在线监测诊断系统可实时监控换热压力容器热流程和冷流程进出口温度、压力、流量和物料组分等参数，并具有上下限超调报警功能。通过对多个传感器获取的实时监测数据进行综合分析，实时计算出传热系数、温度差、压力差、流量差等系统状态参数，构建并优化换热效率、结垢和泄漏等物理模型，从而对能效进行分级，并可对管壁结垢、泄漏、冷热流程内漏等换热压力容器异常状态进行在线诊断，以便及时采取措施查漏堵漏、清洗除垢，提高能效。换热器健康状态在线监测诊断系统(见图9-19)主要采用质量/压力平衡、化学和声学三大类方法。质量/压力平衡方法的灵敏度受到工艺操作变化的影响以及流量计、压力计精度的限制，一般只适用于泄漏量较大的监测，而且此种方法不能对漏点进行定位；化学方法的准确率同样受到运行工况的影响，会带来物料介质污染的风险，而且此种方法也不能对漏点进行定位。

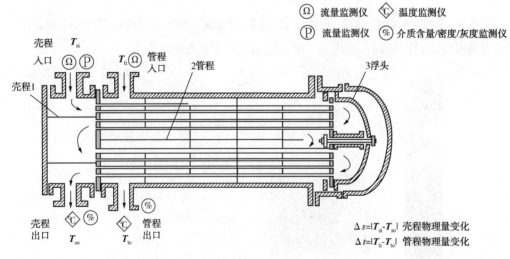

图9-19 换热器健康状态在线监测诊断系统

裂纹扩展、结构破裂、介质流动状态突变和实体结构壁面被流体冲刷或磨损，会发射声波或超声波信号。声学监检测方法一是依靠泄漏源附近产生的温度变化、气泡或悬浮物等物理因素对外加声信号产生的影响来获得泄漏征兆和位置等信息(主动式检测);二是通过泄漏源产生的喷注声信号来判断泄漏是否发生和确定泄漏位置以及泄漏量大小(被动式检测)。

冷换设备在设计阶段就设计预留管/壳程进出口或管板、管束易漏部位传感器或变送器接口,便于部署换热器健康状态在线监测诊断系统,提高炼化装置的智能运维水平。

1. 硫冷凝器内漏声发射监测

某天然气净化厂自开工以来,硫黄回收单元多个多级硫冷凝器多次发生内漏,其壳程的锅炉水进入管程,使得管程工艺气的液硫凝固,堵塞管箱及换热管束,不仅加剧了设备腐蚀,还引发其他如克劳斯炉衬里损坏、下游尾气处理单元负荷过大等诸多问题,严重影响了净化厂生产装置的长周期安全平稳运行。

硫冷凝器为固定管板式换热器(ϕ2500mm/ϕ3000mm,总长17950mm),共有换热管2316根,换热管规格为ϕ38.1×4.19mm,长度为7620mm,管束材质为SA-179(10#钢)。

1)泄漏风险图

硫冷器换热管与管板焊接接头部分存在焊接缺陷或热处理缺陷(如未焊透和焊接残余应力高),在高低温交变(如开停工或操作异常波动)工况和腐蚀介质共同作用下,易发生应力腐蚀开裂。硫冷器两端换热管与管板连接焊缝出现贯穿性裂纹后,壳程的水汽进入管程,加剧腐蚀;因设备故障而频繁开停汽,硫化物露点腐蚀和垢下腐蚀互相促进,导致换热管在露点腐蚀敏感温区范围或容易积垢的管束部位穿孔泄漏。根据失效分析结果,创建泄漏风险图(见图9-20),图中虚线框内区域为易漏部位。

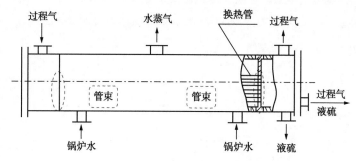

图9-20 硫冷器泄漏风险简图

内漏部位主要为换热管露点或垢下腐蚀泄漏部位和换热管与管板焊接接头开裂泄漏部位。

2)部署声发射监测系统

部署被动式声发射物联网监测系统:两管板外周分别布置3~5只声发射探头阵列,采用波导杆方式在换热管易漏区域布置2~3只声发射探头(需设置波导杆安装孔);同一圆周平面声发射探头可以呈等边三角形或垂直相交布置。声发射探测器通过无线传输将监测信号发送至数采仪(网关);数采仪通过边缘计算后发送数据至云平台。

3)数据标签和系统标定

由于声发射信号的频谱与介质、压力、结构尺寸、漏孔位置和大小等密切相关,因此需事先设计搭建与典型硫冷凝器结构相似的汽水换热器泄漏声发射检测试验装置,涵盖换热管泄漏、换热管与管板焊接接头泄漏两种形式,通过计算流体力学CFD模拟仿真不同压力和换热负荷下的泄漏场景集,加工损伤形态类似的人工缺陷,采用试验测试验证典型内漏位置及部位与CFD模拟仿真泄漏场景集的对应关系,并通过改变换热管入口压力的方式,模拟缝隙泄漏口内外工质压差的变化引起的泄漏状态的改变。运用小波分解技术对系列入口试验压力下所测得的所有试验数据进行分析,构建实际声发射信号能量与泄漏量之间的定量关系式和换热器内漏定漏溯源模型,通过试验数据和数据标签标定和开发声发射监测系统的判漏算法、判漏阈值标尺。

4)定漏溯源

依据换热器内漏定漏溯源模型、判漏算法和阈值标尺定位泄漏源(溯源),分析诊断泄漏量大小(定漏)。

2. 阀门内漏声发射监测

当常闭阀门发生内漏时，液体或气体介质在通过泄漏点时会产生喷流噪声，喷流噪声以应力波的形式沿系统管壁传播，频率范围通常为 25kHz~3MHz。在阀门阀体或法兰的适当位置定点安装声发射传感器，可以探测到喷流噪声应力波，并能将该应力波转化为连续的声发射信号。对监测到的频率范围在 100kHz~1MHz 的声发射信号进行分析处理，去除背景环境噪声，依据阀门内漏声发射监测系统模型算法和标定数据，即可判断常闭阀门是否内漏。

采用声发射技术监测阀门内漏，至少需要考虑三个基本因素：泄漏时能量释放的大小、声发射信号从泄漏源到检测传感器之间衰减的大小和背景环境噪声。声发射传感器所能探测到的喷流噪声信号下限取决于介质的类型、介质流体力学特性、操作工况、阀门的结构型式和内漏大小。阀门内漏声发射监测系统需要根据阀门结构型式、操作工况、介质流动特性和内漏速率创建模型算法并进行系统标定，然后才能够用于炼化装置阀门内漏的在线监测。

阀门内漏声发射监测系统的标签和标定：通过试验研究常见 $DN50$~$DN250$ 闸阀、截止阀、球阀在 0~3.0MPa 工况下泄漏率与 ASL 之间的关系，建立不同操作工况参数下的泄漏场景集数据库，形成阀门内漏诊断数据库、判漏算法和内漏诊断软件(见图 9-21)。

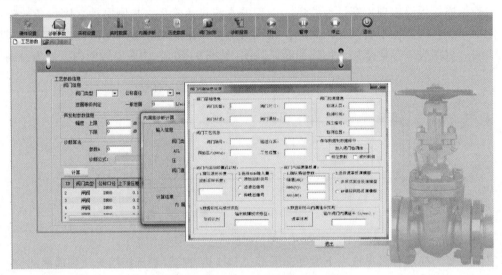

图 9-21　阀门内漏分析诊断软件界面

3. 应用案例

根据美国无损检测学会研究的结果，炼化企业阀门的 5%~10% 存在不同程度的内漏，重整加氢、加氢精制和火炬系统阀门内漏比例可能高达 10%~20% 左右。

1）阀门内漏监检测系统

阀门内漏监检测系统由声发射探头、现场数采仪和泄漏诊断软件构成，如图 9-22 所示。

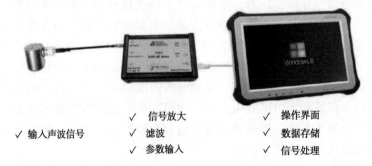

　✓ 输入声波信号　✓ 信号放大　✓ 操作界面
　　　　　　　　　✓ 滤波　　　✓ 数据存储
　　　　　　　　　✓ 参数输入　✓ 信号处理

图 9-22　阀门内漏监检测系统框图

2）声发射探头布置

优先选取阀体下游部位、阀体法兰或阀门下游法兰布置声发射探头，如图 9-23 所示。

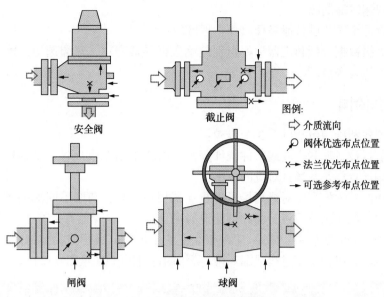

图9-23 典型阀门内漏声发射监测探头布点位置

3）声发射监检测阀门内漏

利用 Ultraprobe 9000 数位式超声波检漏仪对某企业延迟焦化、2#常减压、加氢装置、气分装置、油品车间、联合车间、热电装置、聚丙烯车间、综合车间、重整加氢、催化裂化、供水车间、排水车间、油码头、溶剂油车间、铁路站、空分车间共计 17 个车间进行了阀门内漏检测。

经检测，共发现明显发生内漏的阀门 35 个，其中大多数为氢气、瓦斯气等气态介质阀门，而氢气介质阀门约占 50%；此类阀门的泄漏较易产生安全隐患，应是企业重点关注的阀门。各装置中重整加氢和加氢精制装置发生内漏的工艺阀门分别占 25% 和 28%，且内漏程度较为严重，其主要原因是该装置的工艺过程中轻组分含量、温度及压力较高，管线中各阀门负荷较大，尤其是其中工艺操作较频繁的调节阀、放空阀等，是企业中较易发生泄漏的阀门。

9.3　区域阵列监测技术与应用

区域阵列监测技术是一种基于气体扩散模型，在泄漏介质的扩散路径或扩散区域范围内布置探测器阵列和气象环境监测仪，通过气体扩散物理模型和最优化数学算法软件边云计算和分析物联网监测数据，反算（Back-Calculation）泄漏源的位置和源强（Source Strength），定漏溯源，以便及时发现泄漏源设备，提升检漏效率的技术。

据英国职业健康安全局（HSE）碳氢化合物泄漏数据库统计，1992～1999 年的 873 起气体泄漏事故中仅有 540 起或 62% 由气体监测系统成功检测；据 HSE 海上平台监测数据表明，超过 40% 的可燃气体泄漏未在 24h 内测出。根据 GB/T 50493—2019《石油化工可燃气体和有毒气体检测报警设计标准》4.1.1~4.1.3 条文说明，可燃气体和有毒气体探测器适用于偶尔短时泄漏的第二级释放源；对重要的连续检测点，应考虑现场检测器的冗余备用，检探测器冗余布点可参照 ISA-TR 84.00.07—2010《Guidance on the Evaluation of Fire and Gas System Effectiveness（火气系统有效性的评价指南）》，结合现场气体扩散模型模拟计算和确定探测器的数量、安装位置和角度。对于突发性的局部腐蚀外漏，可燃气体和有毒气体检测报警系统 GDS 适用性较差，特别是物理位置较高的人工巡检难以到达或不可达高危易漏设备管道或其密封点密集平台，存在一定程度的监检测盲区。

为了减轻或减少突发性局部腐蚀外漏的后果，及早发现此类泄漏并准确判断其风险等级，可以在设计阶段考虑对于 60m 以上的高风险、易腐蚀或易漏点位密集平台部署区域阵列监测、定漏溯源物联网系统，消减 GDS 监检测盲区，降低人工巡检劳动强度和作业安全风险，提升检漏效率。

危险区域重要设备泄漏阵列监测、定漏溯源技术的基本特点是：

（1）低时延：快速定漏溯源；

（2）小尺度：溯源至重要设备泄漏释放源附近区域；

（3）预知性：高级数据分析和机器学习识别监测数据异常变化，定漏溯源，能够早于阈值比对法发现泄漏、预知泄漏风险等级。

9.3.1　泄漏风险图

泄漏风险图的创建和绘制包括以下3个步骤：

（1）通过炼化装置设备泄漏事故或事件统计分析、HAZOP分析和腐蚀失效风险评估，确定装置设备有毒有害气体泄漏场景集及各场景对应的概率；

（2）建立气体泄漏扩散模型，对泄漏场景进行泄漏模拟计算，获取不同泄漏场景集中气体扩散路径上各位置泄漏气体扩散体积分数值，据此创建泄漏场景数据库，预测有毒有害气体泄漏后果；

（3）基于场景概率和泄漏后果，依照《上海市企业安全风险分级管控实施指南》，评估各装置工艺单元危险区域安全风险等级，绘制过程泄漏风险(等级四色)图PLD(见图9-24)。

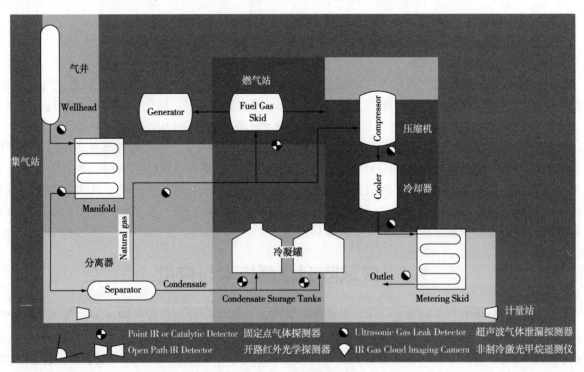

图9-24　泄漏风险图

9.3.2　区域阵列监测物联网系统

依据泄漏风险图部署阵列监测物联网系统硬件和软件。

系统硬件包括目标气体探测器、气象环境监测仪和数据集中器。数据集中器为物联网气体监测数据和气象环境监测数据提供时钟同步和数据通信，支持数据清洗和配对比较等边缘计算。

系统软件基于B/S架构部署于云平台和中控室，通过封装的源强反算、定漏溯源算法软件快速定漏溯源。

定漏溯源软件的反算方法是通过气体探测器来监测泄漏介质的浓度，从而估算释放物质释放速率的一种方法。该方法在释放位置下风向的不同位置设置固定的或可移动的探测器(见图9-25)，从而连续地获取所在位置的泄漏介质浓度，该浓度数据及其相应的时间记录结果连同由气象环境监测仪获得的气象数据，一同被传输到云平台定漏溯源软件系统或客户端服务器中进行数据分析处理。云平台定漏溯源软件中包含一个气体扩散模型和泄漏场景集数据库，泄漏场景集数据库是通过既定程序事先计算出来的，包含了泄漏源及泄漏后常见气象条件下扩散路径上最可能的泄漏介质浓度范围；然后采用寻根法或混合遗传-加权质心搜索等最优化数学算法，寻找一个真实的释放速率或释放量，得到泄漏源的释放速率与时间的关系，将源强反馈到扩散模型中进行确认，确认后系统的源强反算得以完成。

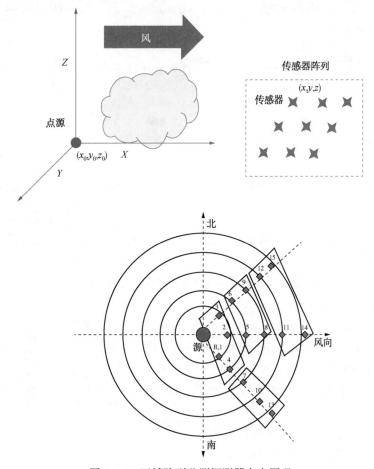

图 9-25　区域阵列监测探测器布点原理

9.3.3　应用案例

　　某烯烃装置 60m 高处平台上换热器阀门组和法兰密封点密集，工作介质为含烯烃为主的混合气，设备管线高低温交变，泄漏风险较大。

　　依据泄漏风险图，布置"回"字形无线电化学探测器阵列，如图 9-26 所示。

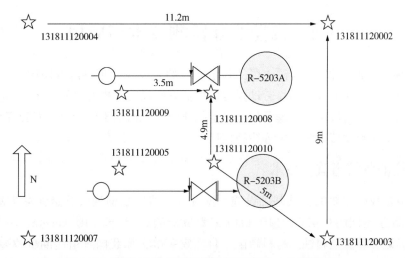

图 9-26　危险区域阵列探测器布置(图中☆为探测器)

系统联调上线后的第一周，监测得到的介质浓度如图 9-27 所示。

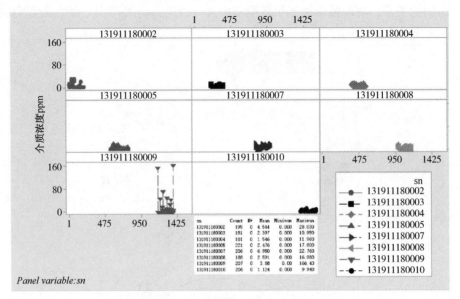

图 9-27　危险区域泄漏介质浓度 Y_c (mg/L)

将各探测器上线后第一周监测得到的介质平均浓度和风力风向玫瑰图标注于探测器布点图上（见图 9-28），可以直观地初步判断探测器 SN11120002 和 SN11120007 的上风向有释放源，探测器 SN11120009 上风向的法兰连接接头有泄漏，泄漏量比较小。

定漏溯源软件基于高斯烟羽或烟团扩散模型，积分同一风向上的监测值，采用最优化数学算法，源强反算、定漏溯源，得到了与直观初步判断类似的结论。探测器 SN11120002 和 SN11120007 连续测出泄漏介质，提示本案例所研究或监测的危险区域边界之外的 5~10m 处大

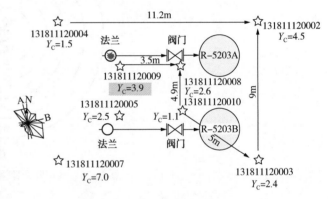

图 9-28　高处密封点密集平台阵列监测、定漏溯源案例

概率存在释放源。通过调整优化区域内或外探测器布点位置和算法参数，通过机器学习迭代升级定漏溯源软件，可以提升溯源定位精度和泄漏风险等级评定准确度。

9.4　线径泄漏监测技术与应用

线径泄漏监测技术是一种宏观监测手段，其主要目的是及时发现罐区或园区边界或危险路径上哪个区域或哪一管段泄漏，降低人工巡检劳动强度或作业安全风险，提升巡检效率和质量。

线径泄漏监测，设计时应优先考虑可靠且稳定的非介入式监测手段。对于新建埋地长输油气管道，需要预留或预置传感器数据传输和网关等线路接口。

9.4.1　长输油气管道监测技术

长输油气管道是我国重要的公共基础设施。据统计，我国长输油气管道泄漏事故率平均为 3 起/ $(10^3 \text{ km} \cdot \text{a})$，远高于美国的 0.42 起/ $(10^3 \text{ km} \cdot \text{a})$ 和欧洲的 0.25 起/ $(10^3 \text{ km} \cdot \text{a})$。引起管道泄漏事故的因素主要有人为破坏、管道腐蚀、材料缺陷、自然灾害等，而我国管道泄漏事故多数是由于施工破坏和打孔盗油、盗气引起的。

长输油气管道泄漏常用监测技术的优缺点见表 9-4。

表 9-4　长输油气管道泄漏监测技术的优缺点

方　法	原　理	优　点	缺　点
音波法	利用次声波传感器捕捉泄漏产生的次声波，定位泄漏点	灵敏度、定位能力较好，费用较低	保护距离较短
负压波法	利用压力传感器捕捉流体压力变化，定位泄漏点	灵敏度、定位能力较好，费用较低	保护距离较短，仅应用于较大泄漏的原油管道（气体管道不适用）
分布式光纤法	随管线铺设的光纤遇泄漏引起振动或温度变化，通过光纤输出光功率频谱分析定位泄漏点	灵敏度、定位能力较好，保护距离长，适用新建长输管道	用于在役长输管道，费用较高；但对于新建长输油气管道，在可研和设计阶段可考虑分布式光纤监测系统
红外成像法	利用红外成像仪捕获管道泄漏产生的热辐射变化图像定位泄漏点	灵敏度好、保护距离长	费用较高、定位能力差、难以长程连续监测
流量平衡法	通过监测管道出口与入口的流量判断泄漏的发生	只需获取现有管道运行数据进行数据分析，费用低	灵敏度、定位能力差

从油气管道泄漏监测的历史来看，国外早期的监测技术手段大多采用压力点分析法、负压波检测法、光学检测法、声发射技术法、动态模拟法、统计检测法等方法。目前泄漏监测和定位手段正向着以物联网间接法监测、大数据分析和人工智能融合的方向发展。

1. 技术原理

管道泄漏是一个瞬态变化过程，泄漏瞬间会产生各种频率的声波信号。频率小于 10Hz 的次声波穿透力强、传输衰减小，适用于管道泄漏监测。

音波法、负压波法、质量平衡法三种方法结合的管道泄漏监测系统具有灵敏度高、误报率低、定位精度高等优点。其工作原理是：当管线发生泄漏事故时，泄漏点处产生的音波、压力波沿管道向上、下游传播，利用管段上下游安装的音波传感器阵列和压力传感器检测到音波、压力波到达的时间差和声波在管道中的传播速度，可以确定泄漏点位置。溯源流程为：传感器接收到的管内音波信号通过电缆传给 ACU（声学监控终端）或将压力信号传给 RTU（远程终端控制器），ACU 和 RTU 将模拟音波信号或压力信号转换为数字信号，通过 GPS 时间同步、噪声抑制、干扰抵消和模式识别等处理，判断是否出现泄漏，并确定接收到泄漏音波信号的时刻；ACU 和 RTU 将通过网络将泄漏监测状态信息传输给泄漏监测服务器，泄漏监测服务器根据音波或压力波传播速度、管段信息及管段两端传感器接收到泄漏音波或压力波的时间差，计算泄漏位置。

三种方法综合运用后的监测系统能力为：

（1）可探测当量孔径 3~20mm 的泄漏（具体受相应的背景噪声、运行压力等影响）；

（2）判漏速度快，一般判漏响应时间≤30s~1min；

（3）定位精度高，定位误差小于±（50m/10km~100m/50km）；

（4）误报率低，正常情况下系统误报率小于 30 次/年，传感器经定期标定、系统经机器学习后误报率可减少至不超过 10~15 次/年。

2. 系统架构

ACU 通过安装在管段两端的传感器接收到音波信号，识别音波信号，判断管道是否发生泄漏，并通过网络将处理结果传送到服务器。泄漏监测服务器进行实时处理，如果管道发生泄漏，泄漏监测服务器利用管段两端 ACU 接收音波信号的时间差，计算出泄漏发生位置。

负压波法泄漏监测定位计算方法与音波法基本相同，通过计算泄漏信号传输到安装在管段两端传感器（对于负压波为压力变送器，对于音波为音波传感器）的时间差，结合信号在流体中的传输速度，计算泄漏点位置。

3. 应用案例

某采油厂 66km 原油输送管段，管道规格为 $\phi610×12.5mm$，操作压力为 4.0~6.0MPa，材质为

L415 直焊缝钢管，输送介质为原油，首末站音波传感器的距离为60km。

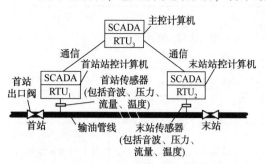

图9-29 输油管线腐蚀泄漏在线监测系统

输油管线腐蚀泄漏在线监测系统主要由次声波管线腐蚀泄漏监测模块和SCADA监控系统构成，如图9-29所示。

终端SCADA控制系统实时显示所监测管段的次声波、压力、流量和温度时间序列数据和曲线。腐蚀泄漏会引起管线工艺参数（如次声波、压力、瞬时流量、温度等）的变化。当泄漏发生后，次声波从破裂的泄漏点，沿着管线流体以次声波向两侧扩张，被安装在管线两端的音波传感器接收，确定是否发生泄漏，最后根据次声波信号到达管道两端的时间差，计算出发生泄漏的位置。管线压力、流量、温度值作为泄漏监测的辅助评估参数，两端的进出站压力都会下降，而对于流量来说，上游出站流量增大，而下游收油流量减少，从而形成输油输差现象。流量压力变化与泄漏点位置有关，泄漏点越靠近哪一端，哪一端的参数变化就越大，这些参数变化都被站控计算机接收、处理，如果上游输油泵的工作参数（如转速、电流）没有发生变化，而出站压力下降，则说明发生了泄漏。

自2017年10月监测系统投入运行以来，发现腐蚀穿孔缓慢泄漏2次，系统报警的平均定位误差为21.6m，最大误差为45m，报警响应时间小于1min，报警准确率不小于90%。

9.4.2 管廊管道智能自动化巡检技术

据统计，管廊事故的79%是由于管道腐蚀泄漏、断裂爆炸、人为因素和水击事故造成的。局部腐蚀、应力腐蚀、高低温交变、高低压交变、违规超温超压操作容易导致管道发生失效，包括弯头处异常减薄、法兰垫片及焊缝缺陷处泄漏。水击（即增压波、减压波交替循环）会导致管道系统产生剧烈振动噪声、绝热层脱落和阀门管件等超压破裂。

智能自动化巡检管廊管道，能够显著提升巡检效率和质量，降低人工巡检劳动强度或作业安全风险，消减管道泄漏事故。

1. 技术原理和系统架构

通过三步法实现智能巡检、定漏溯源：

（1）多维感知定标：建立环境介质浓度、支吊架位移和红外热像及可见光图像多维图谱标准；

（2）利用巡检皮卡或智能线控车载底盘上配置的声（超声波泄漏监测仪和声学相机）、光（红外热像仪或激光遥测仪）、嗅（化学传感器阵列）探测器巡检管道状态和完整性或泄漏情况，并通过4G或5G上传监测数据至同一数据平台（见图9-30）；

（3）通过大数据分析和机器学习等智能方法分析和训练巡检数据，预知预判管道泄漏风险，及时发现管道状态异常和突发泄漏。

"声（学）"探测器是指声学照相机或超声波泄漏监测仪，适合监测中、高压管道的泄漏；"光（学）"探测器是指红外测温成像仪、红外热像仪或激光甲烷遥测仪，适合监测有毒有害气体、易燃易爆气体或液体管道的泄漏；"嗅（吸）"探测器是指气体探测传感器阵列，适合监测一氧化碳、氨气和硫化氢等有毒气体。

由于车载探测器工作时模拟人工步行始终处于移动状态，

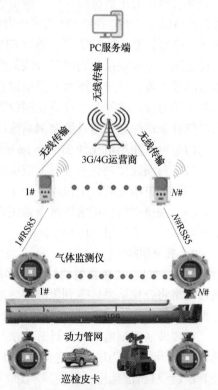

图9-30 管廊管道智能移动/自动化巡检系统架构

392

而移动时产生的"风"与自然风或噪声相互作用会影响声、光、嗅探测器的检测灵敏度或测量准确性，因此第一步的基准定点监测或构建基准音或视频图谱基准是必不可少的。自动化巡检过程中，声、光、嗅探测器中的任意一种发现泄漏，同时另一种确认同一管段发生了异常，即可基本确定管道某个区域或某段发生了泄漏，及时报警；"多参数感知"异常报警，可显著降低误报率。

2. 应用案例

某煤化工企业能环部选取了一段长约1km的动力管网管线试点智能自动化巡检系统，该段动力管网主要包含输送高炉/转炉煤气、高压蒸汽、氧气、天然气和氮气的动力管道，管道距离地面30~40m。

该系统示范工程项目配置了车载一氧化碳红外热像仪、超声波泄漏监测仪和固定点环境基准煤气(CO)、天然气(CH_4)气体监测仪及在线泄漏监测预警系统软件，具有如下功能：

（1）安全：第一时间发现哪儿漏、何时漏、漏什么、漏多大，消减或消除泄漏导致的中毒和突发燃爆非计划停役风险；

（2）高效：每1~2h完成一次示范管段煤气管道、天然气管道和蒸汽管道等的全程智能自动化巡检；

（3）经济：在不增加现有人员配置的前提下提高巡检频次或效率300%以上，提高安全生产水平。

该系统自2020年12月上线以来，已数次准确监测出管道阀门管件泄漏并报警，初步实现了煤气管道、天然气管道和高压蒸汽动力管道的健康状态完好性监测和智能移动巡检。

9.4.3 罐区周界和危险路径智能自动化巡检技术

重大危险源罐区设备、管道或其安全附件泄漏后，如果不能及时发现泄漏并采取措施消除泄漏，危害极大。

罐区周界和危险路径智能自动化巡检系统可在非恶劣雨雪天气状况下代替人工巡检，每小时沿着罐区周界和危险路径巡检一次罐区设备、管道或其安全附件的健康状态，降低人工巡检成本，提升巡检质量和效率；对于新建重大危险源罐区，建议在设计阶段设计选用智能自动化巡检系统，提升罐区的腐蚀风险控制和过程安全管理水平，降低人工巡检成本。

1. 技术原理和系统构成

系统通过边缘计算、机器学习，实现对罐区周界和危险路径环境气体泄漏及设备的自主检测，加速推进炼化企业的数字化发展进程和智能化管理水平。系统主要包括低速自动驾驶线控平台、声光嗅多参数泄漏监测预警系统软硬件、电源管理系统和智能运维管理云平台(见图9-31)。

图9-31 罐区周界和危险路径智能自动化巡检系统

2. 基本功能

1）自主定位导航避障

巡检机器人采用同步定位与地图构建(SLAM)自主定位技术，不依赖于外界信标，自主扫描周围环境完成制图、定位和导航功能，无需对环境进行硬件改造。

机器人行进过程中能使用激光雷达、摄像头、避障雷达等传感设备侦测前进道路上的障碍物、台阶、坑洞,自动避开,实现转向、后退、前左转弯、前右转弯等避障控制功能,能够避免碰撞行人、设备等危险的发生,并保障自身的安全行驶。

2)气体探测

可根据实际需求配备电化学、催化、紫外光离子、声学或光学探测器,实现较远距离覆盖的气体检测,可检测可燃气体、硫化氢、一氧化碳、氨气、VOCs等有毒有害气体检,可预置或远程设置气体含量一级报警和二级报警(国标)阈值。

3)光学探测

通常配置可见光和红外测温热成像双模云台,可以检测泵轴承温度、电机温度和管道温度;当检测到温度超过设定标准时自动触发报警,提醒操作人员处理异常情况;可在云端存储最近7~14天的红外测温热成像实时录像,并可回放。

4)声学监测

拾音器或声纹照相机声波异常状态监测,超限报警。

5)异常报警

泄漏源或异常部位声光报警(安全帽、气体检测探头、障碍报警)。

6)表计读取

通过深度学习算法智能自主读取压力表、温度表等表计。

7)监测数据传输和存储

以4G、5G或无线局域网覆盖的方式将监测数据发送至云平台或中控室服务器。

8)探测器搭载平台

防爆轮式或轨道式智能线控车载探测器平台,巡检范围可达0.3~0.6km²。

9)巡检模式设定

能够进行周期巡检及特定巡检(在执行任务时可以发送特定巡检任务临时执行,执行完成后弹出提示框让客户选择继续执行之前的任务还是返回充/换电)。

10)自动充电

机器人本体自带电池电量检测电路,且可人工设置电量报警下限,一旦机器人检测到电池电量低于设置值时则会自动停止当前巡检任务,同时发出警报,之后自主运行到充电站自动充电。

3. 智能自动化巡检系统设计要求

建设智能炼化自动化巡检系统,在系统设计时应考虑:

(1)巡检路径宽度≥1.5m;

(2)巡检路径直坎或峭壁高度≤30mm,修建≤20°的坡道;

(3)需要识别的表计开关等朝向路面;

(4)预置一个非防爆便于接电的点位作为机器人充电站部署位置。

9.5 展 望

直接法和间接法相结合的点-域-线多参数物联网泄漏监测预警和定漏溯源技术,应用场景将越来越广泛,能够提升炼油化工装置或园区的智能运维和过程安全管理水平。

9.5.1 物联网 + 泄漏管理

基于"物联网+"技术的泄漏监测方法实时性强、产生的数据量大;通过大数据分析和机器学习工具能够快速迭代升级物联网监测系统的"判漏准早智"能力和泄漏致因预测能力,能够智能分析和诊断炼化行业在新能源和新材料制造过程中遇到的与设备失效泄漏相关的新情况、新问题致因,加快泄漏问题的解决。

分析腐蚀监检测数据与直接法泄漏监测数据，构建泄漏致因物理量、泄漏表征物理量和泄漏风险等级预测预警模型，通过数据标签和机器学习及最优化算法，迭代改进或优化泄漏风险等级预测预警模型，形成化工园区或装置点、域、线泄漏安全风险预警预测知识图谱，在不远的将来可实现"哪儿漏、何时漏和泄漏风险"的精准预测，加速炼化企业过程安全管理的数字化转型，为进一步实现零泄漏智能运维夯实基础。

9.5.2 定漏溯源和智能自动化巡检

基于"物联网+"技术的直接法和间接法相结合的点-域-线数字化多参数监测、低时延定漏溯源和智能自动化巡检，能够及时确定并预警哪儿漏、漏什么、漏多大和泄漏风险(等级)，降低一线员工劳动强度和作业安全风险，提升检漏效率和质量；泄漏早发现，减轻泄漏的后果和危害，提升腐蚀风险控制和过程安全管理水平，实现科技兴安。

参 考 文 献

[1] 生态环境部，国家市场监督管理总局. GB 37822—2019. 挥发性有机物无组织排放标准[S]，北京：中国环境出版集团，2019.

[2] 上海市环境科学研究院，江苏省环境科学研究院，等. DB 31/T 310007—2021. 设备泄漏挥发性有机物排放控制技术规范[S]. 2021.

[3] American Petroleum Institute. API PUBL 1155. Evaluation Methodology for Software Based Leak Detection Systems. Washington：American Petroleum Institute，1995：13-19.

[4] 中石化广州工程公司，等. GB/T 50493—2019. 石油化工可燃气体和有毒气体检测报警设计标准[S]. 北京：中华人民共和国住房和城乡建设部，国家市场监督管理总局，2019.

[5] 全国锅炉压力容器标准化技术委员会(SAC/TC262). GB/T 30579—2014. 承压设备损伤模式识别[S]. 北京：中华人民共和国国家质量监督检验检疫总局，中国国家标准化管理委员会，2014：2-63.

[6] American Petroleum Institute Standard. API PUBL 310-1997. Analysis of Refinery Screening Data [S]. Washington：American Petroleum Institute，1997.

[7] 赵敏，徐国良. 炼化装置泄漏统计分析及建议[J]. 石油化工腐蚀与防护，2018，35(5)：14.

[8] 章博，王磊，王志刚. 炼油装置有害气体泄漏区域风险等级划分[J]. 中国石油大学学报(自然科学版)，2015，39(5)：148.

[9] 贾素芬，刘中阳，柯松林. 泄漏检测密封垫片及密封状态在线监测和预防系统采购规格书[S]. 北京：中国石化工程建设有限公司，2018.

[10] 利用监测技术，提高泵的可靠性[EB/EL]. (2018—07—09). http：//www. sohu. com/a1240109412-694970. html.

[11] 术阿杰. 大型硫磺回收装置末级硫冷凝器泄漏分析[J]. 化工管理，2017，33(11)：182.

[12] 王振. 石化装置液态烃系统典型阀门内漏检测方法研究[D]. 青岛：中国海洋大学，2014：26-29.

[13] 韩国星. 阀门内漏声发射智能检测技术及系统研发[D]. 青岛：中国石油大学(华东)，2016：65.

[14] 张建文，刘茜，魏利军. 危险化学品泄漏事故泄漏源强反算方法比较研究[J]. 中国安全科学学报，2009，19(2)：166.

[15] 狄彦，帅健，王晓霖，等. 油气管道事故原因分析及分类方法研究[J]. 中国安全科学学报，2013，23(7)：109-115.

[16] 高宝元，高诗惠，郭靖，输油管线腐蚀泄漏在线监测系统研发及应用[J]. 石油化工自动化，2019，55(2)：56.

[17] 朱明亮，等. 公共管廊完整性管理适用性分析[D]. 北京：中国石油大学(北京)，2016：11.

第10章 RBI 技术与应用

随着炼化装置生产水平的提升，炼化企业对设备检维修技术提出了更高的要求。传统的检验未将经济性和安全性以及可能存在的失效风险有机结合起来，检验的频率和深度与受检设备的风险不相称，而装置运行的经济性要求延长检验周期。20世纪末期，基于风险的检验（RBI）技术被引进石化行业，经实践证明是一种高效的风险分析方法。它不仅是一种技术，更是一种管理理念，将该技术不断改进推广，使之成为一种应手的工具，有利于炼化企业防腐蚀管理工作迈上更高的台阶。虽然 RBI 技术针对炼化设备服役期间的腐蚀风险识别、评价与控制等方面积累了大量经验，但随着设备向大型化、长周期方向的发展，损伤模式复杂多样，失效风险随之增加，并且引发事故或失效的根本原因很多时候是由于设备、管道的设计制造缺陷引起的，因此在设备服役期间开展 RBI 工作已经不能够满足炼化企业对安全的需求。2016年修订的 TSG 21《固定式压力容器安全技术监察规程》提出了"设计文件的审批"要求，强调了设计阶段风险评估报告应在设计前期开展。目前国内炼化企业暂无设计阶段开展 RBI 的案例。2018年，中国石化工程建设有限公司（SEI）在海外项目上首先试行设计制造期间开展基于风险与寿命的设计（RBD），完善了项目实施全生命周期管理，丰富和积累了经验，为国内设计企业树立了标杆。

10.1　RBI 技术简介及工作方法

10.1.1　RBI 的定义

RBI 即 Risk Based Inspection 的缩写，意为基于风险的检验，是在追求系统安全性与经济性统一的理论基础上建立的一种优化检验策略的方法。RBI 指的是一种重点针对材料损伤所引起的设备失效的风险评估和管理的过程。其中，风险评估的主体是因材料退化失效引起的压力设备介质泄漏，风险以失效后果（CoF）和失效可能性（PoF）两个因素呈现；风险管理主要通过对高风险或高 PoF 的设备实施有针对性的检测、延长低风险或低 PoF 的设备检验周期来实现的。

10.1.2　RBI 技术的发展历程

RBI 技术起源于20世纪70年代核工业，后逐步扩展到炼油、化工、油气生产。20世纪90年代初，美国石油协会（API）和美国机械工程协会（ASME）开始实施 RBI 项目，由于挪威船级社（DNV）在风险管理方面具有的能力和长期以来在世界范围内执行完整性和检验的丰富经验，API 选择 DNV 作为项目的主要研发人，2000年和2002年先后编制标准 API 580 和 API RP 581。API 580、API RP 581 是 RBI 的基本资源文件，是目前 RBI 技术的国际性行业标准。API 750、API 510、API 570、API 653 是操作层次上的文件，是 RBI 的思想、原则在操作中的具体运用。

结合 RBI 的理念，国外多个专业组织先后开始了其商业化运作，并开发了相关的 RBI 分析软件。RBI 软件主要应用于石化装置设备和管道的 RBI 分析。通过该技术，可以有效地识别炼化企业石化装置设备和管道风险，提高企业设备管理水平，降低石化装置设备的检维修费用。目前国外主要的 RBI 分析软件有 DNV 的 ORBIT Onshore 软件、法国国际检验局（BV）的 RB. eye 软件、英国焊接技术协会（TWI）的 RiskWise 软件、TISCHUK 公司的 T-OCA（Operational Criticality，Assessment）软件等。

国内引入 RBI 概念起始于20世纪末期，主要应用于炼油厂装置和乙烯装置的风险评估。中国国家科技部、一些高校与研究机构以及中国石化设立了多项科研项目从事 RBI 开发，并于2000年前后开展了定性分析工作，取得了一些成效。2003~2004 年，合肥通用机械研究所（现研究院）压力容器检验站（GMRI）与 BV 合作，在茂名石化、天津石化、福建炼化、广州石化等多家石油、化工企业，针对其常减压、催化裂化、催化重整、加氢裂化等装置开展了 RBI 检验工作，并对可接受风险、与法规关系、适合我国国情及软件改进等问题进行了讨论。2006 年 5 月，国家质检总局颁发《关于开展基于风险的检验（RBI）技术试点应用工作的通知》（以下简称《通知》），《通知》对承担该试点工作的检验机构、试点企业等方面作出了明确的要求。此《通知》的颁布，标志着我国基于风险的检验（RBI）技术在中国石化、中国石油的正式试行。

上述在役 RBI 工作在风险识别、评价与控制技术领域积累了经验，但随着设备向大型化、长周期方向发展，损伤模式复杂多样，失效风险随之增加，并且引发事故或失效的根本原因很多时候是由于设备、管道的设计制造缺陷引起的。可见，在役期间开展 RBI 工作已经不能够满足企业对安全的需求。2009 年 TSG R0004—2009《固定式压力容器安全技术监察规程》（以下简称《容规》）颁布，《容规》对 RBI 技术的应用条件、实施、检验周期的确定作出要求，其中对于第Ⅲ类压力容器，规定设计时应出具风险评估报告。上述要求是我国压力容器开始进入基于失效模式的设计和风险控制的尝试性工作，目的是在设计阶段全面分析压力容器可能出现的失效模式，更可靠地进行设计，保障压力容器的本质安全。2016 年《容规》进行了修订 TSG 21—2016（固定式压力容器安全技术监察规程，以下简称《新容规》），《新容规》提出了"设计文件的审批"要求，明确规定"设计文件中的风险评估报告、强度计算书或者应力分析报告、设计总图，应当至少进行设计、校核、审核 3 级签署；对于第Ⅲ类压力容器和分析设计的压力容器，还应当由压力容器设计单位技术负责人或者其授权人批准（4 级签署）"，强调了风险评估在设计前期开展的重要性。

目前，国内炼化企业暂无设计阶段开展 RBI 的案例，也是目前国内"重服役、轻设计"的体现。随着在役 RBI 技术的日渐成熟，中国石化工程建设有限公司（SEI）在海外项目上首先试行设计制造期间开展基于风险与寿命的设计（RBD），完善了项目实施全生命周期管理，丰富和积累了经验，为国内设计企业树立了标杆。同时，设计单位正着手在国内实施设计阶段 RBI，这项工作有助于弥补国内炼化企业设备防腐基础数据的缺失，在设计阶段开展 RBI 也将会是未来一个阶段的发展趋势。

10.1.3　RBI 工作目的及优势

RBI 工作的目的是在保证设备安全的前提下，合理配置维护和检验资源，减少运行检维修费用，如图 10-1 所示。

RBI 技术是理论和经验的结合，应用 RBI 来降低费用几乎是所有企业关注的重点。但应用 RBI 技术的初期，投入的设备检测费用会有所增加，随着 RBI 技术的深入使用、持续管理，将在科学检修的基础上在保证安全、延长装置运行周期、降低维修成本等方面发挥作用。

RBI 是一种系统的设备检查与维护的管理体系。随着各种管理体系在世界跨国公司中的成功实施，目前形成了集质量管理体系、环境管理体系、安全管理体系、设备检查与维护管理体系及生产管理体系等为一体的资产完整性管理体系（AM 或 AIM），在该体系中，风险分析与评估技术是用来查

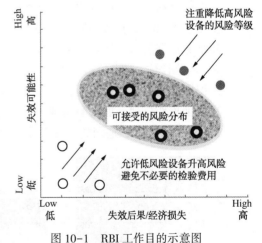

图 10-1　RBI 工作目的示意图

找问题项目（危险因素）、对风险进行排序、确定风险控制措施、制定管理方案的有效手段。在实施的过程中，注重检查与调整，实现 PDCA（计划、实施、检查、处理）闭路循环，这也是现代管理即系统管理模式的实质。采用现代系统管理模式，工作程序化、标准化，不断检查调整，达到持续改进的目的。

RBI 与传统检验的区别见表 10-1，这些特点使得 RBI 在检验效率和有效性上占据优势。

表 10-1　RBI 与传统检验的比较

传统检验	RBI
按规定周期和内容实施检验，缺少针对性	根据风险决定检验策略，针对性强
重点考虑失效可能性	将安全性和经济性相统一
检验的程度和频率与失效风险不相关	根据风险程度确定检验程度和频率
存在过度检验和检验不足的情况	检验策略依据风险程度调整

10.1.4　RBI 工作流程

RBI 的工作流程如图 10-2 所示，主要包括如下步骤：

（1）分析计划的制定。包括：

① 评估目的及分析流程；

② 确定评估范围；

③ 确定评估工况、运行周期；

④ 选择评估类型；

⑤ 确定评估所需资源条件与时间。

（2）数据和信息的采集。包括但不限于以下内容：

① 技术资料，如设备和管道清单、平面图、设备总图、管道单线图、设备和管道设计说明、选材依据及材质证明、竣工验收资料、设备设计制造文件、涂层及保温说明书等；

② 工艺资料，如工艺设计基础、技术说明、工艺数据、工艺流程图、PID 图、介质成分分析报告、出入口介质流速、取样化验分析数据、工艺注水注剂信息、污水分析报告等；

③ 检验资料，如检验计划、历次检验报告等；

④ 维护资料，如维修更换记录、改造记录等；

⑤ 操作资料，如操作规程、操作运行记录等；

⑥ 管理资料，如质量手册、程序文件、应急预案等；

⑦ 财务数据资料，如环境破坏成本、营业中断成本、设备制造成本、维护人工成本等。

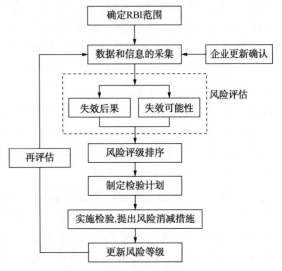

图 10-2　RBI 工作流程示意图

（3）风险评估。包括：

① 识别失效模式，如减薄、环境开裂、材质劣化、机械损伤等；

② 识别损伤机理，如盐酸腐蚀、胺应力腐蚀开裂、高温氢腐蚀、机械疲劳等；

③ PoF 计算。PoF 是同类设备失效概率(gff)、管理系统因子(F_MS)和当前的损伤因子(D_f)的乘积；

④ CoF 计算。以受影响的面积或经济损失为度量指标，综合考虑安全健康影响、环境污染影响、生产损失影响、维修和重建费用等因素。

（4）风险的评级和排序。依据风险评估的结果，建立风险矩阵图，如图 10-3 所示。

① PoF 分为 5 级，以可能性递增的顺序，用数字"1～5"表示；

② CoF 分为 5 级，以可能性递增的顺序，用字母"A～E"表示。

（5）制定检查方案，实现风险管理。包括以下几

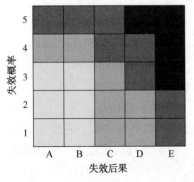

图 10-3　风险矩阵图示

部分内容：

    ① 按 RBI 和 PoF 进行风险管理；

    ② 建立基于风险的检测策略，提高损伤预测能力；

    ③ 根据检测结果确定处理措施。

对于不同的损伤类型，应采用适宜的检测手段，表 10-2 列举了常用检测技术在损伤检测过程中的有效性。

表 10-2　不同检测手段对各种损伤的检测有效性

检测技术	减薄	焊缝裂纹	近表裂纹	微裂纹	组织变化	尺寸变化
宏观检查	1～3	2～3	X	X	X	1～3
超声测厚	1～3	3～X	3～X	2～3	X	X
超声检测	X	1～2	1～2	2～3	X	X
磁粉检测	X	1～2	3～X	X	X	X
渗透检测	X	1～3	X	X	X	X
声发射	X	1～3	1～3	3～X	X	X
涡流	1～2	1～2	1～2	3～X	X	X
漏磁	1～2	X	X	X	X	X
射线检测	1～3	3～X	3～X	X	X	1～2
尺寸测量	1～3	X	X	X	X	1～2
金相	X	2～3	2～3	2～3	1～2	X

注：1—高度有效；2—适度有效；3—可能有效；X—不常用。

（6）提出其他风险消减措施，如设备更换或维修、缺陷的合于使用评价、设计改造或工艺调整、设置紧急应对策略、降低存量、增设喷淋或防爆措施等。

（7）再评估和评估结果的更新。需考虑的关键因素包括：检测后损伤速率的修正、工艺和设备变动对损伤的影响、RBI 评估前提的改变、风险消减措施的影响、再评估的时机等。

10.2　RBI 技术在设计阶段的实施

随着在役 RBI 技术的日渐成熟，以及在风险识别、评价与控制技术领域不断积累的经验，炼化装置在设计阶段开展基于风险与寿命的设计（RBD）成为未来一个阶段的发展趋势。炼化装置在设计阶段实施 RBI 技术，主要目的是在设计阶段全面分析设备和管道在建造和使用过程中可能存在的失效模式和失效风险，提前明确高风险工况和部位，一方面可降低设计、制造、安装过程中的缺陷所导致的风险，从源头控制；另一方面有利于在装置的高风险部位建立监测点，提前预防失效事件的发生。本节基于中国石化工程建设有限公司在某炼化工程项目开展的 RBD 工程实践，介绍 RBI 技术在炼化装置设计阶段的实施过程与主要内容。

10.2.1　设计资料及数据的收集

炼化装置的设计资料及数据是开展 RBI 的基础，其数据的收集取决于设计和操作数据的可用性和有效性。在设计阶段实施 RBI 的第一步，是将涉及的每个设备和管道的设计和操作数据进行收集并输入到标准模板中，然后再上传到专业 RBI 评估软件中。具体所需数据如表 10-3 所示，主要包括工艺参数、结构材料、设计压力和温度、设备尺寸等。

表 10-3 设计资料及数据收集汇总表

序号	数据类别	明细
1	设计文件	① 设计基础备忘 ② 腐蚀设计基础备忘 ③ P&IDs, PFDs ④ 工程设计规范 ⑤ 管道表、管道规范及单管图 ⑥ 建造材料记录 ⑦ 质量控制/质量检验记录 ⑧ 采用的标准 ⑨ 库存记录 ⑩ 平面布置图 ⑪ 设备图纸 ⑫ 涂料、衬里及保温规范 ⑬ 开车程序文件
2	工艺参数	① 操作参数，如压力、温度、流速，包括设计、操作、事故工况 ② 物料的成分及含量，包括污染物或痕量成分 ③ 操作日志和过程记录 ④ 材料安全数据表/化学安全数据表
3	设计变更管理	① 工艺变更 ② 设备优化
4	项目现场条件	气候
5	经济影响	① 产品或商机损失 ② 产品价格

10.2.2 腐蚀研究

炼化装置腐蚀研究是以腐蚀回路为基础，在腐蚀回路中识别设备和管道的腐蚀损伤机理并预估腐蚀速率。腐蚀回路的定义是设备以及其互连的管道，它们在相似的工艺操作参数下运行，包含相似的工艺流，并选用相同或相似的材料。在腐蚀研究过程中，确定了该腐蚀回路内设备和管道的相关腐蚀损坏机理。腐蚀回路在 PFD 或 MSD 上识别并标记出。腐蚀研究过程中识别出的腐蚀损伤机理信息将用于风险分析。

单个的腐蚀回路指的是工艺流程上某一包含设备及管道的区域。腐蚀回路的划分主要依据 3 个要素：

（1）损伤机理：同一个腐蚀回路内的设备及管道，损伤机理一致。这个损伤可能是由温度、压力、工艺操作(包括物流分离、混合)等原因造成的统一的损伤。

（2）工艺条件：同一腐蚀回路内的设备及管道，工艺介质组成一致。

（3）设备及管道材质：同一腐蚀回路内的设备及管道选材基本保持一致。

腐蚀损伤机理的识别包括内部腐蚀和外部腐蚀。腐蚀损伤机理可根据 API RP 571 中所列的典型装置腐蚀损伤类型来进行识别。对于腐蚀速率的预估，可参照以下参数：

（1）设备及管道的腐蚀裕量。

（2）API RP 581 基于风险的检验中列出的不同材质在不同腐蚀介质中的预估速率。

（3）腐蚀专家根据以往经验给出的参考腐蚀速率。

腐蚀研究给出的预估腐蚀速率通常都比较保守，待开工后还需要依据监测得到的腐蚀速率或者超声测量壁厚的数据来校正真实的腐蚀速率，以便评估剩余寿命。

其中内部腐蚀速率的估算主要是依据以下 3 条：

（1）根据已建成的相似装置监测得到的腐蚀速率。

（2）根据相关标准规范里面提到的腐蚀速率。

（3）根据设备及管道已知的腐蚀裕量除以设计寿命得到的平均腐蚀速率。

其中外部腐蚀速率估算值参考 API RP 581。这个腐蚀速率仅适用于外部保温、涂层等保护措施失效后。不同条件下腐蚀速率如表 10-4 所示。

表 10-4　外部腐蚀速率估算表

材　质	温度/℃	外部腐蚀速率/(mm/a)
碳钢/低合金钢（未保温）	≤ -8	0.025
碳钢/低合金钢（未保温）	-8<温度<107	0.127
碳钢/低合金钢（未保温）	> 107	0.025
碳钢/低合金钢（带保温）		预估腐蚀速率×1.25
不锈钢/非铁基金属		0.01

炼化装置经过腐蚀研究之后，其腐蚀流程图及汇总后输入数据库的相关腐蚀研究数据分别如图 10-4（彩色图见图 3-2）、图 10-5（彩色图见图 3-3）以及表 10-5 所示。

表 10-5　原油蒸馏装置各单元腐蚀研究数据表

腐蚀回路名称	腐蚀回路描述	内部腐蚀损伤机理	外部腐蚀损伤机理	材　质	内部腐蚀速率/(mm/a)	外部腐蚀速率/(mm/a)
常压塔顶部部分	第48层塔盘及以上部分壳体	1. 铵盐腐蚀 2. HCl-H_2S-H_2O 腐蚀 3. 浸蚀	保温层下腐蚀	碳钢 + N08367 超级奥氏体不锈钢复合板	0.1	0.03
常压塔其余部分	48层塔盘以下部分壳体	1. 高温硫腐蚀 2. 环烷酸腐蚀 3. 浸蚀	保温层下腐蚀	碳钢+316L 奥氏体不锈钢复合板	0.12	0.03
减压塔顶部部分	I 段填料及以上部分壳体	1. 铵盐腐蚀 2. 湿 H_2S 应力腐蚀 3. 浸蚀	保温层下腐蚀	碳钢+410S 铁素体不锈钢复合板	0.1	0.03
减压塔其余部分	I 段填料以及以下部分壳体	1. 高温硫腐蚀 2. 环烷酸腐蚀 3. 浸蚀	保温层下腐蚀	碳钢+316L 奥氏体不锈钢复合板	0.12	0.03
常压炉部分	常压炉管	1. 高温硫腐蚀 2. 环烷酸腐蚀 3. 冲刷腐蚀		316L	0.05	
减压炉部分	减压炉管	1. 高温硫腐蚀 2. 环烷酸腐蚀 3. 冲刷腐蚀		316L	0.05	

10.2.3　风险分析

RBI 评估后，与每个设备和管道相关的风险由以下表达式定义：

风险＝失效可能性（Probability of Failure，PoF）×失效的后果（Consequence of Failure，CoF）

风险就是将失效可能性和失效结果结合起来，进而确定每个设备和管道元件的风险等级。高风险元件可能是由较高的失效可能性和中等程度的失效后果引起的，或者由较高的失效后果和中等程度的失效可能性引起的。例如某炼化工程项目设计中采用的 RBI 分析软件的结果以 6×5 的风险矩阵表示，失效的可能性类别为 0~5，失效的结果类别为 A~E。最低的风险类别为 0-A，最高的风险类别为 5-E，如图 10-6 所示。

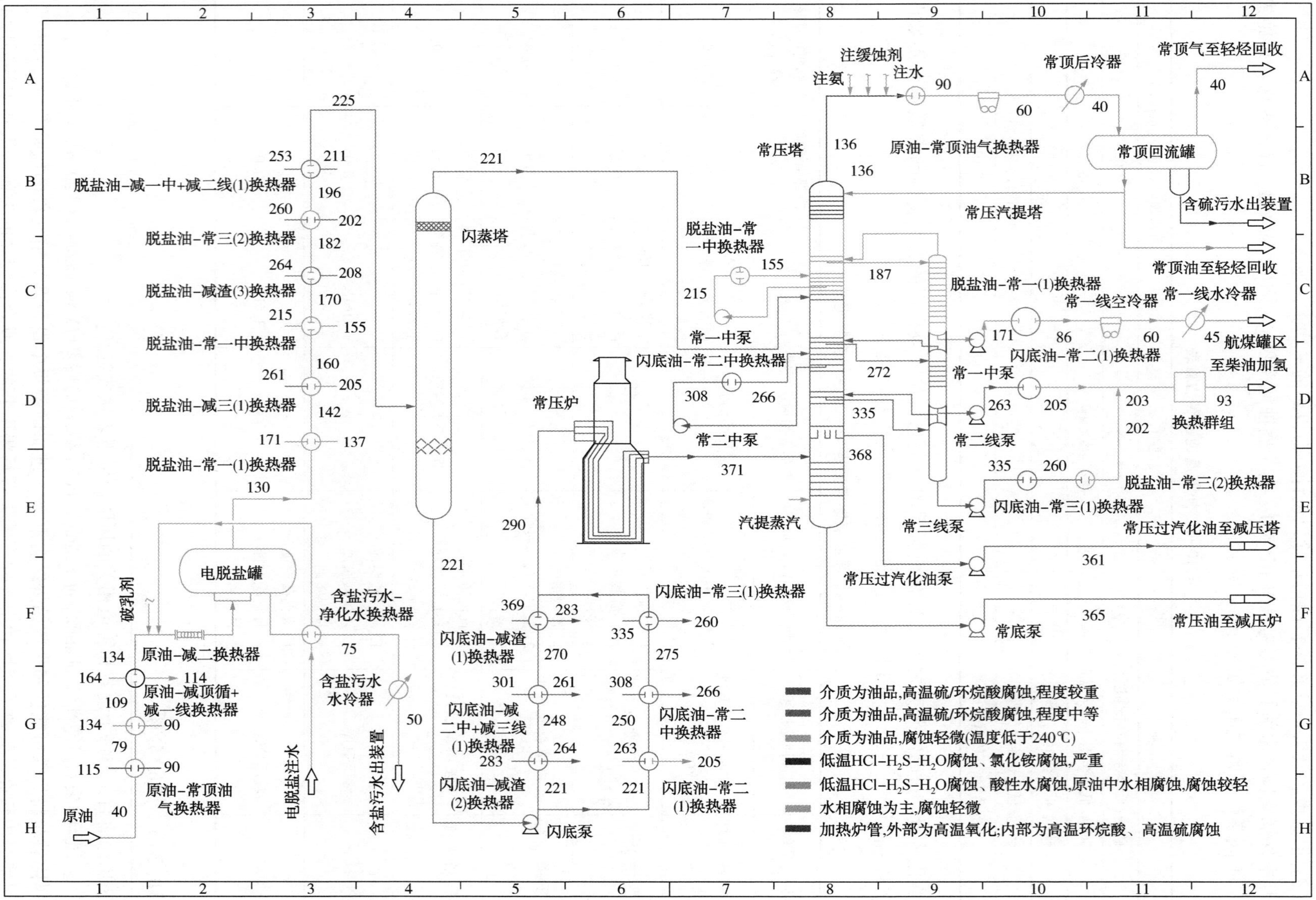

图10-4 原油常压蒸馏部分腐蚀流程图

常顶气至轻烃回收
40

常顶后冷器
40
60

常顶回流罐
含硫污水出装置

常顶油至轻烃回收
常顶注水一线水冷器
常一线空冷器
45 航煤罐区
93 至柴油加氢
203 202
换热群组

注缓蚀剂
注氨 90
注水

原油-常顶油气换热器
136 136

常压汽提塔

脱盐油-常一(1)换热器
171 86
常一线冷器
60 常一线-常二(1)换热器
205 263
常一中泵

脱盐油-常三(2)换热器
260
闪底油-常二(1)换热器
335 260
常二线-常一(1)换热器

脱盐油-常三(1)换热器
361
常压过汽化油至减压塔
365
常底泵
常压油至减压加氢

常压塔
187
272
335 368

脱盐油-常一中换热器
155
常一中泵
215
308 266
常二中泵
371

闪蒸塔
221
221

常压炉
290
369
283

脱盐油-减一中+减二线(1)换热器
253 211
196 202
182 208
170 155
160 205
142 137
171 130

闪底油-常三(1)换热器
335 260 275

闪底油-常二中换热器
308 250 266

闪底油-常二(1)换热器
263 205 221

闪底油-减渣(1)换热器
301 270 261 283

闪底油-减二中+减三线(1)换热器
248 264

闪底油-减渣(2)换热器
283 221 221

闪底泵

常压过汽化油泵
常三线泵
闪底油-常二(1)换热器

含盐污水净化水换热器
75
含盐污水水冷器
50
至含硫污水汽提
至污水处理厂

电脱盐罐
130

原油-减二换热器
134
原油-减顶循+减一线换热器
164 109 114
减三线换热器
90
原油-常顶油气换热器
134 79 90
115
原油 40
90

介质为油品,高温硫环烷酸腐蚀,程度较重
介质为油品,高温硫环烷酸腐蚀,程度中等
介质为油品,腐蚀轻微(温度低于240℃)
低温HCl-H₂S-H₂O腐蚀,氧化较腐蚀,严重
低温HCl-H₂S-H₂O腐蚀,酸性水腐蚀,原油中水相腐蚀,腐蚀较轻
水相腐蚀为主,腐蚀轻微
加热炉管,外部为高温氧化;内部为高温环烷酸、高温硫腐蚀

402

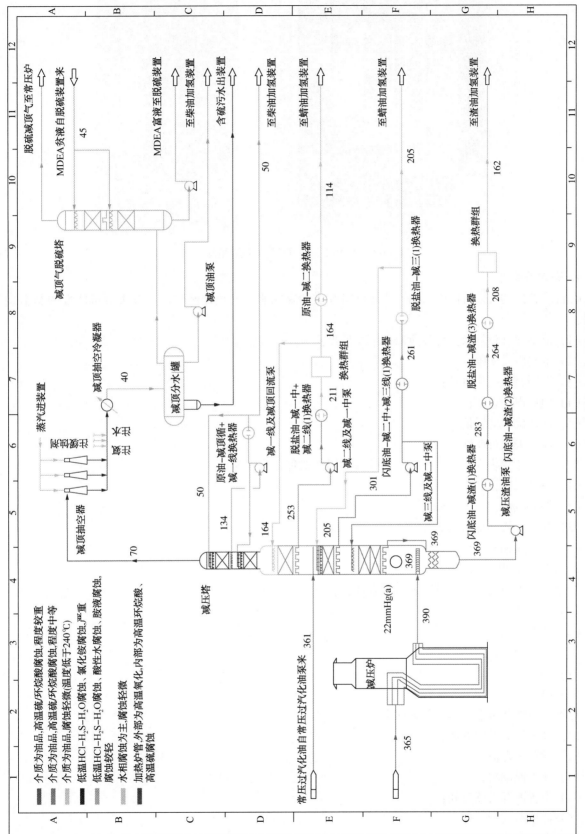

图10-5 原油减压蒸馏部分腐蚀流程图

403

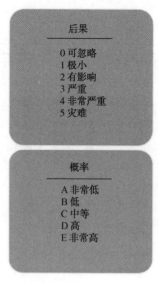

图 10-6　某 RBI 分析软件中的风险矩阵

1. 失效可能性

设备或管道的失效可能性(PoF)是其材料性质和腐蚀速率的直接函数。计算失效可能性的基本步骤是：

(1) 根据元件设计数据计算所需的最小厚度；

(2) 量化服役期限；

(3) 识别腐蚀损伤机理；

(4) 预估损伤速率；

(5) 评估检验的置信度；

(6) 计算失效可能性。

失效可能性分析主要着重考虑了四种腐蚀损伤机理，分别为：

(1) 内部减薄；

(2) 外部减薄；

(3) 腐蚀介质环境引起的开裂；

(4) 其他腐蚀损伤机理。

2. 失效的后果

失效的后果通过考虑以下五种后果来计算：

(1) 易燃性；

(2) 毒性；

(3) 财产损失；

(4) 环境；

(5) 声誉。

对于易燃性和毒性，基本步骤如下：

(1) 设定代表性的液体；

(2) 设置库存值；

(3) 计算泄漏率；

(4) 设置泄漏持续时间；

(5) 计算泄漏量；

(6) 设置最终流体相；

(7) 计算受影响的区域。

对于财产的损失后果，是通过考虑与设备故障相关的成本来确定的，这些成本包括由于泄漏和工艺装置停工而造成的生产损失、维修工作的人工成本、更换成本以及其他杂项等。表 10-6 提供了财产损失的衡量标准。

表 10-6　财产损失后果标准

财产损失等级	每事件造成的财产损失/美元	财产损失等级	每事件造成的财产损失/美元
0	0	3	≥100000 且 <1000000
1	≥0.01 且 <10000	4	≥1000000 且 <10000000
2	≥10000 且 <100000	5	≥10000000

对于环境和声誉的后果分析，表 10-7 和表 10-8 分别提供了相应的定性评判准则。

表 10-7　环境破坏后果标准

环境破坏影响等级	评 判 准 则
0	零影响；无环境破坏，无环境改变；没有财产损失
1	微小影响；当地环境破坏有限；财产损失可忽略
2	少量影响；没有造成永久性的环境破坏和污染；单项限制超出法规范围，有单一投诉项
3	局部影响；有限的毒性物质泄漏；多项限制超出法规范围，对周围造成一定影响
4	大量影响；严重的环境破坏；公司被要求采取措施将污染的环境恢复；有大量超出法规范围的不合格项
5	极大影响；持续、严重的环境破坏，对公司造成严重经济损失，严重超出法规范围

表 10-8　声誉损失后果标准

声誉损失影响等级	评 判 准 则
0	无影响
1	轻微影响；公众有听说，但没有关注
2	有限影响；一些当地人关注；一些当地媒体和当地政党关注；对公司运营可能有不利影响
3	相当大影响；区域公众关注；当地媒体广泛关注；轻微的国家媒体和区域的政治关注；对地方政府和企业不利
4	全国的影响；引起全国公众的关注；在国家媒体上引起广泛的负面报道；对企业有潜在限制措施
5	国际影响；国际社会的关注；国际媒体的广泛关注；可能对国家政策产生影响

3. 风险分析审查

风险分析结果应安排专家组来进行审查。审查人员需要来自工艺、材料、运营、维护和检验等专业的相关专家参与，讨论并最终确定每个设备和管道的风险等级。

10.2.4　检验参考管理计划

1. 制定检验参考计划

根据 RBI 分析的结果为每个设备和管道制定检验参考计划（Inspection Reference Plan，IRP）。根据"检查优先级"对每种损伤机理的检验方法、检验范围和检验频率提出针对性建议。在某炼化工程项目中，检验建议是基于本项目 RBI 软件系统中嵌入的已开发检验策略。

检验工程师和腐蚀工程师应检查系统生成的检验计划，并可以根据法定要求和公司业务策略确定是否接受或修改该计划。最终检验计划应包含以下内容：

（1）损伤机理：所需的检验计划基于在 RBI 分析过程中确定的损伤机理。

（2）检验方法：应该考虑到可实施性、可用性和成本等因素，对推荐的检验方法进行审查，以确保它适用于设备及管道。如果认为有必要，建议的检验方法可以用其他检验方法代替，该方法可以使检验具有同等或更高的可信度。选择的检验技术的性质也会影响检验的位置或程度。

（3）覆盖范围：检验的程度应足以达到相应的临界等级所需的检验置信度。例如，对于减薄概率类别为"中等"的容器，需要进行中等置信度内部检查。在这种情况下，建议使用现场 UT 测量进行50%内部目视检验。任何设备都可能受到多种损伤机理的影响，每种机理都会对频率和覆盖范围提出相应的要求。

（4）检验优先级：根据 RBI 风险矩阵为每个损伤机理生成检验优先级。它以矩阵形式从 1~30 排名。根据风险结果，将排名 1~6 列为高优先级，将 7~14 列为中高优先级，将 15~24 列为中优先级，将 25~30 列为低优先级。

（5）检验频率：检验工程师应审查建议的检验间隔，以符合法定要求和公司策略。检验的频率应与风险等级、损伤度和设备的实际剩余寿命有关。表 10-9 列出了建议以风险为基础的时间间隔。

表 10-9　不同风险等级条件下的检验周期

风险等级	检验间隔	风险等级	检验间隔
高	5 年	低	10 年
中	10 年	非常低	15 年

视设备和管道元件的壁厚测量的可行性而定，将计算短期和长期平均腐蚀速率，系统将使用这些腐蚀速率代替预期的腐蚀速率。在此腐蚀速率下，检验计划将基于设备的风险等级与元件的估算剩余一半寿命的较低值。例如，如果设备元件的半寿命期估算为 3 年（从系统测得的腐蚀速率获得）并且属于"中"风险类别，则检验计划建议的间隔为 3 年，而不是 10 年。在没有实际测厚数据的情况下，系统不会采用此规则。

2. 检验位置

1）腐蚀监测点

基于 API 510 所述，腐蚀监测位置（Corrosion Monitoring Location，CML）是压力容器上的指定区域，并在指定区域进行定期检验以监测损伤的发生率。以前，它们通常被称为"厚度监测位置（Thickness Measurement Location，TML）"。选择的 CML 的类型和 CML 的位置应考虑局部腐蚀和特定环境下损伤的可能性。CML 的位置包括用于厚度监测的位置、用于应力腐蚀开裂检查的位置以及用于高温氢损伤检查的位置等。

2）测厚点检验

每个检验位置应在图纸上指定并标记。应该选择最容易受到损伤机理影响的相关位置。选择检验位置时应考虑以下事项，如便于到达检验点、考虑存在保温层的限制等。可以根据 IRP 和 TML（厚度测量位置 Thickness Measurement Location）指南的建议来确定检验厚度的测量位置，TML 将在 10.2.5 节与 10.2.6 节中作详细介绍。

3. 检验结果

检验结果应有系统的报告和记录，以确保对检验结果的一致评价。检验报告至少必须包含设备详情、检验技术、检验员、检验结果（尽可能定量）、检验日期和时间。检验结果应录入到项目所采用的 RBI 分析软件数据库中。检验报告经过确认有效后输入 RBI 分析软件中，一般可采用手动输入或者通过模板上传。某炼化工程项目采用的 RBI 分析软件可记录并分析多种检验技术结果，包括：

（1）厚度检测（UT 或 RT）；

（2）渗透检测；

（3）磁粉检测；

（4）射线检测；

（5）超声缺陷检测；

（6）超声扫描；

（7）现场金相复制；

（8）涡流检测；

（9）远场电磁测试；

（10）声发射；

（11）超声波衍射时差法检测；

（12）红外线检测；

（13）磁通泄漏检测；

（14）内部螺旋检测系统；

（15）压力测试；

（16）其他技术方法。

对于厚度检测(UT 或 RT)，如果记录了至少 3 组数据，则使用记录的检验读数来计算短期腐蚀速率或长期腐蚀速率。记录检验结果后，应确定进一步调整的要求。在某 RBI 软件系统中，仅在有需求时才创建调整报告。调整报告将在缺陷管理模块(Deficiency Management Module、DMM)中生成。同时，将为每个元件分配每个检验发现的检验置信度，分配给设备元件的检验置信度将在风险分析期间使用。

根据检验损伤机理和正确预测腐蚀速率方面的预期有效性，对检验置信度进行定等级。给定检验技术的实际有效性取决于损坏机理的特征(是均匀腐蚀还是局部腐蚀)。应确定对该项目进行的内部和外部检验的次数及其相关的置信度。对于概率分析，仅计算用于检验和量化特定损伤的检验。通过评估损坏的机理、设备的类型、完成的检验类型及其覆盖范围来划分置信度：非常高、高、中或低。应使用有关如何评估有效性的参考标准来确保划分置信度时的一致性。置信度与识别损伤机理准确率的关系如表 10-10 所示。

表 10-10　损伤机理准确率与置信度的关系

置信度	损伤识别准确率	置信度	损伤识别准确率
非常高	90%	中	50%
高	70%	低	35%

例如，非常高的检验置信度应能够为评估人员提供置信度，并能以 90% 的准确度确定是否存在损伤。在置信度估算中，仅考虑多次检验和对所有已执行检验的单个评估检验置信度。由于检验置信度可能因检验程度而异，因此要确定适当的检验次数和总体检验可信度，在某 RBI 分析软件中使用以下方法得出最终的检验次数和总体可信度：假设同一置信度的 3 个检验可等同于高一等级的置信度，即

3 个"低"置信度的检验 = 1 个"中"置信度的检验

3 个"中"置信度的检验 = 1 个"高"置信度的检验

3 个"高"置信度的检验 = 1 个"非常高"置信度的检验

以设备或元件的最高检验置信度计算等效的检验次数。如果等效检验次数不是整数，则四舍五入到整数。

10.2.5　TML 导则

TML 是指在设备上或管道上的指定区域，在该区域进行定期检验并进行厚度测量。这可以通过 UT 或 RT 测量来执行。TML 是 CML 的一种。对于管道，一组 TML 覆盖管道某一位置的整个圆周，包含多个测量读数。对于设备，除非另有说明，否则一组 TML 视为一个测量读数。对于管嘴，一组 TML 覆盖管嘴某一位置的整个圆周。TML 的确定基于预估的易腐蚀位置、先前的事故或检验记录(如果有)，加上 RBI 分析中的腐蚀研究。选择精确的位置至关重要，典型的关注位置包括：

1. 设备

（1）易受流体冲击的区域，如靠近进出口管嘴的壳体；

（2）湍流区域，如出口管嘴；

（3）气液两相交界处；

（4）流动死区和死点，如水包；

（5）内部目视检验确定的区域；

（6）储罐底部挡板容易积水区。

2. 管道

（1）高流速和湍流区，如变径段、变径段后的直管段、节流阀的下游段；

（2）受流动冲击的区域，如弯头、弯管、三通；

（3）管道的低点、排凝点；

（4）流动死区和死点；

（5）歧管的进出口；

（6）容器顶部管线的第一个弯头、弯管。

设备及管道推荐的 TML 位置如表 10-11～表 10-13 所示。

表 10-11　监测静设备腐蚀情况的推荐测厚点

设备类型	推荐的 TMLs
卧罐	1. 主要元件 封头：中心处设置 1 TML，封头与壳体环焊缝包括直边段处 4 TMLs 壳体：每 3 个筒节[①②]设置 4 TMLs，特别是在如下位置： ·3 点钟方位 - 液相交界面 ·6 点钟方位 - 液相 ·9 点钟方位-液相交界面 2. 其他元件 水包封头：接近管嘴的 6 点钟位置设置 1 TML 水包壳体：液相区设置 1 TML 人孔/平盖：1 TML 出入口管嘴[③]
立罐	1. 主要元件 封头：中心处设置 1 TML，封头与壳体环焊缝包括直边段处 4 TMLs 壳体：每筒节设置 4 TML（优先在有爬梯的位置） 2. 其他元件 人孔/平盖：1 TML 出入口管嘴[③]
塔器	1. 主要元件 封头：中心处设置 1 TML，封头与壳体环焊缝包括直边段处 4 TMLs 壳体：每筒节设置 4 TML（优先在有爬梯的位置） 2. 其他元件 人孔：1 TML 出入口管嘴[③]
空冷器	1. 主要元件 1）单片[⑤] （1）入口管箱： 顶板和底板：每张设置 2 TMLs 端板：每张 1 TML （2）．出口管箱 底板：靠近管嘴的高流速区每张设置 1 TML，端部的低流速区每张设置 1 TML 顶板：中部设置 1 TML，端部设置 1 TML 端板：每张设置 1 TML 2）多片[④⑤] 2. 其他元件 出入口管嘴[③]
管壳换热器	1. 主要元件 封头：中心处设置 1 TML，封头与壳体环焊缝包括直边段处 4 TMLs 壳程：每三个筒节设置 4 TMLs[①] 管箱：筒节与封头环焊缝处设置 4 TMLs 2. 其他元件 出入口管嘴[③]

设备类型	推荐的 TMLs
锅炉	1. 主要元件 蒸汽罐、水罐：参照卧罐方法 换热管： ·顶部总管：设置 4 TMLs ·顶部分支总管：1 TML ·底部歧管：4 TMLs ·底部分支总管：1TML 2. 其他元件 无
加热炉	1. 主要元件 辐射管：每个盘管在入口和出口部分设置 1 TML 水平管：优先在火焰侧设置 3 TMLs 和 3 个检查点 U 弯管：每个 U 弯外圆上设置 3 TML 和 4 个检查点 出口主管：重要位置 4 TMLs 2. 其他元件 无
立式常压圆筒形储罐	1. 主要元件 顶板：每张板设置 1 TML，且 50%的数量用来监测搭接接头的缝隙腐蚀。缝隙腐蚀取决于焊接接头的设计样式。 最底部筒节：主要位置设置 8 TMLs 中部筒节：沿着爬梯每个筒节设置 4 TMLs 底板：每张板设置 5 TML（两端各 2 个，中间 1 个） 环形/异形板⑥：靠近壳体应力集中处的每张板设置 3TML 内部槽：2 TMLs 2. 其他元件（如需要） 入口和出口管嘴③
常压方形储罐	1. 主要元件 顶板和侧板：每张 1 TML 底板：每张 2 TMLs 2. 其他元件（如需要） 入口和出口管嘴：每个 1 TML

① 对于带有破沫网的分离器，破沫网前后腐蚀速率会不同。因此对破沫网前后设置 2 组 TML，每组包含 4 个位置。

② 带有保温的设备，每个元件设置 4 组 TML。

③ 以下管嘴未设置 TML：小口径管嘴（直径最大为 38mm）、人孔、仪表附件管嘴等。TML 的要求还取决于工艺介质的腐蚀性、工作温度。

④ TML 的数量与空冷器的片数相同。但是，由于支管流量低，TML 的位置应更多地设置在总管的出口上。

⑤ 适用于每一个总管。

⑥ 后期操作中，对于接近圆板壳体和槽的圆板，建议采用 3 点 UT 格栅扫描。

表 10-12　监测管道腐蚀情况的推荐测厚点数

类别	腐蚀速率/(mm/a)	严重性	每段管路上 TML 数量	
			直管段	弯头/三通/弯管/大小头/混合点/注剂点
1	> 0.16	高	3 组 TMLs	每种管件（弯头、三通、大小头）上设置 1 组 TML
2	0.01 < CR ≤ 0.16	中	2 组 TMLs	
3	≤ 0.01	低	1 组 TMLs	

表 10-13　监测管道腐蚀情况的推荐测厚点

易受影响区域	详细位置	备　注
注入点	注入点①	(1) 所有化学试剂注入点 (2) 所有混合点
孔板和文丘里管	孔板和文丘里管部分	仅适用于腐蚀环境中
控制阀下游	大小头变径处及下游管道	仅适用于腐蚀环境中
介质流向变化处	大小头变径处及下游管道	仅适用于腐蚀环境中
	三通及下游管道	仅适用于腐蚀环境中
	弯头及弯头上下游管道	取决于管道尺寸大小并仅适用于腐蚀环境中
死区	平封头/凸缘法兰	(1) 所有含液体的管道 (2) 所有含腐蚀性气体的管道
滞留点②	死角/排凝口/排气口	(1) 所有含液体的管道 (2) 所有含腐蚀性气体的管道

① TML 位置的详细信息按照 API 570 第 5.59 节的规定。
② 应优先考虑死角和死点，因为死角和死点更容易受到壁损的影响。其他停滞区域和低点是泄放器、排凝口、排气口等。

10.2.6　TML 图纸标记

TML 应该在设备的总装图纸和管道的单管图纸上确切位置标记，并带有 TML 识别号。非保温设备和管道的 TML 均应贴有 TML 标签以便识别。对于在高于 150℃ 的温度下运行的非保温设备和管道，可使用高温涂料在 TML 点标记。如果由于可实施性而使 TML 从原始建议位置更改，则应在 TML 标记图纸中作出更新。典型设备及管道的 TML 标记如图 10-7 ~ 图 10-12 所示。

保温设备和管道上的 TML 位置应考虑设置用于测量壁厚的窗口。保温设备和管道上的检查窗口必须足够大。推荐的最小检查窗口大小为 $\phi76mm$ 或 $\phi128mm$。在测量壁厚之后，小心地重新安放回检查窗口至关重要，检查窗口要有良好的密封性，从而可防止水分进入保温开口，避免严重的保温层下腐蚀。保温上检查窗口如图 10-13 所示。

10.2.7　递交文件

经过以上 RBI 设计工作之后，形成的终版设计递交文件清单如下。
(1) 腐蚀研究内容；
(2) 腐蚀研究报告；
(3) RBI 执行计划；
(4) RBI 分析报告；
(5) 检验参考计划；
(6) TML 测厚位置点标记竣工图；
(7) 现场设备及管道基础壁厚测量数据汇总表；
(8) 上传测厚数据至 RBI 软件数据库；
(9) RBI 软件操作手册；
(10) RBI 终版报告。

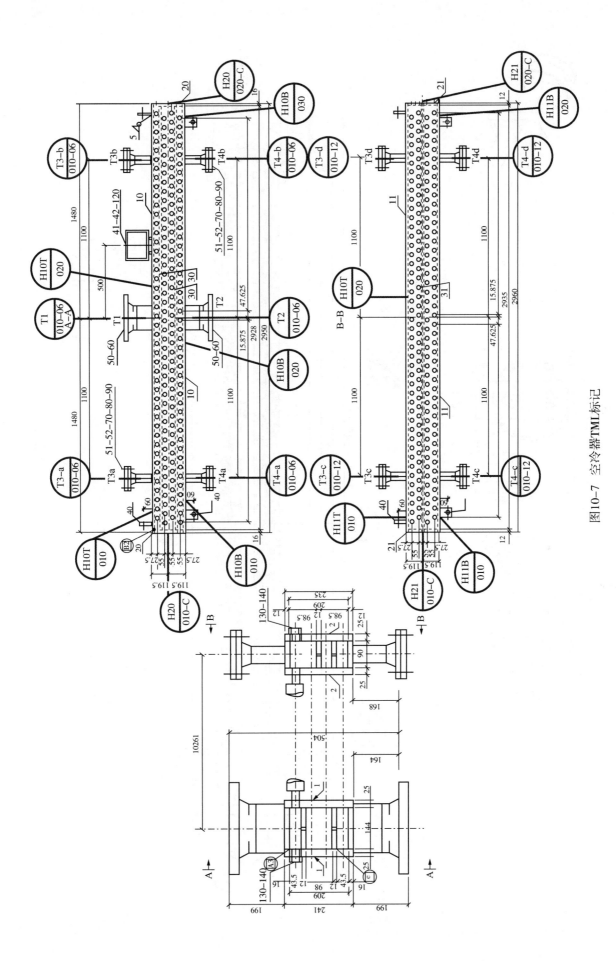

图10-7 空冷器TML标记

411

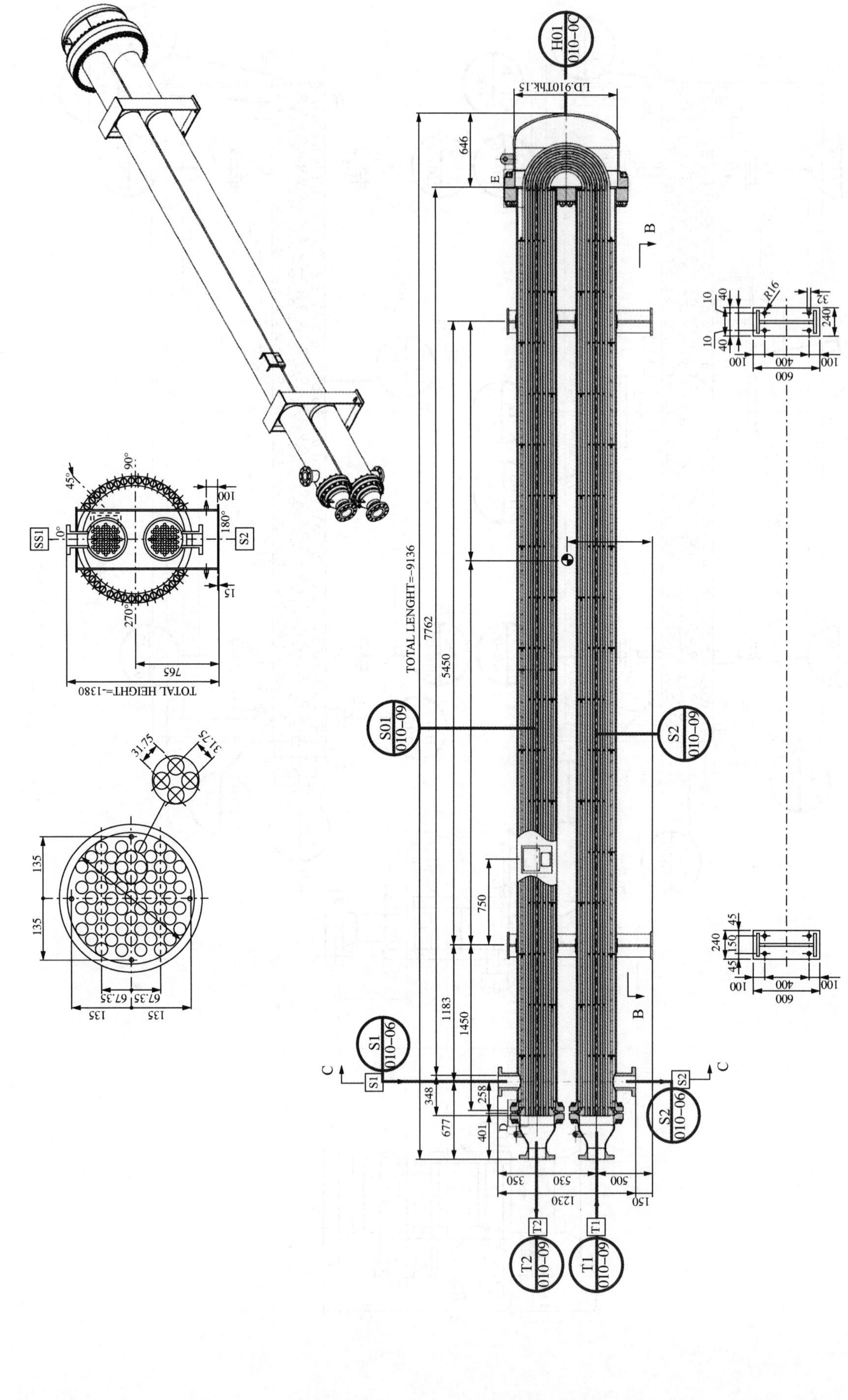

图10-8 管壳换热器TMI标记

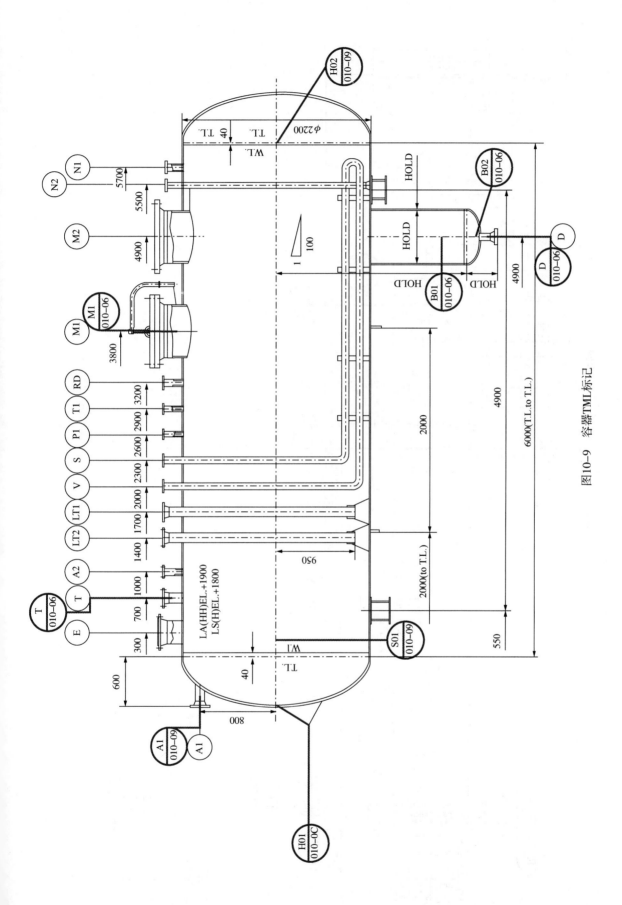

图10-9 容器TML标记

413

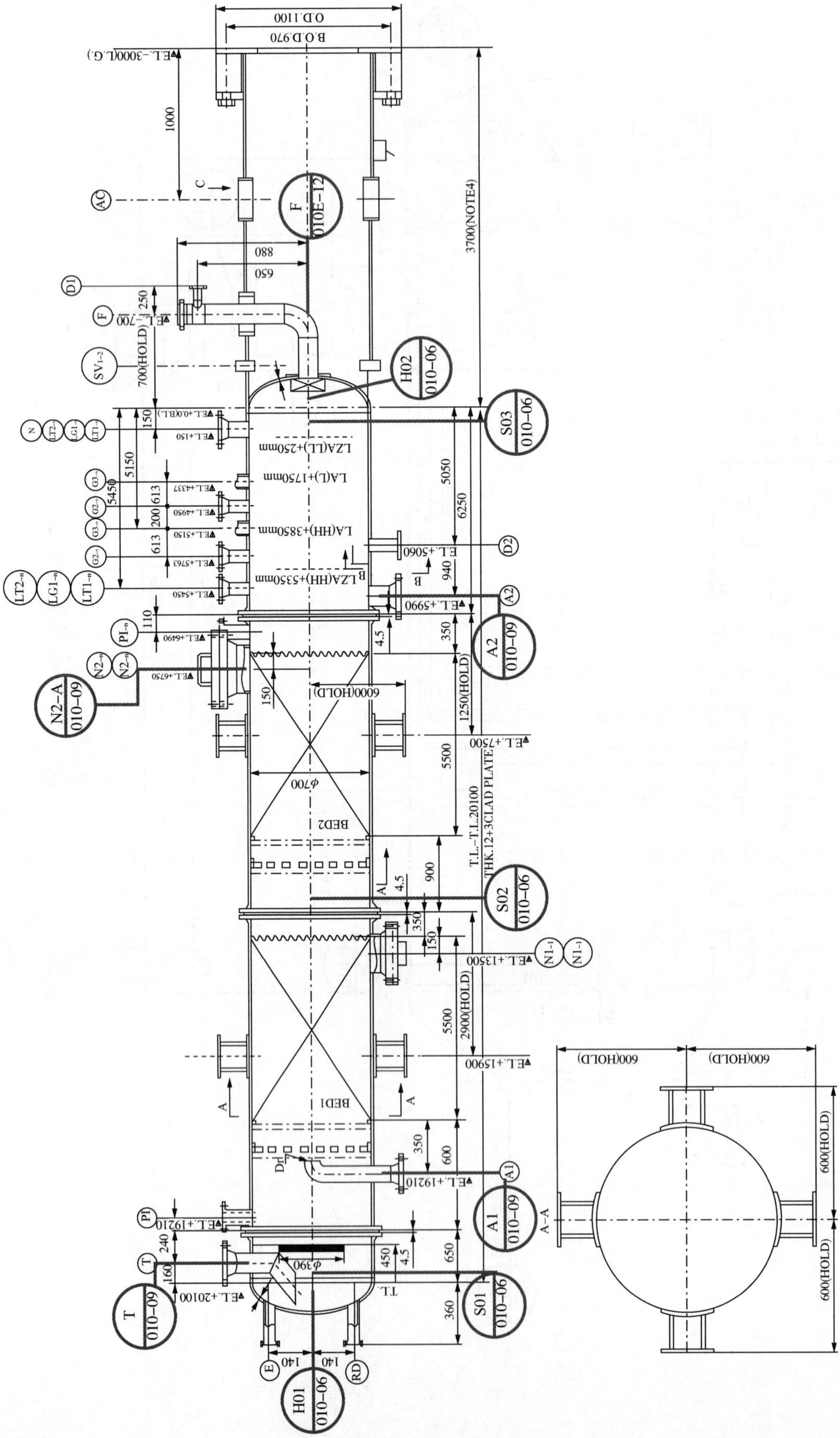

图10-10 塔器TML标记

414

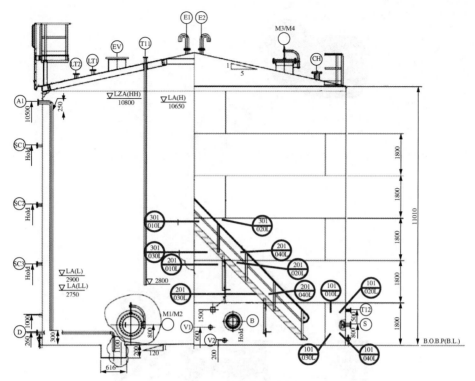

图 10-11 储罐 TML 标记

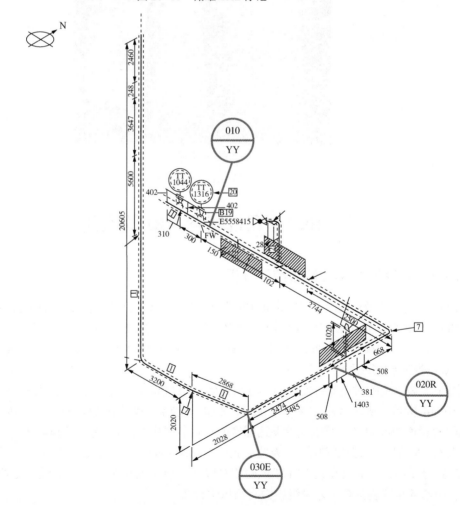

图 10-12 管道 TML 标记

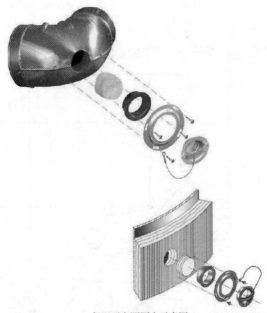

(a)保温开窗测厚点示意图

(b)设备保温实际开窗图

图 10-13 保温开窗测厚点图

10.3 在役装置 RBI 的实施

10.3.1 在役装置 RBI 结果统计分析

RBI 技术是通过失效模式确定、失效机理与部位分析、风险的计算与排序、检验方法选择等步骤，形成一种优化的检验策略。本节针对某阶段国内完成 RBI 的炼油及化工装置进行统计分析，分别从装置中设备与管道的风险分布、失效模式、损伤机理、损伤部位和检验策略及检验周期等方面来判断实施效果。

1. 风险分布结果分析

采用 5×5 风险矩阵对失效可能性(PoF)和失效后果(CoF)评级，各类静设备及管道的风险分布情况如图 10-14 所示。从统计结果来看，具有"中高"或"高"风险的静设备约占 44%，具有"中高"或"高"风险的管道约占 11%。而欧美等发达国家的石化装置中"中高"或"高"风险水平的设备大概占总数的 20%左右(即满足二八分割理论)。因此，我国石化装置的风险水平总体上要高于国外同类装置。

就装置分布而言，加氢装置中"高"风险相对较多，催化裂化装置次之，随后是原油蒸馏装置及制氢装置，而乙烯裂解装置在工艺系统中没有高风险设备。

2. 失效模式与损伤机理分析

各装置中静设备与管道的损伤机理分布情况如图 10-15~图 10-19 所示。

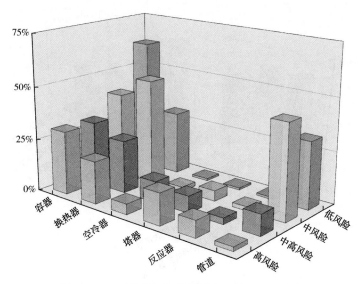

图 10-14　石化装置各类静设备及管道风险分布

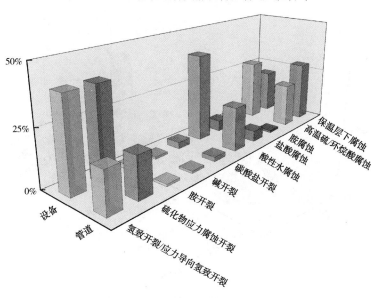

图 10-15　原油蒸馏装置损伤机理分布

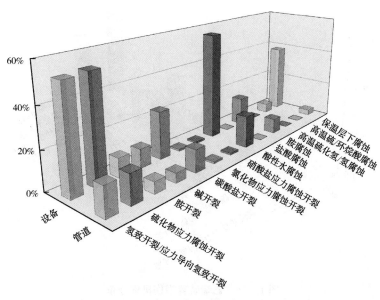

图 10-16　催化裂化装置损伤机理分布

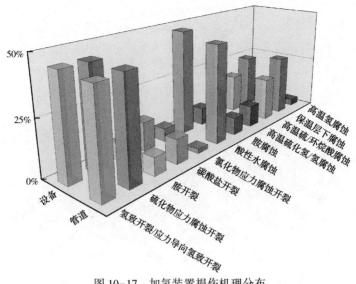

图 10-17　加氢装置损伤机理分布

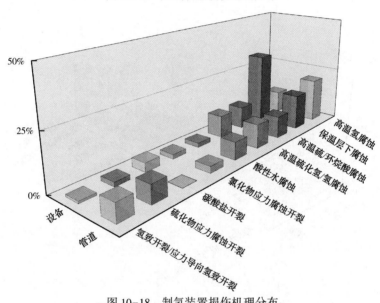

图 10-18　制氢装置损伤机理分布

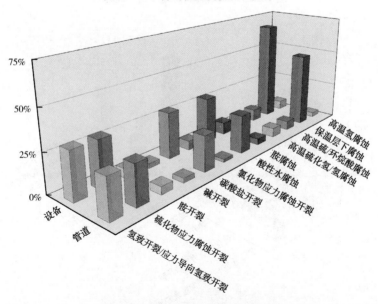

图 10-19　乙烯装置损伤机理分布

原油蒸馏装置主要的失效模式为腐蚀减薄、应力腐蚀开裂、外部腐蚀，损伤机理主要有 SSCC、HIC/SOHIC、酸性水腐蚀、高温硫/环烷酸腐蚀和保温层下腐蚀等。相对其他装置而言，该装置中设备和管线的高温硫/环烷酸腐蚀显得更加突出。

催化裂化装置主要的失效模式为腐蚀减薄、应力腐蚀开裂、外部腐蚀，损伤机理主要有 SSCC、HIC/SOHIC、酸性水腐蚀、碳酸盐开裂和保温层下腐蚀等，而管道的损伤机理则主要为 SSCC、HIC/SOHIC、酸性水腐蚀等。另外催化再生系统有硝酸盐应力腐蚀开裂机理，烟气管线可能有烟气粉尘冲刷现象。

加氢装置主要的失效模式为腐蚀减薄、应力腐蚀开裂、外部腐蚀，损伤机理主要有 SSCC、HIC/SOHIC、酸性水腐蚀、保温层下腐蚀和高温硫/环烷酸腐蚀等。其中，SSCC、HIC/SOHIC 在各类设备（塔、反应器、换热器、空冷器、储存容器等）均可能发生，酸性水腐蚀主要发生在换热器、空冷器和部分容器上，高温硫/环烷酸腐蚀则主要出现在反应单元的换热器、反应器及相关管线上。同时，加氢装置 RBI 分析结果还表明，带堆焊层的加氢反应器在正常的运行条件下存在的损伤机理主要是内壁堆焊层的高温氢/硫化氢腐蚀、高温硫/环烷酸腐蚀。

制氢装置主要的失效模式为腐蚀减薄、外部腐蚀及高温氢腐蚀，损伤机理主要有保温层下腐蚀、高温硫/环烷酸腐蚀和高温氢腐蚀等，该装置中设备和管线的损伤机理比较少，特别是基本不存在其他装置中典型的 SSCC、HIC/SOHIC 损伤形式。其主要原因是制氢装置是以较为清洁的天然气或干气为原料，工艺过程中也不会注入或反应形成其他的腐蚀性较强的物质。

乙烯裂解装置主要的失效模式为腐蚀减薄和外部腐蚀，损伤机理主要有保温层下腐蚀、SSCC、HIC/SOHIC、酸性水腐蚀和碳酸盐开裂等，保温层下腐蚀主要发生在低温分离系统的保冷设备和管线上。由于乙烯裂解装置所使用的原料（主要为石脑油）较为清洁，因此设备和管线运行过程中的腐蚀损伤（特别是湿 H_2S 环境下的损伤）相对炼油装置而言比较轻微。

3. 检验策略制定

合理地确定设备的检验周期是体现 RBI 检验策略科学性的一个重要方面，图 10-20 给出了各装置中静设备的检验周期划分情况。

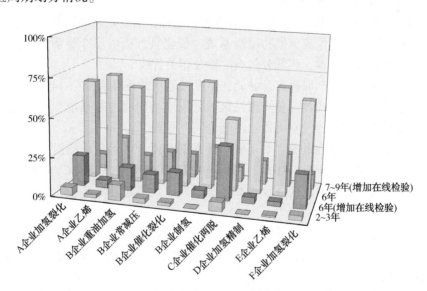

图 10-20　各装置中静设备的检验周期划分情况

根据工程实践经验，确定检修周期一般遵照以下原则：一是对于风险为"中高"或"高"且失效可能性等级大于 3 的设备，检验周期一般定为 2~3 年，这类设备约占总数的 4%；二是对于风险为"中"且失效可能性等级大于 3，或风险为"高"且失效可能性等级为 3 的设备，检验周期一般定为 6 年，但期间应增加一次在线检验，这类设备约占总数的 17%；三是对于失效可能性等级为 3 且风险为"低"，或失效可能性等级不大于 3 且风险为"中"和"中高"，或失效可能性等级不大于 2 的"高"风险设备，检验周期一般定为 6 年，这类设备约占总数的 68%；四是对风险为"低"或"中"且失效可能性等级小于 3 的设备，检验周期一般适当延长为7~9年，但期间应增加一次在线检验，这类设备约占总数的11%（主要是一些储存干燥压缩气体类介质的容器）。

需要指出的是，在4套加氢（包括裂化、精制）和1套制氢装置共20台加氢反应器中，除2台使用时间超过三十年的反应器外，其他均属于高失效后果、低失效可能性的设备，只要进行正常的运行和维修（检验）管理，这些设备发生失效的可能性很低。国内对加氢反应器的检验项目通常过于全面且检验周期偏短，属于"过度检验"。

10.3.2 在役装置的RBI实施案例

本节以国内某炼厂针对蜡油加氢裂化装置开展的RBI工作为例，阐述其实施过程。风险分析涉及该装置静设备231台，管道673条。

1. 装置腐蚀定性分析

通过对蜡油加氢裂化装置腐蚀的定性分析，确定重点腐蚀部位：反应流出物冷凝系统、硫化氢汽提塔顶冷凝系统、脱丁烷塔顶冷凝系统、循环氢系统以及硫化氢汽提塔釜液等高温部位。

1）原料性质分析

蜡油加氢裂化装置原料为减二线蜡油、减三线蜡油及焦化蜡油，混合比例为49.08：30.92：20，其原料性质如下：

（1）减二线蜡油：酸值4.77mgKOH/g，硫含量0.23%（质量分数），氮含量0.19%（质量分数）；

（2）减三线蜡油：酸值4.23mgKOH/g，硫含量0.27%（质量分数），氮含量0.32%（质量分数）；

（3）焦化蜡油：酸值<0.05mgKOH/g，硫含量0.52%（质量分数），氮含量0.55%（质量分数）。

2）腐蚀定性分析

（1）高温氢损伤：温度高于232℃、氢分压大于0.7MPa时，碳钢或铬钼钢中碳化物转化为甲烷的过程。重点腐蚀区域：加氢反应器、高压换热器及相关高温临氢管线。

（2）高温硫化氢/氢腐蚀：温度高于260℃，在氢的促进下低铬钢受到H_2S的腐蚀。重点腐蚀区域：加氢反应器、高压换热器及相关高温管线。

（3）酸性水腐蚀：反应生成的NH_4HS在低温下析出结晶，引发结垢和堵塞，注水冲洗后形成酸性水的冲刷腐蚀。重点腐蚀区域：反应流出物冷凝系统、硫化氢汽提塔顶冷凝系统、脱丁烷塔顶冷凝系统、循环氢系统、热高分气空冷器、热低分气空冷器及相关管线。

（4）氯化铵腐蚀：铵盐在冷却时析出，并能在温度远超水的露点温度（>149℃）下吸湿，造成全面腐蚀（>2.5 mm/a）、垢下腐蚀或点蚀。重点腐蚀区域：反应流出物冷凝系统、硫化氢汽提塔顶冷凝系统、脱丁烷塔顶冷凝系统、热高分气空冷器、热低分气空冷器。

（5）湿硫化氢损伤：硫化氢在低温含水环境中对碳钢及低合金钢造成的损伤，包括氢鼓泡（HB）、氢致开裂（HIC）、应力导向氢致开裂（SOHIC）和硫化物应力腐蚀开裂（SSCC）四种形式。重点腐蚀区域：反应流出物冷凝系统、硫化氢汽提塔顶冷凝系统、脱丁烷塔顶冷凝系统、循环氢系统、吸收解吸塔顶干气系统。

（6）氯化物应力腐蚀开裂：以300系列奥氏体不锈钢为代表的金属，在拉应力和氯化物溶液的作用下发生的表面开裂。重点腐蚀区域：反应器进料与反应流出物系统、300系列不锈钢管道与换热器管束等，尤其是管道低点导凝管。

（7）连多硫酸应力腐蚀开裂：停工期间设备表面的硫化物接触到空气和水后生成连多硫酸，敏化后的奥氏体不锈钢接触到连多硫酸后易引起应力腐蚀开裂。重点腐蚀区域：加氢反应器、反应进料与反应流出物系统。

（8）循环冷却水腐蚀：冷却水中的水锈、水垢会引起垢下坑蚀和局部腐蚀。冷却水中如果溶解了盐、氧气以及生物组织或有微生物活动将引起碳钢和其他金属的全面或局部腐蚀。重点腐蚀区域：循环水冷器的水侧。

（9）保温层下腐蚀：由保温层与金属表面间的空隙内的聚集水汽导致，常发生在-12~120℃温度范围内，在 50~93℃ 区间时，尤为严重。碳钢和低合金钢表现为腐蚀减薄，奥氏体不锈钢则表现为应力腐蚀开裂。

（10）其他腐蚀：高温硫腐蚀、高温环烷酸腐蚀（混氢点以前，温度超过 204℃ 时）、疲劳（吸附器压力周期性变化，长期运行可能产生疲劳）、大气腐蚀。

2. 装置运行状况、检验历史

蜡油加氢裂化装置于 2009 年 4 月投用，并于 2011 年、2014 年、2018 年进行过三次大修。

（1）装置历史运行过程中曾出现的腐蚀问题如下：

① 2012 年，脱丁烷塔顶空冷器存在铵盐结晶，造成压力异常。处理措施：从空冷缓蚀剂注入线上接临时除氧水线定期冲洗。

② 2012 年，硫化氢汽提塔塔顶挥发线（材质 20#，操作温度 164℃）出现腐蚀穿孔泄漏。处理措施：初期采取焊管箍处理，后对减薄部位进行了更换；更改注水方式为喷头式，改造后根据工艺调整已停止注水。

（2）装置检验过程中发现测厚异常的管道 20 根。

（3）装置检验过程中发现存在缺陷的设备如表 10-14 所示。

表 10-14　存在问题的设备

设备名称	介　质	材　质	检验问题描述
热低压分离器	油、H_2、H_2S	15CrMoR（H）+321	2011 年，MT 检测发现 12 处外表面裂纹缺陷，均打磨消除并复检合格。2014 年返修部位复查无缺陷显示
冷低压分离器	油、H_2、H_2S	16MnR（HIC）	2011 年，宏观检查发现东侧封头外表面存在一处 $\phi1.5\times2mm$（深）开口气孔，MT 检测发现东侧封头外表面存在一处 $L=10mm$ 表面裂纹，均打磨消除并复检合格，裂纹打磨深度为 1mm
循环氢与反应产物换热器	反应产物/循环氢	2.25Cr1MoⅢ+E309L+E347/SA387Gr22CL2+ E309L+E347	2014 年，MT 检测发现壳体外壁鞍座与壳体连接的角焊缝存在两处表面线性缺陷，长度分别为 6mm 和 9mm，缺陷未消除，检验报告中建议使用单位每半年做跟踪性检测，防止缺陷扩展延伸至筒体

3. 物流划分

按蜡油加氢裂化装置的工艺流程划分物流，物流组分的来源及确定主要通过装置初始工艺设计资料、馏程以及采样等获取。微量的工艺杂质可能会导致设备或管道产生腐蚀，如 H_2S、RSH、CO_2、水等，这些数据通过装置工艺人员采样得到，对于无法采样的，则一般通过工艺人员与 RBI 现场数据采集人员的讨论，确定是否含少量腐蚀性有害杂质，并根据工艺情况，估计其含量。

本装置物流主要成分及毒物包括 C_1-C_2、C_3-C_4、C_5、C_6-C_8、C_9-C_{12}、C_{13}-C_{16}、C_{17}-C_{25}、C_{25+}、H_2、H_2S、氯离子、NH_3、H_2O、硫化物、N_2、空气、硫化剂。

4. 风险分析结果

1）风险分布

本装置设备和管道的风险矩阵如图 10-21 和图 10-22 所示。

2）风险统计

本装置设备和管道的风险统计结果如表 10-15 所示。

表 10-15　装置设备及管道风险统计

类型	高风险	中高风险	中风险	低风险	合计
设备	4	38	109	80	231
管道	5	134	216	318	673

3）高风险设备及管道原因分析

本装置高风险设备和管道的原因分析分别如表 10-16 和表 10-17 所示。

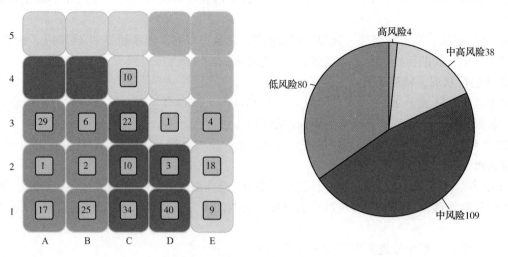

图 10-21　装置设备风险矩阵图

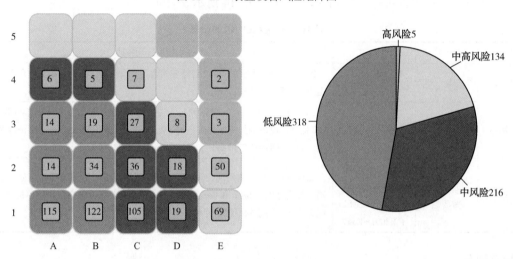

图 10-22　装置管道风险矩阵图

表 10-16　装置高风险设备原因分析

设备位号	设备名称	失效可能性	失效后果	风险等级	原 因 分 析
R-101A/B	加氢裂化反应器	3	E	高风险	2009 年投用，材质为 2.25Cr1Mo0.25V + E309L + E316L，操作温度为 431℃，介质为油、氢气、硫化氢，高温硫腐蚀、高温硫化氢/氢腐蚀、高温氢损伤、连多硫酸应力腐蚀开裂、氢脆、回火脆化、蠕变，失效可能性较高且失效后果严重
E-101A/B	反应进料/反应产物换热器	3	E	高风险	2009 年投用，材质为 SA336F22CL3+TP309L+TP316L/ SA387GR22CL2+TP309L+TP316L，操作温度为 431℃/ 405℃，介质为反应产物/反应进料，高温硫腐蚀、高温硫化氢/氢腐蚀、高温氢损伤、连多硫酸应力腐蚀开裂、氢脆、回火脆化、蠕变，失效可能性较高且失效后果严重
C-501A~J	吸附器	4	C	中高风险	2009 年投用，材质为 16MnR，操作温度为 40℃，介质为原料气，有保温及保温支撑圈，机械疲劳，压力周期变化易致焊接缺陷部位出现开裂

表 10-17　装置高风险管道原因分析

管道编号	管道名称	失效可能性	失效后果	风险等级	原因分析
150-P-020514-5TB2-ST	自 106-P-204A 至 D-221	4	E	高风险	2009 年投用，材质为 20#，操作温度为 335℃，介质为尾油，规格为 DN150×11mm，高温硫腐蚀，2011 年实测最小壁厚为 6.5mm，失效可能性较高且失效后果严重
200-P-020714-5TB2-ST	自 P-020713 至 106-F-201	4	E	高风险	2009 年投用，材质为 20#，操作温度为 309℃，介质为尾油，规格为 DN200×10mm，高温硫腐蚀，2011 年实测最小壁厚为 8mm，失效可能性较高且失效后果严重
300-P-020201-2TB13R-PP	油气自 106-A-201 至 106-D-201	3	E	高风险	2009 年投用，材质为 20#，操作温度为 50℃，介质为硫化氢汽提塔顶气，规格为 DN300×10mm，湿硫化氢腐蚀、酸性水腐蚀，2011 年实测最小壁厚为 9mm，失效可能性较高且失效后果严重
300-P-030304-5TB13R	自 P-030303 至 106-P-302B	3	E	高风险	2009 年投用，材质为 20#，操作温度为 56℃，介质为液化气，规格为 DN250×13mm，湿硫化氢腐蚀、酸性水腐蚀，2011 年实测最小壁厚为 11.1mm，失效可能性较高且失效后果严重
450-P-020101-2TB13R-PP	106-C-201 至 106-A-201	3	E	高风险	2009 年投用，材质为 20#，操作温度为 164℃，介质为硫化氢汽提塔顶油气，规格为 DN450×11mm，湿硫化氢腐蚀、酸性水腐蚀，2012 年出现腐蚀泄漏，经测厚确认，共计减薄区域约为 2000mm×200mm，该区域中测厚数据为 2.3~9.5mm，减薄部位已更换，失效可能性较高且失效后果严重

5. 监检测建议

1）重点关注设备

根据风险评估结果，对于失效可能性大于 3 的中高风险设备、高风险设备以及认为有必要的设备需要在装置运行期间加强监控，见表 10-18；对于尚未首检以及认为有必要的设备需要在装置运行期间增加在线检测，见表 10-19；如在监控或检测过程中没有发现影响安全运行的异常情况，装置可延长至下次检修时进行全面检验，如发现了影响装置安全运行的异常腐蚀情况，则需进行整改（根据实际情况，选择返修、更换设备或者调整操作条件来降低风险，或提高安全防范等级）。

表 10-18　需加强监控的设备

设备位号	设备名称	材质	操作温度/℃	损伤机理	风险
R-101A/B	加氢裂化反应器	2.25Cr1Mo0.25V + E309L + E316L	431	高温硫腐蚀、高温硫化氢/氢腐蚀、高温氢损伤、连多硫酸应力腐蚀开裂、氢脆、回火脆化、蠕变	3E
E-101A/B	反应进料/反应产物换热器	SA336F22CL3+TP309L+TP316L/SA387GR22CL2+TP309L+TP316L	431/405	高温硫腐蚀、高温硫化氢/氢腐蚀、高温氢损伤、连多硫酸应力腐蚀开裂、氢脆、回火脆化、蠕变	3E
C-501A~J	吸附器	16MnR	40	机械疲劳	4C

表 10-19　需增加在线检测的设备

设备位号	设备名称	材　质	操作温度/℃	选取原因	损伤机理	在线检验策略
D-402	低压放空罐	20R	40	尚未首检	湿硫化氢损伤、酸性水腐蚀	宏观检查/测厚/UT5%
D-906	柴油蒸汽发生器汽包	Q345R	187	尚未首检	冲刷腐蚀	宏观检查/测厚
E-225	低压蒸汽过热器	Q345R/Q345R	320/260	尚未首检	高温硫腐蚀、冲刷腐蚀	宏观检查/测厚
E-226	柴油蒸汽发生器	Q345R/Q345R	289/188	尚未首检	冲刷腐蚀	宏观检查/测厚

上述设备的检验原则如下：

（1）宏观检验

宏观检验主要是采用目视方法（必要时利用内窥镜、放大镜或其他辅助设备、测量工具）来检验压力容器本体结构、几何尺寸、表面情况（如裂纹、腐蚀、泄漏、变形）以及焊缝、隔热层、衬里等。

①结构检验：包括封头型式与筒体的连接，开孔位置及补强，纵（环）焊缝的布置及型式，支承或者支座的型式与布置，排放（疏水、排污）装置的设置等。

②几何尺寸检验：包括筒体同一断面上最大内径与最小内径之差，纵（环焊缝）对口错边量、棱角度、咬边、焊缝余高等。

③壳体外观检验：包括铭牌和标志，容器内外表面的腐蚀，主要受压元件及其焊缝裂纹、泄漏、鼓包、变形、机械接触损伤、过热、工卡具焊迹、电弧灼伤，法兰、密封面及其紧固螺栓，支承，支座或者基础下沉、倾斜、开裂，地脚螺栓，直立容器和球形容器支柱的铅垂度，多支座卧式容器的支座膨胀孔（疏水、排污）装置和泄漏信号指示孔的堵塞、腐蚀、沉积物等情况。

④隔热层、衬里和堆焊层检验：包括隔热层的破损、脱落、潮湿，有隔热层下容器壳体腐蚀倾向或者产生裂纹可能性的应当拆除隔热层进一步检验；衬里层的破损、腐蚀、裂纹、脱落，查看检查孔是否有介质流出；发现衬里层穿透性缺陷或者有可能引起容器本体腐蚀的缺陷时，应当局部或者全部拆除衬里，查明本体的腐蚀状况和其他缺陷；堆焊层的裂纹、剥离和脱落。

（2）壁厚测定

一般采用超声测厚方法。测点位置应当有代表性（包括封头、筒体、接管），有足够的测点数。测定后标图记录，对异常测厚点做详细标记。厚度测点一般选择以下位置：

①液位经常波动的部位；

②物料进口中、流动转向、截面突变等易受腐蚀、冲蚀的部位；

③制造成型时壁厚减薄部位和使用中易产生变形及磨损的部位；

④接管部位；

⑤宏观检验发现的可疑部位；

⑥无损检验发现超标缺陷部位、硬度异常部位、腐蚀严重部位应增加测厚点数。

壁厚测定时，如果发现母材存在分层缺陷，应当增加测点或者采用超声检测，查明分层分布情况以及与母材表面的倾斜度，同时作图记录。

（3）表面缺陷检测

表面缺陷检测应当采用 NB/T 47013.4 中的磁粉检测和 NB/T 47013.5 中的渗透检测方法。铁磁性材料制压力容器的表面检测应当优先采用磁粉检测。

①碳钢低合金钢制低温压力容器、存在环境开裂倾向或者产生机械损伤现象的压力容器、有再热裂纹倾向的压力容器、Cr-Mo 钢制压力容器、标准抗拉强度下限值大于或者等于 540MPa 的低合金钢制压力容器、按照疲劳分析设计的压力容器、首次定期检验的设计压力大于或者等于 1.6MPa（表压）的第Ⅲ类压力容器，检测长度不低于对接焊缝长度的 20%。

②应力集中部位、变形部位、宏观检验发现裂纹的部位，奥氏体不锈钢堆焊层，异种钢焊接接头、T 型接头、接管角接接头、其他有怀疑的焊接接头，焊补区、工卡具焊迹、电弧损伤处和

易产生裂纹部位应当重点检验；对焊接裂纹敏感的材料，注意检验可能出现的延迟裂纹。

③ 检测中发现裂纹时，检验人员应当扩大表面无损检测的比例或者区域，以便发现可能存在的缺陷。

④ 如果无法在内表面进行检测，可以在外表面采用其他方法(如内窥镜、声发射、超声检测等)对内表面进行检验检测。

(4) 埋藏缺陷检测

埋藏缺陷检测应当采用 NB/T 47013.2 中的射线检测或者 NB/T 47013.3 中的超声检测等方法，超声检测包括衍射时差法超声检测(TOFD)。

有下列情况之一时，应当进行射线检测或者超声检测抽查，必要时相互复验(抽查比例或者是否采用其他检测方法复验，由检验人员根据具体情况确定；必要时，可以用声发射判断缺陷的活动性)：

① 使用过程中补焊过的部位；

② 检验时发现焊缝表面裂纹，认为需要进行焊缝埋藏缺陷检测的部位；

③ 错边量和棱角度超过相应制造标准要求的焊缝部位；

④ 使用中出现焊接接头泄漏的部位及其两端延长部位；

⑤ 承受交变载荷压力容器的焊接接头和其他应力集中部位；

⑥ 使用单位要求或者检验人员认为有必要进行埋藏缺陷检测的部位。

(5) 螺栓检测

M36 以上(含 M36)的设备主螺栓在逐个清洗后，检验其损伤和裂纹情况，必要时进行无损检测。重点检验螺纹及过渡部位有无环向裂纹。

(6) 材料分析

材料分析根据具体情况，可以采用化学分析或者光谱分析、硬度检测、金相分析等方法。材料分析按照以下要求进行：

① 材质不明的，一般要查明主要受压元件的材料种类和牌号；对于第Ⅲ类压力容器、有特殊要求的压力容器(主要指承受疲劳载荷的压力容器、采用应力分析设计的压力容器、盛装极度或高度危害介质的压力容器、盛装易爆介质的压力容器、标准抗拉强度下限值大于或者等于 540MPa 的低合金钢压力容器等)，必须查明材质。

② 有材质劣化倾向的压力容器，应当进行硬度检测，必要时进行金相分析。

③ 有焊缝硬度要求的压力容器，应当进行硬度检测。

2) 重点关注管道

据风险评估结果，对于失效可能性大于 3 的中高风险管道、高风险管道以及认为有必要的管道需要在装置运行期间增加在线检测，见表 10-20；如在检测过程中没有发现影响安全运行的异常情况，装置可延长至下次检修时进行全面检验，如发现了影响装置安全运行的异常腐蚀情况，则需进行整改(根据实际情况，选择修补、更换管道或者调整操作条件来降低风险，或提高安全防范等级)。

表 10-20 需增加在线检测的管道

管道编号	介 质	材质	操作温度/℃	损伤机理	风险	在线检验策略
150-P-020514-5TB2-ST	尾油	20#	335	高温硫腐蚀	4E	宏观检查/测厚 10%
200-P-020714-5TB2-ST	尾油	20#	309	高温硫腐蚀	4E	宏观检查/测厚 10%
300-P-020201-2TB13R-PP	硫化氢汽提塔顶油气	20#	50	湿硫化氢损伤、酸性水腐蚀	3E	宏观检查/测厚 10%
300-P-030304-5TB13R	液化气	20#	56	湿硫化氢损伤、酸性水腐蚀	3E	宏观检查/测厚 10%

管道编号	介质	材质	操作温度/℃	损伤机理	风险	在线检验策略
450-P-020101-2TB13R-PP	硫化氢汽提塔顶油气	20#	164	湿硫化氢损伤、酸性水腐蚀	3E	宏观检查/测厚10%
100-RV-030501-2TB1	轻重石脑油分馏塔顶回流罐油气	20#	60	大气腐蚀	4C	宏观检查/测厚10%
200-FG-012305-2TB1-ST	燃料气	20#	20	湿硫化氢损伤	4C	宏观检查/测厚10%
200-P-030211-5TB2-HC	柴油	20#	208	高温油品腐蚀	4C	宏观检查/测厚10%
250-FG-040301-2TB1-ST	燃料气	20#	40	湿硫化氢损伤	4C	宏观检查/测厚10%
250-P-021101-2TB13R-PP	主分馏塔顶油气	20#	84	湿硫化氢损伤、酸性水腐蚀	4C	宏观检查/测厚10%
250-P-021105-5TB13R-PP	粗石脑油	20#	84	湿硫化氢损伤、酸性水腐蚀	4C	宏观检查/测厚10%
400-P-020103-5TB2-ST	分馏塔进料	20#	232	高温硫化氢/氢腐蚀	4C	宏观检查/测厚10%
200-P-030302-2TB13R(1)	轻污油	20#	56	湿硫化氢损伤、酸性水腐蚀	2E	宏观检查/测厚10%
250-P-020503	尾油	20#	335	高温硫腐蚀	2E	宏观检查/测厚10%
300-HS-040702-26AJ1-HC(1)	高压蒸汽	SA335GRP91	525	冲蚀、珠光体球化、蠕变	2E	宏观检查/测厚10%

上述管道的检验原则如下：

（1）宏观检查

① 泄漏检查：主要检查管子及其他组成件泄漏情况。

② 绝热层、防腐层检查：主要检查管道绝热层有无破损、脱落、跑冷等情况；防腐层是否完好。

③ 振动检查：主要检查管道有无异常振动情况。

④ 位置与变形检查：管道位置是否符合安全技术规范和现行国家标准的要求；管道与管道、管道与相邻设备之间有无相互碰撞及摩擦情况；管道是否存在挠曲、下沉及异常变形等。

⑤ 支吊架检查。

⑥ 阀门检查。

⑦ 法兰检查。

⑧ 膨胀节检查。

⑨ 阴极保护装置检查。

⑩ 蠕胀测点检查。

⑪ 管道标识检查。

⑫ 管道结构检查：支吊架的间距是否合理；对有柔性设计要求的管道，管道固定点或固定支吊架之间是否采用自然补偿或其他类型的补偿器结构。

⑬ 检查管道组成件有无损坏，有无变形，表面有无裂纹、褶皱、重皮、碰伤等缺陷。

⑭ 检查所有焊接接头（包括热影响区）是否存在宏观的表面裂纹。

⑮ 检查所有焊接接头的咬边和错边量。

⑯ 检查管道是否存在明显的腐蚀，管道与管架接触处等部位有无局部腐蚀。

⑰ 对宏观检查发现的管道缺陷应记录其位置、尺寸及性质等，并作图标识。

（2）壁厚测定

对管道进行剩余厚度的抽查测定，一般采用超声测厚的方法，必要时应辅以超声仪校核。根据管内介质特性、流向和外观检查情况，对管线进行定点壁厚抽查。

重点测厚部位为：

① 外观检查发现的保温层破损部位、腐蚀严重部位、表面裂纹部位及怀疑局部减薄部位；

② 管线积液部位、盲肠部位及制造安装可能的变形部位或减薄部位；

③ 管件如弯头、三通、大小头及其相邻直管段；

④ 表面缺陷消除部位及其附近区域；

⑤ 泵、加热炉进出口，引压线、注入管及下游区域，支/吊架支撑管道部位，高温管道固支点；

⑥ 测厚的位置应在单线图上标明。

发现管道壁厚有异常情况时，应在附近增加测点，确定异常区域大小，必要时可适当提高整条管线的厚度抽查比例。存在局部腐蚀机理(高温硫/环烷酸腐蚀、盐酸露点腐蚀、铵盐垢下腐蚀、局部冲蚀、气蚀等)的管线，应对腐蚀严重区域采用密集测厚。

（3）表面无损检测（磁粉检测或渗透检测）

① 碳钢和铬钼钢管道焊接接头采用磁粉检测方法进行检测，难以用磁粉检测方法进行检测的可采用渗透检测方法检测；不锈钢管道采用渗透检测方法进行检测。

② 重点检测部位：宏观检查中发现裂纹或可疑情况的管道，应在相应部位进行表面无损检测；绝热层破损或可能渗入雨水的奥氏体不锈钢管道，应在相应部位进行外表面渗透检测；处于应力腐蚀环境中的管道，应进行表面无损检测；长期承受明显交变载荷的管道，应在焊接接头和容易造成应力集中的部位进行表面无损检测；检验人员认为有必要时，应对支管角焊缝等部位进行表面无损检测抽查。

（4）射线检测或超声检测

超声或射线检测抽查重点部位为：

① 温度、压力循环变化和振动较大的管道以及耐热钢管道；

② 制造、安装中返修过的焊接接头和安装时固定口的焊接接头；

③ 错边和咬边严重超标的焊接接头；

④ 表面检测发现裂纹的焊接接头；

⑤ 泵、压缩机进出口第一道焊接接头或相近的焊接接头；

⑥ 支吊架损坏部位附近的管道焊接接头；

⑦ 异种钢焊接接头；

⑧ 硬度检验中发现的硬度异常的焊接接头；

⑨ 使用中发生泄漏部位附近的焊接接头；

⑩ 检验人员和使用单位认为需要抽查的其他焊接接头。

（5）材料检验

① 合金材料管道建议进行材质抽查。

② 下列管道一般应选择有代表性的部位进行金相和硬度检验抽查：工作温度大于 370℃ 的碳素钢和铁素体不锈钢管道；钼钢和铬钼钢管道(含直管、管件及螺柱等)；工作温度大于 430℃ 的低合金钢和奥氏体不锈钢管道；工作温度大于 220℃ 的输送临氢介质的碳钢和低合金钢管道；检测过程中发现有表面裂纹的管道。

③ 对于工作介质中含湿 H_2S 或介质可能引起应力腐蚀的碳钢和低合金钢管道，一般应选择有代表性的部位进行硬度检验。

参 考 文 献

[1] 吕运容，刘雁，林筱华，等. 基于风险的检验(RBI)实施手册[M]. 北京：中国石化出版社，2008：1-11.

[2] 中华人民共和国国家质量监督检验检疫总局. GB/T 26610.1—2011. 承压设备系统基于风险的检验实施导则 第1部分：基本要求和实施程序[S]. 北京：中国标准出版社，2011：1-35.

[3] American Petroleum Institute. API 581. Risk - based inspection base resource document [S]. Third Edition. 2016：16-32.

[4] 岑兆海，郑鹤. RBI 在天然气净化装置中的应用[J]. 石油与天然汽化工，2009 (3)：222-226.

[5] 郑鹤，宋彬，等. 保障天然气净化装置长周期运行的 RBI 技术[J]. 天然气工业，2009，29 (3)：107-109.

[6] 姜海一，张晓熙，等．基于风险的检验（RBI）在国内合成氨装置中的应用［J］．中国安全科学学报，2007，17（11）：119-123.

[7] 杨铁成，陈学东，等．基于半定量风险分析的加氢装置安全评估［J］．压力容器，2002，19(12)：43-45.

[8] 耿雪峰，左延田，薛小龙．基于风险的检验技术在我国的应用现状研究［J］．化工装备技术，2012，33(1)：17-22.

[9] 陈学东，王冰，等．基于风险的检测（RBI）在中国石化企业的实践及若干问题讨论［J］．压力容器，2004，21(8)：39-45.

[10] 顾望平．风险检验技术在茂名石化的应用［J］．安全健康和环境，2004，4(8)：36-38.

[11] 林筱华．风险检验与定期检验［J］．压力容器，2008，25(8)：53-59.

[12] 国家质量监督检验检疫总局．TSG R0004—2009.固定式压力容器安全技术监察规程［S］．北京：新华出版社，2009：1-50.

[13] 国家质量监督检验检疫总局．TSG 21—2016.固定式压力容器安全技术监察规程［S］．北京：新华出版社，2016：1-121.

[14] 郭晓璐．承压设备设计阶段风险评估技术方法研究［D］．兰州理工大学，2012：1-6.

[15] 王印培，陈进，孙晓明，等．基于风险的检验在我国石化设备中的应用研究［J］．理化检验：物理分册，2005，41（1）：42-45.

[16] 国家能源局．SY/T 6653—2013.基于风险的检查(RBI)推荐作法［S］．北京：石油工业出版社，2013：2-8.

[17] 陈学东，杨铁成，艾志斌，等．基于风险的检测(RBI)在实践中若干问题讨论［J］．压力容器，2005，22(7)：36-44.

[18] 陈文虎，周裕峰，郭伟灿，等．NB/T 47013.4— 2015.承压设备无损检测 第4部分：磁粉检测［S］．北京：新华出版社，2015：209-226.

[19] 范宇，刘德宇，杜护军，等．NB/T 47013.5— 2015.承压设备无损检测 第5部分：渗透检测［S］．北京：新华出版社，2015：231-242.

[20] 强天鹏，梁丽红，沈功田，等．NB/T 47013.2— 2015.承压设备无损检测 第2部分：射线检测［S］．北京：新华出版社，2015：25-82.

[21] 阎长周，郑晖，许遵言，等．NB/T 47013.3— 2015.承压设备无损检测 第3部分：超声检测［S］．北京：新华出版社，2015：89-201.

[22] 郑晖，阎长周，江雁山，等．NB/T 47013.10— 2015.承压设备无损检测 第10部分：衍射时差法超声检测［S］．北京：新华出版社，2015：361-400.

428

第11章 腐蚀风险控制管理

腐蚀风险控制管理的目的是保证炼化设备和管道腐蚀风险处于受控状态，以保障炼化装置长周期安全稳定运行。目前，炼化企业的腐蚀风险控制管理工作仍在发展阶段，尤其是装置设计阶段的腐蚀风险管理鲜有涉及。实际上，在设计阶段，针对投用后潜在的腐蚀问题，将需要采取的选材优化、工艺防腐、监检测措施等进行提前布局，并建立合理的管理制度，可降低装置运行风险，大大减少后续运行可能出现的维修/改造费用。本章结合国内外最新的腐蚀风险控制管理理念，从腐蚀控制文件的制定、腐蚀控制管理体系的构建到腐蚀管理的信息化实现，对炼化装置的整体腐蚀风险控制管理理念进行了阐述，给炼化装置在设计和运行阶段的腐蚀风险控制管理提供指导。

11.1 腐蚀风险控制管理概况

11.1.1 腐蚀风险控制管理现状及重要性

20 世纪中后期，全世界范围内炼化企业屡次发生重大事故。通过对这些事故的调查和反思，行业意识到避免重大灾害性事故的发生必须依赖系统的方法和相关的法律法规，这个系统的方法即过程安全管理。1990 年，API RP 750《过程危险管理》开始提出机械完整性的概念，将机械完整性作为过程安全管理的 14 大要素之一。机械完整性管理采用整体优化的方式管理设备的整个生命周期，其核心是风险管理和预防性维修。而基于风险的完整性管理是现代设备管理的发展趋势，风险管理技术的迅速发展，也使之成为设备管理的有力工具。2010 年以来，中国石化集团公司学习借鉴机械完整性的管理理念，结合中国石化的企业特点，开发了设备完整性管理体系，发布了行业标准，成功试点应用并在系统内推广，取得了良好的效果。

2000 年，API RP 581《基于风险的检验方法》第一版发布，2009 年我国正式确立基于风险的检验（RBI，Risk-based Inspection）技术，RBI 软件作为风险评估的实现工具，在国内多家炼化企业得到了成功运用。

2006 年，完整性操作窗口的概念被提出，通过预先设定并建立操作边界、工艺参数临界值，确保工艺生产安全和产品质量，且作为 RBI 的技术支撑，进一步完善了装置的风险管理。2014 年，API RP 584《完整性操作窗口》（IOWs，Integrity Operating Windows）正式颁布。IOWs 需要对装置流程中重要的工艺运行参数、化验分析参数建立限值，明确了 IOWs 的制定范围，为炼化企业如何建立与实施 IOWs 提供了指导。

陈炜等研究结果指出，完整性操作窗口（IOWs）作为一种先进的设备管理方法，与风险评估（RBI）、腐蚀控制文件（CCD，Corrosion Control Documents）一起对承压设备运行管理体系进行了补充。按照 API RP 581 规定的定量风险分析方法，各类设备的失效后果和失效可能性的判断受关键参数的巨大影响，因此，在承压设备本身不发生变化的情况下，关键参数的取值范围可以动态影响各类设备的风险，通过对关键参数设定限值，并建立控制窗口，就可以将设备风险限定在可控范围内，保障装置安全运行。

2017 年，美国石油学会正式推出了 API RP 970《腐蚀控制文件》，提出了制定、实施和维护炼油 CCD 的基本要素，指出 CCD 是有效机械完整性计划的重要补充，有助于识别承压管道和设备的损伤敏感性、影响因素，以减轻损失或降低计划外停工风险。如果说 IOWs 可以用来展示影响装置安全平稳运行的各项操作和工艺指标，那么 CCD 就是对这些指标的制定缘由、变更过程、使用方法等的详细描述，也是装置在运行过程中，一系列变更、故障分析、改造等对腐蚀控制经验的文件化。

此外，腐蚀控制文件的最佳制定时机在设计阶段，在装置的设计阶段，开展腐蚀风险评估，依据评估的风险点建立全面的腐蚀控制计划，将需要采取的选材优化、工艺防腐、监检测措施等进行提前布局，基于装置的整体管理架构建立合理的管理制度，明确后续装置运行过程中各个岗位如工艺、设备、检验、操作等人员的腐蚀管理分工，则可大大减少未来的维修或改造费用。但是遗憾的是，该理念目前还未被国内炼化企业和设计院完全接受并普及。

目前国内外已有一些较为成熟的腐蚀管理方法和标准规范，我国的腐蚀控制管理工作更多的是注重装置运行期间的腐蚀管控。

11.1.2 国内外先进腐蚀管理方法

1. 壳牌(SHELL)：机械完整性和腐蚀管理

SHELL在过程安全管理、机械完整性管理、风险分析和检测等技术方面已形成了自己的管理体系和专有技术，在设备管理上采用完整性管理技术，包括管理体系、风险分析技术和检测技术3个方面(见图11-1)。经过长期广泛的应用，采用完整性管理体系作为设备管理的基础体系已经为业界所认同，并逐渐发展成为标准体系。在完整性管理体系中RBI技术是主要的支撑技术之一。RBI技术建立在多年的经验与数据积累之上，采用计算机评估技术在工厂进行评估活动，其数据库支持包括18个炼油装置、150个腐蚀回路(相同腐蚀介质、操作参数与材质组成的设备部件和管道的回路)、38个损伤机理和20个检测技术。通过RBI活动，找出高风险的腐蚀回路，制定CCD，建立IOWs。以RBI为主的设备完整性管理金字塔见图11-2，图中的101个基本元素源自API RP 581中管理系数打分表的101个问题。

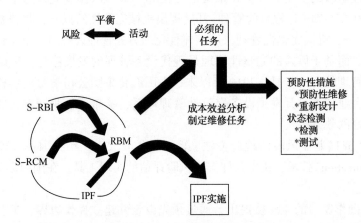

图11-1 SHELL风险管理技术

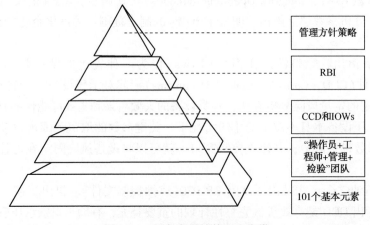

图11-2 设备完整性管理金字塔

2. 中国石化：设备完整性管理体系

中国石油化工集团有限公司设备完整性管理体系的建设经过了长期的探索和实践，率先实现了炼化板块设备管理体系向完整性管理体系转变，并在其他板块试点推广。从 2009 年开始，中国石化青岛安全工程研究院着手筹划立项研究，到体系文件和行业标准发布，经过了三个阶段：第一阶段是 2012年 3 月~2013 年 11 月，这一阶段，由青岛安全工程研究院牵头立项，并在前期策划、考察和研讨的基础上展开了体系规范的深入研究，完成设备完整性管理体系规范及其实施指南编制审查，这个阶段以中国石化成立设备完整性管理技术合作委员会为阶段标志，进入试点推广阶段；第二阶段是 2013 年 11月~2016 年 9 月，这一阶段，设备完整性管理体系在中国石油化工股份有限公司武汉分公司试点，并开展了信息化平台建设；第三阶段是 2016 年 9 月至今，完成了武汉石化设备完整性管理试点成果鉴定，发布了炼化企业设备完整性管理体系 1.0 版本文件，并开展了整个炼化板块企业的推广工作。

该管理体系以"风险管理"为核心；重视"体系"，以"系统化管理"为主线；重视设备全生命周期管理，对过程质量(设计质量、制造质量、检维修质量等)、可靠性(ITPM、缺陷管理)、经济性(KPI、费用管理)等方面重点控制，是管理、技术、经济三个层面的结合。风险管理作为其核心理念，其管理程序为风险管理策划、风险识别、风险分析、风险评价以及风险控制，在这过程涉及的 16 类风险管理工具中，基于风险的检验(RBI)、完整性操作窗口(IOWs)、装置设防值评估、腐蚀适应性评估、腐蚀监检测优化和装置腐蚀检查为目前腐蚀管理常用的技术手段。

3. 中国石油：一图两表一手册一报告

为进一步提升炼化装置的防腐管理与技术水平，遏制非计划停工，保障装置安全平稳运行，中国石油天然气集团有限公司炼油与化工分公司于 2016 年 3 月召开工艺防腐蚀启动会，会上提出了"强化日常腐蚀管理，做好'一图、两表、一手册、一报告'，对装置腐蚀工艺流程、腐蚀监测数据、腐蚀控制情况、防腐蚀难题攻关等进行总结与分析，为进一步做好防腐蚀工作提供依据"的工作要求。其中：一图指的是工艺防腐蚀流程图；两表指的是分类检查表和工艺防腐蚀监测分析表；一手册指的是腐蚀控制文件；一报告指的是防腐蚀月报。

此外，中国石油天然气集团有限公司炼油与化工分公司组织专项检查组对下属分公司的防腐管理体系建设进行检查，以审查各分公司工作执行情况。自 2018 年 8 月召开工艺防腐对接会以来，各分公司按照工艺防腐管理要求，建立健全工艺防腐管理体系、制定和落实工艺防腐监测体系及开展工艺防腐技术攻关，工艺防腐运行管控总体有效。同时，针对各分公司存在的腐蚀问题提出整改措施，由中国石油腐蚀与防护管理中心组织专家跟踪落实。

该项工作强调了工艺防腐在腐蚀控制工作中的重要性，其中腐蚀控制文件关注的是高风险部位的机理识别、工艺防腐、设备监检测及材质升级问题，是对 CCD 的本地化应用。

4. 中国石化工程建设有限公司(SEI)：设计阶段的腐蚀风险管理

炼化装置的腐蚀风险管理做法在设计阶段鲜有报道，SEI 在国外某新建项目上，首次将腐蚀管理融入设计阶段，旨在提供定性腐蚀风险评估、腐蚀缓解和维护计划以及腐蚀监控系统，以管理新建装置的腐蚀风险，确保装置在运行期间可以更经济地管理腐蚀成本，保证设备的设计寿命完整性。

其中，腐蚀风险评估是为了确定装置预期的腐蚀状态、设备关键部位存在的潜在危害以及装置特定运行条件下腐蚀机理的变化，这样，在设计阶段，设计团队可以利用评估结论来合理选材，在运行阶段，腐蚀工程师可以利用评估结论来审查腐蚀监测的数据，并评估设备是否适用运行期间的变化。设计阶段的选材至关重要，需要综合考虑正常操作条件、特殊操作条件以及基于设备生命周期成本的经济评估。在设计阶段基于腐蚀风险评估结论，选择合理的检查和监控技术，说明监控的原因、频率、异常数据的报警点设置、多监控数据的互相验证等。除此之外，还需对监控的数据进行分析和对比，以便发现异常情况时可以及时采取补救措施，并制定例行报告，就异常情况及处于可接受状态的所有系统进行说明，同时，利用数据库系统完成该流程的自动化操作。

该做法从设计阶段就考虑了装置运行时可能存在的腐蚀风险，并提前布局管控措施，在国内炼化装置设计上是一大创新。

11.1.3 国内外先进腐蚀管理标准规范介绍

1. API RP 584《完整性操作窗口》

API RP 584《完整性操作窗口》(Integrity Operating Windows，IOWs)第一版于2014年发布，其目的是阐述IOWs对工艺过程安全管理的重要性，并指导用户如何为炼化生产装置建立和实施IOWs，避免装置因意外故障所造成的损失。该标准对IOWs控制参数作了明确定义，按照化学参数和物理参数进行了分类，并根据IOWs超标时设备预期的损伤速率和操作人员采取正确措施应对的能力设立"临界""标准"和"信息"三种限值，以便于控制操作风险。除此之外，该标准还明确了IOWs的制定流程和要求。总之，API RP 584是炼化企业开展IOWs的基础指导文件。

同时，API RP 584并非是仅仅要求向石化装置提供一份特定IOWs或操作变量列表，而是要求在协助用户开发和实施IOWs过程中，为用户提供必要的信息和指导，以提高各工艺单元机械完整性管理水平。

2. API RP 970《腐蚀控制文件》

API RP 970《腐蚀控制文件》(Corrosion Control Documents，CCD)规范了CCD的建立方法、程序和要求，是建立、实施和维护CCD并保持一致性的基础，是有效的机械完整性管理的重要组成部分，用于确定装置管道和设备材料的损伤模式和机理、影响因素和应对措施，降低装置操作风险。

API RP 970标准包括8大部分：① CCD的描述和相关术语的定义；② 创建和维护CCD；③ 创建CCD所需要的数据和信息；④ CCD的文件化和实施；⑤ CCD的审查、改变和更新；⑥ CCD与其他风险管理实践的整合；⑦ CCD工作流程中的角色和责任；⑧ 所有相关方的信息传递。关于CCD的具体定义和内容见11.2节。

3. GB/T 33314《腐蚀控制工程生命周期 通用要求》

该标准规定了腐蚀控制工程生命周期中各控制要素的通用要求，指出在腐蚀控制工程生命周期内，应针对计划、实施、检查、行动等过程，建立管理体系，并有效执行和持续改进，以实现对腐蚀过程的整体控制，腐蚀控制工程体系的持续改进流程如图11-3所示。该标准强调了腐蚀管理在腐蚀控制工程生命周期的重要性，明确了腐蚀控制生命周期内的各个要素、相互关系以及持续改进要求，给炼化装置的腐蚀风险管理方案的制定提供了参考。

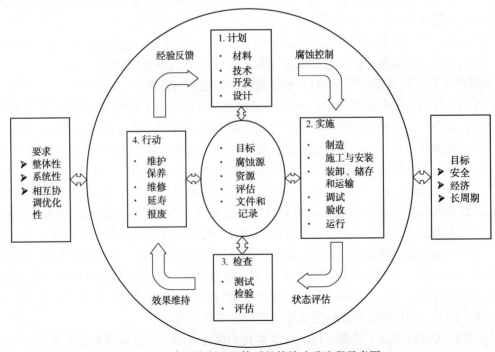

图11-3 腐蚀控制工程体系的持续改进流程示意图

11.2 腐蚀控制文件

11.2.1 腐蚀控制文件定义

腐蚀控制文件简称"CCD"，是根据 API RP 970（Corrosion Control Documents）等标准规范，结合装置技术特点、工艺介质腐蚀特性、设备及管道材质情况等基本条件，明确炼化装置不同物料产生的腐蚀机理及其对相关设备与管线的影响，通过对腐蚀机理的分析，提出装置防腐控制要点，实现对加工原料腐蚀性介质的分析管控、影响腐蚀的工艺操作参数的监控和调整，制定有针对性的工艺防腐措施和腐蚀监检测方案，实现腐蚀的有效管控。CCD 包含装置关键工艺信息、特定损伤机理、管道和设备材料、检验历史、经验教训和相关工艺变更/变化记录的文件。炼化装置建立 CCD 的过程与其他工作密切相关，如变更管理（MOC）、过程危害分析（PHA）、可靠性为中心的维修（RCM）、RBI、IOWs、腐蚀检查、腐蚀研究等。一个全面、优质的 CCD 可以作为建立 IOWs 的基础。

CCD 包括以下主要内容：

（1）工艺装置的用途和操作说明，包括装置的建设时间以及随后重大改造或扩建项目的详细介绍。

（2）装置中相关部件的实际操作条件（温度、压力等），可能影响或促进损伤机理。

（3）装置中部件的工艺物料组成列表。

（4）具有结构材料及各部分（或系统/回路）损伤机理的当前工艺流程图（PFD），即腐蚀流程图（见本书第 3 章）。

（5）解释如何预防、检测、控制、监测或以其他方式管理各种损伤机理，包括记录检测类型或使用的其他监测方法，以及说明检测或其他监测记录或两者皆有。

（6）需要被监测的注入点和混合点清单；需要特定监测的死角清单（超出正常管道检测程序）；需要特定监测的合金规格变化和异种金属焊缝清单。

（7）任何关键操作问题的列表和说明，如偏移历史、开工、停工或其他辅助过程（蒸汽吹扫、氢汽提等）或其组合，可能影响或促进损伤机理。

（8）任何特定维护问题的清单和说明，如纯碱清洗或其他保养/大修程序、特殊焊接预防措施、特殊设备处理要求（如防止脆性断裂）。

（9）损伤机理导致的重大故障、修理或更换或其组合的清单和说明。

（10）关于与装置有关的损伤机理的任何公司或行业经验教训清单和说明。

（11）作为审查过程结果而制定的建议措施的清单和说明。

（12）为监测影响损伤的关键工艺参数而制定的 IOWs 限值清单，以及超出限值时所需的建议措施。

11.2.2 腐蚀控制文件技术路线

CCD 作为设备风险管理的一大要素，它包含的内容除了装置本身的设计、操作、维护数据外，还包含腐蚀回路分析、腐蚀机理分析、腐蚀风险分析以及完整性操作窗口等。其实施流程如图 11-4 所示。

CCD 是维护良好的设备完整性管理的动态关键组成部分。投入必要的时间和资源来适当地开发这些信息丰富的文档非常重要。首先，CCD 不仅包括装置的全部历史信息，如建设年份、改造、重新设计、扩建项目等，还包含装置运行过程中发生过的腐蚀问题、腐蚀控制方法等，对于初次接触该装置的技术人员，通过 CCD 的学习，不仅可以快速了解装置的信息，还可以根据文件中的指导轻松应对装置可能存在的腐蚀风险，便于装置经验的传承；其次，CCD 将装置的工艺流程按照腐蚀机理、材料、操作参数分成了若干条腐蚀回路，并进行回路化管理和风险分级管理，这样可以将有限的监检测资源用在风险较高的回路中，并依据风险等级和腐蚀回路制定检验计划，大大提高了装置日常的检查效率，改进了装置的检查范围；此外，CCD 不仅依据 RBI 风险评估技术对装置中各部件进行风险分级，还通

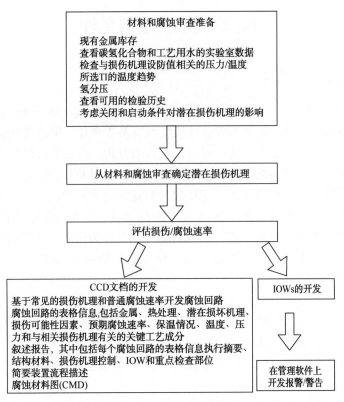

図 11-4 CCD 実施流程

過工芸物流分析，找出影響各回路中腐蝕機理的關鍵介質及含量，對過程參數加以限制，從而優化裝置的 IOWs。可以説，CCD 的使用不僅基於 RBI、IOWs 等程序，更是對這些程序的優化和延續。

11.2.3 完整性操作窗口 IOWs

完整性操作窗口簡稱"IOWs"，作為 CCD 的核心內容，通過預先設定並建立一些操作邊界、工藝參數臨界值，使操作或工藝嚴格控制在這些界定的範圍內，一旦操作或工藝超過這個範圍，IOWs 將反饋一個警報，提示操作已越界，從而起到預防設備提前劣化或發生突然破裂泄漏，避免造成裝置非計劃停工事故，以期提高設備運行的可靠性。

1. IOWs 限值

臨界值確定是 IOWs 的技術核心，通過對設備設計、選材、腐蝕機理、腐蝕數據庫等進行分析，考慮設備的壽命預測、經濟因素和工藝可操作性等，確定合理的操作邊界參數，針對不同層級的臨界值報警，查找原因，並調整其原料或操作參數，臨界值包含三個層級，每一層級的控制指標對應不同的運行安全等級，如圖 11-5 所示。

1）臨界限值

如果 IOWs 的臨界限值出現下列超標現象，應要求操作人員採取措施以迅速恢復到安全狀態：① 較大或較快的容積損失；② 烴類或其他危險物質災難性的泄漏；③ 緊急事故或非計劃停工；④ 顯著的環境破壞風險；⑤ 過高的經濟風險；⑥ 其他不可接受的風險。

2）標準限值

如果超過了標準限值，要求在一定的時間內進行預定的響應措施或者學科專家（Subject Matter Experts，SME）採取正確的措施恢復正常工藝，避免下列問題的產生：① 一定的容量損失；② 烴類或有害物質的泄漏；③ 非計劃停工；④ 對裝置長周期運行產生不良影響；⑤ 經濟風險。

3）信息限值

IOWs 限值的第三級是信息限值。IOWs 的大部分參數是可控的，特別是對於臨界限值和標準限值，但有些參數不可控，可能無法立即指示操作人員對 IOWs 的偏差進行干預。但是長期地存在操作參數

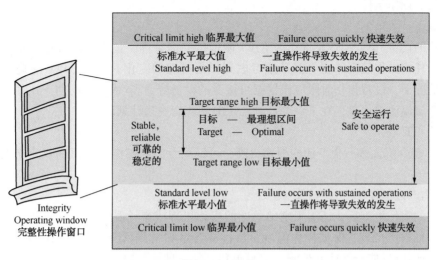

图 11-5　IOWs

偏差，最终可能导致加速损伤或者其他损伤。例如，常压塔顶腐蚀的主要控制参数是回流冷凝物的 pH 值，但次要参数铁含量是通过实验室采样得到的。从长远看来，当这些信息参数超标时，可以采用某些计划的工程、工艺或检验措施来调控当前的材质劣化的速率，并防止设备长周期运行将出现的未知损伤。这些信息化参数通常没有报警或超标的相关警示，而是让操作者或将相关超限信息通知给 SME 团队进行记录。信息化 IOWs 通常用在下列相关情况：① 短期内不会直接造成设备介质的泄漏；② 设定了一个比较次要的操作行为或腐蚀控制措施；③ 跟踪的参数是操作人员不可控的。

临界限值和标准限值的主要区别是处理反馈 IOWs 超限值过程所需的时间。对于临界限值，操作者通常会有声音或图像警报，所有的临界限值要求操作者采取特定应急措施将参数立即调回到 IOWs 范围。在某些情况下，仪表系统也可以自动停车进行回调。对于标准限值，也有图像和/或声音警报，警报的等级和方式取决于风险水平和工艺参数调回 IOWs 所需的时间。在多种情况下，标准限值更为保守，操作者有更多的时间和选择将工艺过程回调到 IOWs 范围，无需采取紧急措施。

2. 工作流程

IOWs 的工作流程如图 11-6 所示，包含以下 9 项工作步骤：

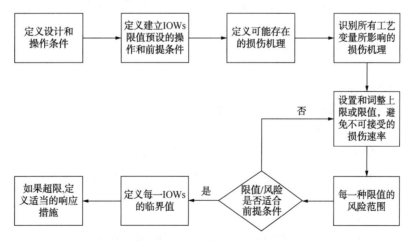

图 11-6　IOWs 建立的工作流程

1）工况信息采集

收集评价对象的工况信息，审查现有的机械设计条件和现有的操作条件（正常、最高、开工、停工等）。对机械设计、工艺操作条件（温度、压力、缓蚀剂等）和材料，包括合金和材料等级、制造方法、现有的热处理等有一个基本的认识和理解，有助于腐蚀机理的识别。考虑正常操作和不正常操作两种情况，不正常操作会产生其他的损伤机理和/或加速损伤速率。同时，还应该考虑开、停工、催化剂再生、除焦、析氢等操作条件。

2）单元选取

设置可预知的设备/单元操作条件作为 IOWs 限值的前提条件，包含风险可接受水平，或单元或部件的检修周期。任何操作规程的变更都必须考虑到损伤机理的变化，建立 IOWs 前提的关键是设置时间节点，通常情况下，设置损伤时限应该根据可接受的设备寿命和/或检修周期。比如，换热管操作温度超过设计的金属温度限值时，在下一个计划停工时间应有更换计划。

3）识别损伤机理

API RP 571 包含炼油和石化工业的损伤机理，可以用专门的操作流程识别或建立设备具体的损伤机理和/或风险。

4）确定损伤严重程度

在识别所有的损伤机理后，还需识别出主导的损伤机理或累计腐蚀速率，通常多种操作变量的相互作用会产生一种损伤机理，例如操作温度、活性硫含量和材质情况相互作用影响高温硫腐蚀速率。也有多个变量、产物/反应产物或其他测量值只单独表征一种特定损伤机理，例如原油蒸馏装置常压塔顶系统的腐蚀指标：脱盐效率、pH 值、氯离子含量、铁含量、电导率、结盐点、露点等。IOWs 不仅要确定重点监控参数，而且要设置最适合"可控"参数的限值，它们可以通过操作进行调整以实现设备的完整性和可靠性。

5）确定限值

确定主要可控操作变量/参数后，就需要根据检验计划确立上限和下限避免不可接受的损伤机理/速率。建立每个操作限值需要考虑以下因素：① 测量值的精确性和关联性；② 选定限值水平下损伤的进一步扩展，如预期的损伤扩展速度、调整操作时间和检验策略的有效性；③ 超限带来的风险水平，过程限值的设置和通知的等级相关(警报、警示、电子邮件或其他通知)，也和预设响应措施相关；④ 考虑多重限值设置，在操作条件有可能达到 IOWs 临界限值之前，可以有更充裕的时间且只需要采取较少的应急措施将其恢复正常水平；⑤ 许多与腐蚀相关的损伤机理也需要考虑明显的时间特性，如高温硫腐蚀的腐蚀速率需要考虑温度、合金类型和工艺流体中的活性硫含量，如果只设置一个温度限值，当温度超标且可测损伤发生的时间不够充足时，设备的损伤情况将无法测量。

6）限值的风险范围

风险等级排序对于确定 IOWs 限值的等级(临界的、标准的或信息的)十分有用。在某些情况下，相对风险可以主观确定，但在复杂的情况下，风险分析十分有必要，且需要严格进行，确定 IOWs 等级和/或风险对于区分建立何种参数和限值很有帮助。

7）IOWs 的优化

一旦限值和风险产生变化，初始建立的限值应与原始操作条件进行对比。每个参数的风险水平取决于多种因素，并通过不断优化的过程发展。在某些情况下，现有采样点、检测仪器的精度、数据采集的频次等可能并不是最佳的，状态监测达不到设置限值与可接受风险的要求。此外，还要考虑装置运行的预期经济目标与成本，要提高产品产量或生产效率可能要求适当放宽 IOWs 的限值，且产生的风险应该是可接受的。在实际操作中，只要风险可接受，可以不断地通过试验、尝试来优化与调整原先所建立的限值。

8）IOWs 的预警与记录

建立限值和风险后，应设置 IOWs 限值等级，包括临界限值、标准限值和信息限值。可用 IOWs 选定级别来区分警报、警示或其他类型的通知，以及要求的响应措施及时效。IOWs 的管理者应记录与 IOWs 相关的监测数据并建立文档，跟踪在运行过程超出限值的情况。

9）IOWs 的超标响应措施

每一个 IOWs 超限可采取正确的响应措施和响应时间。IOWs 超过临界限值的时候，要求操作人员采取紧急的响应措施恢复正常操作条件以避免设备的快速损伤。IOWs 临界限值超标比标准限值超标要紧急，所以标准限值响应的措施与临界限值的不同，响应所需的时间也没有临界限值超标那样紧急。IOWs 临界和标准限值所需要的响应措施和应急时间需要 IOWs 团队确定并同意。一部分响应措施由操作人员完成，另一部分则由检验人员和/或指定团队完成。从长期看，操作人员针对信息限值的响应和时效情况，应当与检验人员或 SME 团队之间保持信息沟通，这样方能最终确定需要采取的措施。

11.2.4　腐蚀控制文件 CCD 实施案例

从 11.2.1 节对 CCD 的定义可以看出，CCD 除了包含装置的工艺和操作信息外，基本涵盖了本书中的绝大部分内容，如炼化装置腐蚀和损伤类型及案例分析(第 2 章)、典型炼化装置腐蚀流程分析(第 3 章)、典型炼化装置材料选择流程(第 4 章)、炼化装置工艺防腐蚀与新技术应用(第 5 章)、腐蚀监检测新技术与应用(第 8 章)、RBI 在炼化装置的应用(第 10 章)等在本书都有详细介绍，因此，本章关于 CCD 做法的核心主要为 IOWs 关键参数的设置。

IOWs 设置的标准 API RP 584 于 2014 年正式发布，许多在这之前发布的 API 标准虽然提到了 IOWs 的概念，但是没有给出具体的做法，而部分改版(2014 年之后)的 API 标准对这一做法作了较大的更新，以下介绍 2 个来自 API 标准的案例。

1. 案例 1：加氢反应流出物空冷系统工艺监测与 IOWs(来自 API RP 932-B—2019)

(1) 为控制加氢反应流出物空冷系统的腐蚀，应定期监视的典型过程变量包括：① 原料中的硫含量；② 硫转化率；③ 原料氮含量；④ 脱氮率；⑤ 冷分离器气相中的 H_2S 浓度；⑥ 空气冷却器入口和出口的工作温度和压力；⑦ 洗涤水量与介质量之比；⑧ 冷分离器水中的 NH_4HS 浓度；⑨ 冷分离器水的 pH 值；⑩ 冷分离器水中的氯化物和氰化物含量；⑪在冷分离器中洗涤水的 pH 值、氯化物含量、铁和氧。

(2) 此外，需要结合监控采样和计算结果，以主动指示和预防潜在的腐蚀问题，计算的变量包括整个管道的流速、流态、H_2S 分压等。

(3) 表 11-1 给出了用于监视关键过程变量的建议准则。变量的监测频率与装置操作特性、设备和材料有关，比如更换原料后，分离器水中的 NH_4HS 浓度的监控则需要更频繁。

(4) 从冷高压分离器中取酸性水样比较困难，需要考虑安全和环境问题。该位置处于高压下，但是可以使用为工作压力设计的样品瓶来获取封闭的样品。有时会在低压分离器或汽提塔的下游进行采样。压力下降会从水中释放出 H_2S、氢和轻质馏分，但是只会释放出少量的 NH_3。在获取水样品时，应避免氧气进入，并立即将样品盖好。步骤不同会导致结果改变，并且难以根据结果判断趋势。

(5) 表 11-1 包含与反应流出物腐蚀预防相关的 IOWs 变量。应适当选择变量、限值和频率，以使每个单元都在定义的允许操作窗口内。

表 11-1　建议在 IOWs 中监视或包括的过程变量

变量[①]	最大/最小	说　明	频率	IOWs 监测
进料硫含量和转化率		炼油厂不一定要限制进料硫，但会选择 NH_4HS 和 H_2S 限值，并以进料硫作为预防措施	每天至每周	监测-原料和产品硫含量
进料氮含量和转化率		炼油厂不一定要限制进料氮，但会选择 NH_4HS 和 H_2S 限值，并以进料氮作为预防措施	每天至每周	监测-原料和产品氮含量
硫氢化铵浓度	最大值	根据进料/产品氮差异(与洗涤水速率一起)和/或通过对分离器的反应流出物冷却器下游的酸性水进行采样来计算。最好根据每个注入点的流量而不是多个注入点的平均值进行计算	每天到每周	IOWs
H_2S 分压	最大值	冷却器分离出的气相下游。计算进料/产品硫差值可以代替此变量	每天到每周	IOWs

变量①	最大/最小	说　明	频率	IOWs 监测
流速	最大值	计算反应流出物空冷器入口管道(注水点下游)、入口接管、出口接管和出口管道的极限流速,速度是剪切应力的代表	每周到每月	IOWs
注水量	最小值	指定最小水量,以在每个注入点提供必要的喷雾方式和水量。最好使用每个注入点的流量,而不是使用多个注入点的平均注入量。最好使用流量计来准确确定注水量	每日	IOWs
液态水比率(注入后)	最小值	根据工艺条件和流量,计算每个注入点液态水百分比。最好根据每个注入点的流量而不是多个注入点的平均值进行计算。该变量有时称为"自由"水。计算中应排除油相中溶解的水量	每周到每月	定期评估以确保足够的注入量
氯化物	最大值	可能需要限制原料和/或补充氯化氢的氯含量,以防止过多的沉积物和防止酸性环境,特别是在原料氮含量较低的装置中。可以在原料和补充氢或酸性水中进行测量。一种替代方法是计算反应流出物中的结盐温度	每日到每周	原料和 H_2 中的 IOWs。在酸性水中监测
注水水质	最大值	可能需要限制适当的注水质量。考虑分析 pH 值、铁、溶解的固体(如总悬浮固体)、颗粒、氧气、氯化物、硫化物、氨和氰化物	每月到每年	IOWs
氢气循环率	最大值和最小值	氢气循环速率会影响系统流速、H_2S 分压和 NH_3 分压。这些变量可能对 NH_4HS 腐蚀速率有很大影响		监测-可以在计算速度时用于定期检查
工作温度和压力	最大值和最小值	所有者/用户定义的各种位置	连续/间断	IOWs(结盐点,高温高压)

注:表中数据来自 API RP 932-B—2019。

① 应当根据 API RP 584,设置 IOWs 警报和/或警示,为每个装置提供适当的 IOWs。

(6) 除表 11-1 中变量,也可以根据装置情况设置其他变量。

(7) 根据工艺和装置情况,应将其中一些变量设置为 IOWs,由操作员酌情对某些变量进行简单监控。

2. 案例 2:加热炉管的 IOWs(来自 API RP 584—2014)

如图 11-7 所示,本案例描述了加热炉炉管升温控制过程中,IOWs 伴随不同等级信号(通知、预警和报警)的信息限值、标准限值和临界限值间的相互关系。

1)炉管的损伤模式

炉管可能出现多种高温损伤机理。通常情况下,首先考虑的是炉管的长期蠕变寿命和高温腐蚀损伤问题。如果操作温度明显高于设计条件,炉管会因为材质强度明显下降产生超压,继而发生应力开裂,这就是短时过热及应力开裂。如前所述,如果按照设计温度 950 ℉ (510 ℃)进行操作,炉管依据 API 530 得出的 100000h 的设计寿命将日益缩短。以下给出更加具体的例子来说明如何根据 IOWs 确定加热炉温度限值来避免炉管过早断裂和计划外的更换。

2)IOWs 的信息限值的案例

检验、腐蚀和工艺工程师(SME 团队)负责对加热炉操作温度进行跟踪监控以确保温度低于 510℃。设置炉管壁温的上限,如果温度超过 482℃ 的上限,将发出信息并通知 SME 团队。

3)IOWs 标准限值的案例

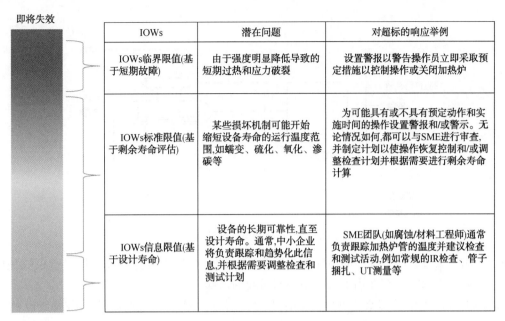

图 11-7 燃烧炉加热管的不同类型的 IOWs 示例

为确保炉管在蠕变范围内运行，通常根据 API 530 设定炉管温度（使得炉管达到设计使用寿命 100000h）。根据炉管损伤机理（蠕变和腐蚀）与时间关系的分析结果，对标准限值进行调整。例如将标准限值的温度设置为 510℃，如果温度超标，将发出警戒（或警报）信息来通知专家团队和操作人员，操作人员将在指定时间内将加热炉的操作温度调整到 510℃ 以下。

4) IOWs 临界限值的案例

当温度达到临界限值之前，炉管的强度和安全系数已经明显降低，并即将失效。例如，假设临界温度限值为 621℃，这时设置报警点就是为了警告操作人员温度严重超标，必须立即行动恢复正常操作条件或者关闭加热炉来避免失效。

5) 响应等级与 IOWs 限值类别的关系

本案例表明一个工艺参数（案例中的加热炉管温度）是如何设置多个 IOWs 限值，通过跟踪温度升高趋势或增益温度调控，来防止其达到临界限值的。另外，取决于工艺参数限值超标程度，还可能设置多个预定义的响应方案。本案例中，一共设置了三个级别的 IOWs，展示失效风险演化进程中 SME 团队相应的沟通级别和响应措施，最终操作人员对过高的操作温度进行了调整和修正。

3. 案例 3：硫酸装置废热锅炉腐蚀控制

本案例以国内某公司硫酸装置的设备废热锅炉为例，简要讲述 IOWs 的制定方法和流程。

1) 步骤 1：定义设计和操作条件

硫酸装置液硫焚烧单元的关键设备之一为废热锅炉，流程简要如下：液硫从储存单元来通过磺枪雾化送入焚硫炉内，在空气的作用下燃烧，焚硫炉内温度为 1000℃ 左右，SO_2 浓度约为 9.5% 的焚硫炉出口炉气进入废热锅炉冷却。其工艺流程简图如图 11-8 所示。

2) 步骤 2：定义前提条件

硫酸装置废热锅炉的计划运转周期为一年，有资料表明，硫酸发生一次锅炉爆管事故，仅直接经济损失就达 10 万余元，间接经济损失则更大，某厂 10 年时间因废热锅炉停工造成的经济损失总计达 1152.07 万元。因此，失效后果较大，而建立废热锅炉 IOWs 的前提条件是通过建立影响损伤机理的因素限值，避免短期快速失效带来的风险。

3) 步骤 3：识别损伤机理

废热锅炉管束为碳钢材质，入口侧管板表面有耐火浇注料，换热管有陶瓷套管，长约 100mm。正常运行时腐蚀轻微，若发生超温运行环境，可能导致陶瓷套管破裂，从而使得管板和管子发生热应力

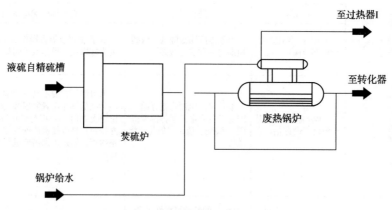

图 11-8 液硫焚烧工艺流程简图

开裂，停工期间管束管程侧炉气中的腐蚀介质溶解到凝结水中形成酸性腐蚀环境；管束壳程侧管接头处，当处于气液交界面时，存在锅炉水中碱浓缩引起的碱脆。

废热锅炉出口管线材质等级为 20#，主管线的支管盲区易产生降温区域，形成低温的酸性露点腐蚀。

4）步骤4：确定损伤严重程度

要了解废热锅炉的风险程度，就需要依据腐蚀机理及其风险计算方法来进行计算，考虑到废热锅炉的重点腐蚀机理为露点腐蚀和碱脆，采用卢钦斯基露点计算公式，计算出炉气的露点温度为 96.6℃［参考《中国石化炼油工艺防腐操作细则》（第二版）］，确保管壁温度高于露点温度8℃以上，即确保钢壳表面温度不低于 104.6℃。根据过热蒸汽分析数据，蒸汽中钠离子含量平均达到 0.512ppm（1ppm = 10^{-6}），远超工艺指标 0.015ppm 要求，使得汽包碱脆的可能性增大。通过此分析，获得废热锅炉各部位的风险评估如表 11-2 所示。

表 11-2 废热锅炉腐蚀风险研究

设备名称	设备部位	材质	潜在损伤机理（主/次要）	损伤类型	影响因素	风险评估		
						失效可能性	失效后果	风险等级
废热锅炉	入口管箱	16MnR+耐火浇注料	14-耐火材料退化	材质劣化	耐火材料质量、施工质量、温度	2	D	中
			38-烟气露点腐蚀	减薄	硫化物浓度、水含量、温度、保温性能	2	D	中
	管束内侧	20#	38-烟气露点腐蚀	减薄	硫化物浓度、水含量、温度、保温性能	2	B	低
	出口管箱	16MnR	38-烟气露点腐蚀	减薄	硫化物浓度、水含量、温度、保温性能	2	D	中
	管束外侧	20#	18-碱开裂	开裂	碱浓度、温度、应力水平	2	B	低
	筒体、汽包	16MnR	18-碱开裂	开裂	碱浓度、温度、应力水平	3	D	中高

5）步骤5：IOWs

为控制余热锅炉出口管箱可能出现的露点腐蚀以及锅炉水侧碱浓缩带来的碱脆问题，就需要确定这些腐蚀问题的影响因素，通过表 11-2 的风险研究可知，主要影响因素为钠离子含量和废热锅炉的壁温。对影响腐蚀的相关参数建立腐蚀控制操作窗口（见表 11-3），根据参数的风险等级均为中高风险，将对应的计算参数定为临界限值。此外，针对参数超标带来的后果以及偏离后的响应措施，包括工艺和监检测方面都制定了详细的对策，装置的操作、工艺、设备和检验人员可以依据该对策进行分工，为装置的腐蚀管理体系建设提供技术支撑。

表 11-3　关键工艺参数腐蚀控制操作窗口限值清单

关键参数	位置	临界下限	临界上限	超标或偏离带来的后果	偏离后推荐的操作/工艺响应措施	偏离后推荐的检测/项目改进措施
Na$^+$	过热蒸汽	—	15μg/L	偏高：加大碱脆风险	添加缓释阻垢剂	加强日常监测
温度	废热锅炉壁	104.6℃		偏低：露点腐蚀	调整工艺操作，降低进硫量	定期红外检测焚硫炉及管线外壁温度，可在外壁涂隔热漆和变色漆，局部变色说明内部耐火材料出现问题

11.2.5　CCD、RBI、IOWs 关系

制定 CCD 的关键要素是确定好腐蚀控制文件（CCD）、RBI 以及 IOWs 三种技术的关联，如图 11-9 所示，3 种技术相互支持，又能独立管理。

RBI 技术是通过检验手段来控制风险，而 IOWs 技术是通过对工艺过程的参数控制来达到控制腐蚀风险的目的，两者互为补充，达到设备防腐和工艺防腐的结合。从国内石化行业的腐蚀风险管理技术来看，RBI 技术已得到广泛应用，但 CCD 和 IOWs 的工作还处于起步阶段，对于 RBI 技术已确定的某种风险，可以通过 IOWs 来对影响该风险的各种操作要素建立相应的控制等级，而 IOWs 的制定，可以为 RBI 制定检验策略提供支持，如需要检测的部位、检验的方法等。此外，通过对 RBI

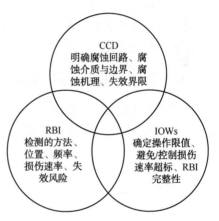

图 11-9　CCD、RBI 和 IOWs 三者之间的关联

检验策略的实施，其检测结果可以修正 CCD 的腐蚀数据库以及 IOWs 的参数风险等级；由于 CCD 涵盖了装置运行期间的腐蚀案例分析，其分析结论又可以用来修正 RBI 评估结论，也可以作为 IOWs 制定的起点；如果已经制定了 IOWs，可以根据更新的 CCD 中包含的信息对 IOWs 进行审查和更新。此外，对 IOWs 超标的分析会影响 RBI 评估过程中检验计划的制定，包括基于时间和基于条件的检验计划。为完成更详细的 CCD 而采集的信息可以成为 RBI 过程的前端数据输入的一部分，进而可以为每台静设备制定详细的基于风险的检验计划，包括检测范围、方法、技术、覆盖范围、频次等。

将 CCD、IOWs 和 RBI 综合起来，就构成了一个完整的设备安全操作管理体系，可以不断循环往复进行、不断持续改进。

11.3　腐蚀控制完整性管理

11.3.1　腐蚀完整性管理定义

如果说 CCD 是给腐蚀风险的管控提供技术支撑和指导的依据，那么腐蚀完整性管理就是从管理的角度提供腐蚀控制管理的行为指导，腐蚀完整性管理是企业设备完整性管理的一部分。设备完整性（Mechanical Integration，MI）是指过程生产设备在风险管理的控制下，经过"设计—采购—

制造—安装—调试—运转—维修"的全生命周期后，在各种不同条件的受控运转状态下，可呈现的安全性、可靠性与高效性的能力程度。设备完整性管理是一个完善、系统的管理过程，以保证设备完整性为首要任务，用整体优化、均衡的方式管理设备整个生命周期，实现设备运行本质安全和节约设备维持成本，并让其可持续发展。腐蚀完整性管理作为设备完整性管理的专业之一，是在设备完整性框架下，以 CCD 为技术支撑，将 CCD 中的各项技术要求转化为管理要求，其主要包含以下 6 个方面：

（1）腐蚀管理组织结构建立。

（2）防腐管理体系整体规划。

（3）腐蚀关键部位的识别和分类，涵盖装置中每台设备及管道生命周期的每个阶段，不同的阶段有不同的关注重点。

（4）关键设备腐蚀检测和预防性维修，防腐完整性要求设备防腐管理是"预防"重于"治疗"。在加强监测的基础上，重视对监测数据的分析，及时发现问题，以防事故发生。要加强工艺、设备变更对腐蚀影响的预估工作，设定量化指标，开展不同等级的变更审核工作。

（5）防腐作业操作的程序化及培训：编制防腐作业（防腐施工、工艺防腐操作等）程序文件，开展对各类相关人员的培训，并要求确实依照标准作业程序执行，监督其施工作业。

（6）加强变更管理：要建立变更程序，用来管理工艺介质、工艺操作、设备及管道等变更。管理的关键是在变更实施前评估变更对腐蚀的影响及后果，比如是否符合设计等，尤其是临时变更。此外，要确保在进行变更之前，提出变更的风险评估结果和技术要求。

11.3.2　腐蚀管理组织架构

建立由企业决策层、管理层、执行层组成的设备防腐蚀管理组织，落实各级责任，完善防腐蚀管理标准，实行设备防腐蚀全过程管理的运行机制。其中组织架构及各工作小组的工作职责如图 11-10 所示。

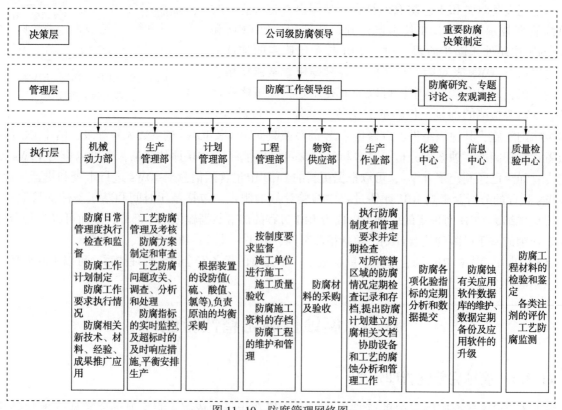

图 11-10　防腐管理网络图

442

11.3.3 腐蚀管理体系文件

2014年10月，NACE发起了最新的国际性预防措施、应用方法和腐蚀技术的经济学研究（IM-PACT），旨在检验腐蚀管理在建立工业最佳实践中的作用，该研究由NACE发起，DNV GL、APQC贯彻落实，全球多行业参与，指出腐蚀管理体系金字塔由不同的元素组成，最顶层的3个要素是政策、策略和目标，这就需要企业高层管理者的全力支持，比如企业必须承担腐蚀管理体系的所有责任。要建立腐蚀管理体系，就需要依据完整性管理要求，从专业要求、法规要求和标准规范要求开始，建立业务、流程、控制点、管理要求、指标KPI和考核要求，如图11-11所示。

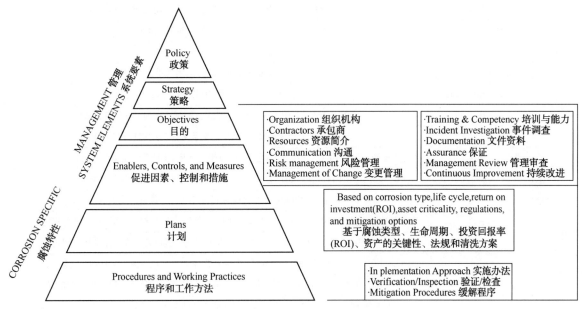

图11-11 腐蚀管理层次结构和特定腐蚀管理元素

1. 相关标准要求

腐蚀控制管理涉及的国内标准及规范（包含但不限于）如表11-4所示。

表11-4 腐蚀管理涉及标准及规范

类 别	标准号	规范制度名称
国家标准	GB 50050	工业循环冷却水处理设计规范
	GB 50212	建筑防腐蚀工程施工规范（附条文说明）
	GB 50224	建筑防腐蚀工程施工质量验收规范（附条文说明）
	GB 50393	钢质石油储罐防腐蚀工程技术规范（附条文说明）
	GB 50726	工业设备及管道防腐蚀工程施工规范（附条文说明）
	GB 50727	工业设备及管道防腐蚀工程施工质量验收规范（附条文说明）
	GB/T 1576	工业锅炉水质
	GB/T 8923	涂覆涂料前钢材表面处理表面清洁度的目视评定
	GB/T 12145	火力发电机组及蒸汽动力设备水汽质量
行业标准	HG/T 20676	砖板衬里化工设备（附编制说明）
	HG/T 20677	橡胶衬里化工设备设计规范（附条文说明）
	HG/T 20678	衬里钢壳设计技术规定
	SH 3099	石油化工给水排水水质标准
	SH/T 3022	石油化工设备和管道涂料防腐蚀设计规范（附条文说明）
	SH/T 3096	高硫原油加工装置设备和管道设计选材导则

类　别	标准号	规范制度名称
行业标准	SH/T 3129	高酸原油加工装置设备和管道设计选材导则
	SH/T 3548	石油化工涂料防腐蚀工程施工质量验收规范(附条文说明)
	SH/T 3606	石油化工涂料防腐蚀工程施工技术规程(附条文说明)
	DL/T 5746	火力发电厂烟囱(烟道)防腐蚀工程施工质量验收规范(附条文说明)
	DL/T 5736	火力发电厂烟囱(烟道)防腐蚀工程施工技术规程
	SHS 03058	化工设备非金属防腐蚀衬里维护检修规程
企业标准	Q/SH 0467	石油炼制一次加工重要装置腐蚀及防腐蚀变更管理规范
	Q/SH 021	含硫天然气净化装置腐蚀控制技术规范
	Q/SH 0752	炼油装置停工腐蚀检查导则
	RBI-17	防腐蚀管理系统评估工作手册
	CPASE CODE002	承压设备系统安全使用(RBI)管理评价规范
中石化、中石油管理规定及标准	—	中国石化炼〔2001〕《关于加强炼油装置腐蚀检查工作的管理规定》
	—	中国石化炼〔2005〕《催化裂化装置防治结焦指导意见》
	—	中国石化炼调〔2010〕14 号《中国石油化工股份有限公司炼油轻质油储罐安全运行指导意见(试行)》
	—	中国石化炼〔2011〕339 号《中国石化炼油工艺防腐蚀管理规定》
	—	中国石化炼〔2011〕614 号《中国石化炼化企业设备防腐蚀管理规定》
	—	中国石化炼〔2011〕615 号《中国石化加工高含硫原油储罐防腐蚀技术管理规定》
	—	中国石化炼〔2011〕618 号《加工高含硫原油装置设备及管道测厚管理规定》
	—	中国石化安〔2011〕760 号《中国石化加工高含硫原油安全管理规定》
	—	中国石化炼〔2011〕《中国石油化工股份有限公司炼油装置停工设备保护管理规定》
	—	中国石化炼〔2012〕128 号《中国石化炼油工艺防腐蚀管理规定实施细则》(第二版)
	—	中国石化炼〔2021〕《加氢装置高压空冷器设计、选材、制造和操作维护指导意见》
	—	中国石油〔2020〕《炼化装置小接管管理导则》
	—	中国石油〔2020〕《炼油装置腐蚀监检测选点规范》
	—	中国石油〔2019〕《炼油装置工艺防腐运行管理规定》
企业管理规定	—	企业装置工艺技术规程
	—	企业测厚管理规定
	—	企业储罐防腐技术管理规定
	—	企业设备防腐管理制度
	—	企业干式气柜使用、维护检修管理制度
	—	企业工艺物料管线划分管理规定
	—	企业压力容器管理规定
	—	企业锅炉设备及运行管理规定
	—	企业加热炉管理规定
其他	—	石油化工厂设备检查指南(二)
	—	炼化企业安全检查细则(设备专业)
	—	炼油企业检修管理指南
	—	炼油装置防腐蚀技术
	—	炼化装置隐蔽项目检查方法

2. KPI 指标建立和执行

腐蚀管理体系的建立和执行效果离不开有效的绩效管理,这就需要明确防腐管理的绩效指标,通过收集分析防腐管理绩效数据，监督测量绩效指标执行效果，可以为腐蚀控制完整性管理评价提供依据，具体的指标设定可从组织体系和管理职责、腐蚀检查与监测、工艺防腐、IOWs 管理、装置变更管理、维护维修、新建和技改、公用系统、持续改进、考核与培训这 10 个方面来考虑。各指标的评价方法没有统一的标准，可依据企业的设备防腐蚀管理规定，制定相应的评价指标。例如 IOWs 管理的评价指标如表 11-5 所示。

表 11-5　IOWs 管理的评价指标

装置	评　价　方　法
常减压	原油硫、酸、盐、氯、氮、水、回炼污油 加热炉燃料含硫、炉管温度、烟气温度 电脱盐注破乳剂、水、温度、停留时间、界位、反冲洗和脱后含盐 塔顶温度和顶循回流温度、塔顶空冷器流速(负荷率)、塔顶注中和剂、缓蚀剂、水、凝结水 pH、氯/铁离子 高温缓蚀剂、塔底流速(负荷率)
催化裂化	原料负荷率、硫含量、氯含量、氮、酸值 再生器、烟道、余热炉壁温控制、烟气露点和壁温控制、水封罐水 pH 塔顶温度和顶循回流温度、缓蚀剂、注水、分液罐水 pH、铁离子、空冷器流速 富气压缩机出口注水、缓蚀剂
延迟焦化	原料酸值、硫含量、氯含量、氮、固含量、污油回炼 加热炉燃料含硫量、炉管壁温、烟气露点和排烟温度、在线清焦温度控制 塔顶温度和顶循回流温度、缓蚀剂、注水、分液罐水 pH、铁离子、空冷器流速 富气压缩机出口注水、缓蚀剂焦炭塔升降温控制
加氢装置	原料中硫、氮、氯离子、铁离子和金属含量，氢气中氯含量 加热炉炉管温度、排烟温度、露点 脱硫化氢塔、脱丁烷塔、脱乙烷塔顶馏出线、高压空冷注缓蚀剂、冷凝水 Fe 高压空冷注水，硫氢化铵流速和 K_p 循环氢脱硫
催化重整	原料的硫含量、氮含量、氯含量和金属含量(重整进料中硫含量低于 $0.25\mu g/g$ 时，需要向重整进料中注硫) 加热炉燃料含硫量、炉管温度、排烟温度和露点、烧焦控制 预加氢汽提塔顶注水、缓蚀剂、中和剂，冷凝水 pH 和 Fe 芳烃抽提溶剂、再生塔底温度、再生剂氮封 脱氯器出口氯含量(碱液脱氯时的 pH 和 Na)临氢系统升降压控制
制氢	原料氯含量 转化炉炉管温度、燃料含硫量 脱碳系统控制：缓蚀剂、碳酸钾浓度、再生塔底/塔顶温度、钝化(钾碱工艺) 制氢余热锅炉汽水管理：pH、Na、Si
减黏裂化	原料处理量(负荷率)、硫含量 加热炉燃料含硫量、炉管温度、排烟温度和露点、烧焦控制； 塔顶温度和顶循回流温度、缓蚀剂、注水、分液罐水 pH、铁离子、空冷器流速
糠醛精制	加热炉燃料含硫量、炉出口温度、排烟温度和露点 含醛介质流速 溶剂系统 pH
酮苯脱蜡	低温管线 CUI 溶剂系统 pH(先糠醛后酮苯工艺)

装置	评价方法
MTBE	原料碳四金属离子和碱性杂质含量 甲醇萃取水 pH 反应温度控制
干气、 液化气脱硫	原料处理量(负荷率) 贫、富胺液流速、再生塔顶酸性水系统流速、再生塔重沸器出口气速 再生塔底温度、吸收塔温度 热稳态盐浓度 胺液氮封 酸性气吸收量、溶液 pH
污水汽提	按加氢型酸性水(加氢裂化、加氢精制、渣油加氢等)与非加氢型的酸性水(常减压、催化裂化、焦化等)分类 脱氨塔、脱硫化氢塔塔顶温度控制、塔顶/塔底防结晶注水 污水进料线和回流循环线、汽提塔顶冷凝器、汽提塔顶气流速控制 酸性气系统温度控制和露点温度监测
硫黄回收	原料烃含量 反应炉烟气 H_2S/SO_2 比值控制、外壁温度、烟气露点 余热锅炉过程气出口温度、硫冷凝冷却器管束壁温 尾气焚烧炉炉膛温度控制、排烟温度和烟气露点 急冷水 pH 停工氮封和氮气吹扫
氢氟酸烷基化	原料含水控制,异丁烷、丁烯和 HF 环境下温度、流量控制(碳钢、蒙乃尔合金) 氢通量检测、冷却水 pH/氟化物
硫酸烷基化	硫酸浓度、流速(碳钢) 脱丁烷塔和脱异丁烷塔塔顶缓蚀剂、冷凝水 pH 停工水洗
锅炉水处理系统	锅炉燃料硫含量、排烟温度和烟气露点 水质:pH、Si、氧、硬度、Na GB/T 1576—2008 工业锅炉水质、GB/T 12145—2016 火力发电机组及蒸汽动力设备水汽质量
循环水冷却系统	缓释阻垢剂、杀菌剂 现场监测换热器碳钢试管腐蚀速度、黏附速度、生物黏泥、氯、硬度、pH、浊度、总烃(石油类) SH 3099—2000 石油化工给水排水水质指标、GB 50050—2007 工业循环冷却水处理设计规范

防腐绩效指标的执行流程包括数据的收集和分析、数据的统计和评价两个方面,防腐绩效指标所需的数据源尽可能实现自动采集,或人工采集后传输入信息化系统进行初步分析,将数据获取和分析的流程标准化。防腐专家团队组织对数据进行详细分析,以制定腐蚀管控措施。除此之外,实时采集的数据,借助计算机应用系统,进行实时评价与预警,车间设备主任组织每月全面统计区域内防腐绩效指标完成情况,通过《防腐月报》的形式向设备管理部门报告,并附指标完成情况分析,提出改进措施建议,防腐专家团队组织每月全面统计防腐绩效指标完成情况;设备管理部门组织每月汇总车间提报防腐指标完成情况,编制企业防腐月报,并附指标完成情况分析,提出改进措施建议;防腐工作领导组定期召集防腐工作例会,听取设备管理部门防腐月度报告,就防腐绩效指标完成情况作进一步指示要求;防腐绩效指标年度分析评价工作在下一年度的 1 月份完成,防腐绩效指标年度完成情况列入

企业防腐管理年度总结。防腐 KPI 指标的计算没有统一的规定，可对各评价指标建立对应的分值和比重，在线监检测的指标计算参考表 11-6。

表 11-6　防腐 KPI 指标计算方法

考评内容	序号	评分说明	标准得分	责任部门	检查标准与工作要求
腐蚀在线监测工作	1	企业设立专人负责腐蚀在线监测系统的应用、数据收集整理、分析。符合得 3 分，不符合得 0 分	3	机动设备处	企业设立专人负责腐蚀在线监测系统应用工作
	2	企业结合装置实际腐蚀情况完善腐蚀在线监测系统并及时向防腐中心上报新增、停用的监测点信息。符合得 5 分，其他视情况得 0~4 分	5	机动设备处	腐蚀在线监测系统布点合理，符合《炼油装置腐蚀监测选点规范》，覆盖装置高风险腐蚀部位，且新增及停用信息上报及时
	3	企业按防腐中心提供的标准统一构建测点层级和编码。监测系统测点层级和编码符合系统测点层级和编码标准规范得 4 分，其他视情况得 0~3 分	4	机动设备处	监测系统测点层级和编码符合系统测点层级和编码标准规范
	4	做好本企业腐蚀在线监测系统维护工作，确保监测探针完好，数据上传防腐中心腐蚀在线监测系统。符合得 7 分，其他视情况得 0~6 分	7	机动设备处	监测探针及系统完好，数据在线，且上传至防腐中心腐蚀监测系统
	5	企业定期根据腐蚀监测情况，编制腐蚀在线监测分析报告。符合得 6 分，其他视情况得 0~5 分	6	机动设备处	编制腐蚀在线监测月报
	6	对企业日常发现的监测异常数据及防腐中心腐蚀在线监测系统提示异常的在线监测点和监测数据，应及时做好分析跟踪，复核数据准确性，及时上报主管领导和相关装置，督促装置原因分析和整改方案，加强腐蚀风险防控。符合得 15 分，其他视情况得 0~10 分	15	机动设备处	对企业日常发现的监测异常数据及防腐中心腐蚀在线监测系统提示异常的在线监测点，在 2 个工作日内给予答复，并在 5 个工作日内解决，不能按期解决的，提供解决方案；对防腐中心腐蚀在线监测系统提示腐蚀速率超标问题，在 5 个工作日给予答复，提供原因分析和整改方案

注：表中内容来自《中石油腐蚀专项检查标准》。

11.3.4　装置全生命周期的腐蚀管理

腐蚀管理应贯穿于装置整个生命周期，对装置投运前、运行阶段、大修期间以及其他阶段，包括设计、材料、制造、施工与安装、储存和运输、运行、验收、维修、报废、文件和记录等各要素进行管理，实现装置安全、经济和长周期运行的目标。

1. 装置投运前的腐蚀管理

包括设计、制造、施工与安装三个阶段。

设计阶段是装置投运前的关键腐蚀管理阶段，在设计阶段需要考虑的腐蚀因素有选材、结构设计、复合技术、电化学保护、缓蚀剂及环境改善以及清洗，主要的腐蚀管理方法有建立 CCD，通过 CCD 中对重点风险部位的识别、腐蚀控制参数的设定以及在设计阶段就考虑相应的腐蚀状态监测手段等，来达到腐蚀管控的目的。

制造阶段的腐蚀管理主要对制造的各个环节设立监控点，并严格实施，包括以下方面：

（1）制造单位的资质审核管理；

（2）入厂原材料的表面划伤、腐蚀和材料缺陷的控制管理；

（3）制造过程中所采用的各种制造工艺管理，尤其是特种工艺(如锻造、铸造、焊接、热处理、表面处理、电镀层、涂料施加工艺等)的管理；

（4）制造完毕后的验收管理。

施工与安装阶段的管理包括计划管理、技术管理、安全和质量管理、物资管理、工程交接管理等，并制定相应的施工和安装的控制管理程序，其中：

（1）计划管理包括对物资、组织协调、成本、施工、安装进度、质量、安全等制定目标并加以控制和管理；

（2）技术管理包括施工与安装前的技术和文件准备、施工与安装方案、工程技术交底的管理；

（3）安全和质量管理包括现场各类作业的安全管理、施工与安装过程质量管理、"人机料法环"各个环节的管理；

（4）物资管理包括对施工与安装阶段的物资供应进度和质量管理；

（5）工程交接管理包括工程竣工验收合格后，对资料文件的管理。

2. 装置运行阶段的腐蚀管理

运行阶段的腐蚀管理是装置全生命周期腐蚀管理的关键，需要建立工厂级别的腐蚀管理体系，并建立防腐蚀管理制度、各个环节的腐蚀管理细则、具体作业的指导文件以及相应的表单。以下介绍几种运行期间实用的腐蚀管理方法。

1）腐蚀适应性评估

腐蚀适应性评估技术是中国石油化工股份有限公司青岛安全工程研究院随着国内的石化企业加工原油不断劣质化，借鉴国外先进风险评估技术而发展起来的一项石化设备定量风险评估技术。

该技术的评价步骤是：首先确定评价方案，在充分了解需评价企业加工原油的情况、装置的腐蚀现状以及急需解决的问题基础上确定评价的基本方案；其次是现场调研，深入现场调研，对评估装置的重点腐蚀部位的腐蚀状况进行了解，收集有关资料，与装置现场技术人员研讨，召开座谈会，分析装置腐蚀原因，研究腐蚀对策并提出初步的解决方案；然后开展评估工作，依据现场调研的数据和资料展开评价工作，评价依据 SH/T 3096—2012《高硫原油加工装置设备和管道设计选材导则》、SH/T 3129—2012《高酸原油加工装置设备和管道设计选材导则》、McConomy 曲线和 API RP 581 标准、ASME 推荐的方法以及现场的测厚数据、硫含量分析数据和操作条件以及专家的知识和经验，其核心技术就是腐蚀速率以及剩余强度或剩余寿命的核算；此外，权威专家对评估结果的审核是非常重要的一个环节，专家对评价报告提出修改意见，同时对评估企业的长远发展提出有益的建议，根据专家的讨论意见对评估报告进行修改，形成最终的评价报告；最后，评价方安排权威专家就炼油厂设备腐蚀与防护的基本知识、工艺防腐概述、油罐涂料+阴保原理和炼油厂设备腐蚀案例的有关内容对被评价企业的人员进行培训，提高其现场基层领导与技术人员的防腐专业技术水平。

随着炼化企业对腐蚀适应性评估技术的需求逐步扩大，一些技术咨询企业将该技术进行了不断的优化和发展，不仅对装置实际的腐蚀现场进行了评价，更是采用一系列技术方法对装置的潜在风险点进行了预判，采用工艺防腐与材料防腐相结合的形式来达到炼油企业的最优防腐管理模式。具体的评估内容为：

（1）制定装置腐蚀回路图，通过腐蚀流程分析，识别评估装置的腐蚀高风险部位；

（2）根据现有原油性质方案和目标原油性质方案，评估装置现有设备管线选材及材质适应性；

（3）针对装置工艺情况，评估现有工艺防腐手段的有效性，并提出合理的工艺防腐措施；

（4）确定工艺流程中的隐患部位及需重点监控部位，评估并优化装置在线离线腐蚀监测方案；

（5）依据装置防腐制度和管理结合权威专家的防腐管理经验，提供防腐管理建议。

2）装置设防值评估

设防值评估最初是由中国石油化工股份有限公司青岛安全工程研究院针对某企业改炼高酸原油后为确保装置的安全平稳运行而研发的，由装置的腐蚀适应性评估技术延伸而来。由于装置是针对特定的原料进行设计和建造的，对于新建装置，以设计的硫、酸含量作为设防值较为合理，但装置建成投产后，由于原料的变化以及随着生产时间的推移，情况将发生变化。

硫和酸等腐蚀性杂质在高温下对材质造成高温硫和环烷酸腐蚀，随着温度升高腐蚀加剧；装置低温部位也会产生湿硫化氢等引起的腐蚀，低温部位的腐蚀可以通过工艺防腐等措施来控制，从而减缓腐蚀，高温硫和环烷酸对装置造成的腐蚀只在装置的某些部位发生，设防值的研究就是针对这些部位的设备管线考虑的，屈定荣等对设防值评估的具体方案作了介绍，其具体做法是：首先根据原油评价数据、硫分布和酸分布数据确定装置关键部位腐蚀介质含量；其次结合高温部位进行理论腐蚀速率计算，然后根据现场监检测数据计算实际腐蚀速率并与理论腐蚀速率对比，综合考虑以上因素给出装置腐蚀薄弱部位清单，核算这些薄弱部位所能承受的腐蚀介质最大含量，推算原料中允许的最大硫含量和酸值，评价装置当前设防值的合理性，同时给出目前装置薄弱部位的材质升级、腐蚀监检测等应对措施。

近几年随着原油劣质化程度加大，尤其一些北方炼厂从炼制低硫低酸原油开始逐步向高硫含酸甚至高硫高酸原油转型，许多炼厂逐步意识到设防值的重要性，甚至将设防值作为装置是否强制停运的硬性指标，当然这种做法不一定正确。此外，随着 API RP 584—2014 标准的推出和普及，装置的设防值评估不仅仅局限于对原料最大硫含量和酸值进行推算，而是延伸至依据装置运行工况建立 IOWs，对装置的工艺操作和腐蚀介质含量都建立合理的防控指标，以期达到工艺防腐和材料防腐的结合，可以说，API RP 584—2014 中 IOWs 的做法是设防值评估技术的优化方向。

3. 装置大修期间的腐蚀管理

大修期间的腐蚀管理包括开停工阶段的腐蚀管理，众所周知，装置开停工期间温度和压力大幅变化，是腐蚀的高发阶段，需要建立有效的管理制度，如升降温的速度控制、与空气接触后易发生电化学腐蚀部位的保护等，除此之外，利用停工大修机会，对运行期间的腐蚀问题进行验证和修复也是大修期间腐蚀管理的重要部分。

1) 腐蚀检查

装置运行期间的腐蚀管理手段如设防值评估、腐蚀适应性评估是依据装置的历史运行资料，对装置的腐蚀风险进行预测的一种方法，相比较而言，腐蚀调查是在装置停工检修期间，对装置的设备管线进行综合的腐蚀检查及评估。尤其是对于日常无法检查的部位，如容器的内壁及内构件、加热炉的衬里及炉管、关键换热器的管束及相关部件等。通过腐蚀调查对设备及管线腐蚀现象进行描述及检测，确定设备及管线的腐蚀类型、腐蚀原因、腐蚀环境等。因此，通过大修前期的腐蚀评估，提炼装置的腐蚀风险点，并于大修期间通过腐蚀调查的方法来进行验证，同时对腐蚀评估的结论进行修正，是装置大修期间腐蚀管理的一个重要流程。

腐蚀调查报告不仅要分析清腐蚀原因，还要对腐蚀作出趋势判断，其手段包括目视、照相、测厚、内窥镜、材料成分、垢样分析、无损检测等，不同设备采取的常规检测方法如表 11-7 所示。

2）失效分析

失效分析是一个十分复杂的过程，特别是一个大系统的失效，工作条件复杂、可疑点较多、难度也大，涉及材料学、腐蚀学、力学、机械制造工艺等技术学科，通过多学科交叉分析，找到失效的原因，不仅可以防止同样的失效再发生，而且能更进一步完善装备构件的功能，并促进与之相关的各项工作的改进。对失效分析人员的要求是知识面要广，并具有一定深度以及丰富的实践经验。

炼化装置常见的失效形式有变形、断裂、腐蚀和磨损，失效发生的原因也是多方面的，如管理、设计、制造和操作等，在大修期间对炼化装置进行失效分析，是对日常腐蚀管理的实地检验。如产品在使用过程中频频发生失效，说明原来确定的腐蚀管理措施在某些环节上发生了问题，失效分析可根据失效现象找出失效原因，提出应当从哪些方面去调整、增强和改进产品质量、操作运行与维护等。

失效分析的一般步骤如图 11-12 所示。

表 11-7 各类设备的腐蚀检查项目和方法

检测设备	检测项目	检测方法	检查工具及仪器
反应器	1. 内部腐蚀情况，重点观察复合板、堆焊层或衬里情况、主焊缝和接管焊接情况 2. 检查器壁及内构件的结焦、结垢情况 3. 点蚀、坑蚀及冲蚀部位、测量坑蚀深度	目视、锤击、测厚、坑蚀深度测量、腐蚀产物收集、硬度检测和光谱检测(必要时)	1. 手锤、卷尺、相机及手电筒等 2. 蚀坑深度测量仪、相机 3. 硬度测量仪 4. 产物袋、超声波测厚仪、光谱仪
塔器	1. 污垢状况 2. 腐蚀状况(如气液相交处、主焊缝、接管焊缝) 3. 连接配管及内构件情况 4. 壁厚测定、器壁鼓泡、点蚀坑蚀部位、蚀坑深度 5. 设备本体仪表引出管、液位计等的小管嘴腐蚀情况 6. 保温层下的腐蚀		1. 手锤、卷尺、相机及手电筒等 2. 蚀坑深度测量仪、相机 3. 硬度测量仪 4. 产物袋、超声波测厚仪、光谱仪
容器和储罐	1. 污垢状况 2. 腐蚀状况(如气液相交处、主焊缝、接管焊缝) 3. 连接配管及内构件情况 4. 壁厚测定、器壁鼓泡、点蚀坑蚀部位、蚀坑深度 5. 设备本体仪表引出管、液位计等的小管嘴腐蚀情况 6. 保温层下的腐蚀 7. 涂层缺陷检查		1. 手锤、卷尺、相机及手电筒等 2. 蚀坑深度测量仪、相机 3. 硬度测量仪 4. 产物袋、超声波测厚仪、光谱仪
冷换设备	1. 管板、管箱、换热管、折流板、壳体、防冲板、小浮头、螺栓、接管及连接法兰等的腐蚀情况 2. 管束内外表面污垢情况 3. 管束、壳体、短节厚度 4. 点蚀坑蚀冲蚀部位、测量蚀坑深度	目视、锤击、测厚、坑蚀深度测量、腐蚀产物收集、硬度检测和光谱检测(必要时)、内窥镜(必要时)、远程涡流或IRIS(必要时)	1. 手锤、卷尺、相机及手电筒等 2. 蚀坑深度测量仪、相机 3. 硬度测量仪 4. 产物袋、超声波测厚仪、光谱仪 5. 硬度计
空冷器	1. 两侧管箱管板及胀口、接管和连接法兰的腐蚀情况 2. 管子外侧翅片结垢和变形脱落情况、管内结垢和腐蚀情况 3. 出入口短节腐蚀情况 4. 管束管外测厚(拆去部分翅片部位) 5. 出入口弯头处冲刷严重处测厚 6. 集合管正对入口管附件的管端冲刷腐蚀和集合管尾端的几排管的垢下腐蚀	目视、锤击、测厚、腐蚀产物收集、内窥镜(必要时)、远程涡流或IRIS(必要时)	1. 手锤、卷尺、相机及手电筒等 2. 蚀坑深度测量仪、相机 3. 产物袋、超声波测厚仪、光谱仪 4. 硬度计
管道	1. 管道弯头、排凝、穿平台处、控制阀处、导凝处等部位外部腐蚀检查 2. 泵进出口、塔进出口等重要弯头以及有明显外部腐蚀的地方测厚	目视、锤击、测厚	1. 手锤、卷尺、相机及手电筒等 2. 超声波测厚仪

图 11-12 失效分析的一般步骤

11.4 腐蚀管理信息化

11.4.1 腐蚀管理信息化概述

炼化装置工艺防腐、材质适用性评价、腐蚀在线监测、腐蚀调查等成套防腐蚀技术，对有效控制腐蚀至关重要，是实现装置安全、稳定、长周期、满负荷、优质运行的重要保证，这些方法可集成于 CCD 中，但是由于文件中信息量巨大，从纸质文件或电子文稿中查找需要的内容可能需要耗费大量的时间。此外，CCD 在执行过程中也需要不断更新和持续改进，因此利用信息化管理系统对 CCD 中的技术和管理方法进行整合和统筹规划，对提高腐蚀管理效率有重大的意义。

国内的腐蚀信息化管理研究始于 20 世纪 80 年代，在这一阶段，国内学者进行了腐蚀数据库的开发，从已出版的腐蚀数据手册、图表、专业书籍、期刊、专利、腐蚀专业会议论文集、研究院所和工矿企业的技术资料等获取数据并开发了大量的腐蚀数据库，着重于不同环境下金属或非金属材料腐蚀数据库的开发和应用。从 90 年代起，国内一些炼化企业与科研院所、高校等合作，相继开发了不同水平、不同侧重点的腐蚀数据库及腐蚀信息管理系统，用于炼化企业的防腐蚀管理。这些系统功能着重于腐蚀数据管理及简单统计分析。一些炼油厂也先后开发了适合本炼油厂的数据库管理软件，但软件开发环境各不相同，内容、功能以及数据采集过程和数据录入格式也不一致，数据和资料无法进行汇总和交换，使得采集的数据没有可比性，无法进行腐蚀规律的研究。

为此，中石化洛阳工程有限公司于 1999 年研发了"炼厂设备腐蚀与防护管理的规范化"单机版数据库，对炼油厂设备腐蚀与防护实施规范化管理，在不断完善腐蚀监检测数据管理功能的基础上，加深了腐蚀预测功能的开发，系统不仅包括炼化装置设备、管道、水系统等低温和高温部位的全面腐蚀信息，而且具有数据处理及专家系统等功能模块。大多数实际腐蚀问题的解决，不是仅仅依靠查询腐蚀数据，更主要的是依靠腐蚀专家的实际知识、以往的经验和分析判断能力，来寻求最好的解决方案。

11.4.2 典型腐蚀管理信息系统介绍

1. 中国石化炼化设备腐蚀管理系统

为规范静设备管理与工艺防腐操作，提升设备管理水平，中石化炼化工程集团洛阳技术研发中心(中国石化设备防腐蚀研究中心)受集团公司委托牵头开发炼油化工设备腐蚀管理系统，旨在建立中国石化系统炼油化工装置腐蚀信息统一管理平台，以腐蚀为抓手建立健全石化静设备管理体系，实现腐蚀数据集中管理和综合分析、腐蚀状态量化评估与监控预警、防腐专家远程诊断与服务，满足设备防腐管理需求。

炼化设备腐蚀管理系统平台以装置为单元，充分考虑技术深度与等级，通过收集与腐蚀相关的各种信息，形成统一的腐蚀数据池；以腐蚀评估为核心，通过设备、管道基础信息、工艺操作参数和介质数据，分析判断可能发生的腐蚀类型，并进一步评估腐蚀失效的可能性，能够及时发现腐蚀隐患、提前预警，达到主动防腐的目的；以腐蚀控制回路为基础，制定工艺防腐措施，有效监控和提升工艺防腐效果；基于腐蚀评估和图形化监控和预警，形成静设备画像，为进一步形成预防性维护策略打下了坚实的基础。

其系统部分界面如图 11-13 所示。

炼化设备腐蚀管理系统平台已在中石化下属炼化企业推广应用，其应用情况表明：动态风险评估、预测配合图形化展示、查询及实时预警，实现了装置风险实时监控；基于腐蚀控制回路工艺防腐管理，实现了工艺防腐效果有效控制；多层级架构、系统高度集成及运维中心支撑，助力远程巡检及共享服务，有效提升了腐蚀风险防控管理水平。

2. EIMS 设备完整性管理平台

EIMS 设备完整性管理平台是上海安恪企业管理咨询有限公司自主开发的系统，作为设备完整性管理体系建设的依托管理工具，其管理理念以腐蚀监测、化验分析工艺操作数据为基础，按照工艺流程设备、管道材质分类管理，包含四大类腐蚀数据采集、腐蚀趋势显示预警、在线评估计算、硫/氯平衡、工艺防腐蚀支持、腐蚀回路分布图以及腐蚀案例库等各模块，以标准 API RP 584-2014 作为技术指南，通过腐蚀机理分析，预先设定并建立一些操作边界、工艺参数临界值，使操作或工艺严格控制在这些界定的范围内，一旦操作或工艺超过这个范围，IOWs 将向相关管理及操作人员发出报警信息，指导工艺操作调整从而避免因设备超限使用造成失效事故的发生，提高装置运行的安全可靠性。其系统主要界面如图 11-14 所示。

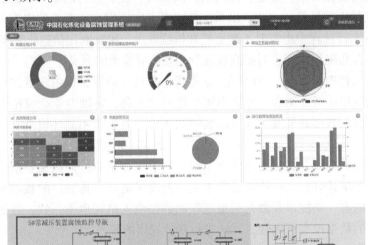

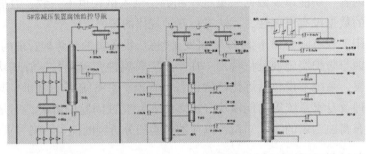

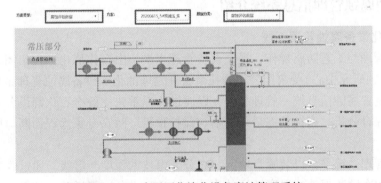

图 11-13　中国石化炼化设备腐蚀管理系统

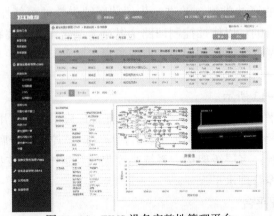

图 11-14　EIMS 设备完整性管理平台

452

3. RBI 风险动态评估平台

RBI 风险评估技术从 2004 年开始在国内推广使用，通过建立基于风险的检验策略，使多家炼化企业达到了延长检验周期和缩短大修周期的目的。考虑到静态风险评估问题采用保守原则、无法反映风险变化趋势以及关键参数超标影响不清，合肥通用机械研究院近年开始研究动态 RBI 技术，并在 2 家企业进行应用试点。该软件的最大特点是及时准确，通过对动态数据进行动态分析，并不断累积，一方面形成历史风险趋势，另一方面对超标的数据及时进行风险预警。该软件是在目前 RBI 风险评估基础上进行的进一步开发，同时也存在许多难点，比如采样点有限，进行动态工艺模拟所需的数据量庞大，要获取所有所需数据不易；此外，数据之间的关联也是一大难点，如取样位置、取样时间、取样方法对参数的具体数值都会产生影响。

11.4.3 腐蚀管理信息化关键要素

腐蚀管理信息化系统的研发和使用并非一劳永逸，必须根据企业生产的具体情况和实际需要，不断完善，持续改进，这就需要从以下几个关键要素着手进行完善。

1. 腐蚀预测模型的理论研究

腐蚀管理系统中植入腐蚀预测模型有利于腐蚀的主动控制和腐蚀趋势分析。腐蚀预测模型的理论研究需要企业与高校、研究所以及先进的专业机构进行全面合作，建立广泛的数据信息网，组织、整合全国炼化系统设备防腐信息管理平台，在此基础上开展腐蚀规律研究，进一步整合当前技术重点。

2. 与腐蚀控制文件的融合

CCD 包含的信息众多，随着时间的推移，微小的变化发生积累，文件制定初期的一些初始假设可能会变得不适用，对文件重新审查和持续更新也会给企业管理人员带来较重的负担。因此，将 CCD 融合到腐蚀管理系统中，并将装置与腐蚀控制相关的操作参数、实时监检测数据与系统关联，就可以通过软件实现 CCD 的动态管理，提高装置管理人员的工作效率。

3. 腐蚀监测手段的智能化

目前的腐蚀监测手段大部分还是依赖于离线的定点测厚手段，要真正实现 CCD 的动态信息化管理还要依赖于腐蚀监测手段的智能化，而腐蚀监测是多学科课题，不同的体系要求不同的方法或采用多种方法的结合，此外，对监测的数据进行分析并进行深度学习也是腐蚀监测手段智能化的一个方向，其中数据分析是指用适当的统计和计算机方法对收集的数据进行分析，把隐没在杂乱无章数据中的信息集中、萃取和提炼出来，找到研究对象的内在规律，而深度学习就需要基于监测获得的数据样本，通过一定的训练方法得到包含多个层级的深度网络结构，每个层级之间的连接强度在学习过程中修改并决定网络的功能。

4. 软件系统的优化

软件系统功能也应该随计算机数据库技术的发展而不断优化，以便在实际应用中更为快捷、准确，这就需要整合庞大的生产经营数据，通过实时数据感知、监控装置运行状态和异常情况、诊断故障类型与部位、预测关键参数的发展趋势并评估风险等级等，对生产参数进行优化控制，实现提前预防和调整，使生产过程平稳、安全、高效进行。

5. 与设备管理信息化的融合

防腐蚀管理系统的研发，需要纳入炼化企业设备信息化管理及炼厂信息化管理的体系中，从而健全石化设备管理体系，也有助于设备基础数据、运行数据、检测数据共享。

11.5 展　望

腐蚀控制管理的难点在于风险的精准识别，努力的方向在于开发节约成本的控制腐蚀措施，例如：① 降低维护成本；② 降低监检测成本或提高检测效率；③ 降低修复失效产品的时间，减少伤亡、财产损失、环境污染，提高公共安全；④ 设备寿命直达底线或延缓资产开支。而最有效的腐蚀控制管理需要将其应用于资产管理的全生命周期中，包括设计、生产制造、操作维护、弃置、报废、封存等各阶段。在许多行业中，设计制造和操作维护是两个分离的部门，设计制造部门的关注焦点是满足资本性支出表的要求，而操作部门则是关注设备服役过程中的腐蚀维护。通常，腐蚀方面的设计是不需要操作部门考虑的，操作部门可以为长期保持成本效率而提供有价值的信息，因为他们能发现问题，但是他们提出的意见一般不会被设计重视，操作部门的意见往往与设计的管理目标相冲突。

良好的腐蚀管理实践的一个共同特征是腐蚀管理是变更管理过程的主要部分，要将腐蚀管理制度化以便使腐蚀管理的主要参与者、操作者和顶层决策者能够获得信息。先进的做法更倾向于在设计和设备制造阶段控制腐蚀，需要意识到防腐蚀设计和设备制造阶段的质量管理对于操作和整个生命周期来说至关重要。这就需要我们引进完整性管理体系思维，结合我国目前的防腐现状，开发适合我国国情的腐蚀管理体系。

此外，腐蚀防护是一个极其复杂的过程，尤其在炼化企业，要实现"智慧防腐"，首先应开展腐蚀预测技术研究，其次对在役装置进行防腐对策研究，然后是大数据的研究开发，包括腐蚀数据管理系统与预测模型的开发、智能化腐蚀预测系统开发等。

参 考 文 献

[1] API 750-1990 Management of Process Hazards(First edition).

[2] T/CCSAS 004—2019 危化品企业设备完整性管理导则.

[3] API RP 581—2016 Risk-based Inspection Methodology (Third edition).

[4] Banff, Alberta. Establishing Integrity Operating Windows(IOW's). IPEIA Conference, 2006.

[5] API RP 584—2014 Integrity Operating Windows.

[6] 陈炜，陈学东，顾望平，等. 石化装置设备操作完整性平台(IOWs)技术及应用[J]. 压力容器，2010，2(27)：53-58.

[7] API RP 970—2017 Corrosion Control Documents (First edition).

[8] ISO 55000：2014 Asset Management -Overview, principles and terminology.

[9] API RP 932B—2019 Design, Materials, Fabrication, Operation, and Inspection Guidelines for Corrosion Control in Hydroprocessing Reactor Effluent Air Cooler (REAC) Systems.

[10] 喻灿，张文博，王申. 硫酸装置液硫焚烧单元关键设备的腐蚀控制. 石油化工腐蚀与防护[J]. 2021，38(3)：41-44.

[11] 梁鉴海，吴金福. 延长硫酸废热锅炉使用寿命提高企业经济效益[J]. 化工生产与技术，2002，9(1)：42-44.

[12] 高吉峰. 总结规律提高国产硫酸废热锅炉使用寿命[C]. 中国化工学会硫酸工业技术交流会，1998：1-13.

[13] Kate Williamson, Jarrod White. Getting the Most out of Your Corrosion Control Documents. Inspectioneering Journal, May/June 2019.

[14] 董绍平. 用设备完整性管理提升防腐水平[J]. 现代职业安全，2015(3)：20-22.

[15] GB/T 33314—2016 腐蚀控制工程生命周期通用要求.

[16] 刘小辉，吴惜伟. 炼油装置腐蚀适应性评价[J]. 安全，健康和环境，2006(11)：7-10.

[17] 刘小辉，李贵军，兰正贵，等. 炼油装置防腐蚀设防值研究[J]. 石油化工腐蚀与防护，2012，29(1)：27-29.

[18] Dingrong Qu, Xiaohui Liu, XiuJiang. etc. SETTING CRITICAL OPERATIONAL TAN AND SULFUR LEVEL FOR CRUDE DISTILLATION UNITS[J]. NACE CORROSION Conference &EXPO, NO. 11362, 2011.

[19] 屈祖玉，王光雍，李长荣. 材料大气腐蚀数据系统[J]. 中国腐蚀与防护学报，1991，11(4)：373-377.

[20] 张远声. 腐蚀数据库和腐蚀专家系统[J]. 化工腐蚀与防护，1997(3)：14-20.

[21] 李长荣，Aaderson D B. 腐蚀数据库的设计[J]. 中国腐蚀与防护学报，1991，11(2)：139-144.

[22] 王光耀，张国强，郑晓梅，等. 腐蚀数据库的设计和实现[J]. 中国腐蚀与防护学报，1997，17(1)：51-57.

[23] 屈祖玉，卢燕平. 材料自然环境腐蚀数据库[J]. 机械工程材料，1997，21(1)：47-49.

[24] 彭增海. "一脱四注"工艺防腐蚀数据库管理系统的开发[J]. 石油化工腐蚀与防护，1995，13(1)：57-60.

[25] 于寿海，王德胜，梁成浩．辽化关键设备腐蚀信息管理系统设计与开发[J]．大连理工大学学报，1998，35（8）：617-620.

[26] 王日中，翁端，张国卿．炼油设备硫腐蚀数据库的基本构造[J]．石油化工腐蚀与防护，1998，15(4)：53-54.

[27] 高立群，朱国文，林建．网络腐蚀数据库查询系统的设计与实现[J]．中国腐蚀与防护学报，2001，21(5)：306-309.

[28] 张锋，乔宁，王光耀．材料腐蚀数据库的设计与制作[J]．腐蚀科学与防护技术，2004，16(3)：177-179.

[29] 孔德英，侯国艳，宋诗哲，等．常用金属海水腐蚀数据管理及预测系统[J]．腐蚀科学与防护技术，2000，l2（1）：16-19.

[30] 王守琰，宋诗哲．金属材料海洋环境腐蚀数据咨询管理及预测诊断系统[J]．中国腐蚀与防护学报，2004，24（2）：108-111.

[31] 乔宁，陶正道，唐聿明，等．大型石化企业设备防腐信息管理系统[J]．腐蚀科学与防护技术，2001，13(3)：177-179.

[32] 付东梅，李晓刚，董超芳．炼油设备腐蚀与防护管理规范化专家系统[J]．北京科技大学学报，2001，23(2)：190-192.

[33] 宁朝辉，吴庆文，崔新安，等．炼油厂设备腐蚀与防护管理的规范化单机版数据库[J]．石油化工腐蚀与防护，2000，17(2)：57-60.

[34] 孟惠民，李泉明，李辉勤，等．炼油装置腐蚀诊断支援系统的研究[J]．石油炼制与化工，2003，4(11)：53-56.

[35] 赵敏，康强利，周三平，等．腐蚀数据库管理及评价系统的设计与开发[J]．石油化工腐蚀与防护，2006，23(6)：7-9.

[36] 赵敏，康强利，周三平．石化公司腐蚀数据管理系统的设计与实现[J]．腐蚀与防护，2008，29(7)：424-428.

[37] 许述剑，刘小辉．炼化企业防腐蚀信息化管理系统的研发与展望[J]．腐蚀与防护，2010，31(3)：188-192.

附录 A 主要材料型号和简称说明

为统一作者表述和便于读者理解，特对本书用到的材料型号和简称作如下说明。

A.1 碳钢和碳锰钢类，用 KCS 表示

KCS：镇静钢，包括 Q245R 钢板、Q345R 钢板；10 号钢和 20 号钢钢管与锻件*；Q345D 钢管、16Mn 锻件*。

　　* 当钢号的尾部标有 HIC、HC 或在前部标有 ANTI-H$_2$S 字样时，表示这些钢材有附加要求，以提高抗湿硫化氢腐蚀能力。

A.2 铬钼钢，用公称化学成分表示

1Cr-0.5Mo 钢：包括 15CrMoR 钢板、15CrMo 钢管和 15CrMo 锻件*。

1.25Cr-0.5Mo-Si 钢：包括 14Cr1MoR 钢板、14Cr1Mo 锻钢和 SA335 P11 钢管*。

2.25Cr-1Mo 钢：包括 12Cr2Mo1R 钢板、12Cr2Mo1 锻钢和 12Cr2Mo1 钢管*。

2.25Cr-1Mo-0.25V 钢：包括 12Cr2Mo1VR 钢板、12Cr2Mo1V 锻件*。

5Cr-0.5Mo 钢：包括 12Cr5MoI 和 12Cr5MoNT 钢管、SA335 P5 钢管和 1Cr5Mo 锻件、SA182 F5 锻件。

9Cr-1Mo 钢：包括 12Cr9Mo1 钢管、SA335 P9 钢管和 SA182 F9 锻件。

9Cr-1Mo-V 钢：包括 10Cr9Mo1VNbN、SA335 P91 钢管和 SA182 F91 锻件。

　　* 当钢号的尾部标有"H"样时，表示这些钢材有附加要求，以提高抗氢腐蚀能力。

A.3 不锈钢类

用美国钢铁学会（ANSI）对不锈钢等级（grade designation）的分类表示。

A.3.1 铁素体及奥氏体不锈钢类

410S：复合板复层、塔内件统一用 410S 表达，包括中国牌号 S11306 钢板、美国牌号 SA240 TP410S。

12Cr 钢：泵的材料若选用铁素体不锈钢，统一用 12Cr 表达。

304、304L、304H 型：其公称化学成分为 18Cr-8Ni，三者区别主要是含碳量不同。304 型含碳量 ≤0.08%；304L 型含碳量 ≤0.03%；304H 型含碳量为 0.04%～0.10%。典型牌号：美国牌号 S30400、S30403、S30409，中国牌号 S30408、S30403、S30409。

316、316L 型：其公称化学成分为 16Cr-12Ni-2Mo，二者区别主要是含碳量不同。316 型含碳量 ≤0.08%；316L 型含碳量 ≤0.03%。典型牌号：美国牌号 S31600、S31603；中国牌号 S31608、S31603。

304L/304、316L/316：双牌号不锈钢。典型牌号：美国牌号 S30403/S30400，S31603/S31600；中国牌号 S30403/S30408，S31603/S31608。

321、321H 型：其公称化学成分为 18Cr-10Ni-Ti。典型牌号：美国牌号 S32100、S32109；中国牌号 S32168、S32169。

347、347H 型：其公称化学成分为 18Cr-10Ni-Nb。典型牌号：美国牌号 S34700、S34709；中国牌号 S34778、S34779。

316Ti 型：其公称化学成分为 16Cr-12Ni-2Mo-Ti。典型牌号：美国牌号 S31635；中国牌号 S31668。

A.3.2 超级奥氏体不锈钢类

904L 型：其公称化学成分为 44Fe－25Ni－21Cr－Mo。典型牌号：美国牌号 UNS N08904；中国牌号 S39042。

6Mo 型：其公称化学成分为 46Fe－24Ni－21Cr－6Mo－N。典型牌号：美国牌号 UNS N08367；中国牌号 S38367。

254 型：其公称化学成分为 20Cr－18Ni－6Mo。典型牌号：美国 UNS S31254；中国牌号 S31254。

A.3.3 双相不锈钢类

2205 型：其公称化学成分为 22Cr－5Ni－3Mo－N。典型牌号：美国牌号 UNS S31803、S32205；中国牌号 S22253、S22053。

2507 型：其公称化学成分为 25Cr－7Ni－4Mo－N。典型牌号：美国牌号 UNS S32750；中国牌号 S25073。

A.4 非铁基合金类

合金 20：其公称成分为 35Ni－35Fe－20Cr－Nb。典型牌号：美国牌号 UNS N08020；中国牌号 NS1403。

合金 825：其公称成分为 42Ni－21.5Cr－3Mo－2.3Cu。典型牌号：美国牌号 UNS N08825；中国牌号 NS1402。

合金 800/810/811：其公称成分为 33Ni－42Fe－21Cr。典型牌号：美国牌号 UNS N08800、N08810、N08811；中国牌号 NS1101、NS1102、NS1104。

合金 625：其公称成分为 60Ni－22Cr－9Mo－3.5Nb。典型牌号：美国牌号 UNS N06625；中国牌号 NS3306。

合金 600：其公称成分为 72Ni－15Cr－8Fe。典型牌号：美国牌号 UNS N06600；中国牌号 NS3102。

合金 400：其公称成分为 67Ni－30Cu。典型牌号：美国牌号 UNS N04400；中国牌号 NS6400。

合金 C276：其公称成分为 54Ni－16Mo－15Cr。典型牌号：美国牌号 UNS N10276；中国牌号 NS3304。

TA1、TA2：纯钛。典型牌号：美国牌号 Ti-Grade 1、Ti-Grade 2；中国牌号 TA1、TA2。

附录 B 缩略语

ACFM	交流电磁场检测技术(Alternating Current Field Measurement)
ACPD	交流电压降法(Alternative Current Potential Droping)
ACU	声学监控终端(Acoustic Control Unit)
AM/AIM	资产完整性管理体系(Asset Integrity Management)
API	美国石油学会(American Petroleum Institute)
API 度	API 制定的用以表示石油及石油产品密度的一种量度。国际上把 API 度作为决定原油价格的主要标准之一。它的数值愈大，表示原油愈轻，价格愈高。
BP	英国石油公司(British Petroleum)
B/S	浏览器/服务器 (Browser/Server)
BV	法国国际检验局(Bureau Veritas)
CCD	腐蚀控制文件(Corrosion Control Document)
CEC	紧凑型静电聚结器(Compact Electrostatic Coalescer)
CFD	计算流体动力学(Computational Fluid Dynamics) 腐蚀流程图(Corrosion Flow Diagram)
CML	腐蚀检测位置(Corrosion Monitoring Location)
CMS	腐蚀管理体系(Corrosion Management System)
COD	化学需氧量(Chemical Oxygen Demand)
CPE	客户前置设备(Customer Premise Equipment)
CPVC	氯化聚氯乙烯(Chlorinated Polyvinyl Chloride)
CoF	失效后果(Consequences of Failure)
CTA	对苯二甲酸(Terephthalic Acid/p-phthalic acid /1, 4-dicarboxybenzene)
CTS	原位改性金属氧化物纳米膜层(Corrosion-resistant Treatment Surface)
CUI	保温层下腐蚀(Corrosion Under Insulation)
DEA	二乙醇胺(Diethanolamine)
DGA	二甘醇胺(Diglycolamine)
DIPA	二异丙胺(Diisopropylamine)
DMM	缺陷管理模块(Deficiency Management Module)
DNV	挪威船级社(DET NORSKE VERITAS)
DTU	数据集中器(Data Transfer Unit)

EPIC	电脉冲感应聚结器(Electro-Pulse Inductive Coalescer)
FFS	合于使用性评价(Fitness-For-Service)
FRP	纤维增强塑料(Fiber Reinforced Plastics)
FSM	区域特征检测法或电场矩阵法(Field Signature Method)
GDP	国内生产总值(Gross Domestic Product)
GDS	有毒可燃气体探测报警系统(Gas Detection System)
GMRI	合肥通用机械研究院(HeFei General Machinery Research Institute)
HAZOP	危险与可操作性分析(Hazard and Operability Study)
HB	氢鼓泡(Hydrogen Blistering)
HE	氢脆(Hydrogen Embrittlement)
HF	氢氟酸(hydrofluoric (acid))
HIC	氢致开裂(Hydrogen Induced Cracking)
HSAS	热稳定胺盐(Heat Stable Amine Salt)
IEC	在线静电聚结器(Inline Electrostatic Coalescer)
iELD	物联网泄漏监测预警(Intelligent Early Leak Detection)
IMPACT	国际性预防措施、应用方法和腐蚀技术的经济学研究(International Measures of Prevention, Application, and Economics of Corrosion Technologies Study)
iPLD	动态泄漏风险图(Intelligent Process Leak-risk Diagram)
IOT	物联网(Internet of Things)
IOWs	完整性操作窗口(Integrity Operating Windows)
IRIS	内旋转检测系统(Internal Rotating Inspection System)
IRP	检验参考计划(Inspection Reference Plan)
IT	红外热成像无损检测技术(Infrared Thermography)
KCS	镇静碳钢(Killed Carbon Steel)
KOH	氢氧化钾(potassium hydroxide)
LCA	全生命周期评估(Life Cycle Assessment)
LCC	全生命周期成本(Life Cycle Costs)
LDAR	泄漏检测和修复(Leak Detection and Repair)
LOW ACC	高效紧凑分离系统(Low Water Content Coalescer)
LPWAN	低功耗广域网(Low Power Wide-Area Network)
L·S	风险矩阵分析法(Likelihood and Severity)
MDEA	甲基二乙醇胺(Methyldiethanolamine)
MEA	单乙醇胺(Monoethanolamine)

MI	设备完整性(Mechanical Integration)
MMC	金属碰金属恒应力(Metal-to-metal Constant Type)
MSD	材料选择流程图(Material Selection Diagram)
MsM	超声导波检测(ultrasonic guided wave testing)
MsS	长距离超声导波检测(Test method for ultrasonic guided wave testing based on Magnetostrictive effect)
MTBE	甲基叔丁基醚(Methyl tert-butyl Ether)
MTO	甲醇制烯烃装置(Methanol to Olefins)
NACE	美国腐蚀工程师学会(National Association of Corrosion Engineers)
NACE STAG P72	美国腐蚀工程师学会非美洲区炼化防腐专家委员会
NAN	环烷酸含量(Naphthenic Acid Number)
NB	窄带(Narrow Band)
PAUT	相控阵超声检测技术(Phased Array Ultrasonic Testing)
PDCA	计划、实施、检查、处理(Plan/Do/Check/Act)
PFD	工艺流程图(Process Flow Diagram)
PLD	静态的泄漏风险隐患图(Process Leak-risk Diagram)
PoF	失效可能性(Possibility of Failure)
PREN	耐点蚀当量(Pitting Resistance Equivalent Number)
PTA	精对苯二甲酸(Pure Terephthalic Acid)
PVDC	聚偏二氯乙烯(Poly(Vinylidene Chloride))
PWHT	焊后热处理(Post Welding Heat Treatment)
PX	对二甲苯(Dimethylbenzene/Xylenes)
RBD	基于风险与寿命的设计(Risk Based Design)
RBI	基于风险的检验(Risk-Based Inspection)
RCM	以可靠性为中心的维护(Reliability-centered Maintenance)
REAC	反应流出物空冷器(Reaction Effluent Air Cooler)
RT	射线检测(Radiographic Testing)
RTU	远程终端控制器(Remote Terminal Unit)
SCADA	数据采集与监视控制系统(Supervisory Control And Data Acquisition)
SCC	应力腐蚀开裂(Stress Corrosion Cracking)
SCCM	标准状态下立方厘米每分钟(Standard Cubic Centimeter Per Minute)
SEGR	中石化炼化工程(集团)股份有限公司洛阳技术研发中心(Sinopec Engineering Group Luoyang R&D Center of Technology Incorporation)

SEI	中国石化工程建设有限公司(Sinopec Engineering Incorporation)
SLAM	同步定位与地图构建(Simultaneous Localization and Mapping)
SME	学科专家团队(Subject Matter Experts)
SOHIC	应力导向氢致开裂(Stress-Oriented Hydrogen-Induce Cracking)
SRC	消除应力处理裂纹(Stress Relief Annealing Crack)
SSC/SSCC	硫化物应力腐蚀开裂(Sulfide Stress Cracking)
TA Luft	综合污染控制法(Comprehensive Air Pollution Control Regulation)
TAN	原油总酸值(Total Acid Number)
TEG	三乙二醇(Triethylene glycol)
TML	厚度检测位置(Thickness Measurement Location)
TOFD	衍射时差法超声检测技术(Time of Flight Diffraction Technique)
TWI	英国焊接技术协会(The Welding Institute)
US EPA	美国环保署(United States Environment Protection Agency)
UT	超声检测(Ultrasonic Testing)
VIEC	容器内置式静电聚结器(Vessel Internal Electrostatic Coalescer)
VOCs	挥发性有机物(Volatile Organic Compounds)
WAO	湿式空气氧化法(Wet Air Oxidation)
WRC452	压力容器焊缝局部加热推荐规程(Recommended Practices for Local Heating of Welds in Pressure Vessels)
WSN	无线传感网(Wireless Sensor Network)
XLPE	交联聚乙烯(Cross Linked Polyethylene)